Wolfgang Pfeiler
Experimentalphysik
De Gruyter Studium

Weitere empfehlenswerte Titel

Experimentalphysik. Band I
Mechanik, Schwingungen, Wellen
Wolfgang Pfeiler, 2016
ISBN 978-3-11-044554-1, e-ISBN (PDF) 978-3-11-044567-1,
e-ISBN (EPUB) 978-3-11-044586-2

Experimentalphysik. Band II
Wärme, Nichtlinearität, Relativität
Wolfgang Pfeiler, 2016
ISBN 978-3-11-044641-8, e-ISBN (PDF) 978-3-11-044643-2,
e-ISBN (EPUB) 978-3-11-044682-1

Experimentalphysik. Band III
Elektrizität, Magnetismus,
Elektromagnetische Schwingungen und Wellen
Wolfgang Pfeiler, 2017
ISBN 978-3-11-044557-2, e-ISBN (PDF) 978-3-11-044569-5,
e-ISBN (EPUB) 978-3-11-044589-3

Experimentalphysik. Band IV
Optik, Strahlung
Wolfgang Pfeiler, 2017
ISBN 978-3-11-044558-9, e-ISBN (PDF) 978-3-11-044570-1,
e-ISBN (EPUB) 978-3-11-044602-9

Experimentalphysik. Band V
Quanten, Atome, Kerne, Teilchen
Wolfgang Pfeiler, 2017
ISBN 978-3-11-044559-6, e-ISBN (PDF) 978-3-11-044571-8,
e-ISBN (EPUB) 978-3-11-044603-6

Set Experimentalphysik
Wolfgang Pfeiler, 2017
ISBN 978-3-11-044784-4

Wolfgang Pfeiler

Experimental-physik

Band VI: Statistik, Festkörper, Materialien

Unter Mitarbeit von Karl Siebinger

DE GRUYTER

Physics and Astronomy Classification Scheme 2010
01.30.M-, 01.30.Os, 01.55.+b, 06.20.Dk, 06.20.fa, 43.20.+g, 43.64.+r, 43.75.+a, 45.20.-d, 45.50.-j, 46.40.-f, 47.10.-g, 47.15.-x,47.27.-i, 62.20.-x

Autor
Ao. Univ.-Prof. Dr. Wolfgang Pfeiler
Universität Wien
Fakultät für Physik
Boltzmanngasse 5
1090 Wien, Österreich
wolfgang.pfeiler@univie.ac.at

Oberrat Dr. Karl Siebinger leitete bis zu seinem Ruhestand im Jahr 2001 das „Physikalisches Praktikum für Vorgeschrittene“ an der Fakultät für Physik der Universität Wien.

ISBN 978-3-11-044566-4
e-ISBN (PDF) 978-3-11-044572-5
e-ISBN (EPUB) 978-3-11-044584-8

Library of Congress Cataloging-in-Publication Data
A CIP catalog record for this book has been applied for at the Library of Congress.

Bibliografische Information der Deutsche Nationalbibliothek
Die Deutsche Nationalbibliothek verzeichnet diese Publikation in der Deutschen Nationalbibliografie; detaillierte bibliografische Daten sind im Internet über http://dnb.dnb.de abrufbar.

Coverabbildung: Nneirda / iStock / thinkstock
Satz: Meta Systems Publishing & Printservices GmbH, Wustermark
Druck und Bindung: CPI books GmbH, Leck
♾ Gedruckt auf säurefreiem Papier
Printed in Germany

MIX
Papier aus verantwortungsvollen Quellen
FSC® C083411

www.degruyter.com

Vorwort

Was ist der Grund, den vielen Lehrbüchern der Physik ein weiteres hinzuzufügen?

Das ist das Ziel des vorliegenden Lehrbuches: Es soll den Studierenden die Experimentalphysik in einer Art und Weise nahebringen, die Freude am Experimentieren weckt und gleichzeitig den Übergang zur Theoretischen Physik ebnet. Dieses Lehrbuch führt von elementaren Grundlagen zu einem tiefen Verständnis der physikalischen Modelle. Die so erworbenen Kenntnisse der Experimentalphysik erleichtern es dann auch, unterstützt durch genau erklärte Versuche und durch viele Abbildungen und Beispiele, die aktuelle theoretisch-abstrakte Beschreibung der Materie und der wirkenden Kräfte im Rahmen der Theoretischen Physik zu erfassen und zu verstehen.

Ausgangspunkt der Betrachtungen sind immer die physikalischen Phänomene, wobei aber auf ihre Beschreibung durch mathematische Gleichungen und ihre Ableitungen aus fundamentalen Postulaten bzw. Modellen nicht verzichtet wird, denn die mathematische Formulierung ist die eindeutige und daher unmissverständliche „Sprache“ der Physik. Es werden aber nicht einfach „Endformeln“ angegeben, sondern auch der mathematische Weg dorthin schrittweise gezeigt sowie eine entsprechende physikalische Interpretation gegeben. Dieses Lehrbuch bietet daher für Lehrende und Lernende der Physik sowie aller anderen Naturwissenschaften eine Brücke von den physikalischen Erscheinungen und Experimenten und der dadurch motivierten Modellbildung zu den weiterführenden Theorien.

Der Aufbau der Darstellung ist anschaulich, klar und übersichtlich, logisch strukturiert und so gestaltet, dass die Studierenden dem durchgehenden „roten Faden“ durch die experimentelle Physik folgen können. Lernhilfen auf verschiedenen Ebenen unterstützen dies: Nach einer Vorstellung der Lerninhalte und Konzepte am Kapitelanfang werden im folgenden Text die Zusammenhänge deutlich gemacht, Formeln konsequent hergeleitet und mit vielen Abbildungen erläutert. Am Kapitelende werden die wichtigsten Erkenntnisse noch einmal zusammengefasst dargestellt. In den Text eingearbeitet sind Vorlesungsversuche mit detaillierten Erklärungen und sehr viele ausgearbeitete Beispiele, die die Darstellung ergänzen und mit Anwendungen erweitern. Wichtige Formeln, die „Lehrsätze“ und die gezeigten Experimente sind blau hinterlegt. Die „Lehrsätze“ sind zusätzlich mit einem i versehen, auf die Experimente lenkt ein Blitz die Aufmerksamkeit. Beispiele und Übungen sind grau hinterlegt, die Übungen am Ende jedes Kapitels sind zusätzlich noch mit einem Schreibstift gekennzeichnet.

Für die Anordnung der physikalischen Themen wurde die klassische Methode gewählt. Sie orientiert sich weitgehend am historischen Verlauf der physikalischen Entdeckungen und den dazu entwickelten Modellvorstellungen, aber auch an deren Versagen und den dadurch erzwungenen Verbesserungen bzw. an der Entwicklung neuer Modelle. In dieser Darstellung zeigt sich am besten der „rote Faden“, der von der phänomenologischen Erfassung der mechanischen Bewegung und ihrer mathematischen Beschreibung bis zur modernen Quantenphysik führt.

So ist der erste Band (I) **Mechanik, Schwingungen, Wellen** den Bewegungen unter dem Einfluss von mechanischen Kräften gewidmet. Dies umfasst die Modelle des Massenpunktes und des starren Körpers, die Verformung fester Körper und die Bewegung von Fluiden. Einen wichtigen Teil stellen mechanische Schwingungen und Wellen dar.

Im zweiten Band (II) **Wärme, Nichtlinearität, Relativität** werden die thermisch bedingten Veränderungen an Gasen studiert und die Grundbegriffe der Thermodynamik vorgestellt. Weiters werden nichtlineare („chaotische") Systeme und ihre Eigenschaften betrachtet und die Grundzüge der speziellen Relativitätstheorie erarbeitet.

Im dritten Band (III) **Elektrizität, Magnetismus, Elektromagnetische Schwingungen und Wellen** werden dann die Grundlagen der Elektrizität und des Magnetismus sowie elektromagnetischer Schwingungen und Wellen unter Verwendung der Prinzipien der Relativitätstheorie besprochen.

Der vierte Band (IV) **Optik, Strahlung** enthält die Wellenoptik, die Strahlenoptik und überschreitet mit der Wärmestrahlung zum ersten Mal die Grenze von der klassischen Physik zur Quantenphysik: Die Vorstellung, dass sich die Strahlungsenergie, die ein (heißer) Körper abgibt oder aufnimmt kontinuierlich verändern kann, muss aufgegeben werden.

Im fünften Band (V) **Quanten, Atome, Kerne, Teilchen** geht es um die moderne Physik: Im atomaren und subatomaren Bereich sind die Größen und Vorgänge nicht mehr kontinuierlich, sondern gequantelt. Der Aufbau des Atoms und seines Kerns wird studiert und die kleinsten, nicht mehr weiter zerteilbaren „Fundamentalteilchen", aus denen sich alle Arten von Materie und Antimaterie zusammensetzen, werden vorgestellt. Der Band schließt mit einem kurzen Ausflug in die Kosmologie und die Entwicklung unseres Universums.

Der sechste Band (VI) **Statistik, Festkörper, Materialien** beschäftigt sich mit großen Vielteilchensystemen. Viele Bereiche aktueller physikalischer Forschung mit enormer Bedeutung für die technische Anwendung haben hier ihren Ausgangspunkt.

Die Inhalte der einzelnen Bände sind stark miteinander vernetzt und durch viele Querverweise verbunden: Die sechs Bände bilden eine Einheit.

Dieses Lehrbuch wird nicht nur den Studierenden bei ihrem Eindringen in die interessanten und für unser Leben und Wirken wichtigen Bereiche der Physik hilfreich sein, sondern auch für die Vortragenden eine gute Grundlage und Unterstützung bei der Vorbereitung ihrer Vorlesungen darstellen.

Wien, im August 2016 *Wolfgang Pfeiler*

Eine Zufalls-Beobachtung kann in der Tat jeder machen. Aber von ihr bis zu einer großen Ahnung, dass etwas Bedeutsames dahinter steckt, ist ein großer Schritt, und ein noch größerer von dieser Ahnung bis zur klaren wissenschaftlichen Erkenntnis, was dieses Etwas ist.

Max von Laue

Als Physiker kann man davon ausgehen, dass ein Elektron wie das andere ist, während Sozialwissenschaftler auf diesen Luxus verzichten müssen.

Wolfgang Pauli

Zum Inhalt von Band VI

Der vorliegende sechste und letzte Band „Statistik, Festkörper, Materialien“ ist den großen, makroskopischen Vielteilchensystemen gewidmet. Die thermodynamischen Parameter dieser Systeme werden als statistische Größen des Verhaltens der einzelnen Teilchen des Systems berechenbar. Hier wird die klassische Maxwell-Boltzmann Statistik mit den Quantenstatistiken nach Fermi-Dirac und Bose-Einstein verglichen. Die Festkörperphysik beschäftigt sich mit großen Systemen, sie ist eine Physik der Kristalle. Den Einstieg dafür bilden daher die Kristallbindungen, die Kristallstruktur und der reziproke Raum. Bei der Erklärung der spezifischen Wärme muss wieder die klassische Physik verlassen werden: Die Eigenschwingungen des Kristallgitters werden durch Quasiteilchen, die Phononen, beschrieben. Das Verhalten der Elektronen im Festkörper nimmt einen wesentlichen Platz ein. Viele Bereiche der aktuellen physikalischen Forschung mit großer Bedeutung für die technische Anwendung haben hier ihren Ausgangspunkt. Die Physik nichtkristalliner Materialien bildet den Abschluss dieses Bandes. Hier geht es um amorphe Festkörper, Flüssigkristalle, Quasikristalle, Formgedächtnis-Legierungen und Nanomaterialien.

Danksagung

Mein ganz besonderer Dank gilt meinem Lehrer und Freund **Karl Siebinger**. Ohne seine Mithilfe – mehrfaches, kapitelweises Durchlesen des ganzen Manuskripts, Diskussionen und Reflexionen zum Inhalt, detaillierte Vorschläge von Anwendungsbeispielen und Ergänzungen – wäre dieses Lehrbuch nicht zustande gekommen. Seine fundamentale und breite Kenntnis in vielen Bereichen der Physik und ihrer Anwendungen in der Technik und in den Naturwissenschaften sowie seine Liebe zum Experiment und auch zur Genauigkeit haben sehr zum Gelingen der vorliegenden Darstellung beigetragen.

Für die Mithilfe danke ich herzlich:

Wolfgang Püschl – Für das Überlassen fast aller Übungsbeispiele, viele gemeinsame fachliche Diskussionen, Durchlesen vieler Kapitel;

Franz Sachslehner – Für seine Hilfe bei den Experimenten und ihr Festhalten auf Bildern;

Raimund Podloucky – Für Verbesserungsvorschläge zum Abschnitt „Bändermodell“ des Kapitels „Festkörperphysik“.

Frau Eva Deutsch danke ich für die Erstellung einer ersten, rohen Textversion nach meinem handschriftlichen Vorlesungsmanuskript; **Frau Andrea Decker** danke ich für das Scannen von Bildern.

Bedanken möchte ich mich auch bei den Studentinnen und Studenten meiner Vorlesungen für ihre positiven Rückmeldungen. Die geeignete Aufbereitung und Darstellung der meist nicht einfachen physikalischen Materie war mir immer ein Anliegen. Die größte Freude empfand ich, wenn ich von den Mienen der Hörer quasi im Gegenzug das Verstehen der oft komplexen Zusammenhänge ablesen konnte bzw. bei den mündlichen Prüfungen das grundlegende Verständnis für die angesprochene Problematik erkannte.

Sehr herzlich möchte ich mich bei **Edmund H. Immergut** (Brooklyn, New York City, USA) bedanken, der mir geholfen hat, mit De Gruyter einen passenden und international renommierten Verlag zu finden. Er war auch einer jener, die von Anfang an überzeugt waren, dass dieses Buch ein notwendiger Beitrag für Lehrende und Lernende der Physik darstellen wird und bestärkte mich deshalb ganz entscheidend in meinem Durchhaltevermögen.

Zuletzt gilt mein großer Dank **meiner lieben Frau Heidrun**, die mit viel Geduld die Mehrbelastung ertrug, die mein mehr als 10-jähriges Buchprojekt für sie und unsere ganze Familie bedeutete. Sie stand mir immer mit gutem Rat und bereitwilliger Hilfe zu Seite.

Inhalt

Symbolverzeichnis Band VI

(alphabetisch)

A	Richardson-Konstante
a	Potenzialstärke (Born-Mayer-Potenzial), Gitterkonstante
$\vec{a}, \vec{b}, \vec{c}$	fundamentale Translationsvektoren des direkten Gitters
$\vec{a}^*, \vec{b}^*, \vec{c}^*$	Basisvektoren des reziproken Gitters
A_H	Hall-Koeffizient
AS	Antistrukturatom
A_s, A_f	Start- und Endtemperatur der Rückbildung der Martensitphase in die Ausgangsphase
B	„Magnetfeld" (magnetische Kraftflussdichte)
b	Reichweite (Born-Mayer-Potenzial)
$\vec{b}$	Burgers-Vektor
BZ	Brillouin-Zone
c	Vakuumlichtgeschwindigkeit ($c = 299\,792\,458$ m/s)
$\vec{C}_h$	Vektor der Rollrichtung (Nanoröhrchen, $\vec{C}_h = n \cdot \vec{a}_1 + m \cdot \vec{a}_2$)
C_V	Wärmekapazität bei konstantem Volumen
c_V	spezifische Wärme bei konstantem Volumen
$C_V^{(m)}$	molare Wärmekapazität (Molwärme)
d	Netzebenenabstand
DLS	Doppelleerstelle
$d_s^p, d_l^p, d_s^o, d_l^o$	kurze und lange Diagonale des prolaten und des oblaten Rhomboeders (Strukturelemente von Quasikristallen)
e	Elementarladung ($e = 1{,}602 \cdot 10^{-19}$ C)
$\vec{E}$	elektrische Feldstärke
e^-	Elektron
E, E_{kin}, E_{pot},	Energie, kinetische und potenzielle Energie
$ECAP$	*equal channel angular pressing*
E_k	Kontaktpotenzial
E_n	Neutronenenergie
$\vec{e}_n$	Normaleneinheitsvektor
E_S	Energie der Gitterschwingung (Phonon, $E_S = \hbar\Omega$), Tiefe des Potenzialtopfes (Austrittsarbeit)
F	freie Energie ($F = U - TS$), Kraft
f	Kraftkonstante (Federkonstante)
$f^{(1)}(\vec{r})$, $f^{(2)}(\vec{r}_1, \vec{r}_2)$	Einteilchen- und Zweiteilchen-Dichtefunktion
$f(\theta)$	Atomformfaktor (Atom-Streuamplitude)
FA	Fremdatom
f_E, f_D	Einstein-Funktion, Debye-Funktion
FGL	Formgedächtnis-Legierung (*shape memory alloy, SMA*)
$F(\overrightarrow{\Delta k})$	Strukturamplitude (auch Strukturfaktor genannt)
G	Schubmodul
GG	Gleichgewicht, Gleichgewichtszustand
$\vec{G}$	Gittervektor des reziproken Gitters ($\vec{G} = h\vec{a}^* + k\vec{b}^* + l\vec{c}^*$)
$g(r)$	Paarverteilungsfunktion
$g(\vec{r}_1, \vec{r}_2)$	Zweiteilchen-Verteilungsfunktion
H	Enthalpie
$h(r)$	Paarkorrelationsfunktion ($h(r) = g(r) - 1$)

h, $\hbar$	Plancksches Wirkungsquantum ($h = 6{,}6256 \cdot 10^{-34}$ Js), reduziertes Plancksches Wirkungsquantum $\hbar = \dfrac{h}{2\pi}$
h_0	Zellvolumen des klassischen Phasenraumes ($h_0 = \delta q \cdot \delta p$)
(hkl), $[hkl]$	Miller Indizes einer Kristallebene (Ebenenschar) und einer Kristallrichtung
hdp	hexagonal dichtest gepack
h_j	relative Häufigkeit für Ergebnis j
HPTS	*high pressure torsion straining*
ITO	durchsichtige Elektrode aus Indium-Zinn Oxid
j_{Em}	Emissionsstromdichte
j_x	Stromdichte in x-Richtung
k	Boltzmannkonstante, Direktionskraft (Pendel)
K	Kompressionsmodul
k_F	Radius der Fermi-Kugel
kfz	kubisch-flächenzentriert
KG	Korngrenze
krz	kubisch-raumzentriert
L	Lorenz-Zahl (Gesetz von Wiedemann und Franz)
l	Distanz eines Einzelsprungs (Zufallsbewegung), Drehimpulsquantenzahl
LCSLM	*liquid crystal spatial light modulators*
$L_{\nu,S}(\nu,T)$	spektrale Strahldichte des schwarzen Körpers
LS	(Gitter-)Leerstelle
M	Anzahl einander ausschließender Ergebnisse, Magnetisierung, magnetisches Gesamtmoment
m	resultierende Verschiebung (Zufallsbewegung, $m = n_1 - n_2$)
M_A	Molmasse $\left(M_A = \dfrac{m}{\nu}\right)$
m_e^*	effektive Masse der Leitungselektronen
m_s	magnetische Spinquantenzahl
M_s, M_f	Start- und Endtemperatur der Ausbildung der Martensitphase
MWNT	*multi-walled nanotube*
N	Teilchenzahl
N, N_j	Gesamtzahl der Messungen, Anzahl der Messungen mit Ergebnis j
n	Hauptquantenzahl (Energiequantenzahl), Ordnung der Beugung, Brechzahl
$\vec{n}$	Normalvektor
N_A	Avogadrozahl
$\vec{n}(\vec{r})$	Direktorfeld (achsialer Vektor, Flüssigkristalle)
n_1, n_2	Anzahl der Verschiebungen nach rechts oder links (eindimensionale Zufallsbewegung)
NGG	Nichtgleichgewichtszustand
n_i	Quantenzahlen
$n_Q(T)$	Quantenkonzentration
$n_r^{S_z}$	Anzahl der Teilchen im Zustand r und S_z
$\bar{n}_s$	mittlere Besetzungszahl des Zustands s mit Energie ε_s
P	Druck
$P(x)dx$	Standardform der Gaußverteilung für die kontinuierliche Variable x
P^*	normierte Wahrscheinlichkeit
p, q	Wahrscheinlichkeit für Sprung nach rechts bzw. links (eindimensionale Zufallsbewegung)

p_e	elektrisches Dipolmoment
p_i	verallgemeinerte Impulse
$P_N(m)$	Wahrscheinlichkeit, dass sich das Teilchen nach N Sprüngen an der Stelle $x = ml$ befindet (l ... kleinste Sprungdistanz)
$\vec{p}_n$	Neutronenimpuls
P_r	Wahrscheinlichkeit für das Auftreten des Mikrozustands r
$P_r(y_i)$	Wahrscheinlichkeit für das Auftreten einer messbaren Größe y_i
$\{P_r\}$	Makrozustand
$\vec{p}_S$	Kristallimpuls ($\vec{p}_S = \hbar\vec{q}$)
Q	Wärmemenge, Reaktionswärme
QZ	Quantenzahl(en)
q	Ladung
$\vec{q}$	Wellenvektor der Gitterschwingungen (Phononen)
q_i	verallgemeinerte Koordinaten
R	Mikrozustand eines Gesamtsystems $\left(R = \left(n_1^{S_{z1}}, n_2^{S_{z2}}, n_3^{S_{z3}}, \ldots\right) = \left\{n_r^{S_z}\right\}\right)$, universelle Gaskonstante
r	Mikrozustand (QM: $r = (n_1, n_2, \ldots, n_f)$, klassisch: $r = (q_1, q_2, \ldots, q_f, p_1, p_2 \ldots, p_f)$)
$\vec{R}$	Gittervektor des direkten Gitters ($\vec{R} = n_1\vec{a} + n_2\vec{b} + n_3\vec{c}$)
$\vec{r}$	Translationsvektor im direkten Gitter
S	Entropie, Ordnungsparameter
s, S	Spinquantenzahl (Einelektronen- und Mehrelektronensystem)
$SWNT$	*single-wall nanotube*
$S(\overrightarrow{\Delta k})$	Strukturfaktor (Streufunktion)
S_z	Spinkomponente in vorgegebener z-Richtung
T	Temperatur (in Kelvin)
$t_{1/2}$	Halbwertszeit (radioaktiver Zerfall)
T_F	Fermitemperatur $\left(T_F = \frac{\varepsilon_F}{k}\right)$
T_g	Glasübergangstemperatur
T_m	Schmelztemperatur
U	elektrische Spannung, innere Energie
$\overline{u}$, $\overline{f(u)}$	Mittelwert einer Variablen u und einer Funktion $f(u)$
$\overline{u^2}$	mittleres Quadrat der Schwingungsamplitude
V	Volumen
υ	spezifisches Volumen ($\upsilon = 1/\rho$)
υ, υ_{ph}, υ_G, υ_T, υ_S	Geschwindigkeit, Phasengeschwindigkeit, Gruppengeschwindigkeit, Teilchengeschwindigkeit, Schallgeschwindigkeit
V_c	Volumen der primitiven Elementarzelle
V_{ext}	Kernladungspotenzial (DFT)
υ_F	Fermi-Geschwindigkeit
$V_{xc}[\rho]$	Austausch-Korrelationspotenzial
WW	Wechselwirkung
W_j	statistische Wahrscheinlichkeit für Ergebnis j
$W_N(n_1)$	Wahrscheinlichkeit, dass von N Sprüngen n_1 nach rechts erfolgen
$w_{v,S}(v, T)$	spektrale Energiedichte des schwarzen Körpers
X_i, x_i	Verallgemeinerte Kraft X_i, zum äußeren Parameter x_i
$Y(T)$	großkanonische Zustandssumme
$Z(E)$, $z(E)$	Zahl der Zustände (der Wellenfunktionen), Zustandsdichte
$Z(T)$	kanonische Zustandssumme
$z(\omega)$	Modendichte

ZGA	Zwischengitteratom
Z_1	Einteilchen-Zustandssumme
$Z_\Omega(\Omega)$	spektrale Modenzahl der Phononen
$Z_\omega(\omega)$, $z_\omega(\omega)$	spektrale Modenzahl, spektrale Modendichte
α	Polarisierbarkeit, Madelung-Konstante $\left(\alpha = \sum_j (\pm)\frac{1}{p_{ij}}\right)$, linearer Ausdehnungskoeffizient
$\beta = \frac{1}{kT}$	thermodynamischer Parameter
Γ	Gibbsscher Phasenraum (Γ-Raum, Zustandsraum)
$\overrightarrow{\Delta k}$	Streuvektor ($\overrightarrow{\Delta k} = \vec{k}' - \vec{k}$)
$\overline{(\Delta u)^2}$	Schwankungsquadrat (Varianz) von u (bei der Zufallbewegung: $\overline{(\Delta n_1)^2}$
$\Delta^* u$	Standardabweichung (mittlere quadratische Abweichung: $\Delta^* u = +\sqrt{\overline{(\Delta u)^2}}$, bei der Zufallsbewegung: $\Delta^* n_1 = \sqrt{\overline{(\Delta n_1)^2}}$)
Δx_h	Halbwertsbreite der Gaußverteilung
δ_{ij}	Kronecker Symbol ($\delta_{ij} = 1$ für $i = j$ und $\delta_{ij} = 0$ für $i \neq j$)
ε	Potenzialtiefe (Lennard-Jones-Potenzial)
ε_0	elektrische Feldkonstante (Influenzkonstante)
ε_F	Fermienergie ($\varepsilon_F = \mu(T = 0)$)
ε_r	Energie eines Teilchens im Zustand r (und S_z)
η	Viskosität
θ	Beugungswinkel (Glanzwinkel bei der Röntgenbeugung)
θ_E, θ_D	Einstein-Temperatur, Debye-Temperatur
ϑ	Temperatur in °C
ϑ_T	Debye-Waller-Faktor (Temperaturfaktor der Röntgenbeugung)
Λ	Wärmeleitfähigkeit
λ	Mittelwert bei der Poissonverteilung ($\lambda = \bar{n}_1$), Wellenlänge
λ_F	Fermi-Wellenlänge
$\lambda_{\text{Stoß}}$	mittlere freie Weglänge
λ_T	thermische de Broglie-Wellenlänge
λ_Z	Zerfallskonstante (radioaktiver Zerfall)
μ	magnetisches Moment eines Teilchens, chemisches Potenzial
ν	Frequenz, Stoffmenge (Molzahl)
ρ	spezifischer elektrischer Widerstand $\left(\sigma = \frac{1}{\rho}\right)$
ρ_0	mittlere Teilchendichte
$\rho(E)$	Zustandsdichte
σ	Standardabweichung $\left(\sigma = \sqrt{\overline{(\Delta x)^2}} = l\sqrt{\overline{(\Delta m)^2}}\right)$, Kontaktabstand (Lennard-Jones-Potenzial), elektrische Leitfähigkeit
τ	Schubspannung (Scherspannung), Stoßzeit (Relaxationszeit)
Φ	Austrittsarbeit
$\Phi(x)$	Debye-Funktion
φ_i	Kohn-Sham-Orbitale
$\psi(\vec{r})$	Wellenfunktion (stationäres Problem)
ψ_+, ψ_-	symmetrische und antisymmetrische Wellenfunktion
ω	Kreisfrequenz ($\omega = 2\pi\nu$)
$\Omega(E)$	mikrokanonische Zustandssumme
$\Omega(\vec{q})$	Kreisfrequenz der Gitterschwingungen (Phononen)

Ω_+, Ω_-	Frequenz der optischen und der akustischen Phononen
ω_E, ω_D	Einstein-Frequenz, Debye-Frequenz
Ω_k	Volumen eines Zustands in der Fermi-Kugel

Wichtige physikalische Größen, Band VI

Universelle Gaskonstante	$R = (8{,}3144598 \pm 0{,}0000048)\ \mathrm{J\cdot mol^{-1}\cdot K^{-1}}$
Boltzmannkonstante	$k = \dfrac{R}{N_A} = (1{,}38064852 \pm 0{,}00000079)\cdot 10^{-23}\ \mathrm{J\cdot K^{-1}} =$
	$= (8{,}6173303 \pm 0{,}0000050)\cdot 10^{-5}\ \mathrm{eVK^{-1}}$
Avogadro-Zahl	$N_A = (6{,}022140857 \pm 0{,}000000074)\cdot 10^{23}\ \mathrm{mol^{-1}}$
Plancksches Wirkungsquantum	$h = (6{,}626070040 \pm 0{,}000000081)\cdot 10^{-34}\ \mathrm{Js} =$
	$= (4{,}135667662 \pm 0{,}000000025)\cdot 10^{-15}\ \mathrm{eV\ s}$
reduziertes Plancksches Wirkungsquantum	$\hbar = \dfrac{h}{2\pi} = (1{,}054571800 \pm 0{,}000000013)^{-34}\ \mathrm{Js} =$
	$= (6{,}582119514 \pm 0{,}000000040)\cdot 10^{-16}\ \mathrm{eV\ s}$
Elementarladung	$e = (1{,}6021766208 \pm 0{,}0000000098)\cdot 10^{-19}\ \mathrm{C}$
Lichtgeschwindigkeit	$c = 299\ 792\ 458\ \mathrm{m/s}$
Masse des Elektrons	$m_e = (9{,}10938356 \pm 0{,}00000011)\cdot 10^{-31}\ \mathrm{kg} =$
	$= (0{,}5109989461 \pm 0{,}0000000031)\ \mathrm{MeV}/c^2 =$
	$= (5{,}48579909070 \pm 0{,}00000000016)\cdot 10^{-4}\ \mathrm{u}$
Energieumrechnung	$1\ \mathrm{eV} = (1{,}6021766208 \pm 0{,}0000000098)\cdot 10^{-19}\ \mathrm{J}$
	$1\ \mathrm{J} = (6{,}2415091259 \pm 0{,}0000000382)\cdot 10^{18}\ \mathrm{eV}$
Influenzkonstante	$\varepsilon_0 = 8{,}854187817\cdot 10^{-12}\ \mathrm{Fm^{-1}}$ (oder $\mathrm{AsV^{-1}m^{-1}}$ oder $\mathrm{C^2N^{-1}m^{-2}}$)
	$\dfrac{1}{4\pi\varepsilon_0} = 8{,}99\cdot 10^9\ \mathrm{Nm^2/C^2}$

1 Statistische Physik

Einleitung: Die statistische Physik ist die Physik makroskopischer Vielteilchensysteme. Es werden makroskopische Parameter des Systems wie Volumen, Temperatur, Druck, Magnetisierung usw. als statistische Größen des individuellen Verhaltens der einzelnen Teilchen des Systems aufgefasst.

Zunächst wird anhand der eindimensionalen Zufallsbewegung (*random walk in one dimension*) die Wahrscheinlichkeitsverteilung der resultierenden Verschiebung nach einer großen Zahl zufälliger Ereignisse (links-rechts Sprünge) bestimmt. Es ergibt sich die unhandliche Binomialverteilung, die bei annähernd symmetrischer Sprungwahrscheinlichkeit durch die Gaußverteilung oder bei sehr unsymmetrischer Sprungverteilung durch die Poissonverteilung angenähert werden kann.

Um aus dem statistischen Verhalten der Teilchen eines Systems durch Wahrscheinlichkeitsrechnungen zu makroskopischen Parametern zu gelangen, muss das grundlegende Postulat der gleichen *a-priori*-Wahrscheinlichkeit vorausgesetzt werden: Ein abgeschlossenes System im Gleichgewicht befindet sich in einem seiner zugänglichen Mikrozustände mit genau festgelegten physikalischen Parametern (Quantenzahlen) für jedes Teilchen, die alle mit gleicher Wahrscheinlichkeit, aber für jeden möglichen Makrozustand in sehr unterschiedliche Anzahl auftreten. Damit können die makroskopischen Parameter eines mikrokanonischen Ensembles fester Energie (abgeschlossenes System) aus der Summe der dem System zugänglichen Mikrozustände, der Zustandssumme $\Omega(E)$, berechnet werden. Als Beispiele werden die Zustandssummen eines Teilchens im Kastenpotenzial und des idealen Gases (Teil I, Kapitel „Physik der Wärme“) berechnet.

Werden zwei Systeme in thermischen Kontakt gebracht, so strebt das Gesamtsystem durch thermische Wechselwirkung einen Gleichgewichtszustand an, der i. Allg. nicht mit dem ursprünglichen Gleichgewichtszustand der Teilsysteme übereinstimmt. Er ist dadurch gekennzeichnet, dass die Teilsysteme gleiche Temperatur aufweisen und seine Entropie S maximal ist.

Die Boltzmannsche Entropiegleichung $S = k \cdot \ln \Omega$ stellt die entscheidende Verbindung zwischen der mikroskopischen Struktur eines Systems und der Thermodynamik dar, d. h. zwischen den makroskopischen Größen und ihren Beziehungen. Kann die Zustandssumme Ω eines Systems angegeben werden, so ergibt sich damit die Entropie S und auch die anderen makroskopischen Parameter Temperatur T, Druck P, chemisches Potenzial μ, Magnetisierung M usw. können als verallgemeinerte Kräfte der äußeren Parameter Energie E, Volumen V, Teilchenzahl N, Magnetfeld B usw. berechnet werden.

Ein kanonisches System steht mit einem Wärmereservoir in thermischem Kontakt, dadurch ist seine Temperatur T vorgegeben; ein großkanonisches System steht mit einem Wärme- und Teilchenreservoir in Wechselwirkung, dadurch sind seine Temperatur und sein chemisches Potenzial vorgegeben. Die Wahrscheinlichkeit, mit der ein Zustand in den beiden Systemen auftritt, ist durch die kanonische

Verteilung $P_r(E_r) = \frac{e^{-E_r/kT}}{Z(T)}$ mit der Zustandssumme $Z(T) = \sum_r e^{-E_r/kT}$ bzw. im Falle eines großkanonischen Systems durch die großkanonische Verteilung $P_r(E_r,N_r) = \frac{e^{-(E_r-\mu N_r)/kT}}{Y}$ mit der Zustandssumme $Y(T,V,\mu) = \sum_r e^{-(E_r-\mu N_r)/kT}$ gegeben.

Der Gleichverteilungssatz (Äquipartitionstheorem) ermöglicht die einfache Berechnung der mittleren Energie von Systemen: Jede unabhängige Variable (Freiheitsgrad), die quadratisch in die Gesamtenergie eingeht, liefert einen Beitrag $\frac{1}{2}kT$ zur mittleren Energie ($\frac{1}{2}kT$ pro Freiheitsgrad), wenn das System bei der Temperatur T im Gleichgewicht ist. Der Satz setzt aber eine kontinuierliche Verteilung der Energieniveaus voraus und gilt daher nur in der klassischen Physik.

In der Physik kleinster Teilchen, der Quantenphysik (Teil III, Kapitel „Quantenoptik", Kapitel „Atomphysik" und Kapitel „Subatomare Physik"), ergeben die Unbestimmtheitsrelationen (Teil III, Kapitel „Quantenoptik", Abschnitt 1.6.5), dass „gleichartige" Teilchen ununterscheidbar sind: Sie sind „identisch" und daher nicht individuell abzählbar – nur die Gesamtzahl in einem bestimmten Zustand ist angebbar. Damit gilt für Mikroteilchen die Maxwell-Boltzmann Statistik nicht mehr, sondern es gelten zwei unterschiedliche Quantenstatistiken: Die Fermi-Dirac Statistik (mittlere Besetzungszahl $\bar{n}$ eines Zustandes der Energie ε_s $\bar{n}(\varepsilon_s) = \frac{1}{e^{\beta(\varepsilon_s-\mu)}+1}$) für Teilchen mit halbzahliger Spinquantenzahl (unsymmetrischer Gesamtwellenfunktion) oder die Bose-Einstein Statistik ($\bar{n}(\varepsilon_s) = \frac{1}{e^{\beta(\varepsilon_s-\mu)}-1}$) für Teilchen mit ganzzahliger Spinquantenzahl (symmetrischer Gesamtwellenfunktion). Nur im klassischen Grenzfall (mittlerer Abstand $\left(\frac{V}{N}\right)^{1/3}$ zwischen benachbarten Teilchen ist groß gegen die zur Temperatur T gehörende de Broglie Teilchenwellenlänge $\lambda = \frac{h}{p(T)}$ (d. h. $\frac{V}{N\lambda^3} \gg 1$)) gehen die beiden Quantenstatistiken in die Maxwell-Boltzmann Statistik über.

Die statistische Physik beschäftigt sich mit *großen Systemen*, also mit Systemen, die aus sehr vielen Teilchen bestehen wie z. B. Gase, Flüssigkeiten, Festkörper, Photonensysteme.

Die Gesetze der Quantenmechanik beschreiben zwar die Zustände (gegebenenfalls „Bewegungen") der Atome und Moleküle eines Systems und „im Prinzip" kann man ein solches System daher „verstehen". Wir sind aber damit nicht imstande, wirklich Voraussagen über das Verhalten einer sehr großen Zahl miteinander wechselwirkender Teilchen (ca. 10^{25}) abzuleiten.

Beispiel: Die Atome, die zunächst ein reales Gas bilden, kondensieren unter bestimmten Bedingungen zu einer Flüssigkeit mit vollständig anderen physikalischen Eigenschaften.

Wir unterscheiden zwischen einem

mikroskopischen System mit etwa atomarer Dimension (≤ 1 nm), z. B. Atome oder Moleküle und einem

makroskopischen System mit einer Größe, die etwa im Lichtmikroskop sichtbar ist (> 1 µm) und größer, sodass das System sehr viele Atome oder Moleküle enthält.

Bei makroskopischen Systemen aus vielen Teilchen befasst man sich daher nicht mit dem detaillierten Verhalten jedes einzelnen Teilchens, sondern mit makroskopischen Parametern, die das System als Ganzes charakterisieren, z. B. Volumen, Temperatur, Druck, Magnetisierung usw.

Wir verstehen im Folgenden unter einem *Ereignis* das Ergebnis einer Messung des bestimmten Zustands eines Systems, z. B. die bestimmte Energie eines Gasatoms (genauer: Seine Energie in einem bestimmten Energieintervall), den Ausgang einer Druckmessung, ein bestimmtes Ergebnis beim Würfelspiel usf.

Ein Ereignis ist zufällig, wenn es unter gegebenen Bedingungen entweder eintritt oder auch nicht eintritt. Eine Größe (Variable), die verschiedene Werte annehmen kann, ist dabei zufällig, wenn ihr Wert bei einer Messung (Beobachtung) unter definierten Bedingungen nur vom Zufall abhängt. Eine zufällige Größe kann charakterisiert werden, wenn man ihre möglichen Werte kennt und weiß, mit welcher Wahrscheinlichkeit[1] diese auftreten können.

Die statistische Methode untersucht nun Regelmäßigkeiten bei Vorgängen, die sich aus vielen zufälligen Einzelereignissen zusammensetzen. Diese Gesetzmäßigkeiten gelten umso genauer, je größer die Zahl der Einzelereignisse (z. B. Teilchen) ist, die dem Vorgang (Zustand) zugrunde liegen.

1.1 Elementare Statistik und Wahrscheinlichkeit

1.1.1 Grundbegriffe

Für die statistische Beschreibung von Vorgängen werden allgemein *Ensembles* betrachtet:

Unter einem *Ensemble* versteht man die *Gesamtheit* (= statistisches Kollektiv, Schar) einer großen Zahl N von gleich präparierten – also den gleichen Randbedingungen unterworfenen – Systemen.

1 Zur Definition der Wahrscheinlichkeit siehe weiter unten Gl. (VI-1.2).

Wenn wir uns fragen, mit welcher Wahrscheinlichkeit ein bestimmtes ‚Ereignis' (z. B. ein bestimmtes Ergebnis für die Messung des Drucks etc.) in einem System auftritt, müssen wir eine große Zahl von Messungen am System durchführen. Im Prinzip stehen uns dafür zwei Möglichkeiten zur Verfügung:

1. Wir führen N Messungen am *selben* System hintereinander durch → *Zeitmittel.*
2. Wir führen je eine Messung an N *gleichartigen Systemen* (einem *Ensemble*) durch → *Scharmittel* = *Ensemblemittel.*

Sofern der untersuchte Zustand eines Systems nicht von der Zeit abhängt, können beide Methoden verwendet werden (Zeitmittel = Scharmittel).[2] Ein Ensemble ist dann von der Zeit unabhängig, wenn die Wahrscheinlichkeit für ein bestimmtes Ereignis im Ensemble nicht von der Zeit abhängt, d. h., wenn die wahrscheinliche Zahl der Systeme des Ensembles, die in einem bestimmten Zustand sind, zu jeder Zeit gleich groß ist. Das bedeutet aber zugleich, dass ein System genau dann im *Gleichgewicht* ist und damit keine Veränderung seiner möglichen Zustände sowie deren Besetzungswahrscheinlichkeit eintritt, wenn ein Ensemble solcher Systeme zeitunabhängig ist.

Es sei

M die Anzahl der möglichen, einander ausschließenden Ergebnisse,
N die Gesamtzahl der Messungen,
N_j die Anzahl der Messungen, die das Ergebnis j ergeben ($j = 1, 2, ..., M$).

Wir nennen

$$h_j = \frac{N_j}{N} \leq 1 \qquad \text{die } \textit{relative Häufigkeit} \text{ für das Ergebnis } j \tag{VI-1.1}$$

und

$$W_j = \lim_{N\to\infty} h_j(N) = \lim_{N\to\infty} \frac{N_j}{N} \leq 1 \qquad \text{die statistische Wahrscheinlichkeit für das Ergebnis } j.^3 \tag{VI-1.2}$$

2 Dieser Befund wird als *Ergodenhypothese* bezeichnet: Für ein abgeschlossenes System sehr vieler wechselwirkender Teilchen im Gleichgewicht ist der zeitliche Mittelwert an einem System gleich dem Scharmittel = Ensemblemittel vieler gleichartiger Systeme. Das bedeutet, dass im Laufe der Zeit alle möglichen Zustände des Phasenraums (siehe Abschnitt 1.2.1) erreicht werden, der Phasenraum im Laufe der Zeit somit vollständig ausgefüllt wird.

3 Wahrscheinlichkeiten müssen immer ≤ 1 sein! Andernfalls würden einander *nicht* ausschließende Ergebnisse (Ereignisse) verwendet.

Es gilt $\sum_{j=1}^{M} N_j = N$, das heißt nichts anderes als: Jede Messung (jeder Wurf beim Würfelspiel) muss zu einem Ergebnis aus $\{M\}$, d. h. aus der Menge M aller Ergebnisse, führen.

Daraus folgt, dass $\sum_{j=1}^{M} h_j = 1$ und auch $\sum_{j}^{M} W_j = 1$, das heißt, alle relativen Häufigkeiten müssen sich ebenso wie alle Wahrscheinlichkeiten voneinander unabhängiger Ergebnisse zu 1 ergänzen (= sicheres Ereignis).

Addition und Multiplikation von Wahrscheinlichkeiten

Für das Auftreten *irgendeines von zwei* einander ausschließenden Ereignissen i und j gilt, da $N_{i\ \text{oder}\ j} = N_i + N_j$

$$W_{i\,oder\,j} = W_i + W_j \qquad \text{(VI-1.3)}$$

Additionssatz, wobei die Ereignisse i und j einander ausschließen.

$W_{i\,oder\,j}$ ist die Wahrscheinlichkeit für das Auftreten *entweder* des Ereignisses *i oder* des Ereignisses j („Entweder-oder"-Wahrscheinlichkeit).

Für das *gleichzeitige* oder in einer Serie hintereinander erfolgende *Auftreten zweier Ereignisse* (von den Systemen ist eines im Zustand i und das andere im Zustand j), die voneinander unabhängig sind, gilt

$$W_{i\,und\,j} = W_i \cdot W_j \qquad \text{(VI-1.4)}$$

Multiplikationssatz, die Ereignisse i und j sind voneinander unabhängig.

$W_{i\ und\ j}$ ist die Wahrscheinlichkeit für das Auftreten *sowohl* des Ereignisses *i als auch* des Ereignisses j („Sowohl-als-auch"-Wahrscheinlichkeit).

Da Wahrscheinlichkeiten immer ≤ 1 sind, führt ihre Multiplikation zu kleineren Werten als ihre Addition.

Beide Beziehungen sind sofort auf mehr als zwei Ereignisse erweiterbar.

Wichtig ist: Wenn wir keine weiteren Annahmen über das Auftreten der M Ereignisse machen, können wir *keine Voraussagen* der Wahrscheinlichkeit des Ergebnisses einer Messung machen!

Setzen wir aber z. B. voraus, dass das Auftreten eines jeden der M Ereignisse (Ergebnisse) *gleiche Wahrscheinlichkeit* besitzt, also alle Ereignisse gleich wahrscheinlich sind (= *gleiche a priori-Wahrscheinlichkeit der Elementarereignisse*, die einander ausschließen), so wird die Wahrscheinlichkeit W_j für das Auftreten des Ereignisses j von j unabhängig:

$$W_j = \frac{1}{M}, \qquad \text{(VI-1.5)}$$

die Wahrscheinlichkeit, dass ein bestimmtes Ereignis eintritt, wird daher gleich $\frac{1}{\text{Anzahl der möglichen Ereignisse}}$.

Damit können wir jetzt Wahrscheinlichkeiten für das Auftreten eines Ergebnisses voraussagen, indem wir alle möglichen Ergebnisse (= Elementarereignisse) abzählen.

Beispiel 1: Wir würfeln mit einem Würfel. Es ist $M = 6 = \{1,2,3,4,5,6\}$. Wir *beobachten* bei 100 Würfen 17 mal die 6, die Augenzahl 6 tritt so mit der Häufigkeit $h_6 = \frac{17}{100} = 0{,}17$ auf, und 48 Würfe mit Augenzahl ≤ 3, d. h. $h_{\leq 3} = \frac{48}{100} = 0{,}48$.

Wenn wir aber die vernünftige Annahme machen, dass bei jedem Wurf jede Augenzahl gleich wahrscheinlich ist, können wir eine *Voraussage* machen, ohne zu würfeln:

$$W_6 = \frac{1}{M} = \frac{1}{6} = 0{,}16\dot{6} \qquad W_{\leq 3} = W_1 + W_2 + W_3 = 3 \cdot \frac{1}{6} = 0{,}5\,.$$

Beispiel 2: In einer Schachtel befinden sich 10 gleiche Kugeln unterschiedlicher Farbe: 5 rote, 3 grüne und 2 blaue.

Wie groß ist die Wahrscheinlichkeit beim wahllosen Hineingreifen eine grüne Kugel zu bekommen? Für jede Kugel ist die Wahrscheinlichkeit erwischt zu werden, gleich groß, nämlich 1/10. Daher wird nach dem Additionssatz eine der 3 grünen Kugeln mit der Wahrscheinlichkeit $W_{gr} = 3/10 = 0{,}3$ erwischt.[4]

Wie groß ist die Wahrscheinlichkeit, eine grüne oder eine blaue Kugel zu ziehen? Hier werden zwei einander ausschließende Ereignisse (Ziehen von grün *oder* blau) betrachtet, die beiden Wahrscheinlichkeiten $W_{gr} = 0{,}3$ und $W_{bl} = 0{,}2$ sind daher zu addieren $W_{(\text{grün oder blau})} = 0{,}5$.

Wie groß ist die Wahrscheinlichkeit, zuerst eine grüne und anschließend eine blaue Kugel zu ziehen? Jetzt geht es um das Auftreten von grün und blau in *einer Reihe*, wobei das Ziehen von grün und blau voneinander unabhängig ist. W_{gr} und W_{bl} sind daher zu multiplizieren und es gilt

$W_{(\text{zuerst grün, dann blau})} = 0{,}3 \cdot 0{,}2 = 0{,}06$, wenn die grüne Kugel wieder in die Schachtel zurückgegeben wird, und $W_{(\text{zuerst grün, dann blau})} = 0{,}3 \cdot \frac{2}{9} = 0{,}067$, wenn die grüne Kugel draußen bleibt.

Wie man sieht, kommt es im ersten Fall auf die Reihenfolge „grün-blau" oder „blau-grün" nicht an, sondern nur auf die Ziehung „sowohl grün als auch blau".[5]

4 Entweder die erste oder die zweite oder die dritte grüne Kugel $\Rightarrow W_{gr} = \frac{1}{10} + \frac{1}{10} + \frac{1}{10} = \frac{3}{10}$.

5 Denn dann sind die beiden Ereignisse i und j unabhängig voneinander.

1.1.2 Die eindimensionale Zufallsbewegung (*linear random walk*) als Beispiel für das Auftreten zufälliger Ereignisse

Wir betrachten ein Teilchen, das in einer Dimension, z. B. auf der x-Achse, aufeinanderfolgende Verschiebungen (Sprünge) vom Ursprung aus zufällig nach links oder rechts erfährt. Nach N Sprüngen der Länge l befinde sich das Teilchen an der Stelle $x = ml$. m muss dabei eine ganze Zahl sein und es gilt $-N \le m \le N$, die Extremwerte $-N$ und $+N$ werden erreicht, wenn sich das Teilchen *nur* nach links bzw. *nur* nach rechts bewegt.

Wir fragen: Wie groß ist die Wahrscheinlichkeit $P_N(m)$, dass das Teilchen nach N Verschiebungen an der Stelle $x = ml$ ist?

Wenn das Teilchen n_1 Verschiebungen nach rechts und n_2 Verschiebungen nach links gemacht hat mit $N = n_1 + n_2$, gilt für die resultierende Verschiebung (in Einheiten der Sprungdistanz l) $m = n_1 - n_2$. Damit ist die resultierende Verschiebung vom Ausgangspunkt (Ursprung) bestimmt:

$$m = n_1 - n_2 = n_1 - (N - n_1) = 2n_1 - N. \tag{VI-1.6}$$

Wir sehen: Ist N ungerade, so folgt m ungerade, ist N gerade, so ist auch m gerade.

Wir nehmen jetzt an, dass aufeinanderfolgende Verschiebungen statistisch unabhängig, d. h. *zufällig* erfolgen, dass z. B. Verschiebungen nach rechts (und damit auch Verschiebungen nach links) immer mit der *gleichen a-priori*-Wahrscheinlichkeit auftreten, unbeeinflusst von der Vorgeschichte, und bezeichnen mit

p die Wahrscheinlichkeit für eine Verschiebung nach rechts
$q = 1 - p$ für eine Verschiebung nach links.[6]

Die Wahrscheinlichkeit für jede Abfolge voneinander unabhängiger n_1 Verschiebungen nach rechts und n_2 nach links ist das Produkt der Wahrscheinlichkeiten:

$$\underbrace{p \cdot p \ldots p}_{n_1\,\text{Faktoren}} \cdot \underbrace{q \cdot q \ldots q}_{n_2\,\text{Faktoren}} = p^{n_1} \cdot q^{n_2}. \tag{VI-1.7}$$

Wie viele unterschiedliche Möglichkeiten gibt es für das Teilchen, die N Sprünge so auszuführen, dass gerade n_1 davon nach rechts und n_2 nach links gerichtet sind und es daher immer an derselben Stelle auf der x-Achse landet?

---

6 Wir könnten ebenso ein System aus N ortsfesten Teilchen mit Spinquantenzahl $s = 1/2$ betrachten (generell werden zwei Zufallsgrößen betrachtet, die einander ausschließen). Jedes Teilchen kann sich mit ‚Spin auf' ($\uparrow$) oder ‚Spin ab' ($\downarrow$) mit den entsprechenden Wahrscheinlichkeiten p und q einstellen, n_1 ist dann die Zahl der $\uparrow$-Spins, n_2 die Zahl der $\downarrow$-Spins. Wenn das magnetische Gesamtmoment des Systems in $\uparrow$-Richtung M ist und jeder einzelne Spin dazu mit μ_0 beiträgt, so ist $m = M/\mu_0$ das gesamte magnetische Moment in $\uparrow$-Richtung in Einheiten von μ_0.

i

Die ‚Kombinatorik' hilft uns weiter:
Definition der ‚Fakultät': $N! = N(N-1)(N-2)\ldots 1$ und $0! = 1$. Eine viel verwendete, stetige Näherungsformel für große N ist die *Stirlingsche Formel* (nach James Stirling, 1692–1770, schottischer Mathematiker):

$$N! \cong \sqrt{2\pi N}\cdot\left(\frac{N}{e}\right)^N, \text{ für sehr große } N\text{: } N! \cong \left(\frac{N}{e}\right)^N, \text{ bzw. } \ln N! = N\ln N - N.$$

Für kleine N kann man nähern: $N! \cong \sqrt{2\pi N}\left(\frac{N}{e}\right)^N e^{1/12N}$.

Der „Binomialkoeffizient" $\binom{n}{m}$ (sprich „n über m") ist definiert als

$$\binom{n}{m} = \frac{n(n-1)\ldots(n-m+1)}{m!} \quad\Rightarrow$$

$$\binom{n}{m} = \frac{[n(n-1)\ldots(n-m+1)]\cdot[(n-m)(n-m-1)\ldots 2\cdot 1]}{m!\,[(n-m)(n-m-1)\ldots 2\cdot 1]} = \frac{n!}{m!\,(n-m)!},$$

mit $\binom{n}{1} = n$, $\binom{n}{n} = \binom{n}{0} = 1$.

Für die Zahl der *Kombinationen* von n Elementen zur Klasse m, also zu je m Elementen ohne Berücksichtigung der Anordnung gilt

$$K_n^m = \binom{n}{m} = \frac{n!}{m!\,(n-m)!}.$$

Beispiel: Kombination der drei Elemente a, b, c zu je zweien:

$$K_3^2 = \binom{3}{2} = \frac{3!}{2!\,(3-2)!} = \frac{1\cdot 2\cdot 3}{1\cdot 2\cdot 1} = \frac{6}{2} = 3\text{: } ab,\ ac,\ bc.$$

In unserem Fall gibt es daher

$$\binom{N}{n_1} = \frac{N!}{n_1!\,(N-n_1)!} = \frac{N!}{n_1!\,n_2!}\ \text{[7]} \qquad \text{(VI-1.8)}$$

mögliche Kombinationen von n_1 Sprüngen nach rechts und n_2 nach links. Jede dieser Kombinationen besitzt die gleiche Wahrscheinlichkeit $p^{n_1}\cdot q^{n_2}$.[8] Nach dem Mul-

7 $N!$ gibt *alle* Anordnungen von N unterscheidbaren Objekten, in unserem Fall von N nummerierten Verschiebungen. Da es auf die Anordnung der Zahlen in den n_1 Linksverschiebungen und den n_2 Rechtsverschiebungen nicht ankommt, ist die Zahl aller Anordnungen $N!$ durch die Zahl der Anordnungen $n_1!$ und $n_2!$ zu dividieren.

8 In der statistischen Physik wird *eine* bestimmte Kombination als *Mikrozustand*, die Summe aller möglichen Kombinationen als *Makrozustand* („n_1 Sprünge nach rechts und n_2 Sprünge nach links") bezeichnet.

tiplikationssatz der Wahrscheinlichkeitsrechnung können wir damit die Wahrscheinlichkeit dafür angeben, dass das Teilchen von insgesamt N Sprüngen n_1 nach rechts macht: Wir multiplizieren die Anzahl der möglichen Sprungabfolgen mit der Wahrscheinlichkeit für jede einzelne Abfolge:

$$W_N(n_1) = \frac{N!}{n_1!\, n_2!} \cdot p^{n_1} q^{n_2} = \binom{N}{n_1} p^{n_1} (1-p)^{(N-n_1)} \quad \textit{Binomialverteilung.}^{9} \qquad \text{(VI-1.9)}$$

Für eine gegebene Gesamtzahl von Verschiebungen N ergibt sich die Wahrscheinlichkeit $W_N\,(n_1)$ als Funktion von n_1, als *Binomialverteilung* (Abb. VI-1.1). Diese ist auf 1 normiert ($\sum_{n_1=0}^{N} W_N(n_1) = 1$) und besitzt, wie später gezeigt wird (Abschnitt 1.1.4, Gl. VI-1.51), für große N an der Stelle $n_1 = N \cdot p$ ein scharfes Maximum.

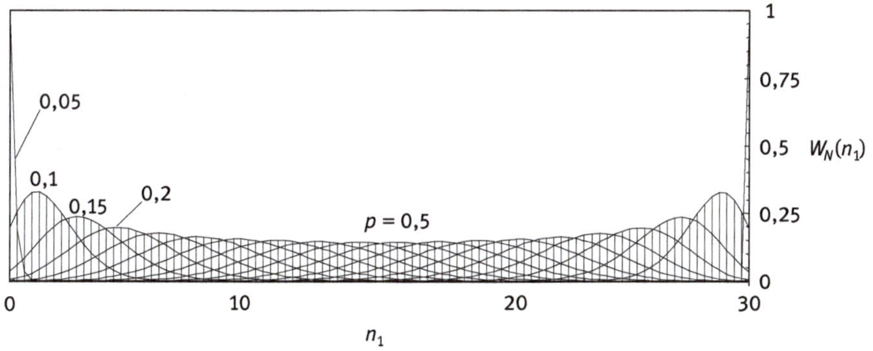

Abb. VI-1.1: Binomialverteilung $W_N(n_1)$ für $N = 30$, mit der Wahrscheinlichkeit p für einen Rechtssprung als Parameter zwischen 0 und 1. Nur für $p = 0{,}5$ ist die Verteilung symmetrisch, sonst ist die Verteilung um den Maximalwert asymmetrisch. Es zeigt sich jedoch, dass die Verteilung noch in einem sehr breiten Bereich um $p = 0{,}5$ annähernd symmetrisch ist. Für sehr kleine und sehr große Werte von p (hier $p = 0{,}05$ und $p = 0{,}95$) geht die Verteilung in eine Poissonverteilung über (siehe Abschnitt 1.1.4, Gl. VI-1.70).

Wir kennen jetzt die Wahrscheinlichkeit für eine bestimmte Sprungzahl n_1 der Teilchen nach rechts bei insgesamt N Sprüngen. Das bestimmt aber auch seine Position $x = ml$ und damit haben wir auch die gesuchte Wahrscheinlichkeit gefunden, dass das Teilchen nach insgesamt N Sprüngen bei $x = ml$ ist: $P_N(m) = W_N(n_1)$.

---

9 In der Algebra wird als ‚Binomial' ein *Polynom* bezeichnet, welches als Summe von Vielfachen von Potenzprodukten mit zwei Variablen und konstanter Exponentensumme dargestellt wird, z. B. $(a + b)^N$. Die Koeffizienten der Potenzprodukte $a^n \cdot b^{(N-n)}$, nämlich $\binom{N}{n}$, entsprechen genau jenen der Verteilung $W_N(n_1)$.

Da $m = 2n_1 - N$ (Gl. VI-1.6), folgt

$$n_1 = \frac{1}{2}(N+m) \text{ und } n_2 = N - n_1 = N - \frac{1}{2}N - \frac{1}{2}m = \frac{1}{2}(N-m). \qquad \text{(VI-1.10)}$$

Damit erhalten wir für die gesuchte Wahrscheinlichkeit

$$P_N(m) = \frac{N!}{\left(\frac{N+m}{2}\right)!\left(\frac{N-m}{2}\right)!}\, p^{(N+m)/2}(1-p)^{(N-m)/2}. \qquad \text{(VI-1.11)}$$

Nehmen wir gleiche Wahrscheinlichkeit für Rechts- und Linkssprünge an, d. h. $p = q = 1/2$, so wird die gesuchte Wahrscheinlichkeit mit

$$p^{(N+m)/2}(1-p)^{(N-m)/2} = \left(\frac{1}{2}\right)^{\frac{N}{2}+\frac{m}{2}} \cdot \left(\frac{1}{2}\right)^{\frac{N}{2}-\frac{m}{2}} = \left(\frac{1}{2}\right)^{N} \qquad \text{(VI-1.12)}$$

zu

$$P_N(m) = \frac{N!}{\left(\frac{N+m}{2}\right)!\left(\frac{N-m}{2}\right)!}\left(\frac{1}{2}\right)^{N}. \qquad \text{(VI-1.13)}$$

Beispiel 1: Eindimensionale Zufallsbewegung eines Teilchens bei $N = 3$ Sprüngen.

Wir stellen zuerst die Anzahl der Möglichkeiten für die verschiedenen Abfolgen der 3 Sprünge des Teilchens zusammen (dafür gilt ja: $\frac{N!}{n_1!\, n_2!}$):

1. Alle 3 Sprünge nach rechts $\Rightarrow$ $n_1 = 3 \rightarrow \frac{3!}{3!\,0!} = \frac{3!}{3!} = 1$
2. 2 Sprünge nach rechts, 1 nach links $\Rightarrow$ $n_1 = 2 \rightarrow \frac{3!}{2!\,1!} = \frac{6}{2} = 3$
3. 1 Sprung nach rechts, 2 nach links $\Rightarrow$ $n_1 = 1 \rightarrow \frac{3!}{1!\,2!} = 3$
4. alle 3 Sprünge nach links $\Rightarrow$ $n_1 = 0 \rightarrow \frac{3!}{3!} = 1.$

Jetzt betrachten wir die Wahrscheinlichkeit, dass das Teilchen nach 3 Sprüngen an der Stelle $x = ml$ ist, wobei wir gleiche Wahrscheinlichkeit für Links- und Rechtssprünge annehmen, also $p = q = 1/2$.

n_1 kann folgende Werte annehmen: $n_1 = 0, 1, 2, 3$; damit ergibt sich $m = 2n_1 - N = -3, -1, 1, 3$ und damit

$$P_3(m) = W_3(n_1) = \frac{1}{8}, \frac{3}{8}, \frac{3}{8}, \frac{1}{8} .$$

Ausführlich für $m = -3$: $P_3(-3) = \underbrace{\left\{\frac{3!}{0!\,(6/2)!}\right\}}_{=1}(1/2)^3 = \frac{1}{8}$.

Für $N = 30$ erhält man folgende *Wahrscheinlichkeitsverteilung* mit $p = q = ½$:

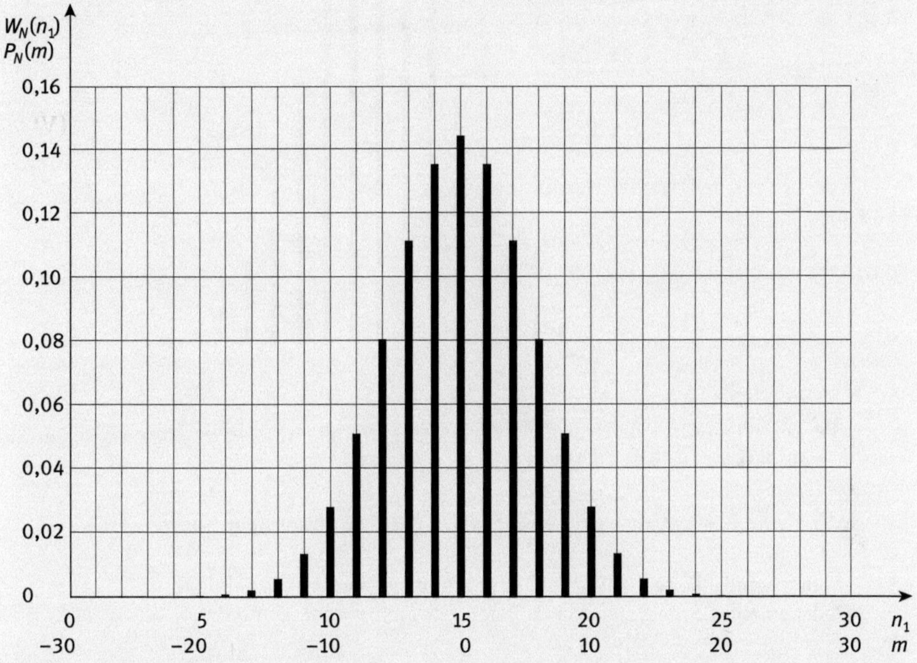

Wahrscheinlichkeiten $W_N(n_1)$ und $P_N(m)$ für insgesamt $N = 30$ Sprünge (oder Teilchen eines Spinsystems ohne äußeres Feld) mit $p = q = ½$.

Wesentliches Ergebnis: Die Wahrscheinlichkeit, das Teilchen in der Nähe des Ursprungs bei $x = 0 \cdot l$ zu finden, ist groß, klein jedoch am Rand bei $x = N \cdot l$. Die Kurve besitzt für großes N ein sehr scharfes Maximum bei $N \cdot p = 15$; die Halbwertsbreite (siehe Abschnitt 1.1.4) Δm_h von $P_N(m)$ liegt bei einer relativen Abweichung von $\frac{\Delta m_h}{N} = \sqrt{2/N}$ und geht mit wachsendem N gegen Null. Für $p = q$ ergibt sich die Verteilung symmetrisch um den Mittelwert.

Für unterschiedliche Rechts- und Linkssprungwahrscheinlichkeit wird die Verteilung asymmetrisch um einen entsprechend verschobenen Mittelwert ($\bar{n}_1 = N \cdot p$, siehe 1.1.3, Gl. VI-1.29):

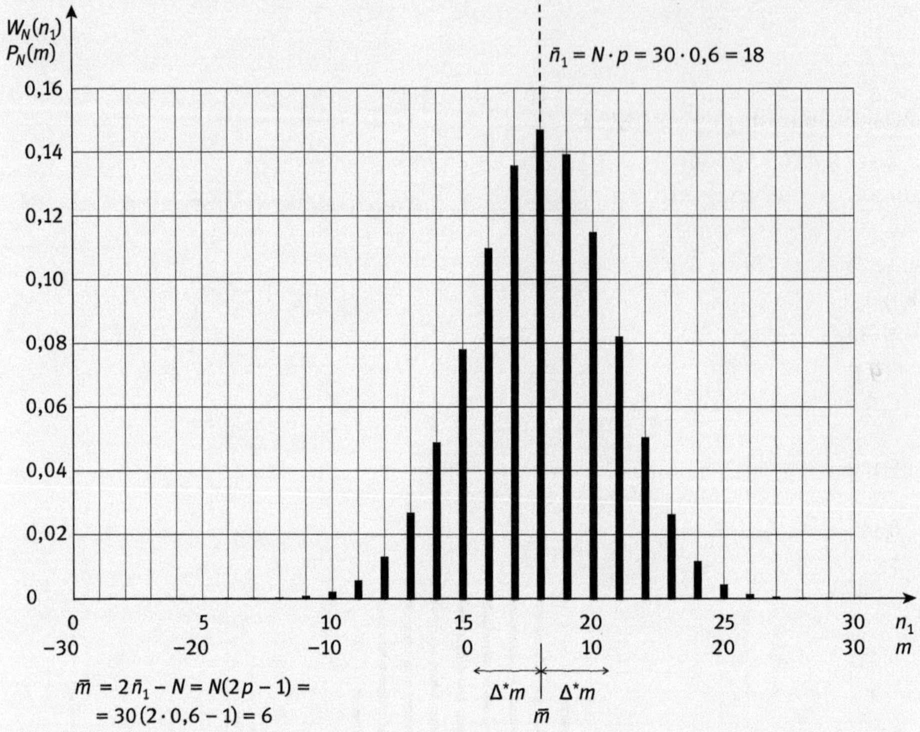

$\Delta^* m = \sqrt{\overline{(\Delta m)^2}} = \sqrt{4Npq} = 5{,}37 =$ mittlere quadratische Abweichung (Gl. VI-1.42).

Wahrscheinlichkeiten $W_N(n_1)$ und $P_N(m)$ für insgesamt $N = 30$ Sprünge (Teilchen eines Spinsystems im äußeren Feld) mit $p = 0{,}6$ und $q = 0{,}4$.

Für großes N fallen der Maximalwert $n_1^{\max}$ und der Mittelwert $\bar{n}_1$ zusammen (siehe Abschnitt 1.1.4, Gl. VI-1.51).

Beispiel 2: Spinsystem.

Wir betrachten ein System aus $N = 30$ ortsfesten Teilchen mit Spinquantenzahl $s = 1/2$ bei der Temperatur T. Im äußeren Feld haben die Teilchen 2 Einstellmöglichkeiten entsprechend $m_s = \pm 1/2$ (↑ und ↓). Für die Wahrscheinlichkeit $m_s = +1/2$ (↑) setzen wir p, für $m_s = -1/2$ (↓) nehmen wir $q = 1 - p$. Ohne äußeres Feld ist keine der beiden Spinorientierungen bevorzugt und es gilt $p = q = 1/2$.

Im äußeren Magnetfeld dagegen überwiegt (bei Vorhandensein einer die Ausrichtung störenden Temperaturbewegung) die Ausrichtung in Feldrichtung und es wird $p \neq q$.

n_1 sei die Anzahl der nach oben gerichteten Spins ($m_s = +1/2$), dann sind $n_2 = N - n_1$ Spins nach unten gerichtet. $W_N(n_1)$ gibt dann die Wahrscheinlichkeit dafür, dass n_1 der insgesamt N Spins des Systems nach oben ausgerichtet sind. Die Wahrscheinlichkeitsverteilung $W_N(n_1)$ ergibt sich identisch mit der obigen Binomialverteilung für $p = q = 1/2$.

Bezeichnen wir mit M das gesamte magnetische Moment in ↑ Richtung und mit μ_0 den Beitrag eines einzelnen Spins zum magnetischen Moment, so ist $M = n_1\mu_0 - n_2\mu_0 = m\mu_0$ mit $m = n_1 - n_2$. $m = M/\mu_0$ ist daher das gesamte magnetische Moment M in Aufwärtsrichtung in Einheiten von μ_0. Für die Wahrscheinlichkeit $P_N(m)$, dass das gesamte magnetische Moment nach oben den Wert m annimmt, ergibt sich wieder die obige Binomialverteilung. Für den Fall $p = q = 1/2$ (kein äußeres Magnetfeld) erhalten wir eine hohe Wahrscheinlichkeit für $m = 0$ und damit auch $M = 0$.

Ist dagegen ein äußeres Magnetfeld vorhanden, das z. B. bewirkt, dass die Spineinstellung ↑ mit $p = 0{,}6$ auftritt, während für die Spineinstellung ↓ nur $q = 0{,}4$ gilt, so ergibt sich die entsprechend verschobene Spinverteilung von oben mit einer entsprechend hohen Wahrscheinlichkeit eines resultierenden Moments $M = \mu_0 N(2p - 1)$.

1.1.3 Mittelwertbildung und Gesetz der großen Zahl

Eine Variable u nehme M diskrete Werte $u_1, u_2, \ldots, u_M$ mit den zugehörigen Wahrscheinlichkeiten $P(u_1), P(u_2), \ldots, P(u_M)$ an.

Als Mittelwert von u definieren wir

$$\bar{u} \equiv \frac{\sum_{i=1}^{M} P(u_i) \cdot u_i}{\sum_{i=1}^{M} P(u_i)} . \tag{VI-1.14}$$

Ist ganz allgemein $f(u)$ eine Funktion von u, so bilden wir den Mittelwert der Funktion so:

$$\overline{f(u)} \equiv \frac{\sum_{i=1}^{M} P(u_i) f(u_i)}{\sum_{i=1}^{M} P(u_i)} \,. \qquad \text{(VI-1.15)}$$

Unter der *normierten Wahrscheinlichkeit* $P^*(u_i)$, versteht man den Wert

$$P^*(u_i) = \frac{P(u_i)}{\sum_{i=1}^{M} P(u_i)} \qquad \text{(VI-1.16)}$$

das heißt, die Summe aller normierten Wahrscheinlichkeiten ist Eins:

$$\sum_{i=1}^{M} P^*(u_i) = P^*(u_1) + P^*(u_2) + \ldots + P^*(u_M) = \frac{\sum_{i=1}^{M} P(u_i)}{\sum_{i=1}^{M} P(u_i)} = 1 \qquad \text{(VI-1.17)}$$

Normierungsbedingung.

Damit können wir für den Mittelwert vereinfacht schreiben

$$\bar{u} = \sum_{i=1}^{M} P^*(u_i) \cdot u_i \qquad \textit{Mittelwert einer Variablen,} \qquad \text{(VI-1.18)}$$

$$\overline{f(u)} = \sum_{i=1}^{M} P^*(u_i) f(u_i) \qquad \textit{Mittelwert einer Funktion.} \qquad \text{(VI-1.19)}$$

Im Folgenden werden immer normierte Wahrscheinlichkeiten verwendet und daher der Stern weggelassen.

Es gilt

$$\overline{f(u) + g(u)} = \overline{f(u)} + \overline{g(u)} \quad [10] \qquad \text{(VI-1.20)}$$

10 $\sum_{i=1}^{M} P(u_i)[f(u_i) + g(u_i)] = \sum_{I=1}^{M} P(u_i) f(u_i) + \sum_{i=1}^{M} P(u_i) g(u_i)$

und

$$\overline{c \cdot f(u)} = c \cdot \overline{f(u)} \text{ mit } c = \text{const.} \qquad \text{(VI-1.21)}$$

Der Mittelwert $\bar{u}$ ist ein Maß für den zentralen Wert von u, um den die einzelnen u_i verteilt sind. Für die Abweichungen vom Mittelwert $\Delta u \equiv u - \bar{u}$ gilt

$$\overline{\Delta u} = \overline{(u - \bar{u})} = \sum_{i=1}^{M} P(u_i)(u_i - \bar{u}) = \underbrace{\sum_{i=1}^{M} P(u_i)u_i}_{\bar{u}} - \bar{u}\underbrace{\sum_{i=1}^{M} P(u_i)}_{=1} = \bar{u} - \bar{u} = 0\,, \qquad \text{(VI-1.22)}$$

der Mittelwert der Abweichungen vom Mittelwert verschwindet also und kann daher nicht zur Angabe der Abweichung der u_i vom Mittelwert $\bar{u}$ verwendet werden. Dafür definieren wir das *Schwankungsquadrat* (= Streuung, Varianz) von u

$$\overline{(\Delta u)^2} = \sum_{i=1}^{M} \underbrace{P(u_i)}_{\geq 0}\underbrace{(u_i - \bar{u})^2}_{\geq 0} \geq 0\,.\text{[11]} \qquad \text{(VI-1.23)}$$

Je breiter die Verteilung der Werte u_i um den Mittelwert ist, umso größer ist das Schwankungsquadrat, es ist daher ein Maß für die Streuung der Werte u um den Mittelwert $\bar{u}$.

Man beachte:

$$\begin{aligned}\overline{(\Delta u)^2} &= \overline{(u - \bar{u})^2} = \overline{u^2 - 2u\bar{u} + (\bar{u})^2} = \\ &= \overline{u^2} - \underbrace{\overline{2u\bar{u}}}_{=2(\bar{u})^2} + (\bar{u})^2 = \overline{u^2} - (\bar{u})^2\,.\end{aligned} \qquad \text{(VI-1.24)}$$

Da $\overline{(\Delta u)^2} \geq 0$

$$\Rightarrow \qquad \overline{u^2} \geq (\bar{u})^2\,. \qquad \text{(VI-1.25)}$$

Wir definieren noch als weiteres Maß für die Breite der Verteilung die mittlere quadratische Abweichung vom Mittelwert

$$\Delta^{*}u = +\sqrt{\overline{(\Delta u)^2}} \qquad \textit{Standardabweichung} \text{ (mittlere quadratische Abweichung).} \qquad \text{(VI-1.26)}$$

11 $\overline{(\Delta u)^2} = 0$ nur, wenn für alle u_i gilt: $u_i = \bar{u}$.

Anwendung der Mittelwertbildung auf die Zufallsbewegung

Wir verifizieren zunächst, dass die gefundene Wahrscheinlichkeits-Verteilungsfunktion, die Binomialverteilung, normiert ist. Dazu erinnern wir uns an den binomischen Lehrsatz:

Binomischer Lehrsatz: $$(a+b)^n = \sum_{\nu=0}^{n} \binom{n}{\nu} a^{n-\nu} b^{\nu}.$$

Daher gilt

$$\sum_{n_1=0}^{N} W_N(n_1) = \sum_{n_1=0}^{N} \frac{N!}{n_1!\,(N-n_1)!} \cdot p^{n_1}(1-p)^{N-n_1} =$$
$$= \sum_{n_1=0}^{N} \binom{N}{n_1} (1-p)^{(N-n_1)} p^{n_1} = (1-p+p)^N = 1 \,. \tag{VI-1.27}$$

Die Normierungsbedingung, die besagt, dass das Teilchen ja irgendeine Rechtsverschiebung n_1 zwischen 0 und N gemacht haben muss, ist somit erfüllt.[12]

Wir wenden uns jetzt der mittleren Zahl der Rechtsverschiebungen zu und bilden dafür

$$\bar{n}_1 = \sum_{n_1=0}^{N} W_N(n_1) \cdot n_1 = \sum_{n_1=0}^{N} \frac{N!}{n_1!\,(N-n_1)!} \cdot p^{n_1} q^{N-n_1} \cdot n_1 =$$
$$= \sum_{n_1=0}^{N} \frac{N!}{n_1!\,(N-n_1)!} \underbrace{\left[p \cdot \underbrace{\frac{\partial}{\partial p}(p^{n_1})}_{n_1 p^{n_1-1}} \right]}_{p^{n_1} n_1} \cdot q^{N-n_1} =$$
$$= p \frac{\partial}{\partial p} \left[\sum_{n_1=0}^{N} \frac{N!}{n_1!\,(N-n_1)!} q^{N-n_1} \cdot p^{n_1} \right] \underset{\substack{\text{binomischer} \\ \text{Lehrsatz}}}{=} p \frac{\partial}{\partial p}(p+q)^N =$$
$$= pN(\underbrace{p+q}_{1})^{N-1} = p \cdot N \,. \tag{VI-1.28}$$

12 In der Sprache der Wahrscheinlichkeitsrechnung: „Die Ereignisse n_1 bilden ein *vollständiges System*, das heißt, eines der N möglichen Ereignisse n_1 tritt notwendig ein, wobei sich die einzelnen Ereignisse n_1 gegenseitig ausschließen."

Also

$$\bar{n}_1 = N \cdot p. \tag{VI-1.29}$$

Analog gilt (mit $n_2 = N - n_1$)

$$\bar{n}_2 = \overline{N - n_1} = N - \bar{n}_1 = N(1-p) = N \cdot q \text{ und } \bar{n}_1 + \bar{n}_2 = N. \tag{VI-1.30}$$

Für die mittlere Gesamtverschiebung $\bar{m} = \overline{n_1 - n_2} = \bar{n}_1 - \bar{n}_2$ ergibt sich

$$\bar{m} = N(p-q) \tag{VI-1.31}$$

und damit $\bar{m} = 0$ für den Fall $p = q = ½$, was der in diesem Fall vollständigen Symmetrie zwischen Links- und Rechtssprüngen entspricht.

Für das Schwankungsquadrat $\overline{(\Delta n_1)^2}$ gilt

$$\overline{(\Delta n_1)^2} = \overline{n_1^2} - \bar{n}_1^2, \tag{VI-1.32}$$

wobei wir von oben wissen (Gl. VI-1.29)

$$\bar{n}_1 = Np \quad \Rightarrow \quad \bar{n}_1^2 = N^2 p^2. \tag{VI-1.33}$$

Für $\overline{n_1^2}$ lässt sich in ähnlicher Weise wie für $\bar{n}_1$ zeigen[13]

$$\overline{n_1^2} = \sum_{n_1=0}^{N} W(n_1)\, n_1^2 = \bar{n}_1^2 + Npq \tag{VI-1.34}$$

und wir bekommen für das Schwankungsquadrat

$$\overline{(\Delta n_1)^2} = Npq = Np(1-p), \tag{VI-1.35}$$

und für die Standardabweichung (mittlere quadratische Abweichung)

---

13 Wie vorher bei der Berechnung von $\bar{n}_1$ der Ausdruck $n_1 p^{n_1} = p \dfrac{\partial}{\partial p} p^{n_1}$ auftrat, tritt jetzt $n_1^2 p^{n_1}$ auf. Es gilt $n_1^2 p^{n_1} = n_1(n_1 p^{n_1}) = n_1\left(p \dfrac{\partial}{\partial p}\right) p^{n_1} = \left(p \dfrac{\partial}{\partial p}\right)(n_1 p^{n_1}) = \left(p \dfrac{\partial}{\partial p}\right)^2 p^{n_1}$ und wie vorher $\bar{n}_1^2 = \left(p \dfrac{\partial}{\partial p}\right)^2 (p+q)^N = p \dfrac{\partial}{\partial p}\left[pN(p+q)^{N-1}\right] = p\left[N(p+q)^{N-1} + pN(N-1)(p+q)^{N-2}\right]$. Daraus folgt mit $p + q = 1 : p\left[N + pN(N-1)\right] = pN(1 + pN - p) = (pN)^2 + pN(1-p) = \bar{n}_1^2 + Npq$.

$$\Delta^* n_1 = \sqrt{\overline{(\Delta n_1)^2}} = \sqrt{Npq}\,. \tag{VI-1.36}$$

Für die *relative Breite* der Verteilung bilden wir das Verhältnis aus der Standardabweichung und dem Mittelwert, die *relative Standardabweichung*, für die folgt

$$\frac{\Delta^* n_1}{\bar{n}_1} = \frac{\sqrt{Npq}}{Np} = \sqrt{\frac{q}{p}}\frac{1}{\sqrt{N}} \xrightarrow{N\to\infty} 0 \qquad \textit{Gesetz der großen Zahl.} \tag{VI-1.37}$$

Das Gesetz der großen Zahl besagt, dass die Wahrscheinlichkeitsverteilung für große N *sehr schmal* wird, unser Teilchen nach sehr vielen Sprüngen daher scharf lokalisiert ist. Dies liegt daran, dass der Mittelwert $\bar{n}_1$ proportional N wächst, die Breite der Verteilung aber nur proportional $\sqrt{N}$, die relative Breite daher mit $1/\sqrt{N}$. Für $p = q = 1/2$ gilt insbesondere

$$\frac{\Delta^* n_1}{\bar{n}_1} = \frac{1}{\sqrt{N}}\,. \tag{VI-1.38}$$

Beispiel: Wir betrachten einen Behälter mit 10^{24} Gasatomen und unterscheiden zwischen der linken und der rechten Hälfte des Behälters. Wir nehmen an, dass die Sprungwahrscheinlichkeiten[14] der Gasatome nach rechts und nach links zu springen gleich sind: $p = q = 1/2$. Dadurch, dass fortwährend Teilchen zwischen der rechten und der linken Behälterhälfte hin und her wechseln, befinden sich nur *im Mittel* $\bar{n} = N \cdot p = N/2 = 0{,}5 \cdot 10^{24}$ Gasatome in der rechten Hälfte des Behälters. Die Standardabweichung ergibt $\Delta^* n = \sqrt{Npq} = 0{,}5 \cdot 10^{12}$, das heißt, die tatsächliche Zahl der Atome in dieser Hälfte weicht um bis zu $0{,}5 \cdot 10^{12}$ Atome vom Mittelwert ab. Für die entsprechende *relative* Abweichung ergibt sich aber nur $\Delta^* n/\bar{n} = 10^{-12}$, sie ist damit vernachlässigbar klein.

Wir überlegen uns noch abschließend das Schwankungsquadrat der resultierenden Gesamtverschiebung m unseres Teilchens, für die ja gilt

$$m = n_1 - n_2 = 2n_1 - N, \qquad \bar{m} = \bar{n}_1 - \bar{n}_2 \underset{\bar{n}_2 = N - \bar{n}_1}{\underbrace{=}} \bar{n}_1 - N + \bar{n}_1 = 2\bar{n}_1 - N, \tag{VI-1.39}$$

14 Hier werden die N Sprünge nicht von einem einzigen Teilchen nacheinander, sondern von N unabhängigen Teilchen gleichzeitig ausgeführt.

und somit

$$\Delta m = m - \overline{m} = 2n_1 - N - (2\overline{n}_1 - N) = 2(n_1 - \overline{n}_1) = 2\Delta n_1 . \qquad \text{(VI-1.40)}$$

Damit ergibt sich für das Schwankungsquadrat der Gesamtverschiebung von N Teilchen:

$$\overline{(\Delta m)^2} = 4\overline{(\Delta n_1)^2} = 4Npq = 4Np(1-p) \qquad \text{(VI-1.41)}$$

und damit für die Standardabweichung (mittlere quadratische Abweichung)

$$\Delta^* m = \sqrt{\overline{(\Delta m)^2}} = \sqrt{4Npq} = \sqrt{4Np(1-p)} . \qquad \text{(VI-1.42)}$$

Für den Fall $p = q = ½$ gilt

$$\overline{(\Delta m)^2} = N \quad \Rightarrow \quad \Delta^* m = \sqrt{\overline{(\Delta m)^2}} = \sqrt{N} . \qquad \text{(VI-1.43)}$$

Beispiel: Wir nehmen an, dass $p = q = ½$.

$N = 100 \quad \Rightarrow \quad \overline{n}_1 = N \cdot p = 50,\ \overline{(\Delta n_1)^2} = Npq = 25,\ \Delta^* n_1 = \sqrt{Npq} = 5,$

$\dfrac{\Delta^* n_1}{\overline{n}_1} = \dfrac{5}{50} = 10^{-1} \quad \left(\Delta^* n_1 = \sqrt{\overline{n}_1 q} \quad \Rightarrow \quad \dfrac{\Delta^* n_1}{\overline{n}_1} = \sqrt{\dfrac{q}{\overline{n}_1}} = \sqrt{\dfrac{1}{2\overline{n}_1}}\right)$

$\overline{m} = N(p-q) = 0,\ \overline{(\Delta m)^2} = N = 100,\ \Delta^* m = \sqrt{N} = 10 .$

$\overline{n}_1$	10	100	1000	10^6	10^{24}
$\dfrac{\Delta^* n_1}{\overline{n}_1}$	$2 \cdot 10^{-1}$	$7 \cdot 10^{-2}$	$2 \cdot 10^{-2}$	$7 \cdot 10^{-4}$	$7 \cdot 10^{-13}$

1.1.4 Die Gaußsche und die Poissonsche Wahrscheinlichkeitsverteilung

Betrachten wir nochmals die von uns als Wahrscheinlichkeitsverteilung der eindimensionalen Zufallsbewegung aufgefundene Binomialverteilung (Abschnitt 1.1.2, Gl. VI-1.9):

$$W_N(n_1) = \frac{N!}{n_1!\,(N-n_1)!} \cdot p^{n_1}(1-p)^{N-n_1} .$$

Für große N wird die Berechnung dieser unstetigen Funktion $W_N(n_1)$ schwierig, da Fakultäten von großen Zahlen bestimmt werden müssen. Es sind daher stetige, und damit auch integrierbare Näherungsfunktionen interessant. Wir suchen eine gute Näherung für große N, indem wir die Funktion an einer günstigen Stelle in eine Taylorreihe entwickeln. Dazu benützen wir unser Wissen, dass die Funktion $W_N(n_1)$ für große N ein ausgeprägtes Maximum besitzt, wir bezeichnen die entsprechende Stelle mit $n_1 = n_1^{\max}$ und den Funktionswert als $W_N(n_1^{\max}) = \max$. Der Bereich von n_1, in dem $W_N(n_1)$ *nicht* verschwindend klein ist, besteht daher aus Werten n_1, die nicht viel von $n_1^{\max}$ abweichen; wir brauchen daher nur das Verhalten von $W_N(n_1)$ in der Umgebung des Maximums bei $n_1 = n_1^{\max}$ zu untersuchen. Für eine weitere Vereinfachung gehen wir davon aus, dass weder q noch p sehr klein sind, was bedeutet, dass $\bar{n}_1$ weder nahe bei 0 (‚nur' Linkssprünge) noch nahe bei N liegt (‚nur' Rechtssprünge). Wenn dann N groß ist, so ist auch $W_N(n_1^{\max})$ groß und damit sind es auch die Werte $W_N(n_1)$ in der Nähe von $n_1^{\max}$. Das aber wieder bedeutet, dass sich die Funktion $W_N(n_1)$ bei einer kleinen Änderung von n_1 in der Nähe von $n_1^{\max}$, z. B. um 1, nur sehr wenig ändert, sodass gilt

$$\left|W_N(n_1+1) - W_N(n_1)\right| \ll W_N(n_1)\,. \qquad \text{(VI-1.44)}$$

In diesem Fall können wir $W_N(n_1)$ in guter Näherung als langsam variierende, *stetige* Funktion der Variablen n_1 ansehen, obwohl wir wissen, dass n_1 nur ganzzahlig sein kann.

Man kann nun weiter zeigen, dass es für Funktionen, die sehr stark mit ihrem Argument variieren, sinnvoller ist, den Logarithmus der Funktion statt die Funktion selbst zu entwickeln, da die Entwicklung in diesem Fall einen wesentlich größeren Konvergenzbereich (Gültigkeitsbereich) aufweist (der Logarithmus einer Funktion ändert sich mit der Änderung seines Arguments langsamer als die Funktion selbst). Wir suchen daher eine gute Näherung für $\ln[W_N(n_1)]$ in einem möglichst großen Bereich von n_1.

Zunächst suchen wir jenen Wert von n_1, bei dem $W_N(n_1)$ maximal wird, also $n_1^{\max}$. Für das Maximum muss gelten

$$\frac{dW_N}{dn_1} = 0 \qquad \text{bzw.} \qquad \frac{d\ln W_N}{dn_1} = 0\,. \qquad \text{(VI-1.45)}$$

Wir bilden den Logarithmus

$$\ln W_N(n_1) = \ln N! - \ln n_1! - \ln(N-n_1)! + n_1 \ln p + (N-n_1)\ln \underbrace{(1-p)}_{q}\,. \qquad \text{(VI-1.46)}$$

Wir setzen voraus, dass alle faktoriellen Größen in der Gegend des Maximums sehr groß sind[15] und benützen daher die Näherung

$$\frac{d\ln x!}{dx} \cong \ln x \qquad \text{für} \qquad x \gg 1.^{16} \tag{VI-1.47}$$

Mit $\frac{d}{dn_1}(\ln N!) = 0$ und $\frac{d}{dn_1} N \cdot \ln(1-p) = 0$, da $N = \text{const.}$, erhalten wir für die Ableitung, die wir zur Bestimmung des Maximums gleich Null setzen

$$\frac{d\ln W_N}{dn_1} = -\ln n_1 \underbrace{+}_{\substack{\textit{wegen innerer}\\ \textit{Ableitung!}}} \ln(N-n_1) + \ln p - \ln(1-p) \underbrace{=}_{\substack{\textit{für}\\ n_1 = n_1^{\max}}} 0 \tag{VI-1.48}$$

und umgeformt

$$\ln\frac{(N-n_1^{\max})p}{n_1^{\max}(1-p)} = 0 = \ln 1 \qquad \text{da} \qquad e^0 = 1 \qquad \text{bzw.} \qquad \ln 1 = 0 \tag{VI-1.49}$$

folgt

$$\frac{(N-n_1^{\max})p}{n_1^{\max}(1-p)} = 1. \tag{VI-1.50}$$

Das Maximum ergibt sich daher bei

$$n_1^{\max} = N \cdot p = \bar{n}_1, \tag{VI-1.51}$$

das ist erwartungsgemäß genau beim Mittelwert.

---

15 Für die Entwicklung der Wahrscheinlichkeitsfunktion in eine Taylorreihe um den Maximalwert = Mittelwert, die weiter unten durchgeführt wird, bedeutet diese Voraussetzung, dass sowohl der Mittelwert $\bar{n} = N \cdot p$ als auch $N - \bar{n} = N \cdot q$ groß gegen 1 ($\gg 1$) sein müssen, dass somit insgesamt gilt $Npq \gg 1$. Es ist daher nicht nur erforderlich, dass N groß ist, sondern es darf auch p oder q nicht sehr klein sein.

16 Für $x \gg 1$ gilt $\frac{d\ln x!}{dx} \cong \frac{\ln x! - \ln(x-1)!}{1} = \ln x$ mit $dx = 1$.

Jetzt entwickeln wir $\ln W_N(n_1)$ in eine Taylorreihe an der Stelle $\bar{n}_1 = n_1^{\max}$:

$$\ln W_N(n_1) = \ln W_N(\bar{n}_1) + \underbrace{\left.\frac{d\ln W_N}{dn_1}\right|_{\bar{n}_1}(n_1 - \bar{n}_1)}_{=0,\, da\ \frac{d\ln W_N}{dn_1}=0\ beim\ Maximum} + \frac{1}{2!}\left.\frac{d^2\ln W_N}{dn_1^2}\right|_{\bar{n}_1}(n - \bar{n}_1)^2 + \dots \tag{VI-1.52}$$

Wir bilden die zweite Ableitung an der Stelle $n_1 = \bar{n}_1$ unter Verwendung des Ausdrucks $\frac{d\ln W_N}{dn_1}$ von oben:

$$\left.\frac{d^2\ln W_N}{dn_1^2}\right|_{\bar{n}_1} = -\frac{1}{\bar{n}_1} - \frac{1}{N-\bar{n}_1} = -\frac{N-\bar{n}_1+\bar{n}_1}{\bar{n}_1(N-\bar{n}_1)} \underset{\bar{n}_1=Np}{=} -\frac{N}{N^2p - N^2p^2} = -\frac{1}{Np(1-p)} = -\frac{1}{Npq}. \tag{VI-1.53}$$

Wie für ein Maximum erwartet, ergibt sich die zweite Ableitung an der Stelle $\bar{n}_1$ als negativ. Für die Entwicklung erhalten wir

$$\ln W_N(n_1) = \ln W_N(\bar{n}_1) - \frac{(n_1-\bar{n}_1)^2}{2Npq} + \dots \tag{VI-1.54}$$

bzw.

$$W_N(n_1) = \hat{W}\cdot e^{-(n_1-\bar{n}_1)^2/2Npq} = \hat{W}\cdot e^{-\frac{(n_1-\bar{n}_1)^2}{2(\Delta^* n_1)^2}} \tag{VI-1.55}$$

mit der Standardabweichung $\Delta^* n_1 = \sqrt{Npq}$ (Abschnitt 1.3, Gl. VI-1.36), wobei wir den Maximalwert der Wahrscheinlichkeitsverteilung mit $\hat{W} = W_N(\bar{n}_1) = \text{const.}$ bezeichnen.

Wir sehen sofort, dass $W_N(n_1)$ gegen den Maximalwert $\hat{W}$ verschwindend klein wird, wenn die Abweichung vom Mittelwert $(n_1 - \bar{n}_1)$ so groß ist, dass gilt

$$\frac{(n_1-\bar{n}_1)^2}{Npq} \gg 1 \quad \text{oder} \quad (n_1-\bar{n}_1)^2 \gg Npq \quad \text{bzw.}$$

$$|n_1 - \bar{n}_1| \gg \sqrt{Npq} = \Delta^* n_1, \tag{VI-1.56}$$

da dann der Exponentialfaktor $\ll 1$ wird. Das heißt andererseits, dass $W_N(n_1)$ nur dort von Bedeutung ist, wo $(n_1 - \bar{n}_1) \leq \sqrt{Npq}$, dort ist dann $\frac{(n_1 - \bar{n}_1)^2}{2Npq}$ so klein, sodass die höheren Terme der Taylorentwicklung vernachlässigbar sind und schon der erste nichtverschwindende Term (Glied mit $(n_1 - \bar{n}_1)^2$) eine gute Näherung darstellt.

Wir berechnen jetzt den Vorfaktor $\hat{W}$ der genäherten Verteilung, den maximalen Wert der Wahrscheinlichkeit, aus der Normierungsbedingung

$$\sum_{n_1=0}^{N} W_N(n_1) = 1 . \tag{VI-1.57}$$

Wir haben schon für die Anwendung der Taylorentwicklung benützt, dass sich $W_N(n_1)$ im Bereich des Maximums nur sehr wenig ändert, wenn sich n_1 um 1 ändert und wir n_1 daher als quasi kontinuierliche Variable ansehen können. Wir ersetzen daher die Summe durch ein Integral, beachten, dass der Bereich der Werte n_1 sehr viel größer ist als 1, sodass der Zuwachs $\Delta n_1 = 1$ als infinitesimal klein (dn_1) angesehen werden kann, und nehmen außerdem als Integrationsbereich $-\infty$ bis $+\infty$, da $W_N(n_1)$ weit außerhalb des Maximums, d. h. für große $(n_1 - \bar{n}_1)$, ohnedies vernachlässigbar klein ist

$$\int_{-\infty}^{+\infty} \hat{W} \cdot e^{-(n_1-\bar{n}_1)^2/2Npq} dn_1 \underbrace{=}_{\substack{n_1-\bar{n}_1=y \\ dy/dn_1=1}} \hat{W} \int_{-\infty}^{+\infty} e^{-y^2/2Npq} dy \underbrace{=}_{\int_{-\infty}^{+\infty} e^{-a^2x^2}dx = \sqrt{\pi}/a}$$

$$= \hat{W} \cdot \sqrt{2\pi Npq} = 1 . \tag{VI-1.58}$$

Wir erhalten daher

$$\hat{W} = \frac{1}{\sqrt{2\pi Npq}} \tag{VI-1.59}$$

und für die normierte Wahrscheinlichkeitsverteilung mit $\bar{n}_1 = Np$

$$W_N(n_1) = \frac{1}{\sqrt{2\pi Npq}} e^{-(n_1-Np)^2/2Npq} \tag{VI-1.60}$$

normierte Gaußverteilung = Normalverteilung.

Umgeschrieben mit Verwendung des mittleren Schwankungsquadrats $\overline{(\Delta n_1)^2} = (\Delta^* n_1)^2 = Npq$ ergibt dies

$$W_N(n_1) = \frac{1}{\sqrt{2\pi(\Delta^* n_1)^2}} e^{-\frac{(n_1-\bar{n}_1)^2}{2(\Delta^* n_1)^2}} \quad \textit{Gaußverteilung} \text{ (normiert)} \qquad \text{(VI-1.61)}$$

und mit der Abkürzung $z \equiv \frac{n_1 - \bar{n}_1}{\sqrt{Npq}} = \frac{n_1 - \bar{n}_1}{\Delta^* n_1}$ und $\Delta^* n_1 = \sqrt{\overline{(\Delta n_1)^2}} = \sqrt{Npq}$

$$W_N(n_1) = \frac{1}{\sqrt{2\pi}\,\Delta^* n_1} e^{-z^2/2} \quad \textit{Gaußverteilung} \text{ (normiert).} \qquad \text{(VI-1.62)}$$

Die Gaußverteilung enthält wie beabsichtigt keine faktoriellen Größen mehr. Sie ist eine gerade Funktion, die um den Mittelwert $\bar{n}_1$ symmetrisch verteilt ist. Wesentlich dafür war die Entwicklung von $\ln W_N(n_1)$ in eine Potenzreihe, die in einem weiten Bereich von Werten n_1 gilt.

Wir fragen noch nach der Wahrscheinlichkeit $P_N(m)$ für die effektive Verschiebung $m = n_1 - n_2$ bei einer Gesamtzahl von $N = n_1 + n_2$ Einzelverschiebungen. Wir erinnern uns (Abschnitt 1.1.2, Gl. VI-1.10), dass für die Zahl der Rechtsverschiebungen $n_1 = \frac{1}{2}(N + m)$ gilt und erhalten so

$$\begin{aligned} P_N(m) &= W_N\left(\frac{N+m}{2}\right) = \\ &= \frac{1}{\sqrt{2\pi Npq}} \exp\left(-\left[\frac{1}{2}\underbrace{(N + m - 2Np)}_{= m - N(\underbrace{2p-1}_{=p-q})}\right]^2 \Big/ 2Npq\right) = \\ &= \frac{1}{\sqrt{2\pi Npq}} e^{-[m - N(p-q)]^2/8Npq} \,. \end{aligned} \qquad \text{(VI-1.63)}$$

Da $m = 2n_1 - N$, nimmt m wie n_1 nur ganzzahlige Werte an, die im Abstand $\Delta m = 2$ liegen. Die eigentlichen Verschiebungen auf der x-Achse betragen $x = m \cdot l$. Ist die Schrittlänge l im Vergleich zur kleinsten Länge L des betrachteten physikalischen Problems klein, so ist m sehr groß und es ändert sich $P_N(m)$ nur wenig mit m, d. h. $|P_N(m + 2) - P_N(m)| \ll P_N(m)$.

Die Wahrscheinlichkeitsfunktion $P_N(m)$ kann daher als stetige Funktion der kontinuierlichen Variablen m bzw. x angesehen werden.

Beispiel: Betrachten wir die Diffusion im Festkörper: Die Sprungdistanz eines Atoms z. B. in eine benachbarte Gitterleerstelle in einem Festkörper ist von der Größenordnung der Gitterkonstante und damit etwa 0,5 nm. Die experimentelle Messung von Diffusionslängen liegt in der Größenordnung von μm, die Sprungdistanzen können daher als stetige Funktionen behandelt werden.

Wir wollen nun von der quasikontinuierlichen zur kontinuierlichen Verteilung übergehen: Die Wahrscheinlichkeit das Teilchen nach N Verschiebungen auf der x-Achse im Gebiet zwischen x und dx zu finden, wird damit $P(x)\,dx$, wobei $P(x)$ die *Wahrscheinlichkeitsdichte* ist. Dabei muss dx *makroskopisch klein* sein (makroskopisch infinitesimal), aber *mikroskopisch groß*, es soll also gelten

$$l \ll dx \ll L\,, \qquad \text{(VI-1.64)}$$

wobei L die kleinste „Abmessung" des mikroskopischen Systems ist.[17]

Da die Werte von m ganzzahlig mit einem Abstand von $\Delta m = 2$ sind, liegen $dx/2l$ Werte m im Bereich dx, die alle die praktisch gleiche Wahrscheinlichkeit $P(m)$ haben. Damit ergibt sich die Wahrscheinlichkeitsdichte $P(x)$, indem man über alle Werte von $P(m)$ aufsummiert, die im Intervall dx liegen

$$P(x)\,dx = \frac{dx}{2l}\,P_N(m) = \frac{1}{2l\sqrt{2\pi Npq}}\,e^{-[m-N(p-q)]^2/8Npq}\cdot dx \qquad \text{(VI-1.65)}$$

und man erhält mit $x = m.\,l$, $\Delta x = \Delta m \cdot l$ und $\bar{x} = \overline{m}\cdot l = N(p-q)l$ sowie der Standardabweichung $\sigma = \sqrt{\overline{(\Delta x)^2}} = l\sqrt{\overline{(\Delta m)^2}} = 2l\sqrt{Npq}$ (siehe Abschnitt 1.1.3, Gl. (VI-1.26) bzw. Gl. (VI-1.42))

$$P(x)\,dx = \frac{1}{\sqrt{2\pi\sigma^2}}\,e^{-(x-\bar{x})^2/2\sigma^2}dx \qquad \text{(VI-1.66)}$$

Standardform der Gaußverteilung = Normalverteilung für eine kontinuierliche Variable x.[18]

Die Form der Gaußverteilung wird allein durch die Größe σ, die Standardabweichung (siehe 1.1.3, Gl. VI-1.26), festgelegt. Diese Gaußverteilung ist normiert, da gilt

17 Wir haben bisher immer von Längen (Verschiebungen) gesprochen. Tatsächlich kann natürlich x jede beliebige statistische Variable darstellen, z. B. Teilchenzahl, Spin, Messfehler, ...

18 Vergleiche auch Band I, Kapitel „Einleitung", Abschnitt 1.3.4 ‚Die Fehlerverteilungsfunktion', Gl. (I-1.11) und Abb. I-1.3.

$$\int_{-\infty}^{+\infty} P(x)\,dx = \frac{1}{\sqrt{2\pi\sigma^2}} \int_{-\infty}^{+\infty} e^{-\underbrace{(x-\bar{x})}_{y}{}^2/2\sigma^2}\,dx = \frac{1}{\sqrt{2\pi\sigma^2}} \int_{-\infty}^{+\infty} e^{-y^2/2\sigma^2}\,dy =$$
$$= \frac{1}{\sqrt{2\pi\sigma^2}} \sqrt{2\pi\sigma^2} = 1\,. \tag{VI-1.67}$$

Wir verifizieren den Mittelwert $\bar{x}$

$$x_{mittel} = \int_{-\infty}^{+\infty} P(x)x\,dx = \frac{1}{\sqrt{2\pi\sigma^2}} \int_{-\infty}^{+\infty} x \cdot e^{-\underbrace{(x-\bar{x})}_{=y}{}^2/2\sigma^2}\,dx \underset{x=y+\bar{x}}{=}$$
$$= \frac{1}{\sqrt{2\pi\sigma^2}} \left[\underbrace{\int_{-\infty}^{+\infty} y \cdot e^{-y^2/2\sigma^2}\,dx}_{=0\ (ungerade\ Funktion)} + \bar{x} \cdot \underbrace{\int_{-\infty}^{+\infty} e^{-y^2/2\sigma^2}\,dx}_{=\sqrt{2\pi\sigma^2}} \right] = \bar{x}\,, \tag{VI-1.68}$$

da das erste Integral von $-\infty$ bis $+\infty$ deshalb verschwindet, weil der Integrand eine ungerade Funktion von y ist.[19]

Beim Wert $x = \bar{x}$ besitzt die Wahrscheinlichkeitsdichte $P(x)$ ein Maximum $P(x)_{\max} = \frac{1}{\sigma\sqrt{2\pi}}$. Die Halbwertsbreite $\Delta x_h = 2 \cdot (x_h - \bar{x})$ findet man aus dem Wert x_h, bei dem $P(x)$ auf die Hälfte des Maximalwertes abgesunken ist. Aus $e^{-(x_h-\bar{x})^2/2\sigma^2} = 1/2$ bzw. $-\frac{(x_h-\bar{x})^2}{2\sigma^2} = -\ln 2$ und $(x_h - \bar{x}) = \sigma\ \sqrt{2\ln 2}$ ergibt sich

$$\Delta x_h = 2 \cdot (x_h - \bar{x}) = 2 \cdot \sqrt{2\ln 2} \cdot \sigma = 2{,}3548 \cdot \sigma\,; \tag{VI-1.68a}$$

σ bestimmt daher die „Schärfe" des Maximums an der Stelle $x = \bar{x}$.

Aus $P(x)_{\max} \cdot \Delta x_h = \frac{1}{\sigma\sqrt{2\pi}} \cdot 2\sqrt{2\ln 2} \cdot \sigma = \frac{2 \cdot \sqrt{\ln 2}}{\sqrt{\pi}} = \text{const.}$ folgt:

i „Kleine Halbwertsbreite, hohes Maximum" und umgekehrt,

19 Für eine ungerade Funktion gilt: $f(-x) = -f(x)$. Das Integral von $-\infty$ bis 0 über eine ungerade Funktion ergibt denselben Absolutwert wie das Integral von 0 bis ∞, aber mit umgekehrtem Vorzeichen. Das bestimmte Integral einer ungeraden Funktion mit Integrationsgrenzen symmetrisch um Null verschwindet daher.

da die Fläche unter der Kurve auf Grund der Normierungsbedingung unabhängig von σ immer 1 beträgt.

Für das Schwankungsquadrat $\overline{(x-\bar{x})^2}$ finden wir:[20]

$$\overline{(x-\bar{x})^2} = \int_{-\infty}^{+\infty} (x-\bar{x})^2 P(x)\,dx = \frac{1}{\sqrt{2\pi\sigma^2}} \int_{-\infty}^{+\infty} y^2 \cdot e^{-y^2/2\sigma^2}\,dy =$$

$$= \frac{1}{\sqrt{2\pi\sigma^2}} \frac{\sqrt{\pi}}{2} (2\sigma^2)^{3/2} = \frac{1}{\sqrt{2\pi\sigma^2}} \frac{\sqrt{\pi}}{2} 2\sigma^3 \sqrt{2} = \sigma^2 . \qquad \text{(VI-1.69)}$$

σ^2 wird *Varianz*, σ wird *Standardabweichung* (mittlere quadratische Abweichung) genannt.

Wir überlegen noch kurz den Fall einer sehr kleinen Wahrscheinlichkeit $p \ll 1$ für Rechtssprünge (d. h. $q \cong 1$). Hier wird die Wahrscheinlichkeit $W_N(n_1)$ sehr klein, wenn n_1 in der Nähe von N liegt, da für $p \ll 1$ ja p^{n_1} in der Binomialverteilung für große n_1 sehr klein wird. Man interessiert sich daher in diesem Fall für den Bereich $n_1 \ll N$. Es ergibt sich als gute Näherung die Poissonverteilung (nach Denis Poisson, 1781–1840, französischer Mathematiker und Physiker)

$$\underset{\substack{n_1 \ll N \\ p \ll 1}}{W_N(n_1)} = \frac{\lambda^{n_1}}{n_1!} e^{-\lambda} \qquad \textit{Poissonverteilung}^{21} \qquad \text{(VI-1.70)}$$

mit $\lambda = \bar{n}_1 = N \cdot p$ als Mittelwert von n_1 (Abb. VI-1.2). Der Wert von $\lambda = \bar{n}_1$ bestimmt allein die Form der Poissonverteilung!

---

20 In Integraltafeln findet man: $\int_{-\infty}^{+\infty} x^2 e^{-\frac{x^2}{a^2}} dx = \frac{\sqrt{\pi}}{2} a^3$.

21 Ableitung der Poissonverteilung: Ausgehend von der Binomialverteilung (1.1.2, Gl. VI-1.9) werden zwei Näherungen für $n_1 \ll$ N und $p \ll 1$ (d. h. $q \approx 1$) durchgeführt und $N \cdot p = \lambda$ gesetzt:

1. $\ln(1-p)^{N-n_1} = (N-n_1)\ln(1-p) \cong N \cdot (-p) \quad \Rightarrow \quad (1-p)^{N-n_1} \cong e^{-Np} = e^{-\lambda}$

2. $\ln\left(\frac{N!}{n_2!}\right) = \ln\left(\frac{N!}{(N-n_1)!}\right) = \ln N + \ln(N-1) + \ldots + \ln(N-n_1+1) +$

$+ \ln(N-n_1) + \ldots + \ln 2 + \ln 1 - (\ln(N-n_1) + \ln(N-n_1-1) + \ldots + \ln 2 + \ln 1) =$

$= \underbrace{\ln N + \ln(N-1) + \ldots + \ln(N-n_1+1)}_{n_1\ \textit{Terme}} \underset{n_1 \ll N}{\cong} n_1 \ln N \quad \Rightarrow \quad \frac{N!}{n_2!} \cong N^{n_1}$

3. aus $\lambda = N \cdot p$ folgt: $p^{n_1} = \frac{\lambda^{n_1}}{N^{n_1}}$.

In die Binomialverteilung (1.1.2, Gl. VI-1.9) eingesetzt, ergibt sich sofort die Poissonverteilung.

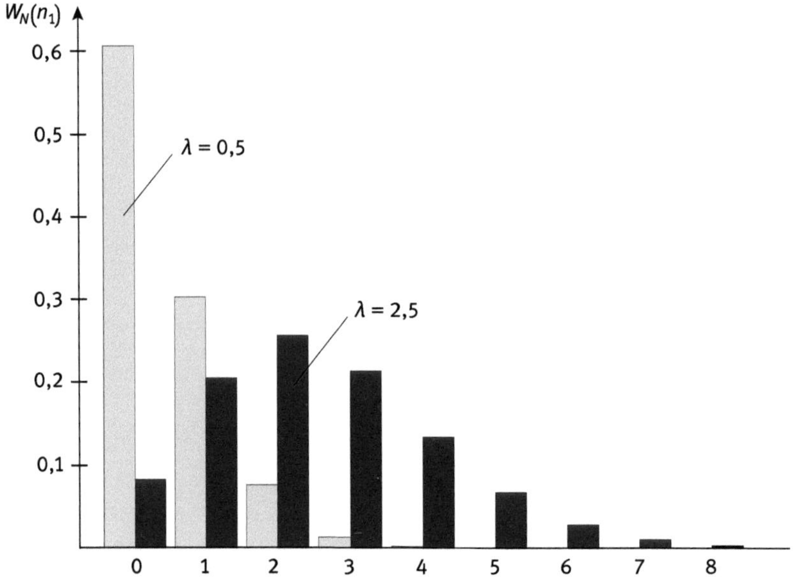

Abb. VI-1.2: Die Poissonverteilung ist eine sehr gut Näherung, wenn z. B. die Wahrscheinlichkeit für Rechtssprünge sehr klein ist ($p \ll 1$, $q \cong 1$). Die Darstellung zeigt die Verteilung für zwei Werte von $\lambda = \bar{n}_1 = N \cdot p$.

Für $n_1 = 0$ nimmt die Poissonverteilung den Wert $W_N(0) = e^{-\lambda}$ an. Vergleiche auch Werte für kleines p in der Darstellung der Binomialverteilungen in Abschnitt 1.1.2, Abb. VI-1.1.

Beispiel 1: Als Beispiel betrachten wir die Fluktuationen des radioaktiven Zerfalls. Wir nehmen eine bestimmte Menge einer radioaktiven Substanz, die aus N Atomen bestehe. N entspricht der Gesamtzahl an Sprüngen bei der eindimensionalen Zufallsbewegung (*random walk*). Die Zerfallskonstante λ_Z ergibt sich aus der Halbwertszeit $t_{1/2}$ zu $\lambda_Z = \dfrac{\ln 2}{t_{1/2}}$ (vergleiche dazu Band V, Kapitel ‚Subatomare Physik', Abschnitt 3.1.4.1). Die Zerfallswahrscheinlichkeit eines Atoms in dem Zeitintervall Δt beträgt $p = \lambda_Z \Delta t = \ln 2 \dfrac{\Delta t}{t_{1/2}}$. $q = 1 - \lambda_Z \Delta t$ ist die Wahrscheinlichkeit, dass das Atom in der Zeit Δt nicht zerfällt (p und q entsprechen der Wahrscheinlichkeit eines Rechts- bzw. Linkssprungs).

Wir fragen: Wie groß ist die Wahrscheinlichkeit $W_N(n_1)$ im Intervall Δt n_1 Zerfälle zu beobachten? Das entspricht der Fragestellung nach der Wahrscheinlichkeit für n_1 Rechtssprünge bei der Zufallsbewegung. Die Antwort wird durch die Binomialverteilung gegeben. In unserem Falle seien $p = \ln 2 \cdot \dfrac{\Delta t}{t_{1/2}} \ll 1$ (d. h.

$\Delta t \ll t_{1/2}$) und $n_1 \ll N$, das heißt, es liegen die Bedingungen für eine Poissonverteilung vor und es gilt

$$W_N(n_1) \underset{\substack{n_1 \ll N \\ p \ll 1}}{=} \frac{\lambda^{n_1}}{n_1!} e^{-\lambda}, \qquad \text{mit } \lambda = N \cdot p = \bar{n}_1 .$$

p ist auf Grund des verwendeten Elements bekannt, N jedoch im Allgemeinen nicht. $\bar{n}_1$, die mittlere Zahl von Zerfällen im Intervall Δt, kann jedoch durch eine größere Zahl von Beobachtungen der Länge Δt bestimmt werden. Rutherford und Geiger (Ernest Rutherford, 1st Baron of Nelson, 1871–1937; Hans Geiger, 1882–1945, Assistent bei Rutherford) untersuchten die Statistik des radioaktiven Zerfalls in der Weise, dass sie in $I = 2600$ aufeinanderfolgenden Zeitintervallen $\Delta t = 1/8$ Minute die Anzahl n_1 der Szintillationen (= Zerfälle) einer geeignet gewählten radioaktiven Substanzmenge feststellten. $\bar{n}_1$ betrug in ihrem Fall 3,87, wodurch die Poissonverteilung eindeutig festgelegt ist. Die Gesamtzahl der beobachteten Szintillationen betrug daher $\bar{n}_1 \cdot I = 10\,000$. Ist $i(n_1)$ die Anzahl der Intervalle mit n_1 Szintillationen, so ist auf Grund der elementaren Definition der Wahrscheinlichkeit $W(n_1) = \frac{i(n_1)}{I}$. Der Versuch zeigte eine sehr gute Übereinstimmung von $W(n_1)$ mit einer Poissonverteilung, was andererseits beweist, dass der radioaktive Zerfall rein statistischen (zufälligen) Charakter besitzt.

Beispiel 2: Angenommen, einem Schriftsetzer unterlaufen beim Druck eines Buches von 600 Seiten vollkommen zufällig 600 Druckfehler. Wie groß ist die Wahrscheinlichkeit dafür, dass a) eine Seite keinen Fehler, b) eine Seite mindestens drei Fehler enthält?

Bei 600 Druckfehlern verteilt auf 600 Buchseiten ergibt sich eine mittlere Fehlerzahl pro Seite von $\lambda = p \cdot N = 1$ mit $p \ll 1$ als der sehr kleinen Wahrscheinlichkeit eines Druckfehlers und $N \gg 1$ als der sehr großen Anzahl von Zeichen pro Seite. (Da die in diesem Fall zu benützende Poissonverteilung eine spezielle Binomialverteilung für $p \ll 1$ und $N \gg 1$ ist, stimmen die Beziehungen für den Mittelwert für die Poissonverteilung und die Binomialverteilung überein.)

Ist $W_N(n_1)$ die Wahrscheinlichkeit n_1 Fehler pro Seite zu finden, so gilt nach Poisson

$$W(n_1) = \frac{\lambda^{n_1} \cdot e^{-\lambda}}{n_1!} .$$

a) Für $n_1 = 0$, der Wahrscheinlichkeit, keinen Fehler auf einer Seite zu finden, folgt

$$W(0) = \frac{1^0 \cdot e^{-1}}{0!} = e^{-1} = 0{,}386\,.$$

b) Die Wahrscheinlichkeit W(mind 3) mindestens 3 Fehler auf einer Seite zu finden bedeutet: Sowohl nicht keinen $(1 - W(0))$ als auch nicht einen $(1 - W(1))$ als auch nicht zwei $(1 - W(2))$ Fehler zu finden. Damit ergibt sich

$$W(\text{mind. } 3) = (1 - W(0)) \cdot (1 - W(1)) \cdot (1 - W(2))\,.$$

Mit $W(1) = \frac{1^1 \cdot e^{-1}}{1!} = e^{-1} = 0{,}368$ und $W(2) = \frac{1^2 \cdot e^{-1}}{2!} = \frac{e^{-1}}{2} = 0{,}184$ folgt

$$\begin{aligned} W(\text{mind. } 3) &= (1 - 0{,}386) \cdot (1 - 0{,}386) \cdot (1 - 0{,}184) = \\ &= 0{,}632 \cdot 0{,}632 \cdot 0{,}816 = 0{,}326\,. \end{aligned}$$

Die Wahrscheinlichkeit, mindestens 3 Fehler auf einer Seite zu finden ist damit etwas geringer, als gar keinen Fehler zu finden.

1.2 Statistik von Vielteilchensystemen

Unser Ziel ist es, aus der statistischen Betrachtung von Vielteilchensystemen die empirischen und bewährten Gesetze der Thermodynamik zu gewinnen und physikalische Eigenschaften einfacher Systeme zu berechnen. Dazu ist es notwendig

1. den Systemzustand zu beschreiben,
2. ein statistisches Ensemble zu definieren,
3. als grundlegendes Postulat die *gleiche a priori*-Wahrscheinlichkeit der mikroskopischen Systemzustände (= Mikrozustände) vorauszusetzen und
4. die Wahrscheinlichkeitsrechnungen durchzuführen.

1.2.1 Mikroskopische Beschreibung des Systemzustandes, Zustandsraum

Wir betrachten irgendein System von Teilchen, z. B. ein Spinsystem, gekoppelte Oszillatoren, ein Volumen voll Gasatomen oder gefüllt mit Flüssigkeit, einen Festkörper etc. So wie die einzelnen Teilchen des Systems, also Elektronen, Photonen, Atome, Moleküle usw. in der Quantenmechanik (*QM*), wenn sie vollständig unabhängig voneinander sind, durch Wellenfunktionen beschrieben werden, kann auch der gesamte mikroskopische Systemzustand, der *Mikrozustand*, in dem die Teilchen im Allgemeinen miteinander wechselwirken, durch eine (Vielteilchen-) Wellenfunktion $\Psi(q_1,q_2,...,q_f)$ beschrieben werden, wobei zur Charakterisierung eines Systems mit f Freiheitsgraden auch f Quantenzahlen (*QZ*) n_1, ...n_f einschließlich der Spinvariablen benötigt werden. Wir denken uns alle möglichen Systemzustände nummeriert und beschreiben den speziellen mikroskopischen Zustand, in dem sich das System gerade befindet, durch Angabe seiner Zustandsnummer:

$$r = (n_1, n_2, ..., n_f) \qquad \textit{Mikrozustand (quantenmechanisch)}. \qquad \text{(VI-1.71)}$$

Dabei sind n_1, n_2, ..., n_f die den Mikrozustand charakterisierenden f Quantenzahlen.

Der Mikrozustand eines Systems ist durch die Angabe seines *Quantenzustands*, d. h. die Angabe seiner *Quantenzahlen*, festgelegt.

i

Beispiele:

1. Ein ortsfestes Teilchen mit Spinquantenzahl $s = ½$. Bei vorgegebener Richtung z. B. eines Magnetfeldes, sind entsprechend der magnetischen Quantenzahl $m = \pm ½$ zwei Einstellmöglichkeiten des Spins gegeben: $S_z = \pm \frac{1}{2}\hbar$, bzw. ↑ oder ↓. Dieses ‚System', das mit nur zwei *QZ* beschrieben wird, die aber eine Folge des Freiheitsgrades „Spin" mit der Spin-*QZ* $s = ½$ sind, besitzt daher einen einzigen Freiheitsgrad mit zwei Möglichkeiten.
2. N ortsfeste Teilchen mit Spin-*QZ* $s = ½$. Jedes Teilchen hat jetzt zwei Einstellmöglichkeiten bezüglich einer vorgegebenen Richtung. Der Zustand dieses Systems mit N Freiheitsgraden wird durch die Angabe der N *QZ* m_1, m_2, ..., m_N festgelegt ($m_i = \pm ½$) .
3. Ein ortsfester harmonischer Oszillator. Sein Zustand wird durch die EnergieQZ n mit $n = 0, 1, 2, ...$ festgelegt, wobei gilt $E_n = (n + 1/2)\hbar\omega$.
4. N nicht (oder nur sehr schwach) gekoppelte Oszillatoren. Die Gesamtenergie des Systems ist gleich der Summe der Energiewerte der einzelnen Oszillatoren und damit: $E = E_{1n_1} + E_{2n_2} + ... + E_{Nn_N}$. Der Systemzustand wird durch die N Energie-*QZ* n_1, n_2, ..., n_N der N Oszillatoren festgelegt.
5. Ein Teilchen ohne Spin, kräftefrei in einem 3-dimensionalen Kastenpotential. Wir wissen (siehe Band V, Kapitel „Atomphysik", Abschnitt 2.4.1.1), dass für die Energie eines Teilchens in einem eindimensionalen Kasten der Breite l gilt: $E_n = \frac{\hbar^2\pi^2}{2ml^2} \cdot n^2, \qquad n = 1, 2, 3, ...$.
   Sind die Koordinaten des Teilchens im 3-dimensionalen Kasten auf $0 \le x \le l_x$, $0 \le y \le l_y$ und $0 \le z \le l_z$ eingeschränkt, so muss die Teilchenwellenfunktion an den Kastenwänden verschwinden wie bei der eingespannten,

schwingenden Saite, und wir finden $E = \frac{\hbar^2\pi^2}{2m}\left(\frac{n_x^2}{l_x^2} + \frac{n_y^2}{l_y^2} + \frac{n_z^2}{l_z^2}\right)$. Der Zustand dieses Systems mit drei Freiheitsgraden wird durch die Angabe der drei *QZ* n_x, n_y, n_z bestimmt (n_x, n_y, $n_z = 1, 2, 3, \ldots$).

6. Der Zustand eines Systems aus N nicht wechselwirkenden Teilchen (ideales Gas) in einem Volumen $V = l^3$. Die Gesamtenergie des Systems ist gleich der Summe der Energien der einzelnen Teilchen, d. h. $E = E_1 + E_2 + \ldots + E_N$. Der Zustand jedes einzelnen Teilchens wird, wie gerade vorher gezeigt, durch die drei *QZ* n_{ix}, n_{iy}, n_{iz} (i für das i-te Teilchen) bestimmt, der Zustand des Gesamtsystems ist daher durch die Angabe von $3N$ *QZ* (n_{1x}, n_{1y}, n_{1z}, n_{2x}, n_{2y}, n_{2z}, ..., n_{Nx}, n_{Ny}, n_{Nz}) = (n_1, n_2, n_3, n_4, ..., n_{3N}) festgelegt.

Klassische Beschreibung des Systemzustands

Zur klassischen Beschreibung des Systemzustands betrachten wir zunächst ein einziges Teilchen, das sich in einer Dimension bewegt. Dieses ‚System' wird vollständig beschrieben durch Angabe der Ortskoordinate q und des zugehörigen Impulses p. Wir bilden den 2-dimensionalen p-q-Raum, den *Phasenraum* des Systems (Abb. VI-1.3).

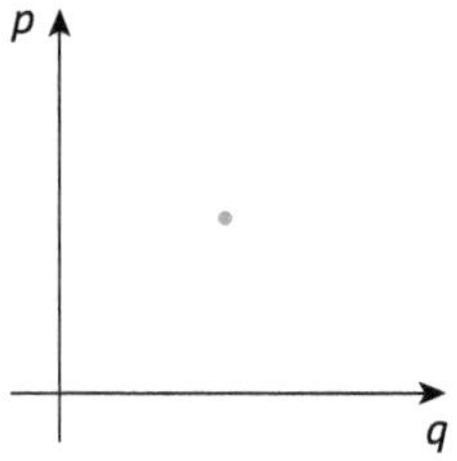

Abb. VI-1.3: Phasenraum und repräsentativer Punkt (blau) eines Teilchens, das sich in einer Dimension bewegt.

Der Punkt $[(q(t), p(t))]$ repräsentiert das System im Phasenraum, es ist der *repräsentative Punkt*, der sich im Laufe der Zeit durch den Phasenraum bewegt. Klassisch sind p und q *kontinuierliche Größen*. Damit wir die möglichen Zustände des Teilchens im Phasenraum abzählen können, teilen wir den Raum in kleine Phasenraumzellen $\delta q \cdot \delta p = h_0$ (Abb. VI-1.4).

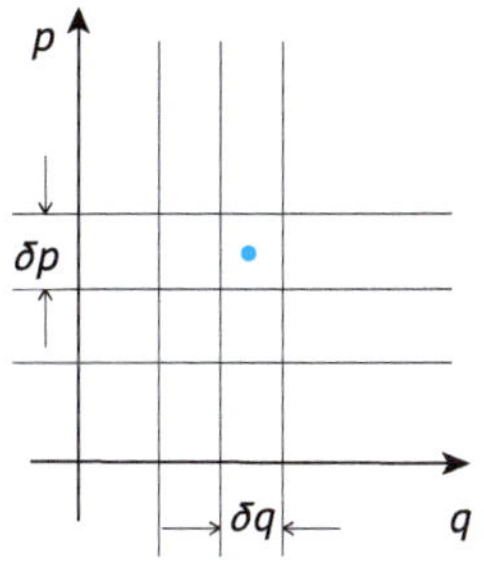

Abb. VI-1.4: Zur Abzählung der möglichen Zustände des Teilchens im Phasenraum wird der Raum in kleine Zellen $\delta q \cdot \delta p = h_0$ geteilt.

Das Zellvolumen h_0 hat die Dimension Energie × Zeit [J s],[22] das ist die Dimension eines Drehimpulses bzw. einer ‚Wirkung', die auch die Plancksche Konstante hat. Die Ortskoordinate liegt jetzt zwischen q und $q + dq$, der zugehörige Impuls zwischen p und $p + dp$, der repräsentative Punkt liegt daher in einer bestimmten Zelle des Phasenraumes. Die Beschreibung des Systemzustandes kann umso genauer erfolgen, je kleiner das Zellvolumen h_0 gewählt wird. *Klassisch kann h_0 beliebig klein gewählt werden!* Entsprechend der Heisenbergschen Unschärferelation (siehe Band V, Kapitel „Quantenoptik", Abschnitt 1.6.5) $\delta q \cdot \delta p \geq h = 2\pi\hbar$ der Quantenmechanik muss aber die Einteilung des Phasenraumes letztendlich diskret bleiben.

Für ein Vielteilchensystem mit f Ortskoordinaten $q_1, q_2, ..., q_f$ und f zugehörigen Impulsen $p_1, p_2, ..., p_f$ ergeben sich für die f Freiheitsgrade der Lage des Systems $2f$ Parameter zur Festlegung des Mikrozustandes des Systems.

Beispiel: N nicht wechselwirkende Teilchen (ideales Gas): Die drei Ortskoordinaten bestimmen die drei Freiheitsgrade der Lage jedes Teilchens und damit die $f = 3N$ Freiheitsgrade des Systems im Ortsraum. Zur Beschreibung des Mikrozustandes des Systems kommen aber noch $3N$ Impulskomponenten (= „Koordinaten" im Impulsraum) dazu.

Die f Ortskoordinaten und f Impulse stellen die Koordinaten eines $2f$-dimensionalen Phasenraumes Γ dar

$$\Gamma \equiv \{q_1, q_2, ..., q_f, p_1, p_2, ..., p_f\} \qquad \text{(VI-1.72)}$$

Γ-Raum,
Gibbsscher Phasenraum[23],
Zustandsraum.

22 $h_0 = \delta p \cdot \delta q = F \cdot \delta t \cdot \delta q = F \cdot \delta q \cdot \delta t = \delta E \cdot \delta t$ (F ... Kraft, E ... Energie)

23 Nach Josiah Willard Gibbs, 1839–1903, amerikanischer Physiker mit wichtigen Beiträgen zur Physik, Chemie und Mathematik.

Der klassische Mikrozustand wird durch einen Punkt im Γ-Raum repräsentiert.

Wenn wir jetzt den Zustandsraum wieder in kleine Zellen unterteilen, so wird das Zellvolumen

$$\delta q_1 \cdot \delta q_2 \cdot \ldots \cdot \delta q_f \cdot \delta p_1 \cdot \delta p_2 \cdot \ldots \cdot \delta p_f = h_0^f \geq (2\pi\hbar)^f . \qquad \text{(VI-1.73)}$$

Die Zellen können z. B. durch einen Index nummeriert werden. Der augenblickliche Systemzustand wird dann durch die Angabe des Index r der Zelle des Phasenraumes festgelegt, in der sich der repräsentative Systempunkt gerade befindet:

$$r = (q_1, q_2, \ldots, q_f, p_1, p_2 \ldots, p_f) \qquad \textit{Mikrozustand in klassischer Beschreibung.} \qquad \text{(VI-1.74)}$$

Eine Zelle im Phasenraum Γ der klassischen Beschreibung entspricht einem Quantenzustand.

1.2.2 Statistisches Ensemble und Makrozustand

Der makroskopische Zustand eines Systems aus sehr vielen Teilchen, der *Makrozustand*, wird durch äußere Parameter wie Energie, Volumen, elektrisches und magnetisches Moment etc. festgelegt, er wird damit durch makroskopisch messbare Größen beschrieben. Im Allgemeinen gehören zu einem Makrozustand eines Systems sehr viele Mikrozustände, nämlich alle, die für unterschiedliche *QZ* die gleichen makroskopischen Parameter besitzen, also alle, die zu den gleichen makroskopischen Messergebnissen der das System charakterisierenden Größen führen.

Werden sehr viele gleichartige Systeme in einen bestimmten Makrozustand gebracht, so sind die Mikrozustände dieser Systeme trotz gleicher makroskopischer Parameter i. Allg. voneinander verschieden. Alle diese Systeme bilden ein *statistisches Ensemble* (= statistisches Kollektiv, statistische Gesamtheit), das durch den Makrozustand bestimmt wird, ihn repräsentiert. Das statistische Ensemble – und damit der spezielle Makrozustand – ist durch eine Menge repräsentativer Punkte des Systems im Phasenraum gegeben.

Ein System kann nur in einem solchen seiner möglichen Mikrozustände sein, der mit den makroskopischen Eigenschaften (gegeben durch die äußeren Parameter Volumen, Energie etc.) vereinbar ist. Man nennt diese Zustände ‚die dem System *zugänglichen Zustände*'. Das statistische Ensemble, das den Makrozustand repräsentiert, enthält daher nur solche Systeme, die mit den von außen vorgegebenen Systemeigenschaften verträglich sind, d. h., die Systeme des Ensembles sind *nur* auf die verschiedenen *zugänglichen Mikrozustände* verteilt.

Wir können daher den Makrozustand durch Angabe der Wahrscheinlichkeiten P_r für das Auftreten seiner möglichen Mikrozustände r charakterisieren:

$$\{P_r\} = (P_1, P_2, P_3, \dots) \qquad \textit{Makrozustand}\ \{P_r\}. \tag{VI-1.75}$$

Für die Angabe der Wahrscheinlichkeit P_r eines Mikrozustands erinnern wir uns an die Definition der Wahrscheinlichkeit für das Auftreten eines bestimmten Messergebnisses (Ereignisses) j, wenn bei N Messungen das Ereignis j N_j mal auftritt: $W_j = \lim\limits_{N\to\infty} \frac{N_j}{N}$. Wir nehmen jetzt eine sehr große Anzahl M gleichartiger Systeme (Ensemble) in allen möglichen Mikrozuständen, die für einen Makrozustand zugänglich sind. Werden M_r der M Systeme im Zustand r gefunden, dann ist die Wahrscheinlichkeit P_r für das Auftreten des Mikrozustands r gegeben durch

$$P_r = \lim_{M\to\infty} \frac{M_r}{M} \approx \frac{M_r}{M}, \tag{VI-1.76}$$

wenn M hinreichend groß ist.

Während somit ein Mikrozustand r eines Systems durch Angabe aller seiner Quantenzahlen vollständig festgelegt ist, wird ein Makrozustand nur durch die Wahrscheinlichkeiten seiner zugänglichen Mikrozustände beschrieben, also den Wahrscheinlichkeiten, mit denen der Systemzustand tatsächlich mit einem der zugänglichen Mikrozustände übereinstimmt.[24]

1.2.3 Grundlegendes Postulat

Wir betrachten ein System, das weder Energie (*isoliertes System*) noch Teilchen mit seiner Umgebung austauscht (*abgeschlossenes System*, wenn beides erfüllt ist). Das bedeutet, dass die Gesamtenergie des Systems erhalten bleiben muss und dass das System daher durch einen bestimmten Energiewert (bzw. ein kleines Energieintervall um diesen Wert) charakterisiert werden kann. Das heißt weiter, dass alle dem System zugänglichen Mikrozustände diese Energie besitzen (bzw. in diesem kleinen Energieintervall liegen).

Befindet sich dieses abgeschlossene System zusätzlich in einem Gleichgewichtszustand (*GG*-Zustand), so wird die Wahrscheinlichkeit, das System in irgendeinem seiner zugänglichen Zustände zu finden, *zeitunabhängig*. Das heißt, dass das zugehörige repräsentative Ensemble stets dasselbe bleibt. Da in diesem Fall auch alle äußeren makroskopischen Parameter des Systems zeitunabhängig

---

24 *Festgelegt* wird der Makrozustand eines Systems durch die vorgegebenen äußeren Parameter (siehe dazu Abschnitt 1.3, Gl. VI-1.101).

sind, ist die einzige Aussage, die wir über das System machen können, dass es sich in einem seiner zugänglichen Mikrozustände befinden muss, die mit dem entsprechenden Wert E_r seiner Energie verträglich sind. Da nichts in den bekannten physikalischen Gesetzen dafür spricht, dass ein abgeschlossenes System im *GG*-Zustand häufiger in einem seiner zugänglichen Mikrozustände ist als in einem anderen, postulieren wir:

Ein *abgeschlossenes System im Gleichgewicht* befindet sich in jedem seiner zugänglichen Mikrozustände mit gleicher Wahrscheinlichkeit, alle seine zugänglichen Mikrozustände sind gleich wahrscheinlich.
Grundlegendes Postulat der gleichen a priori-Wahrscheinlichkeit.

Das grundlegende Postulat stellt die notwendige Verbindung zwischen der mikroskopischen Struktur, also den zugänglichen Mikrozuständen, und den makroskopischen Größen eines Makrozustands im *GG* her, der durch die Wahrscheinlichkeiten P_r für ‚seine' Mikrozustände (diese sind nach dem grundlegenden Postulat alle gleich groß) repräsentiert wird.

1.2.4 Das mikrokanonische Ensemble und die Berechnung der Wahrscheinlichkeit makroskopischer Parameter

Das grundlegende Postulat der gleichen *a priori*-Wahrscheinlichkeit ist die Basis der statistischen Physik. Für ein abgeschlossenes System im *GG* ist die Gesamtenergie eine Erhaltungsgröße. Das Postulat besagt, dass alle zu dieser Energie gehörenden Mikrozustände gleich wahrscheinlich sind, sie entsprechen den früheren ‚Elementarereignissen' mit gleicher *a priori*-Wahrscheinlichkeit, z. B. dem Würfeln verschiedener Augenzahlen.

Da die Energie eines Systems nur mit endlicher Genauigkeit δE gemessen werden kann, betrachten wir jetzt jene Mikrozustände r, die einem System zugänglich sind, das eine Energie im Intervall $\{E-\delta E, E\}$ besitzt. Ihre Anzahl ist $\Omega(E)$ mit

$$\Omega(E) = \sum_{r:E-\delta E\le E_r\le E} 1 \qquad \textit{mikrokanonische}^{25}\ \textit{Zustandssumme} = \textit{mikrokanonische Gesamtheit.}^{26} \tag{VI-1.77}$$

25 Kanonisch = grundlegend, richtungweisend, best-angepasst (aus gr. ‚*kanón*': Rohr, Richtschnur, Maßstab).

26 $\sum_{r:E-\delta E\le E_r\le E} 1$ heißt: Jeder Zustand im betrachteten Energieintervall $\{E-\delta E, E\}$ wird genau einmal gezählt.

$\Omega(E)$ gibt damit die Gesamtzahl aller Mikrozustände (die „Gesamtheit") an, die einem System mit Energie E im Intervall $\{E-\delta E, E\}$ zugänglich sind, indem über alle diese Zustände summiert wird und jeder Zustand mit ‚eins' gezählt wird.

Die Anzahl der Zustände $\Omega(E)$ hängt von der Wahl der Größe der Energieunschärfe δE ab. Wir wählen *δE makroskopisch klein* (makroskopisch infinitesimal), d. h. sehr klein gegen die Gesamtenergie des Systems und auch klein gegen die makroskopische Messgenauigkeit der Energie, aber *mikroskopisch groß*, also sehr viel größer als die Energiedifferenzen zwischen den Energieniveaus des Systems. Für eine sehr große Teilchenzahl kann $\Omega(E)$ als *kontinuierliche Funktion* angesehen und nach Potenzen von δE entwickelt werden.[27] Wenn die höheren Terme wegen der Kleinheit von δE vernachlässigbar sind, ist die Anzahl der Zustände $\Omega(E)$ proportional zu δE: $\Omega(E) = \rho(E)\,\delta E$. Die *Zustandsdichte* $\rho(E)$ ist dabei unabhängig von der Größe von δE.

Entsprechend dem grundlegenden Postulat, dass alle dem abgeschlossenen System zugänglichen Mikrozustände gleich wahrscheinlich sind, kann nun die Wahrscheinlichkeit $P_r(E)$ für das Auftreten eines bestimmten dieser Mikrozustände angegeben werden (bei gleicher Wahrscheinlichkeit für das Auftreten von M Ereignissen, die ein vollständiges System[28] bilden, erhielten wir bereits früher (siehe 1.1) $W_j = \dfrac{1}{M}$):

$$P_r(E) = \begin{cases} \dfrac{1}{\Omega(E)} & E - \delta E \le E_r \le E \\ 0 & sonst \end{cases} \qquad \text{(VI-1.78)}$$

Wahrscheinlichkeit eines bestimmten Mikrozustandes, mikrokanonische Verteilung.

Ziel der statistischen Physik ist die Voraussage der Wahrscheinlichkeit, mit der im Ensemble verschiedene Werte einer makroskopisch messbaren Größe auftreten. Wir nehmen als makroskopisch messbare Größe stellvertretend eine Größe y (Druck, magnetisches Moment, etc.). Wenn das System in einem bestimmten Makrozustand, d. h. bestimmten äußeren Parametern unterworfen ist, soll die makroskopische Größe y einen ihrer möglichen Werte y_1, y_2, ... y_n annehmen. Von den insgesamt Ω Mikrozuständen des Systems gibt es Ω_i, für die die Größe y den Wert y_i annimmt. Die Wahrscheinlichkeit $P_r(y_i)$, dass y den Wert y_i annimmt, ist daher gleich der Wahrscheinlichkeit, dass sich das System in einem der Zustände Ω_i be-

27 Im Allgemeinen rücken die Energieniveaus mit zunehmender Energie immer enger zusammen, ihr Abstand ist dann bei genügend großer Energie sehr viel kleiner als kT.

28 Zur Erinnerung: Ein vollständiges Ereignissystem liegt dann vor, wenn die Wahrscheinlichkeit für das Eintreten *irgendeines* Ereignisses gleich eins ist, d. h., wenn gilt W(entweder Ereignis 1, oder Ereignis 2, oder ... oder Ereignis n) = 1, wenn n Ereignisse eintreten können.

findet, die zum Wert y_i führen. Jeder Zustand Ω_i hat die gleiche Wahrscheinlichkeit $W = 1/\Omega$, das heißt, um $P_r(y_i)$ zu erhalten, müssen wir $1/\Omega$ über alle Zustände Ω_i aufsummieren, das bedeutet $P_r(y_i) = \Omega_i \cdot (1/\Omega)$ und damit

$$P_r(y_i) = \frac{\Omega_i}{\Omega} = \frac{\Omega(E,y_i)}{\Omega(E,y_1,y_2,\ldots,y_n)} \qquad \text{(VI-1.79)}$$

Wahrscheinlichkeit für das Auftreten einer messbaren Größe y_i.

Ein bestimmter Makrozustand eines Systems, der zur messbaren Größe y_i führt, kann daher, mikroskopisch betrachtet, durch eine gewisse Anzahl gleich wahrscheinlicher Mikrozustände realisiert werden. Da die Zahl der realisierbaren Mikrozustände von der Art des durch die äußeren Parameter festgelegten Makrozustandes abhängt (z. B. alle Gasmoleküle in einer Hälfte des zur Verfügung stehenden Volumens), wird jener spezielle Makrozustand am häufigsten anzutreffen sein, der durch die meisten Mikrozustände realisiert werden kann:

i Ein Makrozustand ist umso wahrscheinlicher, je mehr Mikrozustände er zulässt.

Das statistische Ensemble, das den Makrozustand repräsentiert, das *mikrokanonische Ensemble*, besteht also aus M_r verschiedenen Mikrosystemen mit gleicher Wahrscheinlichkeit $P_r = 1/M_r$. Es repräsentiert ein abgeschlossenes (isoliertes) System in einem definierten Makrozustand r.

Für den Mittelwert $\bar{y}$ der Größe y erhält man durch Aufsummieren aller möglichen n Werte von y multipliziert mit der Wahrscheinlichkeit ihres Auftretens

$$\bar{y} = \sum_{i=1}^{n} P_r(y_i) \cdot y_i = \frac{1}{\Omega} \sum_{i=1}^{n} \Omega_i y_i \qquad \textit{Mittelwert der messbaren Größe } y_i\,. \qquad \text{(VI-1.80)}$$

Analog ergibt sich das Schwankungsquadrat (und damit die mittlere quadratische Abweichung):

$$\overline{(\Delta y)^2} = \sum_{i=1}^{n} P_r(y_i)(y_i - \bar{y})^2 = \frac{1}{\Omega} \sum_{i=1}^{n} \Omega_i (y_i - \bar{y})^2 \qquad \textit{Schwankung, Varianz.} \qquad \text{(VI-1.81)}$$

Beispiel: Wir betrachten ein System aus 3 ortsfesten Teilchen mit Spin*QZ* $s = 1/2$. Bei vorgegebener Richtung, z. B. durch ein Magnetfeld $\vec{B}$ in z-Richtung (↑), gibt es für die Spins entsprechend $m = \pm 1/2$ zwei Einstellmöglichkeiten: Parallel (↑) und antiparallel (↓) zum Magnetfeld.

Für die potentielle Energie eines magnetischen Dipols $\vec{p}_m$ im Magnetfeld $\vec{B}$ fanden wir (siehe Band III, Kapitel „Statische Magnetfelder“, Abschnitt 3.1.5, Gl. III-3.44)

$$E_{pot} = -\underbrace{\vec{p}_m}_{=\vec{\mu}}\vec{B} = -\mu B \cos(\vec{\mu},\vec{B}) = \begin{cases} -\mu B & \text{wenn } \vec{\mu} /\!/ \vec{B}\,(\uparrow) \\ +\mu B & \text{wenn } \vec{\mu}\ anti /\!/ \vec{B}\,(\downarrow) . \end{cases}$$

Anmerkung: Für ein e^- gilt $\mu_e = -\dfrac{e}{m_e} S_z$, $\Rightarrow$ $E_{pot} = \begin{cases} -\mu B \text{ wenn } \downarrow \\ +\mu B \text{ wenn } \uparrow . \end{cases}$ *)

Wir wählen Teilchen mit magnetischem Moment $\vec{\mu}$ in Richtung des Magnetfelds (z-Richtung) für $m = 1/2$ (Spin nach oben für $+1/2$), nehmen damit keine negativ geladenen Teilchen. Die möglichen Mikrozustände des Systems sind nachfolgend dargestellt:

Zustandsnummer *r*	**Quantenzahlen m_1, m_2, m_3**	**magnetisches Gesamtmoment**	**Gesamtenergie**
1	+ + +	3μ	$-3\mu B$
2	+ + −	μ	$-\mu B$
3	+ − +	μ	$-\mu B$
4	− + +	μ	$-\mu B$
5	+ − −	$-\mu$	$+\mu B$
6	− + −	$-\mu$	$+\mu B$
7	− − +	$-\mu$	$+\mu B$
8	− − −	-3μ	$+3\mu B$

Wir wählen nun einen Makrozustand aus, indem wir festlegen, dass die Gesamtenergie des Systems $-\mu B$ ist. Dann ist das System mit gleicher Wahrscheinlichkeit in einem der drei Mikrozustände (+ + −), (+ − +), (− + +).

Wir fragen: Wie groß ist die Wahrscheinlichkeit, dass in diesem Makrozustand der Spin des ersten Teilchens nach oben zeigt ($+\mu$)? Dieser Zustand tritt 2 mal von insgesamt 3 Fällen auf, d. h. $\Omega_i = 2$, $\Omega = 3$. Die gesuchte Wahrscheinlichkeit ist daher $P_1(+\mu) = 2/3$.

Wir fragen: Wie groß ist das mittlere magnetische Moment $\bar{\mu}_z$ in diesem ausgewählten Makrozustand, das vom ersten Teilchen allein verursacht wird? Gesamt-

*) Vgl. Band V, Kapitel Atomphysik, Abschnitt 2.5.6: SpinQZ $s = 1/2$, Betrag des Spins (Eigendrehimpulses) $|\vec{S}| = S = \sqrt{s(s+1)} \cdot \hbar$, Komponente des Spins in von außen vorgegebene Richtung z $S_z = m_s \cdot \hbar$ mit der magnetischen SpinQZ $m_s = \pm 1/2$.

zahl der Zustände $\Omega = 3$. Das magnetische Moment (das frühere y) kann zwei Werte annehmen, $y_1 = +\mu$ und $y_2 = -\mu$. Die zugehörige Zahl der Zustände ist $\Omega_1 = 2$, $\Omega_2 = 1$. Wir berechnen den Mittelwert:

$$\bar{y} = \bar{\mu}_z = \frac{1}{3}\sum_{i=1}^{2} \Omega_i y_i = \frac{1}{3}[(2\mu) + 1(-\mu)] = \frac{1}{3}\mu .$$

1.2.5 Die Zustandssummen für ein Teilchen im Kasten und das ideale Gas

Teilchen im 3-dimensionalen Kastenpotential[29]

Wir nehmen als Kasten einen Würfel mit den Seitenlängen $l = l_x = l_y = l_z$. Die Energie des Teilchens ist dann gegeben durch[30]

$$E = \frac{\hbar^2 \pi^2}{2m} \frac{1}{l^2} (n_x^2 + n_y^2 + n_z^2) . \tag{VI-1.82}$$

Wir bilden einen Zustandsraum mit den drei Achsen n_x, n_y, n_z und formen die Energiegleichung um

$$n_x^2 + n_y^2 + n_z^2 = \left(\frac{l}{\pi\hbar}\right)^2 (2mE) \equiv R^2 . \tag{VI-1.83}$$

Für einen gegebenen Wert von E liegen die Werte für (n_x, n_y, n_z), die der obigen Gleichung genügen, im „n-Raum" auf (oder zumindest in der Nähe) einer Kugel mit dem Radius

$$R = \frac{l}{\pi\hbar}\sqrt{2mE} , \tag{VI-1.84}$$

daher liegen die Zustände mit Energien kleiner als E in 1/8 der Kugel mit Radius R, da ja nur positive Werte (n_x, n_y, n_z) möglich sind. Da zu jedem Zustand ein

---

29 Das Potenzial im Kasten ist Null, an den Wänden wird es sprunghaft (unstetig) unendlich hoch.

30 Wir verwenden den quantenmechanischen Energieausdruck (siehe Band V, Kapitel „Atomphysik", Abschnitt 2.4.1.2): Mit $\vec{p} = \hbar\vec{k}$ und $|\vec{k}| = \frac{2\pi}{\lambda}$ ergibt sich

$E = \frac{p^2}{2m} = \frac{p_x^2 + p_y^2 + p_z^2}{2m} = \frac{\hbar^2}{2m}(k_x^2 + k_y^2 + k_z^2) = \frac{(2\pi)^2\hbar^2}{2m}\left(\frac{1}{\lambda_x^2} + \frac{1}{\lambda_y^2} + \frac{1}{\lambda_z^2}\right)$ für die Energie eines freien Teilchens. An den Wänden eines würfelförmigen Kastens muss die Wellenfunktion aus Stetigkeitsgründen Knoten besitzen, sodass gilt $l = n_x \cdot \frac{\lambda_x}{2} = n_y \cdot \frac{\lambda_y}{2} = n_z \cdot \frac{\lambda_z}{2} \quad \Rightarrow \quad \frac{1}{\lambda_x^2} = \frac{n_x^2}{4l^2}; \frac{1}{\lambda_y^2} = \frac{n_y^2}{4l^2}; \frac{1}{\lambda_z^2} = \frac{n_z^2}{4l^2}$.

würfelförmiges Einheitsvolumen gehört, können wir die Zahl $\Phi(E)$ dieser Zustände durch das Volumen des ersten Oktanten der Kugel mit dem Radius R berechnen:

$$\Phi(E) = \frac{1}{8}\left(\frac{4}{3}\pi R^3\right) = \frac{\pi}{6}\left(\frac{l}{\pi\hbar}\right)^3 (2mE)^{3/2}. \qquad \text{(VI-1.85)}$$

Zur Zustandssumme $\Omega(E)$ kommen wir durch $\Omega(E) = \Phi(E) - \Phi(E - \delta E)$ (Abb. VI-1.5):

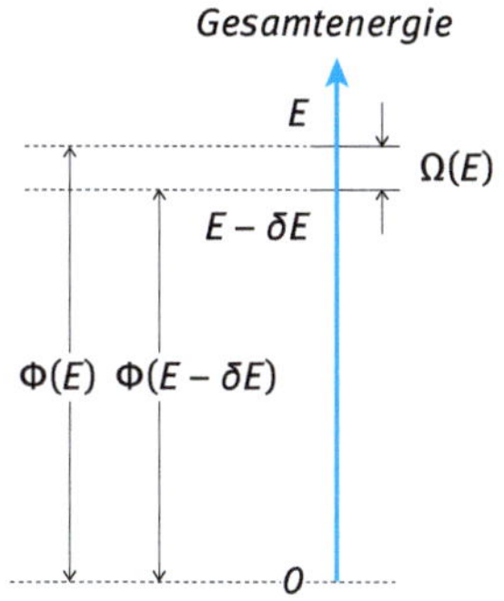

Abb. VI-1.5: Zur Zustandssumme eines Teilchens im 3-dimensionalen Potenzialkasten. Für die Zustandssumme gilt: $\Omega(E) = \Phi(E) - \Phi(E - \delta E)$.

Wenn wir das Energieintervall δE zwar mikroskopisch groß, aber makroskopisch klein (makroskopisch infinitesimal) wählen (siehe Abschnitt 1.2.4, ‚Wahl der Energieunschärfe'), so können wir $\Omega(E)$ als stetige Funktion von E ansehen und erhalten mit $V = l^3$ und der Zustandsdichte $\frac{d\Phi}{dE} = \frac{\Phi(E) - \Phi(E - \delta E)}{\delta E} = \rho(E)$

$$\Omega(E) = \Phi(E) - \Phi(E - \delta E) = \frac{d\Phi}{dE}\delta E = \rho(E)\,\delta E =$$

$$= \frac{3}{2}\left[\frac{\pi}{6}\left(\frac{l}{\pi\hbar}\right)^3\right](2mE)^{1/2} \cdot 2m \cdot \delta E = \frac{V}{4\pi^2\hbar^3}(2m)^{3/2}E^{1/2}\delta E \quad ^{31} \qquad \text{(VI-1.86)}$$

$$\Rightarrow \quad \rho(E) = \frac{V}{4\pi^2\hbar^3}(2m)^{3/2}E^{1/2} = \frac{V}{4\pi^2}\left(\frac{2m}{\hbar^2}\right)^{3/2} E^{1/2} \propto E^{1/2}, \qquad \text{(VI-1.87)}$$

siehe Abb. VI-1.6.

31 Mathematisch gesehen ist $\Omega(E)$ eine differentielle Größe, sie verschwindet mit δE; der Einfachheit halber setzen wir aber $\delta\Omega = \Omega(E)$.

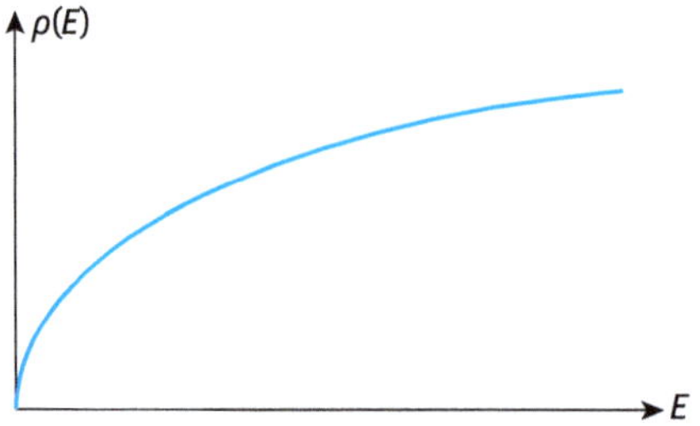

Abb. VI-1.6: „Zustandsdichte“ ρ als Funktion der Energie.

Ideales Gas im klassischen Grenzfall

Wir nehmen N identische Gasatome im Volumen $V = l^3$. Allgemein gilt für die Energie eines solchen Systems

$$E = E_{\text{kin}} + \underbrace{E^{WW}}_{E_{\text{pot}}} + E^{\text{rot}} + E^{\text{osz}} . \qquad \text{(VI-1.88)}$$

Im *idealen Gas* ist N/V hinreichend klein, sodass für die Wechselwirkungsenergie $E^{WW} = 0$ gesetzt werden kann. In einem einatomigen Gas gilt weiter $E^{\text{rot}} = 0$ und $E^{\text{osz}} = 0$, da Rotation und Schwingung nur bei mehratomigen Molekülen möglich ist.

Klassischer Grenzfall heißt, dass die Energie des Gases *viel* größer als die Energie seines Grundzustandes ist und damit die zu diesem Energiewert gehörenden Quantenzahlen sehr groß sind. Entsprechend dem Bohrschen Korrespondenzprinzip stellt die klassische Beschreibung dann eine gute Näherung dar.

Klassisch ist die Zahl der Zustände $\Omega(E)$ durch die entsprechende Zahl der Phasenraumzellen gegeben, die zwischen $E-\delta E$ und E liegen. Da im klassischen Fall diese Zellen beliebig klein gemacht werden können, kann die Summe durch ein Integral ersetzt werden

$$\Omega(E) \propto \overbrace{\underbrace{\int 6N \int}_{E-\delta E}}^{E} dx_1 \cdot \ldots \cdot dx_{3N} \cdot dp_1 \cdot \ldots \cdot dp_{3N} , \qquad \text{(VI-1.89)}$$

das heißt, für jedes der N Teilchen muss über die jeweils 3 Ortskoordinaten und die 3 Impulsvariablen integriert werden, es wird also das *Volumenelement des Phasenraums* über die zulässige Energieschale integriert.

Für ein ideales Gas ($E^{WW} = 0 \Rightarrow E_{\text{pot}} = 0$) hängt die Gesamtenergie nicht von der Lage der Gasatome ab, die Integration über die Ortskoordinaten kann daher sofort ausgeführt werden. Für jedes Teilchen i erhalten wir

$$\int\int\int_0^l dx_1^i\, dx_2^i\, dx_3^i = V \qquad \text{(VI-1.90)}$$

und die gesamte Integration über alle Ortskoordinaten ergibt daher V^N.

Bei einer Verdopplung des Behältervolumens verdoppelt sich so die Zahl der für jedes Atom zugänglichen Zustände, das ergibt einen Faktor 2^N in der Zahl der für das Gesamtsystem der N Atome zugänglichen Zustände!

Für die Zustandssumme haben wir damit

$$\Omega(E) \propto V^N \chi(E), \qquad \text{mit} \qquad \chi(E) = \overbrace{\underbrace{\int \overset{3N}{\cdots} \int}_{E-\delta E}}^{E} dp_1 \cdot \ldots \cdot dp_{3N}\,. \qquad \text{(VI-1.91)}$$

Die Atome des idealen Gases besitzen nur kinetische Energie, sodass die Gesamtenergie des Systems

$$E = E_{\text{kin}} = \frac{m}{2}\sum_{i=1}^{N}\sum_{j=1}^{3} v_{ij}^2 \,{}^{32} \qquad \text{(VI-1.92)}$$

beträgt. Umgeschrieben (Multiplikation mit $2m$) ergibt dies

$$2mE = \sum_{i=1}^{N}\sum_{j=1}^{3} m^2 v_{ij}^2 = \sum_{i=1}^{N}\sum_{j=1}^{3} p_{ij}^2 = R^2\,. \qquad \text{(VI-1.93)}$$

Die Doppelsumme mit dem konstanten Wert $2mE$ enthält die Quadrate der Impulskomponenten p_{ij} jedes Teilchens $(\sum_{j=1}^{3} p_{ij}^2 = p_{i1}^2 + p_{i2}^2 + p_{i3}^2)$ mit insgesamt $3N = f$ Quadrattermen. Die Gleichung beschreibt im f-dimensionalen *Impulsraum* eine ‚Kugel' mit dem Radius $R(E) = \sqrt{2mE}$.

Die obige Funktion $\chi(E)$ ist daher proportional zum Volumen des Impulsraums, das in der Kugelschale zwischen $R(E-\delta E)$ und $R(E)$ liegt.

Das Volumen einer f-dimensionalen Kugel ist proportional zu R^f und für die Gesamtzahl $\Phi(E)$ aller Zustände bis zur Energie E (alle Zustände mit Energien $\leq E$) ergibt sich

$$\Phi(E) \propto R^f = (2mE)^{f/2} = (2mE)^{3N/2}\,. \qquad \text{(VI-1.94)}$$

32 Der Index j berücksichtigt die drei Koordinatenrichtungen.

Mit $\chi(E) = \frac{d\Phi}{dE}\delta E \propto \frac{d\Phi}{dE}$ gilt daher (Gl. VI-1.91)

$$\Omega(E) \propto \chi(E) \propto \frac{d\Phi}{dE} \propto E^{(3N/2)-1}. \qquad \text{(VI-1.95)}$$

Für sehr große Teilchenzahlen kann im Exponenten 1 gegen $3N/2$ vernachlässigt werden und wir erhalten für $\Omega(E)$ (unter Verwendung von Gl. VI-1.94)

$$\Omega(E) = \overline{c} \cdot V^N \cdot E^{3N/2} = \overline{c}V^N \frac{1}{(2m)^{3N/2}} \cdot \Phi(E) = \text{const.} \cdot \Phi(E) \qquad \text{(VI-1.96)}$$

mit einem zunächst unbekannten Proportionalitätsfaktor.

Wir sehen, $\Omega(E)$ wächst proportional zu $E^{3N/2}$, bei einer makroskopischen Teilchenzahl daher enorm mit E und es gilt in guter Näherung für die Konstante const. ≈ 1 und damit $\Omega(E) \approx \Phi(E)$.[33] Für die sehr große Teilchenzahl makroskopischer Systeme ist damit die Zahl der zugänglichen Zustände, die im Energieintervall $\{E - \delta E, E\}$ liegen, praktisch gleich der Gesamtzahl der Zustände vom Grundzustand bis zur Energie E.

Beispiel: Wir wählen für die Teilchenzahl $3N/2 = 10^{23}$ und für die Energieunschärfe $\delta E/E = 10^{-5}$. Damit ergibt sich

$$\Phi(E) \propto (2mE)^{3N/2} = \text{const.} \cdot E^{10^{23}} = \text{const.} \cdot (E - \delta E)^{10^{23}} \left(\frac{E}{E - \delta E}\right)^{10^{23}} =$$

$$= \left(\frac{1}{1 - 10^{-5}}\right)^{10^{23}} \cdot \Phi(E - \delta E) \underset{\frac{1}{1-x} \geq e^x}{\geq} \left(e^{10^{-5}}\right)^{10^{23}} \cdot \Phi(E - \delta E) =$$

$$= e^{10^{18}} \Phi(E - \delta E) \gg \Phi(E - \delta E).$$

$$\Rightarrow \quad \Omega(E) = \Phi(E) - \Phi(E - \delta E) \cong \Phi(E).$$

---

33 Dies ist eine Eigenschaft hochdimensionaler Räume. Wir betrachten eine Kugel mit Radius r in einem Raum mit ν Dimensionen. Für das Volumen einer Kugel gilt dann $V(r) = C \cdot r^\nu$. Eine Kugelschale mit Dicke s an der Oberfläche dieser Kugel hat das Volumen $V_s = V(r) - V(r-s) = C\,(r^\nu - (r-s)^\nu) = V(r)\ (1 - (1 - s/r)^\nu)$. Aus $\ln\left(1 - \frac{s}{r}\right)^\nu = \nu \ln\left(1 - \frac{s}{r}\right) \approx \nu \cdot \left(-\frac{s}{r}\right)$ für $\frac{s}{r} \ll 1$ folgt $\left(1 - \frac{s}{r}\right)^\nu = e^{-\frac{s}{r}\nu}$. Für $s \ll r$ gilt dann in guter Näherung $V_s = V(r)\left[1 - e^{-\frac{s}{r}\nu}\right]$. Ist die Dicke s der Schale viel größer als r/ν, so ist V_s praktisch gleich dem Volumen der ganzen Kugel. Für $\nu = 10^{24}$ liegt daher die Gesamtzahl der Zustände *bis zur Energie E* in einer extrem dünnen Haut *bei der Energie E*, es gilt damit $\Phi(E) \approx \Omega(E)$.

An der obigen Formel (Gl. VI-1.96) für die Zustandssumme $\Omega(E)$ sind noch drei Ergänzungen anzubringen:

1. Das $3N$-dimensionale Kugelvolumen beträgt exakt $V_{3N}(R) = \dfrac{\pi^{3N/2}}{(3N/2)!} R^{3N}$

   $\Rightarrow$ $\Omega(E)$ ist noch mit $\pi^{3N/2}$ zu multiplizieren und durch $(3N/2)! \cong (3N/2)^{3N/2} \cdot e^{-3N/2}$ zu dividieren (nach der Stirlingschen Formel $n! \cong n^n \cdot e^{-n}$), da in der bisherigen Ableitung für das Kugelvolumen R^{3N} gesetzt wurde.
2. Da die Atome ununterscheidbar sind, was in der Ableitung unberücksichtigt blieb, muss die Anzahl $\Omega(E)$ der Mikrozustände noch durch $N! \cong N^N e^{-N}$, der Zahl aller Permutationen der N Atome, dividiert werden, um die bei einer Vertauschung von je zwei Atomen identischen Zustände zu eliminieren (Gibbssche Korrektur[34]).
3. Für die folgende Entwicklung ist es vorteilhaft, an Stelle der Proportionalitätskonstanten $\bar{c}$ eine neue Konstante $\hat{c}^N$ zu verwenden.

Damit lautet die Zustandssumme $\Omega(E,V,N)$ des idealen Gases endgültig

$$\Omega(E,V,N) = \hat{c}^N \cdot \left(\frac{V}{N}\right)^N \cdot \left(\frac{E}{N}\right)^{3N/2} \cdot e^{5N/2} \cdot \left(\frac{2\pi}{3}\right)^{3N/2} . \qquad \text{(VI-1.97)}$$

Für den Logarithmus dieser mikrokanonischen Zustandssumme mit vorgegebener Energie E der, wie wir später sehen werden (Abschnitt 1.3.3, Beispiel ‚Ideales einatomiges Gas mit quantenmechanischer Energieberechnung'), in die *Entropie* des idealen Gases eingeht, folgt damit endgültig

$$\ln \Omega(E,V,N) = \frac{3N}{2} \ln\left(\frac{E}{N}\right) + N \ln\left(\frac{V}{N}\right) + N \ln c \qquad \text{(VI-1.98)}$$

mit $\ln c = \ln \hat{c} + 5/2 + \dfrac{3}{2} \ln\left(\dfrac{2\pi}{3}\right)$. Diese Konstante bleibt bei unserer klassischen Rechnung unbestimmt.

---

34 Es war schon früh bekannt, dass die Zustandssumme als Funktion der Teilchenzahl einen zu großen Wert ergibt. Die Ursache ist, dass sich der Phasenraum ‚aufbläht', wenn die Teilchen als unterscheidbar angesehen werden. Der Korrekturfaktor $1/N!$ geht auf Josiah Willard Gibbs (1839–1903) zurück.

1.3 Thermische Wechselwirkung und repräsentative Ensembles physikalischer Systeme

Im Allgemeinen wird ein makroskopisches System durch makroskopisch messbare, voneinander unabhängige Parameter, die *äußeren Parameter*, bestimmt, nennen wir sie $x_1, x_2, ..., x_n$. Beispiele für äußere Parameter sind das Behältervolumen, die Teilchenzahl, elektrische und magnetische Felder, etc. Die Energieniveaus E_r des Systems hängen daher von den Werten der äußeren Parameter ab, also

$$E_r = E_r(x_1, x_2, ..., x_n). \quad \text{(VI-1.99)}$$

Entsprechend müssen auch die Mikrozustände des Systems mit den äußeren Parametern vereinbar sein und wir schreiben (n_i = QZ der f Freiheitsgrade, P_i = Wahrscheinlichkeiten der den Makrozustand bildenden Mikrozustände)

$$r = (n_1, n_2, ..., n_f), \text{ für } x = (x_1, ..., x_n) \quad \textit{Mikrozustand} \quad \text{(VI-1.100)}$$

$$\{P_r\} = (P_1, P_2, ...), \text{ für } x = (x_1, ..., x_n) \quad \textit{Makrozustand.} \quad \text{(VI-1.101)}$$

Mit einer Änderung der äußeren Parameter ist damit auch eine Änderung des Makrozustands und seiner Mikrozustände verbunden.

1.3.1 Thermische Wechselwirkung zwischen makroskopischen Systemen

Wir betrachten zwei makroskopische Systeme A_1 und A_2 mit den zugehörigen Energien E_1 und E_2. Die Energieskala sei wieder in makroskopisch kleine (infinitesimale) Intervalle δE unterteilt, die aber noch genügend Zustände enthalten sollen.

$\Omega_1(E_1)$ umfasst die Zustände, die dem System A_1 zugänglich sind, wenn seine Energie zwischen $E_1 - \delta E$ und E_1 liegt. $\Omega_2(E_2)$ umfasst analog alle für das System A_2 zugänglichen Zustände. In diesem Sinne heißt „das System A_1 (bzw. A_2) hat die Energie E_1 (E_2)“, dass die Energie von A_1 (A_2) zwischen $E_1 - \delta E$ und E_1 ($E_2 - \delta E$ und E_2) liegt.

Wir nehmen nun an, dass die beiden betrachteten Systeme nicht voneinander isoliert sind, sondern Energie zwischen ihnen ausgetauscht werden kann, sie somit in *thermischer Wechselwirkung* stehen. Die äußeren Parameter der im Energieaustausch stehenden Systeme sollen aber konstant bleiben, das zusammengesetzte System $A^* = A_1 + A_2$ soll daher isoliert (und im Weiteren auch abgeschlossen) sein. Das bedeutet, dass die Energien der beiden Systeme zwar nicht konstant bleiben, wohl aber die Gesamtenergie des zusammengesetzten Systems:

$$E_1 + E_2 = E^* = \text{const.} \quad \text{(VI-1.102)}$$

Wenn daher z. B. die Energie E_1 des Systems A_1 gegeben ist, gilt für die Energie E_2 des Systems A_2

$$E_2 = E^* - E_1 . \qquad \text{(VI-1.103)}$$

Nehmen wir jetzt weiter an, dass A_1 mit A_2 im Gleichgewicht (*GG*) steht, dann ist auch das zusammengesetzte System A^* im *GG*. Wir fragen nach der Wahrscheinlichkeit $P(E_1)$, mit der das System A_1 im zusammengesetzten System eine bestimmte Energie E_1 und damit A_2 die Energie $E_2 = E^* - E_1$ hat.

Im *isolierten* zusammengesetzten System A^*, das sich im *GG* befindet, gilt das grundlegende Postulat, A^* ist daher in jedem seiner zugänglichen Mikrozustände mit gleicher Wahrscheinlichkeit. Die Gesamtzahl der für das zusammengesetzte System zugänglichen Zustände sei Ω^*_{tot}. Dann ist die Wahrscheinlichkeit $P(E_1)$ dafür, dass das Subsystem A_1 die Energie E_1 und daher das Subsystem A_2 gleichzeitig die Energie $E_2 = E^* - E_1$ besitzt, gleich dem Verhältnis des entsprechenden Teils der Zustände $\Omega^*(E_1)$ zur Gesamtzahl der möglichen Zustände Ω^*_{tot}

$$P(E_1) = \frac{\Omega^*(E_1)}{\Omega^*_{\text{tot}}} = C \cdot \Omega^*(E_1) , \qquad \text{mit} \qquad C = \frac{1}{\Omega^*_{\text{tot}}} . \qquad \text{(VI-1.104)}$$

Da A^* isoliert und im *GG* ist, ist die Zahl seiner zugänglichen Zustände Ω^*_{tot} eine von E_1 unabhängige Konstante.

Wir müssen jetzt noch $\Omega^*(E_1)$ bestimmen. Dazu betrachten wir nochmals die beiden Systeme A_1 und A_2 und die ihnen zugänglichen Zustände:
- A_1 hat die Energie E_1 und seine zugänglichen Zustände sind $\Omega_1(E_1)$;
- A_2 hat die Energie $E_2 = E^* - E_1$ und die zugänglichen Zustände $\Omega_2(E^* - E_1)$.

Jeder zugängliche Zustand von A_1 und von A_2 kann zu einem zugänglichen Zustand von A^* beitragen, ein zugänglicher Zustand von A^* bedeutet damit das *gleichzeitige Auftreten* eines (irgendeines) Zustands von A_1 *und* A_2 und damit

$$\Omega^*(E_1) = \Omega_1(E_1) \cdot \Omega_2(E^* - E_1) \qquad \text{(VI-1.105)}$$

und wir erhalten die gesuchte Wahrscheinlichkeit $P(E_1)$

$$P(E_1) = C \cdot \Omega_1(E_1) \cdot \Omega_2(E^* - E_1) = \frac{\Omega_1(E_1) \cdot \Omega_2(E^* - E_1)}{\Omega^*_{\text{tot}}} . \qquad \text{(VI-1.106)}$$

Beispiel: Wir betrachten zwei Systeme A_1 und A_2. Die zugänglichen Zustände der beiden Systeme $\Omega_1(E_1)$ und $\Omega_2(E_2)$ sollen stark von ihrer Energie abhängen. Die Darstellung der Zustände als Funktion der Energie ist über willkürlichen Energieintervallen δE aufgetragen.

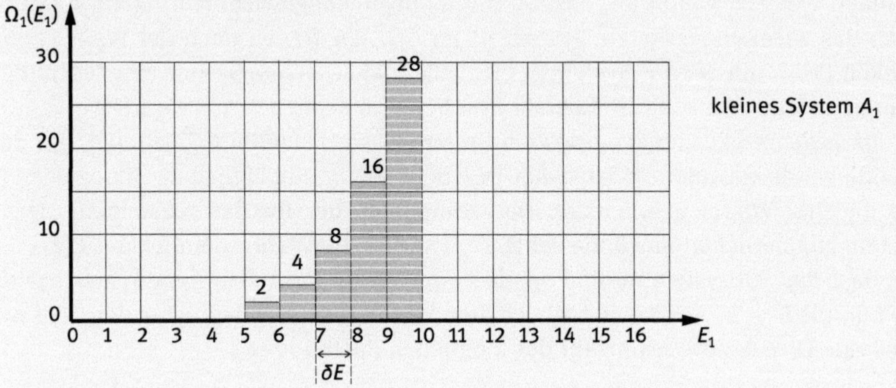

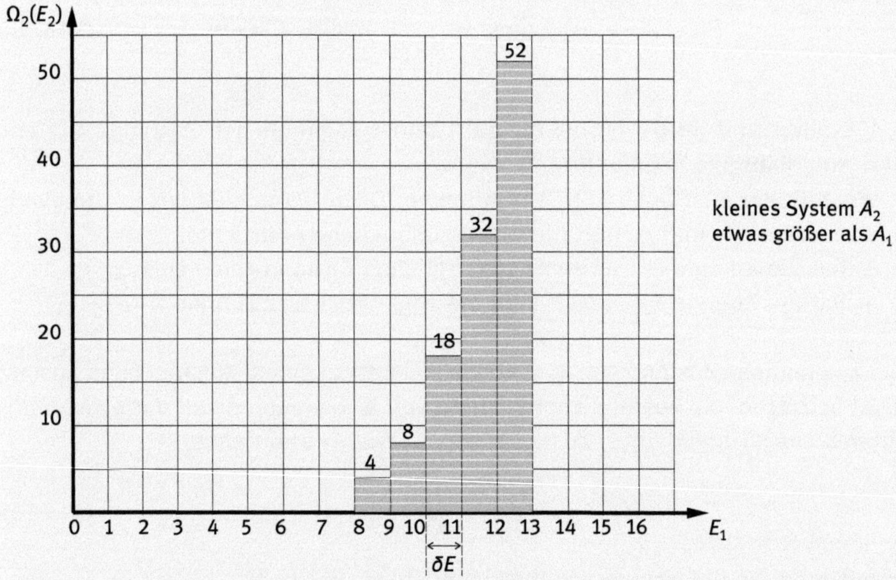

Zwei kleine Systeme A_1 und A_2 in thermischem Kontakt: Zahl der Mikrozustände als Funktion der Energie in willkürlichen Einheiten δE. Die Mikrozustände sind immer rechts vom zugehörigen Energiewert aufgetragen.

Die Zahl der Zustände beider Systeme $\Omega_1(E_1)$ und $\Omega_2(E_2)$ steigen stark mit der Energie an. Wir geben eine konstante Energie des Gesamtsystems $E^\star = E_1 + E_2 = 17$ (Einheiten δE) vor. Die Gesamtzahl $\Omega^\star_{tot}$ des Gesamtsystems für

$E^* = 17$ beträgt $\Omega^*_{tot}(E^* = 17) = \sum_{E_1=5}^{E_1=9} \Omega^*(E_1) = 616$. Dann fällt aber die Zahl der möglichen Zustände $\Omega_2(E^* - E_1)$ von A_2 mit wachsendem E_1 stark ab:

E_1 [δE]	$\Omega_1(E_1)$	E_2 [δE]	$\Omega_2(E_2)$	$\Omega^*(E_1) = \Omega_1(E_1) \cdot \Omega_2(E_2)$	$P(E_1) = \frac{\Omega^*(E_1)}{\Omega^*_{tot}(E^*)}$
5	2	12	52	104	0,17
6	4	11	32	128	0,21
7	8	10	18	144	0,23
8	16	9	8	128	0,21
9	28	8	4	112	0,18

Für die Wahrscheinlichkeit $P(E_1)$ ergibt sich daher ein Maximum:

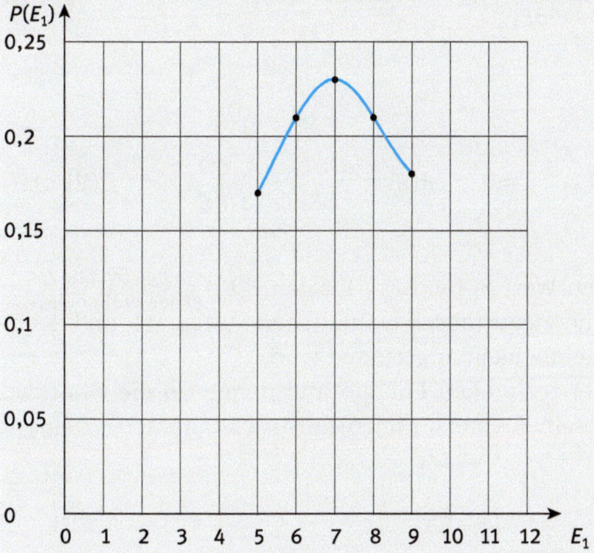

Wir nehmen an, dass sowohl A_1 als auch A_2 makroskopische Systeme mit vielen Freiheitsgraden sind, sodass die Zahl ihrer Zustände sehr rasch mit der Energie ansteigt. Wie wir gerade im Beispiel gesehen haben, steigt daher $\Omega_1(E_1)$ im Ausdruck für $P(E_1)$ sehr stark an, während $\Omega_2(E_2) = \Omega_2(E^* - E_1)$ sehr stark fällt, da ja $E^* = \text{const.}$ $P(E_1)$, zeigt daher ein scharfes Maximum bei einer bestimmten Energie $E_1 = \hat{E}_1$ des Systems A_1. Die Breite des Maximums ΔE_1 ist sehr viel kleiner als $\hat{E}_1$, d. h. $\Delta E_1 \ll \hat{E}_1$. Zur Bestimmung der Energie $\hat{E}_1$ untersuchen wir den Logarithmus von $P(E_1)$

$$\ln P(E_1) = \ln C + \ln \Omega_1(E_1) + \ln \Omega_2(E_2)\,, \qquad \text{(VI-1.107)}$$

der viel schwächer variiert als $P(E_1)$ selbst. Wir bilden die Ableitung und beachten $E_2 = E^* - E_1$

$$\frac{\partial \ln P}{\partial E_1} = \frac{\partial \ln \Omega_1(E_1)}{\partial E_1} + \frac{\overbrace{\partial \ln \Omega_2(\overbrace{E^* - E_1}^{E_2(E_1)})}^{f(E_2)}}{\partial E_1} = \frac{\partial \ln \Omega_1(E_1)}{\partial E_1} + \frac{\partial \ln \Omega_2(E_2)}{\partial E_2} \cdot \underbrace{\frac{\partial E_2}{\partial E_1}}_{=-1} \tag{VI-1.108}$$

und setzen sie gleich Null, um das Maximum zu bestimmen

$$\frac{\partial \ln \Omega_1(\hat{E}_1)}{\partial E_1} + \frac{\partial \ln \Omega_2(\hat{E}_2)}{\partial E_2} \cdot (-1) = 0\,. \tag{VI-1.109}$$

Damit erhalten wir als Bedingung für das Wahrscheinlichkeitsmaximum

$$\frac{\partial \ln \Omega_1(\hat{E}_1)}{\partial E_1} = \frac{\partial \ln \Omega_2(\hat{E}_2)}{\partial E_2} \tag{VI-1.110}$$

bzw.

$$\beta_1(\hat{E}_1) = \beta_2(\hat{E}_2) \qquad \text{mit} \qquad \beta(E) \equiv \frac{\partial \ln \Omega}{\partial E} = \frac{1}{\Omega}\frac{\partial \Omega}{\partial E}\,. \tag{VI-1.111}$$

Diese Bedingung bestimmt den Wert $\hat{E}_1$ (und $\hat{E}_2$), für den $P(E_1)$ maximal wird und somit jenen Zustand der im Energieaustausch befindlichen Systeme A_1 und A_2, der mit überwältigender Wahrscheinlichkeit angetroffen wird.

β hat die Dimension einer reziproken Energie und damit $1/\beta$ die Dimension einer Energie. Wir führen nun einen vorerst dimensionslosen Parameter T ein, mit

$$\frac{1}{\beta} = kT\,. \tag{VI-1.112}$$

Die Konstante k hat dann die Dimension einer Energie und kann beliebig gewählt werden. Der zunächst dimensionslose Parameter T misst daher den Energiewert $1/\beta$ in Einheiten von k. Er wird die *Temperatur* des Systems genannt und ergibt sich als proportional zur Größe gleichen Namens, die in der phänomenologischen Thermodynamik über die Energie des idealen Gases eingeführt wurde (siehe Band II, Kapitel „Physik der Wärme", Abschnitt 1.1.3).

Es gilt somit

$$\beta = \frac{1}{kT} = \frac{\partial \ln \Omega}{\partial E} \tag{VI-1.113}$$

und damit

$$\frac{1}{T} = \frac{k\,\partial \ln \Omega}{\partial E} = \frac{\partial S}{\partial E} \quad \text{[35]} \qquad \text{(VI-1.114)}$$

mit der als *Entropie*[36] bezeichneten, neu eingeführten Größe $S(E) = k \ln \Omega(E)$.

$$S = k \ln \Omega \qquad \textit{Boltzmannsche Entropiegleichung.}\text{[37]} \qquad \text{(VI-1.115)}$$

Die Entropie eines Systems ist ein logarithmisches Maß für die Anzahl der Mikrozustände, die dem System zugänglich sind.

Die Entropie S hat zunächst die Dimension einer Energie; erst durch die Festlegung der Temperatur T bzw. der Boltzmannkonstante k erhält sie die Dimension J/K (siehe dazu weiter unten in Abschnitt 1.3.2).

Betrachten wir nochmals die Bedingung dafür, dass $P(E_1)$ maximal wird. Das ist sicher der Fall, wenn $\ln P(E_1)$ maximal wird

---

35 Da die partielle Ableitung von S nach E unter der Voraussetzung konstanten Volumens V und konstanter Teilchenzahl N erfolgt, müsste man exakt schreiben: $\frac{1}{T} = \left(\frac{\partial S}{\partial E}\right)_{V,N}$; ln Ω und damit die Entropie S sind nämlich Funktionen von E, V und N: $S = S(E,V,N)$. (Vgl. den Entropieausdruck des einatomigen idealen Gases im Abschnitt 1.3.3, Beispiel ‚Ideales, einatomiges Gas mit quantenmechanischer Energieberechnung'.)

36 *entrepein* (gr.) = umwenden, umwandeln. Der Begriff wurde auf thermodynamischer Basis von Rudolf Clausius (1822–1888) im Jahre 1865 geprägt. Die obige statistische Beziehung wurde im Jahre 1877 von Ludwig Boltzmann (1844–1906) aufgestellt.

37 Die universalen Gesetze der Thermodynamik (siehe Teil I, Kapitel „Physik der Wärme") wurden unabhängig von den atomistischen Eigenschaften physikalischer Systeme formuliert und standen daher abseits der klassischen Dynamik, die alle Vorgänge auf die Bewegung von Teilchen zurückführen will. Ludwig Boltzmann wollte die Annäherung eines Systems an seinen Gleichgewichtswert als Folge der Teilchenbewegung beschreiben und so das Problem des Gegensatzes zwischen thermodynamischer und dynamischer Beschreibung lösen. Dabei erkannte er, dass die Nichtgleichgewichtszustände eines vom *GG* entfernten Systems eine geringere Wahrscheinlichkeit besitzen als die mit dem *GG* zu vereinbarenden Zustände. So gelangte er zu seiner berühmten Entropiegleichung, die die Entropie mit der Wahrscheinlichkeit für das Auftreten eines Zustands verknüpft. In ihrem Buch „Das Paradox der Zeit. Zeit, Chaos und Quanten" (Pieper Verlag, München 1993) beschreiben das die Autoren Ilya Prigogine und Isabelle Stengers so: *‚Das Boltzmannsche Ordnungsprinzip besagt, dass der wahrscheinlichste Zustand, den ein System erreichen kann, derjenige ist, in dem die massenhaften Ereignisse, die gleichzeitig in dem System stattfinden, sich in ihrer Wirkung statistisch ausgleichen.'*

$$P(E_1) = \max, \text{ wenn } \ln P(E_1) = \underbrace{\ln C}_{\text{konst.}} + \underbrace{\ln \Omega_1(E_1)}_{S_1/k} + \underbrace{\ln \Omega_2(E_2)}_{S_2/k} = \max. \qquad \text{(VI-1.116)}$$

Das heißt, die Wahrscheinlichkeit $P(E_1)$, dass das System A_1 im zusammengesetzten System A^* einen gewissen Energiewert E_1 annimmt, ist dann maximal, und zwar bei $E_1 = \hat{E}_1$, wenn die Entropie des Gesamtsystems $S^* = S_1 + S_2 = k \ln \Omega_1(E_1) + k \ln \Omega_2(E_2)$ maximal ist

$$P(E_1) = \max, \qquad \text{wenn} \qquad S^* = S_1 + S_2 = \max. \qquad \text{(VI-1.117)}$$

Die Bedingung dafür ist, wie oben gezeigt (Gl. VI-1.111), gleiche Werte von $\beta_1 = 1/kT_1$ und $\beta_2 = 1/kT_2$ in beiden Subsystemen. Der Parameter T muss daher in beiden Systemen gleich sein:

$$T_1 = T_2 \qquad \text{(VI-1.118)}$$

Bedingung für das Entropiemaximum der im Wärmeaustausch stehenden Systeme 1 und 2.

Ergebnis der Betrachtung zweier in Wärmekontakt (= Energieaustausch) stehender Subsysteme eines isolierten (und abgeschlossenen) Systems im *GG*:
Die Energie des Subsystems A_1 nimmt mit sehr großer Wahrscheinlichkeit jenen Wert an, für den die Entropie S^* des Gesamtsystems A^* maximal ist. Dieser wahrscheinlichste Zustand eines Gesamtsystems A^* und seiner Subsysteme A_1 und A_2 ist dadurch gekennzeichnet, dass er in großen Systemen mit einer extremen Schärfe die maximal mögliche Anzahl von Mikrozuständen aufweist, die mit seiner Gesamtenergie E^* verträglich sind. Da alle diese Zustände gleich wahrscheinlich sind, weist der zu A^* gehörende Makrozustand die bestmöglich gleichmäßige Verteilung auf seine zugänglichen Mikrozustände auf, er ist maximal unbestimmt bezüglich der Verteilung auf seine zugänglichen Mikrozustände. Das heißt andererseits, dass sich dieser Makrozustand im Zustand seiner größtmöglichen *Unordnung*[38] befindet.

i Die Entropie ist daher ein Maß für die Unordnung eines makroskopischen Systems.

---

38 Umgekehrt gilt: Je weniger Mikrosysteme dem Gesamtsystem zur Auswahl stehen, desto *geordneter*, bestimmter, erscheint es.

1.3.2 Thermisches Gleichgewicht, Temperatur

Die Wahrscheinlichkeit $P(E_1)$ hat, wie gerade gesehen, ein sehr scharfes Maximum bei $E_1 = \hat{E}_1$. Bei Wärmekontakt der zwei Systeme A_1 und A_2 wird daher A_1 mit sehr großer Wahrscheinlichkeit die Energie $\hat{E}_1$ besitzen und A_2 die Energie $\hat{E}_2 = E^* - \hat{E}_1$, wenn die Systeme im Gleichgewicht sind. Auch die mittleren Energien der beiden Subsysteme werden sehr nahe an diesen Energien liegen, d. h. $\bar{E}_1 = \hat{E}_1$ und $\bar{E}_2 = \hat{E}_2$.[39]

Wir betrachten zwei anfangs getrennte Systeme A_1 und A_2, die sich jeweils im *GG* befinden und die mittleren Energien $\bar{E}_1^0$ und $\bar{E}_2^0$ haben. Sobald wir die beiden Systeme in thermischen Kontakt bringen, beginnen sie Energie miteinander auszutauschen. Anfangs werden die Mikrozustände der beiden Systeme A_1 und A_2 solche sein, die für den Gleichgewichtszustand des (isolierten) Gesamtsystems A^* unwahrscheinlich sind (Ausnahme: Die Energien von A_1 und A_2 waren schon vor dem Wärmekontakt $\bar{E}_1^0 = \hat{E}_1$ und $\bar{E}_2^0 = \hat{E}_2$). Der Energieaustausch der beiden Systeme muss aber so erfolgen, dass die Energien der Subsysteme nach genügend langer Wartezeit t_∞ den Gleichgewichtszustand mit den Energien $\bar{E}_1^\infty = \hat{E}_1$ und $\bar{E}_2^\infty = \hat{E}_2$ erreichen und damit $P(E_1)$ einen Maximalwert hat. Dann müssen die Parameter β gleich sein

$$\beta_1^\infty = \beta_1(\bar{E}_1^\infty) = \beta_2^\infty = \beta_2(\bar{E}_2^\infty) \qquad \text{(VI-1.119)}$$

und damit

$$T_1^\infty = T_2^\infty \,. \qquad \text{(VI-1.120)}$$

Wir haben vorher gezeigt, dass der Maximalwert von $P(E_1)$ damit verbunden ist, dass die Entropie des Gesamtsystems maximal ist (Abschnitt 1.3.1, Gl. VI-1.117). Das Anstreben des Gleichgewichtswertes nach erfolgtem Wärmekontakt, das heißt das Anstreben der gleichen Temperatur in beiden Subsystemen, bedeutet also, dass der Energieaustausch zwischen den Subsystemen so lange erfolgt, bis die Gesamtentropie maximal ist. Es muss daher gelten

$$S_1(\bar{E}_1^\infty) + S_2(\bar{E}_2^\infty) \geq S_1(\bar{E}_1^0) + S_2(\bar{E}_2^0) \qquad \text{(VI-1.121)}$$

oder

$$S_1(\bar{E}_1^\infty) - S_1(\bar{E}_1^0) + S_2(\bar{E}_2^\infty) - S_2(\bar{E}_2^0) = \Delta S_1 + \Delta S_2 \geq 0 \,. \qquad \text{(VI-1.122)}$$

---

39 Während $\hat{E}_1$ und $\hat{E}_2$ durch den Maximalwert der möglichen Mikrozustände festgelegt sind, geht in die Mittelwerte $\bar{E}_1$ und $\bar{E}_2$ auch die Form der Verteilung ein, was aber wegen der extremen Schärfe bei sehr großen Teilchenzahlen praktisch bedeutungslos ist.

Die Entropie eines abgeschlossenen Systems nimmt beim Anstreben des Gleichgewichtszustandes immer zu.

Damit haben wir hier den zweiten Hauptsatz der Thermodynamik (vgl. Band II, Kapitel „Physik der Wärme“, Abschnitt 1.3.1.3) aus *mikroskopischen Prinzipien* abgeleitet.

Als Ergebnis sehen wir

Bringen wir zwei ursprünglich getrennte, aber jeweils im *GG* befindlichen Systeme *mit gleichem Wert von* β, d. h. gleicher Temperatur T, in thermischen Kontakt, so bleibt ihr *GG* erhalten. Haben die beiden Systeme ursprünglich *verschiedene Werte* β, so bleibt ihr *GG* nicht erhalten, sondern es wird ein *neuer GG-Zustand des Gesamtsystems mit höherer Entropie* angestrebt.

Wir wenden uns nun dem Parameter T zu, der Temperatur, wie sie in der phänomenologischen Thermodynamik definiert wurde.[40] Vom Boyle-Mariotteschen Gesetz für feste Temperatur T (isotherm) (vgl. dazu Band II, Kapitel „Physik der Wärme“, Abschnitt 1.1.2)

$$P \cdot V = P_0 V_0 = \text{const.} \qquad \text{für } T = \text{const.} \tag{VI-1.123}$$

und vom Gesetz von Gay-Lussac für konstanten Druck P (isobar)

$$\frac{V}{T} = \frac{V_0}{T_0} = \text{const.} \qquad \text{für } P = \text{const.} \tag{VI-1.124}$$

bzw.

$$\frac{P}{T} = \frac{P_0}{T_0} = \text{const.} \qquad \text{für } V = \text{const.} \tag{VI-1.125}$$

folgt[41] die *ideale Gasgleichung*

---

40 In diesem Teil des Abschnittes ist T von der statistisch definierten Temperatur $\frac{1}{T} = \frac{k \cdot \partial \ln \Omega(E)}{\partial E}$ jedenfalls zunächst zu unterscheiden. Ihre Identität wird sich später aus dem Gleichverteilungssatz ergeben (siehe Abschnitt 1.3.6).

41 Ein Gasvolumen V_0 im Zustand (P_0, T_0) wird in 2 Schritten in den Zustand (P, V, T) gebracht.

1. Schritt: Bei konstantem P_0 wird das Gas nach Gay-Lussac auf (V_1, T) gebracht mit $V_1 = V_0 \frac{T}{T_0}$.

2. Schritt: Dieses Volumen V_1 wird nun bei konstantem T nach Boyle-Mariotte in den Endzustand

$$P \cdot V = C \cdot T.^{42} \tag{VI-1.126}$$

Aus der kinetischen Gastheorie (vgl. Band II, „Physik der Wärme“, Abschnitt 1.2.2, Gl. II-1.40) wissen wir, dass der Druck eines Gases gleich der Impulsübertragung der gegen die Gefäßwand stoßenden Gasmoleküle ist, woraus folgt

$$P = \frac{1}{3}\frac{N}{V} m\langle v^2\rangle , \tag{VI-1.127}$$

wobei N die Zahl der Gasmoleküle im Volumen V ist, m die Masse eines Gasmoleküls und $\langle v^2\rangle = \overline{v^2}$ ihre mittlere quadratische Geschwindigkeit. Umgeschrieben ergibt das

$$P \cdot V = \underbrace{\frac{2}{3}N}_{\substack{\textit{unabhängig}\\ \textit{von } T}} \cdot \underbrace{\frac{1}{2}m\langle v^2\rangle}_{\substack{\bar{E}_{\text{kin}} \textit{ eines}\\ \textit{Gasmoleküls}}} = C \cdot T. \tag{VI-1.128}$$

Die mittlere kinetische Energie der Gasmoleküle $\bar{E}_{\text{kin}}$ muss daher von der Temperatur abhängen. Setzen wir für die mittlere Energie eines einzelnen, punktförmig gedachten Gasmoleküls

$$\frac{1}{2} m\langle v^2\rangle = \frac{3}{2} kT,^{43} \tag{VI-1.129}$$

d. h. $\frac{1}{2}kT$ pro Freiheitsgrad, so erhalten wir für die gesamte mittlere Energie eines idealen Gases von N Teilchen

$$\bar{E} = \frac{3}{2} NkT. \tag{VI-1.130}$$

(P,V) gebracht mit $P_0 V_1 = P_0 V_0 \frac{T}{T_0} = PV$. Daraus folgt die ideale Gasgleichung $\frac{PV}{T} = \frac{P_0 V_0}{T_0} = C$. (Siehe auch Band II, Kapitel „Physik der Wärme“, Abschnitt 1.1.2.)

42 Damit ergibt sich für den *Ausdehnungskoeffizienten* $\alpha = \frac{1}{V}\left(\frac{\partial V}{\partial T}\right)_P = \frac{1}{V}\frac{C}{P} = \frac{1}{T}$. α ist daher unabhängig von der *Art* des idealen Gases und hängt nur von der Temperatur T ab! Mit der thermodynamischen Temperaturskala ($T_3 = 273{,}16$ K) erhält man so $\alpha_{T_3} = \frac{1}{T_3} = \frac{1}{273{,}16}\,\text{K}^{-1}$ am Tripelpunkt von Wasser, der um 0,01 K über dem Eispunkt liegt.

43 Wir haben ja bisher über die Größe k noch keine Verfügung getroffen (siehe Abschnitt 1.3.1, Gl. VI-1.112). T ist hier immer noch die „phänomenologisch“ definierte Temperatur, erst der Gleichverteilungssatz (siehe Abschnitt 1.3.6) erweist ihre Identität mit der statistisch definierten Temperatur!

Damit gilt für den *absoluten Nullpunkt* der Temperatur, dass dort die mittlere Energie des Gases verschwindet

$$\bar{E} = 0 \qquad \text{für} \qquad T = 0\,. \tag{VI-1.131}$$

Die *ideale Gasgleichung* ergibt sich damit zu

$$\bar{P} \cdot V = NkT \qquad \textit{ideale Gasgleichung}. \tag{VI-1.132}$$

Wir nehmen ein bestimmtes Volumen V und füllen es mit einer bestimmten Anzahl N von Gasmolekülen. Eine Druckmessung liefert uns dann kT bzw. β. Wenn wir die „phänomenologisch" festgelegten Werte für T verwenden wollen, müssen wir die Konstante k geeignet *wählen*. Wir gehen so vor, dass wir durch ein geeignetes Experiment einen numerischen Wert von T *per definitionem* festlegen und damit auch den Wert der Konstanten k bestimmen. Wir wählen den absoluten Nullpunkt $T = 0$ als einen Fixpunkt der Temperaturskala und den *Tripelpunkt* $T = T_3$ von Wasser[44] als zweiten und teilen das Temperaturintervall von $T = 0$ bis $T = T_3$ in 273,16 Teile[45], wobei wir einen Teil 1 *Kelvin* (1 K) nennen (*SI*-Einheit). Durch thermometrischen Vergleich, z. B. durch Druckmessung eines bestimmten Volumens eines idealen Gases (= „Gasthermometer"), dessen Druck zuerst bei Kontakt mit H_2O am Tripelpunkt bestimmt wurde, kann dann mit Hilfe des Gay-Lussacschen Gesetzes die Temperatur *jedes Systems*, das sich im thermischen *GG* mit ihm befindet, angegeben werden.[46] Dies bestimmt die *absolute Temperatur T* des Systems, die somit in der *SI*-Einheit *Kelvin*[47] (K) angegeben wird und durch $T_3 = 273{,}16\,\text{K}$ festgelegt ist.

Beispiel: Der Wert $T_3 = 273{,}16$ ergibt sich z. B. aus der exakten Messung des Ausdehnungskoeffizienten α eines weitgehend idealen Gases (verdünntes He) bei konstantem Druck. Ist ϑ [°C] die Temperatur wenig über T_3, so gilt nach Gay-Lussac (siehe Gl. (VI-1.124) und Band II, Kapitel „Physik der Wärme", Abschnitt 1.1.2, Gl. II-1.5):

44 Am Tripelpunkt $T_3 = 273{,}16\,\text{K}$ (exakt) koexistiert H_2O in fester (Eis), flüssiger (Wasser) und gasförmiger (Wasserdampf) Form. Der Tripelpunkt hat in Celsiusgraden 0,01 °C exakt (nicht 0 °C!).

45 Der Wert 273,16 ist historisch bedingt durch die Festlegung der alten Celsiusskala, deren Temperaturschritt für die Kelvinskala übernommen wurde.

46 Die Temperaturskala wird über den Tripelpunkt hinaus linear in Kelvinschritten fortgesetzt (messtechnisch unter Verwendung eines speziellen Gasthermometers, siehe Band II, Kapitel „Physik der Wärme", Abschnitt 1.1.3).

47 Nach William Thomson, 1st Baron Kelvin of Largs, meist Lord Kelvin, 1824–1907.

$$\frac{T_3}{V_0} = \frac{T}{V} = \frac{T_3 + \vartheta}{V} \qquad \Rightarrow$$

$$V = V_0 \frac{1}{T_3}(T_3 + \vartheta) = V_0\left(1 + \frac{1}{T_3}\vartheta\right) = V_0\left(1 + \frac{1}{V_0}\left.\frac{\partial V}{\partial T}\right|_P \vartheta\right) = V_0(1 + \alpha\vartheta),$$

$$\text{das heißt} \qquad \alpha \equiv \frac{1}{T_3}.$$

Dabei ist ϑ ein kleiner Temperaturschritt in Celsiusgraden. Das heißt: Der konstante Ausdehnungskoeffizient eines idealen Gases beträgt

$$\alpha = \frac{1}{V_0}\left.\frac{\partial V}{\partial T}\right|_P = \frac{V - V_0}{V_0}\frac{1}{\vartheta} = \frac{1}{273{,}16}\,{}^\circ\mathrm{C}^{-1} = \frac{1}{273{,}16}\,\mathrm{K}^{-1} = \frac{1}{T_3},$$

da 1 Grad Celsius gleich 1 Grad Kelvin ist. Der Wert $T_3 = 273{,}16$ ist letztlich eine *Folge der Festlegung der Celsiusskala*! (vgl. Band II, Kapitel „Physik der Wärme", Abschnitt 1.1.3)

Zur Messung *beliebiger* Temperaturwerte benötigt man ein „Thermometer", dessen Anzeige nach hinreichend langem Kontakt mit der zu messenden Substanz gemäß der Beziehung $\bar{E} = \frac{3}{2}NkT$ seiner inneren Energie $\bar{E}$ streng proportional ist. Dafür eignet sich am besten ein mit Heliumgas gefüllter Behälter (Gasthermometer), dessen Druck bei konstantem Volumen (oder Volumen bei konstantem Druck) gemessen wird (siehe ideale Gasgleichung).

Schreibt man die ideale Gasgleichung für ν Mole, so gilt

$$\bar{P} \cdot V = \nu N_A kT = \nu RT, \qquad \text{(VI-1.133)}$$[48]

wobei ν die Molzahl, N_A die Avogadrozahl und R die ideale Gaskonstante ist mit $R \equiv N_A \cdot k$.

Nehmen wir ν Mole eines idealen Gases bei 0 °C = 273,15 K (Normalbedingung) und messen V und $\bar{P}$ in *SI*-Einheiten, so erhalten wir die Gaskonstante aus $R = \frac{\bar{P} \cdot V}{\nu T}$ zu

48 Anstelle der *Masse m* (Einheit: kg) kann auch die *Stoffmenge* ν (Einheit: mol) verwendet werden. Die Einheit der Stoffmenge enthält so viele Teilchen, wie Atome in 0,012 kg Kohlenstoff ^{12}C enthalten sind, das sind $N_A = 6{,}0221 \cdot 10^{23}\,\mathrm{mol}^{-1}$. Die auf die Stoffmenge bezogene Masse nennt man *molare Masse* (= *Molmasse*) $M_m = m/\nu = N_A \cdot m_M$ (Einheit: kg/mol, m_M = Molekülmasse). Mit dem *molaren Volumen* $V_m = V/\nu$ (Einheit: m³/mol) oder der molaren Masse kann die Stoffmenge auch als *Zahl der Mole* (= *Molzahl*) $\nu = V/V_m$ bzw. $\nu = m/M_m$ (Einheit: mol) geschrieben werden.

$$R = (8{,}3144598 \pm 0{,}0000048)\ \mathrm{J} \cdot \mathrm{mol}^{-1} \cdot \mathrm{K}^{-1} \tag{VI-1.134}$$

universelle Gaskonstante.

Mit

$$N_A = (6{,}022140857 \pm 0{,}000000074) \cdot 10^{23}\ \mathrm{mol}^{-1} \tag{VI-1.135}$$

Avogadrozahl

erhalten wir für die *Boltzmannkonstante*

$$k = R/N_A = (1{,}38064852 \pm 0{,}00000079) \cdot 10^{-23}\ \mathrm{J/K}. \tag{VI-1.136}$$

Die Boltzmannkonstante wird somit über T_3 durch die absolute Temperaturskala und die Avogadrozahl N_A festgelegt!

1.3.3 Statistische Physik und Thermodynamik

Die statistische Physik geht von der mikroskopischen Struktur des betrachteten Systems aus, den Mikrozuständen, und behandelt die makroskopisch messbaren Größen statistisch. Wie kommen wir aber von den Mikrozuständen zu thermodynamischen Größen?

i Die entscheidende Verbindung zwischen der mikroskopischen Struktur eines Systems und der Thermodynamik, also den makroskopischen Größen und ihren Beziehungen, stellt die Boltzmannsche Entropiegleichung $S = k \ln \Omega$ dar.

Kennt man die Teilchen eines abgeschlossenen Systems und ihre Wechselwirkungen, so kann man, zumindest im Prinzip, mit Hilfe der Quantenmechanik die zugänglichen Mikrozustände des Systems und damit deren von den Randbedingungen zugelassenen mikrokanonische Zustandssumme Ω, d. h. die Gesamtzahl der Zustände, berechnen. Damit gewinnt man die wichtigste thermodynamische Größe, die Entropie S.

Wir gehen so vor:

1. Wir bestimmen die Energieeigenwerte $E_r(x)$, die mit den äußeren Parametern $x = (x_1, x_2, \ldots, x_n)$ vereinbar sind (z. B. Teilchenzahl, Volumen, elektrische und magnetische Feldstärke usw.). In der Quantenmechanik bestimmen wir die Energieeigenwerte E_r des Hamiltonoperators $\hat{H}$; klassisch nehmen wir die Gesamtenergie aller Teilchen als Funktion der Lagen und der Impulse (Phasenkoordinaten!), die Hamiltonfunktion. Mit $E_r(x)$ sind die zugänglichen Mikrozustände des Systems festgelegt.

2. Wir berechnen die Zustandssumme für alle Zustände r, die mit $E - \delta E \leq E_r(x) \leq E$ verträglich sind, d. h. (Abschnitt 1.2.4, Gl. VI-1.77)

$$\Omega(E,x) = \sum_r 1 .$$

Das ist eine Summe von f Termen über die Quantenzahlen n_i des Zustands $r = (n_1, n_2, \ldots, n_f)$, wobei für ein makroskopisches System $f \approx 10^{24}$ gilt. Klassisch wird die Summe zu einem Integral über ein Volumen im Phasenraum.

3. Wir beschränken uns auf die durch die Energie E und die äußeren Parameter x festgelegten GG-Zustände und sehen das System als abgeschlossen an. Dann können wir das grundlegende Postulat anwenden: Alle zugänglichen Mikrozustände sind dann gleich wahrscheinlich und wir erhalten $S(E,x) = k \cdot \ln \Omega(E,x)$. Damit bekommen wir weiters die Temperatur unter Verwendung von $\frac{1}{T} = \frac{\partial S(E,x)}{\partial E}$ (Abschnitt 1.3.1, Gl. VI-1.114).

Weitere thermodynamische Größen, die *verallgemeinerten Kräfte*

$$X_i \equiv -\frac{\partial E}{\partial x_i}, \qquad \text{(VI-1.137)}$$

erhalten wir aus

$$X_i = T\frac{\partial S}{\partial x_i}, \qquad \text{(VI-1.138)}$$ [49]

wobei X_i die zum äußeren Parameter x_i gehörige verallgemeinerte Kraft[50] ist. So gilt z. B. mit $dE = P \cdot dV$: $\left.\frac{\partial E}{\partial V}\right|_P = P$, das gibt mit Gl. (VI-1.137) $x_i = V$, $X_i = P$

49 Für die mikrokanonische Zustandssumme gilt $\Omega(E,x) = \Omega(E,x_1,x_2,\ldots,x_n) = \sum_{r:E-\delta E \leq E_r(x) \leq E} 1$.

Greifen wir nun einen bestimmten Parameter x_1 heraus, so wird die partielle Ableitung nach x_1: $\frac{\partial \ln \Omega(E,x)}{\partial x_1} = \frac{\ln \Omega(E,x_1 + dx_1,x_2 \ldots,x_n) - \Omega(E,x_1,x_2,\ldots,x_n)}{dx_1}$. Ersetzt man die Verschiebung der Energie $dE_r = \frac{\partial E_r}{\partial x_1} dx_1$ durch den Mittelwert und die verallgemeinerte Kraft, so gilt $\overline{dE_r} = \frac{\overline{\partial E_r(x)}}{\partial x_1} dx_1 = -\overline{X}_1 dx_1$

und mit $dx_1 = -\frac{\overline{dE_r}}{\overline{X}_1}$ ergibt sich $\frac{\partial \ln \Omega(E,x)}{\partial x_1} = -\frac{\ln \Omega(E - \overline{dE_r},x) - \ln \Omega(E,x)}{\overline{dE_r}/X_1} = \frac{\partial \ln \Omega(E,x)}{\partial E} X_1 = \beta \cdot X_1$ und

mit x_i statt x_1 $\quad\Rightarrow\quad X_i = kT\frac{\partial \ln \Omega}{\partial x_i} = T\frac{\partial S}{\partial x_i}$.

50 Hat der äußere Parameter x_i die Dimension einer Länge, so hat X_i die Dimension einer Kraft, daher der Name ‚verallgemeinerte Kraft' für die Größen X_i, denn der Ausdruck TdS stellt eine Ener-

und weiter mit Gl. (VI-1.138) $\frac{\partial S}{\partial V} = \frac{P}{T}$ (wird zur Ableitung der Zustandsgleichung verwendet).

Für die äußeren Parameter Volumen V, Teilchenzahl N, Magnetfeld B ergeben sich als entsprechende verallgemeinerte Kräfte Druck P, chemisches Potenzial μ (siehe Abschnitt 1.3.5, Gl. VI-1.179), Magnetisierung M.

Bringen wir zwei Systeme in thermischen Kontakt, so ist die Temperaturdifferenz ΔT die ‚treibende Kraft' für den Wärmeaustausch. Analog ‚treibt' die Druckdifferenz ΔP den Volumenaustausch und die Differenz des chemischen Potenzials $\Delta\mu$ den Teilchenaustausch zwischen zwei Systemen in Kontakt.

Für das *GG* gilt entsprechend: Bei möglichem Wärmeaustausch zwischen zwei Systemen ist in beiden die Temperatur T gleich, in Systemen, die Volumen miteinander austauschen können, herrscht bei *GG* gleicher Druck P, ist Teilchenaustausch möglich, so ist das *GG* durch gleiches chemisches Potenzial μ in beiden Systemen gekennzeichnet. In all diesen Fällen ist die Entropie des Gesamtsystems maximal geworden.

Beispiel: Ideales, einatomiges Gas mit quantenmechanischer Energieberechnung.

Die äußeren Parameter sind das Volumen $V = l^3$ und die Teilchenzahl N.

1. Wir suchen die Mikrozustände $r = (n_1, n_2, ..., n_{3N})$ mit der Energie $E_r(N,V)$: $E_r(N,V) = \frac{\hbar^2\pi^2}{2ml^2}\sum_{i=1}^{3N} n_i^2$. Dabei ist n_i die Quantenzahl (*QZ*) des i-ten Freiheitsgrades; hier werden auch gleiche *QZ* für mehrere Teilchen zugelassen (klassische Näherung für nicht wechselwirkende Teilchen).
2. Die Berücksichtigung der Randbedingungen (Gesamtenergie E, Volumen V, Teilchenzahl N) ergibt wie früher gezeigt (Abschnitt 2.5): $\ln\Omega(E,V,N) = \frac{3N}{2}\ln\left(\frac{E}{N}\right) + N\ln\left(\frac{V}{N}\right) + N\ln c$.
3. Damit erhalten wir für die Entropie den klassischen Wert der Thermodynamik $S(E,V,N) = k\ln\Omega = \frac{3}{2}Nk\ln\left(\frac{E}{N}\right) + Nk\ln\left(\frac{V}{N}\right) + Nk\ln c$ und für die Temperatur $\frac{1}{T} = \frac{\partial S}{\partial E} = \frac{3}{2}Nk\frac{1}{E}$.

   Das gibt die *kalorische Zustandsgleichung* $E = \frac{3}{2}NkT$, die wir oben für die Definition der absoluten Temperatur benützt haben.

---

gie dar (siehe die Beziehung $\frac{1}{T} = \frac{\partial S}{\partial E}$ in Abschnitt 1.3.1, Gl. VI-1.114), $X_i dx_i$ stellt daher stets einen Arbeitswert dar.

4. Wir bilden $\frac{P}{T} = \frac{\partial S}{\partial V} = Nk\frac{1}{V}$ und erhalten die *thermische Zustandsgleichung* $PV = NkT$, also die ideale Gasgleichung.

Über die Boltzmannsche Entropiegleichung erhalten wir damit aus der Zahl Ω der möglichen Mikrozustände des idealen Gases seine vollständige thermodynamische Beschreibung.

1.3.4 System im Kontakt mit einem Wärmereservoir, kanonische Zustandssumme

Bisher betrachteten wir nur ein abgeschlossenes System im *GG*, um die mikrokanonische Zustandssumme Ω zu erhalten (Abschnitt 1.2.4). Die meisten praktischen Systeme sind aber nicht isoliert, sondern in thermischem (bzw. thermisch-diffusivem) Kontakt mit ihrer Umgebung, d. h., sie tauschen Wärme = Energie bzw. Energie und Teilchen mit ihrer Umgebung aus. Dabei ist das betrachtete System meist sehr klein verglichen mit seiner Umgebung.

Wir betrachten als erstes ein kleines System A_1 mit fest vorgegebener Teilchenzahl, das nur in thermischem Kontakt (kein Teilchenaustausch) mit einem Wärmereservoir (Wärmebad, Thermostat A_2 steht (Abb. VI-1.7). A_2 ist ein makroskopisches System, A_1 ist ein mikroskopisches oder ein kleines makroskopisches System. Der *GG*-Zustand ist durch gleiche Temperatur T beider Systeme gekennzeichnet, daher gibt das große System A_2 für das kleine System A_1 *die Temperatur vor*, da sich seine Zustandszahl $\Omega_2(E_2)$ und daher auch seine Temperatur bei einer kleinen Energieübergabe an A_1 praktisch nicht ändern.

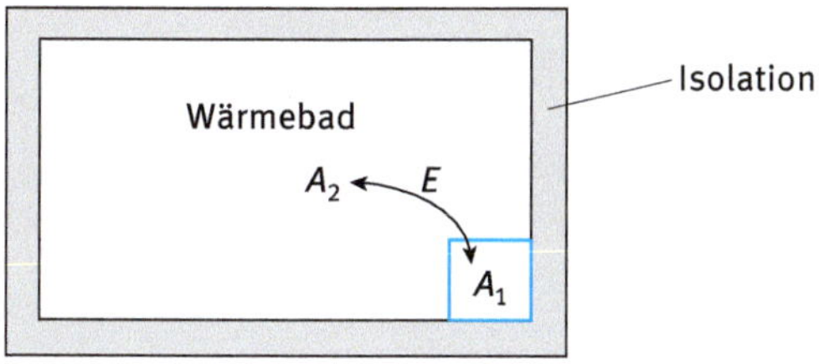

Abb. VI-1.7: Kleines, kanonisches System A_1 in thermischem Kontakt mit dem großen „Wärmebad" A_2.

Wir fragen: Wie groß ist die Wahrscheinlichkeit P_r, dass das kleine System A_1 im *GG* mit dem großen System A_2 gerade in einem bestimmten seiner Mikrozustände r mit der Energie E_r zu finden ist?

Dazu teilen wir die Energieskala des großen Systems A_2 wieder passend in kleine Intervalle δE. Ω_2 sei die Anzahl der zugänglichen Zustände von A_2, wenn seine

Energie im Intervall $(E_2 - \delta E,\ E_2)$ liegt. Welche Energie das System A_2 auch hat, die Energieerhaltung verlangt vom zusammengesetzten, abgeschlossen gedachten System $A^\star = A_1 + A_2$ im *GG* einen konstanten Wert $E^\star$ mit dem Intervall $(E^\star - \delta E,\ E^\star)$.

Nehmen wir an, unser betrachtetes, kleines System A_1 sei in genau einem seiner zugänglichen Mikrozustände mit der Energie E_r. Dann folgt $E^\star = E_2 + E_r$ bzw. $E_2 = E^\star - E_r$. Ist aber das kleine System A_1 in *einem* ganz bestimmten Mikrozustand r mit der Energie E_r, so werden die zugänglichen Zustände des zusammengesetzten Systems $A^\star$ nur mehr von jenen des großen Systems A_2 bestimmt, d. h., die Anzahl der dem zusammengesetzten System $A^\star$ zugänglichen Zustände ist gerade so groß, wie die Anzahl der Zustände, die dem großen System A_2 zugänglich sind, wenn seine Energie im Intervall $(E_2 - \delta E) = (E^\star - E_r - \delta E,\ E^\star - E_r)$ liegt.

Damit gilt für die in diesem Fall für $A^\star$ zugänglichen Zustände:
$\Omega^\star = \Omega_2(E^\star - E_r)$. Da $A^\star$ abgeschlossen ist und sich im *GG* befindet, gilt in diesem aus A_1 und A_2 zusammengesetzten System das grundlegende Postulat, dass alle seine zugänglichen Zustände gleich wahrscheinlich sind. Die Wahrscheinlichkeit P_r, dass sich das System A_1 im Zustand r befindet, ist daher proportional zur Zahl $\Omega^\star = \Omega_2(E_2) = \Omega_2(E^\star - E_r)$ der in diesem Fall für $A^\star$ zugänglichen Zustände

$$P_r = C'\Omega^\star = C'\Omega_2(E^\star - E_r)\,. \tag{VI-1.139}$$

Die Proportionalitätskonstante C' ergibt sich aus der Normierungsbedingung $\sum_r P_r = 1$ (siehe weiter unten Gl. VI-1.145).

Wir benötigen noch $\Omega_2(E^\star - E_r)$. Dazu benutzen wir jetzt die Voraussetzung, dass das System A_1 sehr viel kleiner als das Reservoir A_2 und damit auch sehr viel kleiner als das zusammengesetzte System $A^\star$ ist, sodass gilt

$$E_r \ll E^\star \qquad \text{und damit} \qquad E_2 = E^\star - E_r \cong E^\star\,. \tag{VI-1.140}$$

Unter dieser Bedingung erhalten wir eine vorzügliche Näherung für $\Omega_2(E^\star - E_r)$, wenn wir den langsam veränderlichen Logarithmus von $\Omega_2(E_2) = \Omega_2(E^\star - E_r)$ an der Stelle $E_2 \cong E^\star$ nach E_r entwickeln

$$\ln\Omega_2(E^\star - E_r) = \ln\Omega_2(E^\star) - \left.\frac{\partial \ln\Omega_2}{\partial E_2}\right|_{E^\star \cong E_2} \cdot E_r + \ldots\,. \text{[51]} \tag{VI-1.141}$$

---

51 Hier müsste es eigentlich heißen: $\left.\frac{\partial \ln\Omega_2}{\partial E^\star}\right|_{E^\star} = \left.\frac{\partial \ln\Omega_2}{\partial E_2}\cdot\underbrace{\frac{\partial E_2}{\partial E^\star}}_{=1}\right|_{E^\star \cong E_2} = \left.\frac{\partial \ln\Omega_2}{\partial E_2}\right|_{E_2}$.

$\left.\frac{\partial \ln \Omega_2}{\partial E_2}\right|_{E^* \cong E_2} \equiv \beta_2 = \frac{1}{kT_2}$ wird für eine feste Energie $E^* \cong E_2$ berechnet, β_2 ist daher von E_r unabhängig und beschreibt die konstante Temperatur T_2 des großen Systems A_2 (wir lassen im Weiteren den Index 2 bei β weg, da wir wissen, das sich β auf das Wärmebad A_2 bezieht). Das heißt, dass das Wärmebad A_2 so groß sein soll ($E_2 \gg E_r$), dass seine Temperatur bei Austausch kleiner Energien mit dem kleinen System A_1 praktisch konstant bleibt. Wir können dann Gl. (VI-1.141) so schreiben, wenn wir die Entwicklung nach dem 2. Glied abbrechen

$$\ln \Omega_2(E^* - E_r) = \ln \Omega_2(E^*) - \beta E_r \,. \tag{VI-1.142}$$

und damit

$$\Omega_2(E^* - E_r) = \Omega_2(E^*)\, e^{-\beta E_r} \,. \tag{VI-1.143}$$

Dabei hängt $\Omega_2(E^*)$ nicht von r ab, sondern ist konstant. Wir erhalten daher für die gesuchte Wahrscheinlichkeit P_r

$$P_r(E_r) = Ce^{-\beta E_r} \qquad \textit{Boltzmannverteilung.} \tag{VI-1.144}$$

Die Boltzmannverteilung liegt der *Boltzmann Statistik* zugrunde.

Die Normierungsbedingung ergibt

$$\sum_r P_r = C \sum_r e^{-\beta E_r} = 1 \quad \Rightarrow \quad C = \frac{1}{\sum\limits_r e^{-\beta E_r}} \tag{VI-1.145}$$

und damit

$$P_r(E_r) = \frac{e^{-\beta E_r}}{\sum\limits_r e^{-\beta E_r}} = \frac{e^{-E_r/kT}}{\sum\limits_r e^{-E_r/kT}} = \frac{e^{-\beta E_r}}{Z(T)} \tag{VI-1.146}$$

kanonische Verteilung (canonical distribution).

Der Name geht auf J. W. Gibbs zurück. Der Faktor

$$e^{-\beta E_r} = e^{-E_r/kT} \qquad \text{heißt } \textit{Boltzmannfaktor,} \tag{VI-1.147}$$

$$Z(T) = \sum_r e^{-E_r/kT} \qquad \text{ist die } \textit{kanonische Zustandssumme (canonical partition function).} \tag{VI-1.148}$$

Das zugehörige statistische Ensemble, d. h. die statistische Gesamtheit aller Systeme mit konstanter Teilchenzahl, die in Kontakt mit einem Wärmebad der Temperatur T sind, heißt *kanonisches Ensemble* (*Kollektiv*) oder *Gibbs-Ensemble*.

Berechnung von Mittelwerten für kanonische Ensembles:
Ist y eine Größe, die im Mikrozustand r des Systems A den Wert y_r annimmt, so gilt für ihren Mittelwert $\bar{y}$

$$\bar{y} = \sum_r P_r y_r = \frac{\sum_r e^{-E_r/kT} y_r}{\sum_r e^{-E_r/kT}} = \frac{1}{Z(T)} \sum_r y_r e^{-E_r/kT}, \qquad \text{(VI-1.149)}$$

wobei die Summen über alle Zustände r des Systems A laufen.

Physikalischer Gehalt des Boltzmannfaktors:
Das kleine System A_1 befindet sich in genau einem seiner zugänglichen Mikrozustände mit der Energie E_r. Das große System (Wärmebad) A_2 kann sich in einem seiner sehr vielen mit der Energie $E^* - E_r$ verträglichen Zustände $\Omega_2(E^* - E_r)$ befinden (die Anzahl $\Omega_2(E_2)$ der dem Reservoir zugänglichen Zustände wächst i. Allg., wie früher gesehen, sehr schnell mit der Energie). Je höher aber die Energie E_r des kleinen Systems A_1 ist, desto *kleiner* muss wegen der Energieerhaltung im zusammengesetzten System die Energie des Wärmebades E_2 sein. Damit sinkt die Zahl der dem großen System zugänglichen Zustände stark und damit auch die Wahrscheinlichkeit, im Ensemble Systeme mit höherer Energie E_r zu finden. Dabei ist aber immer zu bedenken, dass alle diese Überlegungen nur für $E_r \ll E^* \cong E_2$ gelten!

Beispiel: Wir betrachten zwei Systeme, ein kleines System A_1 und ein sehr großes System A_2 mit den jeweils zugänglichen Zuständen als Funktion der Energie. Die Energieskala ist in willkürliche Einheiten geteilt, die Zustände des großen, makroskopischen Systems steigen sehr stark mit der Energie an.

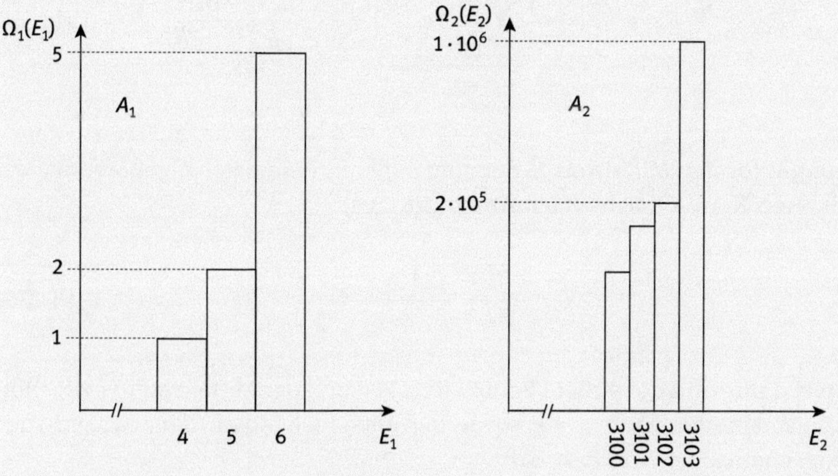

Wir nehmen an, dass die beiden Systeme A_1 und A_2 miteinander im thermischen *GG* stehen und die Gesamtenergie des abgeschlossenen, aus beiden Systemen zusammengesetzten Systems $A^* = A_1 + A_2$ gleich $E^* = 3108$ Einheiten sei. Wenn nun das kleine System A_1 in genau einem seiner beiden Zustände mit der Energie $E_1 = 5$ ist, so ist die Energie des großen Reservoirs $E_2 = 3103$ Einheiten und hat $1 \cdot 10^6$ zugängliche Zustände. Im statistischen Ensemble ist daher die Wahrscheinlichkeit für das Auftreten dieses Energiezustandes $E_1 = 5$ proportional zu $1 \cdot 10^6$: Es gibt im Ensemble $1 \cdot 10^6$ Systeme, für die A_1 in diesem Zustand ist!

Ist die Energie von A_1 dagegen $E_1 = 6$, so ist die Energie des Wärmebades auf $E_2 = 3102$ Einheiten gesunken und es stehen ihm nur mehr $2 \cdot 10^5$ zugängliche Zustände zur Verfügung, die Wahrscheinlichkeit für diesen höheren Energiezustand von A_1 ist somit auf die Hälfte gesunken!

Physikalischer Gehalt der kanonischen Zustandssumme: Zusammenhang mit der Thermodynamik

Die kanonische Zustandssumme ist nicht nur ein reiner Normierungsfaktor der Summe der Wahrscheinlichkeiten auf Eins, sondern bildet (wie die mikrokanonische Zustandssumme) den direkten Zusammenhang zwischen den quantenmechanischen Zuständen eines Systems und seinen thermodynamischen Eigenschaften. Alle wichtigen thermodynamischen Größen eines Systems im Kontakt mit einem Wärmereservoir der Temperatur T können durch den Logarithmus der kanonischen Zustandssumme ausgedrückt werden.

Wir berechnen zunächst den Energiemittelwert $\bar{E}$, die Energie ist ja nicht mehr festgelegt, sondern fluktuiert etwas um $\bar{E}$ (Volumen V und Teilchenzahl N festgelegt):

$$\bar{E} = \frac{1}{Z}\sum_r E_r \cdot e^{-\beta E_r} = -\frac{1}{Z}\underbrace{\sum_r \frac{\partial}{\partial\beta}\left(e^{-\beta E_r}\right)}_{=\frac{\partial}{\partial\beta}\sum_r e^{-\beta E_r} = \frac{\partial Z}{\partial\beta}} = -\frac{1}{Z}\frac{\partial Z}{\partial\beta} = -\frac{\partial \ln Z}{\partial\beta}.^{52} \qquad \text{(VI-1.150)}$$

Allgemein gilt für den Mittelwert $\bar{X}_i$ der zum äußeren Parameter x_i gehörenden verallgemeinerten Kraft X_i (siehe auch Abschnitt 1.3.3)

$$\bar{X}_i = -\overline{\frac{\partial E}{\partial x_i}} = \frac{1}{\beta}\frac{\partial \ln Z}{\partial x_i}.^{53} \qquad \text{(VI-1.151)}$$

Ein Beispiel dafür sind der äußere Parameter $x = V$ und der Mittelwert der zugehörigen verallgemeinerten Kraft $\bar{X} = \bar{P}$ sowie der entsprechenden (dem System zugeführten) mechanischen Volumsarbeit

$$-\bar{P}dV = dW = \frac{1}{\beta}\frac{\partial \ln Z}{\partial V}dV. \qquad \text{(VI-1.152)}$$

Da $E_r = E_r(x)$ ist, gilt $Z = Z(\beta, x)$, bzw. $Z = Z(\beta, V)$ mit $x = V$.

Wir nehmen eine sehr kleine Änderung von Z an, sodass gelten muss

$$d\ln Z = \frac{\partial \ln Z}{\partial V}dV + \frac{\partial \ln Z}{\partial \beta}d\beta, \qquad \text{(VI-1.153)}$$

und betrachten einen *quasistatischen Prozess*, bei dem das Volumen V und β, d. h. die Temperatur, so langsam geändert werden, dass das System im Gleichgewicht bleibt und fortwährend wie ein kanonisches Ensemble auf seine Mikrozustände

---

52 Daraus ergibt sich das Schwankungsquadrat der Energie zu $\overline{(\Delta E)^2} = -\frac{\partial \bar{E}}{\partial\beta} = \frac{\partial^2 \ln Z}{\partial\beta^2}$.

53 Bei einer Änderung des äußeren Parameters x eines Systems von x auf $x + dx$ ändere sich die Energie des Zustands r des Systems um $\Delta_x E_r = \frac{\partial E_r}{\partial x}dx$. Für die vom System verrichtete Arbeit muss dann gelten (Mittelwertbildung)

$$dW = \bar{X}\cdot dx = \frac{\sum_r\left(-\frac{\partial E_r}{\partial x}dx\right)e^{-\beta E_r}}{\sum_r e^{-\beta E_r}} = \frac{\frac{1}{\beta}\frac{\partial}{\partial x}\left(\sum_r e^{-\beta E_r}\right)dx}{\sum_r e^{-\beta E_r}} = \frac{\frac{\partial Z}{\partial x}dx}{\beta\cdot Z} = \frac{1}{\beta}\frac{\partial \ln Z}{\partial x}dx \quad \text{und}$$

daher $\bar{X} = \frac{1}{\beta}\frac{\partial \ln Z}{\partial x}$.

verteilt ist. Dann können wir für $\frac{\partial \ln Z}{\partial V}$ von oben (Gl. VI-1.152) $\beta \bar{P} dV = -\beta\, dW$ und für $\frac{\partial \ln Z}{\partial \beta}$ aus der obigen Mittelwertbildung (Gl. VI-1.150) $-\bar{E}$ einsetzen und erhalten

$$d \ln Z = -\beta\, dW - \bar{E}\, d\beta. \tag{VI-1.154}$$

Aus $d(\bar{E}\beta) = \beta\, d\bar{E} + \bar{E}\, d\beta$ folgt $\bar{E}\, d\beta = d(\bar{E}\beta) - \beta\, d\bar{E}$ und damit

$$\begin{aligned} d \ln Z &= -\beta\, dW - d(\bar{E}\beta) + \beta\, d\bar{E} \qquad \text{bzw.} \\ d(\ln Z + \beta \bar{E}) &= \beta(-dW + d(\bar{E})) \underbrace{=}_{1.\,HS} \beta\, dQ. \end{aligned} \tag{VI-1.155}$$[54]

Durch Multiplikation mit β wird also aus dQ ein vollständiges Differential. Nach dem 2. *HS* der Thermodynamik gilt für quasistatische (reversible) Prozesse (siehe Band II, Kapitel „Physik der Wärme“, Abschnitt 1.3.1.3, Gl. II-1.175)

$$dS = \frac{dQ}{T}. \tag{VI-1.156}$$

Eingesetzt ergibt sich

$$k d(\ln Z + \beta \bar{E}) = \frac{dQ}{T} = dS \tag{VI-1.157}$$

bzw.

$$S = k(\ln Z + \beta \bar{E}) \qquad \text{oder} \qquad TS = kT \ln Z + \bar{E}. \tag{VI-1.158}$$

Wir setzen jetzt für die mittlere Energie $\bar{E}$ die *innere Energie* $U = U(S, V, N)$ des Systems (eine *äußere Energie* des Systems, etwa eine Bewegung des Gesamtsystems im Raum, wird daher nicht betrachtet), d. h. $\bar{E} = U$. Führen wir nun die aus Band II Kapitel „Physik der Wärme“ bekannte *freie Energie (free energy)* $F = F(T, V, N)$ ein

$$F = U - TS \qquad \textit{freie Energie (free energy)} \tag{VI-1.159}$$

so erhalten wir

54 Der 1. *HS* der Thermodynamik besagt: Die Erhöhung der (inneren) Energie $\bar{E}$ ist gleich der am System verrichteten Arbeit W und der zugeführten Wärme Q, also $\bar{E} = W + Q$ bzw. $Q = \bar{E} - W$ (siehe Band II, Kapitel „Physik der Wärme“, Abschnitt 1.3.1.1, mit $\bar{E} = U$).

$$F = -kT \ln Z \qquad \text{bzw.} \qquad Z = e^{-F/kT}. \tag{VI-1.160}$$

Diese Beziehung ist deshalb so wichtig, da aus F sämtliche thermodynamischen Funktionen abgeleitet werden können. So gilt

$$\bar{E} = -\frac{\partial \ln Z}{\partial \beta} = \beta \frac{\partial F}{\partial \beta}\bigg|_{V,N}, \tag{VI-1.161}$$

$$P = \frac{1}{\beta}\frac{\partial \ln Z}{\partial V} = -\frac{\partial F}{\partial V}\bigg|_{T,N}, \tag{VI-1.162}$$

$$S = k\frac{\partial (T \ln Z)}{\partial T} = -\frac{\partial F}{\partial T}\bigg|_{V,N}, \tag{VI-1.163}$$

$$\mu = -\frac{1}{\beta}\frac{\partial \ln Z}{\partial N} = \frac{\partial F}{\partial N}\bigg|_{T,V}. \tag{VI-1.164}$$ [55]

F ist daher ein sehr wichtiges „thermodynamisches Potenzial“ (siehe Band II, Kapitel „Physik der Wärme“, Abschnitt 1.3.2.2 und dieses Kapitel, Anhang 1).

Die Zustandssumme hängt von der Art der das System konstituierenden Teilchen ab und die entsprechende Abzählung der Zustände wird in Abschnitt 1.4.2 noch genauer untersucht. Hier sollen zwei einfache Beispiele folgen.

Beispiel 1: Das System besteht aus N voneinander unabhängigen, gleichartigen Teilchen, die an einem *festen* Ort verbleiben (z. B. N Fremdatome in einem Kristall). Die Temperatur des Systems sei T. Für jedes Teilchen gilt als Zustandssumme $Z = \sum_r e^{-\beta\varepsilon_r}$, für die gesamte Zustandssumme gilt dann

$$Z_{\text{ges}} = \sum_{\varepsilon_{ir}} e^{-\beta(\varepsilon_{1r}+\varepsilon_{2r}+\ldots+\varepsilon_{Nr})} = \sum_{\varepsilon_{1r}} e^{-\beta\varepsilon_{1r}} \cdot \sum_{\varepsilon_{2r}} e^{-\beta\varepsilon_{2r}} \cdot \ldots \sum_{\varepsilon_{Nr}} e^{-\beta\varepsilon_{Nr}} = Z_1^N.$$

Da die N Teilchen gleichartig sind, sind die N Summen $Z_1 = \sum_r e^{-\beta\varepsilon_r}$ identisch, Z_1 ist die *Einteilchen-Zustandssumme.*

55 Im letzten Fall hängt die Zustandssumme auch noch von der Teilchenzahl N ab, d. h. $Z = Z(\beta, V, N)$ bzw. $Z = Z(T, V, N)$; $x = N$, $X = -\mu$.

$$\Rightarrow \quad F = -kT \ln Z_{\text{ges}} = -NkT \ln Z_1 = -NkT \ln \sum_r e^{-\beta\varepsilon_r}.$$

Anmerkung: $\ln Z_{\text{ges}} = N \ln \sum_r e^{-\beta\varepsilon_r}$ ist identisch mit dem analogen Ausdruck für ein ideales Gas (siehe Anhang 1, Gl. VI-1.259), obwohl diese beiden Systeme physikalisch total verschieden sind. Allerdings muss die Zustandssumme des idealen Gases für die Berechnung thermodynamischer Funktionen noch durch $N!$ (Gibbssche Korrektur) dividiert werden (vgl. Abschnitt 1.2.5, „Ideales Gas im klassischen Grenzfall").

Beispiel 2: Ein Kristall bestehe aus N gleichartigen Atomen und besitze die Temperatur T. Die regellosen Schwingungen des Kristallgitters können nach einem mathematischen Theorem (siehe Band I, Kapitel „Schwingungen und Wellen", Abschnitt 5.4 und dieser Band, Kapitel „Festkörperphysik", Abschnitt 2.5.1 sowie 2.5.3) in $3N$ unabhängige *Normalschwingungen* der Frequenzen $\nu_1, \nu_2, \ldots, \nu_N$ aufgelöst werden; die Energie der i-ten Schwingung beträgt $\varepsilon_{ir} = (r_i + 1/2)h\nu_i$ (quantenmechanischer harmonischer Oszillator, siehe Band V, Kapitel „Atomphysik", Abschnitt 2.4.3, Gl. V-2.157).

$$\Rightarrow \quad Z = \sum_{\varepsilon_{ir}} e^{-\beta(\varepsilon_{1r_1} + \varepsilon_{2r_2} + \ldots + \varepsilon_{Nr_N})} = \sum_{r_1} e^{-\beta\varepsilon_{1r_1}} \cdot \sum_{r_2} e^{-\beta\varepsilon_{2r_2}} \cdot \ldots \cdot \sum_{r_N} e^{-\beta\varepsilon_{Nr_N}}$$

mit $r_i = 0,1,2, \ldots$. Für jede dieser Summen gilt:

$$\sum_{\varepsilon_{ir}} e^{-\beta\varepsilon_{ir}} = \sum_{ri} e^{-\beta(r_i + 1/2)h\nu_i} = e^{-\beta\overbrace{\frac{h\nu_i}{2}}^{\varepsilon_{0i}}} \cdot \sum_{n=0}^{\infty} e^{-\beta r_i h\nu_i} \underbrace{=}_{\substack{\text{Summen-}\\\text{formel}}} e^{-\beta\varepsilon_{0i}} \cdot \frac{e^{-\beta h\nu_1}}{1 - e^{-\beta h\nu_i}} =$$

$$= e^{-3\beta\varepsilon_{0i}} \cdot \frac{1}{1 - e^{-\beta h\nu_i}} \quad \text{mit} \quad \varepsilon_{0i} = \frac{h\nu_i}{2}, \quad i = 1, 2, 3, \ldots, N.$$

$$\Rightarrow \quad Z = e^{-3\beta\overbrace{(\varepsilon_{01} + \varepsilon_{02} + \ldots \varepsilon_{0N})}^{=E_0}} \cdot \frac{1}{1 - e^{-\beta h\nu_1}} \cdot \frac{1}{1 - e^{-\beta h\nu_2}} \cdot \ldots \cdot \frac{1}{1 - e^{-\beta h\nu_N}}$$

und mit $E_0 = 3\,(\varepsilon_{01} + \varepsilon_{02} + \ldots + \varepsilon_{0n})$

$$\Rightarrow \quad F = -kT \ln Z = E_0 + kT \sum_i \ln\left(1 - e^{-\beta h\nu_i}\right).$$

Diese Formel wird – umgeschrieben auf kontinuierliche Frequenzverteilung – zur Ableitung der spezifischen Wärme eines Kristalls nach Debye verwendet (siehe Kapitel „Festkörperphysik", Abschnitt 2.3.4).

Wie unterscheiden sich mikrokanonisches und kanonisches Ensemble?

Mikrokanonisches Ensemble: Hier liegt ein abgeschlossenes System im *GG* vor; dadurch ist (innerhalb der Unbestimmtheit δE) die *Energie E vorgegeben*. Die Wahrscheinlichkeiten P_r für das Auftreten des Mikrozustandes r hängen damit von der Energie E und den äußeren Parametern x ab, es gilt daher $P_r = P_r(E,x)$.

Wir betrachten *ein* Teilchen mit einem festen Energieeigenwert ε_r. Ist ω die Zahl der möglichen Mikrozustände für diesen Energiewert ε_r, so ist die normierte Wahrscheinlichkeit $w(\varepsilon_r)$, das Teilchen in einem dieser bestimmten Zustände zu finden

$$w(\varepsilon_r) = \begin{cases} = \dfrac{1}{\omega} = \text{const.} \\ 0 \end{cases} \quad \text{für} \quad \begin{cases} \varepsilon - \delta\varepsilon \le \varepsilon_r \le \varepsilon \\ \text{sonst} \end{cases} . \tag{VI-1.165}$$

Die Energie ist beim mikrokanonischen Ensemble ja vorgegeben und besitzt daher definitionsgemäß einen festen Wert.

Für *viele* (N) Teilchen gilt für die feste Gesamtenergie E_r im Mikrozustand $r = (r_1, r_2, \ldots, r_N)$ $\quad E_r = \sum_{\nu=1}^{N} \varepsilon_{r_\nu}$ und damit für die normierte Wahrscheinlichkeit des Auftretens dieses bestimmten Zustandes r mit der Energie E_r die mikrokanonische Verteilung[56], wobei Ω die Gesamtzahl aller Mikrozustände für die Energie E_r ist

$$W(E_r) = \begin{cases} \dfrac{1}{\Omega} = \text{const.} & \textit{für} \quad E - \delta E \le E_r \le E \\ 0 & \text{sonst} \end{cases} . \tag{VI-1.166}$$

Die Gesamtenergie besitzt wieder definitionsgemäß einen festen Wert.

Kanonisches Ensemble: Das System mit fester Teilchenzahl befindet sich im *GG* mit einem sehr großen Wärmebad, daher ist die *Temperatur T vorgegeben*. Die Wahrscheinlichkeiten P_r des Systems hängen jetzt von der Temperatur T und den äußeren Parametern x ab, es gilt daher jetzt $P_r = P_r(T,x)$.

Wir betrachten jetzt *ein* Teilchen, das sich in Kontakt mit dem Wärmebad befindet, z. B. ein ganz bestimmtes Luftmolekül im Luftmeer der Temperatur T. Für die Wahrscheinlichkeitsverteilung der Energie des Teilchens gilt dann

$$w(\varepsilon_r) \propto e^{-\varepsilon_r/kT} , \tag{VI-1.167}$$

---

56 Alle Überlegungen vor dem jetzigen Abschnitt 1.3.4 bezogen sich ja auf das mikrokanonische Ensemble.

seine Energie kann gemäß dieser Wahrscheinlichkeit verschiedene Werte annehmen und ist damit unscharf, sie *fluktuiert* um einen Mittelwert. Energiewerte wesentlich größer als kT sind aber sehr unwahrscheinlich.

Für *viele* (N) nicht wechselwirkende Teilchen gilt für die Wahrscheinlichkeitsverteilung bei der Gesamtenergie $E_r = \sum_{\nu=1}^{N} \varepsilon_{r_\nu}$

$$W(E_r) \propto e^{-\frac{1}{kT}(\varepsilon_{r_1}+\varepsilon_{r_2}+\ldots+\varepsilon_{r_N})} = \prod_{\nu=1}^{N} w(\varepsilon_{r_\nu})\,. \qquad \text{(VI-1.168)}$$

Die Zahl der Zustände Ω_1 des kleinen Systems ist gegenüber jener des großen Systems vernachlässigbar klein, während die Zahl der Zustände Ω_2 des großen Teilsystems praktisch unverändert bleibt; das ergibt bei einem großen System A_2 (Wärmebad) die Boltzmannsche Verteilungsfunktion für das kleine System A_1. Das kleine System nimmt die Temperatur des Wärmebades an $(\frac{1}{T} = \frac{\partial(k \ln \Omega(E))}{\partial E})$. Es hat bei großer Teilchenzahl eine sehr scharf bestimmte mittlere Energie $\bar{E}$ (siehe unten: ‚Die Schärfe der kanonischen Verteilung'). Während die Energie des einzelnen Teilchens also unscharf ist, wird die Energieverteilung $W(E_r)$ durch die sehr große Teilchenzahl bei makroskopischen Systemen wieder scharf, obwohl nur die Temperatur T festgelegt ist!

Wir sehen

> Für *mikroskopisch kleine Systeme* ergeben die mikrokanonische und die kanonische Beschreibung physikalisch verschiedene Situationen. Für *makroskopische Systeme* ergibt sich aber praktisch kein Unterschied, ob die Energie E oder die Temperatur T vorgegeben ist.

Die Schärfe der kanonischen Verteilung

Es wurde gerade oben gesagt, dass die kanonische Verteilung für große Teilchenzahlen zu einem sehr scharfen Energiewert führt und so das gleiche Ergebnis liefert wie das mikrokanonische Ensemble. Dies gilt auch für das gleich in Abschnitt 1.3.5 zu besprechende großkanonische Ensemble, da für sehr große Teilchenzahlen die Verteilungen generell sehr schmal werden. Dies ist der Grund dafür, dass sich in großen Systemen die thermodynamischen Größen praktisch schwankungsfrei als scharfe Mittelwerte ergeben. Wir wollen dies hier am Beispiel der Energieverteilung im kanonischen Ensemble zeigen.

Für den Mittelwert der Energie im kanonischen Ensemble gilt (Gl. VI-1.150)

$$\bar{E} = \frac{\sum_r E_r \cdot e^{-E_r/kT}}{\sum_r e^{-E_r/kT}} = \frac{\sum_r E_r \cdot e^{-\beta E_r}}{\sum_r e^{-\beta E_r}} = \frac{\sum_r E_r \cdot e^{-\beta E_r}}{Z} = -\frac{1}{Z}\frac{\partial Z}{\partial \beta} =$$

$$= -\frac{\partial}{\partial \beta} \ln Z$$

und für den Mittelwert des Quadrats der Energie

$$\overline{E^2} = \frac{\sum_r e^{-\beta E_r} E_r^2}{\sum_r e^{-\beta E_r}} = \frac{\sum_r e^{-\beta E_r} E_r^2}{Z} \,. \qquad \text{(VI-1.169)}$$

Wir differenzieren den Mittelwert der Energie nach β:

$$\frac{\partial \bar{E}}{\partial \beta} = \underbrace{\frac{\left(\sum_r E_r e^{-\beta E_r}\right)^2}{Z^2}}_{=(\bar{E})^2} - \frac{\sum_r E_r^2 e^{-\beta E_r}}{Z} = (\bar{E})^2 - \overline{E^2}. \qquad \text{(VI-1.170)}$$

Nach der Kettenregel gilt andererseits

$$\frac{\partial \bar{E}}{\partial \beta} = \left(\frac{\partial \bar{E}}{\partial T}\right)\left(\frac{\partial T}{\partial \beta}\right) = C_V \frac{\partial}{\partial \beta}(k\beta)^{-1} = -C_V \frac{k}{k^2\beta^2} \underset{\frac{1}{k\beta}=T}{\equiv} -C_V k T^2 , \qquad \text{(VI-1.171)}$$

da $\bar{E}$ die innere Energie des Systems darstellt und das Volumen des Systems konstant sein soll, sodass die Wärmekapazität $C_V = \frac{\partial \bar{E}}{\partial T}$ ist. Damit folgt

$$\overline{E^2} - (\bar{E})^2 = C_V k T^2 . \qquad \text{(VI-1.172)}$$

Für die relative Standardabweichung (relative mittlere quadratische Abweichung, vgl. Abschnitt 1.1.3, Gl. VI-1.37) ergibt sich somit (c_{V1} Wärmekapazität eines einzelnen Teilchens $C_V = c_{V1} \cdot N$)

$$\frac{\Delta^* \bar{E}}{\bar{E}} = \frac{\sqrt{\overline{E^2} - (\bar{E})^2}}{\bar{E}} = \sqrt{\frac{\overline{E^2} - (\bar{E})^2}{(\bar{E})^2}} = \sqrt{\frac{C_V k T^2}{(\bar{E})^2}} \underset{\substack{C_V = c_{V1} \cdot N \\ \bar{E} = \bar{\varepsilon} \cdot N}}{\equiv} \sqrt{\frac{c_{V1} k T^2 \cdot N}{\bar{\varepsilon}^2 \cdot N^2}} =$$

$$= \sqrt{\frac{c_{V1} k T^2}{\bar{\varepsilon}^2}} \frac{1}{\sqrt{N}} . \qquad \text{(VI-1.173)}$$

Die relativen Schwankungen der Energie des Systems sind daher proportional zu $1/\sqrt{N}$ und für große Teilchenzahlen ist die Energie entsprechend scharf. Für 10^{24} Teilchen wird die relative Breite der Verteilung $7 \cdot 10^{-13}$ (siehe auch das Beispiel am Ende von Abschnitt 1.1.3). Die „Breite“ der Verteilung wächst linear mit der Temperatur.

1.3.5 Großkanonisches Ensemble

Beim großkanonischen Ensemble ist wie beim kanonischen Ensemble die Temperatur T durch Energieaustausch mit einem Wärmereservoir vorgegeben. Zusätzlich wird aber hier noch ein Teilchenaustausch mit einem sehr großen Teilchenreservoir A_2 ermöglicht (diffusiver Kontakt), wobei das *chemische Potenzial* $\mu = -T \frac{\partial S}{\partial N}$[57] (siehe weiter unten Gl. VI-1.179) im *GG* analog wie die Temperatur T in beiden Systemen gleich groß ist (Entropie = maximal) und von A_2 vorgegeben wird; wegen der Größe von A_2 bleibt es bei einem Teilchenaustausch mit einem kleinen System praktisch unverändert.

Wir betrachten wieder ein kleines System A_1 mit festem Volumen V, das sich in thermischem Kontakt mit einem großen Wärme- und Teilchenreservoir A_2 befindet, mit dem es neben der Energie auch Teilchen austauschen kann (eine perforierte Trennwand ermöglicht den Energie- und Teilchenaustausch, Abb. VI-1.8).

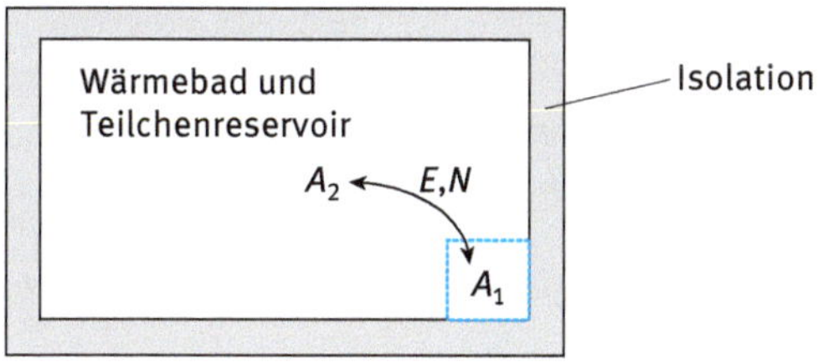

Abb. VI-1.8: Kleines, großkanonisches System A_1 in thermischem Kontakt und Teilchenaustausch (perforierte Trennwand) mit dem großen „Wärmebad“ und Teilchenreservoir A_2.

57 Da die Energie E und das Volumen V bei der partiellen Ableitung konstant zu halten sind, lautet die exakte Schreibweise: $\mu = -T\left(\frac{\partial S}{\partial N}\right)_{E,V}$; bezüglich des negativen Vorzeichens siehe Fußnote 58. $[\mu]$ = Energie/Teilchen bzw. Energie/mol (d. h. J/mol). μ ist die zur Teilchenzahl N gehörende „verallgemeinerte Kraft“.

Für die Gesamtenergie $E^\star$ des zusammengesetzten, abgeschlossenen Gesamtsystems $A^\star = A_1 + A_2$ und die entsprechende Gesamtzahl der Teilchen $N^\star$ gilt

$$\begin{aligned} E^\star &= E_1 + E_2 = \text{const.} \qquad E_2 \gg E_1 \\ N^\star &= N_1 + N_2 = \text{const.} \qquad N_2 \gg N_1 \end{aligned} \qquad \text{(VI-1.174)}$$

wenn das Reservoir A_2 die Energie E_2 und die Teilchenzahl N_2 besitzt.

Wir fragen nach der Wahrscheinlichkeit, das System A_1 unter diesen Bedingungen in einem speziellen Mikrozustand r zu finden, in dem es die Energie E_r und die Teilchenzahl N_r besitzt.

Mit $\Omega_2(E_2, N_2)$ bezeichnen wir die Anzahl der dem System A_2 zugänglichen Mikrozustände, wenn es die Energie E_2 und die Teilchenzahl N_2 besitzt.

Wenn sich das System A_1 in einem speziellen Zustand r befindet, so ist die Anzahl der dem zusammengesetzten System $A^\star$ zugänglichen Zustände durch die Anzahl der dem Reservoir A_2 zugänglichen Zustände gegeben. Die Wahrscheinlichkeit, A_1 im Zustand r zu finden, ist daher

$$P_r(E_r, N_r) \propto \Omega_2(E^\star - E_r, N^\star - N_r)\,. \qquad \text{(VI-1.175)}$$

Wir benützen jetzt die Voraussetzung, dass das System A_1 sehr klein gegen das System A_2 ist, sodass gilt $E_r \ll E^\star$ und $N_r \ll N_r$ und entwickeln $\ln \Omega_2$ um $E^\star$ und $N^\star$ bei konstantem Volumen V nach E_r und N_r. Wir erhalten mit der sehr guten Näherung $E^\star = E_2$, $N^\star = N_2$

$$\begin{aligned} \ln \Omega_2(E^\star - E_r, N^\star - N_r) &= \ln \Omega_2(E^\star, N^\star) - \\ &\underbrace{-\left.\frac{\partial \ln \Omega_2}{\partial E_2}\right|_{V,\; E^\star = E_2}}_{=-\beta} \cdot E_r \underbrace{-\left.\frac{\partial \ln \Omega_2}{\partial N_2}\right|_{V,\; N^\star = N_2}}_{=\beta\mu} \cdot N_r + \ldots\,. \end{aligned} \qquad \text{(VI-1.176)}$$

Bei vorgegebenem Volumen V sind die Ableitungen von $\ln \Omega_2$ an den Stellen $E^\star = E_2$ und $N^\star = N_2$ Konstanten, die für das Reservoir A_2 charakteristisch sind.

Der Term $\dfrac{\partial \ln \Omega_2}{\partial N_2}$ hängt mit einer weiteren verallgemeinerten Kraft zusammen, die zum äußeren Parameter N, der Teilchenzahl, gehört, dem *chemischen Potenzial* μ.

Definitionsgemäß gilt

$$-\mu = T \left.\frac{\partial S}{\partial N}\right|_{E,V} = \underbrace{T \cdot k}_{1/\beta} \left.\frac{\partial \ln \Omega}{\partial N}\right|_{E,V} \qquad \textit{chemisches Potenzial} \qquad \text{(VI-1.177)}$$

und damit in unserer obigen Gleichung (VI-1.176)

$$-\frac{\partial \ln \Omega_2}{\partial N_2} = \beta\mu = \frac{\mu}{kT} \,. \tag{VI-1.178}$$

Allgemein gilt für das chemische Potenzial μ

$$\mu = -T\left.\frac{\partial S}{\partial N}\right|_{E,V} = \left.\frac{\partial E}{\partial N}\right|_{S,V} \qquad \textit{chemisches Potenzial.}^{58} \tag{VI-1.179}$$

μ stellt daher jene Energie dar, die notwendig ist, um dem thermisch isolierten System ($dQ = TdS = 0$, d. h. $S = \text{const.}$) bei konstantem Volumen ($V = \text{const.}$) ein Teilchen hinzuzufügen.

Entlogarithmieren der obigen Entwicklung und einsetzen in Gl. (VI-1.175) ergibt

$$P_r(E_r,N_r) = C'\Omega_2(E^* - E_r,N^* - N_r) = C'\Omega_2(E^*,N^*) \cdot e^{-\beta(E_r - \mu N_r)} = \\ = C \cdot e^{-\beta(E_r - \mu E_r)} \,. \tag{VI-1.180}$$

Aus der Normierung folgt wie bei der kanonischen Verteilung

$$C = \frac{1}{\sum_r e^{-\beta(E_r - \mu E_r)}} \tag{VI-1.181}$$

und damit für die gesuchte Wahrscheinlichkeit

---

58 Nach dem 1. und dem 2. Hauptsatz der Thermodynamik (Energie- und Entropiesatz $dQ = TdS$) gilt: $TdS = dE + PdV - \mu dN$; für S und V konstant, d. h. $dS = dV = 0$, folgt $0 = dE - \mu dN$ und damit $\mu = \left(\frac{dE}{dN}\right)_{S,V}$. Das negative Vorzeichen vor μ im Energiesatz bedeutet also, dass die Energiezunahme dE des Systems bei Teilchenaufnahme $dN > 0$ positiv ist, wenn das chemische Potenzial μ positiv ist, wobei die Teilchenaufnahme isochor ($dV = 0$) und isentrop ($dQ = TdS = 0$) erfolgen muss. Da (siehe Abschnitt 1.4.2, Fußnote 65) $\mu = -T\left(\frac{\partial S}{\partial N}\right)_{E,V}$ gilt, ist für die thermodynamische Definition einer thermodynamischen Größe, z. B. μ, ganz entscheidend, welche äußeren Parameter (S, E, V, P, T, ...) konstant zu halten (= vorgegeben) sind. Aus $F = E - TS$ folgt weiter $dF = dE - TdS - SdT = \underbrace{TdS - pdV + \mu dN}_{= dE\,(1.\,und\,2.\,HS)} - TdS - SdT$ und damit $\mu = \left(\frac{\partial F}{\partial N}\right)_{T,V}$. Das ist die am besten geeignete Formel zur Beschreibung von μ. Wie die Temperatur als treibende Kraft für den Energieaustausch, so wirkt das chemische Potenzial μ als treibende Kraft für den Teilchenaustausch. Die Teilchen diffundieren immer vom System mit dem größeren μ zu jenem mit dem kleineren. Für atomare (molekulare) Gase unter gewöhnlichen Verhältnissen ist μ negativ.

$$P_r(E_r,N_r) = \frac{1}{Y} e^{-(E_r-\mu N_r)/kT} \quad \textit{großkanonische Verteilung} \qquad \text{(VI-1.182)}$$

mit

$$Y(T,V,\mu) = \sum_r e^{-(E_r-\mu N_r)/kT} \quad \textit{großkanonische (= große) Zustandssumme.}^{59} \qquad \text{(VI-1.183)}$$

Die großkanonische Verteilung definiert das *großkanonische Ensemble*. Für die mittlere Teilchenzahl $\bar{N}$ folgt daraus (ähnlich wie für die mittlere Energie $\bar{E}$ bei der kanonischen Verteilung in Abschnitt 1.3.4, Gl. VI-1.150)

$$\bar{N} = \frac{1}{Y} \cdot \sum_r N_r e^{-\beta(E_r-\mu N_r)} = \frac{1}{\beta}\frac{\partial}{\partial\mu} \ln Y(T,V,\mu)\,. \qquad \text{(VI-1.184)}$$

Zusammenfassung

Die folgende Gleichung stellt für die behandelten Ensembles die relevanten, konstant gehaltenen makroskopischen Parameter zusammen:

$$P_r = \begin{cases} P_r(E,V,N) & \textit{mikrokanonisch} \\ P_r(T,V,N) & \textit{kanonisch} \\ P_r(T,V,\mu) & \textit{großkanonisch}\,. \end{cases} \qquad \text{(VI-1.185)}$$

Für makroskopische (sehr große) Systeme sind dabei die Fluktuationen der Energie und der Teilchenzahl um ihre Mittelwerte in allen Fällen vernachlässigbar klein und *es macht keinen Unterschied, welches der drei Ensembles man für die Berechnung thermodynamischer Größen verwendet!*

1.3.6 Der Gleichverteilungssatz (Äquipartitionstheorem)

Der sogenannte Gleichverteilungssatz ist ein sehr nützlicher Satz der klassischen Physik. Wenn er gilt, kann die mittlere Energie eines Systems auf besonders einfache Weise ermittelt werden.

---

59 Durch Faktorisierung folgt: $Y(T,V,\mu) = \sum_r e^{\frac{\mu}{kT}N_r} \cdot e^{-\frac{E_r}{kT}} = \sum \lambda^{N_r} \cdot e^{-\frac{E_r}{kT}}$ mit $\lambda = e^{\frac{\mu}{kT}}$, eine für die Rechnung oft bequemere Form; λ wird als *Aktivität* bezeichnet.

Die Energie kann als Funktion der f (verallgemeinerten) Koordinaten und (verallgemeinerten) Impulse dargestellt werden

$$E = E(q_1, \dots, q_f, p_1, \dots, p_f). \tag{VI-1.186}$$

Die $\{q_i, p_i\}$ mit $i = 1, 2, \dots, f$ spannen den Phasenraum auf. Die Energie als Funktion der verallgemeinerten Koordinaten wird *Hamiltonfunktion* $H(q_i, p_i)$ genannt.

Häufig tritt folgender Fall auf:

1. Die Energie spaltet in eine Summe aus zwei Teilen auf, von denen einer nur von einer einzigen Koordinate oder einem einzigen Impuls abhängt, also z. B.:

$$E = \underbrace{\varepsilon_i(p_i)}_{\substack{\text{hängt nur}\\ \text{von } p_i \text{ ab}}} + \underbrace{E'(q_1, \dots, q_f, p_1 \dots p_{i-1}, p_{i+1}, \dots, p_f)}_{\substack{\text{hängt nicht}\\ \text{von } p_i \text{ ab}}}.$$

2. Die Funktion ε_i ist quadratisch in p_i

$$\varepsilon_i = bp_i^2. \qquad \text{Beispiel:} \qquad E_{\text{kin}} = \frac{1}{2m}p^2.$$

Wir fragen: Wie groß ist unter diesen Bedingungen der Mittelwert $\bar{\varepsilon}_i$ von ε_i im thermischen *GG*?

Wir nehmen an, dass das System bei der Temperatur $T = \frac{1}{k\beta}$ im *GG* mit seiner Umgebung ist. Dann ist die Verteilung des Systems auf seine zugänglichen Zustände durch die kanonische Verteilung gegeben. Da wir klassisch rechnen, sind die Koordinaten und Impulse *kontinuierliche Variablen* und wir können die diskreten Summen durch Integrale über den ganzen Phasenraum ersetzen (vgl. „Ideales Gas im klassischen Grenzfall" in Abschnitt 1.2.5). Wir können daher schreiben (Mittelwertbildung)

$$\bar{\varepsilon} = \frac{\int\limits_{-\infty}^{+\infty} e^{-\beta E(q_1, \dots, p_f)} \varepsilon_i \, dq_1 \dots dp_f}{\int\limits_{-\infty}^{+\infty} e^{-\beta E(q_1 \dots, p_f)} \, dq_1 \dots dp_f} = \frac{\int\limits_{-\infty}^{+\infty} e^{-\beta(\varepsilon_i + E')} \varepsilon_i \, dq_1 \dots dp_f}{\int\limits_{-\infty}^{+\infty} e^{-\beta(\varepsilon + E')} \, dq_1 \dots dp_f} =$$

$$= \frac{\int\limits_{-\infty}^{+\infty} e^{-\beta\varepsilon_i} \varepsilon_i \, dp_i \int\limits_{-\infty}^{+\infty} e^{-\beta E'} dq_1 \dots dp_{i-1} \cdot dp_{i+1} \dots dp_f}{\int\limits_{-\infty}^{+\infty} e^{-\beta\varepsilon_i} \, dp_i \int\limits_{-\infty}^{+\infty} e^{-\beta E'} dq_1 \dots dp_{i-1} \cdot dp_{i+1} \dots dp_f} = \frac{\int\limits_{-\infty}^{+\infty} e^{-\beta\varepsilon_i} \varepsilon_i \, dp_i}{\int\limits_{-\infty}^{+\infty} e^{-\beta\varepsilon_i} \, dp_i}. \tag{VI-1.187}$$

Die zweiten Integrale über $e^{-\beta E'}$ im Zähler und Nenner laufen über alle q und p mit Ausnahme von p_i und kürzen sich daher weg. Da ε_i nur von p_i abhängt, sind alle anderen Variablen für die Berechnung von $\overline{\varepsilon}_i$ ohne Bedeutung.

Mit $-\dfrac{\partial}{\partial\beta}\left(\int e^{-\beta\varepsilon_i}\,dp_i\right) = \int \varepsilon_i e^{-\beta\varepsilon_i}\,dp_i$ können wir umformen

$$\overline{\varepsilon}_i = \frac{-\dfrac{\partial}{\partial\beta}\displaystyle\int_{-\infty}^{+\infty} e^{-\beta\varepsilon_i}\,dp_i}{\displaystyle\int_{-\infty}^{+\infty} e^{-\beta\varepsilon_i}\,dp_i} \underset{\frac{d}{dx}\ln z(x) = \frac{1}{z}\frac{dz}{dx}}{=} -\frac{\partial}{\partial\beta}\ln\left(\int_{-\infty}^{+\infty} e^{-\beta\varepsilon_i}\,dp_i\right). \qquad \text{(VI-1.188)}$$

Wir benützen jetzt die Voraussetzung $\varepsilon_i = bp_i^2$ und verwenden die Substitution $\beta^{1/2}p_i = y$. Mit $y^2 = \beta p_i^2$, $\dfrac{dy}{dp_i} = \beta^{1/2}$ und daher $dp_i = \beta^{-1/2}\,dy$ ergibt das Integral

$$\int_{-\infty}^{+\infty} e^{-\beta\varepsilon_i}\,dp_i = \beta^{-1/2}\int_{-\infty}^{+\infty} e^{-by^2}\,dy \qquad \text{(VI-1.189)}$$

und

$$\ln\int_{-\infty}^{+\infty} e^{-\beta\varepsilon_i}\,dp_i = -\frac{1}{2}\ln\beta + \underbrace{\overbrace{\ln\int_{-\infty}^{+\infty} e^{-by^2}\,dy}^{=\sqrt{\frac{\pi}{b}}}}_{\substack{\text{Parameter } \beta \text{ tritt} \\ \text{nicht auf!}}}. \qquad \text{(VI-1.190)}$$

Damit erhalten wir

$$\overline{\varepsilon}_i = -\frac{\partial}{\partial\beta}\ln\left(\int_{-\infty}^{+\infty} e^{-\beta\varepsilon_i}\,dp_i\right) = -\frac{\partial}{\partial\beta}\left(-\frac{1}{2}\ln\beta\right) = \frac{1}{2\beta}, \qquad \text{(VI-1.191)}$$

also

$$\overline{\varepsilon}_i = \frac{1}{2}kT \qquad \textit{Gleichverteilungssatz (equipartition theorem).} \qquad \text{(VI-1.192)}$$

i Jede unabhängige Variable, die quadratisch in die Gesamtenergie (Hamiltonfunktion) eingeht, gibt einen Beitrag $\frac{1}{2}kT$ zur mittleren Energie, wenn das System bei der Temperatur T im Gleichgewicht ist.

Damit stellt der Gleichverteilungssatz die Identität zwischen der statistisch definierten Temperatur $\beta = \frac{\partial \ln \Omega}{\partial E} = \frac{1}{\Omega}\frac{\partial \Omega}{\partial E} = \frac{1}{kT}$ und der thermodynamisch definierten Temperatur der kinetischen Gastheorie $\bar{\varepsilon} = 1/2\, m\overline{v^2} = 3/2\, kT$ her, bei der das System im Gleichgewicht ist.

Der Satz gilt nur klassisch, er setzt eine *kontinuierliche Verteilung der Energieniveaus* voraus, da die diskreten Summen in der kanonischen Verteilung durch Integrale ersetzt wurden. Ein quantenmechanisches System besitzt diskrete Energieniveaus, die i. Allg. mit zunehmender Energie immer enger zusammenrücken. Ist die Temperatur hoch genug, sodass auch kT groß ist, so ist die Differenz zwischen den maßgeblichen Energieniveaus klein, $\Delta E \ll kT$, das heißt, die Energieverteilung kann als quasi-kontinuierlich angesehen werden, die klassische Näherung und damit auch der Gleichverteilungssatz sind gültig. Ist dagegen die Temperatur so niedrig, dass $kT \leq \Delta E$, dann ist die *klassische Beschreibung falsch* und damit der Gleichverteilungssatz nicht mehr anwendbar!

Beispiel: Für die mittlere kinetische Energie des Gasmoleküls eines einatomigen, idealen Gases gilt für hinreichend hohe Temperatur (z. B. Raumtemperatur mit $\Delta E \ll kT$) $\varepsilon = \frac{1}{2m}(p_x^2 + p_y^2 + p_z^2)$ mit $\frac{1}{2m}\overline{p_x^2} = \frac{1}{2m}\overline{p_y^2} = \frac{1}{2m}\overline{p_z^2} = \frac{1}{2}kT$. Daraus ergibt sich für die mittlere Energie $\bar{\varepsilon} = \frac{3}{2}kT$. Die mittlere Energie eines Mols dieses Gases ist dann $\bar{E} = N_A\left(\frac{3}{2}kT\right) \underset{R=N_A\cdot k}{=} \frac{3}{2}RT$ (R ... universelle Gaskonstante). Damit wird die klassische spezifische Wärme eines Mols des Gases bei konstantem Volumen $C_V = \left.\frac{\partial \bar{E}}{\partial T}\right|_V = \frac{3}{2}R$.

1.4 Quantenstatistik idealer Gase

1.4.1 Identische Teilchen

Wir betrachten zwei gleichartige, nicht miteinander wechselwirkende Teilchen (die Teilchen sollen entkoppelt sein) mit der Masse m in einem unendlich hohen, eindimensionalen Potenzialtopf der Breite L. Im klassischen Fall gilt:

1. Die Teilchen sind unterscheidbar, die Bahn der Teilchen kann zu jedem Zeitpunkt dem einzelnen Teilchen zugeordnet werden.
2. Jede beliebige Anzahl von Teilchen kann sich im gleichen Einteilchen-Zustand befinden, kann somit die gleiche Energie besitzen.

Damit sind an die Wellenfunktionen bei Vertauschung der Teilchen keine Bedingungen geknüpft und es ergibt sich, wie unten gezeigt, die *Maxwell-Boltzmann Statistik*, die quantenmechanisch nicht korrekt ist.

Zur quantenmechanischen Beschreibung des stationären Zustandes stellen wir zunächst die zeitunabhängige Schrödingergleichung für die Zweiteilchenwellenfunktion $\psi(x_1, x_2)$ auf:

$$\frac{\hbar^2}{2m}\frac{\partial^2\psi(x_1,x_2)}{\partial x_1^2}+\frac{\hbar^2}{2m}\frac{\partial^2\psi(x_1,x_2)}{\partial x_2^2}+[E-V(x_1,x_2)]\psi(x_1,x_2)=0\,. \qquad \text{(VI-1.193)}$$

x_1 und x_2 sind die Koordinaten der beiden Teilchen. Da am Rande und außerhalb des Kastenpotenzials die Wellenfunktion verschwinden muss ($\psi = 0$), kommen Lösungen $\psi \neq 0$ nur für den Bereich $0 < x < L$ in Frage. Eine mögliche Lösung der obigen Schrödingergleichung ist das Produkt der Einteilchenwellenfunktionen, die immer dann verwendbar ist, wenn sich das Potenzial $V(x_1, x_2)$ separieren lässt[60]

$$\psi_{n,m}(x_1,x_2) = \psi_n(x_1)\cdot\psi_m(x_2)\,. \qquad \text{(VI-1.194)}$$

Dabei sind ψ_n, ψ_m die Wellenfunktionen *eines* Teilchens zu den Energiequantenzahlen n und m. Für $n = 1$ und $m = 2$ zum Beispiel ist die Wellenfunktion im Potenzialkasten der Länge L (vgl. Band V, Kapitel „Atomphysik", Abschnitt 2.4.1.1)

$$\psi_{1,2} = A\sin\frac{\pi x_1}{L}\sin\frac{2\pi x_2}{L}\,, \qquad \text{(VI-1.195)}$$

wobei A aus der Normierungsbedingung zu bestimmen ist.

Die Wahrscheinlichkeit, Teilchen 1 in der Umgebung dx_1 der Koordinate x_1 *und* Teilchen 2 in der Umgebung dx_2 von x_2 zu finden, ist das *Produkt* der Einzelwahrscheinlichkeiten

$$\psi^2_{n,m}(x_1,x_2)\,dx_1\,dx_2 = \psi^2_n(x_1)\,dx_1\cdot\psi^2_m(x_2)\,dx_2\,. \qquad \text{(VI-1.196)}$$

Setzen wir eine geeignete Normierung voraus, so stellt $\psi^2_{n,m}$ die Wahrscheinlichkeitsdichte für den Aufenthaltsort beider Teilchen dar.

60 Im Falle nicht wechselwirkender Teilchen lässt sich ein vorhandenes Potenzial $V(x_1,x_2)$ immer in $V_1(x_1) + V_2(x_2)$ separieren.

Wir betrachten zwei Teilchen und ihre ‚Bahnen' über einen gewissen Zeitraum (Abb. VI-1.9):

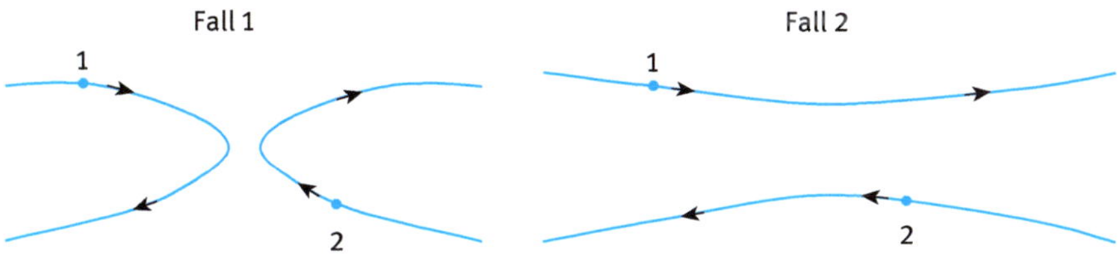

Abb. VI-1.9: Zwei mögliche Teilchenbahnen identischer Teilchen, zwischen denen nicht unterschieden werden kann.

Auch wenn wir ‚sehr genau' hinsehen, wissen wir letztendlich aufgrund der Unschärferelation nicht, welcher der beiden Fälle wirklich vorliegt, die gleichartigen Teilchen sind nicht unterscheidbar, die Teilchenbahn verliert ihren Sinn, nur mehr der „Zustand" des Teilchensystems, der durch $\psi(x_1, x_2)$ beschrieben wird, ist von Bedeutung. Wir wissen nicht, welches Teilchen sich in dx_1 und welches sich in dx_2 befindet, die Teilchen sind ‚identisch', nicht nur gleichartig. Das hat aber eine entscheidende Konsequenz: Das Quadrat der Wellenfunktion $\psi^2(x_1, x_2)$ muss unter Vertauschung von $x_1 \leftrightarrow x_2$ *invariant* bleiben, es muss daher gelten

$$\psi^2(x_2,x_1) = \psi^2(x_1,x_2)\,. \tag{VI-1.197}$$

Diese Bedingung ist sowohl für symmetrische als auch für antisymmetrische Wellenfunktionen erfüllt:

$$\psi(x_2,x_1) = \psi(x_1,x_2) \qquad \text{symmetrische Wellenfunktion} \tag{VI-1.198}$$

$$\psi(x_2,x_1) = -\psi(x_1,x_2) \qquad \text{antisymmetrische Wellenfunktion.}^{61} \tag{VI-1.199}$$

Unsere obige Wellenfunktion $\psi_{n,m}(x_1,x_2) = \psi_n(x_1) \cdot \psi_m(x_2)$ (Gl. VI-1.194) ist aber weder symmetrisch noch antisymmetrisch, sie ergibt bei Vertauschung der Ortskoordinaten ($x_1 \leftrightarrow x_2$) eine neue Wellenfunktion, die Teilchen sind damit unterscheidbar. Um diesen Fehler auszuschalten, bilden wir aus den beiden Einteilchenwellenfunktionen folgende zweigliedrige Ausdrücke, die die geforderten Symmetriebedingungen erfüllen:

---

61 Die Bedingung wäre zwar für einen beliebigen von $e^{i\pi} = -1$ verschiedenen Phasenfaktor für die antisymmetrische Wellenfunktion auch erfüllt, wenn man bedenkt, dass $\psi^2 = \psi^*\psi$. Dann wäre $\psi(x_2,x_1) = e^{i\varphi}\psi(x_1,x_2)$. Da aber bei zweimaliger Vertauschung der Teilchen der Ausgangszustand wiederhergestellt sein muss, sind die beiden obigen Varianten die einzig möglichen.

$$\psi_{n,m} + \psi_{m,n} = A'[\psi_n(x_1)\psi_m(x_2) + \psi_n(x_2)\psi_m(x_1)] = \psi(x_1,x_2)_+ = \psi_+ \quad \text{symmetrische Wellenfunktion} \tag{VI-1.200}$$

$$\psi_{n,m} - \psi_{m,n} = A'[\psi_n(x_1)\psi_m(x_2) - \psi_n(x_2)\psi_m(x_1)] = \psi(x_1,x_2)_- = \psi_- \quad \text{antisymmetrische Wellenfunktion.}^{62} \tag{VI-1.201}$$

Die Richtigkeit der Symmetrieverhältnisse ist durch Vertauschung von x_1 und x_2 sofort zu sehen. Die Konstante A' ergibt sich wieder aus der üblichen Normierungsbedingung.

Die Symmetrieforderung gilt auch für beliebige Teilchenzahl, es sind immer nur Wellenfunktionen $\psi_\pm$ zugelassen, für die

$$\psi_\pm\,(1, \ldots, \mu, \ldots, \nu, \ldots, N) = \pm\psi_\pm\,(1, \ldots, \nu, \ldots, \mu, \ldots, N)\,. \tag{VI-1.202}$$

ν stellt dabei die Orts- und Spinkoordinate des ν-ten Teilchens dar, $\psi_\pm$ ist dann die total symmetrische bzw. total antisymmetrische Wellenfunktion. Die Verwendung einer total symmetrischen oder total antisymmetrischen Wellenfunktion *macht aus gleichartigen Teilchen ununterscheidbare.*

Das auf den experimentellen Beobachtungen der Atomspektroskopie beruhende *Pauli-Prinzip*[63] besagt nun:

i Für Teilchen mit halbzahligem Spin ist die Wellenfunktion beim Austausch zweier Teilchen *antisymmetrisch*, sie werden *Fermionen* genannt. *Pauli-Prinzip*

Wir betrachten die antisymmetrische Zweiteilchenwellenfunktion ψ_- für den Fall, dass die zwei Teilchen in ihren Quantenzahlen übereinstimmen, die wir summarisch als n und m bezeichnen, d. h. $n = m$. Damit wird $\psi_- = \psi_{n,n} - \psi_{n,n} \equiv 0$. Analog sieht es für ein System vieler Fermi-Teilchen aus: Wir nehmen zwei Teilchen ν und μ im selben Einteilchenzustand, also mit derselben Wellenfunktion ($\psi(x_\mu) = \psi(x_\nu)$). Dann gilt für die antisymmetrische Vielteilchen-Wellenfunktion ψ_-

$$\psi_-\,(\ldots, \nu, \ldots, \mu, \ldots) = \psi_-\,(\ldots, \mu, \ldots, \nu, \ldots)\,. \tag{VI-1.203}$$

---

62 Man beachte, dass in $\psi(x_1,x_2)_+$ die Summe aller Permutationen von x_1 und x_2 auftreten, während $\psi(x_1,x_2)_-$ in Determinantenform $\begin{vmatrix} \psi_n(x_1) & \psi_n(x_2) \\ \psi_m(x_1) & \psi_m(x_2) \end{vmatrix}$ geschrieben werden kann. Dies gilt auch für mehr als zwei Teilchen, wodurch die Vertauschungsrelationen tatsächlich erfüllt werden: Die Vertauschung zweier Teilchen ändert die Summe der Permutationen nicht, während die Vertauschung zweier Teilchen zwei Spalten in der („Slater"-) Determinante vertauscht und somit ihr Vorzeichen ändert.

63 Nach Wolfgang Pauli, 1900–1958. Für die Formulierung seines Ausschließungsprinzips („Pauli-Verbot") erhielt er 1945 den Nobelpreis.

Andererseits fordert die Antisymmetrie

$$\psi_- (\dots, \nu, \dots, \mu, \dots) = -\psi_- (\dots, \mu, \dots, \nu, \dots) . \qquad \text{(VI-1.204)}$$

Beides kann nur durch $\psi_- \equiv 0$ erfüllt werden. Das ist das *Pauli-Verbot*:

Zwei Fermionen dürfen in einem System nicht gleichzeitig einen Zustand mit denselben Quantenzahlen besetzen (im selben Einteilchenzustand sein), sie dürfen nicht die gleiche Wellenfunktion ψ besitzen. *Pauli-Verbot*[64]

i

Für Teilchen mit ganzzahligem Spin ist die Wellenfunktion *symmetrisch*, sie werden *Bosonen* genannt, das Pauli-Verbot gilt nicht.

i

Es können daher viele oder alle Bosonen im gleichen Einteilchenzustand sein. Ist z. B. die obige Zweiteilchenwellenfunktion symmetrisch und sind die beiden Teilchen im selben Zustand, so gilt

$$\psi_+ = \psi_n(x_1)\psi_n(x_2) + \psi_n(x_2)\psi_n(x_1) \neq 0 . \qquad \text{(VI-1.205)}$$

1.4.2 Die Abzählung der Zustände

Ausgangspunkt aller folgenden Überlegungen sind auch hier die von der Natur der Teilchen (klassische oder Quantenteilchen) völlig unabhängigen Ergebnisse für die Wahrscheinlichkeitsverteilungen eines kanonischen (Abschnitt 1.3.4) bzw. großkanonischen (Abschnitt 1.3.5) Ensembles mit ihren Boltzmannfaktoren bzw. Zustandssummen. Der Unterschied zur klassischen Statistik besteht nur in der Ermittlung der zulässigen Mikrozustände der jeweiligen Quantenensembles. Auch hier gilt für abgeschlossene Systeme im *GG* (mikrokanonische Systeme) das fundamentale Postulat der statistischen Mechanik.

Die quantenmechanische Beschreibung der Vielteilchensysteme bestimmt die Art der Statistik. Diese wird wieder durch die Abzählung der Möglichkeiten bestimmt, elementare Teilchen unter Berücksichtigung des Spins (Fermion oder Bo-

---

64 Da sich die vollständige Wellenfunktion eines Vielteilchensystems $\psi(\vec{r}_i, S_i^z)$ im Falle einer kleinen Wechselwirkung zwischen Bahn- und Spinmoment als Produkt der Ortsfunktion und der Spinfunktion darstellen lässt $\psi(\vec{r}_i, S_i^z) = \psi(\vec{r}_i) \cdot \chi(S_i^z)$, muss nach dem allgemeinen Pauliprinzip, wonach Fermionen antisymmetrische Wellenfunktionen besitzen, nur $\psi(\vec{r}_i, S_i^z)$ antisymmetrisch sein. $\psi(\vec{r}_i)$ bzw. $\chi(S_i^z)$ können auch symmetrisch sein, wenn nur der andere Faktor antisymmetrisch ist. Daraus folgt die übliche Formulierung des Pauli-Verbots für ein Mehrelektronensystem (Atom): In einem Fermionensystem können die Teilchen nicht in allen vier relevanten Quantenzahlen n, l, m_l und m_s übereinstimmen.

son) auf erlaubte Einteilchenzustände zu verteilen. Damit erhält man die Zahl der möglichen Mikrozustände in einem bestimmten Energieintervall und zusammen mit den Randbedingungen sowie dem grundlegenden Postulat die Verteilungsfunktionen.

Beispiele für ein ideales Gas, d. h. für ein System aus nicht wechselwirkenden Teilchen, das quantenmechanisch zu behandeln ist:
- Elektronen im Metall
- Phononen im Kristall (quantisierte Gitterschwingungen der Kristallatome, ideales Bosegas)
- Photonen der Hohlraumstrahlung (ideales Bosegas)
- flüssiges Helium (^{4}He-Bosonen oder ^{3}He-Fermionen)
- Magnonen im Ferromagneten (Auslenkung der Gitterspins führt zu quantisierten Spinwellen, deren Energiequanten, die Magnonen, sich wie Bosonen verhalten).

Bezeichnungen:

Quanten-Einteilchenzustand: Dieser wird durch das Indexpaar r, S_z angegeben (r steht für einen Satz von Quantenzahlen, S_z gibt die Komponente des Eigendrehimpulses in z-Richtung an und legt damit den Spinzustand des Teilchens fest).

Energie eines Teilchens im Zustand r, S_z: ε_r;
wir nehmen an, dass ε_r unabhängig von S_z ist.

Anzahl der Teilchen im Zustand r, S_z: $n_r^{S_z}$;
für Fermionen gilt $n_r^{S_z} = 0$ oder 1,
für Bosonen kann $n_r^{S_z} = 0, 1, 2, 3, \ldots$ sein.

Mikrozustand des ganzen Systems: $R = (n_1^{S_{z1}}, n_2^{S_{z2}}, n_3^{S_{z3}}, \ldots) = \left\{n_r^{S_z}\right\}$;
das heißt: n_1 Teilchen sind im Zustand $r = 1$, $S_z = S_{z1}$ usw.

Energie des Mikrozustands R: $E_R = \sum\limits_{r,S_z} n_r^{S_z} \varepsilon_r$;
das ist die Gesamtenergie des Gases im Zustand R, bei dem $n_1^{S_{z_1}}$ Teilchen im Zustand $r = 1, S_{z1}$, $n_2^{S_{z_1}}$ Teilchen im Zustand $r = 2, S_{z_2}$ usw., sind.

Gesamtteilchenzahl des Mikrozustands R: $N_R = \sum\limits_{r,S_z} n_r^{S_z}$.

Die Gesamtteilchenzahl N des Systems ist entweder vorgegeben (gewöhnliches Gas) oder sie liegt nicht fest (Photonengas), denn Photonen werden durch atomare Teilchen (z. B. in den Wänden des Hohlraums des schwarzen Strahlers) absorbiert und emittiert.

Vorgegebene Teilchenzahl *N*:
Es kann entweder die mikrokanonische (wobei außer N auch noch die Energie des Systems festgelegt ist), die kanonische oder die großkanonische Zustandssumme verwendet werden.

Bei Verwendung der kanonischen Zustandssumme werden Mikrozustände betrachtet, bei denen nur die Teilchenzahl $N = N_R$ und das Volumen V festgelegt sind; die Zustandssumme lautet in diesem Fall

$$Z(T,V,N) = \sum_R e^{-\beta E_R(V,N)} = \sum_R e^{-\beta(n_1^{S_{z_1}}\varepsilon_1 + n_2^{S_{z_2}}\varepsilon_2 + \ldots + n_i^{S_{z_i}}\varepsilon_i + \ldots)}. \qquad \text{(VI-1.206)}$$

Eine für viele Anwendungen zweckmäßige Form für $Z(T;V,N)$ erhält man durch Faktorisieren der Exponentialfunktion

$$Z(T,V,N) = \sum_{n_1^{S_{z_1}}} e^{-\beta n_1^{S_{z_1}}\varepsilon_1} \cdot \sum_{n_2^{S_{z_2}}} e^{-\beta n_2^{S_{z_2}}\varepsilon_2} \ldots \cdot \sum_{n_i^{S_{z_i}}} e^{-\beta n_i^{S_{z_i}}\varepsilon_i} \ldots, \qquad \text{(VI-1.207)}$$

wobei die Summen über alle erlaubten Werte der Teilchenzahlen $n_i^{S_{z_i}}$ laufen, die zur Energie ε_i gehören.

Benützt man die große Zustandssumme

$$\begin{aligned} Y(T,V,\mu) &= \sum_R e^{-\beta(E_R(V,N_R) - \mu N_R)} = \\ &= \sum_R e^{-\beta(n_1^{S_{z_1}} \cdot \varepsilon_1 - \mu \cdot n_1^{S_{z_1}}) - \beta(n_2^{S_{z_2}} \cdot \varepsilon_2 - \mu \cdot n_2^{S_{z_2}}) - \ldots - \beta(n_i^{S_{z_i}} \cdot \varepsilon_i - \mu \cdot n_i^{S_{z_i}}) - \ldots}, \end{aligned} \qquad \text{(VI-1.208)}$$

so bleibt die Teilchenzahl N_R offen. Über das chemische Potenzial μ wird die mittlere Teilchenzahl $\bar{N}_R$ scharf eingestellt und der vorgegebenen Teilchenzahl N gleichgesetzt: $N = \bar{N}_R$. Umgekehrt wird das chemische Potenzial μ[65] durch die vorgegebene Teilchenzahl N im Volumen V, d. h. durch die Teilchendichte $n = \frac{N}{V}$ sowie die Temperatur T, festgelegt.

---

65 μ ist die zu N gehörende „Kraft“: $\mu = \left(-T\frac{\partial S}{\partial N}\right)_{E,V}$; sie ist im *GG* für zwei in diffusivem Kontakt stehende Systeme gleich, wodurch die Gesamtentropie der beiden Systeme maximal wird. Das Gleiche gilt für die zum Volumen gehörende „Kraft“ $P = \left(T\frac{\partial S}{\partial V}\right)_{E,N}$ zweier Systeme, die über eine verschiebbare Wand miteinander in Kontakt stehen: $P_1 = P_2$.

Auch hier gilt wieder nach Faktorisierung:

$$Y(T,V,\mu) = \sum_{n_1^{S_{z_1}}} e^{-\beta(n_1^{S_{z_1}} \cdot \varepsilon_1 - \mu \cdot n_1^{S_{z_1}})} \cdot \sum_{n_2^{S_{z_2}}} e^{-\beta(n_2^{S_{z_2}} \cdot \varepsilon_2 - \mu \cdot n_2^{S_{z_2}})} \ldots \cdot \sum_{n_i^{S_{z_i}}} e^{-\beta(n_i^{S_{z_i}} \cdot \varepsilon_i - \mu \cdot n_i^{S_{z_i}})} \ldots .$$

(VI-1.209)

Keine feste Teilchenzahl (Photonengas):
Wenn die Teilchenzahl des Systems nicht vorgegeben ist, sondern für jeden Energiezustand ε_i beliebig große Werte annehmen kann, dann müssen die Energiewerte E_R eines jeden Mikrozustandes R unabhängig von der Teilchenzahl N sein, es gilt daher $E_R(V,N) = E_R(V)$; dann wird auch die Energie $E(T,V)$ des Systems unabhängig von N. Damit verschwindet aber die zu N gehörende verallgemeinerte Kraft μ (siehe Abschnitt 1.3.3)

$$\mu = \left(\frac{\partial E(T,V)}{\partial N}\right)_{S,V} \equiv 0 . \qquad \text{(VI-1.210)}$$

Daraus folgt

$$Z(T,V) = \sum_R e^{-\beta E_R(V)} = Y(T,V,\mu = 0) , \qquad \text{(VI-1.211)}$$

die kanonische und die großkanonische Zustandssumme sind in diesem Fall gleich.

Beispiel: Wir vergleichen das Abzählen der Zustände für ein System aus nur 2 Teilchen mit 2 Einteilchenzuständen. Zum besseren Vergleich lassen wir bei den Fermiteilchen nur den Spin +½ zu.

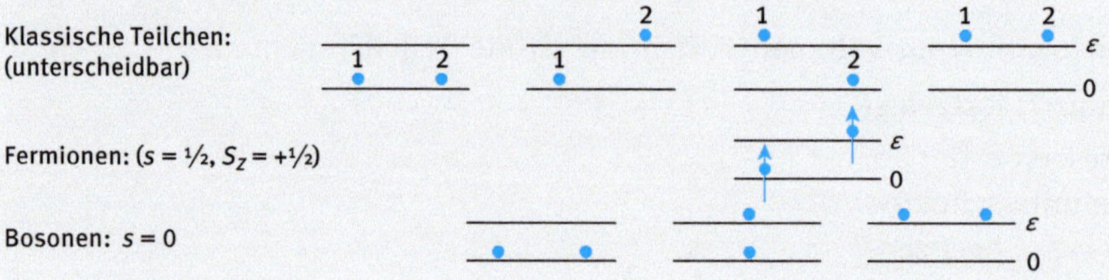

Für die Zahl der Mikrozustände R des Gesamtsystems erhalten wir:

Klassisch (Maxwell-Boltzmann): $R = 4$
Fermi-Dirac: $R = 1$
Bose-Einstein: $R = 3$.

Das gibt für die kanonischen Zustandssummen:

$$\text{Maxwell-Boltzmann: } Z = e^{-\beta(2\cdot 0)} + e^{-\beta(1\cdot 0+1\cdot\varepsilon)} + e^{-\beta(1\cdot\varepsilon+1\cdot 0)} + e^{-\beta(2\cdot\varepsilon)} = 1 + 2e^{-\beta\varepsilon} + e^{-2\beta\varepsilon}$$

$$\text{Fermi-Dirac: } Z = e^{-\beta(1\cdot 0+1\cdot\varepsilon)} = e^{-\beta\varepsilon}$$

$$\text{Bose-Einstein: } Z = e^{-\beta(2\cdot 0)} + e^{-\beta(1\cdot 0+1\cdot\varepsilon)} + e^{-\beta(0\cdot 0+2\cdot\varepsilon)} = 1 + e^{-\beta\varepsilon} + e^{-2\beta\varepsilon}.$$

Die klassische Abzählung führt wegen der nicht berücksichtigten Ununterscheidbarkeit der Teilchen, wie schon früher erwähnt (vgl. Abschnitt 1.2.5 ‚Ideales Gas im klassischen Grenzfall' und Fußnote 34), zu einer Überschätzung der Gesamtzahl der Mikrozustände. Doch auch unter Berücksichtigung der „Gibbsschen Korrektur" $1/N!$ ergibt sich $\frac{Z}{N!} = \frac{Z}{2} = \frac{1 + 2e^{-\beta\varepsilon} + e^{-2\beta\varepsilon}}{2}$, was dennoch nicht mit dem quantenmechanischen Resultat für Bosonen übereinstimmt. Wir sehen, dass die Art der Abzählung der Zustände einen großen Einfluss auf die Zustandssumme und damit auf die berechneten thermodynamischen Eigenschaften eines Systems hat.

Bei den weiteren Rechnungen nehmen wir bei der klassischen Statistik (sehr große Teilchenzahlen) die kanonische Zustandssumme, bei der Quantenstatistik die große Zustandssumme, um auch Teilchenfluktuationen zuzulassen.

1.4.3 Maxwell[66]-Boltzmann Statistik (1859)

Die N Teilchen des Systems sollen sich in thermischem Kontakt mit einem großen Wärmereservoir der Temperatur T befinden. In klassischer Sicht sind gleichartige Teilchen unterscheidbar. Es mögen im Zustand R n_1 Teilchen die Energie ε_1, n_2 die Energie ε_2, ... besitzen.[67] Die Kanonische Zustandssumme beträgt dann, wenn ε_1, ε_2, ... alle möglichen Energiezustände eines einzelnen Teilchens sind

66 James Clerk Maxwell, 1831–1879, entwickelte die moderne Elektrodynamik und verfasste wichtige Arbeiten zur statistischen Physik (Geschwindigkeitsverteilung).

67 Der einfacheren Berechnungen wegen nehmen wir für unsere klassischen Teilchen diskrete Energiezustände ε_1, ε_2, ... an, die aber äußerst dicht liegen können.

$$Z = \sum_R e^{-\beta E_R} = \sum_R e^{-\beta(n_1\varepsilon_1 + n_2\varepsilon_2 + \ldots)}, \tag{VI-1.212}$$

wobei die Summe über alle Mikrozustände R des gesamten Systems läuft. Es wird über alle möglichen Werte der Zahlen n_r summiert, wobei die *Unterscheidbarkeit* der Teilchen zu berücksichtigen ist. Bei insgesamt N Teilchen im System gibt es für ein vorgegebenes Zahlentupel $R = \{n_r\} = (n_1, n_2, n_3, \ldots)$ $\frac{N!}{n_1!\, n_2!\, \ldots}$ unterschiedliche Möglichkeiten, die N Teilchen auf die gegebenen Einteilchenzustände so zu verteilen, dass n_1 im Zustand 1, n_2 im Zustand 2, usf., sind. Bei unterscheidbaren Teilchen entspricht jede dieser Anordnungen einem ganz bestimmten Mikrozustand R des ganzen Gases. Für die Zustandssumme gilt dann

$$Z = \sum_{n_1, n_2, \ldots} \frac{N!}{n_1!\, n_2!\, \ldots} e^{-\beta(n_1\varepsilon_1 + n_2\varepsilon_2 + \ldots)}, \tag{VI-1.213}$$

wobei die Summe über alle Werte $n_r = 0, 1, 2, 3, \ldots$ für jedes r läuft mit der Einschränkung, dass wegen der festen Teilchenzahl $\sum_r n_r = N$ gelten muss.

Wir wandeln die Summe im Exponenten in Faktoren um:

$$Z = \sum_{n_1}\sum_{n_2} \ldots \frac{N!}{n_1!\, n_2!\, \ldots} \left(e^{-\beta\varepsilon_1}\right)^{n_1} \cdot \left(e^{-\beta\varepsilon_2}\right)^{n_2} \ldots \quad \text{mit} \quad \sum_r n_r = N. \tag{VI-1.214}$$

i Für die *Polynomialentwicklung* einer potenzierten Summe gilt:

$$(p + q + r + \ldots)^N = \sum_{n_1, n_2, \ldots} \frac{N!}{n_1!\, n_2!\, \ldots} p^{n_1} q^{n_2} r^{n_3} \ldots \quad \text{mit} \quad \sum_i n_i = N.$$

Damit kann die gesuchte Zustandssumme so geschrieben werden:

$$Z = (e^{-\beta\varepsilon_1} + e^{-\beta\varepsilon_2} + \ldots)^N = \left(\sum_r e^{-\beta\varepsilon_r}\right)^N = (Z_1)^N, \tag{VI-1.215}$$

[68]

mit Z_1 = Einteilchenzustandssumme $Z_1 = \sum_r e^{-\beta\varepsilon_r}$.[69]

68 Diese Zustandssumme ist um den „Gibbsschen Korrekturfaktor" $N!$ zu groß. Dieser fällt allerdings bei der Differentiation $\frac{\partial \ln Z}{\partial \varepsilon_s}$ weg, daher ist das Resultat richtig. Korrekt gilt $Z_{korr} = Z/N!$.

69 Zur Berechnung der Einteilchenzustandssumme siehe Anhang 1.

Für den Logarithmus der Zustandssumme, der später gebraucht wird, ergibt sich dann:

$$\ln Z = N \ln\left(\sum_r e^{-\beta\varepsilon_r}\right) = N \cdot \ln Z_1 .^{70} \qquad \text{(VI-1.216)}$$

Wir greifen jetzt einen ganz bestimmten Zustand s heraus und fragen, wie groß die *mittlere Teilchenzahl* (= Besetzungszahl) $\bar{n}_s$ in diesem Zustand s mit der Energie ε_s ist. Dazu bilden wir den Mittelwert

$$\bar{n}_s = \sum_R P_R n_s = \sum_R \frac{1}{Z} e^{-\beta E_R} \cdot n_s = \frac{1}{Z}\sum_R n_s e^{-\beta E_R} =$$
$$= \frac{1}{Z}\sum_R n_s e^{-\beta(n_1\varepsilon_1 + n_2\varepsilon_2 + \ldots)} . \qquad \text{(VI-1.217)}$$

Zur Berechnung verwenden wir

$$\frac{\partial}{\partial\varepsilon_s}\left(e^{-\beta(n_1\varepsilon_1+n_2\varepsilon_2+\ldots)}\right) = -\beta n_s e^{-\beta(n_1\varepsilon_1+n_2\varepsilon_2+\ldots)} \qquad \text{(VI-1.218)}$$

und schreiben damit für den Mittelwert $\bar{n}_s$

$$\bar{n}_s = \frac{1}{Z}\sum_R -\frac{1}{\beta}\frac{\partial}{\partial\varepsilon_s} e^{-\beta(n_1\varepsilon_1+n_2\varepsilon_2+\ldots)} = -\frac{1}{\beta Z}\frac{\partial Z}{\partial\varepsilon_s} \underbrace{=}_{\frac{\partial \ln u}{\partial x}=\frac{1}{u}\frac{\partial u}{\partial x}} -\frac{1}{\beta}\frac{\partial \ln Z}{\partial\varepsilon_s} . \qquad \text{(VI-1.219)}$$

Von oben (Gl. VI-1.216) wissen wir $\ln Z = N \ln\left(\sum_r e^{-\beta\varepsilon_r}\right)$ und erhalten so (beim Differenzieren nach ε_s ist bei der inneren Ableitung nur der Term mit ε_s betroffen)

$$\bar{n}_s = -\frac{1}{\beta} N \frac{1}{\sum_r e^{-\beta\varepsilon_r}} (-\beta) e^{-\beta\varepsilon_s} \qquad \text{(VI-1.220)}$$

also

$$\bar{n}_s = N \frac{e^{-\beta\varepsilon_s}}{\sum_r e^{-\beta\varepsilon_r}} = \frac{N}{Z_1} e^{-\beta\varepsilon_s} \qquad \text{(VI-1.221)}$$

klassische Maxwell-Boltzmann (MB) Verteilung.

---

70 Korrekt: $\ln Z_{korr} = \ln Z - \ln N!$

Je kleiner die Energie der Teilchen ist, umso größer ist im Mittel ihre Anzahl (Abb. VI-1.10):

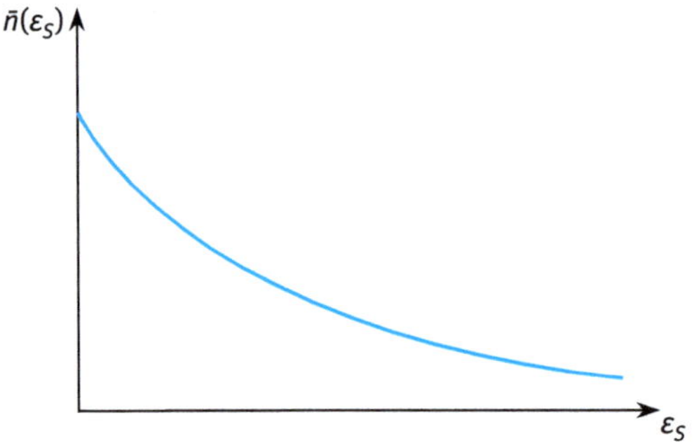

Abb. VI-1.10: Klassische Maxwell-Boltzmann Verteilung: Die mittlere Anzahl $\bar{n}$ der Teilchen nimmt mit zunehmender Energie ε_s ab.

1.4.4 Fermi-Dirac[71] Statistik (1926)

Bei der Ableitung der klassischen Statistik wurde die Zahl der Teilchen in jedem Mikrozustand der Energie E_R konstant gleich N vorausgesetzt und nur die Energie E_R als variabel betrachtet. Im Gegensatz dazu soll jetzt für die Ableitung der Quantenstatistiken die große Zustandssumme herangezogen werden, sodass auch das chemische Potenzial μ in Erscheinung tritt und diffusive Vorgänge berechnet werden können.[72] Das Reservoir, mit dem das System in Kontakt steht, ist jetzt ein Energie- und ein Teilchenreservoir. Die Teilchenzahl N_R eines Energiezustandes E_R soll jetzt ebenfalls veränderlich sein. Die mittlere Gesamtteilchenzahl $\bar{N}$ aus allen Zuständen tritt an die Stelle der vorgegebenen Zahl N bei der mikrokanonischen

---

71 Enrico Fermi, 1901–1954, grundlegende theoretische und experimentelle Arbeiten zur Kernphysik (β-Zerfall, 2.12.1942: Erster Kernreaktor in Chicago). Paul Adrien Maurice Dirac, 1902–1984, schuf 1926/27 die ersten Grundlagen zur Quantenelektrodynamik (Quantentheorie des Strahlungsfeldes). Die Fermi-Dirac Statistik wurde 1926 unabhängig voneinander von Fermi und Dirac angegeben, nachdem 1925 von Pauli das Ausschließungsprinzip formuliert worden war.

72 Die *MB*-Statistik und die Quantenstatistiken können auch relativ einfach unter Verwendung eines mikrokanonischen Ensembles (N und E const.) berechnet werden. Dabei müssen die Möglichkeiten abgezählt werden, wie die N Teilchen entsprechend ihrer Art (*MB*, *FD*, *BE*) auf die verfügbaren Zustände (= Energieniveaus) verteilt werden können. Hiezu sind Kenntnisse der Kombinatorik erforderlich. Ist W_{th} die Anzahl der Möglichkeiten (= Anzahl der zugänglichen Mikrozustände) für eine bestimmte Verteilung (= Makrozustand) der N Teilchen, so ist nach Boltzmann $S = k \cdot \ln W_{th}$. Aus dem Maximum von S folgen unter Beachtung der Randbedingungen $N = \text{const.}$ und $E = \text{const.}$ die gesuchten Verteilungsfunktionen.

bzw. der kanonischen Verteilung[73] (Ausnahme: Photonen- und Phononengas mit $\mu = 0$). Diese Bedingung $\bar{N} = N$ legt den Wert des chemischen Potenzials fest. Die zu verwendende große Zustandssumme lautet (siehe Abschnitt 1.3.5, Gl. VI-1.183)

$$Y(T,V,\mu) = \sum_R e^{-\beta(E_R - \mu N_R)},$$

wobei für die Energiewerte $E_R = \sum_{r,S_z} n_r^{S_z} \varepsilon_r$ und für die Teilchenzahlen der Mikrozustände R des gesamten Systems $N_R = \sum_{r,S_z} n_r^{S_z}$ gilt.

Für ein System von Fermiteilchen mit halbzahligem Spin (wir nehmen Spinquantenzahl $s = 1/2$) kann der Mikrozustand folgendermaßen geschrieben werden (je zwei Teilchen pro Energieniveau, nämlich Spin ↑ und Spin ↓)[74]

$$R = \left\{n_r^{S_z}\right\} = (n_1^{\uparrow}, n_1^{\downarrow}, n_2^{\uparrow}, n_2^{\downarrow}, n_3^{\uparrow}, \ldots). \qquad \text{(VI-1.222)}$$

Damit ergibt sich für die Zustandssumme, deren Summe im Exponenten wir wieder in Faktoren umwandeln

$$\begin{aligned} Y &= \sum_{n_r^{S_z}} e^{-\beta(n_r^{S_z} \cdot \varepsilon_r - \mu \cdot n_r^{S_z})} = \sum_{n_r^{\uparrow},\, n_r^{\downarrow}} e^{-\beta[(n_1^{\uparrow} \cdot \varepsilon_1 - \mu \cdot n_1^{\uparrow}) + (n_1^{\downarrow} \cdot \varepsilon_1 - \mu \cdot n_1^{\downarrow}) + \ldots]} = \\ &= \sum_{n_1^{\uparrow}=0}^{1} e^{-\beta n_1^{\uparrow}(\varepsilon_1 - \mu)} \sum_{n_1^{\downarrow}=0}^{1} e^{-\beta n_1^{\downarrow}(\varepsilon_1 - \mu)} \cdot \sum_{n_2^{\uparrow}=0}^{1} e^{-\beta n_2^{\uparrow}(\varepsilon_2 - \mu)} \cdot \ldots = \\ &= \left(e^0 + e^{-\beta(\varepsilon_1 - \mu)}\right)\left(e^0 + e^{-\beta(\varepsilon_1 - \mu)}\right) \cdot \ldots = \\ &= \underbrace{\left(1 + e^{-\beta(\varepsilon_1 - \mu)}\right)^2}_{Niveau\, \varepsilon_1:\ \uparrow,\downarrow} \cdot \underbrace{\left(1 + e^{-\beta(\varepsilon_2 - \mu)}\right)^2}_{Niveau\, \varepsilon_2:\ \uparrow,\downarrow} \cdot \ldots . \end{aligned} \qquad \text{(VI-1.223)}$$

Die Spinquantenzahl wird jetzt durch das Quadrat der Faktoren berücksichtigt. Somit gilt für die große Zustandssumme Y

---

73 Die Teilchenzahl des Systems ist somit nur innerhalb der statistischen Unsicherheit durch $\bar{N}$ festgelegt, die aber bei einer großen Teilchenzahl sehr gering ist. Für $\bar{N}$ gilt entsprechend der Mittelwertbildung (siehe Abschnitt 1.1.3, Gl. VI-1.14): $\bar{N} = \frac{1}{Y}\sum_r N_r e^{-\beta(E_r - \mu N_r)}$.

74 Für größere halbzahlige Spin-QZ ergeben sich gemäß der Bedingung $\Delta s = \pm 1$ mehr als zwei Möglichkeiten für jedes n_i. Der Fall der Entartung (mehrere Quantenzustände zu einem Energiewert können von jeweils einem Teilchen besetzt sein) ist hier der Einfachheit halber ausgeschlossen.

$$Y = \prod_r \left(1 + e^{-\beta(\varepsilon_r - \mu)}\right)^2. \qquad \text{(VI-1.224)}$$

Wir greifen wieder einen ganz bestimmten Zustand s, und zwar jenen mit $S_z = \uparrow$, heraus und bestimmen die mittlere Teilchenzahl $\bar{n}_s^{S_z}$ in diesem Zustand:

$$\bar{n}_s^{\uparrow} = \sum_R P_R n_s^{\uparrow} = \frac{1}{Y}\sum_R n_s^{\uparrow} e^{-\beta(E_R - \mu N_R)}. \qquad \text{(VI-1.225)}$$

Wir wandeln die Summe im Exponenten wieder in Faktoren um, die sich dann bis auf den Faktor mit $n_s^{\uparrow}$ mit jenen von Y decken

$$\bar{n}_s^{\uparrow} = \frac{1}{Y} \cdot \sum_{n_1^{\uparrow}=0}^{1} e^{-\beta n_1^{\uparrow}(\varepsilon_1 - \mu)} \cdot \sum_{n_1^{\downarrow}=0}^{1} e^{-\beta n_1^{\downarrow}(\varepsilon_1 - \mu)} \cdot \ldots \cdot \sum_{n_s^{\uparrow}=0}^{1} n_s^{\uparrow} e^{-\beta n_s^{\uparrow}(\varepsilon_s - \mu)} \cdot \sum_{n_s^{\downarrow}=0}^{1} e^{-\beta n_s^{\downarrow}(\varepsilon_s - \mu)} \cdot \ldots =$$

$$\underset{\substack{\text{der Summand mit} \\ n_s^{\uparrow}=0 \text{ verschwindet}}}{=} \frac{\cdot \ldots \cdot \left(1 + e^{-\beta(\varepsilon_{s-1} - \mu)}\right)^2 \overbrace{e^{-\beta(\varepsilon_s - \mu)}}^{\text{stammt von } n_s^{\uparrow}} \overbrace{\left(1 + e^{-\beta(\varepsilon_s - \mu)}\right)}^{\text{stammt von } n_s^{\downarrow}} \left(1 + e^{-\beta(\varepsilon_{s+1} - \mu)}\right)^2 \cdot \ldots}{\cdot \ldots \cdot \left(1 + e^{-\beta(\varepsilon_{s-1} - \mu)}\right)^2 \left(1 + e^{-\beta(\varepsilon_s - \mu)}\right)^2 \left(1 + e^{-\beta(\varepsilon_{s+1} - \mu)}\right)^2} =$$

$$= \frac{e^{-\beta(\varepsilon_s - \mu)}}{1 + e^{-\beta(\varepsilon_s - \mu)}} = \frac{e^{-\beta(\varepsilon_s - \mu)} \cdot e^{+\beta(\varepsilon_s - \mu)}}{e^{+\beta(\varepsilon_s - \mu)} + e^{-\beta(\varepsilon_s - \mu)} \cdot e^{+\beta(\varepsilon_s - \mu)}} = \frac{1}{e^{\beta(\varepsilon_s - \mu)} + 1}. \qquad \text{(VI-1.226)}$$

Da ε_s nicht vom Spinzustand $\uparrow$ oder $\downarrow$ abhängt[75], gilt allgemein für die mittlere Besetzungszahl $\bar{n}_s$ des Zustands s:

$$\bar{n}_s = \bar{n}(\varepsilon_s) = \frac{1}{e^{\beta(\varepsilon_s - \mu)} + 1} \qquad \textit{Fermi-Dirac (FE) Verteilung.}^{76} \qquad \text{(VI-1.227)}$$

---

75 Wir behandeln Teilchen im feldfreien Raum („freie Teilchen").

76 Wir hätten von vornherein ein System von Fermionen im Zustand s (Energie ε_s) bei vorgegebenem Spin in thermischem und diffusivem Kontakt mit einem Reservoir betrachten können. Wegen des Pauli-Verbots kann dieses System nur ein Teilchen ($n = 1$) oder gar kein Teilchen ($n = 0$) besitzen. Damit ergibt sich die große Zustandssumme dieses Systems zu: $Y_1 = 1 + e^{-\beta(\varepsilon_s - \mu)} \Rightarrow$
$\bar{n}_s = \frac{1}{Y_1}\left(0 + 1 \cdot e^{-\beta(\varepsilon_s - \mu)}\right) = \frac{e^{-\beta(\varepsilon_s - \mu)}}{1 + e^{-\beta(\varepsilon_s - \mu)}} = \frac{1}{e^{\beta(\varepsilon_s - \mu)} + 1}$.

Wir diskutieren nun den Mittelwert der Teilchenzahl im Energiezustand ε genauer (den Index s können wir im Folgenden weglassen):

Da für Fermionen jeder Zustand höchstens ein Teilchen aufnehmen kann, muss $\bar{n}(\varepsilon)$ immer ≤ 1 sein, was durch $e^{\beta(\varepsilon-\mu)} \geq 0$ gesichert ist.

Das chemische Potenzial $\mu = \mu(T)$ ist schwach temperaturabhängig, es wird auch *Ferminiveau* genannt (Abb. VI-1.11).

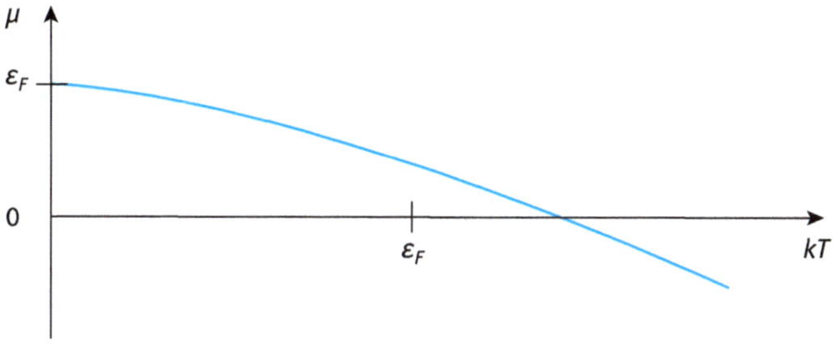

Abb. VI-1.11: Temperaturabhängigkeit des chemischen Potenzials μ. Im üblichen Temperaturbereich z. B. eines Metalls ist μ positiv und nur schwach von T abhängig. Bei sehr hohen Temperaturen ($kT > \varepsilon_F$) wird μ negativ und für $T \to \infty$ geht $\mu \to -\infty$.

Für $\varepsilon = \mu$ ist die Besetzungszahl $\bar{n}(\varepsilon = \mu) = 1/2$ *für alle Temperaturen T*. Wenn die Teilchenzahl N im Volumen V festgelegt ist, dann muss gelten: $\sum_s \bar{n}_s = N$; damit ist auch das Ferminiveau $\mu = \mu(T)$ festgelegt.

Im Grenzwert $T \to 0$ gilt $\beta = 1/kT \to \infty$ und damit

$$e^{\beta(\varepsilon-\mu)} = \begin{cases} \infty & \\ 0 & \end{cases} \quad \text{für} \quad (\varepsilon - \mu(T=0)) \begin{matrix} >0 \\ <0 \end{matrix} \tag{VI-1.228}$$

bzw.

$$\bar{n}(\varepsilon) = \begin{cases} 0 & \\ 1 & \end{cases} \quad \text{für} \quad \begin{matrix} \varepsilon > \mu(T=0) = \varepsilon_F \\ \varepsilon < \mu(T=0) = \varepsilon_F \end{matrix} . \tag{VI-1.229}$$

$$\mu(T=0) = \varepsilon_F \quad \text{wird als \textit{Fermienergie} bezeichnet.} \tag{VI-1.230}$$

Damit ergibt sich folgende Darstellung der mittleren Besetzungszahl der Energiezustände bei $T = 0$ (Abb. VI-1.12):

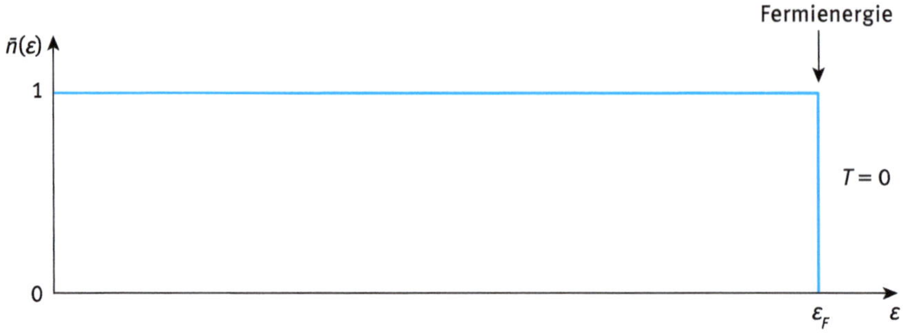

Abb. VI-1.12: Fermiverteilung bei $T = 0$: Alle Zustände bis zu $\varepsilon_F = \mu(T = 0)$ sind besetzt.

Bei $T = 0$ sind also alle Zustände[77] unterhalb der Fermienergie ε_F mit einem Teilchen besetzt (‚Fermisee'), oberhalb sind alle Zustände unbesetzt.

Für Temperaturen $T > 0$ wird die Rechteckverteilung ‚aufgeweicht', wobei die Breite ε dieser um $\bar{n} = 1/2$ symmetrischen Besetzungsunschärfe von der Größenordnung kT ist (Abb. VI-1.13).[78]

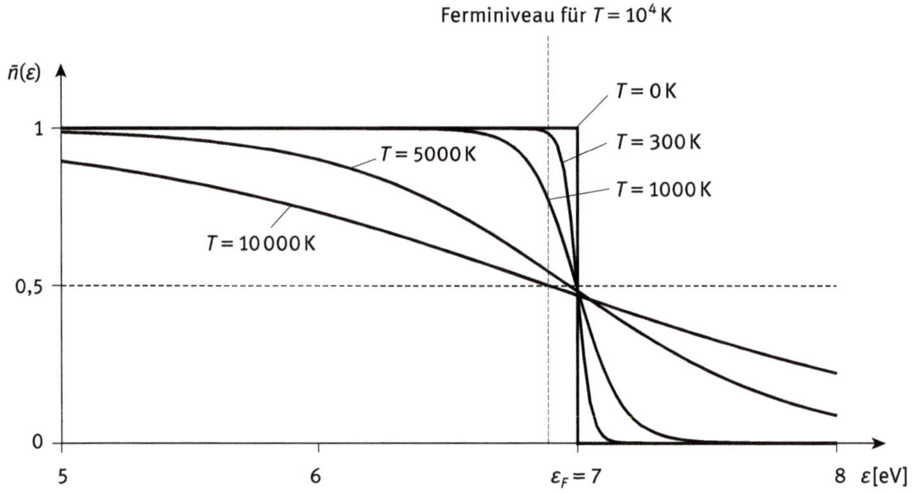

Abb. VI-1.13: Fermiverteilung für $\varepsilon_F = \mu(T = 0) = 7$ eV (entspricht der Fermienergie von Cu).

Sind sehr viele Teilchen im System (z. B. Leitungselektronen im Metall), so ist – jedes Energieniveau kann ja nur einmal besetzt werden – die Fermienergie ε_F sehr

77 Zur Erinnerung: Zu jedem Energiewert ε gibt es 2 Zustände, Spin $\uparrow$ und Spin $\downarrow$.

78 Das *Ferminiveau* (die Energie, für die $\bar{n}(\varepsilon) = 1/2$ gilt) verschiebt sich geringfügig zu Werten kleiner als die Fermienergie ε_F (siehe Abb. VI-1.13). Im Intervall $[\varepsilon_F - kT, \varepsilon_F + kT]$ ändert sich die Besetzung $\bar{n}_s$ von 0,731 auf 0,231, d. h. um 50 % der überhaupt möglichen Änderung.

hoch, das heißt, die Energiezustände der Teilchen sind bis zu sehr hohen Energien vollständig besetzt. Wie später gezeigt wird (Kapitel „Festkörperphysik", Abschnitt 2.6.1.2.3), ist die Fermienergie der Leitungselektronen im Metall durch die Teilchendichte $n = N/V$ des Systems festgelegt ($\varepsilon_F = \frac{\hbar^2}{2m}\left(3\pi^2 \frac{N}{V}\right)^{2/3}$) und liegt umso höher, je größer die Teilchendichte ist.

Die Fermienergie ε_F kann entsprechend der Beziehung $\varepsilon_F = k \cdot T_F$ durch eine Temperatur T_F, die *Fermitemperatur*, charakterisiert werden. Sie beträgt bei den meisten Metallen ca. $T_F \approx 50\,000\,\mathrm{K} \mathrel{\hat{=}} \varepsilon_F = 4{,}3\,\mathrm{eV}$. Ein Fermigas heißt *entartet*, wenn $T \ll T_F$; dann sind fast alle Zustände unterhalb ε_F besetzt, wobei diese Teilchen nicht mehr im Wärmeaustausch mit der Umgebung stehen, d. h. keine Energie durch „thermische" Stöße aufnehmen. Dadurch geht die Wärmekapazität eines entarteten Gases für $T \to 0$ gegen Null. Wir sehen aus der extrem hohen Fermitemperatur der Metalle, dass das System der Leitungselektronen hoch entartet ist. Siehe dazu auch das Beispiel ‚Elektronengas' am Ende von Abschnitt 1.4.6.

Weitere Diskussion und Beispiele siehe Anhang 2.

1.4.5 Bose-Einstein Statistik (1924)

Wir betrachten jetzt Bose[79]-Teilchen mit Spinquantenzahl $s = 0$ oder ganzzahlig. Für einen Mikrozustand des Gesamtsystems ergibt sich dann

$$R = \{n_r\} = (n_1, n_2, n_3, \ldots)\,. \tag{VI-1.231}$$

Wir berechnen wieder die große Zustandssumme und wandeln die Summe im Exponenten in Faktoren (jeweils Summen über die Teilchenzahlen) um, wobei aber nun keine Beschränkung der Teilchenzahl in einem Energieniveau ε_i vorliegt, diese kann sogar beliebig groß werden, da das als großkanonisch angenommene System mit einem unendlich großen Teilchenreservoir verbunden ist

$$Y = \sum_R e^{-\beta(E_R - \mu N_R)} = \left(\sum_{n_1=0}^{\infty} e^{-\beta n_1(\varepsilon_1 - \mu)}\right)\left(\sum_{n_2=0}^{\infty} e^{-\beta n_2(\varepsilon_2 - \mu)}\right)\ldots\,.^{80} \tag{VI-1.232}$$

79 Satyendra Nath Bose, 1894–1974, indischer Physiker, stellte 1924 als erster die für Photonen gültige Statistik auf, die noch im selben Jahr von Albert Einstein (1879–1955) auf alle Teilchen mit ganzzahligem Spin erweitert wurde.

80 Da die Summen von 0 bis ∞ laufen, muss angenommen werden, dass das Teilchenreservoir (System A_2) unendlich groß oder jedenfalls äußerst groß ist.

Summe der unendlichen geometrischen Reihe:

$$\sum_{n_1=0}^{\infty} e^{-\beta n_1(\varepsilon_1-\mu)} = 1 + e^{-\beta(\varepsilon_1-\mu)} + e^{-2\beta(\varepsilon_1-\mu)} + \dots = \frac{1}{1-e^{-\beta(\varepsilon_1-\mu)}}.$$

Damit können wir die Zustandssumme umschreiben

$$Y = \frac{1}{1-e^{-\beta(\varepsilon_1-\mu)}} \cdot \frac{1}{1-e^{-\beta(\varepsilon_2-\mu)}} \cdot \dots \tag{VI-1.233}$$

und erhalten so

$$Y(T,V,\mu) = \prod_r \frac{1}{1-e^{-\beta(\varepsilon_r-\mu)}}. \tag{VI-1.234}$$

Wir berechnen nun wieder die mittlere Besetzungszahl eines willkürlich herausgegriffenen Zustands s durch Mittelwertbildung:

$$\begin{aligned}\bar{n}_s &= \sum_R P_R n_s = \frac{1}{Y}\sum_R n_s e^{-\beta(E_R-\mu N_R)} = \\ &= \frac{1}{Y}\left(\sum_{n_1=0}^{\infty} e^{-\beta n_1(\varepsilon_1-\mu)}\right) \cdot \dots \cdot \left(\sum_{n_s=0}^{\infty} n_s e^{-\beta n_s(\varepsilon_s-\mu)}\right) \cdot \dots\end{aligned} \tag{VI-1.235}$$

Wir benützen

$$\frac{\partial}{\partial\mu}\sum_{n_s=0}^{\infty} e^{-\beta n_s(\varepsilon_s-\mu)} = \beta\sum_{n_s=0}^{\infty} n_s e^{-\beta n_s(\varepsilon_s-\mu)} \tag{VI-1.236}$$

und verwenden es im Mittelwert, wobei wir wie im Falle der Fermi-Dirac Statistik erkennen, dass sich nur der Term mit n_s nicht gegen den entsprechenden Term von Y weghebt

$$\bar{n}_s = \frac{1}{Y}\left(\sum_{n_1=0}^{\infty} e^{-\beta n_1(\varepsilon_1-\mu)}\right)\cdot \ldots \cdot \frac{1}{\beta}\frac{\partial}{\partial\mu}\underbrace{\left(\sum_{n_s=0}^{\infty} e^{-\beta n_s(\varepsilon_s-\mu)}\right)}_{=\frac{1}{1-e^{-\beta(\varepsilon_s-\mu)}}}\cdot \ldots =$$

$$= \frac{1}{Y}\frac{1}{1-e^{-\beta(\varepsilon_1-\mu)}}\cdot \ldots \cdot \frac{1}{\beta}\frac{\partial}{\partial\mu}\frac{1}{1-e^{-\beta(\varepsilon_s-\mu)}}\cdot \ldots =$$

$$= \frac{\frac{1}{1-e^{-\beta(\varepsilon_1-\mu)}}\cdot \ldots \cdot \frac{1}{\beta}\frac{\partial}{\partial\mu}\frac{1}{1-e^{-\beta(\varepsilon_s-\mu)}}\cdot \ldots}{\frac{1}{1-e^{-\beta(\varepsilon_1-\mu)}}\cdot \ldots \cdot \frac{1}{1-e^{-\beta(\varepsilon_s-\mu)}}\cdot \ldots}. \qquad \text{(VI-1.237)}$$

Damit kürzen sich alle Faktoren außer jenem mit ε_s weg. Mit

$$\frac{\partial}{\partial\mu}\left(1-e^{-\beta(\varepsilon_s-\mu)}\right)^{-1} = -\left(1-e^{-\beta(\varepsilon_s-\mu)}\right)^{-2}\cdot(-\beta)e^{-\beta(\varepsilon_s-\mu)} \qquad \text{(VI-1.238)}$$

folgt

$$\bar{n}_s = \frac{e^{-\beta(\varepsilon_s-\mu)}}{1-e^{-\beta(\varepsilon_s-\mu)}} = \frac{e^{-\beta(\varepsilon_s-\mu)}\cdot e^{+\beta(\varepsilon_s-\mu)}}{e^{+\beta(\varepsilon_s-\mu)}-e^{-\beta(\varepsilon_s-\mu)}\cdot e^{+\beta(\varepsilon_s-\mu)}} = \frac{1}{e^{\beta(\varepsilon_s-\mu)}-1}. \qquad \text{(VI-1.239)}$$

Im Falle von Bosonen (ganzzahlige Spin-*QZ* einschließlich Null) gilt daher

$$\bar{n}_s = \frac{1}{e^{\beta(\varepsilon_s-\mu)}-1} \qquad \textit{Bose-Einstein (BE) Verteilung.}^{81} \qquad \text{(VI-1.240)}$$

Wir bemerken, dass sich die Fermi-Dirac (*FD*) und die Bose-Einstein (*BE*) Verteilungen, die sich bei tiefen Temperaturen völlig unterschiedlich verhalten, ‚nur' durch das Vorzeichen der Eins im Nenner unterscheiden!

---

81 Auch hier hätten wir wie bei der *FD*-Statistik (siehe Abschnitt 1.4.4, Fußnote 76) von vornherein ein einfacheres System betrachten können, nämlich das Kollektiv jener Teilchen, die einen bestimmten Einteilchenzustand s mit der Energie ε_s besitzen. Für dieses System beträgt die große Zustandssumme $Y_s = \sum_{n=0}^{\infty} e^{-\beta n(\varepsilon_s-\mu)} \underset{\textit{Summenformel}}{=} \frac{1}{1-e^{-\beta(\varepsilon_s-\mu)}} \Rightarrow$ (siehe Abschnitt 1.3.5, Gl. VI-1.177)

$$\bar{n}_s = kT\frac{\partial}{\partial\mu}\ln Y_s = \frac{e^{-\beta(\varepsilon_s-\mu)}}{1-e^{-\beta(\varepsilon_s-\mu)}} = \frac{1}{e^{-\beta(\varepsilon_s-\mu)}-1}.$$

Sehr bemerkenswerte Eigenschaften zeigt das Bosegas bei sehr tiefen Temperaturen, sodass wir uns im Folgenden mit diesem Temperaturbereich näher befassen werden. Der Einfachheit halber betrachten wir dabei das Bosegas im *thermodynamischen Grenzfall*, d. h., wir betrachten ein sehr großes System, für das die aufeinanderfolgenden Energieniveaus extrem eng beieinander liegen und die Energie des untersten Niveaus, des Grundzustands, $\varepsilon_0 = 0$ ist. In diesem Fall betrachtet man das System als *kanonisch*, also mit fest vorgegebener Teilchenzahl N und dem chemischen Potenzial $\mu = \mu(T, V, N)$ als Funktion der kanonischen Variablen T, V, N.

Bei der *BE*-Statistik gilt: Mit $(\varepsilon_s - \mu) \to 0$ geht $\bar{n}_s \to \infty$, das heißt, für $\mu > 0$ geht die mittlere Besetzungszahl $\bar{n}_s$ eines Zustands gegen ∞, wenn $\varepsilon_s = \mu$ wird. Das darf aber bei einer festen Teilchenzahl N nicht eintreten.

Wir fordern daher, dass gilt

$$\mu < 0 \Leftrightarrow (\varepsilon_s - \mu) > 0 \text{ für alle Energieniveaus } \varepsilon_s \geq \varepsilon_0 = 0 \qquad \text{(VI-1.241)}$$

mit $\varepsilon_0 = 0$ als Energie des Grundzustandes.

Andererseits geht für $(\varepsilon_s - \mu) > 0$ die Exponentialfunktion bei $T \to 0$ für alle Zustände ε_s gegen ∞ und es werden dann alle Besetzungszahlen und damit auch die Gesamtzahl der Bosonen in allen Zuständen gleich Null. Bei vorgegebener Teilchenzahl N muss daher angenommen werden, dass das chemische Potenzial μ des Bosegases für $T \to 0$ so gegen den niedrigsten Energiezustand $\varepsilon_0 = 0$ *strebt*, dass die Zahl N_0 der in den Grundzustand ε_0 „kondensierten“ Teilchen gegen ihre Gesamtzahl N strebt (siehe auch Anhang 3). Es lässt sich zeigen, dass ein *Phasenübergang*[82] mit der zugehörigen Übergangstemperatur $T = T_c$ eintritt, sobald $\mu = 0$ wird:[83] Für $T \to +T_c$ gilt $\mu \to -0$ (Abb. VI-1.14).

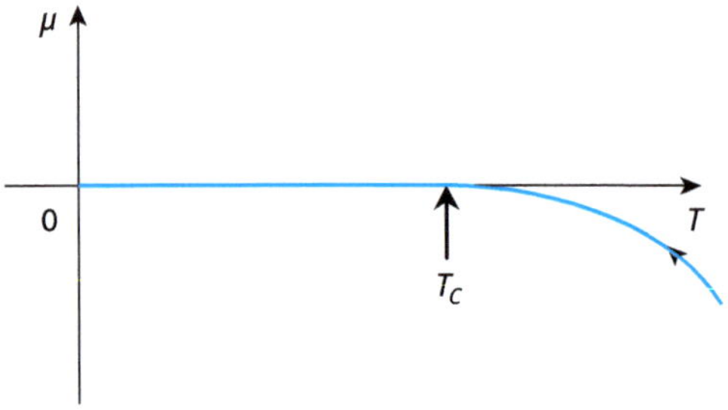

Abb. VI-1.14: Chemisches Potenzial μ als Funktion der Temperatur ($V/N = \text{const.}$).

82 Es ist dies kein Phasenübergang bei dem bei der Temperatur T_c schlagartig alle Bosonen in den Grundzustand kondensieren. Der Übergang erfolgt stetig mit fallender Temperatur $T < T_c$, bis sich schließlich bei $T = 0$ alle Teilchen im Grundzustand befinden (*Phasenübergang höherer Ordnung*). Für die *Einstein-Kondensationstemperatur* T_c findet man (siehe Anhang 3) $T_c = \frac{2\pi\hbar^2}{m \cdot k}\left(\frac{N}{2{,}612 \cdot V}\right)^{2/3}$.

83 Man spricht von der ‚Bose-Einstein Kondensation‘: Wie bei einem realen Gas unterhalb der kritischen Temperatur (Verflüssigung) tragen die kondensierten Teilchen auch hier nicht mehr zum Gasdruck bei (F. London, 1939).

Die mittlere Besetzungszahl $\bar{n}_0$ des niedrigsten Energieniveaus ε_0 (Grundzustand) geht bei Annäherung der Temperatur $T < T_c$ an 0 gegen N, d. h. für $T \to 0$ gilt $N_0 = \bar{n}_0 \to N$ (gesamte Teilchenzahl, Abb. VI-1.15).

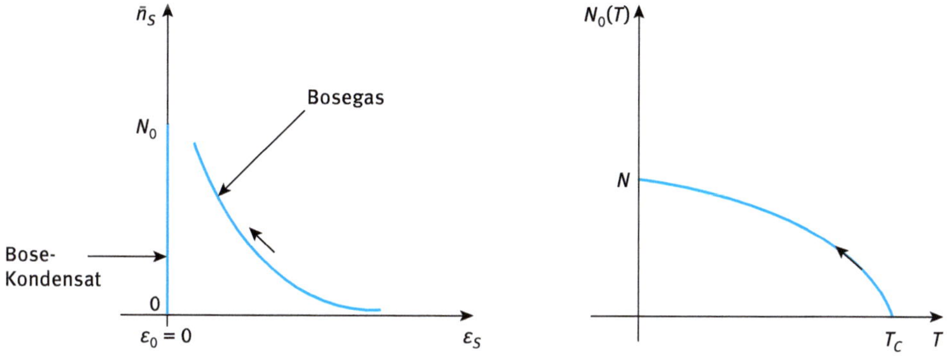

Abb. VI-1.15: Links: Mittlere Besetzungszahlen $\bar{n}_s$ der Energieniveaus ε_s für $0 < T < T_c$. Rechts: Zahl der kondensierten Boseteilchen N_0 als Funktion von der Temperatur.

Unterhalb von T_c besetzt ein großer, makroskopischer Teil der Gesamtzahl der Teilchen des Systems den einzigen Energiezustand mit der niedrigsten Energie ε_0, den Grundzustand, während die Besetzung höherer Energiezustände vernachlässigbar klein wird. Dieses Phänomen der *Bose-Einstein Kondensation* ist ein sehr aktuelles Forschungsgebiet der Tieftemperaturphysik.[84]

Beispiel: Wir betrachten den Grundzustand $\varepsilon_0 = 0$ eines idealen, wechselwirkungsfreien Bosegases. Für $T \to 0$ wird die Besetzungszahl des Grundzustands praktisch gleich der gesamten als groß angenommenen Teilchenzahl N, sodass sich für die Besetzungszahl des Grundzustands ε_0 (mit $e^{-x} = 1 - x + \ldots$) ergibt:

$$\lim_{T \to 0} \bar{n}_0 = \lim_{T \to 0} \frac{1}{e^{-\beta\mu} - 1} \cong \frac{1}{1 - \beta\mu - 1} = -\frac{1}{\beta\mu} \cong N^{85}$$

und damit $\mu = -1/\beta N = -\dfrac{kT}{N}$ (für sehr kleines T).

84 E. A. Cornell, W. Ketterle und C. A. Wieman erhielten 2001 den Nobelpreis für Physik für ihren Nachweis der Bose-Einstein Kondensation von ^{87}Rb (Rubidium) Atomen. 1995 gelang es ihnen 2000 ^{87}Rb-Atome in einer magneto-optischen Falle in einem einzigen Quantenzustand bei der Temperatur von $1{,}7 \cdot 10^{-7}$ K zu „versammeln". Man beachte, dass ^{87}Rb ein ungepaartes äußerstes e^-, aber auch ein ungepaartes Proton enthält und sein Gesamtspin ganzzahlig ist (Bose-Teilchen). Für die statistischen Eigenschaften des „Systems Atom" ist eben nicht nur der Spin der Hüllelektronen, sondern auch jener der Kernteilchen zu berücksichtigen.

85 Die Entwicklung der Exponentialfunktion gilt nur, wenn $\beta\mu$ für $T \to 0$ beliebig klein wird. Diese Bedingung muss allerdings erfüllt sein, da sonst die Teilchenzahl N nicht groß sein könnte.

Bei einer Temperatur von $T = 1\,\text{mK}$ ergibt sich für $N = 10^{24}$ Atome ein chemisches Potenzial $\mu = -1{,}4 \cdot 10^{-50}\,\text{J}$.

Im Vergleich dazu überlegen wir uns nun den energetischen Abstand der beiden untersten Energieniveaus eines Atoms der Masse m in einem Kasten mit dem Volumen $V = l^3$ (siehe Band V, Kapitel „Atomphysik", Abschnitt 2.4.1.2): $\varepsilon_n = \frac{\hbar^2}{2m}\left(\frac{\pi}{l}\right)^2 (n_x^2 + n_y^2 + n_z^2)$. Der niedrigste Energiezustand ist $\varepsilon_{111} = \frac{\hbar^2}{2m}\left(\frac{\pi}{l}\right)^2 (1 + 1 + 1)$[86], der nächst höhere $\varepsilon_{211} = \frac{\hbar^2}{2m}\left(\frac{\pi}{l}\right)^2 (4 + 1 + 1)$. Die Energiedifferenz und damit niedrigste Anregungsenergie des Atoms ist daher $\Delta\varepsilon = \varepsilon_{211} - \varepsilon_{111} = \frac{3\hbar^2}{2m}\left(\frac{\pi}{l}\right)^2$. Für ^{4}He ($m = 6{,}7 \cdot 10^{-27}\,\text{Kg}$) in $1\,\text{cm}^3$ wird diese Energiedifferenz zu $\Delta\varepsilon = 2{,}46 \cdot 10^{-37}\,\text{J}$, das entspricht einer Temperatur $\Delta\varepsilon/k = 1{,}78 \cdot 10^{-14}\,\text{K}$. μ ist also der Energie des Grundzustands viel näher als der des ersten angeregten Zustands und die Besetzung der Energiezustände wird daher bei dieser Temperatur von $1\,\text{mK}$ durch den Grundzustand ε_{111} dominiert $\left(\beta = \frac{1}{kT} = \frac{1}{1{,}38 \cdot 10^{-23} \cdot 10^{-3}} \cong \frac{1}{1{,}4 \cdot 10^{-26}}\,\text{J}^{-1}\right)$.[87]

Da $\Delta\varepsilon \gg \mu$ ($|\Delta\varepsilon| = 2{,}46 \cdot 10^{-37}\,\text{J}$,

$$|\mu| = \frac{kT}{N} = \frac{1{,}38 \cdot 10^{-23} \cdot 1 \cdot 10^{-3}}{N} \approx \frac{1{,}4 \cdot 10^{-26}}{1 \cdot 10^{24}} = 1{,}4 \cdot 10^{-50}\,\text{J}),$$

finden wir für die mittlere Besetzung des ersten angeregten Zustands

$$\bar{n}_1 = \frac{1}{e^{\beta(\Delta\varepsilon - \mu)} - 1} \cong \frac{1}{e^{\beta\Delta\varepsilon} - 1} \cong \frac{1}{\beta\,\Delta\varepsilon} = \frac{1{,}4 \cdot 10^{-26}}{2{,}46 \cdot 10^{-37}} = 5{,}7 \cdot 10^{10}.$$

Das bedeutet, dass sich bei einer gesamten Teilchenzahl von $N = 10^{24}$ nur der Bruchteil $\bar{n}_1/N \approx 6 \cdot 10^{-14}$ im angeregten Zustand befindet. Die *BE*-Statistik bewirkt damit *bei vorgegebener mittlerer Teilchenzahl* bei genügend tiefen Temperaturen, dass sich der überwiegende Teil der Teilchen im Grundzustand befindet, auch wenn das erste zugängliche Energieniveau äußerst tief liegt! Das ist eine Folge des äußerst kleinen Wertes von μ in der Nähe von $T = 0$.

Das heißt: Für so tiefe Temperaturen, bei denen sich schon fast alle Teilchen im Grundzustand befinden, gilt für das chemische Potenzial $\mu = -\frac{kT}{N}$; es geht mit T gegen Null und besitzt auch bei experimentell gut erreichbaren tiefen Tempe-

---

86 Beachte: Der Wertevorrat für die drei Hauptquantenzahlen (n_x, n_y, n_z) ist $n_i = 1, 2, 3, \ldots$. Der Wert „0" ist nicht möglich! (Siehe auch Rayleigh-Jeans Verfahren, Band IV, Kapitel „Wärmestrahlung", Abschnitt 3.4.2 und Fußnote 37 sowie Band V, Kapitel „Atomphysik", Abschnitt 2.4.1.1.)

87 $e^{\beta(\varepsilon_{111} - \mu)}$ liegt in diesem Fall viel näher bei 1 als $e^{\beta(\varepsilon_{211} - \mu)}$, sodass gemäß der *BE*-Statistik die mittlere Teilchenzahl im ersten Fall viel größer ist als im zweiten.

raturen von etwa 0,001 K einen so kleinen Wert, dass die Besetzung des nächsten Zustands ε_1 verglichen mit dem Grundzustand verschwindend klein bleibt.

Photonenstatistik

Die Photonen (und die Phononen sowie die Magnonen) mit ihrem ganzzahligen Spin (Spinquantenzahl 1) sind Bosonen und gehorchen daher der Bose-Einstein Statistik. Allerdings ist ihre Anzahl unbestimmt, sodass die Energie des Photonengases nicht von einer bestimmten Zahl von Photonen abhängen kann und keine Kondensation in den Grundzustand für sehr kleine Temperaturen eintritt. Wie schon früher erwähnt, muss daher ihr chemisches Potenzial $\mu = 0$ sein. Für die mittlere Besetzung eines Zustands s der Energie ε_s ergibt sich damit aus der Bose-Einstein-Verteilung (Gl. VI-1.240)

$$\bar{n}_s = \frac{1}{e^{\beta\varepsilon_s} - 1} \qquad \textit{Planck Verteilung.}^{88} \qquad \text{(VI-1.242)}$$

Anstatt wie in der klassischen Rechnung (Rayleigh-Jeans, vgl. Band IV, Kapitel „Wärmestrahlung", Abschnitt 3.4.2) jeder Schwingungsmode im Mittel die Energie kT zuzuordnen (Gleichverteilungssatz), ordnen wir jetzt jeder Schwingungsmode der Frequenz ν ($\varepsilon = h\nu$) die mittlere Energie

$$\bar{\varepsilon} = h\nu \cdot \bar{n} = h\nu \frac{1}{e^{\frac{h\nu}{kT}} - 1} \qquad \text{(VI-1.243)}$$

zu. Für die Zahl der Schwingungsmoden pro Volumeneinheit ergab sich als spektrale Modendichte (Zahl der Schwingungsmoden im Einheitsintervall $d\nu = 1$) $n_\nu = \frac{8\pi\nu^2}{c^3}$. Damit erhalten wir für die spektrale Energiedichte (= Energiedichte pro Volumeneinheit und Frequenzintervalleinheit)

$$w_{\nu,S}(\nu,T) = \frac{8\pi\nu^2}{c^3} h\nu \frac{1}{e^{\frac{h\nu}{kT}} - 1} = \frac{8\pi h\nu^3}{c^3} \frac{1}{e^{\frac{h\nu}{kT}} - 1} \qquad \text{(VI-1.244)}$$

mit der Einheit $[w_{\nu,s}] = \text{J m}^{-3}\,\text{s}$.

---

88 Nach Max Karl Ernst Ludwig Planck, 1858–1947, Mitbegründer der Quantenphysik durch seine Entdeckung der Energiequantelung der die Strahlung emittierenden atomaren Oszillatoren (1900). Für diese Entdeckung erhielt er 1918 den Nobelpreis.

Für die spektrale Strahldichte[89] des schwarzen Körpers ergibt sich damit das Plancksche Strahlungsgesetz

$$L_{\nu,S}(\nu,T) = \frac{c}{4\pi} w_{\nu,S} = \frac{2h\nu^3}{c^2} \frac{1}{e^{\frac{h\nu}{kT}} - 1} \quad \textit{Plancksches Strahlungsgesetz.} \quad \text{(VI-1.245)}$$

Einheit der spektralen Strahldichte: $[L_{\nu,S}] = \mathrm{W\,m^{-2}\,sr^{-1}\,s}$.

1.4.6 Quantenstatistik im klassischen Grenzfall

Da alle Teilchen entweder halbzahligen oder ganzzahligen (einschließlich der Null) Spin besitzen, müssen sie entweder Fermionen oder Bosonen sein, andere Möglichkeiten existieren nicht. Die beiden alternativen Quantenstatistiken können wir gemeinsam so schreiben

$$\bar{n}_s = \frac{1}{e^{\beta(\varepsilon_s - \mu)} \pm 1} \quad \begin{matrix} + & FD \\ - & BE \end{matrix} \text{-Statistik.} \quad \text{(VI-1.246)}$$

Bei vorgegebener Teilchenzahl N (kanonisches System) ist dabei das chemische Potenzial μ durch die Bedingung

$$\sum_s \bar{n}_s = \sum_r \frac{1}{e^{\beta(\varepsilon_r - \mu)} \pm 1} = N \quad \text{(VI-1.247)}$$

festgelegt.

Wir betrachten nun den Fall, dass $e^{-\beta\mu} \gg 1$ bzw. $\frac{\mu}{kT} \ll 0$, d. h. $\mu < 0$, $|\mu| \gg kT$ ist (siehe die Argumentation weiter unten). Dann ist der erste Term im Nenner der mittleren Besetzungszahl für beide Quantenstatistiken sehr viel größer als 1

$$\bar{n}_s = \frac{1}{\underbrace{e^{\beta\varepsilon_s}}_{\geq e^0 = 1} \underbrace{e^{-\beta\mu}}_{\gg 1} \pm 1} \quad \text{(VI-1.248)}$$

89 Zur Erinnerung: Die Strahldichte ist gleich jener Energie, die pro Zeiteinheit und Raumwinkeleinheit die Flächeneinheit senkrecht durchsetzt (vgl. Band IV, Kapitel „Wärmestrahlung", Abschnitt 3.1.3). Dies ergibt einen Faktor $c/4\pi$, da die Energiedichte $w_{\nu,S}$ isotrop ist.

und damit $\bar{n}_s = e^{-\beta(\varepsilon_s-\mu)} \ll 1$ mit der Nebenbedingung $\sum_s \bar{n}_s = \sum_r \bar{n}_r = N$. In diesem Fall geht der Einfluss des Spins auf die Statistik verloren, die Unterschiede zwischen der Fermi- und der Bosestatistik werden vernachlässigbar klein, die Teilchen werden daher „klassisch" mit $\bar{n}_s = e^{-\beta(\varepsilon_s-\mu)} = e^{-\beta\varepsilon_s}e^{\beta\mu} \quad\Rightarrow\quad e^{\beta\mu} = \frac{\bar{n}_s}{e^{-\beta\varepsilon_s}}$. Damit muss gelten

$$N = \sum_r \bar{n}_r = \sum_r e^{-\beta(\varepsilon_r-\mu)} = e^{\beta\mu}\sum_r e^{-\beta\varepsilon_r}.^{90} \qquad \text{(VI-1.249)}$$

$e^{\beta\mu} = \frac{\bar{n}_s}{e^{-\beta\varepsilon_s}}$ in die obige Gleichung eingesetzt ergibt

$$\bar{n}_s = N\frac{e^{-\beta\varepsilon_s}}{\sum_r e^{-\beta\varepsilon_r}}, \qquad \text{die \textit{klassische MB Statistik}.}^{91} \qquad \text{(VI-1.250)}$$

Wir fragen nun, unter welchen Bedingungen $e^{-\beta\mu} \gg 1$ ist, sodass $\bar{n}_r = e^{-\beta(\varepsilon_r-\mu)}$ und somit ein Gas im *klassischen Grenzfall* vorliegt. Diese Beziehung ist, wie wir gerade gesehen haben, jedenfalls erfüllt, wenn für die Besetzungszahlen der Zustände $\bar{n}_r \ll 1$ gilt. Dies verlangt immer eine genügende Verdünnung des Quantengases. Die Rechnung zeigt, dass die Bedingung $e^{-\beta\mu} \gg 1$ gleichbedeutend ist mit der Forderung, dass der mittlere Abstand $\left(\frac{V}{N}\right)^{1/3}$ zwischen benachbarten Teilchen groß

---

90 Damit ist jetzt auch das chemische Potenzial des klassischen idealen Gases festgelegt: $\mu = \frac{1}{\beta}(\ln N - \ln\sum_r e^{-\beta\varepsilon_r}) = kT(\ln N - \ln Z_1)$, wobei Z_1 die Zustandssumme eines einzelnen Teilchens ist. Für die Energie eines Teilchens der Masse m in einem Kasten mit dem Volumen $V = l^3$ gilt $\varepsilon_n = \underbrace{\frac{\hbar^2}{2m}\left(\frac{\pi}{l}\right)^2}_{a^2}(n_x^2 + n_y^2 + n_z^2)$ und damit für die Zustandssumme

$$Z_1 = \int_0^\infty dn_x\int_0^\infty dn_y\int_0^\infty dn_z e^{-\beta a^2(n_x^2+n_y^2+n_z^2)} = \frac{1}{\beta^{3/2}a^3}\left(\int_0^\infty e^{-x^2}dx\right)^3 = \frac{\pi^{3/2}}{8\beta^{3/2}a^3} =$$
$$= \frac{V}{(2\pi\hbar^2/mkT)^{3/2}}.$$

Damit ergibt sich das chemische Potenzial zu $\mu = kT(\ln N - \ln V + 3/2\ln kT + 3/2\ln\frac{2\pi\hbar^2}{m})$.

91 Vergleiche mit der komplizierten Ableitung in Abschnitt 1.4.3.

gegen die zur Temperatur T gehörende de Broglie Teilchenwellenlänge λ_T (*thermische de Broglie-Wellenlänge*) sein muss, sodass

$$\frac{V}{N\lambda_T^3} \gg 1 \qquad \textit{Bedingung für den klassischen Grenzfall.}^{92} \qquad \text{(VI-1.251)}$$

Wir sehen, dass bei vorgegebener großer Teilchendichte N/V die Teilchenwellenlänge λ_T klein sein muss, was mit hohen Temperaturen $(\frac{1}{\lambda_T} \propto \sqrt{T})$[93] erreicht werden kann. Ist andererseits eine niedere Temperatur vorgegeben, muss die Teilchendichte sehr klein sein. Ist die Bedingung $e^{-\beta\mu} \gg 1$ nicht genügend gut erfüllt, müssen zum klassischen idealen Gas quantenmechanische Korrekturen (z. B. die Gibbssche-Korrektur $1/N!$) hinzugefügt werden.

Im Fall $e^{-\beta\mu} \gg 1$ (klassischer Grenzfall) reduzieren sich die quantenmechanischen Verteilungen *FD* und *BE* auf die klassische *MB*-Verteilung. Der klassische Grenzfall gilt bei jeder Temperatur für hinreichend verdünnte Quantengase mit $\frac{V}{N\lambda_T^3} \gg 1$; für die mittlere Besetzungszahl aller Zustände muss gelten: $\bar{n}_r \ll 1$.

Abb. VI-1.16 zeigt die mittlere Besetzungszahl $\bar{n}_r$ der Zustände für die Fermi-Dirac, die Bose-Einstein und die Maxwell-Boltzmann Verteilung. Oberhalb von $\varepsilon_r - \mu = kT$ gehen die beiden *QM*-Verteilungen in die klassische *MB*-Verteilung über („Boltzmann-Schwanz").

92 Mit der in Anhang 1 definierten *Quantenkonzentration* $n_Q = \left(\frac{mkT}{2\pi\hbar^2}\right)^{3/2}$ ist der klassische Grenzfall erfüllt, wenn für das Verhältnis der Gasdichte $n = N/V$ zur Quantenkonzentration n_Q gilt $n/n_Q \ll 1$; das aber bedeutet mit $\mu = kT \ln \frac{n}{n_Q}$ (Anhang 1), dass $\mu < 0$ sein muss!

93 de Broglie-Wellenlänge: $\lambda_T = \frac{h}{p} \underset{\text{klassisch}}{=} \frac{h}{\sqrt{2m\underbrace{E_{\text{kin}}}_{\frac{3}{2}kT}}} = \frac{h}{\sqrt{3mkT}} \propto \frac{1}{\sqrt{T}}$.

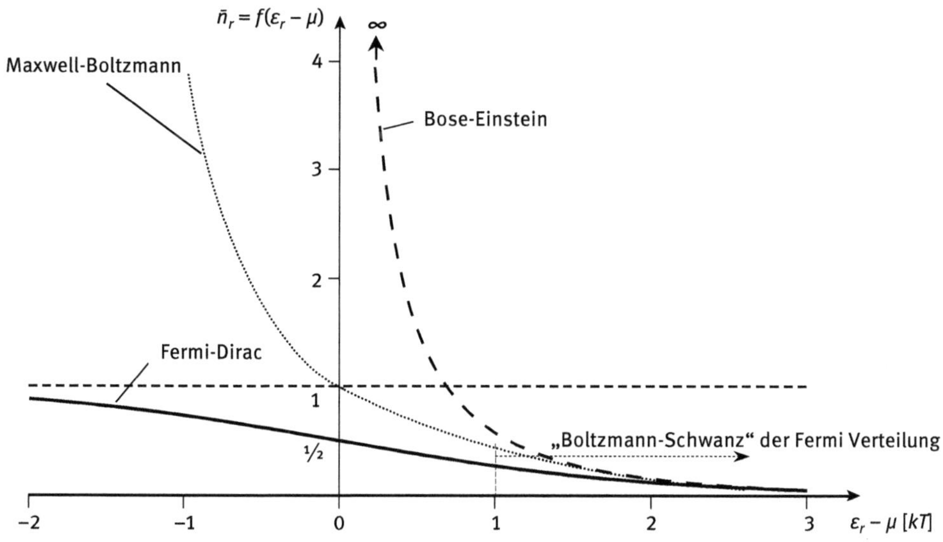

Abb. VI-1.16: Vergleich von Fermi-Dirac (*FD*), Bose-Einstein (*BE*) und Maxwell-Boltzmann (*MB*) Verteilung. Oberhalb von $\varepsilon_r - \mu = kT$ gehen die beiden *QM*-Verteilungen *FD* und *BE* in die klassische *MB*-Verteilung über. Nur in diesem Bereich ist die *MB*-Verteilung von Bedeutung, für kleinere Werte von $(\varepsilon_r - \mu)$ ist entweder mit der *BE*- oder mit der *FD*-Verteilung zu rechnen.

Beispiel: Wegen der sehr kleinen Elektronenmasse ($m_e \cong 0{,}5\,\mathrm{MeV}/c^2$) muss das „Elektronengas" der freien Elektronen in einem Metall, z. B. in einem Kupferblock, quantenmechanisch behandelt werden (seine Quantenkonzentration n_Q (siehe Anhang 1) ist sehr klein). Nur jene Elektronen können als *klassisches Gas* behandelt werden, deren Energie im „Boltzmann-Schwanz" der Fermi Verteilung liegt, für die daher $\varepsilon \geq \varepsilon_F + kT$ ist. In Kupfer gilt $\mu(T = 0) \equiv \varepsilon_F = 6{,}98\,\mathrm{eV} = 1{,}12 \cdot 10^{-18}\,\mathrm{J}$. Bei Raumtemperatur ($T = 293\,\mathrm{K}$) ist daher

$$\varepsilon \geq \mu + kT = 1{,}12 \cdot 10^{-18} + 2 \cdot 1{,}38 \cdot 10^{-23} \cdot 293\,\mathrm{J} = 1{,}124 \cdot 10^{-18}\,\mathrm{J} = 7\,\mathrm{eV}\,.$$

Nur Elektronen, deren Energie $\varepsilon \geq 7\,\mathrm{eV}$ ist, tragen also entsprechend dem Gleichverteilungssatz zur spezifischen Wärme des Metalls bei!

Besteht das Elektronengas aus $N_A\ e^-$, dann befinden sich etwa $N_{\mathrm{eff}} \cong N_A \cdot \dfrac{kT}{\varepsilon_F}$ e^- im „Boltzmann-Schwanz", d. h., sie haben eine Maxwell-Boltzmann Energieverteilung mit der Temperatur T und tragen daher pro e^- mit $\frac{3}{2}k$ zur spezifischen Wärme bei: $C_{V,el} \cong \frac{3}{2}k \cdot N_{\mathrm{eff}} = \frac{3}{2}kN_A\left(\frac{kT}{kT_F}\right) \underset{kN_A = R}{=} \frac{3}{2}R\left(\frac{T}{T_F}\right)$. Für Cu mit $\varepsilon_F = 6{,}98\,\mathrm{eV}$ ist $T_F \approx 81\,000\,\mathrm{K}$, sodass die Molwärme von Cu bei Raumtemperatur etwa $C_{V,el,Cu,RT} \cong \frac{3}{2} R \cdot \left(\frac{293}{81\,000}\right) \approx 0{,}0054\,R$ gegenüber $3R$ des Atomgitters beträgt, das sind weniger als 0,2 %![94]

Zusammenfassung

1. Die statistische Physik beschäftigt sich mit Vielteilchensystemen – kurz Systemen – und betrachtet dazu Ensembles, das sind Gesamtheiten (Kollektive) einer großen Zahl gleicher Systeme.
2. Zufällige Ereignisse treten entweder ein oder nicht ein. Im Ensemble findet man für das Auftreten von n_1 zufälligen Ereignissen mit der Eintrittswahrscheinlichkeit p bei insgesamt N Versuchen (Beispiele: Eindimensionale Zufallsbewegung mit N Sprüngen, Spinsystem mit N Teilchen) als Wahrscheinlichkeitsverteilung die auf 1 normierte Binomialverteilung

$$W_N(n_1) = \frac{N!}{n_1!\,(N-n_1)!} \cdot p^{n_1}(1-p)^{N-n_1} \qquad \text{mit} \qquad \sum_{n_1=0}^{N} W_N(n_1) = 1\,,$$

die für große Zahlen sehr gut durch die normierte Gaußverteilung genähert werden kann

$$W_N(n_1) = \frac{1}{\sqrt{2\pi Npq}}\, e^{-(n_1-Np)^2/2Npq}\,.$$

In ihrer normierten Standardform für eine kontinuierliche Zufallsvariable x wird die Gaußverteilung so geschrieben:

$$P(x)\,dx = \frac{1}{\sqrt{2\pi\sigma^2}}\, e^{-(x-\bar{x})^2/2\sigma^2}\,dx$$

3. Für die Bildung des Mittelwertes einer Variablen u bzw. einer Funktion $f(u)$ gilt, wenn u die Werte $u_1, u_2, \ldots, u_M$ annimmt

94 Dieser „verschwindende" Beitrag der Leitungselektronen zur spezifischen Wärme der Metalle war eines der ungelösten Probleme der klassischen Physik zu Beginn des 20. Jh.

$$\bar{u} = \sum_{i=1}^{M} P(u_i) \cdot u_i \qquad \textit{Mittelwert einer Variablen}$$

$$\overline{f(u)} = \sum_{i=1}^{M} P(u_i) f(u_i) \qquad \textit{Mittelwert einer Funktion.}$$

$P(u_i)$ ist die normierte Wahrscheinlichkeit für das Eintreten von u_i.

4. Wir beschreiben den Mikrozustand r eines Systems durch die Quantenzahlen n_i seiner n_f Teilchen, die durch die äußeren Parameter x_i festgelegt sind

$$r = (n_1, n_2, \ldots, n_f),\ x = (x_1, \ldots, x_n) \qquad \textit{Mikrozustand,}$$

oder klassisch als Punkt im Gibbsschen Phasenraum

$$r = (q_1, q_2, \ldots, q_f, p_1, p_2, \ldots, p_f),\ \ x = (x_1, \ldots, x_n) \qquad \textit{Mikrozustand.}$$

Der Makrozustand eines Systems wird durch makroskopisch messbare Parameter (Energie, Druck, Volumen etc.) festgelegt und ist über die Wahrscheinlichkeit P_r des Auftretens seiner Mikrozustände charakterisiert

$$\{P_r\} = (P_1, P_2, \ldots),\ x = (x_1, \ldots, x_n) \qquad \textit{Makrozustand.}$$

Er ist umso wahrscheinlicher, je mehr zugängliche Mikrozustände für ihn möglich sind. Unter den gegebenen Randbedingungen wird daher jener Makrozustand beobachtet, der durch die größte Anzahl von Mikrozuständen realisiert werden kann, d. h. die größte Wahrscheinlichkeit besitzt.

5. In einem abgeschlossenen System im Gleichgewicht (*GG*) ist die Gesamtenergie konstant. In ihm gilt das „grundlegende Postulat der gleichen *a priori*-Wahrscheinlichkeit“:

Alle zugänglichen Mikrozustände des Systems sind gleich wahrscheinlich.

Damit ergibt sich in so gearteten Systemen (abgeschlossen und im *GG*) eine Verbindung zwischen ihrer mikroskopischen Struktur (ihren zugänglichen Mikrozuständen) und makroskopischen Größen.

6. In einem abgeschlossenen System im *GG* ist die Energie vorgegeben. Die Gesamtzahl seiner zugänglichen Zustände $\Omega(E)$ im Energieintervall $\{E - \delta E, E\}$ gibt die mikrokanonische Zustandssumme $\Omega(E)$ und die Wahrscheinlichkeit $P_r(E)$ des Zustands r:

$$P_r(E) = \begin{cases} \dfrac{1}{\Omega(E)} & E - \delta E \leq E_r \leq E \\ 0 & \text{sonst} \end{cases}$$

mit

$$\Omega(E) = \sum_{r:E-\delta E \leq E_r \leq E} 1 \quad \textit{mikrokanonische Gesamtheit.}$$

Damit ergibt sich die Wahrscheinlichkeit, dass eine makroskopische Größe y den Wert y_i annimmt zu

$$P_r(y_i) = \frac{\Omega(E,y_i)}{\Omega(E)} \quad \textit{mikrokanonische Verteilung.}$$

7. Thermische Wechselwirkung zweier Systeme:
Es stellt sich ein *GG*-Zustand ein, der dadurch gekennzeichnet ist, dass in beiden Systemen gleiche Temperatur $T = \frac{\partial E}{k \ln \Omega}$ herrscht und die Gesamtentropie $S = k \cdot \ln \Omega$ des zusammengesetzten Systems maximal ist.
8. Durch die Festlegung der thermodynamischen Temperaturskala mit dem Tripelpunkt von H_2O ($T_3 = 273{,}16\,\text{K}$) und dem Gradschritt K der Celsiusskala für den gesamten Temperaturbereich wird die Boltzmannkonstante zu $k = 1{,}38065 \cdot 10^{-23}\,\text{J/K}$ festgelegt.
9. Berechnung thermodynamischer Größen aus dem mikroskopischen Zustand: Ausgehend vom Hamiltonoperator H bzw. der Hamiltonfunktion (bei klassischen Systemen) folgen der Reihe nach die folgenden Größen

$$H(x) \to E_r(x) \to \Omega(E,x) \to S(E,x) = k \cdot \ln \Omega(E,x) \to \frac{1}{T} = \left(\frac{\partial S(E,x)}{\partial E}\right)_x$$

$$\to \frac{X_i}{T} = \left(\frac{\partial S(E,x)}{\partial x_i}\right)_{E,x\,(\textit{ausser}\,x_i)}, \quad \begin{array}{l} x_i = \text{äußerer Parameter,} \\ X_i = \text{verallgemeinerte Kraft.} \end{array}$$

äußerer Parameter		verallgemeinerte Kraft	
Energie	E	Temperatur	T
Volumen	V	Druck	P
Teilchenzahl	N	chemisches Potenzial	μ
Magnetfeld	B	Magnetisierung	M

10. Für ein kleines System in Kontakt mit einem großen Wärmereservoir ist die Temperatur T vorgegeben und es gilt die kanonische Verteilung

$$P_r = \frac{e^{-E_r/kT}}{Z(T,V)} = \frac{e^{-E_r/kT}}{\sum_r e^{-E_r/kT}}$$

$$Z(T,V) = \sum_r e^{-E_r/kT} \qquad \textit{kanonische Zustandssumme.}$$

11. In Kontakt mit einem großen Wärme- und Teilchenreservoir sind die Temperatur T und das chemische Potenzial μ vorgegeben und es ergibt sich die großkanonische Verteilung

$$P_r = \frac{e^{-(E_r-\mu N_r)/kT}}{Y(T,V,\mu)} = \frac{e^{-(E_r-\mu N_r)/kT}}{\sum_r e^{-(E_r-\mu N_r)/kT}}$$

$$Y(T,V,\mu) = \sum_r e^{-(E_r-\mu N_r)/kT} \qquad \textit{großkanonische Zustandssumme.}$$

Für das chemische Potenzial μ gilt

$$\mu = -T\frac{\partial S}{\partial N}\bigg|_{E,V} = \frac{\partial E}{\partial N}\bigg|_{S,V},$$

es ist jene Energie, die notwendig ist, um dem thermisch isolierten System (S = const.) ein Teilchen hinzuzufügen.

12. In makroskopischen Systemen mit sehr großen Teilchenzahlen ergibt sich praktisch kein Unterschied zwischen den drei Ensembles (mikrokanonisch, kanonisch und großkanonisch).

13. In klassischen Systemen mit differentiell kleinen Energieintervallen gilt der Gleichverteilungssatz

$$\bar{\varepsilon}_i = \frac{1}{2}kT = \frac{\beta}{2}, \qquad \text{für} \qquad \varepsilon_i = f(x_i^2):$$

Jede Variable, die quadratisch in die Gesamtenergie (Hamilton-Funktion) eingeht, gibt einen Beitrag $\frac{1}{2}kT$ zur mittleren Energie, wenn das System bei der Temperatur T im Gleichgewicht ist.

14. Quantenmechanische Teilchen sind ununterscheidbar:
    - Teilchen mit halbzahligem Spin sind Fermionen mit einer antisymmetrischen Gesamtwellenfunktion und unterliegen dem Pauli-Verbot;
    - Teilchen mit ganzzahligem Spin sind Bosonen mit einer symmetrischen Wellenfunktion, für sie gilt das Pauli-Verbot nicht.
15. Fermionen gehorchen der Fermi-Dirac Statistik. Für die mittlere Teilchenzahl $\bar{n}_s$ im Zustand mit der Energie ε_s und dem chemischen Potenzial μ gilt

$$\bar{n}_s = \frac{1}{e^{\beta(\varepsilon_s - \mu)} + 1} \qquad 0 \leq \bar{n}_s \leq 1 .$$

16. Bosonen gehorchen der Bose-Einstein Statistik

$$\bar{n}_s = \frac{1}{e^{\beta(\varepsilon_s - \mu)} - 1} \qquad 0 \leq \bar{n}_s \leq \infty .$$

Photonen und Phononen sind Bosonen, ihr chemisches Potenzial ist aber $\mu = 0$. Damit ergibt sich die Planck Verteilung

$$\bar{n}_s = \frac{1}{e^{\beta\varepsilon_s} - 1} \qquad 0 \leq \bar{n}_s \leq \infty .$$

Dasselbe ergibt sich für die quantisierten Gitterschwingungen, die Phononen.

17. Im klassischen Grenzfall eines genügend verdünnten Gases ist die mittlere Besetzung der Zustände $\bar{n}_s \ll 1$ und damit

$$FD = BE = MB \qquad \text{mit} \qquad \bar{n}_s = N \frac{e^{-\beta\varepsilon_s}}{\sum_r e^{-\beta\varepsilon_r}} .$$

Übungen:

1. Berechne folgende Mittelwerte bei der eindimensionalen Zufallsbewegung (oder einem ortsfesten Spinsystem):
   a) $\bar{n}_1 = N \cdot p$,
   b) $\overline{n_1^2} = \bar{n}_1^2 + Npq = Np(Np + q)$.
2. Gegeben sei ein Spinsystem: In einem Kristallgitter befinden sich Atome, deren magnetisches Moment sich parallel ($\mu_i = +1$) oder antiparallel ($\mu_i = -1$)

zu einem äußeren Magnetfeld einstellen kann. Mit dem magnetischen Moment μ_B pro Atom ist die Energie eines Mikrozustandes r im Magnetfeld

$$E_r(B) = -2\mu_B B \sum_{i=1}^{N} \mu_i .$$

Berechne die mikrokanonische Zustandssumme $\Omega\ (E,B)$. Anleitung: Welchen Wert hat die Energie E_n, wenn genau n Spins parallel zum Magnetfeld ausgerichtet sind?

3. Behandle das im vorhergehenden Beispiel angegebene Spinsystem im Rahmen einer kanonischen Verteilung. a) Berechne den Mittelwert der Energie und ihr mittleres Schwankungsquadrat. b) Bestimme die Temperatur T als Funktion von der Energie E.
4. Einem System mit der Temperatur $T = 300\,\mathrm{K}$ wird eine Wärmemenge von 1 J reversibel zugeführt. Um welchen Faktor ändert sich dadurch die Anzahl der (möglichen) Mikrozustände?
5. Gegeben sei ein zweiatomiges ideales Gas, das pro Molekül außer den drei Freiheitsgraden der Translation noch je zwei der Rotation und einen der Schwingung besitzt. Setze die Gesamtenergie klassisch an und berechne mit Hilfe der kanonischen Gesamtheit die innere Energie und den klassischen Wert der Wärmekapazität dieses Systems.
6. Die Energiewerte eines quantenmechanischen harmonischen Oszillators sind durch (siehe Band V, Kapitel „Atomphysik“, Abschnitt 2.4.3, Gl. V-2.157)

$$E_n = \left(n + \frac{1}{2}\right)\hbar\omega_0 \qquad n = 0, 1, 2, \ldots$$

gegeben. Berechne die kanonische Zustandssumme sowie den Mittelwert der Energie bei der Temperatur T in einem kanonischen Ensemble und diskutiere die Grenzfälle sehr kleiner und sehr großer Temperatur.

7. Diskutiere die Abzählung der Zustände und die Berechnung der Zustandssumme in der klassischen und in der Quantenstatistik. Was ist der fundamentale Unterschied?
8. Zum Gibbsschen Paradoxon: Betrachte zwei gleich große Gasvolumina, welche die gleiche Anzahl identischer Teilchen enthalten. Zwischen den Volumina befinde sich eine Trennwand. Entfernt man diese, so bekommt man ein System mit dem doppelten Volumen und der doppelten Teilchenzahl. Wie verändert sich die gesamte Entropie, wenn man die Trennwand entfernt,
   a) in klassischer Betrachtungsweise (Teilchen unterscheidbar),
   b) in quantenmechanischer Betrachtungsweise (Teilchen ununterscheidbar).

9. Zeige, dass die Gesamtenergie E eines Gases aus N freien Elektronen bei $T = 0\,\mathrm{K}$ (entartetes Fermigas) $E = \frac{3}{5} N\varepsilon_F$ beträgt.
10. Ein ideales Fermigas befinde sich am absoluten Nullpunkt und habe die Fermienergie ε_F. Die Geschwindigkeit der Teilchen sei $\vec{v}$. Gesucht sind $\overline{v_x}$ und $\overline{v_x^2}$. Die Masse jedes Teilchens sei m, die Zustandsdichte beträgt (siehe Kapitel „Festkörperphysik“, Abschnitt 2.6.1.2.2)
$Z(E)\,dE = \frac{V}{2\pi^2}\frac{(2m)^{3/2}}{\hbar^3}E^{1/2}\,dE$. Zur Lösung siehe auch Anhang 2, Gl. VI-1.274).
11. Diskutiere den Verlauf des chemischen Potenzials μ in Abhängigkeit von der Temperatur für ein ideales Fermigas. Welche Wechselwirkungen bestimmen das chemische Potenzial für kleine und für große Temperaturen? Welcher Parameter, in den auch die Temperatur eingeht, ist entscheidend für die Art der Wechselwirkung?
12. Gegen welchen Wert strebt das chemische Potenzial bei einem Bose-Gas, wenn die absolute Temperatur T gegen 0 geht? Wie groß ist die Besetzungszahl des Zustandes niedrigster Energie?

Anhang 1 Maxwell-Boltzmann Statistik – Einteilchenzustandssumme, Quantenkonzentration, klassisches ideales Gas

Im Folgenden soll die Zustandssumme in die praktisch anwendbare Form als Funktion der Variablen T, V, N gebracht werden, aus der alle für ein „ideales Gas“ relevanten Beziehungen abgeleitet werden können.

In Abschnitt 1.2.1, Beispiel 5 ‚Ein Teilchen ohne Spin, kräftefrei in einem 3-dimensionalen Kastenpotential‘, haben wir gesehen, dass für die Energie ε_n eines Teilchens in einem potenzialfreien, würfelförmigen Kasten der Kantenlänge $l = l_x = l_y = l_z$ gilt

$$\varepsilon_n = \frac{\hbar^2}{2m}\left(\frac{\pi}{l}\right)^2\left(n_x^2 + n_y^2 + n_z^2\right) \quad \text{mit} \quad \{n_x\} = \{n_y\} = \{n_z\} = 1,2,3,\dots \quad \text{(VI-1.252)}$$

Daraus folgt für die entsprechende Zustandssumme für ein Teilchen

$$Z_1 = \sum_n e^{-\beta\varepsilon_n} = \sum_{n_x}\sum_{n_y}\sum_{n_z} e^{-\frac{\hbar^2\pi^2}{2ml^2kT}\left(n_x^2 + n_y^2 + n_z^2\right)} . \quad \text{(VI-1.253)}$$

Da die Energiestufen $\Delta\varepsilon_n \ll kT$ sind[95], kann die Summe in ein Integral umgewandelt werden

$$Z_1 = \int_0^\infty dn_x \int_0^\infty dn_y \int_0^\infty dn_z e^{-\alpha^2(n_x^2 + n_y^2 + n_z^2)} \quad \text{mit} \quad \alpha^2 = \frac{\hbar^2\pi^2}{2ml^2kT}\,. \tag{VI-1.254}$$

Die Exponentialfunktion besteht aus drei Faktoren, die drei analogen Integrale können zusammenfasst werden

$$Z_1 = \left(\int_0^\infty dn \cdot e^{-\alpha^2 n^2}\right)^3 \underset{\substack{\alpha n = x \\ dn = \frac{1}{\alpha}dx}}{=} \frac{1}{\alpha^3}\left(\int_0^\infty e^{-x^2}dx\right) = \frac{\pi^{3/2}}{8\alpha^3} = \frac{l^3}{\left(2\pi\hbar^2/mkT\right)^{3/2}} =$$

$$= \left(\frac{mkT}{2\pi\hbar^2}\right)^{3/2} \cdot V = n_Q(T) \cdot V\,, \tag{VI-1.255}$$

also

$$Z_1 = \left(\frac{mkT}{2\pi\hbar^2}\right)^{3/2} \cdot V = n_Q(T) \cdot V \quad \textit{Einteilchen-Zustandssumme.} \tag{VI-1.256}$$

Die alles bestimmende Größe

$$n_Q(T) = \left(\frac{mkT}{2\pi\hbar^2}\right)^{3/2} \quad \text{wird } \textit{Quantenkonzentration} \text{ genannt.} \tag{VI-1.257}$$

Sie entspricht etwa einer Konzentration von einem Teilchen in einem Würfel der Kantenlänge der thermischen de Broglie-Wellenlänge $\lambda_T = \frac{h}{p} \cong \frac{h}{m\bar{v}} \cong \frac{h}{(mkT)^{1/2}}$.

Beispiel: Vergleich der Dichten n und der Quantenkonzentrationen n_Q für gasförmiges und flüssiges Helium.

1. Für gasförmiges He bei $p = 1\,\text{at} = 1013\,\text{mbar} = 101\,300\,\text{Pa}$ und $T = 20\,°\text{C} = 293\,\text{K}$ gilt für die Teilchendichte:

---

95 In Abschnitt 1.4.5, Beispiel ‚Ideales, wechselwirkungsfreies Bosegas' haben wir die Energiestufe $\Delta\varepsilon_1 = \varepsilon_{211} - \varepsilon_{111}$ für $1\,\text{cm}^3$ He-Gas zu $\Delta\varepsilon_1 = 2{,}46 \cdot 10^{-37}\,\text{J}$ berechnet. Für 1000 K beträgt $kT = 1{,}38 \cdot 10^{-23} \cdot 1000 = 1{,}38 \cdot 10^{-26}\,\text{J} = 5{,}6 \cdot 10^{10}\,\Delta\varepsilon_1$.

$$n_{\text{gas}} = \frac{N}{V} = \frac{p}{kT} = \frac{101\,300}{1{,}381 \cdot 10^{-23} \cdot 293} = 2{,}504 \cdot 10^{25}\,\text{m}^{-3}.$$

Einem He-Atom steht unter den angegeben Bedingungen ein Volumen von $V_1 = \frac{1}{n} = \frac{1}{2{,}504 \cdot 10^{25}} = 3{,}994 \cdot 10^{-26}\,\text{m}^3$ zur Verfügung, das entspricht einem Würfel von der Kantenlänge $a_{\text{gas}} = \sqrt[3]{V_1} = 3{,}42 \cdot 10^{-9}\,\text{m} = 3{,}42\,\text{nm}$.

Mit $m_{\text{He}} = 6{,}643 \cdot 10^{-27}\,\text{kg}$ folgt für die Quantenkonzentration $n_{Q,\text{gas}}$:

$$n_{Q,\text{gas}} = \left(\frac{m_{\text{He}}kT}{2\pi\hbar^2}\right)^{3/2} = \left(\frac{6{,}643 \times 10^{-27} \cdot 1{,}381 \cdot 10^{-23} \cdot 293}{2\pi \cdot (1{,}054 \cdot 10^{-34})^2}\right)^{3/2} = 7{,}557 \cdot 10^{30}\,\text{m}^{-3}.$$

Da $n \ll n_Q$, d. h. $\frac{n}{n_Q} \ll 1$ ist, kann He-Gas unter den angegebenen Bedingungen als „klassisches Gas" behandelt werden (siehe auch Abschnitt 1.4.6, Fußnote 92).

2. Für flüssiges He von $T = 4\,\text{K}$ beträgt die Dichte $\rho = 0{,}145\,\text{g}\,\text{cm}^{-3} = 145\,\text{kg/m}^3$; für seine Teilchendichte n_{fl} ergibt sich daher

$$n_{fl} = \frac{\rho}{m_{\text{He}}} = \frac{145}{6{,}643 \cdot 10^{-27}} = 2{,}183 \cdot 10^{28}\,\text{m}^{-3}$$

und daraus $V_1 = \frac{1}{n} = \frac{1}{2{,}183 \cdot 10^{28}} = 4{,}58 \cdot 10^{-29}\,\text{m}^3$ und

$a_{fl} = \sqrt[3]{V_1} = 3{,}59 \cdot 10^{-10}\,\text{m} = 0{,}359\,\text{nm}$. Da die Quantenkonzentration für ein bestimmtes Teilchen proportional zu $T^{3/2}$ ist, erhalten wir für flüssiges Helium:

$$n_{Q,fl} = n_{Q,\text{gas}}\left(\frac{T_{fl}}{T_{\text{gas}}}\right)^{3/2} = 7{,}557 \cdot 10^{30}\left(\frac{4}{293}\right)^{3/2} = 1{,}205 \cdot 10^{28}\,\text{m}^{-3},$$

das ist aber *kleiner* als n_{fl}! Flüssiges Helium muss daher als Quantengas behandelt werden.

Befinden sich N nicht wechselwirkende Teilchen im Volumen V, dann gilt für die gesamte Energie

$$\varepsilon_{n_1,n_2,\dots n_N} = \frac{\hbar^2}{2m}\left(\frac{\pi}{l}\right)^2 \sum_{n_i=1}^{N} n_i^2 \qquad \text{(VI-1.258)}$$

mit $n_i^2 = \left(\sum_x n_{xi}^2 + \sum_y n_{yi}^2 + \sum_z n_{zi}^2\right)$, i ... i-tes Teilchen. Durch Faktorisieren folgt daraus für die gesamte Zustandssumme

$$Z = e^{\frac{\hbar^2\pi^2}{2ml^2kT}\sum_{i=1}^{N} n_i^2} = \prod_{i=1}^{N} \underbrace{e^{\frac{\hbar^2\pi^2}{2ml^2kT} n_i^2}}_{Z_1} = Z_1^N, \qquad \text{(VI-1.259)}$$

da die n_i^2 völlig gleichwertig sind.

Wie bereits mehrfach erwähnt (siehe z. B. Abschnitt 1.2.5 ‚Ideales Gas im klassischen Grenzfall') ist dieser Wert wegen der nicht berücksichtigten Ununterscheidbarkeit der Teilchen zu groß und muss daher noch durch $N!$ („Gibbssche Korrektur") dividiert werden

$$Z = \frac{Z_1^N}{N!} = \frac{(n_Q \cdot V)}{N!} \qquad \text{(VI-1.260)}$$

Zustandssumme eines „klassischen"[96] idealen Gases aus N nicht-wechselwirkenden, ununterscheidbaren Teilchen.

Für die freie Energie F gilt (vgl. Abschnitt 1.3.4, Gl. VI-1.160)

$$F = -kT\ln Z = -kT\ln Z_1^N + kT\ln N! \underset{\text{Stirling}}{\equiv} -kT\ln Z_1^N + kT(N\ln N - N) =$$

$$= -NkT\ln(\underbrace{n_Q \cdot V}_{Z_1}) + kTN\ln N - kTN = NkT[\ln N - \ln(n_Q \cdot V) - 1] =$$

$$= NkT[\ln \frac{N}{n_Q V} - 1] \qquad \text{(VI-1.261)}$$

und schließlich mit $n = N/V$

$$F = NkT[\ln \frac{n}{n_Q} - 1] \quad \textit{freie Energie des „idealen Gases".} \qquad \text{(VI-1.262)}$$

---

96 Da in n_Q das Plancksche Wirkungsquantum enthalten ist, kann diese Beziehung nicht als „rein klassisch" bezeichnet werden, sie führt aber zu den als „klassisch" bezeichneten Gesetzmäßigkeiten. Das Gas ist insofern klassisch, als die N Teilchen als „Individuen" ohne Spineigenschaften behandelt wurden. Es ist andererseits nicht klassisch, da die zulässigen Energiewerte der Teilchen quantisiert sind. Richtige Ergebnisse sind nur für Bedingungen zu erwarten, für die die *FD*-Statistik mit der *BE*-Statistik übereinstimmt, d. h. für $n \ll n_Q$.

Mit $P = -\left(\frac{\partial F}{\partial V}\right)_T$ (siehe Abschnitt 1.3.4, Gl. VI-1.162) und

$F = NkT(\ln N - \ln n_Q - \ln V - 1)$ erhalten wir sofort die Zustandsgleichung

$$PV = NkT \quad \textit{Zustandsgleichung des „idealen Gases".} \tag{VI-1.263}$$

Für die Entropie S des „idealen Gases" folgt aus F (siehe Abschnitt 1.3.4, Gl. VI-1.163) mit $\ln n_Q(T) = \text{const.} + \frac{3}{2}\ln T$ und Verwendung der obigen Formel für F

$$S = -\left(\frac{\partial F}{\partial T}\right)_V =$$

$$= -Nk\ln N + \underbrace{Nk\cdot\text{const.} + Nk\cdot\frac{3}{2}\ln T}_{\text{const.}+\frac{3}{2}\ln T = \ln n_Q} + NkT\cdot\frac{3}{2}\cdot\frac{1}{T} + Nk\ln V + Nk =$$

$$= -Nk\ln n + Nk\ln n_Q + \frac{3}{2}Nk + Nk = Nk\left(\ln n_Q - \ln n + \frac{5}{2}\right) \tag{VI-1.264}$$

und weiter

$$S = Nk\left(\ln\frac{n_Q}{n} + \frac{5}{2}\right) \quad \textit{Entropie des „idealen Gases".} \tag{VI-1.265}$$

Die so ermittelte Entropie enthält keine unbestimmten Konstanten mehr und wird daher auch als „absolute Entropie" bezeichnet.

Für das chemische Potenzial μ folgt aus F (Abschnitt 1.3.4, Gl. VI-1.164)

$$\mu = \left(\frac{\partial F}{\partial N}\right)_{T,V} = kT\ln N + NkT\frac{1}{N} - kT\ln n_Q - kT\ln V - kT =$$

$$= kT(\ln N - \ln n_Q - \ln V) = kT(\ln n - \ln_Q) \tag{VI-1.266}$$

und damit

$$\mu = kT\ln\frac{n}{n_Q} < 0 \quad \textit{chemisches Potenzial des „idealen Gases".} \tag{VI-1.267}$$

Nach den Darlegungen in Abschnitt 1.4.6 muss für das „klassische ideale Gas" $\frac{\mu}{kT} \ll 0$ gelten, daher muss $\frac{n}{n_Q} \ll 1$ sein.

Für die thermische de Broglie-Wellenlänge gilt in klassischer Näherung (Abschnitt 1.4.6, Fußnote 93)

$$\lambda_T = \frac{h}{p} = \frac{h}{\sqrt{2m\underbrace{E_{\text{kin}}}_{\frac{3}{2}kT}}} = \frac{2\pi\hbar}{(3mkT)^{1/2}} \quad \text{(VI-1.268)}$$

also

$$\lambda_T^3 = \frac{(2\pi)^{3/2}(2\pi\hbar)^{3/2}}{3^{3/2}(mkT)^{3/2}} = \left(\frac{2\pi}{3}\right)^{3/2} \cdot \frac{1}{n_Q} = \frac{3{,}03}{n_Q} \cong \frac{1}{n_Q} \quad \text{(VI-1.269)}$$

$$\Rightarrow \quad \frac{N \cdot \lambda_T^3}{V} \ll 1 \quad \text{oder} \quad \frac{V}{N \cdot \lambda_T^3} \gg 1, \quad \text{(VI-1.270)}$$

wie es für ein klassisches Gas notwendig ist (siehe Abschnitt 1.4.6, Gl. VI-1.251).

Anhang 2 Fermi-Dirac Statistik – Quantenkonzentration und Beispiele

Aus der Definition der Quantenkonzentration (Anhang 1, Gl. VI-1.257)

$$n_Q(T) = \left(\frac{mkT}{2\pi\hbar^2}\right)^{3/2}$$

folgt für die Temperatur des Gases

$$T = \frac{\hbar^2}{k \cdot m} 2\pi n_Q^{2/3}. \quad \text{(VI-1.271)}$$

Der Vergleich mit der Fermitemperatur ($\varepsilon_F = k \cdot T_F$; $\varepsilon_F = \frac{\hbar^2}{2m}\left(3\pi^2 \frac{N}{V}\right)^{2/3}$, siehe Abschnitt 1.4.4)

$$T_F = \frac{\hbar^2}{km} \underbrace{\frac{(3\pi^2)^{2/3}}{2}}_{\approx 2\pi} \cdot n^{2/3} \quad \text{(VI-1.272)}$$

zeigt, dass $T \ll T_F$ gleichbedeutend ist mit $n_Q \ll n$. Das bedeutet, dass das Elektronengas in diesem Fall nicht der *MB*-Statistik gehorcht. Eine Entartung des Elektronengases liegt daher vor, wenn die Temperatur des Elektronengases viel kleiner als die Fermitemperatur ist; im entgegengesetzten Fall verhält sich das Quantengas wie ein klassisches Gas gemäß der *MB*-Statistik.

Beispiel 1: „Weiße Zwerge" sind Sterne von etwa der Sonnenmasse $M_S = 2 \cdot 10^{30}$ kg, aber wesentlich kleinerem Radius $R_{WZ} \approx 0{,}01 \cdot R_S = 0{,}01 \cdot 7 \cdot 10^8\,\mathrm{m} = 7 \cdot 10^6\,\mathrm{m}$ (Erdradius: $6{,}37 \cdot 10^6$ m). Sie sind der Überrest einer Supernova-Explosion. Der primäre Kernbrennstoff Wasserstoff (siehe „thermonukleare Reaktionen" in Band V, Kapitel „Subatomare Physik", Abschnitt 3.1.5.3.2) ist aufgebraucht, ihre Energie beziehen sie durch „Heliumbrennen" (= 3α-Prozess, $3\,{}^4_2\mathrm{He} \to {}^{12}_{6}\mathrm{C}$) bei Temperaturen von $T \approx 10^8$ K. Sie bestehen aus zwei Partialgasen, dem Elektronengas und dem aus vollständig ionisierten He-Atomen bestehenden Kerngas. Zur Stabilisierung gegen die enorme Gravitationskraft trägt praktisch nur das hochentartete Elektronengas bei, da sich das Kerngas noch wie ein klassisches ideales Gas verhält (siehe auch Anhang 1, Beispiel 1, ‚Gasförmiges He').

Betrachten wir die Verhältnisse beim ersten, 1882 von Alvan Graham Clark (1832–1897) entdeckten weißen Zwerg, dem Siriusbegleiter *Sirius B* mit einer Masse $M = 2 \cdot 10^{30}$ kg und einem Radius $r = 2 \cdot 10^7$ m. Daraus ergibt sich die mittlere Dichte $\bar{\rho}$ (die Dichte steigt natürlich zum Zentrum hin stark an) für ein kugelförmig angenommenes Volumen zu

$$\bar{\rho} = \frac{2 \cdot 10^{30}}{\frac{4\pi}{3} \cdot (2 \cdot 10^7)^3} = 6 \cdot 10^7\,\mathrm{kg\,m^{-3}}.$$

Für das He-Kerngas gilt

$$\bar{n}_{\mathrm{He}} = \frac{\bar{\rho}}{m_{\mathrm{He}}} = \frac{6 \cdot 10^7}{6{,}64 \cdot 10^{-27}} = 9{,}0 \cdot 10^{33}\,\mathrm{m^{-3}}.$$

Einem He-Kern steht damit folgendes Volumen zur Verfügung

$$V_{1,\mathrm{He}} = \frac{1}{\bar{n}_{\mathrm{He}}} = 1{,}1 \cdot 10^{-34}\,\mathrm{m^3},$$

das entspricht einem Würfel von der Kantenlänge $a = 4{,}8 \cdot 10^{-12}$ m. Für die Quantenkonzentration der He-Kerne erhalten wir

$$n_{Q,\mathrm{He}} = \left(\frac{m_{\mathrm{He}} \cdot k \cdot T}{2\pi \cdot \hbar^2}\right)^{3/2} = \left(\frac{6{,}64 \cdot 10^{-27} \cdot 1{,}38 \cdot 10^{-23} \cdot 10^8}{2\pi \cdot (1{,}05 \cdot 10^{-34})^2}\right)^{3/2} = 1{,}5 \cdot 10^{39}\,\mathrm{m^{-3}},$$

also $n_{\text{He}} \ll n_{Q,\text{He}}$. Das He-Kerngas verhält sich daher auch unter diesen extremen Bedingungen wie ein klassisches Gas.

Für das Elektronengas gilt hingegen ($2e^-$ pro Atom)

$$\bar{n}_e = 2\bar{n}_{\text{He}} = 1{,}8 \cdot 10^{34}\,\text{m}^{-3}$$

und

$$n_{Q,e} = n_{Q,\text{He}} \cdot \left(\frac{m_e}{m_{\text{He}}}\right)^{3/2} = 1{,}5 \cdot 10^{39} \left(\frac{9{,}11 \cdot 10^{-31}}{6{,}64 \cdot 10^{-27}}\right)^{3/2} = 2{,}4 \cdot 10^{33}\,\text{m}^{-3}$$

und damit $\bar{n}_e > n_{Q,e}$. Das Elektronen-Partialgas im Inneren des weißen Zwerges ist hoch entartet. Für seine Fermienergie gilt

$$\varepsilon_F = \frac{\hbar^2}{m_e} \cdot \underbrace{\frac{(3\pi^2)^{2/3}}{2}}_{=4{,}79} \cdot \bar{n}_e^{\,2/3} = \frac{(1{,}054 \cdot 10^{-34})^2 \cdot 4{,}79}{9{,}11 \cdot 10^{-31}} (1{,}8 \cdot 10^{34})^{2/3} =$$

$$= 4{,}0 \cdot 10^{15}\,\text{J} = 2{,}5 \cdot 10^4\,\text{eV} \ll m_e c^2 = 5 \cdot 10^5\,\text{eV}\,.$$

Da die Fermienergie viel kleiner ist als die Ruhemasse der Elektronen, kann unsere klassische Rechnung angewendet werden. Ferner gilt

$$T_F = \frac{\varepsilon_F}{k} = \frac{4{,}0 \cdot 10^{-15}}{1{,}38 \cdot 10^{-23}} = 2{,}9 \cdot 10^8\,\text{K} > T = 10^8\,\text{K}\,,$$

wie zu erwarten, da das Elektronengas entartet ist.

Beispiel 2: Wir betrachten nochmals das Beispiel ‚Elektronengas' vom Ende des Abschnitts 1.4.6.

Für das Elektronengas in einem Cu-Block gilt mit einem Leitungselektron pro Atom ($T = 293\,\text{K}$) mit $\rho_{\text{Cu}} = 8{,}96\,\text{g}\,\text{cm}^{-3}$, $M_{\text{Cu}} = 63{,}55\,\text{g}\,\text{mol}^{-1}$, $N_A = 6{,}022 \cdot 10^{-23}\,\text{mol}^{-1}$

$$n_e = \frac{\rho_{Cu}}{m_{Cu}} = \frac{\rho_{Cu}}{\frac{M_{Cu}}{N_A}} = \frac{8{,}96 \cdot 6{,}022 \cdot 10^{23}}{63{,}55} = 8{,}49 \cdot 10^{22}\,\text{cm}^{-3} = 8{,}49 \cdot 10^{28}\,\text{m}^{-3}$$

und

$$n_{Q,e} = \left(\frac{m_e \cdot k \cdot T}{2\pi \cdot \hbar^2}\right)^{2/3} = \left(\frac{9{,}11 \cdot 10^{-31} \cdot 1{,}38 \cdot 10^{-23} \cdot 293}{2\pi(1{,}05 \cdot 10^{-34})^2}\right)^{2/3} =$$
$$= 1{,}23 \cdot 10^{25}\, m^{-3} \ll n_e .$$

Das Elektronengas im Cu-Block ist somit bei Raumtemperatur hochgradig entartet. Für seine Fermienergie gilt

$$\varepsilon_F = \frac{\hbar^2}{2m_e}(3\pi^2 n_e)^{2/3} = \frac{(1{,}05 \cdot 10^{-34})^2}{2 \cdot 9{,}11 \cdot 10^{-31}}(3\pi^2 \cdot 8{,}49 \cdot 10^{28})^{2/3} =$$
$$= 1{,}12 \cdot 10^{-18}\,\mathrm{J} = 6{,}98\,\mathrm{eV} .$$

Damit ergibt sich die Fermitemperatur zu

$$T_F = \frac{\varepsilon_F}{k} = \frac{1{,}12 \cdot 10^{-18}}{1{,}38 \cdot 10^{-23}} = 81\,160\,\mathrm{K} .$$

Durch Summation der Energiewerte ε_n aller besetzten Zustände erhält man für $T \ll T_F$ als Gesamtenergie E des entarteten Fermigases aus N Teilchen

$$E(T \ll T_F) \cong \frac{3}{5} N\varepsilon_F \quad \text{(für } T = 0 \text{ ist der Wert exakt).} \qquad \text{(VI-1.273)}$$

Die mittlere kinetische Energie eines Fermions beträgt daher unter der Voraussetzung $T \ll T_F$

$$E_{\mathrm{kin},1} = \frac{E}{N} \cong \frac{3}{5}\varepsilon_F \gg kT . \qquad \text{(VI-1.274)}$$

Da die Fermienergie und damit auch die innere Energie E des Fermigases mit kleiner werdendem Volumen zunimmt, äußert sich die Fermienergie ε_F in gleicher Weise wie ein abstoßendes Potenzial – ein freies Fermigas hat die Tendenz unbeschränkt zu expandieren. Um es in einem bestimmten Volumen zu halten (Elektronen in einem weißen Zwerg oder einem Metallblock, Nukleonen in einem Atomkern), sind daher anziehende Kräfte erforderlich (Gravitation, Coulomb-Anziehung, Kernkräfte).

Der Druck P, den das im Volumen V eingeschlossene Fermigas ausübt, ergibt sich nach dem 1. *HS* der Thermodynamik bei adiabatischer Kompression ($dS = 0$) aus (siehe Band II, Kapitel „Physik der Wärme“, Abschnitt 1.3.1.2.4, Gl. II-1.142)

$$-P\,dV = dE \qquad \text{(VI-1.275)}$$

$$\Rightarrow \quad P = -\frac{dE}{dV} = \frac{\partial}{\partial V}\left(\frac{3}{5} N\varepsilon_F\right) = \frac{3}{5} N \frac{\partial}{\partial V}\left[\frac{\hbar^2}{2m} \cdot \left(3\pi^2 \cdot \frac{N}{V}\right)^{2/3}\right] =$$

$$= \frac{3}{5}(3\pi^2) \cdot N^{5/3} \cdot \frac{\hbar^2}{2m} \frac{\partial V^{-2/3}}{\partial V} = \frac{(3\pi^2)^{2/3}}{5} \cdot \frac{\hbar^2}{m}\left(\frac{N}{V}\right)^{5/3}. \qquad \text{(VI-1.276)}$$

Der Druck P wird damit zu

$$P = \frac{\left(3\pi^2\right)^{2/3}}{5} \cdot \frac{\hbar^2}{m} \cdot n^{5/3}. \qquad \text{(VI-1.277)}$$

Beispiel: Für das Elektronengas im weißen Zwerg Sirius B (siehe Beispiel 1 am Beginn dieses Anhangs) gilt

$$P_e = \frac{(3\pi^2)^{2/3}}{5} \cdot \frac{(1{,}054 \cdot 10^{-34})^2}{9{,}11 \cdot 10^{-31}} \cdot (1{,}8 \cdot 10^{34})^{5/3} = 2{,}9 \cdot 10^{19}\,\text{Pa} = 2{,}9 \cdot 10^{14}\,\text{bar}.$$

Das klassisch zu behandelnde He-Kerngas übt dagegen nur den Druck

$$P_{\text{He}} = \frac{N}{V} kT = n_{\text{He}} kT = 9{,}0 \cdot 10^{33} \cdot 1{,}38 \cdot 10^{-23} \cdot 10^8 = 1{,}2 \cdot 10^{19}\,\text{Pa} = 1{,}2 \cdot 10^{14}\,\text{bar}$$

aus. Bei dieser extrem hohen Temperatur in der Zone des Heliumbrennens sind die beiden Druckanteile bereits annähernd gleich groß, dies aber nur deshalb, weil mit der mittleren Teilchendichte $\bar{n}$ gerechnet wurde. n steigt aber zum Sternzentrum hin stark an, sodass P_e (proportional zu $n^{5/3}$) viel stärker wächst als P_{He} (proportional zu n).

Anmerkung: Wenn die Masse des weißen Zwerges größer ist als 1,44 Sonnenmassen (Chandrasekhar-Grenze, nach dem indischen Astrophysiker Subrahmanyan Chandrasekhar, 1910–1995), dann übersteigt die Fermienergie des Elektronengases die Ruheenergie eines Elektrons ($\varepsilon_F \geq m_e c^2 \cong 0{,}5\,\text{MeV}$). Dann entartet das Elektronengas relativistisch – es wird weniger „steif" als das nichtrelativistische e^--Gas. Als Folge kann es den aufgrund seiner Ausstrahlung abkühlenden und deshalb weiter schrumpfenden Stern nicht mehr stabilisieren und dieser kollabiert zu einem „Neutronenstern". von etwa 10^4 km Durchmesser und einer Dichte von $10^{15}\,\text{g/cm}^3$ (e^- und Protonen verschmelzen in einem *inversen β-Prozess* zu einem Neutron). Dieser sehr rasch rotierende Stern aus Kernmaterie (Erhaltung des Drehimpulses beim Kollaps) kann aufgrund seines Magnetfeldes periodische Strahlungspulse aussenden, er wird dann als „Pulsar" bezeichnet. Die Pulsfrequenz entspricht seiner Umdrehungszeit, die im ms-Bereich liegt.

Anhang 3 Bose-Einstein Statistik – die Einstein-Kondensationstemperatur

Wird bei einer bestimmten Temperatur T die Zahl N_e der Boseteilchen berechnet, die sich *nicht* im Grundzustand befinden, so erhält man für Boseteilchen ohne Spin

$$N_e(T) = 0{,}327 \cdot V \cdot \left(\frac{2mkT}{\pi\hbar^2}\right)^{3/2} = 2{,}612 \cdot n_Q \cdot V.^{97} \qquad \text{(VI-1.278)}$$

Setzt man $N_e = N$, so kann daraus jene Temperatur T_c berechnet werden, bei der der Grundzustand entleert ist oder umgekehrt, bei der der Grundzustand bei Absenkung von T gerade beginnt, Teilchen aufzunehmen, die Bose-Kondensation daher gerade einsetzt. Diese Temperatur heißt *Einstein-Kondensationstemperatur*. Ab dieser Temperatur wird bei Abkühlung der Grundzustand immer stärker besetzt, bis schließlich bei $T \to 0$ alle Bosonen im Grundzustand kondensiert sind. Aus der oben angegebenen Beziehung folgt für T_c

$$T_c = \frac{2\pi \cdot \hbar^2}{mk}\left(\frac{N}{2{,}612 \cdot V}\right)^{2/3} \qquad \textit{Einstein-Kondensationstemperatur.} \qquad \text{(VI-1.279)}$$

---

97 Die Anzahl der Teilchen N_e in angeregten Zuständen ergibt sich durch Aufsummierung der Besetzungszahlen aller angeregten Zustände, also des Produkts aus der Zustandsdichte $Z(E)$ (Dichte der Zustände ohne Spin im Energieintervall dE) und der *BE*-Verteilung $F(E)$, daher $N_e = \int_0^\infty Z(E)\,F(E)\,dE$. Für die Zustandsdichte $Z(E)$ freier Teilchen in einem dreidimensionalen Potenzialkasten ergibt sich (siehe Kapitel „Festkörperphysik", 2.6.1.2.2, Gl. VI-2.231, für Spin 0 aber nur die Hälfte davon) $Z(E) = \frac{V}{4\pi^2}\left(\frac{2m}{\hbar^2}\right)^{3/2} E^{1/2}$, das Integral schließt daher die Teilchen im Grundzustand aus, da $Z(E_0) = 0$ für $E_0 = 0$. Für den Wert N_e erhält man so mit $n_Q(T) = \left(\frac{mkT}{2\pi\hbar^2}\right)^{3/2}$:

$$N_e(T) = \frac{V}{4\pi^2}\left(\frac{2m}{\hbar^2}\right)^{3/2}\int_0^\infty \frac{\varepsilon^{1/2}}{e^{(\varepsilon-\mu)/kT}-1}\,d\varepsilon =$$
$$= 1{,}306 \cdot \pi^{1/2}\,\frac{V}{4\pi^2}\left(\frac{2mkT}{\hbar^2}\right)^{3/2} = 0{,}327 \cdot V\left(\frac{2mkT}{\pi\hbar^2}\right)^{3/2} = 2{,}612 \cdot n_Q \cdot V.$$

Genaue Berechnung siehe z. B. in Ch. Kittel und H. Krömer, *Thermodynamik*, 5. Auflage, Oldenburg 2001.

Setzt man hierin die Werte für flüssiges ^{4}He[98] ein, so ergibt sich $T_{c,\text{He}} \cong 3\,\text{K}$ in guter Übereinstimmung mit dem Experiment. Wegen der Vernachlässigung der, wenn auch kleinen, Wechselwirkung der He-Bosonen (Verwendung von Einteilchenzuständen), kann man mit dieser Theorie nur qualitativ richtige Ergebnisse erzielen. Tatsächlich beobachtet man unterhalb von $T_\lambda = 2{,}18\,\text{K}$, dem „$\lambda$-Punkt", das Auftreten einer neuen Phase im flüssigen ^{4}He, die als He II bezeichnet wird im Gegensatz zu He I, das oberhalb von 2,18 K allein existiert. Unterhalb des λ-Punkts besteht flüssiges He aus einer Mischung der normal flüssigen Komponente He I und der *suprafüssigen* Komponente He II (Zähigkeit $\eta = 0$, Energieinhalt = 0) der in den Grundzustand kondensierten He-Atome (Zweiflüssigkeitsmodell von Tisza (1939), nach László Tisza, 1907–2009). Die Viskosität von He II fällt ab $T_\lambda = 2{,}18\,\text{K}$ äußerst stark ab[99] (daher die Bezeichnung *Suprafüssigkeit*), die Wärmeleitfähigkeit steigt aber stark an.[100] Die ^{3}He-Atome nehmen an der Suprafluidität nicht teil. Erst unterhalb von etwa 2 mK bilden sich aus je zwei ^{3}He-Fermionen ^{3}He-Paare mit Bosoneneigenschaften, wodurch ab dieser Temperatur auch ^{3}He suprafüssig wird; dies ist analog zur Bildung von e^--Paaren, den *Cooper-Paaren*, die für die Supraleitfähigkeit abgekühlter Elektronengase verantwortlich sind.

---

98 ^{4}He besitzt 6 Teilchen mit Spin ½ ($2e^-$, $2p$, $2n$) und besitzt daher ganzzahligen Spin, es ist ein Boson, im Gegensatz zu ^{3}He mit $2e^-$, $2p$, $1n$, das daher ein Fermion ist. Das Isotopenverhältnis in natürlichem Helium beträgt $^4\text{He}/^3\text{He} = 1/1{,}3 \cdot 10^{-4}$. Flüssiges He besitzt viele Eigenschaften (Molvolumen, Transporteigenschaften, Wechselwirkungskräfte), die mehr einem Gas als einer Flüssigkeit ähneln. Die sehr kleine Wechselwirkung der He-Atome bedingt die niedrige Verflüssigungstemperatur von $T_{fl} = 4{,}2\,\text{K}$ bei Atmosphärendruck; die höchste Temperatur, bei der flüssiges He existieren kann (kritischer Punkt), beträgt $T_{kr,He} = 5{,}2\,\text{K}$. Festes He existiert nur über 25 bar.

99 Nämlich mit T^6! He ist das einzige Element, das Suprafluidität zeigt, da es allein bis zu $T = 0$ flüssig bleibt (P. L. Kapitza, *Nature* **141**, 74 (1938) und J. F. Allen und A. D. Misener, *Nature* **141**, 75 (1938)). Pjotr Leonidowitsch Kapiza (auch Kapitza oder Kaspitsa), 1894–1984. Für seine grundlegenden Erfindungen und Entdeckungen auf dem Gebiet der Tieftemperaturphysik erhielt er 1978 (gemeinsam mit Arno Allan Penzias und Robert Woodrow Wilson, den Entdeckern der kosmischen Hintergrundstrahlung) den Nobelpreis.

100 Sie ist 10^8 mal größer als die von He I und wird daher als Suprawärmeleitung bezeichnet (W. H. Keesom, 1936).

2 Festkörperphysik

Einleitung: Die Festkörperphysik ist eine Physik der Kristalle (Ein- oder Vielkristalline Stoffe) und der Elektronen in Kristallen.

Zunächst muss überlegt werden, warum sich Atome und Moleküle zu einem Kristall verbinden und was sie „fest" zusammenhält. Die Bindung von Atomen ist mit deren elektronischer Struktur verknüpft; entsprechend unterscheiden wir die Ionenbindung, die kovalente Bindung, die metallische Bindung, die Van der Waals Bindung und die Wasserstoff-Brückenbindung.

Bei einem Kristall sind die Atome oder Moleküle, die ihn aufbauen, über die Punkte eines Raumgitters verteilt. Dies kann durch die Beugung von elektromagnetischen Wellen (Band IV, Kapitel „Wellenoptik") oder von Materiewellen (Elektronen, Neutronen, Band V, Kapitel „Quantenoptik") an Kristallen nachgewiesen werden. Besonders gut zur Beschreibung dieser Beugungseffekte ist die Darstellung im „reziproken Raum" – dem „Impulsraum" – geeignet.

Am idealen Kristall kann die Gitterstruktur studiert werden, wesentlich für die physikalischen Eigenschaften sind allerdings Abweichungen von der idealen Struktur, die Gitterfehler.

Bei einem Kristall sitzen seine Atome mehr oder weniger fest an den Gitterplätzen. Er kann daher Wärme nicht wie bei einem Gas als kinetische Energie der Translationsbewegung seiner Bestandteile aufnehmen, sondern nur als Schwingungsenergie. In der klassischen Physik ergibt sich für die mittlere Schwingungsenergie eines Gitteratoms als klassischer harmonischer Oszillator nach dem Gleichverteilungssatz (Kapitel „Statistische Physik") $3 \cdot 2 \cdot \frac{1}{2} kT$ und damit für die spezifische Wärme eines Festkörpers der temperaturunabhängige Wert $3R = 3N_A k$ (Gesetz von Dulong-Petit). Im Gegensatz dazu zeigten Experimente, dass bei Festkörpern die spezifische Wärme bei niedrigen Temperaturen kleiner wird und mit T^3 gegen Null geht. Dieser Widerspruch stellte neben der Erklärung des Spektrums der schwarzen Strahlung (Band IV, Kapitel „Wärmestrahlung"), dem Photoeffekt (Band V, Kapitel „Quantenoptik") und dem Auftreten der Spektrallinien bei der Gasentladung (Band V, Kapitel „Atomphysik") ein weiteres unlösbares Problem der klassischen Physik dar. Auch hier brachte die Quantenphysik die Lösung. Zunächst sah Einstein die Gitteratome nicht mehr als klassische, sondern als quantenmechanische harmonische Oszillatoren einer bestimmten Eigenfrequenz an und berechnete damit bereits für tiefe Temperaturen einen exponentiellen Abfall der spezifischen Wärme gegen Null. Debye verglich dann den Festkörper mit einem elastischen Kontinuum und konnte so auch das Eigenfrequenzspektrum der quantenmechanischen harmonischen Oszillatoren bei tiefen Temperaturen nach dem Verfahren von Rayleigh und Jeans (Band IV, Kapitel „Wärmestrahlung") berechnen. Damit erhielt er die richtige Temperaturabhängigkeit der spezifischen Wärme des Festkörpers bei tiefen Temperaturen.

Der Grund für die Abnahme der spezifischen Wärme eines Festkörpers bei tiefen Temperaturen ist diskontinuierliche Änderung seiner Schwingungsenergie („Einfrieren der Freiheitsgrade"). Die Quanten der Eigenschwingungen der Atome des Kristalls werden in Analogie zu den Quanten des elektromagnetischen Strahlungsfeldes, den Photonen ($E = \hbar\omega$, $p = \hbar k$), als Phononen bezeichnet ($E = \hbar\Omega$, $\vec{p} = \hbar\vec{q}$, $\Omega = v_S \cdot q$, v_S = Schallgeschwindigkeit, $q = \frac{2\pi}{\lambda}$ = Wellenzahl des Phonons), als Quasiteilchen mit einem Quasiimpuls p.

Ein sehr einfaches aber nützliches Modell für metallische Festkörper stammt von Sommerfeld: Die als frei beweglich und wechselwirkungsfrei angesehenen Leitungselektronen sind auf das Kristallvolumen beschränkt. Dann kann die Zustandsdichte der Leitungselektronen und damit auch die Fermienergie mit einem Verfahren berechnet werden, das jenem von Rayleigh und Jeans beim schwarzen Körper (Band IV, Kapitel „Wärmestrahlung") ähnlich ist. Der einfachste Fall, um auch den Einfluss der Gitteratome zu erkennen, ist eine Betrachtung im „linearen" Kristall: Das Kronig-Penney-Modell. Hier können bereits grundsätzliche Eigenschaften der Kristallelektronen (Bandstruktur) studiert und verstanden werden, z. B. die Unterschiede zwischen Leitern, Halbleitern und Isolatoren oder das Konzept der „effektiven Masse" von Leitungselektronen.

Wir haben in Band I, Kapitel „Mechanik deformierbarer Körper", Abschnitt 4.1 die drei ‚klassischen' Aggregatzustände als *gasförmig, flüssig* und *fest* kennengelernt und dem festen Zustand *Kristalle, feste Kettenstrukturen* (Polymere) und *amorphe Feststoffe* (unterkühlte Flüssigkeiten) zugeordnet. Die *Festkörperphysik* (*FKP, solid state physics*) beschäftigt sich im Wesentlichen mit Kristallen, sie ist eine Physik der Kristalle und speziell eine Physik der Elektronen (e^-) im Kristall.[1] In einem Kristall sind die Atome auf Grund der chemischen Bindung, die zwischen ihnen wirkt, in einer dreidimensionalen, periodischen Reihenfolge angeordnet, die Entdeckung der Röntgenbeugung an Kristallen war daher eine wichtige Voraussetzung für die Entwicklung der *FKP*. Daneben wurden in jüngster Zeit *aperiodische Kristalle* (z. B. *Quasikristalle*) entdeckt, also Feststoffe, die zwar Kristalleigenschaft aufweisen,[2] in denen die weitreichende dreidimensionale Periodizität der Atomanordnung aber fehlt. Meist fasst man unter *Materialphysik* die Physik der festen Materie und Materialien zusammen, die dann kristalline und amorphe Stoffe enthalten kann, aber auch Flüssigkristalle, Polymere, große Aggregate von Atomen (= Atom-

1 Sein berühmtes Buch *The Modern Theory of Solids* (McGraw-Hill Book Company, New York 1940) beginnt Frederick Seitz mit dem Satz „When using the term 'solid' in this book, we shall refer to crystalline aggregates of atoms and molecules" und unterscheidet fünf Typen von Festkörpern: Metalle, Ionenkristalle, Valenzkristalle, Halbleiter und Molekülkristalle.

2 Sie zeigen Bragg-Reflexe bei der Röntgenbeugung.

cluster), dünne Schichten (= Filme) und Oberflächen (siehe Kapitel „Materialphysik“).

Die *FKP* hat eine entscheidende Bedeutung für viele Technologien, ohne die unser modernes Leben unvorstellbar ist, und hat auch essentiellen Anteil an der Entwicklung der aktuellen ‚Hochtechnologie‘ und ‚Nanotechnologie‘. Es ist deshalb interessant, sich die Nobelpreise anzusehen, die mit der *FKP* verknüpft sind.

1901 – *Wilhelm Conrad Röntgen*: Entdeckung der Röntgenstrahlen (erster Nobelpreis überhaup).
1913 – *Heike Kamerlingh-Onnes*: Materialeigenschaften bei tiefen Temperaturen und Luftverflüssigung.
1914 – *Max von Laue*: Beugung von Röntgenstrahlen.
1915 – *William Henry Bragg* und *William Lawrence Bragg*: Kristalluntersuchungen mit Röntgenstrahlen.
1917 – *Charles Glover Barkla*: Entdeckung der charakteristischen Röntgenstrahlung.
1920 – *Charles Edouard Guillaume*: Anomalien der Eisen-Nickel-Legierungen – Invar-Legierungen.[3]
1921 – *Albert Einstein*: Photoeffekt.
1924 – *Karl Manne Georg Siegbahn*: Röntgenspektroskopie.
1926 – *Jean Baptiste Perrin*: Diskontinuierliche Struktur der Materie, Brownsche Bewegung.
1927 – *Arthur Holly Compton*: Comptoneffekt.
1928 – *Owen Willans Richardson*: Glühemission.
1930 – *Chandrasekhar Venkata Raman*: Lichtstreuung.
1932 – *Werner Heisenberg*: Quantenmechanik.
1932 – *Irving Langmuir* (*Chemie*): Oberflächenchemie.
1933 – *Paul Adrien Maurice Dirac* und *Erwin Schrödinger*: Wellenmechanik.
1935 – *James Chadwick*: Entdeckung des Neutrons.
1936 – *Carl David Anderson (Physik)*: Entdeckung des Positrons.
1936 – *Peter Debye (Chemie)*: Molekülstruktur.
1937 – *Clinton Joseph Davisson* und *George Paget Thomson*: Elektron als Welle.
1945 – *Wolfgang Pauli*: Pauli-Verbot.
1946 – *Percy Williams Bridgeman*: Physik bei hohem Druck.
1953 – *Frits Frederik Zernike*: Phasenkontrastmikroskop.
1954 – *Max Born (Physik)*: Statistische Interpretation der Wellenfunktion.
1954 – *Linus Carl Pauling* (*Chemie*): Chemische Bindung.

3 Invar-Legierungen haben einen sehr kleinen oder sogar negativen Koeffizienten der thermischen Ausdehnung, dehnen sich also beim Erwärmen nur sehr wenig aus oder schrumpfen sogar leicht (siehe dazu z. B. Peter Mohn, *Invar Alloys* in: *Alloy Physics*, W. Pfeiler (Editor), Wiley-VCH, Weinheim 2007).

1956 – *William Bradford Shockley, John Bardeen* und *Walter Houser Brattain*: Transistoreffekt.
1961 – *Rudolf Ludwig Mößbauer*: Mößbauereffekt.
1962 – *Lev Dawidowich Landau*: Theorie der kondensierten Materie.
1970 – *Louis Eugene Felix Néel*: Ferro- und Antiferromagnetismus
1972 – *John Bardeen, Leon Neil Cooper* und *John Robert Schrieffer*: Theorie der Supraleitung.
1973 – *Leo Esaki, Ivar Giaever* und *Brian Davon Josephson*: Tunneleffekt in Halb- und Supraleitern.
1977 – *Philip Warren Anderson, Nevill Francis Mott* und *John Hasbrouk van Vleck*: Elektronische Struktur magnetischer und ungeordneter Systeme.
1978 – *Pyotr Leonidowich Kapitsa*: Tieftemperaturforschung
1981 – *Nicolaas Bloembergen* und *Arthur Leonard Schawlow*: Laserspektroskopie
– *Kai Manne Börje Siegbahn*: Hochauflösende Elektronenspektroskopie.
1982 – *Kenneth Geddes Wilson*: Kritische Phänomene bei Phasenumwandlungen.
1985 – *Klaus von Klitzing*: Quantenhalleffekt.
1985 – *Herbert Aaron Hauptman* und *Jerome Karle (Chemie)*: Direkte Methode der Bestimmung der Kristallstruktur.
1986 – *Ernst Ruska*: Elektronenmikroskop.
– *Gerd Karl Binnig* und *Heinrich Rohrer*: Raster-Tunnelmikroskop.
1987 – *Johannes Georg Bednorz* und *Karl Alexander Müller*: Hochtemperatur-Supraleitung.
1991 – *Pierre-Gilles de Gennes*: Ordnungsphänomene in komplexen Systemen (Flüssigkristalle und Polymere).
1994 – *Bertram Neville Brockhouse* und *Clifford Glenwood Shull*: Neutronenspektroskopie und Neutronenbeugung.
1996 – *Robert Floyd Curl Jr., Harold Walter Kroto* und *Richard Errett Smalley* (*Chemie*): Entdeckung der Fullerene.
1998 – *Walter Kohn (Chemie)*: Dichtefunktionaltheorie.
2000 – *Zhores Ivanovich Alferov, Herbert Kroemer* and *Jack St. Clair Kilby*: Informationstechnologie, Heterostrukturen und integrierte Schaltkreise.
2000 – *Alan J. Heeger, Alan MacDiarmid* und *Hideki Shirakawa* (*Chemie*): Leitende Polymere.
2001 – *Eric Allin Cornell, Wolfgang Ketterle* und *Carl Edwin Wieman*: Erzeugung eines Bose-Einstein-Kondensats.
2003 – *Alexei Alexeyevich Abrikosov, Vilaly Lazarevich Ginzburg* und *Anthony James Leggett*: Theorie der Supraleitung und Suprafluidität.
2005 – *Roy Jay Glauber, John Lewis Hall* und *Theodor Hänsch*: Quantentheorie der Kohärenz und Laser-Präzisionsspektroskopie.
2007 – *Albert Fert* und *Peter Grünberg*: Giant Magnetoresistance.
2007 – *Gerhard Ertl* (*Chemie*): Chemische Prozesse auf festen Oberflächen.
2009 – *Charles Kuen Kao, Willard S. Boyle* und *George E. Smith*: Lichtübertragung in Glasfasern und CCD-Sensoren

2010 – *Andre Geim* und *Konstantin Novoselov*: Experimente mit dem zweidimensionalen Graphen.
2011 – *Dan Shechtman* (Chemie): Entdeckung der Quasikristalle.
2014 – *Isamo Akasaki, Hiroshi Amano* und *Shuji Nakamura*: Erfindung effizienter, blaues Licht ausstrahlender Dioden.
2016 – *David J. Thouless, F. Duncan, M. Haldane* und *J. Michael Kosterlitz*: Topologische Phasenumwandlungen und topologische Phasen.

Die Liste zeigt eindrucksvoll, dass die *FKP* eine vielfältige und reiche Disziplin der Physik ist und zu vielen anderen Forschungsbereichen überlappt. Theorie und Experiment entwickeln sich hier in besonders engem Kontakt, die Konzepte sind realitätsnahe.

2.1 Chemische Bindung

In der Natur kommen Atome nur selten isoliert vor[4]; sie sind meist mit anderen Atomen verbunden und bilden Moleküle oder Festkörper. Die wesentliche Frage, die wir uns nun stellen, ist daher: Was hält die Atome in Molekülen und im Festkörper zusammen? Es müssen die Wechselwirkungen (*WW*) zwischen den Atomen sein, die dazu führen, dass die Gesamtenergie eines Moleküls oder eines Kristalls kleiner ist als die Summe der Energien ihrer Bestandteile. Wir nennen diese Energiedifferenz, die bei der Bildung des Atomkomplexes freigesetzt wird, *Bindungsenergie*. Sie ist im Wesentlichen entweder elektrostatischer Art wie bei der Ionenbindung oder eine Folge der Aufspaltung der Energieniveaus der e^- der beteiligten Atome, wenn sich die e^--Wellenfunktionen überlappen, sobald sich die Atome nahe genug kommen. Wie bei der Kopplung mechanischer Oszillatoren (vgl. Band I, Kapitel „Mechanische Schwingungen und Wellen“, Abschnitt 5.4) kommt es durch die große Anzahl der beteiligten Atome dadurch zu quasikontinuierlichen Energieniveaus, sogenannten *Energiebändern* (Abbn. VI-2.1, VI-2.2 und VI-2.3).

Der chemischen Bindung, d. h. der Atomanziehung durch Absenkung der Energie bei der Umverteilung der äußersten Elektronen der Atome, den *Valenzelektronen*, steht andererseits eine Abstoßung gegenüber, wenn sich die Atome zu nahe kommen, die durch das *Pauli-Verbot* (Umverteilung von e^- in höhere Energieniveaus, siehe Band V, Kapitel „Atomphysik“, Abschnitt 2.6.2 und dieser Band, Kapitel „Statistische Physik“, Abschnitt 1.4.1) bzw. bei Atomen mit wenigen e^-, auch durch die Abstoßung der Atomkerne verursacht wird. Ein stabiler Gleichgewichtsabstand und damit ein Minimum der entsprechenden E_{pot} des Systems, ergibt sich dabei nur, wenn die Abstoßung von geringerer Reichweite ist als die Anziehung

4 Die Edelgase bilden eine wichtige Ausnahme.

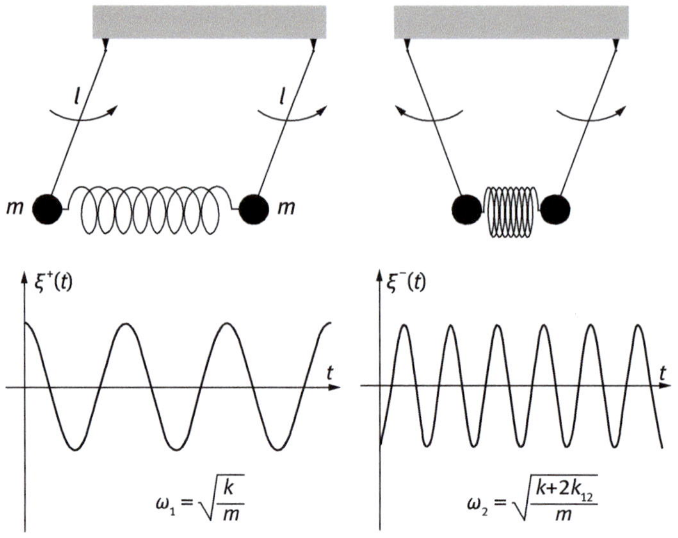

Abb. VI-2.1: Gleichphasige (links) und gegenphasige Normalschwingung (rechts) der gekoppelten Pendel. $k = \frac{mg}{l}$ ... Direktionskraft des freien Pendels (Feder unverformt); k_{12} ... Direktionskraft der verformten Feder.

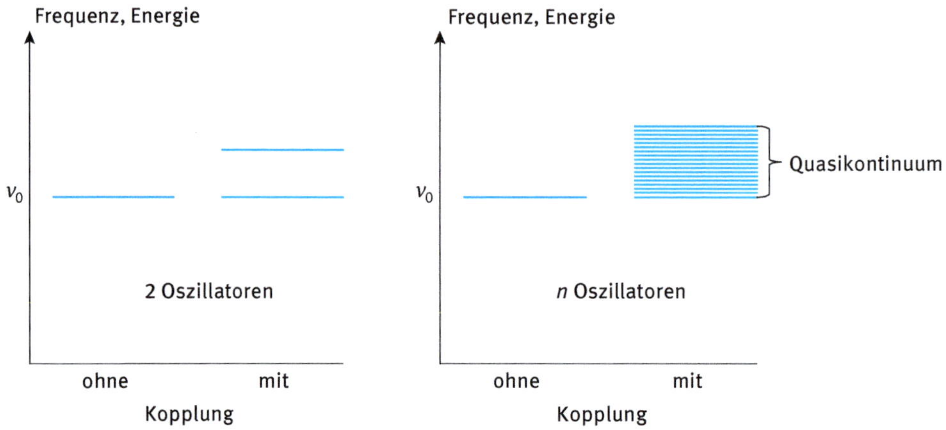

Abb. VI-2.2: Aufspaltung der Energie gekoppelter Pendel (harmonischer Oszillatoren): 2 Pendel (links) und sehr viele Pendel (rechts).

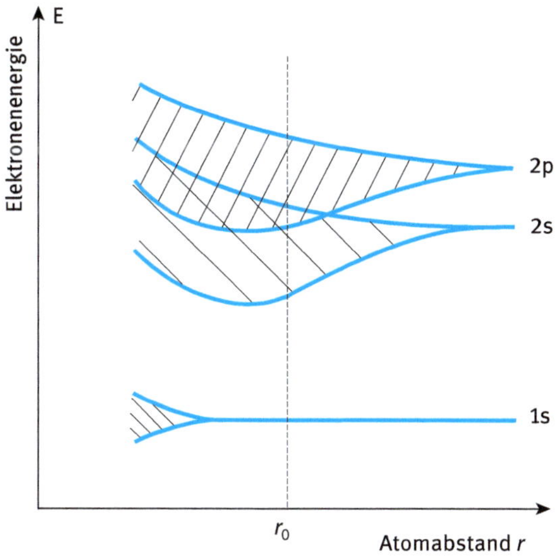

Abb. VI-2.3: Aufspaltung der Energieniveaus der Elektronen als Funktion des Atomabstands r. Sind sehr viele e^- beteiligt, ergeben sich quasikontinuierliche Energiebänder. Beispiel: Beryllium.

und bei kleiner Distanz rascher wächst. Setzen wir das *WW*-Potenzial zweier sich bindender, neutraler Atome z. B. aus einem anziehenden Anteil $\propto \frac{1}{r^n}$ und einem abstoßenden $\propto \frac{1}{r^m}$ zusammen

$$E_{\text{pot}}(r) = \underbrace{-\frac{\alpha}{r^n}}_{bindend} \underbrace{+\frac{\beta}{r^m}}_{abstoßend}, \tag{VI-2.1}$$

so ergibt sich ein Energieminimum und damit ein stabiles *GG* bei einem Atomabstand r_0 nur für $m > n$:

$$\left.\frac{dE}{dr}\right|_{r=r_0} = n\alpha r^{-n-1} - m\beta r^{-m-1} = 0\,. \tag{VI-2.2}$$

Damit erhalten wir

$$r_0^{-n-1} = \frac{m\beta}{n\alpha} r_0^{-m-1} \quad \text{bzw.} \quad r_0^{-m} = \frac{n\alpha}{m\beta} r_0^{-n}, \tag{VI-2.3}$$

$$\frac{d^2E}{dr^2} = -n(n+1)\alpha r^{-n-2} + m(m+1)\beta r^{-m-2}; \tag{VI-2.4}$$

daher muss für ein Minimum ($\left.\frac{d^2E}{dr^2}\right|_{r_0} > 0$) nach Multiplikation mit r_0^2 unter Verwendung von Gl. (VI-2.3) gelten

$$-n(n+1)\alpha r_0^{-n} + m(m+1)\beta r_0^{-n}\frac{n\alpha}{m\beta} > 0 \qquad \text{(VI-2.5)}$$

$$\Rightarrow \quad -n-1+m+1>0 \qquad \text{(VI-2.6)}$$

$$\Rightarrow \quad m>n \qquad \text{(VI-2.7)}$$

(Abb. VI-2.4).

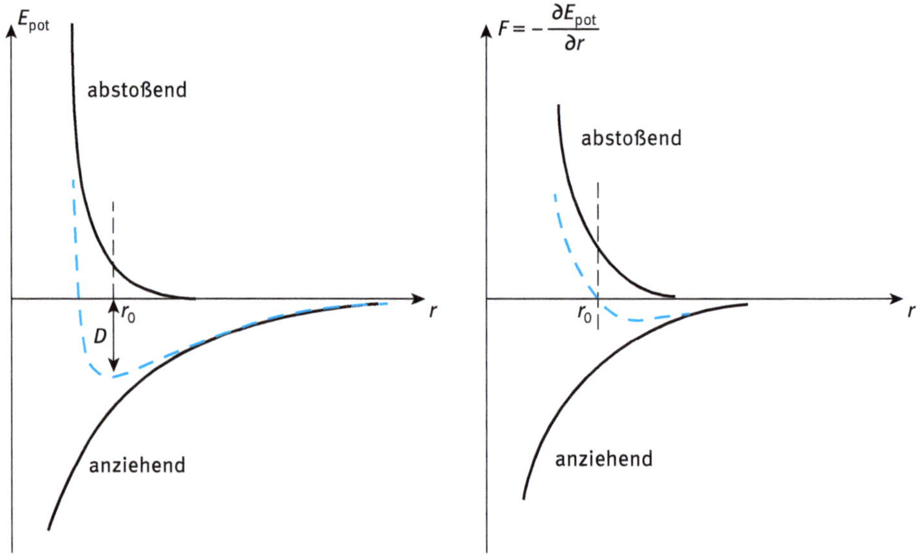

Abb. VI-2.4: Die potenzielle Energie (links) und die Kraft (rechts) zwischen zwei Atomen ergeben sich als Funktion ihres Abstands als Summe (blau strichliert) aus einem anziehenden und einem abstoßenden Anteil. Ein stabiler Gleichgewichtsabstand r_0 ergibt sich nur, wenn das abstoßende Potenzial bei Annäherung rascher zunimmt als das anziehende abnimmt.
D ... Dissoziationsenergie = Bindungsenergie.

Die Ausdehnung und Art der Überlappung besetzter e^--Zustände charakterisiert die Bindung:

1. Die e^- sind an Ionen mit edelgasartigen Schalen lokalisiert und es besteht nur eine sehr geringe Überlappung: Langreichweitige Ionenbindung (Abschnitt 2.1.1.1), Van der Waals Bindung (Abschnitt 2.1.1.3), Wasserstoff-Brückenbindung (Abschnitt 2.1.1.4).

2. Die Überlappung der e^- Zustände besteht nur zwischen wenigen Nachbaratomen, die Winkelabhängigkeit der Überlappung ist wichtig: Kovalente Bindung (Abschnitt 2.1.1.2).
3. Die Überlappung der e^--Zustände ist ausgedehnt verglichen mit dem Abstand benachbarter Atome: Metallische Bindung (Abschnitt 2.1.3.2).

2.1.1 Bindungsarten

Schon in Band I, Kapitel „Mechanik deformierbarer Körper“, haben wir die 5 Bindungsarten für Atome und Moleküle erwähnt: Ionenbindung, kovalente Bindung, metallische Bindung, Van der Waals Bindung und Wasserstoff-Brückenbindung.

2.1.1.1 Die ionische Bindung (heteropolare Bindung)

Die *Alkalimetalle* Lithium (Li), Natrium (Na), Kalium (Ka), Rubidium (Rb), Cäsium (Cs) und Francium (Fr) haben ein äußerstes e^-, mit dem eine neue „Elektronenschale“ begonnen wird. Dieses ist daher schwächer als die anderen e^- gebunden und kann relativ leicht entfernt werden. Man nennt diese Atome *elektropositiv* (Abb. VI-2.5).

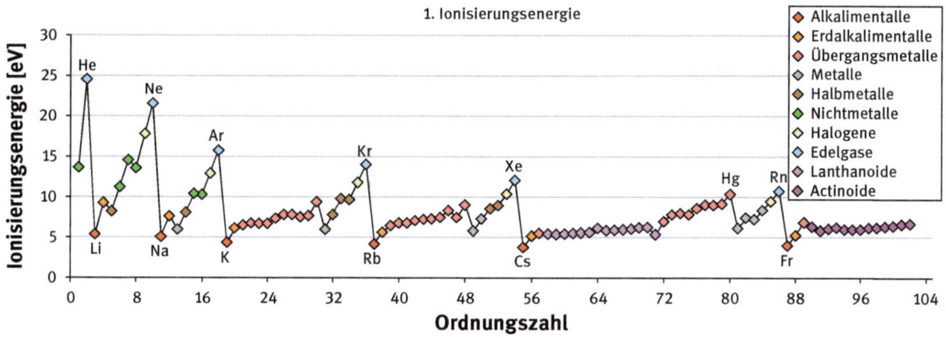

Abb. VI-2.5: Erste Ionisierungsenergie der Elemente (in eV pro Atom) als Funktion der Ordnungszahl. Die Alkalimetalle weisen die geringste Ionisationsenergie für das erste freigesetzte e^- auf, die Edelgase die größte. (Nach Wikipedia.)

Den *Halogenen* („Salzbildner“) Fluor (F), Chlor (Cl), Brom (Br), Iod (J) und dem radioaktiven Astat (At) fehlt gerade ein e^- zur Edelgaskonfiguration; man nennt diese Atome daher *elektronegativ*. Wie die Alkalimetalle sind sie sehr reaktionsfreudig.

Betrachten wir zwei für die Ionenbindung in Frage kommende Atome, Na und Cl. Die Ionisationsenergie von Na ist 5,14 eV; bei der Aufnahme eines e^- gewinnt das Cl^--Ion gegenüber dem neutralen Cl-Atom eine Energie von 3,62 eV (*Elektronen-*

affinität). Zur gleichzeitigen Erzeugung von Na^+ und Cl^- ist daher die Differenzenergie von $E_f = 1{,}52\,\mathrm{eV}$ aufzubringen, allerdings nur, wenn wir die Atome als weit voneinander entfernt betrachten. Unterschreitet der Atomabstand aber eine Entfernung von etwa 1 nm, so wird infolge der nun merklich werdenden elektrostatischen Anziehung Energie gewonnen, wenn ein e^--Transfer vom Na-Atom zum Cl-Atom erfolgt (Abb. VI-2.6).

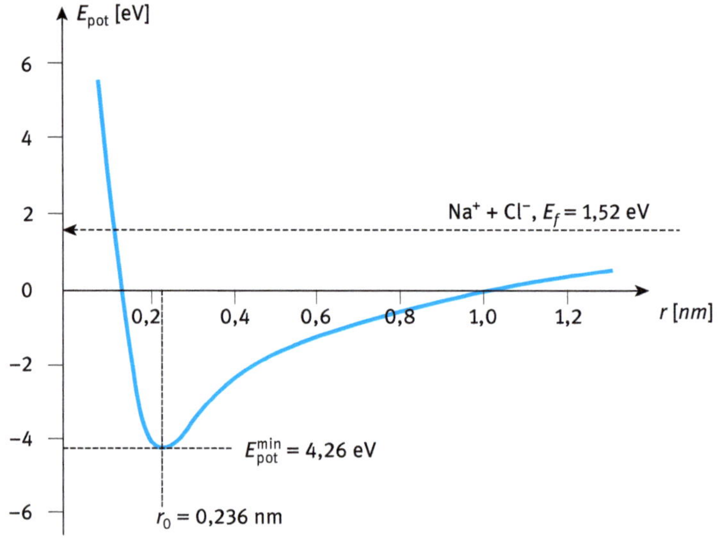

Abb. VI-2.6: E_{pot} eines Systems ($Na^+ + Cl^-$) als Funktion des Abstands der beiden Ionen. Der Nullpunkt der Energie bezieht sich auf neutrales (Na + Cl). Bei einem Abstand der Ionen von etwa 1 nm wird das gebundene Ionensystem energetisch günstiger. Es ergibt sich ein *GG*-Abstand von 0,236 nm bei einem Minimum von $E_{pot}^{min} = 4{,}26\,\mathrm{eV}$.

Ein *GG*-Abstand ergibt sich, da bei sehr kleinen Abständen der bindenden Kraft eine Abstoßung entgegenwirkt. Die Ursache für diese Abstoßung ist ein quantenmechanischer Effekt aufgrund des *Pauli-Verbots*, nach dem *in einem System* zwei Fermiteilchen nicht im gleichen Quantenzustand sein dürfen: Je mehr sich die Wellenfunktionen der beiden gebundenen Ionen bei abnehmendem Abstand überlappen, desto mehr e^- der inneren Schalen müssen in noch unbesetzte Zustände mit hoher Energie wechseln. Der entsprechende Anteil der E_{pot} wächst sehr rasch mit abnehmendem Abstand und führt zur Abstoßung.

2.1.1.2 Die kovalente Bindung (Atombindung, homöopolare Bindung)

Die Ionenbindung ist nur zwischen Atomen möglich, die sich in ihren Elektronenaffinitäten deutlich unterscheiden. Dies ist insbesondere nicht der Fall, wenn es sich um gleiche Atome handelt, die sich zu einem Molekül binden. Hier wird ein anderer Bindungstyp wirksam, bei dem ein oder mehrere *Elektronenpaare* von zwei Atomen geteilt werden, also die Wellenfunktionen von je zwei e^- überlappen. Beispiel dafür ist das H_2-Molekül: Die beiden e^- gehören dem ganzen Molekül an, die gemeinsame Zweiteilchen-Wellenfunktion erstreckt sich über das ganze Molekül mit einer großen Aufenthaltswahrscheinlichkeit zwischen den Atomen.

Eine entscheidende Rolle spielen dabei die *Symmetrieeigenschaften* der Zweiteilchen-Wellenfunktion der beiden e^-: Für Fermionen muss die gesamte Wellenfunktion antisymmetrisch bezüglich des Austauschs der beiden Teilchen sein.[5] Die gesamte Wellenfunktion kann als Produkt eines räumlichen und eines Spinanteils dargestellt werden, einer der beiden Anteile muss dann symmetrisch, der jeweils andere Anteil antisymmetrisch sein. Wir betrachten zunächst die Symmetrieeigenschaften des Spinanteils:

a) Parallele Spins der beiden e^-: Die gesamte Spinquantenzahl wird dann $S = 1/2 + 1/2 = 1$ und $m_S = -1, 0, +1$; es ergeben sich damit drei Möglichkeiten für die Spinzustände:
   $S = 1,\ m_S = +1 \quad \rightarrow \quad \uparrow_1 \uparrow_2$
   $S = 1,\ m_S = -1 \quad \rightarrow \quad \downarrow_1 \downarrow_2$
   $S = 1,\ m_S = 0 \quad \rightarrow \quad \uparrow_1 \downarrow_2 + \uparrow_2 \downarrow_1$,
   wie die quantenmechanische Rechnung zeigt.
   Alle drei Spinkombinationen sind symmetrisch bezüglich des Austauschs der beiden e^- 1 und 2.
b) Antiparallele Spins: Als gesamte Spin*QZ* ergibt sich dann $S = 0$, $m_S = 0$ und damit der Spinzustand $\uparrow_1 \downarrow_2 - \uparrow_2 \downarrow_1$, das ist antisymmetrisch bezüglich eines e^--Austauschs.

Als Ergebnis finden wir: Der Spinanteil der Wellenfunktion ist symmetrisch für parallele Spins und antisymmetrisch für antiparallele Spins. Das *Pauli-Prinzip* (siehe Band V, Kapitel „Atomphysik", Abschnitt 2.6.2 und dieser Band, Kapitel „Statistische Physik", Abschnitt 1.4.1) legt jetzt den fehlenden räumlichen Anteil der Wellenfunktion fest, die gesamte Wellenfunktion muss ja antisymmetrisch sein:
- Ist die Ausrichtung der Spins parallel ($S = 1$), dann muss der räumliche Anteil der Wellenfunktion antisymmetrisch sein,
- sind die Spins dagegen antiparallel ($S = 0$), dann ist der räumliche Anteil symmetrisch.

5 Zur Erinnerung (siehe Kapitel „Statistische Physik", Abschnitt 1.4.1, Gln. (VI-1.198) und (VI-1.199): Eine Wellenfunktion heißt symmetrisch, wenn sie beim Austausch zweier Teilchen, d. h. ihrer Koordinaten, unverändert bleibt. Eine antisymmetrische Wellenfunktion ändert beim Austausch zweier Teilchen ihr Vorzeichen.

Das hat eine wesentliche Konsequenz beim Näherrücken von Atomen (Abb. VI-2.7):

- Ist der räumliche Anteil der Wellenfunktion symmetrisch (ψ_s^r), sind die Spins folglich antiparallel (↑ ↓), so besteht beim Näherrücken der Atome eine *große Aufenthaltswahrscheinlichkeit* der beiden e^- *zwischen* den Atomen und es kommt zur *Bindung* durch Absenkung der Coulombenergie, es handelt sich dann um einen *bindenden Zustand* (*bonding state*).
- Ist dagegen der räumliche Anteil der Wellenfunktion antisymmetrisch (ψ_a^r), sind die Spins folglich parallel (↑ ↑), so besteht eine *geringe Aufenthaltswahrscheinlichkeit* der beiden e^- *zwischen* den Atomen, es kommt zu keiner Bindung, es handelt sich um einen *nicht-bindenden* Zustand (*antibonding state*).

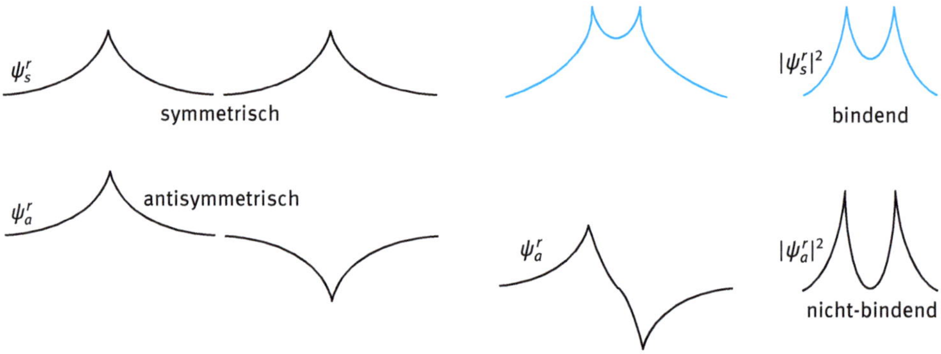

Abb. VI-2.7: Schematische Darstellung des räumlichen Anteils der Wellenfunktion, z. B. von zwei Wasserstoffatomen im Grundzustand (1*s*). Links: Großer Abstand, e^--Wellenfunktionen überlappen nicht; Mitte: Kleiner Abstand, e^--Wellenfunktionen überlappen; Rechts: Aufenthaltswahrscheinlichkeitsdichte; ein „bindender" Zustand ergibt sich nur, wenn der räumliche Anteil der Wellenfunktion symmetrisch ist, im anderen Fall ergibt sich ein „nicht-bindender" Zustand.

Nach der Näherungsmethode von Heitler und London (Walter Heinrich Heitler, 1904–1981, Fritz Wolfgang London, 1900–1954, deutsche Physiker, die 1933 nach England emigrierten) für homöopolare Bindung zweier Atome *A* und *B* (1927) mit den atomaren Wellenfunktionen ψ_s und ψ_a lauten die symmetrische und die antisymmetrische Molekülwellenfunktionen (Raumanteile), wenn die Ziffern 1 und 2 für die Koordinaten des 1. und des 2. e^- stehen:

$$\psi_s^r = \psi_A(1)\psi_B(2) + \psi_A(2)\psi_B(1) = \psi_+ \tag{VI-2.8}$$

$$\psi_a^r = \psi_A(1)\psi_B(2) - \psi_A(2)\psi_B(1) = \psi_- \,. \tag{VI-2.9}$$

Die quantenmechanische Rechnung ergibt für die potenzielle Energie in Abhängigkeit vom Atomabstand r_{AB} für ψ_s^r und ψ_a^r folgende Funktionen (Abb. VI-2.8):

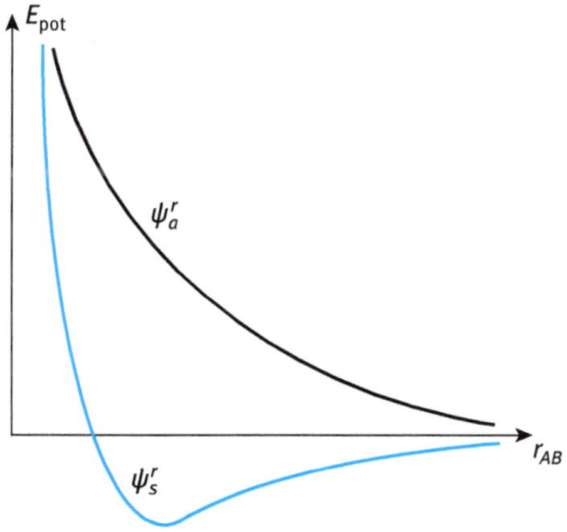

Abb. VI-2.8: Schematische Darstellung der potenziellen Energie zweier Atome *A* und *B* als Funktion ihres Abstands r_{AB} für einen symmetrischen (ψ_s) und einen antisymmetrischen Raumanteil der Wellenfunktion.

Das H_2-Molekül (und auch das O_2- und das N_2-Molekül) ist von einem „rein“ kovalenten Bindungstyp. Außerdem bilden der Kohlenstoff im Diamant und Silizium und Germanium rein kovalente Kristalle im „Diamantgitter“. Bei der Beteiligung unterschiedlicher Atome kommt es aber meist zu einer Mischung aus einem kovalenten und einem ionischen Anteil der Bindung („fraktionierter Charakter“ der Bindung). Wichtig ist, dass die kovalente Bindung entsprechend dem Zusammenwirken zweier Elektronen in *einem* Bindungsorbital immer in eine bestimmte Raumrichtung weist, also stark gerichtet ist, während die Ionenbindung gemäß der ungerichteten Coulombkraft ungerichtet ist.

2.1.1.3 Die Van der Waals Bindung[6]

Die Van der Waals Bindung kommt durch die schwache elektrostatische Anziehung zwischen permanenten oder induzierten Dipolen zustande (P. Debye 1920–21, siehe Abschnitt 2.2.5.6, Fußnote 51). Im Atom bewegen sich die e^- ständig um den Atomkern, die Ladungsverteilung im Atom verändert sich somit etwas im Laufe der Zeit, was zu einem sehr kleinen Dipolmoment führt: Atome sind *fluktuierende Dipole*. Das Dipolmoment des einen Atoms induziert praktisch sofort ein entsprechendes Dipolmoment am Ort des anderen Atoms, die *WW* der Dipolmomente der beiden Atome führt durch die *Londonschen Dispersionskräfte* (1930, nach Fritz London, siehe Abschnitt 2.1.1.2) zu einer sehr schwachen Anziehung zwischen den Atomen. Für die chemisch inerten Edelgasatome mit abgeschlossenen e^--Schalen ergibt sich

6 Nach Johannes Diderik van der Waals, 1837–1923. Für seine Arbeit an der Zustandsgleichung von Gasen und Flüssigkeiten erhielt er 1910 den Nobelpreis.

damit die Möglichkeit zur chemischen Bindung und zur Bildung von *Edelgaskristallen* bei sehr tiefen Temperaturen (Abb. VI-2.9).

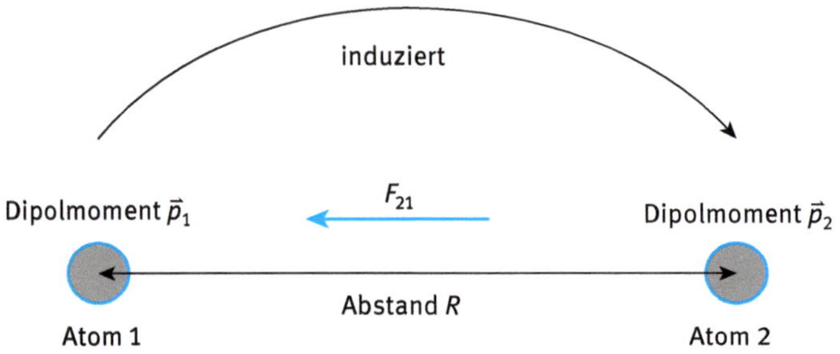

Abb. VI-2.9: Zur Van der Waals Bindung.

Obwohl es sich hier wie bei der kovalenten Bindung um einen quantenmechanischen Effekt handelt, kann man die Reichweite des anziehenden Potenzials durch eine einfache klassische Rechnung abschätzen. Wir erinnern uns dazu an das elektrische Feld, das ein elektrischer Dipol in einem Raumpunkt P mit den Polarkoordinaten $\{R,\theta,\varphi\}$ erzeugt (siehe Band III, Kapitel „Elektrostatik", Abschnitt 1.4.2, Gl. (III-1.54):

$$\vec{E}_D = \left\{ \underbrace{\frac{2p_e \cos\theta}{4\pi\varepsilon_0 R^3}}_{E_R}, \underbrace{\frac{p_e \sin\theta}{4\pi\varepsilon_0 R^3}}_{E_\theta}, \underbrace{0}_{E_\varphi} \right\} . \qquad \text{(VI-2.10)}$$

Dabei ist p_e der Betrag des elektrischen Dipolmoments und θ der Winkel zwischen der Dipolachse und dem Richtungsvektor zum Aufpunkt P. Das Feld ist zylindersymmetrisch und hängt daher nicht von φ ab. Für die Feldstärke in Richtung der Dipolachse ($\theta = 0$) ergibt sich daher

$$\vec{E}_D = \frac{1}{4\pi\varepsilon_0} \frac{2\vec{p}_e}{R^3} . \qquad \text{(VI-2.11)}$$

Im Fall der Van der Waals Bindung erzeugt das Dipolmoment $\vec{p}_{e1}$ das elektrische Feld $\vec{E} \propto \frac{\vec{p}_{e1}}{R^3}$ am Ort des Atoms 2 im Abstand R von Atom 1. Dieses Feld induziert am Ort 2 das Dipolmoment

$$\vec{p}_{e2} = \alpha \cdot \vec{E} \propto \frac{\alpha \vec{p}_{e1}}{R^3} , \qquad \text{(VI-2.12)}$$

wenn α die Polarisierbarkeit ist. Die Wechselwirkung der beiden Dipole ist anziehend und ergibt eine potenzielle Energie ($E_{\text{pot}} = -p_e \cdot E$, falls $\vec{E} /\!/ \vec{p}_e$, was hier der Fall ist)[7]

$$E_{\text{pot}}^{\text{anz}}(R) = -p_{e2}E \propto -\frac{\alpha p_{e1}}{R^3} \cdot \frac{p_{e1}}{R^3} \propto -\frac{p_{e1}^2}{R^6} = -\frac{C}{R^6}\,. \qquad \text{(VI-2.13)}$$

Die Abstoßung bei sehr kleinen Atomabständen ergibt sich aufgrund des Pauli-Verbots und der entsprechenden Umverteilung der e^- mit überlappenden Wellenfunktionen in höhere Energiezustände. Ein üblicher Ansatz für das abstoßende Potenzial ist in diesem Fall

$$E_{\text{pot}}^{\text{abs}} \propto \frac{B}{R^{12}}\,. \qquad \text{(VI-2.14)}$$

Zusammen ist das mit $C = 4\varepsilon\sigma^6$ und $B = 4\varepsilon\sigma^{12}$ das *Lennard-Jones (6–12) Potenzial* (Abb. VI-2.10)

$$E_{\text{pot}}(R) = 4\varepsilon\left[\left(\frac{\sigma}{R}\right)^{12} - \left(\frac{\sigma}{R}\right)^{6}\right] \qquad \textit{Lennard-Jones (6–12) Potenzial.} \qquad \text{(VI-2.15)}$$

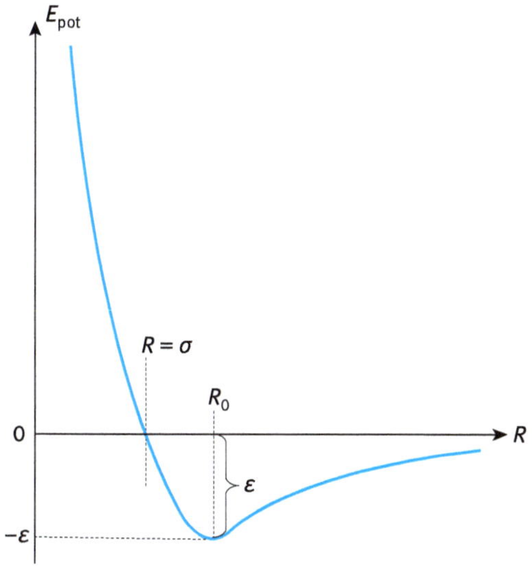

Abb. VI-2.10: Schematische Darstellung des Lennard-Jones Potenzials.

7 Siehe Band III, Kapitel „Elektrostatik“, Abschnitt 1.4.3, Gl. (III-1.68).

ε ist die Potenzialtiefe im *GG*-Abstand und σ der „Kontaktabstand" bei $E_{pot} = 0$.
Aus $\frac{\partial E_{pot}}{\partial R} = 0$ folgt für den *GG*-Abstand $R_0 = \sqrt[6]{2} \cdot \sigma$.

2.1.1.4 Die Wasserstoff-Brückenbindung (*hydrogen bond*)

Für das Ion des Wasserstoffs H^+ gilt:

1. Es bleibt das „nackte" Proton über, dieser Ionenradius ist daher mit $\approx 10^{-15}$ m um einen Faktor 10^5 kleiner als der aller anderen Ionen.
2. Seine Ionisationsenergie ist mit 13,6 eV hoch, seine Ionenbildung daher schwach.

Der Wasserstoff geht daher mit stark elektronegativen Elementen (z. B. N, O, F) eine Bindung mit nur zwei Atomen ein, da sich wegen der äußerst geringen räumlichen Ausdehnung des H^+-Ions die mit ihm gebundenen Atome sehr nahe kommen. Ein Beispiel ist die stärkste Wasserstoff-Brückenbindung, das Wasserstoffdifluorid (Abb. VI-2.11):

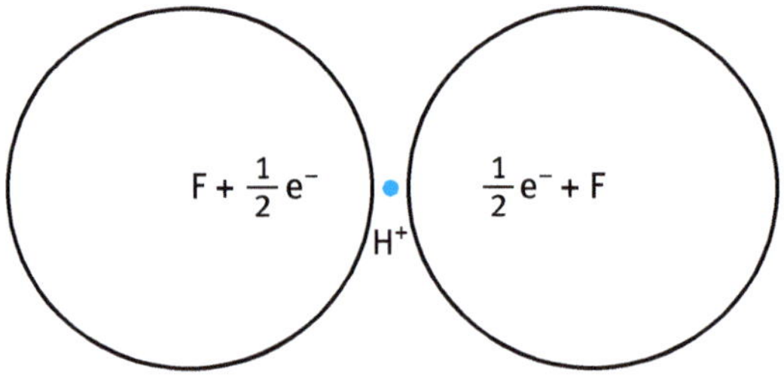

Abb. VI-2.11: Stärkste Wasserstoff-Brückenbindung (Wasserstoffdifluorid (Bifluorid), Bindungsenergie: 113 kJ/mol).

In den meisten anderen Fällen wirkt die Wasserstoffbrückenbindung jedoch als Bindung *zwischen Molekülen*: Der Wasserstoff befindet sich dann als „Brücke" zwischen zwei stark elektronegativen Atomen eines Moleküls, meist ist er an das eine Atom kovalent mit stark polarer Natur gebunden, an das andere infolge der positiven Partialladung[8] der H-Atome durch eine schwache Coulomb-*WW*. Ein Beispiel dafür ist Wasser in flüssiger und fester Form. Die unterschiedlichen Möglichkeiten der Bildung von Wasserstoffbrücken sind die Ursache für die vielen unterschiedlichen festen Formen von Wasser, die Eiskristalle (und Schneeflocken; Abbn. VI-2.12 und VI-2.13).

Die Wasserstoff-Brückenbindung ist mit ca. 0,2 eV/Atom (ca. 20 kJ/mol) viel stärker als die Van der Waals Bindung mit ca. 0,07 eV/Atom (ca. 7 kJ/mol), sie bindet aber nur je zwei der stark elektronegativen Atome F, N, O aneinander, wogegen

---

8 Bei unterschiedlicher Elektronegativität der Bindungspartner verschieben sich die Ladungen (e^-) so, dass die sich bindenden Atome *partiell* positiv und negativ geladen sind.

die Van der Waals Bindung universell ist. Zum Vergleich: Die O-H Valenzbindung (kovalent) besitzt eine Bindungsenergie von etwa 4,8 eV/Atom (463 kJ/mol).

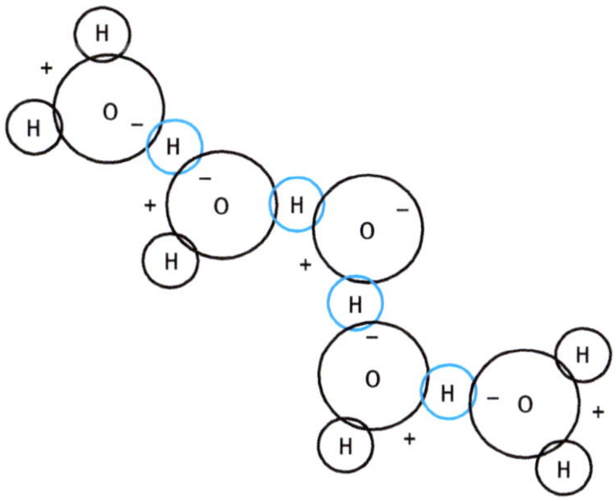

Abb. VI-2.12: Wasserstoff-Brückenbindung am Beispiel von Wasser: Die kovalente Bindung des H_2O-Moleküls ist polar, d. h., die bindenden e^- halten sich überwiegend beim elektronegativen Sauerstoffatom auf. Der dadurch nur schwach abgeschirmte Kern des H-Atoms wird durch die negative Ladung der zwei nicht-bindenden *p*-Elektronen des O-Atoms (siehe Abschnitt 2,1.1) angezogen (blaue Kreise).

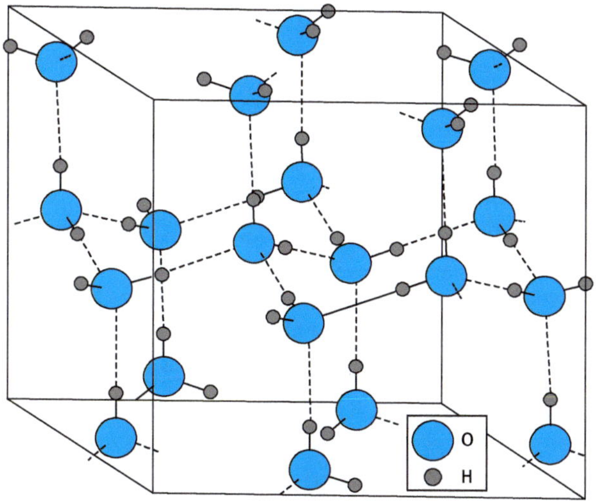

Abb. VI-2.13: Wasserstoffbrückenbindung von hexagonalen Eiskristallen. (Nach Wikipedia.)

Die schwachen Wasserstoffbrücken sind in der Biochemie und Molekulargenetik von außerordentlicher Bedeutung; so sind z. B. die beiden Stränge der *DNS* (Desoxyribonukleinsäure = *DNA deoxyribonucleic acid*, Erbsubstanz) durch N-H-N und N-H-O Wasserstoffbrücken aneinander gebunden, die vorgegebene Sollbruchstellen darstellen.

2.1.2 Kovalente Bindung mehratomiger Moleküle

Moleküle aus mehr als zwei Atomen können klein sein wie z. B. das H_2O-Molekül mit 18 g/mol Molekülmasse, andererseits gibt es Riesenmoleküle wie die Proteine mit mehr als 100 kg/mol. Meist tritt wegen der Polarität der Moleküle bei geeigneten Atomen neben der kovalenten Bindung noch die Wasserstoff-Brückenbindung auf. Wesentlich für die kovalente Bindung ist, dass die bindenden e^- allen an der Bindung beteiligten Atomen angehören, sodass sich die Wellenfunktionen dieser *Valenzelektronen* stark überlappen müssen.

2.1.2.1 Die Bindung des H_2O-Moleküls

Betrachten wir zunächst die e^--Konfiguration des O-Atoms im Grundzustand:

$$\overbrace{\overbrace{1s^2}^{l=0}}^{n=1}\ \overbrace{\overbrace{2s^2}^{l=0}\ \overbrace{2p^4}^{l=1}}^{n=2} . \qquad \text{(VI-2.16)}$$

Die $2p$-Subschale ist mit 4 von 6 möglichen e^- besetzt. Die Aufenthaltswahrscheinlichkeitsdichte der e^- wird auch als *Atomorbital* bezeichnet. Wir erinnern uns, dass die p-Orbitale in die drei Raumrichtungen orientiert sind (Band V, Kapitel „Atomphysik“, Abschnitt 2.5.4, insbesondere Abb. 2.5.4), wir bezeichnen sie als p_x-, p_y-, p_z-Orbital; jedes dieser Orbitale kann mit zwei e^- mit antiparallelen Spins besetzt werden. Nehmen wir an, dass zwei der $4p$-Elektronen des O-Atoms z. B. das $2p_z$-Orbital besetzen, von den anderen beiden je eines das $2p_x$- und das $2p_y$-Orbital. Diese beiden bilden mit den $1s$-Elektronen von zwei H-Atomen kovalente Bindungsorbitale in der xy-Ebene mit überlappenden Wellenfunktionen und antiparallelen Spins. Im O-Atom ist der Winkel zwischen den p-orbitalen 90°; durch die zusätzlichen e^- der H-Atome ergibt sich eine gegenseitige Abstoßung der Bindungsorbitale, sodass sich ein tatsächlicher Winkel von 104,45° zwischen den Bindungen einstellt. Da sich die e^- der H-Atome wegen der starken Elektronegativität des O-Atoms überwiegend beim Sauerstoff aufhalten, stellt das H_2O-Molekül einen schwachen elektrischen Dipol dar, es ist *polar* mit einem Dipolmoment von $p_e = 1{,}85\,\mathrm{D}$.[9]

2.1.2.2 Die Bindungen des Kohlenstoffatoms: Hybridisierung

Die Konfiguration des C-Atoms im Grundzustand lautet:

$$\overbrace{\overbrace{1s^2}^{l=0}}^{n=1}\ \overbrace{\overbrace{2s^2}^{l=0}\ \overbrace{2p^2}^{l=1}}^{n=2} . \qquad \text{(VI-2.17)}$$

---

9 $1\,\mathrm{D} = 1\,\mathrm{Debye} = \frac{1}{3}\,10^{-29}\,\mathrm{Cb}\cdot\mathrm{m}$ ist die den atomaren Abmessungen angepasste Einheit des elektrischen Dipolmoments $p_e = q \cdot l$ (siehe auch Band III, Kapitel „Elektrostatik“, Abschnitt 1.4.2, Gl. III-1.49); ein Elektron ($q = 1{,}602 \cdot 10^{-19}\,\mathrm{Cb}$) besitzt im Abstand $l = 10^{-10}\,\mathrm{m}$ von einer gleichgroßen

Man könnte also annehmen, dass das C-Atom zwei Bindungen mit einem Bindungswinkel von etwa 90° eingeht. Kohlenstoff geht aber fast ausnahmslos vier Bindungen ein! Es muss daher ein anderer Mechanismus vorliegen. Der erste angeregte Zustand des C-Atoms entsteht, wenn eines der beiden $2s$-Elektronen in ein $2p$ Niveau gehoben wird, man spricht von *Promotion*. Die Anregungsenergie ist nur etwa 4 eV und führt zu einem Zustand mit vier ungepaarten e^- in den Zuständen

$$2s,\ 2p_x,\ 2p_y,\ 2p_z\,. \tag{VI-2.18}$$

Durch die *sp^3-Hybridisierung*, also durch eine quantenmechanische Linearkombination der vier Wellenfunktionen, werden aus dem einen s-Orbital und den drei p-Orbitalen *vier neue, gleichwertige Hybridorbitale*. Diese Umordnung der Wellenfunktionen (Orbitale) ist aber nur möglich, wenn durch die entstehenden Valenzbindungen mehr Energie gewonnen wird als zur Umordnung aufgewendet werden muss. Die Hybridisierung erfolgt damit immer nur bei der Bildung chemischer Verbindungen. Durch die gegenseitige Abstoßung der e^- sind diese linearen σ-Bindungsorbitale gegen die Ecken eines regelmäßigen Tetraeders gerichtet (Abb. VI-2.14). Beispiele für diesen Bindungstyp sind CH_4 (Methan) und CCl_4 (Tetrachlormethan = Tetrachlorkohlenstoff).

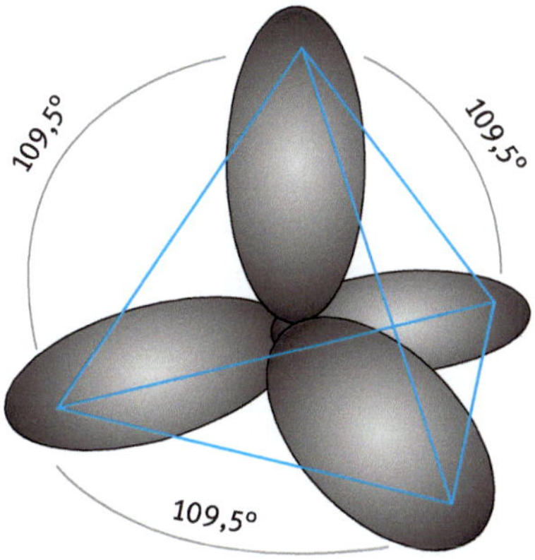

Abb. VI-2.14: Die vier gleichwertigen Hybridorbitale $2s$, $2p_x$, $2p_y$, $2p_z$ von Kohlenstoff weisen in Richtung der Eckpunkte eines gleichmäßigen Tetraeders. (Nach Wikipedia.)

Eine weitere Möglichkeit ist die *sp^2-Hybridisierung*: Drei der vier Orbitale gehen Bindungen in einer Ebene mit einem Bindungswinkel von etwa 120° ein (σ-Bindung). Das weitere p-Orbital (z. B. p_z-Orbital), das nicht für die Hybridisierung ver-

positiven Ladung ein elektrisches Dipolmoment von $p_e = 1{,}602 \cdot 10^{-19} \cdot 10^{-10} = 1{,}602 \cdot 10^{-29}$ Cb · m = $= 3 \cdot 10^{29} \cdot 1{,}602 \cdot 10^{-29}$ D = 4,806 D. Das elektrische Dipolmoment von NaCl beträgt $p_{e,\mathrm{NaCl}} = 9{,}00$ D.

wendet wird, steht senkrecht auf der Bindungsebene der Hybridorbitale und kann mit einem weiteren C-Atom eine lineare σ-Bindung eingehen. Hieraus folgt sofort die Struktur des Ethan (standardsprachlich: Äthan):

C_2H_6 =

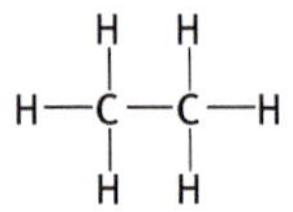

Durch seitliche Überlappung mit einem weiteren p-Orbital (p_y) des zweiten Kohlenstoffatoms entsteht eine zweite Bindung (π-Bindung) und damit eine (σ,π) *Doppelbindung* zwischen den C-Atomen. Ein Beispiel ist $H_2C{=}CH_2$ (Ethen). Bei $HC{\equiv}CH$ (Azethylen = Ethin) kommt es mit der *sp-Hybridisierung* zu einer *Dreifachbindung* durch eine lineare σ- und zwei π-Bindungen.[10]

2.1.2.3 Molekülspektren

Moleküle absorbieren und emittieren elektromagnetische Strahlung wie Atome und gehen dabei von einem Ausgangszustand in einen anderen Energiezustand über. Aus den Spektren der Moleküle gewinnt man daher Information über ihre Energiezustände. Die vom Molekül bei der Absorption aufgenommene Energie kann dann in drei Formen vorliegen: Als elektronische Anregungsenergie wie beim Atom (im eV-Bereich), als Schwingungsenergie der beteiligten Atome um den gemeinsamen Massenmittelpunkt (ca. 0,01 eV) oder als Rotationsenergie des Moleküls um eine Schwerpunktsachse (10^{-2}–10^{-6} eV). Die optischen Spektren der Moleküle enthalten daher durch die sehr feine Energieunterteilung *Molekülbanden* (breite Linien), deren Struktur von den sehr dicht liegenden Energieniveaus der Rotation herrührt.

2.1.3 Kristallbindungen

2.1.3.1 Ionenkristalle

Wenn wir viele ungleichnamige Ionen mit der Ladung $\pm q$ und der entsprechend langreichweitigen Coulomb-*WW* einander nähern, so ziehen entgegengesetzt geladene Ionen einander an, Ionen mit gleicher Ladung aber stoßen einander ab. Die Anordnung der Ionen im Festkörper erfolgt so, dass die Abstoßung minimal und die Anziehung maximal und dadurch die Bindungsenergie (der Energiegewinn)

10 Wenn sich zwei kugelförmige s-Orbitale überlagern, entsteht eine σ-Bindung. Ebeno entsteht eine σ-Bindung, wenn die p-Orbitale zweier Moleküle „Kopf an Kopf" stoßen. Legen sich jedoch die beiden p-Orbitale aus strukturellen Gründen parallel aneinander, so resultiert eine π-Bindung. So besteht die (σ,π) Doppelbindung in $H_2C{=}CH_2$ (Ethen) aus einer (p_z—p_z) σ-Bindung und einer (p_y—p_y) π-Bindung. (Siehe z. B. P. W. Atkins und L. Jones, *Chemie, einfach alles*, Wiley-VCH 2006.)

maximal wird, das ergibt die Anordnung der Ionen in einem Kristallgitter, da sich jedes Ion mit möglichst vielen Ionen der entgegengesetzten Ladung umgibt. Die entstehende Kristallstruktur wird einerseits durch die Ladung der Ionen, andererseits durch ihren Radius bestimmt. Die gesamte elektrostatische Bindungsenergie eines Kristalls wird *Gitterenergie* (*lattice energy*) bzw. *Madelung-Energie* genannt (nach Erwin Madelung, 1881–1972, deutscher Physiker).

Zur Berechnung der Gitterenergie betrachten wir zwei beliebige Ionen i und j eines Kristalls, der nur aus positiven und negativen Ionen mit gleichem Betrag der Ladungen aufgebaut sei. Für die *WW*-Energie der beiden Ionen können wir ansetzen

$$E_{\mathrm{pot}}^{ij} = \underbrace{a \cdot e^{-r_{ij}/b}}_{\substack{\text{abstoßendes Born-Mayer} \\ \text{Potenzial, reicht nur zu} \\ \text{nächsten Nachbarn}}} \pm \underbrace{\frac{1}{4\pi\varepsilon_0} \frac{q^2}{r_{ij}}}_{\substack{\text{Coulomb-Potenzial,} \\ \text{weitreichend}}} . \qquad \text{(VI-2.19)}$$

Dabei soll das abstoßende Born-Mayer-Potenzial[11] von sehr kurzer Reichweite sein (a Potenzialstärke, b Reichweite) und daher nur auf die nächsten Nachbaratome wirken,[12] während das Coulombpotenzial viele Atomabstände weit wirkt. Das *WW*-Potenzial sieht dann zwischen nächsten Nachbaratomen (*NN*) und weiter voneinander entfernten unterschiedlich aus:[13]

$$E_{\mathrm{pot}}^{ij} = \begin{cases} a \cdot e^{-R/b} - \dfrac{1}{4\pi\varepsilon_0} \dfrac{q^2}{R} & \text{Beitrag von } NN\text{-Atomen} \\[2ex] \pm \dfrac{1}{4\pi\varepsilon_0} \dfrac{1}{p_{ij}} \dfrac{q^2}{R} & \text{Beitrag aller anderen ,} \end{cases} \qquad \text{(VI-2.20)}$$

wobei für Ionenabstände, die über den *NN*-Abstand R hinausgehen,

$$r_{ij} \equiv p_{ij} \cdot R \qquad \text{(VI-2.21)}$$

gesetzt wurde.[14]

---

11 Nach Max Born (1882–1970, für seine statistische Interpretation der *QM* erhielt er 1954 den Nobelpreis, siehe auch Band V, Kapitel „Quantenoptik“, Abschnitt 1.6.4) und Joseph Edward Mayer (1904–1983). M. Born und J. Mayer, *Zeitschrift für Physik* **75**, 1 (1932).

12 Das Born-Mayer-Potenzial hat sich bei der Bindung als abstoßendes Potenzial besonders bei Atomen (Ionen) bewährt, deren Wellenfunktionen nur gering überlappen.

13 Ein Ion und seine nächsten Nachbarn sind immer entgegengesetzt geladen, die potenzielle Energie daher negativ (bindend).

14 p_{ij} „normiert“ den Ionenabstand r_{ij} auf den Abstand R der nächsten Nachbarn.

Für die gesamte *WW*-Energie eines Ions *i* (eines „Aufions“ (Bezugsion), in das wir uns quasi „setzen“) mit allen anderen ergibt sich unter Einführung der *Madelung-Konstante* α:

$$E^i_{\text{pot}}(R) = \frac{1}{2}\sum_{j\neq i} E^{ij} = N\left(Z \cdot a \cdot e^{-R/b} - \frac{1}{4\pi\varepsilon_0}\frac{\alpha \cdot q^2}{R}\right). \qquad \text{(VI-2.22)}$$

Dabei ist N die Zahl der Ionenpaare (der „Moleküle“) und Z die *Koordinationszahl*, das ist die Zahl der nächsten Nachbarionen (*NN*-Ionen). In dieser Gleichung weist der Coulombterm nur mehr das negative Vorzeichen auf, die Verteilung der Vorzeichen ist durch die Madelung-Konstante α berücksichtigt:

$$\alpha = \sum_j (\pm)\frac{1}{p_{ij}} \quad \textit{Madelung-Konstante,} \qquad \text{(VI-2.23)}$$

wobei das Vorzeichen der einzelnen Ionen von der Wahl des Aufions abhängt: α muss positiv sein, damit sich eine stabile Bindung ergibt; wählt man daher ein negatives Ion als Bezugsion, so gilt das +-Zeichen für positive Ionen und das −-Zeichen für negative Ionen, sonst umgekehrt.

Wir wollen die gesamte Gitterenergie im *GG*-Abstand berechnen; dazu leiten wir die E_{pot} nach R ab und setzen Null:

$$\frac{dE^i_{\text{pot}}}{dR} = \frac{d}{dR}\left[N \cdot Z \cdot a \cdot e^{-R/b} - \frac{N \cdot \alpha \cdot q^2}{4\pi\varepsilon_0} \cdot \frac{1}{R}\right] =$$

$$= -\frac{1}{b} NZae^{-R/b} + \frac{N\alpha q^2}{4\pi\varepsilon_0}\frac{1}{R^2} = 0 \qquad \text{(VI-2.24)}$$

$$\Rightarrow \quad R_0^2 e^{-R_0/b} = \frac{\alpha q^2 b}{4\pi\varepsilon_0 Za}. \qquad \text{(VI-2.25)}$$

Damit ergibt sich für die Potenzialstärke a

$$a = \frac{\alpha q^2 b}{4\pi\varepsilon_0 Z R_0^2} e^{R_0/b}. \qquad \text{(VI-2.26)}$$

Eingesetzt in E_{pot} erhalten wir für die gesamte Gitterenergie eines Kristalls aus $2N$ Ionen im *GG*-Abstand

$$E^i_{\text{pot}}(R_0) = N\left(\frac{\alpha q^2 b}{4\pi\varepsilon_0 R_0^2} - \frac{\alpha q^2}{4\pi\varepsilon_0 R_0}\right) \qquad \text{(VI-2.27)}$$

und schließlich

$$E^i_{\text{pot}}(R_0) = \underbrace{-\frac{1}{4\pi\varepsilon_0}\frac{N\alpha q^2}{R_0}}_{\text{Madelungenergie}}\left(1 - \frac{b}{R_0}\right) \quad \textit{Gitterenergie im GG-Abstand.} \qquad \text{(VI-2.28)}$$

Berechnung der Madelung-Konstante $\alpha = \sum_j (\pm)\frac{1}{p_{ij}}$**:**

Wir betrachten zur Demonstration des Wesentlichen einen unendlich langen, linearen Ionenkristall (lineare Kette, Abb. VI-2.15):

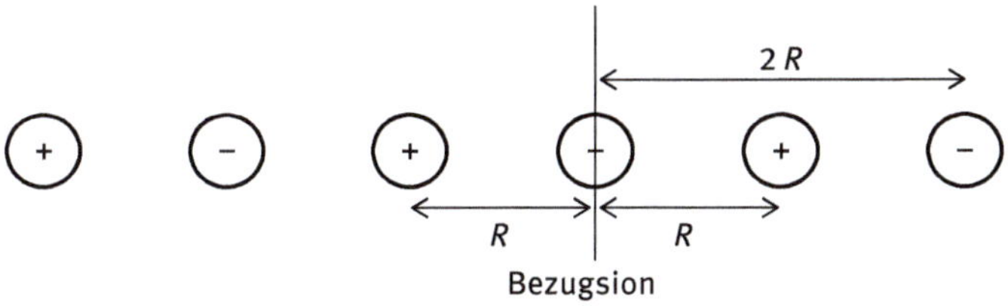

Abb. VI-2.15: Zur Berechnung der Madelung-Konstante im „linearen Kristall".

Für den Abstand zweier beliebiger Ionen im Kristall gilt (Gl. VI-2.21) $r_{ij} \equiv p_{ij} \cdot R$ und damit, da jeweils zwei Ionen den gleichen Abstand vom Bezugsion haben und $\alpha = \sum_j (\pm)\frac{1}{p_{ij}} = \sum_j (\pm)\frac{R}{r_{ij}}$

$$\frac{\alpha}{R} = \sum_j (\pm)\frac{1}{r_{ij}} = 2\left[\frac{1}{R} - \frac{1}{2R} + \frac{1}{3R} - \frac{1}{4R} + \ldots\right]. \qquad \text{(VI-2.29)}$$

$$\Rightarrow \quad \alpha = 2\left[1 - \frac{1}{2} + \frac{1}{3} - \frac{1}{4} + \ldots\right]. \qquad \text{(VI-2.30)}$$

Aus dem Vergleich mit der Reihenentwicklung $\ln(1 + x) = x - \frac{x^2}{2} + \frac{x^3}{3} - \frac{x^4}{4} + \ldots$ erhalten wir für $x = 1$

$$\alpha = 2\ln 2 = 1{,}3863. \qquad \text{(VI-2.31)}$$

Die Madelung-Konstante α ist strukturabhängig, sie berücksichtigt die Verteilung der positiven und negativen Ionen im Raum und damit die Stärke der strukturabhängigen, bindenden Coulomb-*WW*. Für die NaCl-Struktur ergibt sich $\alpha = 1{,}7476$, für die CsCl-Struktur $\alpha = 1{,}7627$ und für die Zinkblendestruktur (ZnS) $\alpha = 1{,}6381$.

Aus dem z. B. durch Röntgenbeugung bestimmten *GG*-Abstand und der Messung des Kompressionsmoduls K können die Konstanten a (Potenzialstärke) und b (Reichweite) des Born-Mayer-Potenzials berechnet werden. Für diese Bestimmung ergeben sich zwei Gleichungen:

1. Für die Potenzialstärke a im *GG*-Abstand fanden wir (Gl. VI-2.26):
$$a = \frac{\alpha q^2 b}{4\pi\varepsilon_0 Z R_0^2} e^{R_0/b},$$
2. Der Kompressionsmodul K kann als Funktion der Madelungkonstante α und der Reichweite b des Born-Mayer-Potenzials angegeben werden (siehe Anhang 1, Gl. VI-2.313): $K = \frac{1}{4\pi\varepsilon_0}\frac{\alpha q^2}{18 R_0^4}\left(\frac{R_0}{b} - 2\right)$.

Weiters kann die Gitterenergie eines Ionenkristalls aus Messungen der Energiebilanz beim Aufbau des Kristalls aus Atomen bestimmt werden (Born-Haber-Zyklus[15], siehe Anhang 2). Die Gitterenergie hängt stark von der Ladung der Ionen des Kristalls (ihrem Ionisierungsgrad) ab. In der folgenden Tabelle sind einige Beispiele angeführt.

Kristall	**Ionen**	**Ionisierungsgrad**	**Gitterenergie (eV) pro Ionenpaar**
NaCl	Na^+, Cl^-	1+, 1−	−8,16[16]
KCl	K^+, Cl^-	1+, 1−	−7,45
CsCl	Cs^+, Cl^-	1+, 1−	−6,93
$MgCl_2$	Mg^{2+}, 2 Cl^-	2+, 1−	−26,17
MgO	Mg^{2+}, O^-	2+, 2−	−40,32

Ionenkristalle weisen praktisch keine elektronische Leitfähigkeit auf; die Ionen können sich aber bei entsprechend hohen Temperaturen aufgrund von Gitterfehlern im Kristall bewegen und damit zu einer sehr geringen Ionenleitfähigkeit beitragen.

15 Nach Max Born (siehe Fußnote 11) und Fritz Haber (1868–1934; für seine Synthese von Ammoniak aus seinen Elementen erhielt er 1918 den Nobelpreis für Chemie).

16 = −787 kJ/mol; vergleiche dies mit den Werten der Bindungsenergien der Wasserstoff-Brückenbindung und der Van der Waals Bindung in Abschnitt 2.1.1.4.

2.1.3.2 Kovalente und metallische Kristalle

Wir haben gesehen, dass die kovalente Bindung aus Molekülorbitalen besteht, die bei entsprechender Besetzung (e^- mit antiparallelen Spins) zu einer Erhöhung der e^--Dichte zwischen den Atomen und damit zu einer Absenkung der Coulombenergie führt. Da die bindenden Orbitale (mit Ausnahme der s-Orbitale) räumlich gerichtet sind, ist die kovalente Bindung im Allgemeinen stark gerichtet. Während bei der ungerichteten Ionenbindung die dichteste Packung bevorzugt auftritt, führt die kovalente Bindung daher zu sehr unterschiedlichen Kristallen. So bildet der Kohlenstoff z. B. in sp^2-Hybridisierung den hexagonalen Graphit (die 3 koplanaren Hybridorbitale bilden C-Sechserringe in einer Ebene mit einer Bindungsenergie von 4,3 eV/Atom, die Querverbindungen sind Van der Waals-Bindungen mit nur 0,07 eV/Atom) und in sp^3-Hybridisierung die Diamantstruktur des Diamants (die vier Bindungsorbitale weisen in die Ecken eines regelmäßigen Tetraeders). Da bei der kovalenten Bindung keine freien e^- vorhanden sind, sind kovalente Kristalle Isolatoren oder Halbleiter.

Wir betrachten Si und Ge als Beispiel für kovalente Kristalle mit Diamantstruktur (vgl. Abschnitt 2.1.2.2, Abb. VI-2.14):

$$\text{Si:} \quad 1s^2 2s^2 2p^6 \underbrace{3s^2 3p^2}_{sp^3\text{-Hybrid}} \tag{VI-2.32}$$

$$\text{Ge:} \quad 1s^2 2s^2 2p^6 3s^2 3p^6 \underbrace{4s^2 4p^2}_{sp^3\text{-Hybrid}} . \tag{VI-2.33}$$

Im Diamantgitter umgibt sich jedes Atom mit vier Nachbarn (Abb. VI-2.16):

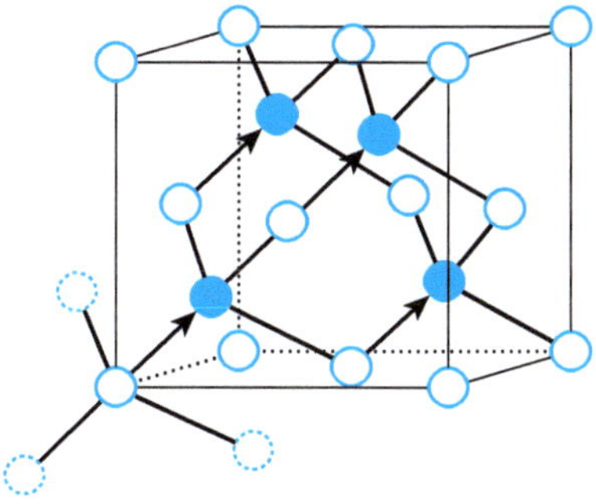

Abb. VI-2.16: Atomanordnung im Diamantgitter.

Man kann sich das Diamantgitter auch aus zwei kubisch-flächenzentrierten Gittern (siehe Abschnitt 2.2.2.3) zusammengesetzt denken, die um 1/4 der Raumdiagonale in deren Richtung versetzt sind (Pfeile in Abb. VI-2.16). Wenn die Atome durch sich berührende Kugeln angenähert werden, beträgt die Raumerfüllung 34 %.

In Metallen überlappen die Wellenfunktionen der äußersten Elektronen der Atome in der nächsten Nachbarschaft (erste Koordinationsschale, bei dichtester Packung sind das 12 Atome):

$n = 2$ 2*s*: Li, Be;
$n = 3$ 3*s*: Na, Mg; 3*p*: Al; 3*d*: Sc, Ti, V, Cr, Mn, Fe, Co, Ni Cu, Zn;
$n = 4$ 4*s*: K, Ca; 4*p*: Ga; 4*d*: Y, Zr, Nb, Mo, Tc, Ru, Rh, Pd, Ag, Cd; 4*f*: Ce, Pr, Nd, Pm, Sm, Eu, Gd, Tb, Dy, Ho, Er, Tm, Yb, Lu;
$n = 5$ 5*s*: Rb, Sr; 5*p*: In, Sn, Sb; 5*d*: La, Hf, Ta, W, Re, Os, Ir, Pt, Au, Hg; 5*f*: Th, Pa, U, Np, Am, Cm, Bk, Cf, Es, Fm, Md, No, Lr;
$n = 6$ 6*s*: Cs, Ba; 6*p*: Tl, Pb, Bi, Po; 6*d*: Ac, Rf, Db, Sg, Bh, Hs, Mt, Ds, Rg;[17]
$n = 7$ 7*s*: Fr, Ra.

Für eine mit e^- „gesättigte“ kovalente Bindung sind nicht genügend e^- vorhanden, die äußersten Valenzelektronen sind daher im ganzen Kristall „verschmiert“, wodurch sich eine Verringerung der Gesamtenergie ergibt. Für die *s*- und *p*-Metalle sind die Leitungselektronen „quasifrei“, für die *d*-Übergangsmetalle, die Lanthanoide und die Actinoide jedoch stärker bei den Ionen lokalisiert, wodurch sich ein teilweise kovalenter Bindungscharakter ergibt. Typische Bindungsenergien von Metallen liegen im Bereich von 1–3 eV/Atom. Die genaue Berechnung der Bindungsenergie von Metallen kann nur mit aufwendigen quantenmechanischen Methoden erfolgen, die elektronischen Eigenschaften dagegen können verhältnismäßig einfach beschrieben werden, da die für die Bindung verantwortlichen Valenzelektronen in den Metallen weitgehend frei beweglich sind.

Im *Sommerfeld-Modell* des „freien Elektronengases“ wird angenommen, dass die Metallionen (abgeschlossene e^--Schale) und die Valenzelektronen homogen im Metall verteilt („verschmiert“) sind und sich die Valenzelektronen daher feldfrei, d. h. wie freie Teilchen bewegen können (siehe Abschnitt 2.6.1.2). Die Valenzelektronen gehören in diesem Modell dem ganzen Kristallverband an, man spricht auch vom „Elektronengas“. In einem anderen Bild „schwimmen“ die Metallionen in einem „See der Valenz-e^-“. Im Sommerfeld-Modell werden daher Wechselwirkungen der Valenz-(Leitungs-)e^- mit dem Gitter der Metallionen sowie Streuprozesse der e^- miteinander und mit Gitterdefekten vernachlässigt; es stimmt weitgehend nur für die Alkalimetalle und die Edelmetalle. Das (nahezu) freie Wechseln der Valenz-e^- zwischen den Ionenrümpfen des Metalls (i. Allg. 1–2 e^-/Atom) führt zur hohen elektrischen Leitfähigkeit der Metalle.

---

17 Rf = Rutherfordium; Db = Dubnium; Sg = Seaborgium; Bh = Bohrium; Hs = Hassium; Mt = Meitnerium; Ds = Darmstadtium; Rg = Röntgenium.

2.2 Kristallstruktur, reziprokes Gitter, Kristallbeugung, Gitterfehler

2.2.1 Kristallgitter

Am 8. Juni 1912 publizierten Walter Friedrich (1883–1968), Paul Knipping (1883–1935) und Max von Laue[18] in den „Sitzungsberichten der Bayerischen Akademie der Wissenschaften, mathematisch-naturwissenschaftliche Klasse", S. 303, den Artikel „Interferenz-Erscheinungen bei Röntgenstrahlen". Die Arbeit stellte einerseits den Beweis dar, dass Röntgenstrahlen ins Spektrum der elektromagnetischen Wellen gehören, andererseits zeigte sie, dass ein Kristall aus einer periodischen Anordnung (einem „Gitter") von Atomen besteht.

In einem *idealen*, fehlerfreien Kristall ist die aus Atomen oder Atomgruppen bestehende *Basis* an den Punkten eines durch drei *fundamentale* (*primitive*) *Translationsvektoren* (= *Basisvektoren*) $\vec{a}, \vec{b}, \vec{c}$ bestimmten Gitters angeordnet. Für jeden Gitterpunkt ist die Anordnung der Atome der Basis (im einfachsten Fall: ein Atom) gleich, d. h. beim Gitterpunkt mit Ortsvektor $\vec{r}$ besteht die gleiche Anordnung wie bei $\vec{r}'$ mit

$$\vec{r}' = \vec{r} + \underbrace{n_1\vec{a} + n_2\vec{b} + n_3\vec{c}}_{\vec{R}} \qquad n_1, n_2, n_3 \text{ ganz.} \qquad \text{(VI-2.34)}$$

Dabei ist

$$\vec{R} = n_1\vec{a} + n_2\vec{b} + n_3\vec{c} \qquad \text{(VI-2.35)}$$

der Gittervektor (= *Gittertranslationsvektor* = *Gittertranslation*),

der das *Translationsgitter* definiert, eine regelmäßige, periodische Anordnung von Punkten im Raum (Abb. VI-2.17). Die *Kristallstruktur* ergibt sich, wenn jeder Gitterpunkt des durch den Gittervektor gegebenen (mathematischen) Gitters mit einer Basisgruppe von Atomen besetzt ist (Abb. VI-2.18):[19]

Translationsgitter + Basis = Kristallstruktur.

---

18 Für seine Entdeckung der Röntgenbeugung an Kristallen erhielt Max von Laue 1914 den Nobelpreis.

19 Die Beschreibung der Kristallstruktur ist nicht eindeutig. Wird das Translationsgitter von anderen Basisvektoren $\vec{a}', \vec{b}'$ aufgespannt, dann ist auch die Basis entsprechend abzuändern, um das vorgegebene Gitter zu erhalten.

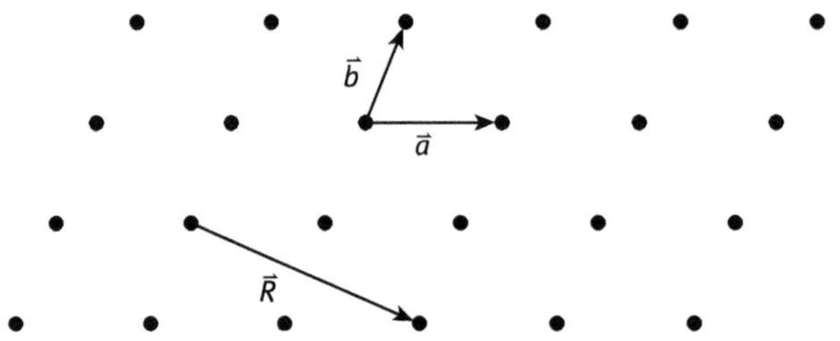

Abb. VI-2.17: Durch die Basisvektoren $\vec{a}$ und $\vec{b}$ bzw. den Gittervektor $\vec{R} = n_1\vec{a} + n_2\vec{b}$ gegebenes ebenes Gitter. Für den gezeichneten Gittervektor $\vec{R}$ gilt $\vec{R} = 2\vec{a} - \vec{b}$.

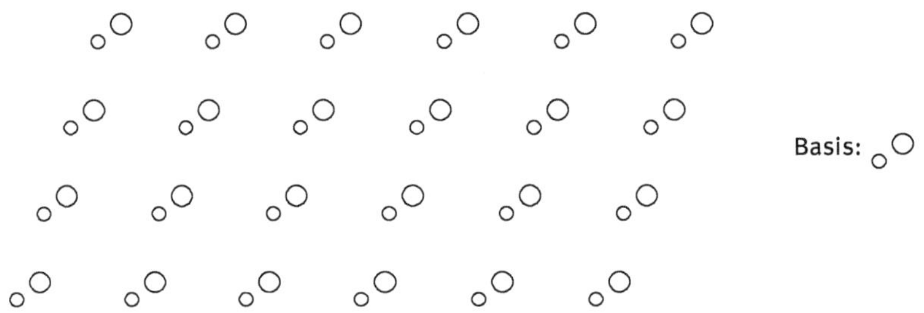

Abb. VI-2.18: Die Kristallstruktur ergibt sich, wenn jeder Gitterpunkt mit der Basis (der Basisgruppe von Atomen) besetzt ist. Im Bild: Basis aus zwei verschiedenen Atomen.

Alle speziellen Eigenschaften kristalliner Materialien kommen von dieser „topologisch ferngeordneten" Struktur mit Translationssymmetrie.[20]

Man kann sich den Kristall aus gleichartigen „Zellen", den *Einheitszellen* (= *Elementarzellen, Strukturzellen*) aufgebaut denken, die bei der Translation den ganzen Kristall erfüllen. Von einer *primitiven Elementarzelle* spricht man, wenn sie nur einen Gitterpunkt und damit nur so viele Atome wie die Basis enthält. Die primitive Elementarzelle ergibt sich als Parallelepiped der drei fundamentalen (primitiven) Basisvektoren und ihr Volumen als das Spatprodukt

$$V_c = (\vec{a} \times \vec{b}) \cdot \vec{c}\,. \tag{VI-2.36}$$

Eine primitive Elementarzelle kann für ein Gitter, das von jedem Gitterpunkt aus gleich erscheint,[21] immer auch so gebildet werden: Man halbiert die Strecken von einem beliebigen Gitterpunkt zu den nächsten benachbarten Gitterpunkten und

---

20 Translationssymmetrie bedeutet, dass eine unendlich ausgedehnte Struktur an allen Punkten, die durch eine Translation $\vec{R}$ auseinander hervorgehen, identisch erscheint.

21 Solche Gitter werden nach Auguste Bravais (1811–1863, Mitbegründer der Kristallographie) *Bravais-Gitter* genannt,

errichtet in den Halbierungspunkten Normalebenen auf die Verbindungslinien. Der kleinste von diesen Normalebenen umschlossene geometrische Körper heißt *Wigner-Seitz-Zelle*[22] und ist eine primitive Elementarzelle des entsprechenden Gitters (Abb. VI-2.19).[23] Sie enthält nur die Basis, die sie völlig umschließt (im Gegensatz zur Strukturzelle, an der mehrere Basisgruppen teilhaben können, wie z. B. im *kfz*-Gitter).

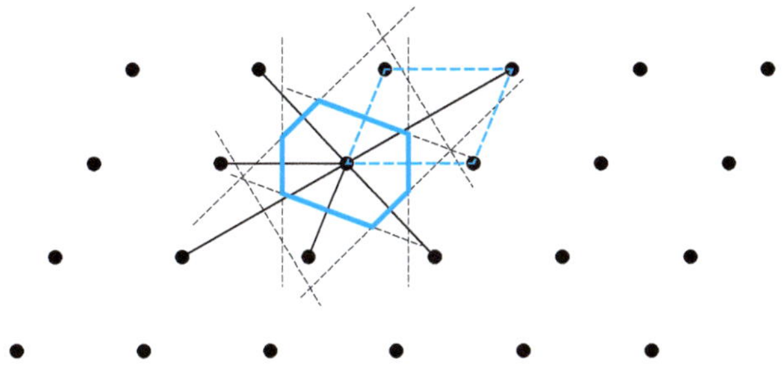

Abb. VI-2.19: Konstruktion der Wigner-Seitz-Zelle: Die Verbindungsstrecken zu den benachbarten Gitterpunkten (durchgezogen) werden halbiert und in den Halbierungspunkten die Normalebenen auf die Verbindungslinien errichtet (strichliert). Der kleinste, von den Normalebenen umschlossene geometrische Körper ist die Wigner-Seitz-Zelle des Gitters (durchgezogen blau). Blau strichliert: Einheitszelle = Strukturzelle.

Die fundamentalen Gitterarten

Neben der *Translationsoperation* geht ein Kristallgitter auch durch die Anwendung anderer *Symmetrieoperationen* wieder in sich selbst über:

1. Drehung um eine Achse durch einen Gitterpunkt. Nur Drehungen um die Winkel 2π (1-zählige Drehachse), $2\pi/2$ (2-zählig), $2\pi/3$ (3-zählig), $2\pi/4$ (4-zählig) und $2\pi/6$ (6-zählig) und ganzzahlige Vielfache davon sind möglich.[24]
2. Spiegelung an einer Ebene durch einen Gitterpunkt.

---

22 Nach Eugene Paul Wigner, 1902–1995 (ungarisch-amerikanischer Physiker, zusammen mit M. Goeppert-Mayer und J. Hans D. Jensen erhielt er 1963 den Nobelpreis für die Theorie des Atomkerns und der Elementarteilchen, besonders durch die Entdeckung und Anwendung fundamentaler Symmetrieprinzipien) und Frederick Seitz, 1911–2008 (US-amerikanischer Physiker).

23 Für die Wigner-Seitz-Zellen des kubisch-flächenzentrierten und des kubisch-raumzentrierten Gitters siehe Abschnitt 2.2.4.3.

24 1982 wurden Materialien entdeckt, die zwar scharfe Beugungspunkte (Bragg-Reflexe) erzeugen, die aber *keine Translationssymmetrie* aufweisen, sondern kristallographisch verbotene 5-zählige (Elementar-)Symmetrie besitzen. Diese „*Quasikristalle*" weisen eine große Härte und Elastizität bei gleichzeitig guter mechanischer Verformbarkeit auf. (Siehe Kapitel „Materialphysik", Abschnitt 3.3.)

3. Inversion: Drehung um π und anschließende Spiegelung an einer Ebene senkrecht zur Drehachse. Durch diese Operation geht der Gittervektor $\vec{R}$ in den Gittervektor $-\vec{R}$ über.

Abb. VI-2.20 zeigt die drei 4-zähligen, die vier 3-zähligen und die sechs 2-zähligen Drehachsen beim Würfel:

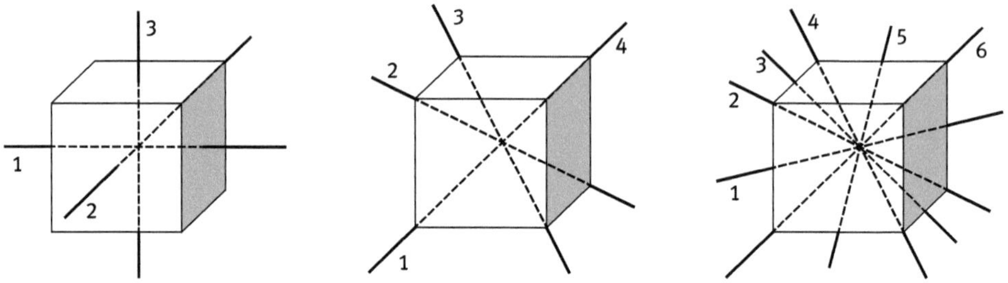

Abb. VI-2.20: Drei 4-zählige (Drehung um $\pi/4$), vier 3-zählige (Drehung um $\pi/3$) und sechs 2-zählige (Drehung um $\pi/2$) Drehachsen beim Würfel.

Diese Symmetrieoperationen ergeben in drei Dimensionen 14 verschiedene Möglichkeiten für Einheitszellen und damit für Punktgitter, die *Bravais-Gitter*, die man wieder in 7 Gittersystemen zusammenfassen kann:

Triklin, monoklin, rhomboedrisch, hexagonal, orthorhombisch, tetragonal, kubisch.

Die 14 Bravais-Gitter-Elementarzellen in den sieben Gittersystemen:[25]

Triklin (Abb. VI-2.21):

Alle Winkel und Seitenkanten der Elementarzelle sind ungleich; dieses Gitter weist daher die geringste Symmetrie aller Gitter auf.

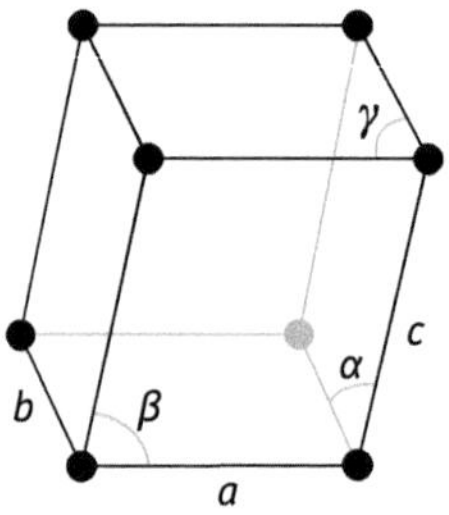

Abb. VI-2.21: Trikline Einheitszelle: $a \neq b \neq c$, $\alpha, \beta, \gamma \neq 90°$.

25 Die dargestellten Elementarzellen („Strukturzellen") sind nicht immer *primitive Elementarzellen*. Alle Bravais-Gitter können aber unter Verwendung der fundamentalen (primitiven) Basisvektoren (siehe Gl. VI-2.34) auch aus primitiven Elementarzellen geringerer Symmetrie aufgebaut werden.

Monoklin (Abb. VI-2.22):
Zwei Winkel betragen 90°, die drei Seitenkanten sind ungleich lang.

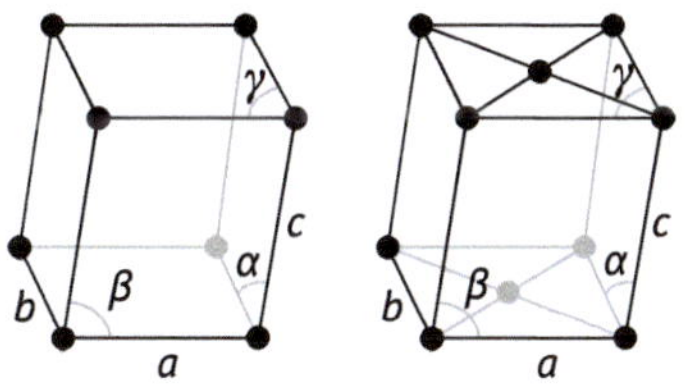

Abb. VI-2.22: Monokline Einheitszelle: $a \neq b \neq c$, $\beta \neq 90°$, $\alpha = \gamma = 90°$; links monoklin-primitiv (keine Zentrierung), rechts monoklin-basiszentriert (ein Atom im Zentrum der Basisfläche).

Rhomboedrisch (*trigonal*, Abb. VI-2.23):
Die trigonale Kristallstruktur kann im hexagonalen Gitter mit dreizähliger Symmetrie (siehe weiter unten) mit $a = b \neq c$, $\alpha = \beta = 90°$, $\gamma = 120°$ beschrieben werden. Ein Spezialfall davon ist das rhomboedrische Gitter mit drei gleich langen Seitenkanten und drei gleichgroßen Winkeln, die von 90° abweichen, d. h. $a = b = c$, $\alpha = \beta = \gamma \neq 90°$. Das System besitzt eine dreizählige Achse z_3 in einer Raumdiagonale

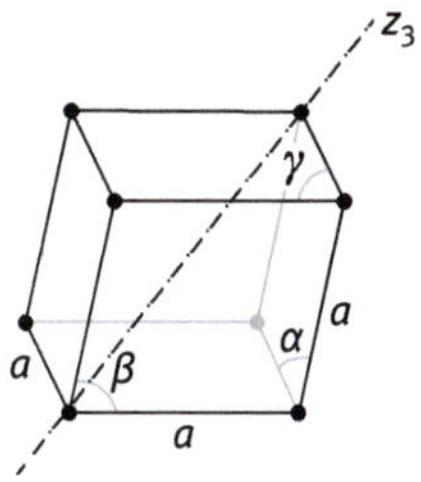

Abb. VI-2.23: Rhomboedrische Einheitszelle: $a = b = c$, $\alpha = \beta = \gamma \neq 90°$.

Hexagonal (Abb. VI-2.24):
Zwei gleich lange Seitenkanten $a = b$ im Winkel von 120°, die dritte Kante steht dazu normal.

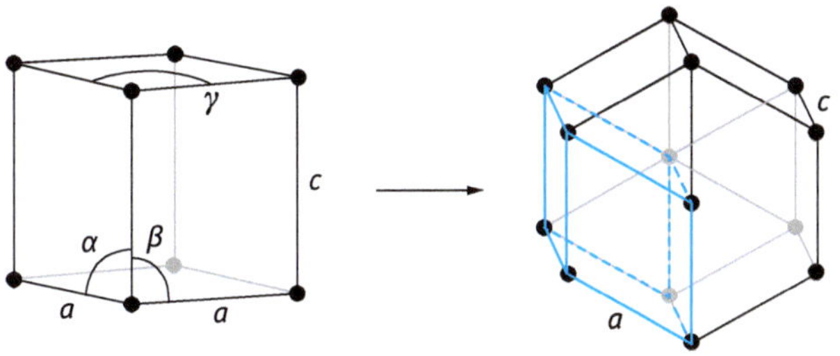

Abb. VI-2.24: Hexagonale Einheitszelle: $a = b \neq c$, $\alpha = \beta = 90°$, $\gamma = 120°$. Rechts die hexagonale Strukturzelle mit dem gleichseitigen Sechseck als Basisfläche.

Orthorhombisch (Abb. VI-2.25):
Alle Seitenkanten sind ungleich lang, die Winkel alle gleich 90°.

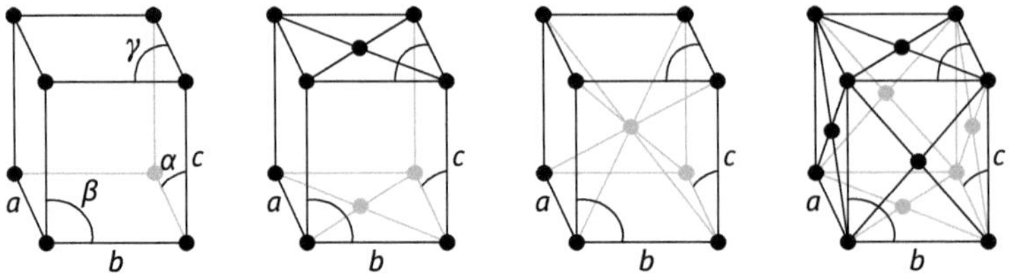

Abb. VI-2.25: Orthorhombische Einheitszelle: $a \neq b \neq c$, $\alpha = \beta = \gamma = 90°$. Von links nach rechts: Orthorhombisch-primitiv, -basiszentriert, -raumzentriert, -flächenzentriert.

Tetragonal (Abb. VI-2.26):
Zwei Seitenkanten sind gleich lang, alle Winkel gleich 90°.

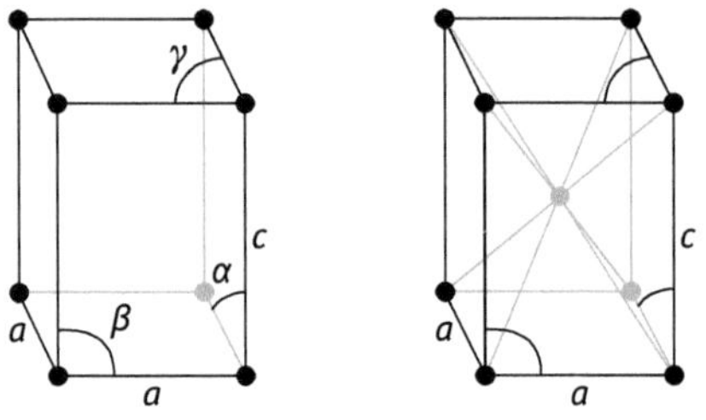

Abb. VI-2.26: Tetragonale Einheitszelle: $a = b \neq c$, $\alpha = \beta = \gamma = 90°$. Links tetragonal-primitiv; rechts tetragonal-raumzentriert.

Kubisch (*tesseral*, Abb. VI-2.27):
Gittersystem mit der höchsten Symmetrie: Drei gleich lange Seitenkanten und drei Winkel mit 90°.

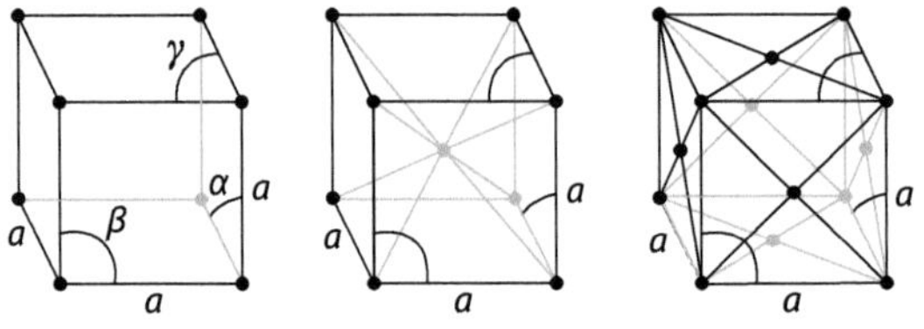

Abb. VI-2.27: Kubische Einheitszelle: $a = b = c$, $\alpha = \beta = \gamma = 90°$. Von links nach rechts: Kubisch-primitiv, kubisch-raumzentriert, kubisch-flächenzentriert.

2.2.2 Struktur einfacher Kristalle

In der einfachsten Modellvorstellung eines Kristalls sind die Atome (bzw. die Ionen im Metall oder im Ionenkristall) als *harte Kugeln* an den Gitterpunkten der Struktur so angeordnet, dass sie einander gegenseitig gerade berühren (*Modell harter Kugeln*). Drei Kristallsysteme sind von besonderer Bedeutung, da viele wichtige Metalle und Legierungen in diesen kristallisieren: kubisch-raumzentriert, hexagonal dicht gepackt und kubisch-flächenzentriert.

2.2.2.1 Die kubisch-raumzentrierte (*body centred cubic*) Struktur: *krz* (*bcc*)

Die Atome (Ionen) liegen in dieser kubischen Struktur in den „Würfelebenen" nicht dicht gepackt, sondern auf zueinander normalen Geraden („in Reihe und Glied"), man spricht daher auch von einer „offenen Struktur" (Abb. VI-2.28). Die Elementarzelle enthält 2 Atome (das zentrale Atom und je 1/8 Eckatom, Abb. VI-2.29).

Zählt man die unmittelbaren (nächsten) Nachbaratome (*nearest neighbours, NN*) in der *ersten Koordinationsschale* (ergibt die *1. Koordinationszahl* Z_1), so erhält man $Z_1 = 8$, für die übernächsten Nachbarn (*next nearest neighbours, NNN*) ergibt sich $Z_2 = 6$. In der *krz*-Struktur sind die *NNN*-Atome aber nur etwa 15 % weiter vom Aufatom entfernt als die *NN*-Atome.

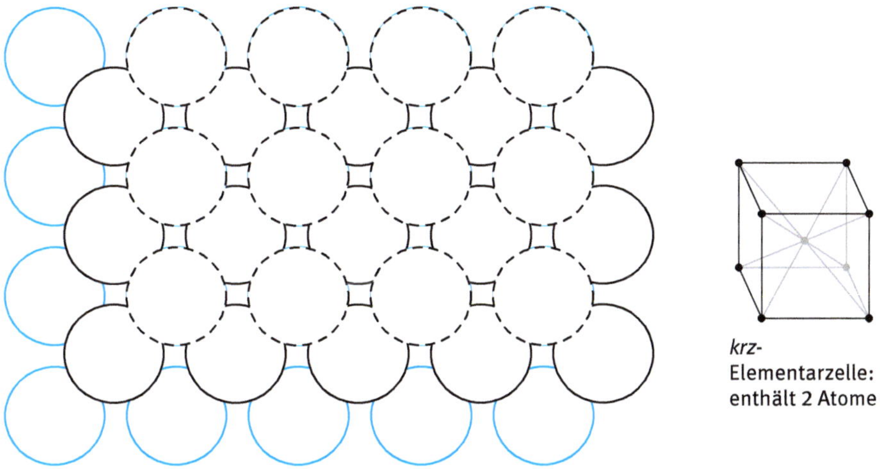

Abb. VI-2.28: Kubisch-raumzentrierte Struktur: Die Atome liegen in den *Würfelebenen* „in Reihe und Glied", *nicht* dicht gepackt (unterste Ebene: Blau); in der zweiten Ebene (schwarz, durchgezogen) liegen die Atome „auf Lücke", in der dritten (strichliert) wieder genau über den Atomen in der ersten Ebene. Die Kugeln berühren einander nur in der *Richtung* der Raumdiagonalen der kubischen Elementarzelle. Die Raumausfüllung durch einander berührende Kugeln beträgt 68 %.

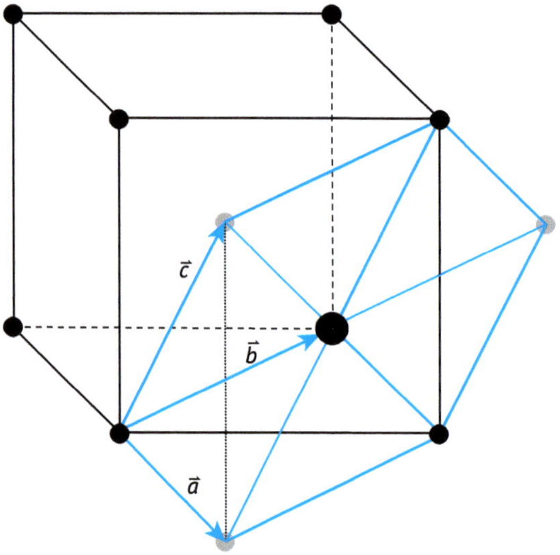

Abb. VI-2.29: Die konventionelle kubische und die aus den fundamentalen (primitiven) Translationsvektoren $\vec{a},\vec{b},\vec{c}$ aufgespannte primitive Elementarzelle (Rhomboeder mit $\alpha = 109°28'$) des kubisch-raumzentrierten Gitters (Elementarzelle mit kleinstem Volumen, nur 1/2 der kubischen Elementarzelle und nur einem Atom pro Zelle). Das *krz*-Gitter ist daher ein Bravais-Gitter.

Beispiel: Dichte von α-Eisen (Ferrit), $a = 2{,}867 \cdot 10^{-10}\,\text{m}$ (röntgenographisch bestimmt):

Die Dichte kann im Modell harter Kugeln dargestellt werden als

$$\rho = \frac{\textit{Masse der Atome in der Elementarzelle}}{\textit{Volumen der Elementarzelle}} =$$

$$= \frac{\textit{Masse H-Atom} \cdot \textit{Atomgewicht} \cdot (\textit{Atome/Zelle})}{\textit{Zellvolumen}} =$$

$$= \frac{1{,}672 \cdot 10^{-27}\,\text{kg} \cdot 55{,}845 \cdot 2}{\left(2{,}867 \cdot 10^{-10}\right)^3\,\text{m}^3} = 7{,}924 \cdot 10^3\,\text{kg}\,\text{m}^{-3}$$

Das stimmt sehr gut mit dem Literaturwert von $7{,}874 \cdot 10^3\,\text{kg}\,\text{m}^{-3}$ überein.

2.2.2.2 Die hexagonal dichtest gepackte (*hexagonal close packed*) Struktur: *hdp* (*hcp*)

Für die hexagonal dichtest gepackte Struktur werden die Atome zunächst in der untersten Ebene (*Basisebene*) dichtest aneinander gepackt gelegt, nicht auf zueinander normalen Geraden wie bei *krz*, sondern auf solchen, die einen Winkel von 60° miteinander einschließen. Die nächste Ebene wird dann „auf Lücke" gelegt und ist so wieder dichtest gepackt. In der dritten Ebene kann man sich jedoch zwischen zwei möglichen Lücken entscheiden, eine liegt wieder genau über den Atomen der ersten Ebene und führt zur hexagonal dichtest gepackten Struktur mit der Stapelfolge *ABAB* (Abb. VI-2.30); die andere mögliche Lücke führt zur ebenfalls dichtest gepackten kubisch-flächenzentrierten Struktur mit der Stapelfolge *ABCABC*. Die Elementarzelle der hexagonal dichtest gepackten Struktur mit der Stapelfolge *ABAB* enthält 2 Atome (1 Atom im Inneren und je 1/8 der 8 Eckatome, Abb. VI-2.31, Mitte). Die konventionelle hexagonale Zelle ist aus 6 gleichseitigen Prismen aufgebaut, von denen 3 ein innenzentriertes Atom besitzen (Abb. VI-2.31, links). Im Gegensatz zur kubischen Struktur mit nur einer *Gitterkonstanten*, der Seitenkante des Würfels der Elementarzelle, besitzt die hexagonale Struktur *zwei* Gitterkonstanten: a, die Seitenkanten der Prismen *in* der Basisebene, und c, die Seitenkante der Prismen *zwischen* den Basisebenen (in den Prismenflächen).

Aus geometrischen Gründen ist das Verhältnis der beiden Gitterkonstanten (c/a-Verhältnis) bei wirklich dichtester Packung festgelegt, es gilt

$$\frac{c}{a} = \sqrt{\frac{8}{3}} = 1{,}633\,. \qquad \text{(VI-2.37)}$$

Diesem idealen Verhältnis kommt die Struktur des hexagonalen Magnesium mit $\frac{c}{a} = 1{,}623$ am nächsten, bei anderen, natürlich vorkommenden Kristallen weicht es meist deutlich zu kleineren oder größeren Werten ab ($\frac{c}{a}$ (Be) $= 1{,}58$, $\frac{c}{a}$ (Co) $= 1{,}86$).

Für die Zahl der nächsten Nachbarn gilt: $Z_1 = 12$, $Z_2 = 6$.

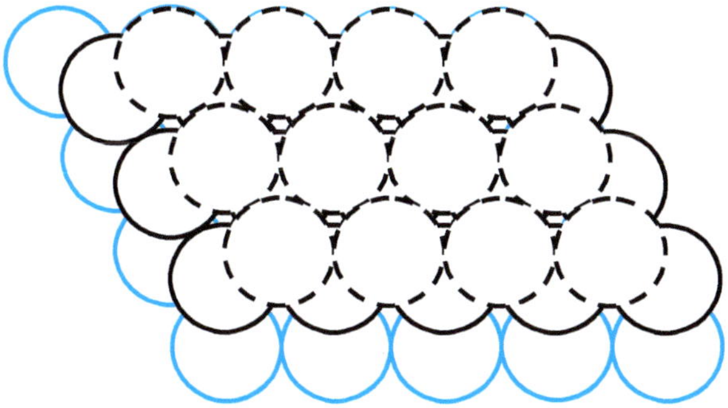

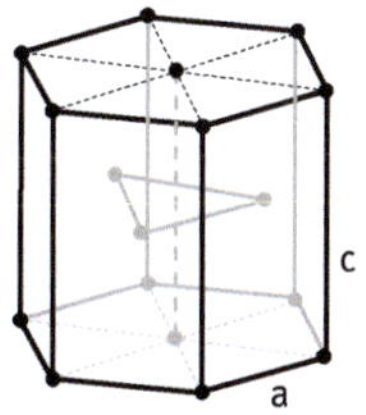

Die konventionelle hexagonale Zelle: Sie enthält 6 Atome, ist aber *keine* Elementarzelle

Abb. VI-2.30: Hexagonal dichtest gepackte Struktur (*hdp*): Die Atome liegen in der untersten Ebene (*Basisebene*, blau) dichtest gepackt; in der zweiten Ebene (schwarz, durchgezogen) liegen die Atome dichtest gepackt „auf Lücke“, in der dritten (strichliert) wieder dichtest gepackt, genau über den Atomen in der ersten Ebene. Stapelfolge: *ABAB*... . Die Raumausfüllung durch sich berührende harte Kugeln beträgt 74 %.

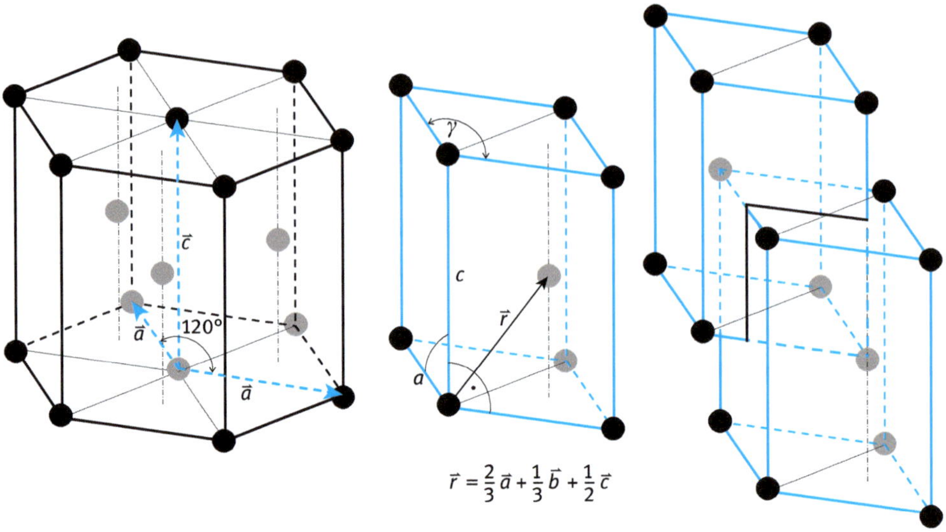

Abb. VI-2.31: Die konventionelle Zelle des hexagonal dichtest gepackten Gitters (links) und die von den fundamentalen Translationsvektoren $\vec{a},\vec{b},\vec{c}$ aufgespannte kleinste Elementarzelle (Rhomboeder mit $\gamma = 120°$ und einer Basis aus 2 Atomen (inneres Atom bei $(\frac{2}{3}\frac{1}{3}\frac{1}{2})$) des hexagonal dichtest gepackten Gitters (Mitte). Das *hdp*-Gitter besteht aus zwei ineinander geschachtelten hexagonal primitiven Gittern, die gegeneinander vertikal um $c/2$ und horizontal um $(\frac{2}{3}\,\vec{a} + \frac{1}{3}\,\vec{b})$, insgesamt also um $\vec{r}$ verschoben sind (rechts).
Achtung: Das hexagonal dichtest gepackte Gitter ist *kein* Bravais-Gitter, seine kleinste Elementarzelle enthält eine Basis aus zwei Atomen. Das einfache hexagonale Gitter ohne Innenatom ist jedoch ein Bravais-Gitter mit den fundamentalen (primitiven) Gittervektoren $\vec{a},\vec{b},\vec{c}$ $(a = b \neq c)$.

2.2.2.3 Die kubisch-flächenzentrierte (*face centred cubic*) Struktur: *kfz* (*fcc*)

Bei der kubisch-flächenzentrierten Struktur wird in die dritte der dichtest gepackten Ebenen nicht wieder über die Atome der ersten Ebene gelegt, sondern in eine neue Lücke, sodass sich die Stapelfolge *ABCABC*... ergibt (Abb. VI-2.32). Die (nichtprimitive) Elementarzelle dieser Struktur enthält 4 Atome (je 1/8 der 8 Eckatome und je 1/2 der 6 flächenzentrierten Atome, Abb. VI-2.33). Für die nächsten Nachbarn gilt wie bei der *hdp*-Struktur: $Z_1 = 12$, $Z_2 = 6$. Vertreter dieser wichtigen kubisch-flächenzentrierten Struktur sind die Edelmetalle Cu, Ag, Au, aber auch Ni und γ-Fe.

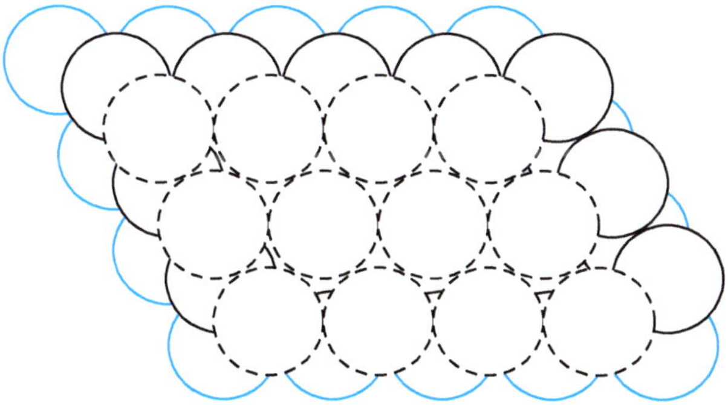

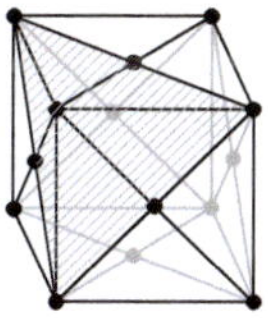

Abb. VI-2.32: Kubisch flächenzentrierte Struktur: Die Atome liegen in der untersten Ebene (*Würfelebene*, blau) dichtest gepackt; in der zweiten Ebene (schwarz, durchgezogen) liegen die Atome dichtest gepackt „auf Lücke", in der dritten (strichliert) wieder dichtest gepackt „auf Lücke", aber diesmal *nicht* über den Atomen in der ersten Ebene, sondern in einer neuen Lücke. Stapelfolge: *ABCABC*... . Die Raumausfüllung durch sich berührende Kugeln beträgt 74 %, wie beim *hdp*-Gitter.

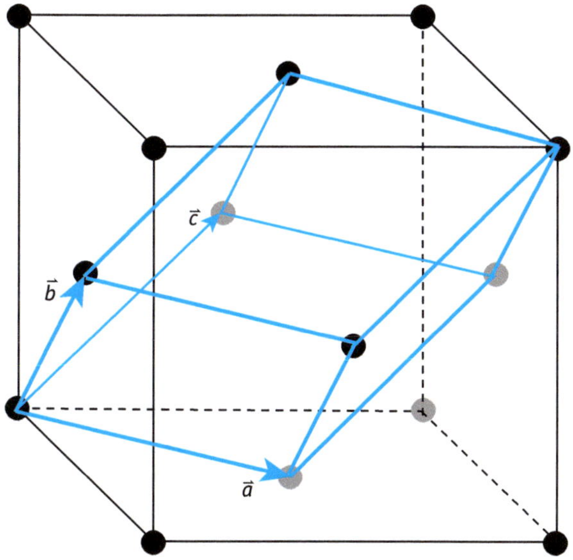

Abb. VI-2.33: Die konventionelle kubische und die aus den fundamentalen (primitiven) Translationsvektoren $\vec{a}, \vec{b}, \vec{c}$ aufgespannte primitive Elementarzelle (Elementarzelle mit kleinstem Volumen mit nur einem Basisatom, nur 1/4 der kubischen Elementarzelle, Rhomboeder mit $\alpha = 60°$) des kubisch flachenzentrierten Gitters. Das *kfz*-Gitter ist daher ein Bravais-Gitter, da es aus primitiven Elementarzellen aufgebaut werden kann.

2.2.3 Kristallographische Ebenen und Richtungen

Die Punkte des Kristallgitters spannen eine Vielzahl von Gitterebenen auf. Eine nützliche Vorstellung ist, sich den Kristall aus solchen parallelen Gitterebenen, den *Netzebenen*, aufgebaut zu denken. Jedes Kristallgitter kann aus einem Satz von Netzebenen aufgebaut werden (Abb. VI-2.34).

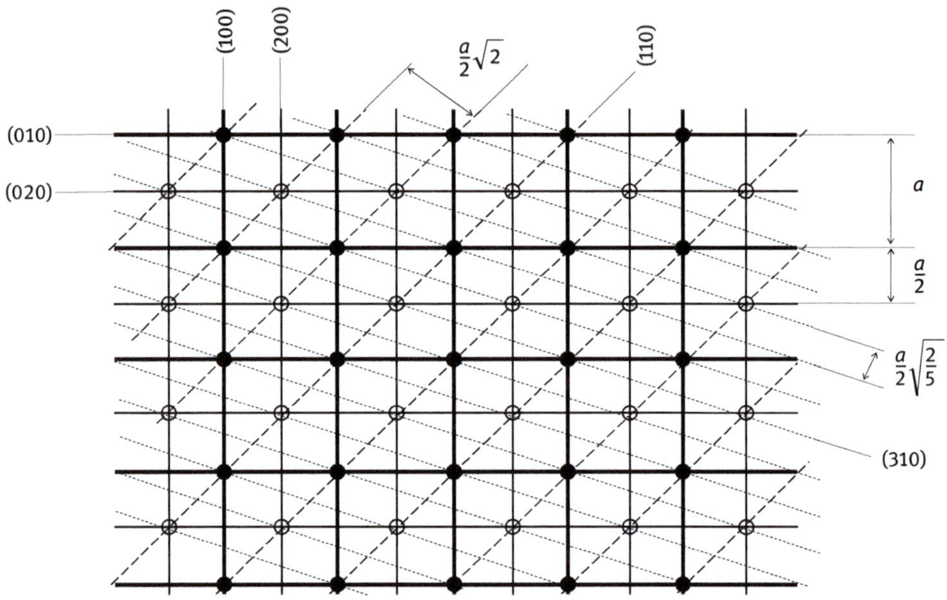

Abb. VI-2.34: Blick auf ein kubisch-raumzentriertes Gitter. Die Atome der obersten Netzebene sind als volle Kreise dargestellt, die der darunterliegenden Ebene als offene Kreise. Die Spuren aller Würfelebenen ((100)- und (010)-Ebenen) sind dick durchgezogen, jene der Ebenen, die auch die innenzentrierten Atome erfassen (die (200)-Ebenen) sind dünn durchgezogen. Strichliert: Spuren der höher indizierten Ebenen ((110)- und (310)-Ebenen); sie weisen einen mit höherer Indizierung geringeren Abstand bei gleichzeitig abnehmender Belegungsdichte mit Atomen auf.

Konvention zur Kennzeichnung von Gitterebenen: Die *Millerschen Indizes*

Mit den Millerschen Indizes (nach William Hallowes Miller, 1801–1880, Britischer Mineraloge und Kristallograph) in runden Klammern (*hkl*) wird eine Gitterebene gekennzeichnet (Abb. VI-2.35), die durch die drei Punkte $\frac{1}{h}\vec{a}$, $\frac{1}{k}\vec{b}$ und $\frac{1}{l}\vec{c}$ gegeben ist, wobei $\vec{a},\vec{b},\vec{c}$ die drei Basisvektoren (fundamentale Translationsvektoren) des Gitters sind. Die Ebene schneidet somit die Basisvektoren beim Kehrwert des jeweiligen Index. Der Index 0 bezeichnet daher einen Schnittpunkt im Unendlichen, die Ebene ist zu diesem Basisvektor parallel. Daraus ergibt sich folgende Vorschrift zur Bestimmung der Millerschen Indizes einer beliebigen Ebene:

1. In welchen Punkten schneidet die Ebene die Kristallachsen in Einheiten der Basislängen a,b,c, wenn die Ebene durch irgendeinen Gitterpunkt gelegt wird?
2. Man bildet den Kehrwert der drei Abschnitte und bringt auf kleinsten gleichen Nenner.
3. Die drei Zähler sind dann die Millerschen Indizes h,k,l, die dann teilerfremd sind.[26]

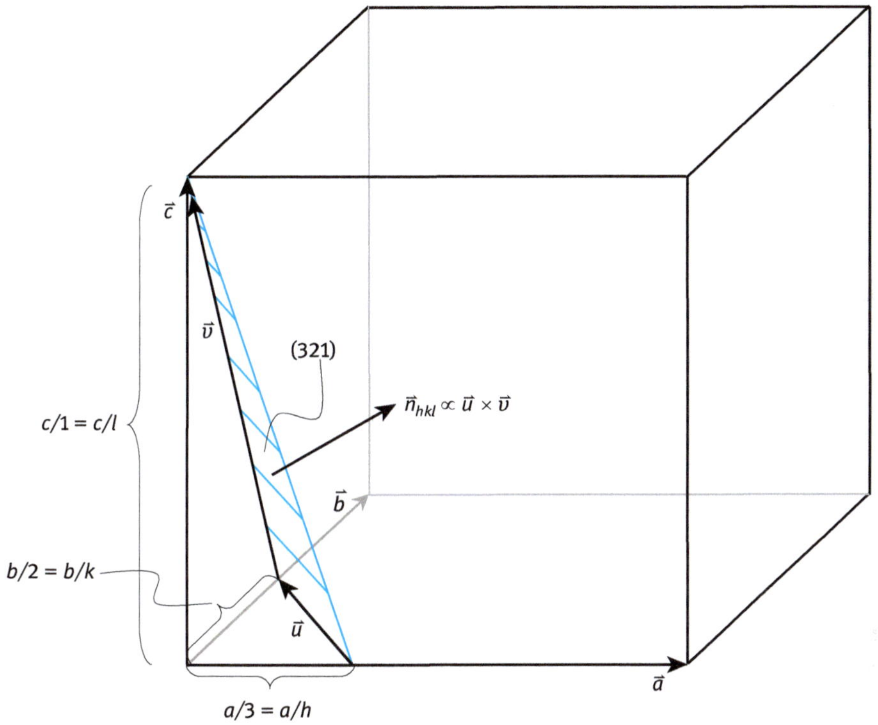

Abb. VI-2.35: Kennzeichnung einer Gitterebene mit den Millerschen Indizes: In welchem Punkt schneidet die Ebene die Basisvektoren $\vec{a},\vec{b},\vec{c}$? Oben gilt dafür $a/3$, $b/2$, $c/1$. Man bildet den Kehrwert dieser drei Abschnitte, bringt auf gleichen Nenner und nimmt dann die Zähler als Millersche Indizes. Im obigen Beispiel ($a = b = c$) ergibt sich als Indizierung: (321); diese Gitterebene ist damit eine (321)-Ebene. Hätten wir die Ebene z. B. durch den Eckpunkt von $2\vec{b}$ gelegt, dann wären die Achsenabschnitte $\frac{4}{3}, 2, 4 \Rightarrow$ Kehrwerte $\frac{3}{4}, \frac{1}{2}, \frac{1}{4}$ oder $\frac{3}{4}, \frac{2}{4}, \frac{1}{4} \Rightarrow (hkl) = (321)$ wie zuvor bei der durch den Endpunkt von $\vec{c}$ gelegten Ebene.

---

26 Die Achsenabschnitte von Gitterebenen sind wegen des diskreten Gitteraufbaus immer rationale Verhältnisse der Einheitslängen a, b, c, ebenso daher ihre Kehrwerte. Werden diese auf gleichen kleinsten Nenner gebracht, dann sind die Zähler ganze, teilerfremde Zahlen. Wie wir später sehen werden (siehe Abschnitt 2.2.4 und 2.2.5), werden jedoch auch nicht-teilerfremde Millersche Indizes verwendet (z. B. die Netzebenenschar (200) in Abb. VI-2.34).

Im kubischen Gitter ($a = b = c$) steht der Vektor $\{h,k,l\}$ senkrecht auf der Ebene (h,k,l). Zum Beweis berechnen wir mit den Vektoren $\vec{u} = -\frac{1}{h}\vec{e}_1 + \frac{1}{k}\vec{e}_2$ und $\vec{v} = \frac{1}{l}\vec{e}_3 - \frac{1}{k}\vec{e}_2$ (siehe Abb. VI-2.35) den Flächennormalenvektor $\vec{n}_{hkl} = \vec{u} \times \vec{v} = \frac{\vec{e}_2}{hl} + \frac{\vec{e}_3}{hk} + \frac{\vec{e}_1}{kl} = \frac{1}{hkl}(h\vec{e}_1 + k\vec{e}_2 + l\vec{e}_3)$ unter Verwendung von $\vec{e}_1 \times \vec{e}_2 = \vec{e}_3$ etc. ⇒ der Vektor $\{h,k,l\}$ bzw. die Richtung $[hkl]$ ist normal zur Ebene (hkl).[27]

Die Millerschen Indizes bezeichnen nicht *eine* ganz bestimmte Ebene, sondern eine ganze Schar paralleler Gitterebenen, denn die Multiplikation der Achsenabschnitte einer Ebene mit einer ganzen Zahl ergibt keine neuen Millerschen Indizes. Dies zeigt Abb. VI-2.36 am Beispiel der (321)-Ebene:

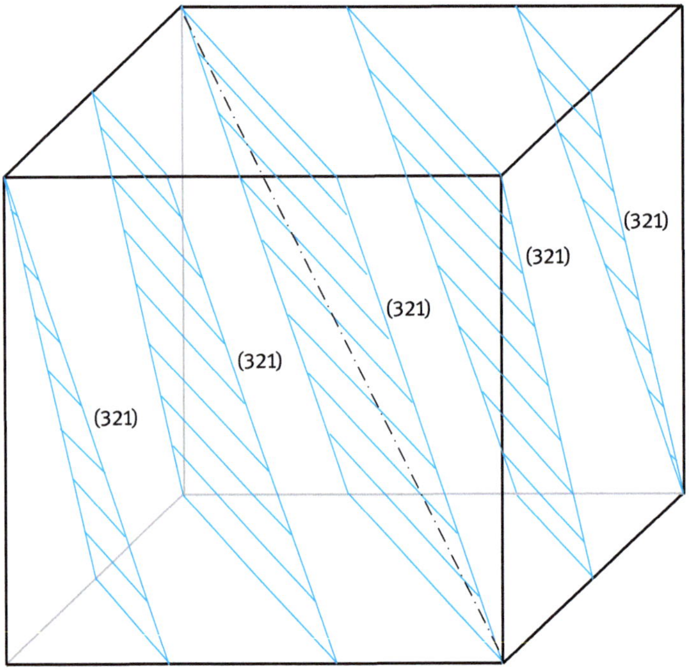

Abb. VI-2.36: Der Satz der (321) Ebenen im kubischen Gitter; er enthält eine Raumdiagonale der kubischen Elementarzelle (strichpunktiert). Denn: Richtungsvektor $\vec{k}$ der Raumdiagonale $\vec{k} = \{-1,1,1\}$. Flächennormalenvektor: $\vec{n}_{321} = \{3,2,1\} \Rightarrow \vec{k} \cdot \vec{n}_{321} = -3 + 2 + 1 = 0 \Rightarrow$ Die Raumdiagonale $\vec{k}$ steht senkrecht auf die Flächennormale $\vec{n}_{321}$, liegt daher in der Fläche (321).

27 Eine Richtung wird in der Kristallographie durch die in eckigen Klammern geschriebenen teilerfremden Projektionen eines Vektors in dieser Richtung auf die drei Achsen angegeben (siehe Ende dieses Abschnittes).

Abb. VI-2.37 zeigt einige wichtige Ebenen des kubischen Gitters und ihre Kennzeichnung durch die Millerschen Indizes. Die Ebenen sind stets zu jener Achse parallel, deren Miller-Index Null ist.

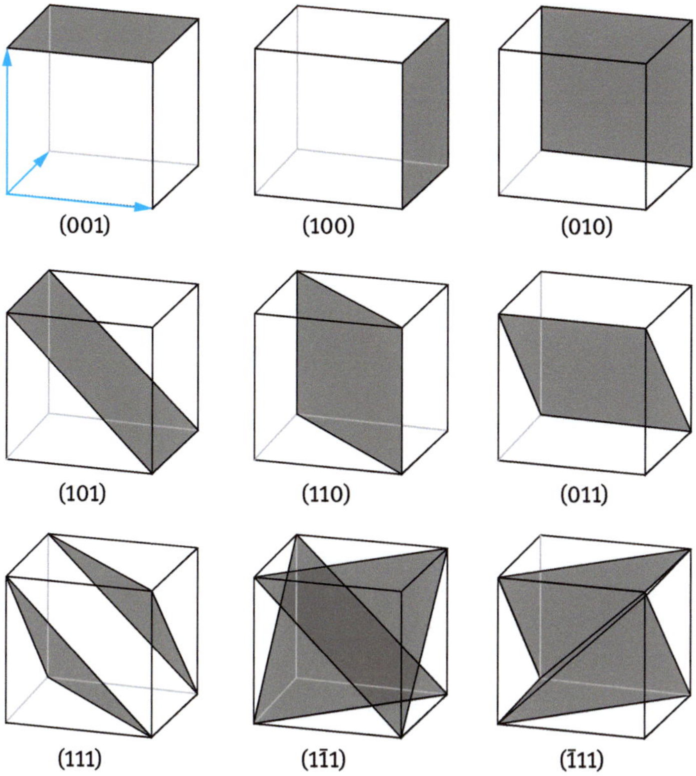

Abb. VI-2.37: Kennzeichnung einiger wichtiger Gitterebenen im kubischen Gitter durch Millersche Indizes. Die Ebenen sind stets zu jener Achse parallel, deren Miller-Index Null ist. (Nach Wikipedia.)

Die Würfelflächen des kubischen Gitters sind zu zwei Achsenrichtungen parallel (Index 0) und zu einer Richtung normal (Index 1); Beispiel: Die (100)-Ebene ist zu $\vec{b}$ und $\vec{c}$ parallel und normal zu $\vec{a}$. Die (110)-Ebene steht normal auf der Flächendiagonale der kubischen Elementarzelle, die (111)-Ebene normal auf deren Raumdiagonale (Abb. VI-2.38):

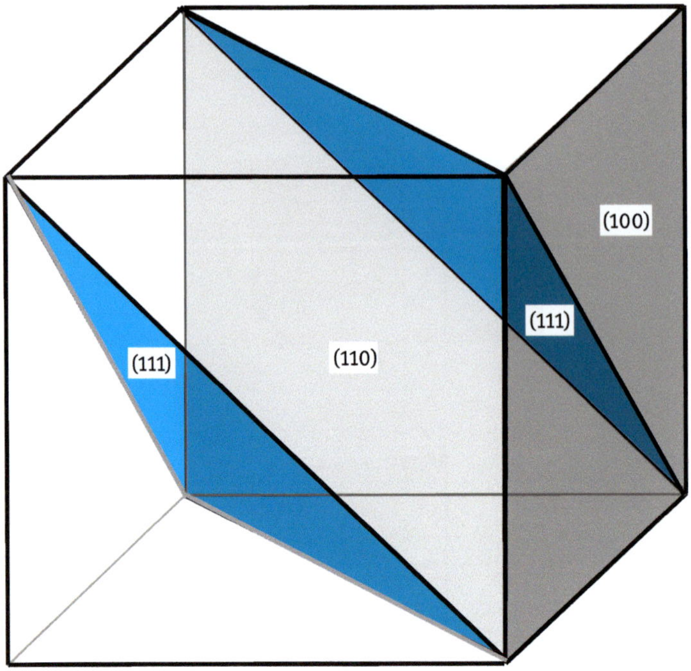

Abb. VI-2.38: Die wichtigsten Ebenen im kubischen Gitter:
(100)-Ebene, charakterisiert die Würfelflächen, die normal auf den Achsen stehen;
(110)-Ebene, normal auf die Flächendiagonale;
(111)-Ebene („Oktaederflächen"), normal auf die Raumdiagonale.

Die Gesamtheit der symmetrieäquivalenten Flächen $\{hkl\}$ wird als *Flächenform* bezeichnet. So steht {100} für den Satz der 3 symmetrieäquivalenten Würfelflächen: (100), 010), (001). Entsprechend den möglichen Permutationen der drei Millerschen Indizes und den drei Raumrichtungen gibt es folgende *Sätze äquivalenter Gitterebenen*:

$h \neq k \neq l$	→	24	Beispiel: (321)
$h = k \neq l; h,k,l \neq 0$	→	12	Beispiel: (112)
$h = k, l = 0; h,k \neq 0$	→	6	Beispiel: (110)
$h = k = l; h,k,l \neq 0$	→	4	Beispiel: (111)
$h = k = 0; l \neq 0$	→	3	Beispiel: (001).

Wichtig ist auch der Abstand d der kristallographischen Ebenen, denn er kann aus der Röntgenbeugung (Braggbedingung für konstruktive Interferenz: $n \cdot \lambda = 2d \cdot \sin\theta$, siehe Abschnitt 2.2.5.2, Gl. VI-2.56) bestimmt werden (vgl. auch Band V, Kapitel „Quantenoptik", Abschnitt 1.4. Gl. V-1.65), da er mit der Gitterkonstante zusammenhängt. Wir betrachten im kubischen Gitter den Abstand der wichtigsten Ebenen:

(100)-Ebenen (Würfelflächen): $d = a$ (a = Gitterkonstante)

(110)-Ebenen: $d = \frac{a}{2}\sqrt{2}$

(111)-Ebenen: $d = \frac{a}{3}\sqrt{3}$.

Allgemein gilt für ein kubisches Gitter:

$$d_{hkl} = \frac{a}{\sqrt{h^2 + k^2 + l^2}}$$ *Netzebenenabstand im kubischen Gitter.* (VI-2.38)

Die Netzebenenabstände für die anderen Gittersysteme sind in Anhang 3 zusammengestellt.[28]

Grundsätzlich lässt sich sagen: Für niedere Indextripel ist der Ebenenabstand groß, im kubischen Gitter maximal für die (100)-Ebenen, und sinkt mit größer werdenden Zahlen im Indextripel.

Gitterrichtungen werden als Linearkombination der Basisvektoren $\vec{a},\vec{b},\vec{c}$ festgelegt, z. B. $\vec{R} = p\vec{a} + q\vec{b} + s\vec{c}$. Kürzer schreibt man einfach die Faktoren in eckigen Klammern: $[pqs]$. Die Gitterrichtung $[hkl]$ steht (nur) im kubischen Gitter auf den Ebenen (hkl) normal (siehe Abb. VI-2.35).

2.2.4 Das reziproke Gitter (*reciprocal lattice*)

Einerseits kann eine Ebenenschar, d. h. auch eine Schar paralleler Gitterebenen, durch *einen* Normalvektor (Vektor steht auf die Ebenen normal) charakterisiert werden. Andererseits liefert die Röntgenbeugung von der Schar paralleler Netzebenen eines Einkristalls genau *einen* Beugungspunkt. Dieser Zusammenhang führt uns zum Begriff des *reziproken Gitters*, einem unentbehrlichen mathematischen Hilfsmittel der *FKP*, das uns auch von den Beschränkungen auf kubische Gitter befreit.

2.2.4.1 Konstruktion des reziproken Gitters

Wir wollen zunächst eine einfache Vorschrift zur Konstruktion des reziproken Gitters entwickeln. Dazu betrachten wir die *Braggsche Beugungsbedingung* (siehe 2.2.5.2, Gl. VI-2.56)

28 Allgemein kann man den Netzebenenabstand mit Hilfe der reziproken Gittervektoren (siehe Abschnitt 2.2.4.2, Gl. VI-2.49) angeben: $d_{hkl} = \frac{2\pi}{\left|h\vec{a}^* + k\vec{b}^* + l\vec{c}^*\right|}$.

$$n \cdot \lambda = 2d \sin\theta$$

n ... Ordnung der Beugung, λ ... Wellenlänge, d ... Netzebenenabstand, θ ... Glanzwinkel (siehe Abschnitt 2.2.5.2, Abb. Abb. VI-2.49).

Für eine feste Wellenlänge λ ergibt sich daraus $\sin\theta \propto \frac{1}{d}$. Wir vereinbaren daher als Vorschrift für die Konstruktion des reziproken Gitters:

i Um zu einem bestimmten Punkt des reziproken Gitters zu gelangen, tragen wir von einem Punkt aus, wir bezeichnen ihn mit (000), auf einer Normalen zur Netzebene den Betrag $\frac{2\pi}{d_{hkl}}$ auf.[29]

Wir beginnen mit einem einfachen Beispiel und betrachten die Spuren der Ebenenscharen (100) und (200) und die zugehörigen reziproken Gitterpunkte, die entsprechend der obigen Vorschrift konstruiert wurden (Abb. VI-2.39):

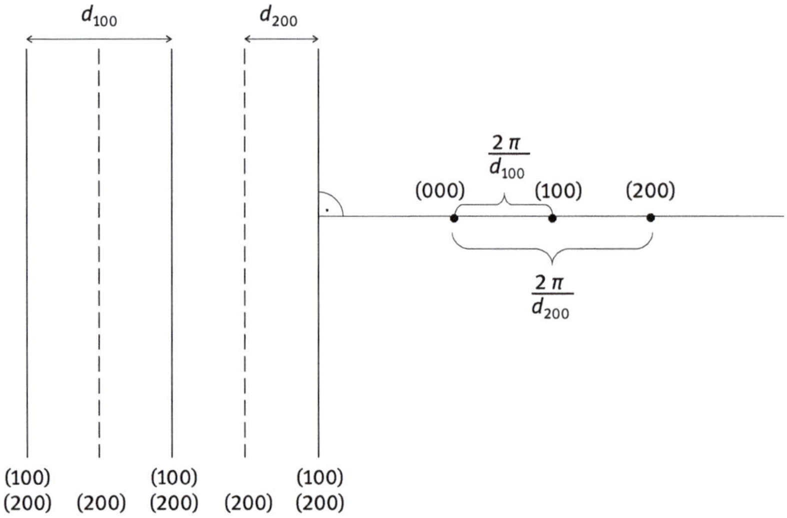

Abb. VI-2.39: Zur Konstruktion des reziproken Gitters. Die Abbildung zeigt schematisch die Spuren der Ebenenscharen (100) und (200) und die Konstruktion der zugehörigen reziproken Gitterpunkte.

29 Während in der Kristallographie die Länge $1/d$ für den kürzesten Normalvektor zur Beschreibung eines Satzes von Gitterebenen verwendet wird, betrachtet man in der Festkörperphysik meist den $\vec{k}$-Raum mit den Normalvektoren der Länge $2\pi/d$. Die Begründung wird in Abschnitt 2.2.5.4 näher ausgeführt: Lässt man ebene Wellen mit dem Wellenvektor $\vec{k}$ auf ein (Bravais-)Gitter fallen, so können für bestimmte Richtungsänderungen $\overrightarrow{\Delta k}$ Beugungspunkte entstehen. Die Gesamtheit aller dieser $\overrightarrow{\Delta k}$-Vektoren stellt das reziproke Gitter dar.

Weitere Punkte auf dieser Normalenrichtung ergeben sich für d_{300}, d_{400} usw.

Jetzt betrachten wir ein monoklin-primitives Gitter mit den Basisvektoren $\vec{a}$ und $\vec{b}$ in der Papierebene und $\vec{c}$ aus der Papierebene heraus und konstruieren entsprechend unserer Vorschrift das reziproke Gitter (Abb. VI-2.40):

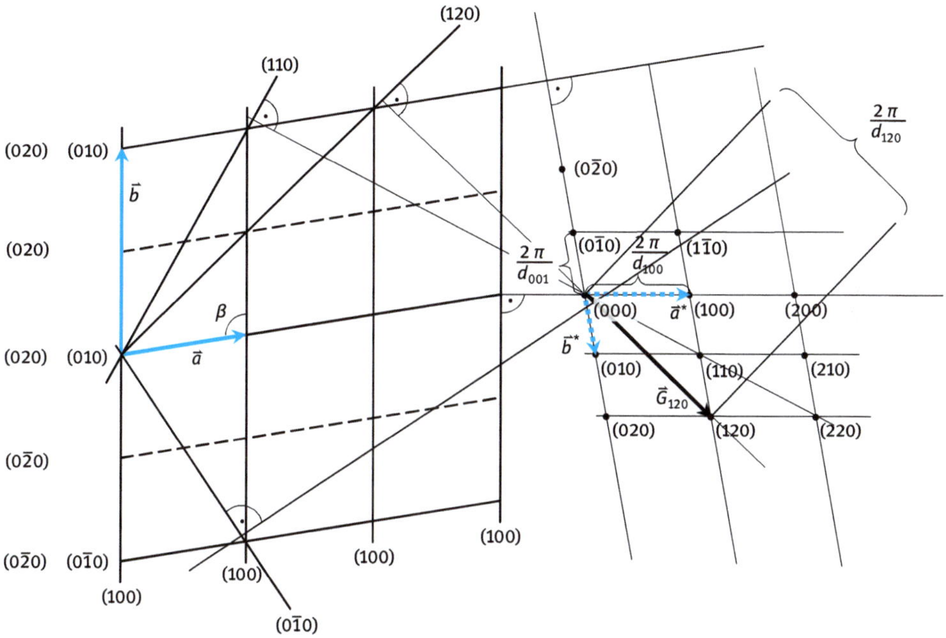

Abb. VI-2.40: Netzebenen im „direkten" Gitter = Raumgitter (links) und daraus konstruiertes reziprokes Gitter (rechts). Links sind einige Spuren der Ebenen vom Typ (*hk*0) gezeichnet, sie sind alle parallel zu $\vec{c}$, d. h. zur *z*-Achse. Jedem Punkt des reziproken Gitters rechts entspricht eine Netzebenenschar links.

Wir stellen fest:

Dem „direkten" Bravais-Gitter im realen Raum mit der Dimension (Länge)^3 entspricht das reziproke Gitter im reziproken Raum („Fourier-Raum") mit der Dimension (Länge)$^{-3}$.

i

2.2.4.2 Basis- und Gittervektoren des reziproken Gitters

Wir betrachten eine Einheitszelle des direkten Gitters mit den Basisvektoren $\vec{a},\vec{b},\vec{c}$ (Abb. VI-2.41):

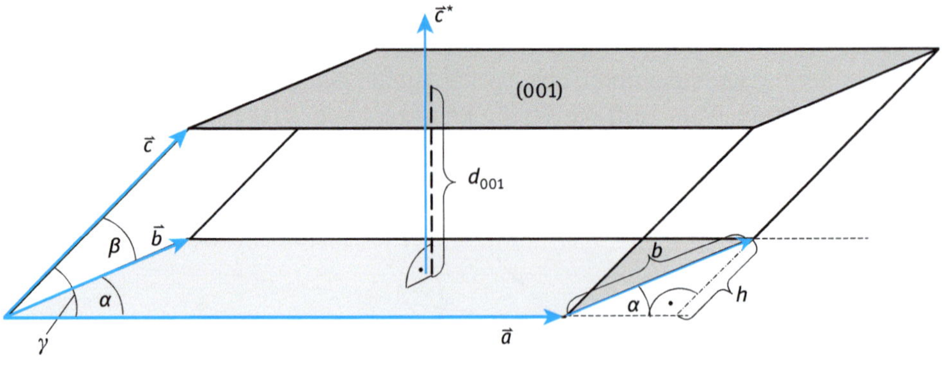

Abb. VI-2.41: Primitive Einheitszelle des direkten Gitters mit den Basisvektoren $\vec{a},\vec{b},\vec{c}$.

Für das Volumen V der primitiven Elementarzelle gilt mit $h = b \sin \alpha$

$$V = a \cdot h \cdot d_{001} = a \cdot b \cdot \sin \alpha \cdot d_{001} = \left|\vec{a} \times \vec{b}\right| \cdot d_{001} = (\vec{a} \times \vec{b}) \cdot \vec{c} \tag{VI-2.39}$$

und damit für den Reziprokwert des Netzebenenabstands (001)

$$\frac{1}{d_{001}} = \frac{\left|\vec{a} \times \vec{b}\right|}{V} . \tag{VI-2.40}$$

Jede Netzebenenschar kann durch einen Normalvektor gekennzeichnet werden; wir nehmen hier zur Kennzeichnung der (001)-Ebene den Normalvektor mit der Länge $2\pi/d$. Ist $\vec{n} = \frac{\vec{a} \times \vec{b}}{\left|\vec{a} \times \vec{b}\right|}$ der Einheitsvektor in der Normalenrichtung, dann gilt:

$$\vec{c}^* = \vec{n} \cdot \frac{2\pi}{d_{001}} = 2\pi \frac{\vec{a} \times \vec{b}}{V} . \tag{VI-2.41}$$

Analog können wir für die anderen zwei Ebenen der primitiven Elementarzelle verfahren und erhalten so die *fundamentalen Translationsvektoren* (*Basisvektoren*) des reziproken Gitters, wobei wir für das Volumen der Elementarzelle entsprechend

$$V = \vec{a}(\vec{b} \times \vec{c}) = \vec{b}(\vec{c} \times \vec{a}) = \vec{c}(\vec{a} \times \vec{b}) \tag{VI-2.42}$$

immer $\vec{a}(\vec{b} \times \vec{c})$ schreiben können:

$$\vec{a}^\star = 2\pi \frac{\vec{b} \times \vec{c}}{\vec{a}(\vec{b} \times \vec{c})}, \vec{b}^\star = 2\pi \frac{\vec{c} \times \vec{a}}{\vec{a}(\vec{b} \times \vec{c})}, \vec{c}^\star = 2\pi \frac{\vec{a} \times \vec{b}}{\vec{a}(\vec{b} \times \vec{c})} \qquad \text{(VI-2.43)}$$

Basisvektoren des reziproken Gitters.

Daraus folgen sofort die wichtigen *Dualitätsrelationen*[30], die direktes und reziprokes Gitter verknüpfen:

$$\vec{a}^\star \cdot \vec{a} = \vec{b}^\star \cdot \vec{b} = \vec{c}^\star \cdot \vec{c} = 2\pi \qquad \text{(VI-2.44)}$$

und

$$\vec{a} \cdot \vec{b}^\star = \vec{a} \cdot \vec{c}^\star = \vec{b} \cdot \vec{a}^\star = \vec{b} \cdot \vec{c}^\star = \vec{c} \cdot \vec{a}^\star = \vec{c} \cdot \vec{b}^\star = 0\,. \qquad \text{(VI-2.45)}$$

Schreibt man die Basisvektoren des direkten und des reziproken Gitters $\vec{a},\vec{b},\vec{c}$ und $\vec{a}^\star,\vec{b}^\star,\vec{c}^\star$ als $\vec{a}_i$ und $\vec{a}_j^\star$ mit $i,j = 1,2,3$ und verwendet das *Kronecker Symbol* δ mit $\delta_{ij} = 1$ für $i = j$ und $\delta_{ij} = 0$ für $i \neq j$, so ergibt sich als *Dualitätsrelation*:

$$\vec{a}_i \cdot \vec{a}_j^\star = 2\pi \cdot \delta_{ij}\,. \qquad \text{(VI-2.46)}$$

Bilden wir eine Linearkombination der Basisvektoren des reziproken Gitters, so erzeugen wir damit die Punkte des reziproken Gitters ganz analog wie beim „direkten“ Gitter:

$$\vec{G} = h\vec{a}^\star + k\vec{b}^\star + l\vec{c}^\star \qquad \textit{Gittervektor des reziproken Gitters.}^{31} \qquad \text{(VI-2.47)}$$

Mit Hilfe des reziproken Gitters kann jeder Satz von Gitterebenen charakterisiert werden, denn die aus den reziproken Basisvektoren gebildeten reziproken Gittervektoren (festgelegt durch die Punkte des reziproken Gitters) beschreiben vollständig einen Satz von Ebenen, ihre Orientierung und ihren Abstand voneinander:

i

Für jeden Satz von Netzebenen im Abstand d gibt es reziproke Gittervektoren normal auf diese Ebenen, deren kürzester die Länge $2\pi/d$ hat. Umgekehrt gibt

---

30 Die jeweiligen Kreuzprodukte im Zähler der reziproken Basisvektoren sind parallel zum entsprechenden direkten Basisvektor, stehen aber normal auf den anderen.
31 Im „direkten“ Gitter galt für den Gittervektor $\vec{R} = n_1\vec{a} + n_2\vec{b} + n_3\vec{c}$.

es für jeden Vektor des reziproken Gitters einen entsprechenden Satz von Netzebenen im direkten Gitter.

Wenn zur Kennzeichnung einer Netzebenenschar der *kürzeste* reziproke Gittervektor verwendet wird, ergibt sich eine andere Möglichkeit der Darstellung der Millerschen Indizes:

Die Millerschen Indizes (*hkl*) einer Gitterebene sind die Komponenten des kürzesten reziproken Gittervektors, der auf diese Ebene normal steht.[32]

Damit gilt:

$$\text{Ebene } (hkl) \perp \vec{G}_{hkl} = (h\vec{a}^* + k\vec{b}^* + l\vec{c}^*)\,. \tag{VI-2.48}$$

Als Beispiel ist in der Zeichnung zur Konstruktion des reziproken Gitters (Abschnitt 2.2.4.1, Abb. VI-2.40) der reziproke Gittervektor $\vec{G}_{120} = 1 \cdot \vec{a}^* + 2 \cdot \vec{b}^*$ eingezeichnet, der auf die Ebenenschar (120) des direkten Gitters normal steht.

Wir zeigen noch, dass der Abstand zweier (*hkl*)-Ebenen gleich $d_{hkl} = \dfrac{2\pi}{G_{hkl}}$ ist. Dazu wählen wir irgendeinen Vektor, der zwei benachnarte (*hkl*)-Ebenen verbindet, z. B. $\dfrac{\vec{a}}{h}$ (Abschnitt 2.2.3, Abb. VI-2.35) und berechnen die Projektion auf die Normalenrichtung $\hat{\vec{G}}_{hkl} = \dfrac{\vec{G}_{hkl}}{\left|\vec{G}_{hkl}\right|} = \vec{e}_n$ (= Normalen-Einheitsvektor):

$$d_{hkl} = \frac{1}{\left|\vec{G}_{hkl}\right|} \cdot \frac{\vec{a}}{h} \underbrace{(h\vec{a}^* + k\vec{b}^* + l\vec{c}^*)}_{\vec{G}_{hkl}} = \frac{1}{\left|\vec{G}_{hkl}\right|} \cdot \frac{2\pi \cdot h}{h} = \frac{2\pi}{\left|\vec{G}_{hkl}\right|}\,. \tag{VI-2.49}$$

Das reziproke Gitter ist in Bezug auf ein Bravais-Gitter, das *direkte Gitter*, definiert; es ist wieder ein Bravais-Gitter und das reziproke Gitter eines reziproken Gitters ergibt daher wieder das ursprüngliche, direkte Gitter. Das reziproke Gitter des *kfz*-

32 Beweis: Gegeben sei der reziproke Gittervektor $\vec{G} = h\vec{a}^* + k\vec{b}^* + l\vec{c}^*$ (*h,k,l* teilerfremd) durch die 3 Punkte (Achsenabschnitte *m*, *n*, *p*) $m\vec{a}$, $n\vec{b}$, $p\vec{c}$. In dieser Ebene liegen die 3 Vektoren $\vec{u} = (m\vec{a} - n\vec{b})$; $\vec{v} = (m\vec{a} - p\vec{c})$; $\vec{w} = (n\vec{b} - p\vec{c})$. Wenn $\vec{G}$ senkrecht auf diese Ebene steht, muss gelten: $\vec{G} \cdot \vec{u} = \vec{G} \cdot \vec{v} = \vec{G} \cdot \vec{w} = 0$. Daraus folgt mit den obigen Dualitätsrelationen: $(hm - kn) = (hm - lp) = (kn - lp) = 0 \Rightarrow m = \frac{1}{h}, n = \frac{1}{k}, p = \frac{1}{l}$ $\Rightarrow$ die Achsenabschnitte der Ebene, auf die $\vec{G}$ senkrecht steht, sind $\frac{1}{h}, \frac{1}{k}, \frac{1}{l}$, sie besitzt also die Miller-Indizes (*h,k,l*).

Gitters ist *krz*, das reziproke Gitter des *krz*-Gitters ist *kfz*, das reziproke Gitter eines kubisch-primitiven Gitters bleibt kubisch-primitiv, das reziproke Gitter des hexagonalen (primitiven) Gitters ist wieder ein hexagonales Gitter.[33]

2.2.4.3 Die primitive Einheitszelle des reziproken Gitters

Die primitiven Einheitszellen des reziproken Gitters werden i. Allg. wie die Wigner-Seitz-Zellen (siehe Abschnitt 2.2.1) ermittelt und, insbesondere im von uns verwendeten $\vec{k}$-Raum, *Brillouin-Zonen* (*BZ*) genannt. Da das reziproke Gitter des *krz*-Gitters *kfz* ist, ist die erste Brillouin-Zone des *krz*-Gitters die Wigner-Seitz-Zelle des *kfz*-Gitters. Analog ist die erste *BZ* des *kfz*-Gitters die Wigner-Seitz-Zelle des *krz*-Gitters (Abb. VI-2.42).

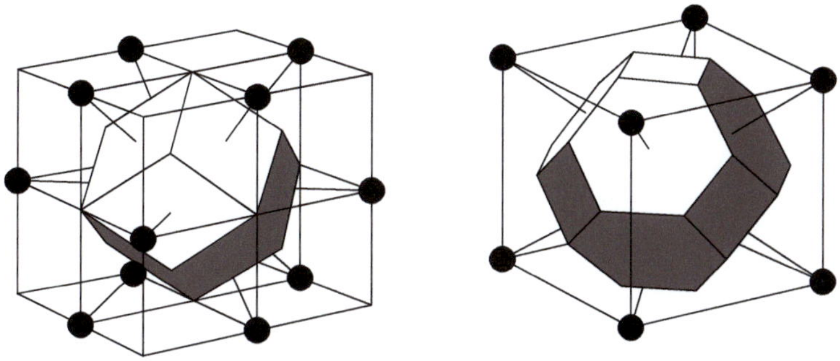

Abb. VI-2.42: Wigner-Seitz-Zelle des kubisch-flächenzentrierten (links, Rhombendodecaeder) und des kubisch-raumzentrierten Gitters (rechts, abgestumpftes Oktaeder). Die Wigner-Seitz-Zelle des *kfz*-Gitters (links) ist gleich der 1. *BZ* des *krz*-Gitters, jene des *krz*-Gitters (rechts) ist gleich der 1. *BZ* des *kfz*-Gitters. (Nach N. W. Ashcroft und N. D. Mermin, *Solid State Physics*, Saunders College Publishing, Philadelphia 1976.)

Ist V das Volumen der primitiven Elementarzelle des direkten Gitters (siehe dazu auch Anhang 3), so gilt für das Volumen V^* der primitiven Einheitszelle des reziproken Gitters

$$V^* = \frac{(2\pi)^3}{V}. \tag{VI-2.50}$$

Die kleinste Einheitszelle des *hdp*-Gitters enthält eine Basis von zwei Atomen, das Gitter ist daher *kein* Bravais-Gitter (wohl aber das hexagonal primitive Gitter!). Die bisherige Definition für das reziproke Gitter, die nur für Bravais-Gitter gilt, ist daher

---

33 Dies erkennt man, wenn man das jeweilige Bravais-Gitter durch primitive Translationen (Basistranslationen, primitive Elementarzellen) darstellt (siehe Abschnitte 2.2.2.1, 2.2.2.2 und 2.2.2.3) und mit diesen gemäß den Beziehungen für die Basisvektoren des reziproken Gitters (Abschnitt 2.2.4.2, Gl. VI-2.43) die reziproken Gittervektoren berechnet.

für das *hdp*-Gitter nicht anwendbar; in diesem Fall benützt man das reziproke Gitter des zugrunde liegenden Bravais-Gitters, hier des hexagonal primitiven Gitters (Abb. VI-2.43).

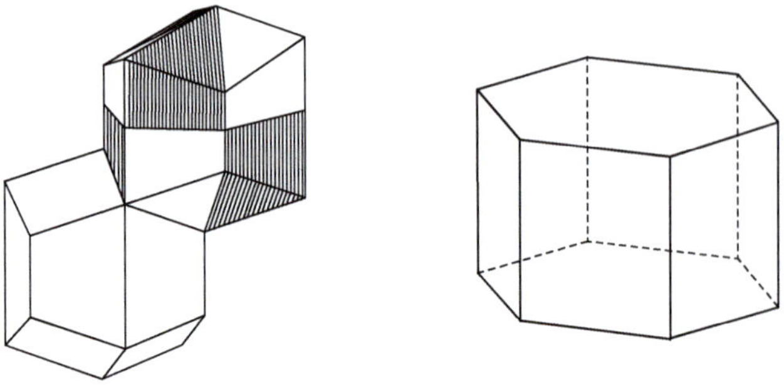

Abb. VI-2.43: Links: Wigner-Seitz Zellen des hexagonal dichtest gepackten Gitters (nach J. C. Slater, *The Electronic Structure of Solids*, in *Handbuch der Physik*, Band XIX, S. Flügge (Editor), Springer, Berlin 1956); zwei Wigner-Seitz Zellen unterschiedlicher Orientierung hängen zusammen und bilden so eine Einheitszelle komplizierter Form. Rechts: Wigner-Seitz Zelle des reziproken Gitters der hexagonalen Struktur = 1. *BZ* des hexagonalen Gitters.

2.2.4.4 Kristallographische Zone

Ein Satz von Gitterebenen, deren Schnittgeraden einer bestimmten Richtung, der *Zonenachse*, parallel sind, nennt man „Ebenen einer *Zone*" (Abb. VI-2.44). So sind z. B. die sechs Prismenflächen des *hdp*-Gitters „Mitglieder" der [001]-Zone.

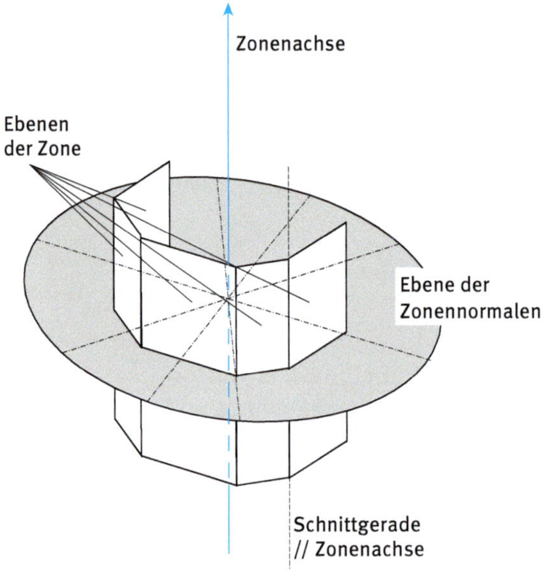

Abb. VI-2.44: Ebenen einer „Zone": Ihre Flächennormalen liegen alle in einer Ebene.

Für alle Ebenen einer Zone (*hkl*) mit der Zonenachse [*uvw*] gilt

$$h \cdot u + k \cdot v + l \cdot w = 0 .^{34} \qquad \text{(VI-2.51)}$$

2.2.4.5 Vergleich: Reziprokes und direktes Gitter

direktes Gitter		reziprokes Gitter
$\vec{a}, \vec{b}, \vec{c}$	Basisvektoren	$\vec{a}^\star, \vec{b}^\star, \vec{c}^\star$
$\vec{R} = n_1\vec{a} + n_2\vec{b} + n_3\vec{c}$	Gittervektor	$\vec{G} = h\vec{a}^\star + k\vec{b}^\star + l\vec{c}^\star$

Weiter gelten für die Produkte der Basisvektoren des direkten und des reziproken Gitters die *Dualitätsrelationen* (Gln. (VI-2.44), (VI-2.45), (VI-2.46)),

$$\vec{a} \cdot \vec{a}^\star = \vec{b} \cdot \vec{b}^\star = \vec{c} \cdot \vec{c}^\star = 2\pi$$

und

$$\vec{a} \cdot \vec{b}^\star = \vec{a} \cdot \vec{c}^\star = \vec{b} \cdot \vec{a}^\star = \vec{b} \cdot \vec{c}^\star = \vec{c} \cdot \vec{a}^\star = \vec{c} \cdot \vec{b}^\star = 0 ,$$

bzw. mit $\vec{a}_i$ und $\vec{a}_i^\star$

$$\vec{a}_i \cdot \vec{a}_j^\star = 2\pi \cdot \delta_{ij} .$$

2.2.5 Beugung am Kristall (*elastische* Streuung)

2.2.5.1 Röntgenstrahlen (*X-rays*)

Der Atomabstand im Festkörper (Gitterkonstante) beträgt etwa $1 \cdot 10^{-10}\,\text{m} = 100 \cdot 10^{-12}\,\text{pm}$.[35] Die Wellenlänge elektromagnetischer Strahlung, mit der Beugungserscheinungen beobachtet werden können, muss ähnlich groß sein und erfordert daher an Energie:

$$E = \hbar\omega = \frac{h \cdot c}{\lambda} = \frac{4{,}1 \cdot 10^{-15}\,\text{eV s} \cdot 3 \cdot 10^{8}\,\text{m/s}}{10^{-10}\,\text{m}} = 12{,}3\,\text{keV} . \qquad \text{(VI-2.52)}$$

---

34 Die reziproken Gittervektoren $\vec{G} = h\vec{a}^\star + k\vec{b}^\star + l\vec{c}^\star$ der Ebenen (*hkl*) einer Zone müssen als Normalvektoren alle senkrecht zur Zonenachse $\vec{A} = u\vec{a} + v\vec{b} + w\vec{c}$ liegen, es muss daher gelten: $\vec{A} \cdot \vec{G} = 0$. Daraus folgt mit $\vec{a} \cdot \vec{a}_\star = 2\pi$; $\vec{a} \cdot \vec{b}^\star = 0$ usw.
$\vec{A} \cdot \vec{G} = (u\vec{a} + v\vec{b} + w\vec{c})(h\vec{a}^\star + k\vec{b}^\star + l\vec{c}^\star) = hu + kv + wl = 0$.

35 In der älteren Literatur wird die Länge $1 \cdot 10^{-10}\,\text{m}$ als Ångström-Einheit bezeichnet: $1\,\text{Å} = 1 \cdot 10^{-10}\,\text{m}$.

Das ist gerade eine Energie im Bereich der *charakteristischen Röntgenstrahlung* (Abb. VI-2.45).

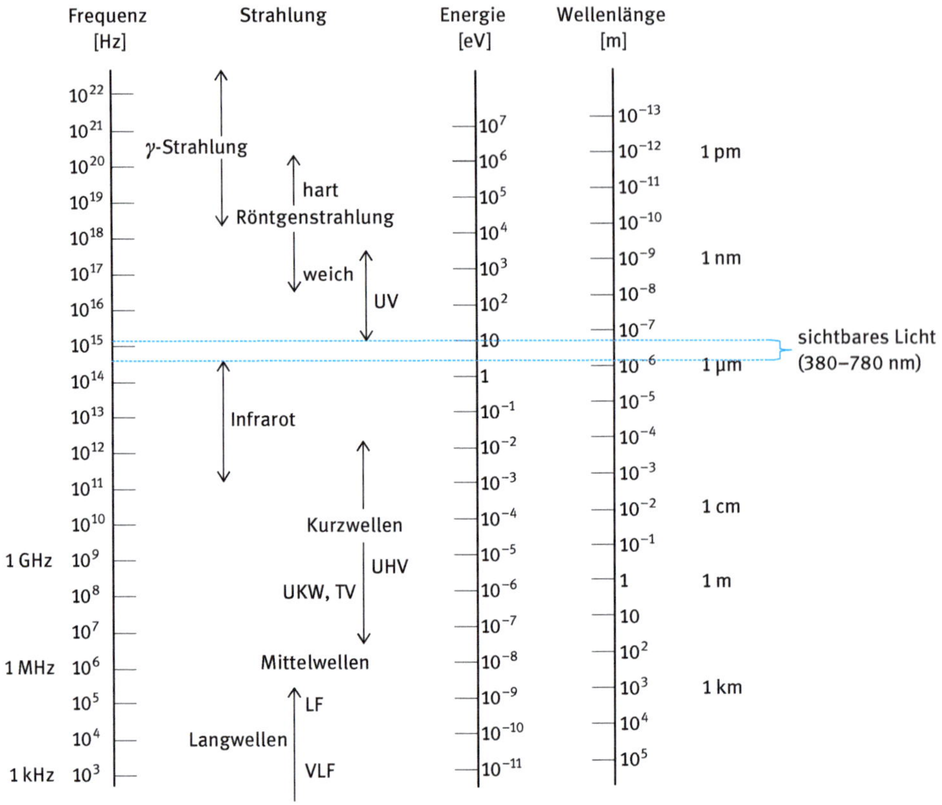

Abb. VI-2.45: Das Spektrum der elektromagnetischen Wellen. (Nach H. A. Enge, M. R. Wehr und J. A. Richards, *Introduction to Atomic Physics*, Addison-Wesley Publishing Company, Reading, Massachusetts, 1972.)

Erzeugung von Röntgenstrahlung

Wir wissen aus der Elektrodynamik (siehe Band III, Kapitel „Wechselstromkreis und elektromagnetische Schwingungen und Wellen", Abschnitt 5.4), dass beschleunigte Ladungen senkrecht zum Beschleunigungsvektor elektromagnetische Strahlung aussenden. In der *Röntgenröhre* werden zunächst e^- durch *Glühemission* (Richardson-Effekt, siehe Abschnitt 2.6.1.2.5) an der Kathode erzeugt, dann durch eine hohe Beschleunigungsspannung (10–50 kV) gegen die Anode, die in der Röntgenphysik *Antikathode* genannt wird, beschleunigt und dort sehr rasch abgebremst (negativ beschleunigt, „Bremsstrahlung"). Dabei wird vor allem Wärme erzeugt, weniger als 1 % der aufgewendeten Energie wird in Röntgenstrahlung umgesetzt, der Rest muss weggekühlt werden (Abb. VI-2.46).

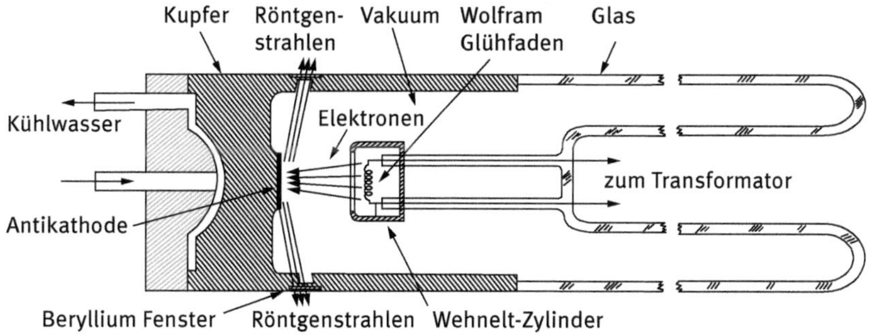

Abb. VI-2.46: Schnitt durch eine Röntgenröhre (schemtisch). (Nach B. D. Cullity, *Elements of X-ray diffraction*, Addison Wesley Publishing Company, Reading Massachusetts, 1978.)

Die Leistung dieser Art von Röntgenröhren mit fester Antikathode ist durch die erzeugte Wärme beschränkt und liegt meist deutlich unter 1 kW. Die Leistung kann stark erhöht werden, wenn die Antikathode gedreht wird und so fortwährend ein anderes Stück Anodenoberfläche in den Elektronenstrahl tritt (Drehanodenröhren der medizinischen Diagnostik).

Das von einer Röntgenröhre erzeugte Röntgenspektrum hängt stark von der verwendeten Beschleunigungsspannung U_B und dem Antikathodenmaterial ab (Abb. VI-2.47).

Unterhalb einer kritischen Spannung (das entspricht einer bestimmten Energie der e^-) zeigt das Spektrum der Röntgenstrahlung die Energieverteilung der bei der Abbremsung der e^- abgegebenen *Bremsstrahlung*. Dies ist ein kontinuierliches Spektrum mit einem Intensitätsmaximum und mit einer kurzwelligen Grenze $\lambda_{\min}$ („Harte Kante", *short-wavelength limit*), die der Abgabe der Energie des e^- in einem einzigen Stoß entspricht und daher zur minimalen Wellenlänge (maximalen Frequenz) der entstehenden Röntgenstrahlung führt. In diesem Fall gilt

$$e \cdot U_B = h \cdot \nu_{\max} \qquad \text{(VI-2.53)}$$

und damit

$$\lambda_{\min}[\text{nm}] = \frac{c}{\nu_{\max}} = \frac{h \cdot c}{e \cdot U_B} = \frac{1{,}240}{U_B[\text{kV}]} \,. \qquad \text{(VI-2.54)}$$

Oberhalb eines Schwellwerts kommt es zur Anregung von inneren e^- (der K, L, M, ...-Schale) der Antikathodenatome und damit zur für das Antikathodenmaterial *charakteristischen Strahlung*. Sie tritt auf, wenn e^- von höheren Schalen auf freie Energieniveaus in inneren Schalen wechseln (Abb. VI-2.48).

Wegen der Auswahlregel $\Delta l = \pm 1$ (siehe Band V, Kapitel „Atomphysik", Abschnitt 2.5.3) muss die K_α-Strahlung von einem $(2p \rightarrow 1s)$-Übergang herrühren.

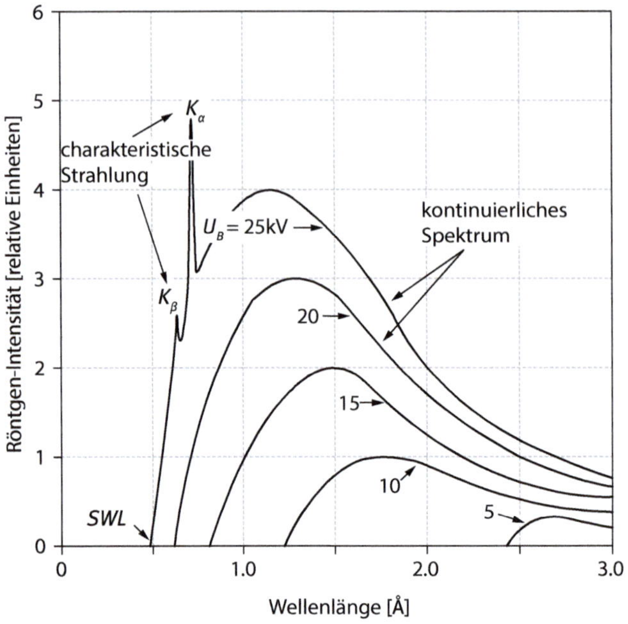

Abb. VI-2.47: Röntgenspektrum einer Röntgenröhre mit Molybden-Antikathode als Funktion der Röntgenwellenlänge für mehrere Werte der Beschleunigungsspannung U_B. Bis 20 kV wird nur das kontinuierliche *Bremsspektrum* beobachtet; es weist eine spannungsabhängige Untergrenze der Wellenlängen auf (*short-wavelength limit, SWL*). Ab etwa 25 kV Beschleunigungsspannung tritt bei bestimmten Wellenlängen zusätzlich die für das Anodenmaterial *charakteristische Strahlung* auf. (Nach B. D. Cullity, *Elements of X-ray diffraction*, Addison Wesley Publishing Company, Reading Massachusetts, 1978.)

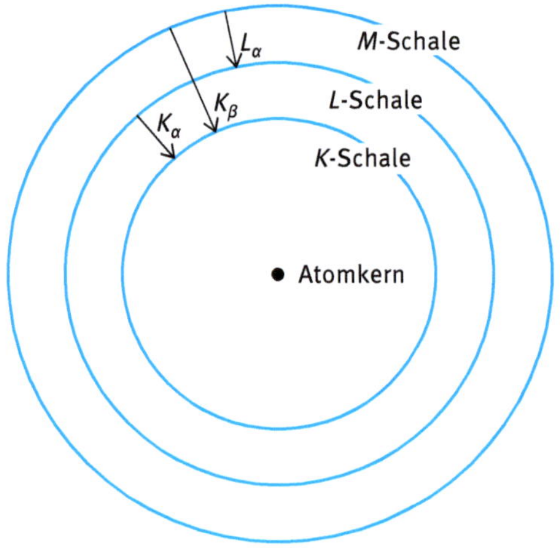

Abb. VI-2.48: Schematische Darstellung der elektronischen Übergänge in einem angeregten Atom.

Entsprechend der *Feinstruktur* der Atomsprektren (siehe Band V, Kapitel „Atomphysik", Abschnitt 2.5.7) ist das $2p$-Niveau in $2p_{1/2}$ und $2p_{3/2}$ aufgespalten. Tatsächlich beobachtet man bei genauer Auflösung eine K_α-Doppellinie, die aus $K_{\alpha1}$ (für Mo $\lambda_{K_{\alpha1}} = 7{,}093 \cdot 10^{-11}$ m) und $K_{\alpha2}$ (für Mo $\lambda_{K_{\alpha2}} = 7{,}136 \cdot 10^{-11}$ m) besteht.[36] Auch der energiereichere ($3p \to 1s$)-Übergang der K_β-Strahlung besteht aus einer Doppellinie, von der aber, wenn überhaupt, meist nur $K_{\beta1}$ beobachtet werden kann. Diese Linie wird daher meist einfach K_β genannt.

Neben der Strahlung aus Röntgenröhren findet heute auch vielfach die *Synchrotronstrahlung* Verwendung (1947 entdeckt, siehe Band III, Kapitel „Statische Magnetfelder", Abschnitt 3.1.4.3 und Kapitel „Wechselstromkreis und elektromagnetische Schwingungen und Wellen", Abschnitt 5.4 sowie Anhang 2), die beim Umlauf von hochrelativistischen e^- in einem Speicherring (Energie der schnellen e^- wird konstant gehalten) oder beim Lauf durch „Undulatoren"[37] erzeugt wird. Die Röntgenstrahlung dieser Quellen zeichnet sich durch eine hohe Brillanz (Zahl der Photonen pro Fläche, Raumwinkel und Zeit innerhalb eines sehr schmalen Winkelbereichs tangential zur Kreisbahn) aus. Die abgestrahlte Leistung ist proportional zu $\dfrac{E^4}{m^4 R^2}$ (E = relativistische Gesamtenergie des Teilchens der Masse m, R = Kreisbahnradius), es sind daher nur leichte, hochenergetische Teilchen wie e^- oder e^+ wirksam. Das kontinuierliche Frequenzspektrum reicht vom Hochfrequenzbereich über das sichtbare Licht bis zur γ-Strahlung. Mit Monochromatoren wird der geeignete Frequenzbereich ausgewählt. Synchrotronstrahlung findet auf Grund ihrer hohen Intensität und Bündelung daher besonders in der Festkörperphysik zur Untersuchung von Verrückungen der Atome aus ihren regulären Gitterpositionen in Kristallen sowie in der Biologie und der medizinischen Diagnostik Verwendung. Auch in der Astrophysik ist sie als Teil der nichtthermischen Radiostrahlung von Quasaren und Radiogalaxien von großer Bedeutung.

2.2.5.2 Röntgenbeugung: Die Braggbedingung[38]

Beugungserscheinungen sind eine Folge von Phasenunterschieden, die im Bereich der beugenden Hindernisse, z. B. dem Kristallgitter, durch unterschiedliche Lauf-

---

36 $K_{\alpha1}$ ist immer doppelt so intensiv wie $K_{\alpha2}$ und etwa fünfmal so intensiv wie K_β.

37 In einem „Undulator (*wiggler*)" wird die Richtung der Teilchenbahn durch eine Folge von Dipolmagneten periodisch geändert, sodass sich eine sinusförmige Teilchenbahn ergibt, auf der die Teilchen durch die Richtungsänderung wie in einem Synchrotron fortwährend beschleunigt werden.

38 In atomistischer Beschreibung besteht die Röntgenbeugung in der Wechselwirkung kohärenter, d. h. in fester Phasenbeziehung stehender Photonen (siehe Band IV, Kapitel „Wellenoptik", Abschnitt 1.1.2) mit den fest gebundenen Elektronen der Atome eines Kristallgitters. Analog zur rückstoßfreien Emission bzw. Absorption von γ-Quanten im Falle des Mößauer-Effekts (siehe Band V, Kapitel „Subatomare Physik", Anhang 1 und speziell Anhang A1.4) besteht auch bei der Röntgenbeugung eine gewisse, exponentiell mit der Kristalltemperatur T abnehmende Wahrscheinlichkeit ϑ_T, dass die bei der Wechselwirkung auftretende Impulsänderung $\Delta\vec{p} = \hbar\,\overrightarrow{\Delta k}$ eines gestreuten Photons vom Kristallgitter als Ganzes aufgenommen wird und somit das gestreute Photon keine Ener-

wege der Wellen entstehen. Bei der Superposition aller kohärenten Wellenzüge im Detektor oder am Film kommt es dann zu Variationen der Amplituden.

Für eine erste einfache Analyse der Beugung elektromagnetischer Wellen am Kristallgitter denken wir uns den Kristall aus Netzebenen aufgebaut. Ein Röntgenstrahl aus parallelen, monochromatischen Teilstrahlen falle auf parallele Netzebenen ein (Abb. VI-2.49).

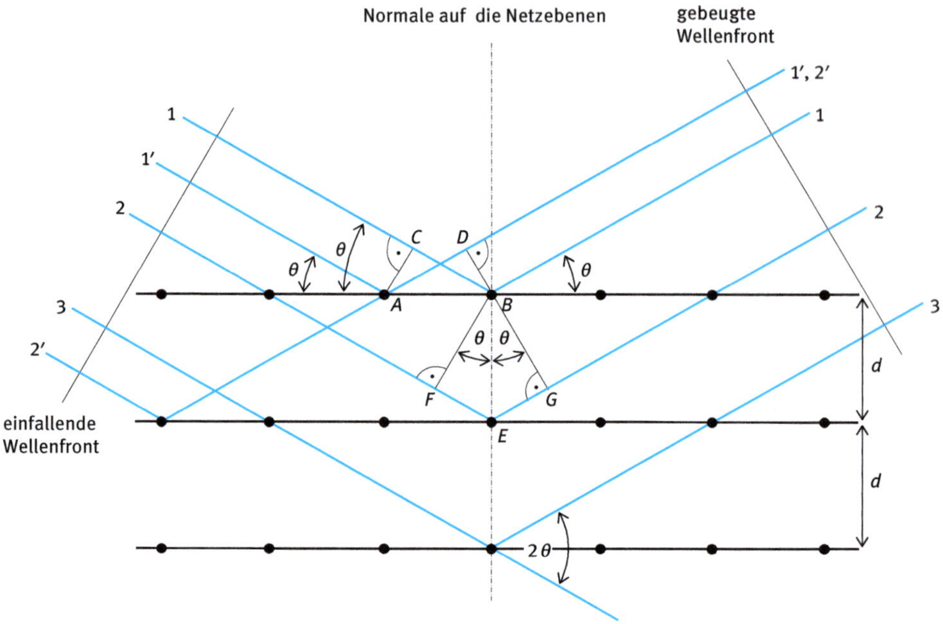

Abb. VI-2.49: Beugung von Röntgenstrahlen am Kristall. Der *Braggwinkel* (*Glanzwinkel*) θ ist in der Röntgenphysik der Winkel zwischen einfallenden bzw. gebeugten Strahlen und den Gitterebenen. Der Beugungswinkel zwischen einfallenden und gebeugten Strahlen beträgt 2θ.

Wir betrachten zunächst die Beugung an einer einzigen Netzebene, indem wir die beiden Strahlen 1 und 1′ unter dem *Braggwinkel* (*Glanzwinkel*) θ auf den Kristall

---

gie- bzw. Wellenlängenänderung erfährt (= kohärente Röntgenstreuung als Grundlage der Röntgenbeugung). Der Wahrscheinlichkeitsfaktor ϑ_T wird als *Debye-Waller-Faktor* (= Temperaturfaktor) bezeichnet und entspricht dem *Lamb-Mößbauer-Faktor f* im Falle der Resonanzabsorption bzw. -emission von γ-Quanten (siehe Band V, Kapitel „Subatomare Physik“, Anhang A1.4, Fußnote 206). Der schwierig zu berechnende Debye-Waller-Faktor ergibt sich bei Verwendung des einfach zu handhabenden Einstein-Modells der spezifischen Wärme eines Festkörpers (siehe Abschnitt 2.3.3) zu $\vartheta_T = e^{-kTG_{hkl}^2/M\omega_E^2}$ (M ... Atommasse, ω_E ... Einsteinfrequenz, G_{hkl} ... reziproker Gittervektor der betrachteten Reflexion); er bestimmt die Temperaturabhängigkeit der beobachteten Röntgenreflexe, die in ihrer Schärfe durch die Wärmebewegung der Kristallatome (und ihrer e^-) nicht beeinträchtigt werden!

fallen lassen. Sie treffen zunächst auf die Atome bei A und B in der obersten Netzebene und werden als kohärente Kugelwellen in alle Richtungen gestreut (Huygenssches Prinzip, siehe Band IV, Kapitel „Wellenoptik“, Abschnitt 1.1.5); aber nur in den gestreuten Richtungen 1 und 1′, für die der Winkel der gebeugten Strahlen gegen die Netzebene gleich dem Braggwinkel θ der einfallenden ist, haben beide Wellenzüge keine Gangdifferenz und sind daher in Phase, sodass es zur konstruktiven Interferenz kommen kann. In gleicher Weise sind die von den Atomen der obersten Netzebene gestreuten Strahlen, die parallel zu 1 und 1′ verlaufen, in Phase und tragen zur gestreuten Intensität bei; dies gilt auch für alle dazu parallelen Netzebenen und für beliebige Glanzwinkel θ.

Betrachten wir jetzt die Strahlen 1 und 2, die an den Atomen bei B und E an parallelen Ebenen gestreut werden. Ihre Gangdifferenz beträgt mit $\sin\theta = \overline{FE}/d = \overline{EG}/d$ (Dreiecke EBF und EBG)

$$\overline{FE} + \overline{EG} = d \cdot \sin\theta + d \cdot \sin\theta = 2d \cdot \sin\theta . \qquad \text{(VI-2.55)}$$

Derselbe Gangunterschied ergibt sich auch für die gestreuten Strahlen 1′ und 2′, da alle an der gleichen Netzebene gestreuten Strahlen in dieser Richtung in Phase sind (1′ ist mit 1 in Phase und 2′ mit 2).

Die von *verschiedenen* parallelen Netzebenen gestreuten Strahlen 1 und 2 sind nur dann genau in Phase, wenn ihr Gangunterschied ein ganzzahlges Vielfaches ihrer Wellenlänge beträgt, es muss also gelten

$$n\lambda = 2d \cdot \sin\theta \qquad n = 1, 2, 3, \ldots \qquad \textit{Braggbedingung.}^{39} \qquad \text{(VI-2.56)}$$

Der *Beugungswinkel* (*diffraction angle*) zwischen einfallendem und gebeugtem Strahl beträgt 2θ und ist i. Allg. der bei Beugungsexperimenten gemessene Winkel.

Beispiel: Mögliche Wellenlängen zur Untersuchung der Kristallbeugung.

Aus der Braggbedingung folgt

$$\frac{n\lambda}{2d} = \sin\theta < 1 \text{ für } \theta \neq 90° .$$

$n \cdot \lambda$ muss daher kleiner als $2d$ sein. Der kleinste mögliche Wert für n ist $n = 1$, daher muss gelten

---

39 Nach Sir William Lawrence Bragg, 1890–1971. Für ihre Arbeiten auf dem Gebiet der Analyse der Kristallstruktur mit Röntgenstrahlen erhielten er und sein Vater William Henry Bragg 1915 den Nobelpreis.

$$\lambda < 2d.$$

Der Abstand der meisten Gitterebenen ist von der Größenordnung von $3 \cdot 10^{-10}$ m oder kleiner, die Wellenlänge der Röntgenstrahlung darf somit etwa $6 \cdot 10^{-10}$ m nicht übersteigen. Ultraviolette Strahlung von etwa $\lambda = 5 \cdot 10^{-8}$ m ist daher zur Untersuchung von Beugungserscheinungen an Kristallen ungeeignet. Die benützte Wellenlänge darf andererseits nicht zu klein sein, da sonst die Beugungswinkel zu klein werden, um vernünftig gemessen werden zu können.

Konstruktive Interferenz erfolgt also nur in ganz gewissen Raumrichtungen, die in dieser Beobachtungsrichtung auftretenden Intensitätsmaxima nennt man *Bragg-Reflexe* oder *Bragg-Maxima*.[40]

Unterschiede zwischen der *Reflexion* von Licht am Spiegel und der *Beugung* von Röntgenstrahlen am Kristall:

Während die Reflexion von Licht nur in einer ganz dünnen Oberflächenschicht stattfindet (Größenordnung μm), tragen zur Beugung am Kristall alle Atome bei, die im einfallenden Röntgenstrahl liegen.

Die Reflexion von Licht findet unter jedem beliebigen Einfallswinkel statt, am Kristall kommt es entsprechend der Braggbedingung nur unter ganz bestimmten Winkeln zu konstruktiver Interferenz, d. h. Reflexion.

Ein guter Spiegel reflektiert das einfallende Licht zu nahezu 100 %, die Intensität des gebeugten Röntgenlichts ist extrem schwach im Vergleich zur einfallenden Intensität.

---

40 Fallen die Strahlen nicht genau unter dem Braggwinkel θ ein, sondern unter $\theta + d\theta$, dann beträgt der Gangunterschied benachbarter reflektierter Strahlen nicht mehr $n\lambda$, sondern $n\lambda + \Delta$ (Phasenunterschied $\Delta\varphi = 2\pi \frac{\Delta}{\lambda}$). Mit $\sin(\theta + d\theta) = \sin\theta \underbrace{\cos d\theta}_{\cong 1} + \cos\theta \underbrace{\sin d\theta}_{\cong d\theta} \cong \sin\theta + d\theta\cos\theta$ gilt:

$$2d(\sin\theta + d\theta\cos\theta) = n\lambda + \Delta \quad \Rightarrow \quad \Delta = 2d(d\theta)\cos\theta \quad \text{bzw.} \quad \Delta\varphi = \frac{2\pi}{\lambda} 2d\cos\theta(d\theta)\,.$$

$\Rightarrow$ Die Intensität der beiden interferierenden Strahlen wird kleiner, verschwindet aber nicht (siehe Band IV, Kapitel „Wellenoptik", Abschnitt 1.1.5)! Interferieren jedoch von sehr vielen Netzebenen reflektierte Strahlen – wie es praktisch immer der Fall ist – dann wird die Gesamtintensität schon bei sehr kleinen Abweichungen $d\theta$ vom Braggwinkel θ (bzw. bei sehr kleinen Phasendifferenzen $\Delta\varphi$) verschwindend klein, besitzt aber immer noch als Funktion von θ eine bestimmte Halbwertsbreite (siehe Band IV, Kapitel „Wellenoptik", Abschnitt 1.1.5, Abb. IV-1.9), die mit der Zahl der reflektierenden Netzebenen (d. h. der Dicke des Kristalls) immer kleiner wird (Schwächung der Strahlen im Inneren des Kristalls ist dabei nicht berücksichtigt!). Die Braggbedingung gibt also für endlich dicke Kristalle die Lage des *Beugungsmaximums* an.

2.2.5.3 Die Laue-Gleichungen

Max v. Laue[41] gelang die Formulierung einer Bedingung für konstruktive Interferenz der Röntgenbeugung an Kristallen, bei der keine Reflexion an speziellen Gitterebenen vorausgesetzt wird.

Wir betrachten dazu eine einfallende ebene Welle mit dem Wellenvektor $\vec{k}$ ($|\vec{k}| = k = \frac{2\pi}{\lambda}$), die an zwei Atomen gestreut wird. $\vec{n}$ und $\vec{n}'$ seien die Normalen(einheits)vektoren auf die einfallende und die gebeugte Wellenfront, $\vec{k}'$ der Wellenvektor der gebeugten Welle ($\vec{n} /\!/ \vec{k}, \vec{n}' /\!/ \vec{k}'$, Abb. VI-2.50).

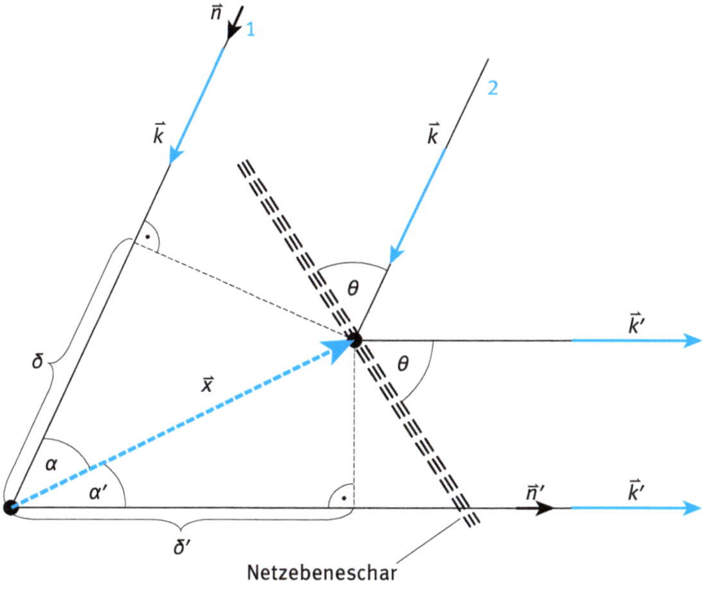

Abb. VI-2.50: Zur Ableitung der Laue-Gleichungen.

Es gilt

$$\cos\alpha = \frac{\delta}{|\vec{x}|} \quad \Rightarrow \quad \delta = |\vec{x}|\cos\alpha = \underbrace{-\vec{x}\cdot\vec{n}}_{\substack{\text{Projektion}\\ \text{von } \vec{x} \text{ auf } \vec{n}}} \tag{VI-2.57}$$

$$\cos\alpha' = \frac{\delta'}{|\vec{x}|} \quad \Rightarrow \quad \delta' = |\vec{x}|\cos\alpha' = \underbrace{\vec{x}\cdot\vec{n}'}_{\substack{\text{Projektion}\\ \text{von } \vec{x} \text{ auf } n'}} . \tag{VI-2.58}$$

41 Max von Laue, 1879–1960. Für seine Entdeckung der Röntgenbeugung an Kristallen erhielt er 1914 den Nobelpreis.

Daraus ergibt sich die Phasendifferenz der beiden Teilstrahlen 1 und 2 zu

$$\delta + \delta' = x\cos\alpha + x\cos\alpha' = -\vec{x}\cdot\vec{n} + \vec{x}\cdot\vec{n}' = \vec{x}(\vec{n}' - \vec{n})\,. \qquad \text{(VI-2.59)}$$

Für *elastische Streuung* ($\lambda' = \lambda \quad \Rightarrow \quad k' = k$) ist die Bedingung für konstruktive Interferenz

$$\vec{x}(\vec{n}' - \vec{n}) = m\cdot\lambda\,, \qquad \text{(VI-2.60)}$$

oder, wenn wir von $\lambda = \frac{2\pi}{k}$ zu k und von $\vec{n} = \frac{\vec{k}}{k}$ und $\vec{n}' = \frac{\vec{k}'}{k'}$ zu $\vec{k}$ und $\vec{k}'$ übergehen

$$\vec{x}(\vec{k}' - \vec{k}) = 2\pi\cdot m\,. \qquad \text{(VI-2.61)}$$

Wir dehnen diese Bedingung jetzt von den zwei betrachteten Atomen auf das ganze Gitter aus, indem wir statt eines speziellen Vektors $\vec{x}$ zwischen zwei Gitterpunkten allgemein den Gittervektor $\vec{R} = n_1\vec{a} + n_2\vec{b} + n_3\vec{c}$ schreiben

$$\vec{R}(\vec{k}' - \vec{k}) = 2\pi\cdot m \qquad \text{(VI-2.62)}$$

$$\Rightarrow \quad n_1\vec{a}(\vec{k}' - \vec{k}) + n_2\vec{b}(\vec{k}' - \vec{k}) + n_3\vec{c}(\vec{k}' - \vec{k}) = 2\pi m\,;$$
$$m,\, n_1,\, n_2,\, n_3 \text{ ganz, mit Einschluss der Null.} \qquad \text{(VI-2.63)}$$

Damit müssen die folgenden drei Bedingungen *gleichzeitig* erfüllt sein

$$\vec{a}(\vec{k}' - \vec{k}) = 2\pi h\,,\ \vec{b}(\vec{k}' - \vec{k}) = 2\pi k\,,\ \vec{c}(\vec{k}' - \vec{k}) = 2\pi l \qquad h,k,l \text{ ganz,} \qquad \text{(VI-2.64)}$$

oder, wenn wir mit

$$\overrightarrow{\Delta k} = \vec{k}' - \vec{k} \qquad \text{den } \textit{Streuvektor} \qquad \text{(VI-2.65)}$$

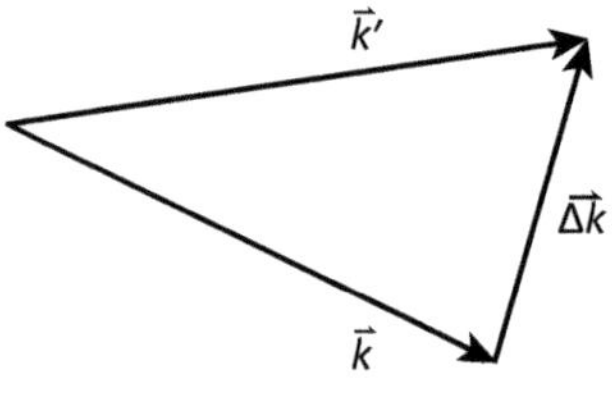

bezeichnen (mit $\left|\overrightarrow{\Delta k}\right| \le 2\left|\vec{k}\right|$)[42]

42 $\left|\overrightarrow{\Delta k}\right| \le 2\left|\vec{k}\right|$ ist eine Einschränkung der Streuvektoren durch die Bedingung der elastischen Streuung: In diesem Fall gilt $0 \le \left|\overrightarrow{\Delta k}\right| \le \left|\overrightarrow{\Delta k}_{\max}\right|$ mit $\overrightarrow{\Delta k}_{\max} = \vec{k}' - \vec{k} = -\vec{k} - \vec{k} = -2\vec{k}$.

$$\vec{a}\cdot\overrightarrow{\Delta k} = 2\pi h,\quad \vec{b}\cdot\overrightarrow{\Delta k} = 2\pi k,\quad \vec{c}\cdot\overrightarrow{\Delta k} = 2\pi l \qquad \text{(VI-2.66)}$$

Laue-Gleichungen.

Die Braggbedingung und die Laue-Gleichungen sind äquivalente Beschreibungen der Beugung am Kristallgitter (siehe Abschnitt 2.2.5.5). Eine wesentlich einfachere und völlig äquivalente Beugungsbedingung ergibt sich bei der Beschreibung im reziproken Raum.

2.2.5.4 Röntgenbeugung im reziproken Raum

Wir multiplizieren die Laue-Gleichungen mit den reziproken Basisvektoren und addieren die Gleichungen.

$$\left.\begin{aligned}\vec{a}\cdot\overrightarrow{\Delta k} &= 2\pi h \;\Big|\cdot\vec{a}^{\,*}\\ \vec{b}\cdot\overrightarrow{\Delta k} &= 2\pi k \;\Big|\cdot\vec{b}^{\,*}\\ \vec{c}\cdot\overrightarrow{\Delta k} &= 2\pi l \;\Big|\cdot\vec{c}^{\,*}\end{aligned}\right\} +$$

$$\underbrace{(\vec{a}\cdot\overrightarrow{\Delta k}\cdot\vec{a}^{\,*} + \vec{b}\cdot\overrightarrow{\Delta k}\cdot\vec{b}^{\,*} + \vec{c}\cdot\overrightarrow{\Delta k}\cdot\vec{c}^{\,*})}_{\substack{\text{kovariante Komponenten von } 2\pi\cdot\overrightarrow{\Delta k},\\ \text{Summe ergibt } 2\pi\Delta k}} = 2\pi\overrightarrow{\Delta k} = 2\pi(h\vec{a}^{\,*} + k\vec{b}^{\,*} + l\vec{c}^{\,*})\,.^{43} \qquad \text{(VI-2.67)}$$

Die einzelnen Terme der Summe auf der linken Seite der obigen Gleichung stellen die kovariante Zerlegung (d. h. die Zerlegung nach den reziproken Basisvektoren) des Vektors $2\pi\overrightarrow{\Delta k}$ dar. Die Summe ergibt damit insgesamt 2π mal $\overrightarrow{\Delta k}$ in Komponenten der reziproken Basisvektoren $\vec{a}^{\,*}$, $\vec{b}^{\,*}$, $\vec{c}^{\,*}$ (zur Erinnerung: $\vec{a}\cdot\vec{a}^{\,*} = \vec{b}\cdot\vec{b}^{\,*} = \vec{c}\cdot\vec{c}^{\,*} = 2\pi$ und $\vec{a}\vec{b}^{\,*} = \vec{a}^{\,*}\vec{b} = 0$ usw.).[44] Wir können also schreiben

$$2\pi\cdot\overrightarrow{\Delta k} = 2\pi(h\vec{a}^{\,*} + k\vec{b}^{\,*} + l\vec{c}^{\,*}) \qquad \text{(VI-2.68)}$$

und damit

---

43 Die Dualitätsrelationen ergeben $(\vec{a}\cdot\vec{a}^{\,*})\cdot h = \vec{a}\cdot h\cdot\vec{a}^{\,*} = 2\pi h$; $\vec{b}\cdot k\cdot\vec{b}^{\,*} = 2\pi k$; $\vec{c}\cdot l\cdot\vec{c}^{\,*} = 2\pi l$. Durch Vergleich mit den 3 Laue-Gleichungen folgt damit $\vec{a}\cdot\overrightarrow{\Delta k} = 2\pi h = \vec{a}\cdot h\cdot\vec{a}^{\,*}$, $\vec{b}\cdot\overrightarrow{\Delta k} = 2\pi k = \vec{b}\cdot k\cdot\vec{b}^{\,*}$, $\vec{c}\cdot\overrightarrow{\Delta k} = 2\pi l = \vec{c}\cdot l\cdot\vec{c}^{\,*}$ und so: $\overrightarrow{\Delta k} = h\vec{a}^{\,*} + k\vec{b}^{\,*} + l\vec{c}^{\,*}$.

44 Allgemein gilt in der Vektoranalysis in schiefwinkeligen Koordinatensystemen für die kovariante Zerlegung eines Vektors $\vec{v}$ nach den Basisvektoren des reziproken Gitters $\vec{a}^{\,*}, \vec{b}^{\,*}, \vec{c}^{\,*}$: $(\vec{a}\cdot\vec{v})\cdot\vec{a}^{\,*} + (\vec{b}\cdot\vec{v})\cdot\vec{b}^{\,*} + (\vec{c}\cdot\vec{v})\cdot\vec{c}^{\,*} \equiv 2\pi\vec{v}$ bzw. für die kontravariante Zerlegung eines Vektors $\vec{v}$ nach den Basisvektoren $\vec{a}, \vec{b}, \vec{c}$ $(\vec{a}^{\,*}\cdot\vec{v})\cdot\vec{a} + (\vec{b}^{\,*}\cdot\vec{v})\cdot\vec{b} + (\vec{c}^{\,*}\cdot\vec{v})\cdot\vec{c} \equiv 2\pi\vec{v}$. Diese Zerlegungen folgen aus der fundamentalen Beziehung für die Basisvektoren $\vec{a}_i$ des gewöhnlichen Raumes und $\vec{a}_j^{\,*}$ des reziproken Raumes: $\vec{a}_i\cdot\vec{a}_j^{\,*} = 2\pi\delta_{ij}$ (siehe Abschnitt 2.2.4.2, Gl. (VI-2.46) für die kovariante Darstellung). Im rechtwinkeligen Koordinatensystem fallen ko- und kontravariante Komponenten zusammen. (Zur Definition der ko- und kontravarianten Komponenten von Vektoren siehe Anhang 4.)

$$\overrightarrow{\Delta k} = \vec{k}' - \vec{k} = h\vec{a}^* + k\vec{b}^* + l\vec{c}^* = \vec{G}_{hkl}, \qquad \text{(VI-2.69)}$$

das heißt:

$$\overrightarrow{\Delta k} = \vec{G}_{hkl} \quad \textit{Beugungsbedingung im reziproken Raum,}^{45} \qquad \text{(VI-2.70)}$$

wobei wegen der elastischen Streuung gilt $G_{hkl} \leq 2k$.

Wir sehen, dass die mit den Laue-Gleichungen identische Beugungsbedingung im reziproken Raum bedeutet:

i

Konstruktive Interferenz liegt vor, wenn die Änderung des Wellenvektors, also der *Streuvektor*, einem reziproken Gittervektor entspricht, d. h. wenn gilt $\overrightarrow{\Delta k} = \vec{G}_{hkl}$.

Die Beugungsbedingung $\vec{R}(\vec{k}' - \vec{k}) = 2\pi \cdot m$ im direkten Raum, die zu den Laue-Gleichungen führt (Abschnitt 2.2.5.3, Gl. VI-2.62), ist gleichbedeutend mit $e^{i\vec{R}(\vec{k}'-\vec{k})} = 1$. Da in diesem Fall jeder Streuvektor $\overrightarrow{\Delta k}$ einem reziproken Gittervektor $\vec{G}$ gleich sein muss, kann man diese Beziehung auch als andere Definition des reziproken Gitters auffassen, mit der Bestimmungsgleichung

$$e^{i\vec{R}\vec{G}} = 1, \qquad \text{(VI-2.71)}$$

das bedeutet:[46]

45 Für die mathematische Begründung dieser Beziehung betrachten wir die kovariante Darstellung eines beliebigen Vektors $\vec{G}$ im reziproken Raum (V = Volumen der primitiven Elementarzelle des direkten Gitters): $\vec{G} = u\vec{a}^* + v\vec{b}^* + w\vec{c}^* = u \cdot \frac{2\pi(\vec{b} \times \vec{c})}{V} + v\,\frac{2\pi(\vec{c} \times \vec{a})}{V} + w\,\frac{2\pi(\vec{a} \times \vec{b})}{V}$. Mit $\vec{a}_i\vec{a}_j^* = 2\pi\delta_{ij}$ folgt daraus $\vec{a} \cdot \vec{G} = 2\pi u$; $\vec{b} \cdot \vec{G} = 2\pi v$; $\vec{c} \cdot \vec{G} = 2\pi w \Rightarrow \vec{G} = \frac{1}{2\pi}[(\vec{a} \cdot \vec{G}) \cdot \vec{a}^* + (\vec{b} \cdot \vec{G}) \cdot \vec{b}^* + (\vec{c} \cdot \vec{G}) \cdot \vec{c}^*]$.

Wird nun für den allgemeinen reziproken Gittervektor $\vec{G} = \overrightarrow{\Delta k}$ gesetzt, dann ist der Klammerausdruck gleich der linken Seite der obigen Gleichung (VI-2.67) und es gilt:
$\overrightarrow{\Delta k} = \frac{1}{2\pi}\,2\pi(h\vec{a}^* + k\vec{b}^* + l\vec{c}^*) = \vec{G}_{hkl}$.

46 Für eine ebene Welle mit dem Wellenvektor $\vec{k}$ und der Periodizität irgendeines Gittervektors $\vec{R}$ eines Bravais-Gitters gilt: $f(\vec{r}) = e^{i\vec{k}\vec{r}} = f(\vec{r} + \vec{R}) = e^{i\vec{k}(\vec{r}+\vec{R})} \Rightarrow e^{i\vec{k}\vec{R}} = 1$. Alle Wellenvektoren $\vec{k}$, die diese Bedingung erfüllen, stellen *per definitionem* die Gesamtheit der reziproken Gittervektoren $\vec{G} = \vec{k}$ dar. Bildet man andererseits mit der Definition eines reziproken Gittervektors von Abschnitt 2.2.4.2, Gl. (VI-2.47) das Produkt $\vec{G} \cdot \vec{R} = (h\vec{a}^* + k\vec{b}^* + l\vec{c}^*)(m\vec{a} + n\vec{b} + p\vec{c}) = 2\pi s$ (s ganz), dann folgt wieder $e^{i\vec{k}\vec{R}} = 1$; die beiden Definitionen des reziproken Gitters sind also identisch. Auch in der obigen Definition ist $\vec{G}$ nur dann ein reziproker Gittervektor, wenn das direkte Gitter mit dem Gittervektor $\vec{R}$ ein Bravais-Gitter ist. Für den Fall eines Gitters mit Basis wie z. B. beim hexagonal dichtestgepackten Gitter (*hdp*) nimmt man das reziproke Gitter des zugrunde liegenden Bravais-Gitters, d. h. des hexagonal primitiven Gitters, muss dann aber den Einfluss der zusätzlichen Atome bei der Streuung von Wellen durch einen neuen Faktor, den *Strukturfaktor*, berücksichtigen (siehe Kapitel „Materialphysik", Abschnitt 3.1.2 und Anhang 1).

i

Das reziproke Gitter ist der Satz aller Vektoren $\vec{G}$, die als Wellenvektor ebene Wellen mit der Periodizität der Gittervektoren $\vec{R}$ des gegebenen Bravais-Gitters liefern, für die somit gilt $e^{i\vec{R}\vec{G}} = 1$.

2.2.5.5 Äquivalenz von Braggbedingung und Beugungsbedingung im reziproken Raum

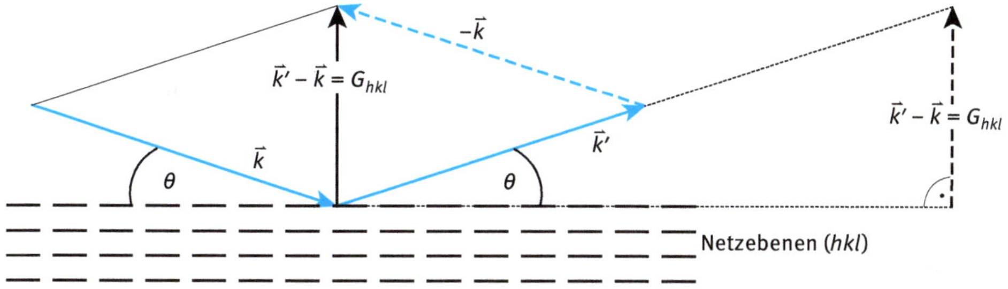

Abb. VI-2.51: Zur Äquivalenz von Braggbedingung und Beugungsbedingung im reziproken Raum. $\vec{k}, \vec{k}'$ ... Wellenvektoren eines einfallenden und eines gebeugten Teilstrahls, θ ... Braggwinkel, G_{hkl} ... Gittervektor des reziproken Gitters, normal auf die Netzebenenschar (hkl).

Wir gehen von der Beugungsbedingung im reziproken Raum aus, d. h. von $\overrightarrow{\Delta k} = \vec{G}_{hkl}$ (Abb. VI-2.51). Daraus folgt, dass $\vec{k}' - \vec{k} = \overrightarrow{\Delta k}$ parallel zu $\vec{G}_{hkl}$ liegen muss, wobei $\vec{G}_{hkl}$ normal auf die Ebene (hkl) steht. Wir wissen: Ist $\vec{G}_{h'k'l'}$ ein Vielfaches von $\vec{G}_{hkl}$, d. h. $\vec{G}_{h'k'l'} = n \cdot \vec{G}_{hkl}$ mit $|\vec{G}_{hkl}| = 2\pi/d_{hkl}$, dann folgt

$$|\vec{G}_{h'k'l'}| = n \cdot |\vec{G}_{hkl}| = \frac{2\pi \cdot n}{d_{hkl}} = \frac{2\pi}{\frac{d_{hkl}}{n}} = n \cdot |\vec{k}' - \vec{k}| \qquad \text{(VI-2.72)}$$

und dann repräsentiert $\vec{G}_{h'k'l'}$ eine Netzebenenschar mit n-mal kleinerem Abstand. Es gilt

$$n = \frac{|\vec{G}_{h'k'l'}|}{|\vec{G}_{hkl}|} = \frac{2\pi/d_{h'k'l'}}{2\pi/d_{hkl}} = \frac{d_{hkl}}{d_{h'k'l'}} \qquad \text{(VI-2.73)}$$

mit $h' = nh$, $k' = nk$, $l' = nl$.[47]

Aus der Zeichnung sieht man (beachte elastische Streuung: $k' = k$)

47 Eine Vergrößerung der Millerschen Indizes um den Faktor n verkleinert den Netzebenenabstand um den gleichen Faktor (siehe Abschnitt 2.2.4.1, Abb. VI-2.39).

$$\sin\theta = \frac{\left|\vec{k}' - \vec{k}\right|}{2k} = \frac{\left|\vec{G}_{hkl}\right|}{2k} = \frac{2\pi}{d_{hkl}\cdot 2\cdot \frac{2\pi}{\lambda}} = \frac{\lambda}{2\,d_{hkl}}. \tag{VI-2.74}$$

Daraus folgt einerseits

$$\left|\overrightarrow{\Delta k}\right| = 2k\cdot\sin\theta \tag{VI-2.75}$$

und andererseits die Braggbedingung

$$\lambda = 2\,d_{hkl}\cdot\sin\theta \tag{VI-2.76}$$

für Beugung erster Ordnung. Erfolgt die Beugung an den Ebenen (nh,nk,nl), für deren Abstand $d_{nh\,nk\,nl} = \frac{d_{hkl}}{n}$ gilt, dann gilt für den Beugungswinkel θ_n

$$\sin\theta_n = \frac{\left|\vec{G}_{nh\,nk\,nl}\right|}{2k} = \frac{n\left|\vec{G}_{hkl}\right|}{2k} = \frac{n\cdot 2\pi}{d_{hkl}\cdot 2\cdot\frac{2\pi}{\lambda}} = \frac{n\cdot\lambda}{2d_{hkl}} \tag{VI-2.77}$$

und wir erhalten

$$2\,d_{hkl}\sin\theta_n = n\cdot\lambda \tag{VI-2.78}$$

für die Beugung n-ter Ordnung.[48]

Bei der Röntgenbeugung an einem räumlichen Kristall (einem idealen „Einkristall“) ergeben die Beugungsbedingungen nichtverschwindende Intensität nur in bestimmten Raumrichtungen $\vec{k}' = \vec{k} + \vec{G}_{hkl}$ mit $\left|\vec{k}'\right| = \left|\vec{k}\right|$. Ist $\left|\vec{k}\right| \gg G_{hkl}$, was bei sehr kleiner Wellenlänge (z. B. Elektronenbeugung) zutrifft, dann kann die Beugungsbedingung $\overrightarrow{\Delta k} = \vec{G}_{hkl}$ annähernd gleichzeitig für sehr viele reziproke Gitterpunkte erfüllt werden (die Ewaldkugel (siehe Abschnitt 2.2.5.6) wird lokal um (000) zu einer Ebene) und auf einem photographischen Film oder einem Flächendetektor werden daher Punkte abgebildet, die einem ebenen Schnitt durch das reziproke Gitter entsprechen. Man nennt die Intensitätspunkte bei der Beugung am Einkristall *Laue-Punkte.*

Wir können zusammenfassend sagen:

---

48 Aus $2\,d_{hkl}\sin\theta_n = n\cdot\lambda$ folgt: $2\,\frac{d_{hkl}}{n}\sin\theta_n = 2\,d_{nh,nk,nl}\cdot\sin\theta = \lambda \Rightarrow$ die Beugung n-ter Ordnung ist äquivalent einer Beugung 1. Ordnung an den n-mal dichter liegenden (fiktiven) Ebenen $(nh,\ nk,\ nl)$ mit $n = \frac{d_{hkl}}{d_{nh,nk,nl}}$.

i

Einem Laue-Beugungspunkt, der dadurch gegeben ist, dass die Änderung $\overrightarrow{\Delta k}$ des Wellenvektors gleich einem reziproken Gittervektor $\vec{G}$ ist (also $\overrightarrow{\Delta k} = \vec{G}$), entspricht die Bragg-Reflexion durch einen Satz „direkter" Netzebenen, die normal zu $\vec{G}$ liegen. Die Ordnung n der Bragg-Reflexion ist der Quotient der Vektoren $G_{nh,nk,nl} = \frac{2\pi}{d_{nh,nk,nl}}$ und $G_{hkl} = \frac{2\pi}{d_{hkl}}$, d. h. $n = \frac{G_{nh,nk,nl}}{G_{hkl}} = \frac{d_{hkl}}{d_{nh,nk,nl}}$ bzw. ist gleich der Anzahl der Wellenlängen λ, die bei konstruktiver Interferenz in den Gangunterschied $2\,d_{hkl}\sin\theta$ „passen": $n = \frac{2\,d_{hkl}\sin\theta}{\lambda}$ (Bragg-Gleichung).

Beispiel: Elektronenbeugung im Elektronenmikroskop.

Beschleunigungsspannung der e^-: $U = 50\,000\,\text{V}$;

Geschwindigkeit (nicht-relativistisch): $v = \sqrt{\frac{2E_{\text{kin}}}{m_e}} = \sqrt{\frac{2\cdot e\cdot U}{m_e}}$.

$$\lambda_e = \frac{h}{p} = \frac{h}{m_e v} = \frac{h}{\sqrt{2m_e eU}} = \frac{6{,}626\cdot 10^{-34}\,\text{Js}}{\sqrt{2\cdot 9{,}109\cdot 10^{-31}\,\text{kg}\cdot 1{,}602\cdot 10^{-19}\,\text{Cb}\cdot 5\cdot 10^{4}\,\text{V}}} =$$
$$= 5{,}49\cdot 10^{-12}\,\text{m}$$
$$\Rightarrow \quad k_e = \frac{2\pi}{\lambda_e} = \frac{2\pi}{5{,}49\cdot 10^{-12}\,\text{m}} = 1{,}14\cdot 10^{12}\,\text{m}^{-1}.$$

Für NaCl ist $d_{100} = 2{,}82\cdot 10^{-10}\,\text{m}$

$$\Rightarrow \quad G_{100}(\text{NaCl}) = \frac{2\pi}{2{,}82\cdot 10^{-10}\,\text{m}} = 2{,}23\cdot 10^{10}\,\text{m}^{-1} \ll k_e.$$

Die Beugungsbedingung im reziproken Raum kann auch noch anders geschrieben werden, wobei nur der Wellenvektor der einfallenden Welle benützt wird:

$$\vec{k}' - \vec{k} = \vec{G} \quad \Rightarrow \quad \vec{k}' = \vec{k} + \vec{G}. \qquad \text{(VI-2.79)}$$

Quadrieren der Gleichung ergibt (elastische Streuung!)

$$\underbrace{\vec{k}'^2}_{=k^2} = \underbrace{\vec{k}^2}_{=k^2} + 2\vec{k}\vec{G} + \vec{G}^2 \qquad \text{(VI-2.80)}$$

bzw.

$$2\vec{k}\vec{G} + G^2 = 0 \quad \textit{äquivalente Beugungsbedingung.} \qquad \text{(VI-2.81)}$$

Jetzt ersetzen wir $\vec{G}$ durch $-\vec{G}$, was nichts an der Aussage der Beugungsbedingung ändert, denn wenn $\vec{G}$ ein reziproker Gittervektor ist, dann auch $-\vec{G}$. Wir erhalten wieder eine äquivalente Beugungsbedingung

$$2\vec{k}\vec{G} = G^2 \quad \Rightarrow \quad \vec{k}\cdot\vec{G} = \frac{1}{2}(G)^2 \qquad \text{(VI-2.82)}$$

oder, wenn wir durch $|\vec{G}| = G$ dividieren, um den Einheitsvektor $\vec{n}_0 = \frac{\vec{G}}{|\vec{G}|} = \frac{\vec{G}}{G}$ in $\vec{G}$-Richtung zu erhalten

$$\vec{k}\frac{\vec{G}}{G} = \vec{k}\vec{n}_0 = \frac{1}{2}G\,. \qquad \text{(VI-2.83)}$$

Das ist eine Ebenengleichung im $\vec{k}$-Raum in der Hesseschen Normalform, die besagt: Die Projektion des einfallenden Wellenvektors $\vec{k}$ auf die Richtung von $\vec{G}$ ($\frac{\vec{G}}{G}$ ist ja der Einheitsvektor in Richtung von $\vec{G}$) ist const. und gleich $G/2$. Das heißt: Der Wellenvektor der einfallenden Röntgenstrahlung erfüllt die Beugungsbedingung, wenn seine Spitze auf einer sogenannten *Bragg-Ebene* liegt, das sind Ebenen im $\vec{k}$-Raum, die mittelsenkrecht auf den Verbindungslinien des Ursprungs des reziproken Gitters (000) und den reziproken Gitterpunkten (G_{hkl}) liegen (Abb. VI-2.52).[49]

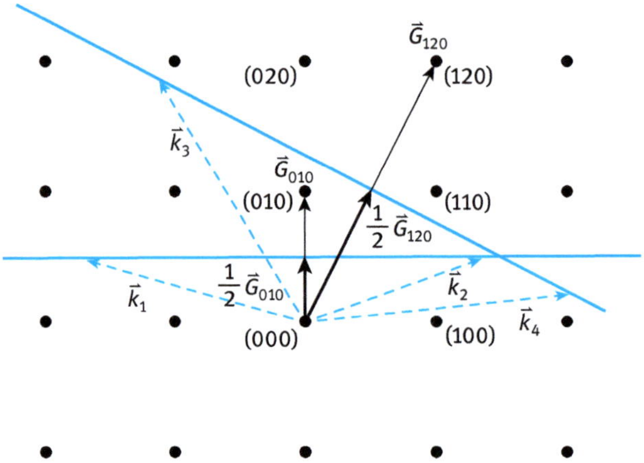

Abb. VI-2.52: Die Zeichnung zeigt zwei reziproke Gittervektoren $\vec{G}_{010}$ und $\vec{G}_{120}$, die vom Ursprung des reziproken Gitters (000) zu den reziproken Gitterpunkten (010) und (120) führen. Die blauen Geraden sind die Spuren der Normalebenen in den Halbierungspunkten $\frac{1}{2}\vec{G}_{010}$ und $\frac{1}{2}\vec{G}_{120}$ von $\vec{G}_{010}$ und $\vec{G}_{120}$, die Spuren der *Bragg-Ebenen*. Jeder Wellenvektor $\vec{k}$ der einfallenden Strahlung, der vom Ursprung des reziproken Gitters zu einem Punkt auf einer Bragg-Ebene führt (in der Zeichnung als Beispiel $\vec{k}_1, \vec{k}_2, \vec{k}_3, \vec{k}_4$), erfüllt die Beugungsbedingung $\vec{k}\frac{\vec{G}}{G} = \frac{1}{2}G$.

49 Die Brillouin-Zonen (siehe Abschnitt 2.2.4.3) werden nach dem gleichen Schema konstruiert, wie hier die Bragg-Ebenen ⇒ Die Begrenzungsebenen der Brillouin-Zonen sind Bragg-Ebenen ⇒ Nicht nur die elektromagnetischen Wellen (Röntgenstrahlen), sondern auch die Elektronenwellen

Im Durchstrahlungs-Elektronenmikroskop (*transmission electron microscope, TEM*) kann sowohl die Abbildung einer durchstrahlbaren Probe erfolgen als auch eine Beugung der e^- am Kristallgitter beobachtet bzw. photographiert werden. Wird für die Beugung ein definierter Bereich benützt (*Feinbereichsbeugung*), der zuvor auch direkt abgebildet wurde, so stellt das erhaltene Beugungsbild die Abbildung der Stelle im reziproken Raum dar, man kann damit *Bild* und *Beugungsbild* derselben Probenstelle miteinander vergleichen, quasi einen „Sprung in den reziproken Raum" durchführen (Abb. VI-2.53).

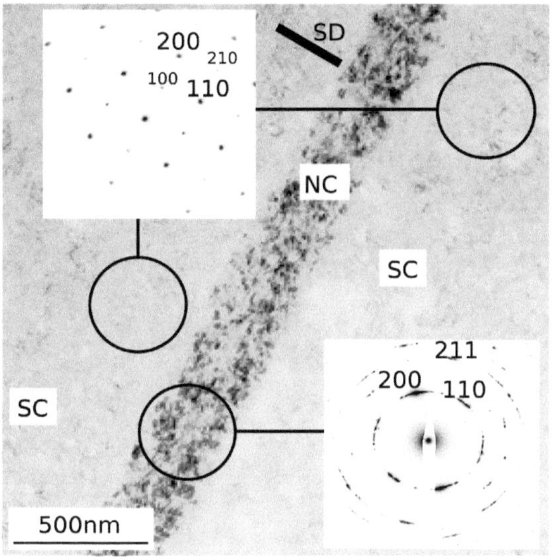

Abb. VI-2.53: Abbildung im Durchstrahlungs-Elektronenmikroskop: Ein *B*2-geordneter FeAl-Einkristall (vgl. Abschnitt 2.2.6.1, Beispiel ‚Geordnete Legierung der *krz*-Kristallstruktur: *B*2-Fernordnung'), der bei hohem Druck torsionsverformt wurde (*high pressure torsion* (*HPT*), Scherrichtung *SD*). Die Abbildung zeigt ein etwa 300 nm breites Band aus entordnetem nanokristallinen Material (*NC* = nanocrystalline), das sich durch einen geordneten Bereich mit *B*2-Fernordnung (*SC* = single crystalline) erstreckt. In die Abbildung sind „Feinbereichs-Beugungsbilder" eingefügt, die jeweils von den eingekreisten Kristallbereichen mit etwa 300 nm Ø stammen. Das Beugungsbild aus dem entordneten Bereich (unten rechts) zeigt diskontinuierliche Debye-Scherrer Ringe einer sehr feinkristallinen, ungeordneten *krz*-Struktur (die Diskontinuität der Ringe weist auf eine partielle Ordnung (*Textur*) der Kristallite hin), während die Beugungsbilder links und rechts des Bandes das reziproke Punktegitter eines geordneten *B*2-Einkristalls zeigen. Das Durchstrahlungs-Elektronenmikroskop erlaubt den „Sprung in den reziproken Raum": Eine bestimmte Probenstelle kann zunächst „direkt" abgebildet werden und unmittelbar anschließend (durch Veränderung der Abbildungsbedingungen im Mikroskop) kann von derselben Stelle das Beugungsbild (Abbildung im reziproken Raum) erzeugt werden. (Mit freundlicher Genehmigung von Dr. C. Mangler, Fakultät f. Physik, Universität Wien.)

---

der Kristallelektronen erfahren an den Grenzen der Brillouin-Zonen Bragg-Reflexionen, wenn ihr $\vec{k}$-Vektor auf der Brillouin-Zonengrenze endet (siehe auch Abschnitt 2.6.2.2).

2.2.5.6 Die Ewald-Konstruktion

Gegeben sei der Wellenvektor $\vec{k}$ der einfallenden Röntgenstrahlung. Wir legen den Ursprung des reziproken Gitters (000) *in die Spitze* von $\vec{k}$ und zeichnen einen Kreis (Schnitt der Papierebene mit einer Kugel, der *Ewald-Kugel*, nach Paul Peter Ewald, 1888–1985, deutscher Physiker, der 1937 zunächst nach England emigrierte, ab 1939 in Belfast und ab 1949 in den USA arbeitete) mit Radius $k = |\vec{k}| = \frac{2\pi}{\lambda}$ *um seinen Anfangspunkt* (Abb. VI-2.54).

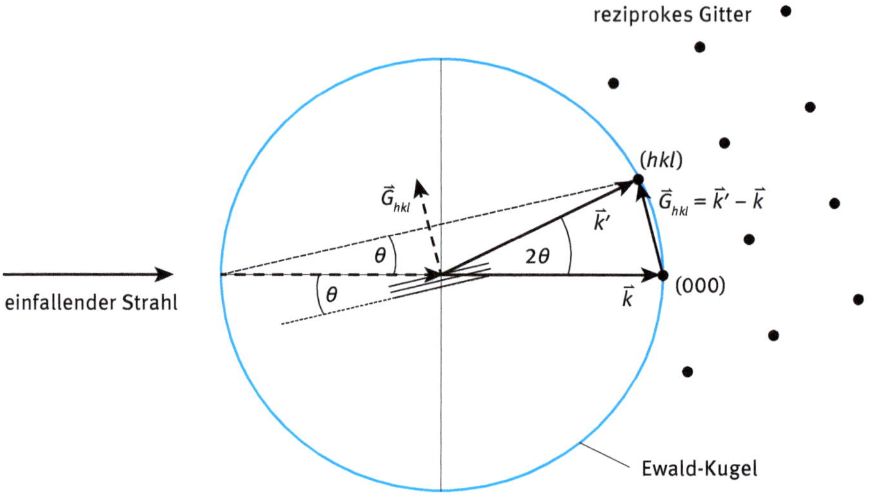

Abb. VI-2.54: Die Ewald-Konstruktion. Wir legen den Ursprung des reziproken Gitters (000) in die Spitze des Wellenvektors $\vec{k}$ der einfallenden Röntgenstrahlung und zeichnen eine Kugel mit Radius $k = |\vec{k}| = \frac{2\pi}{\lambda}$ um seinen Anfangspunkt.

Für den hier diskutierten Fall der *elastischen Streuung* gilt $\vec{k}' = \vec{k}$, d. h., die Spitzen aller Wellenvektoren $\vec{k}'$ müssen auf der Ewald-Kugel liegen. Das bedeutet aber wegen $\vec{G}_{hkl} = \vec{k}' - \vec{k}$, dass auch die Endpunkte der reziproken Gittervektoren, für die die Beugungsbedingung $\vec{k}' - \vec{k} = \vec{G}_{hkl}$ erfüllt ist, auf der Ewald-Kugel liegen müssen.

Die Bedingung für konstruktive Interferenz kann daher auch so formuliert werden:

> i Die Beugungsbedingung ist genau für jene reziproken Gitterpunkte (*hkl*) erfüllt, die auf der Oberfläche der Ewald-Kugel liegen.

Es zeigt sich also, dass für eine beliebig gewählte Wellenlänge der einfallenden Röntgenstrahlung i. Allg. *keine* Bragg-Reflexe bzw. Laue-Punkte beobachten werden können. Die unterschiedlichen experimentellen Röntgenverfahren dienen nun dazu, möglichst viele reziproke Gitterpunkte mit der Ewald-Kugel in Berührung zu bringen.[50] Im realen Raum (z. B. in der „Lauekamera") nimmt die begrenzte ebene Welle der in $\vec{k}'$-Richtung gebeugten Strahlung ihren Ausgang von jenem Kristallvolumen, das von der niemals vollständig parallel gerichteten Röntgenstrahlung durchsetzt wird. Diese endliche Größe des Kristallgitters bewirkt neben einem endlichen Querschnitt eine kleine Winkeldivergenz der austretenden Strahlung und damit einen mit der Entfernung vom Kristall wachsenden Querschnitt des gebeugten Strahls.

Die Laue-Methode

Es wird ein feststehender Einkristall (damit auch ein feststehendes reziprokes Gitter) mit „weißem" Röntgenlicht der Bremsstrahlung bestrahlt. Die kürzeste Wellenlänge λ_{min} des Spektrums ist durch die Beschleunigungsspannung U der Röntgenröhre festgelegt: $h\nu_{\text{max}} = \dfrac{hc}{\lambda_{\text{min}}} = e \cdot U$. Bei Verwendung eines üblichen Röntgenfilms wird der langwellige Bereich des Spektrums durch die K-Absorptionskante der Ag-Atome der photographischen Schicht abgeschnitten. Dem Verfahren liegt demnach ein „Bereich von Ewald-Kugeln" zugrunde, wodurch viele reziproke Gitterpunkte (hkl) auf entsprechenden Kugeln zu liegen kommen und Beugungen mit unterschiedlichen Wellenlängen bewirken (Abb. VI-2.55).

Die Laue-Methode eignet sich besonders gut zur Bestimmung der Orientierung einer einkristallinen Probe: Liegt die Einfallsrichtung des Röntgenstrahls in der Richtung einer Symmetrieachse des Kristalls, so zeigt das Muster der beobachteten Beugungspunkte die gleiche Symmetrie.

---

50 Diese Aussage ist für die Beugung an *endlich* großen Kristallen, wie sie in der Praxis ja immer verwendet werden müssen, etwas zu modifizieren. Wie wir schon gesehen haben (Abschnitt 2.2.5.2, Fußnote 40) treten im Falle der Beugung an endlich vielen Netzebenen gebeugte Strahlen auch in einer kleinen Umgebung $d\theta$ des exakten Bragg-Winkels θ auf. Als Konsequenz der Vielstrahlinterferenz ist die Abweichung umso größer, je weniger Netzebenen senkrecht zu $\vec{G}_{hkl}$ vorhanden sind, d. h. je dünner der Kristall in dieser Richtung ist. Dies hat zur Folge, dass im reziproken Raum die Gitterpunkte (hkl) durch kleine Volumina zu ersetzen sind, deren Ausdehnung umgekehrt proportional („reziprok") zu der jeweiligen Ausdehnung des Kristalls im realen Raum ist. $\Rightarrow$ die Ewald-Kugel schneidet nun einen Volumsbereich in einer bestimmten Fläche, von der ein ganzes Bündel reflektierter $\vec{k}'$-Vektoren (gebeugte Strahlen) ausgeht. Die Braggbedingung $\vec{k}' - \vec{k} = \vec{G}_{hkl}$ gilt daher für endlich große Kristalle nicht mehr scharf, und zwar umso weniger scharf, je kleiner der Kristall ist.

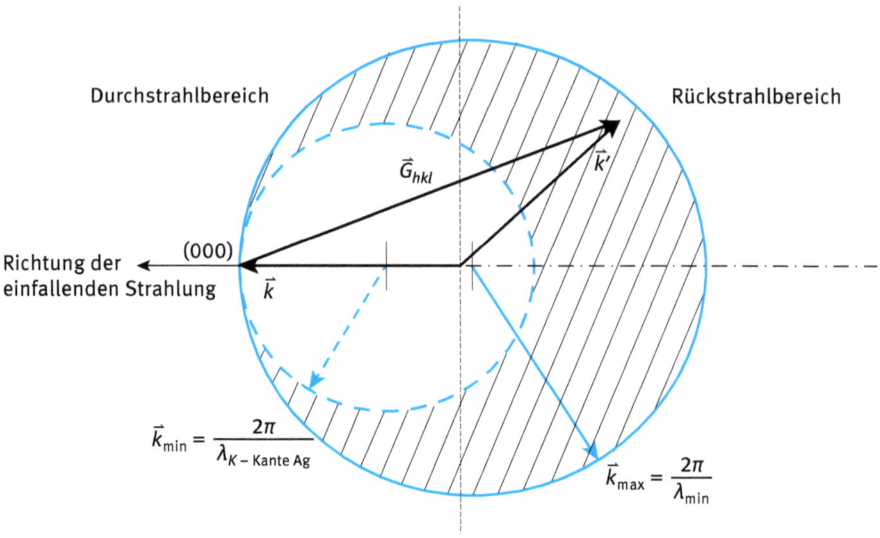

Abb. VI-2.55: Die Laue-Methode. Die Zeichnung zeigt schematisch die zwei Grenz-Ewald-Kugeln, die den Wellenvektoren der kurzwelligen Grenze des Spektrums ($\vec{k}_{max} = \frac{2\pi}{\lambda_{min}}$) bzw. der langwelligen Begrenzung durch die Absorption der Ag-Atome ($\vec{k}_{min} = \frac{2\pi}{\lambda_{K-\text{Kante Ag}}}$) entsprechen. Für alle Punkte des reziproken Gitters, die im schraffierten Bereich zwischen den beiden Grenz-Kugeln liegen, d. h. für Wellenvektoren $\vec{k}$ der einfallenden Strahlung mit $\vec{k}_{min} \le \vec{k} \le \vec{k}_{max}$, ist die Beugungsbedingung erfüllt. In der Zeichnung wird der Reflex $\vec{G}_{hkl}$ durch den Wellenvektor $\vec{k}$, also die Wellenlänge $\lambda = \frac{2\pi}{|\vec{k}|}$ hervorgerufen. Die gebeugte Strahlung $\vec{k}'$ weist in den Rückstrahlbereich.

Das Drehkristallverfahren

Beim Drehkristallverfahren verwendet man monochromatische Strahlung, die man aus der charakteristischen Strahlung durch Aussonderung einer bestimmten Linie mit einem geeigneten Metallabsorber („Filter“) gewinnt. Dem Verfahren liegt daher eine einzige Ewald-Kugel mit $\vec{k} = \frac{2\pi}{\lambda_{char}}$ zugrunde. Der Vorteil ist die wesentlich größere Intensität als bei der Bremsstrahlung und entsprechend kürzere Belichtungszeiten.

Die Bragg-Bedingung der einfallenden Röntgenstrahlung wird bei diesem Verfahren dadurch erfüllt, dass bei festgehaltener Strahlrichtung der Kristall um eine feste Achse gedreht wird. Direktes und reziprokes Gitter drehen sich um dieselbe Achse und um denselben Betrag, während die Ewald-Kugel im $\vec{k}$-Raum fest ist. Bei jeder Umdrehung schneiden reziproke Gitterpunkte einmal die Ewald-Kugel, wobei ein gebeugter Röntgenstrahl in der Richtung $\vec{k}'$ aufblitzt und auf dem den Kristall zylinderförmig umgebenden Film einen Schwärzungspunkt erzeugt (Abb. VI-2.56).

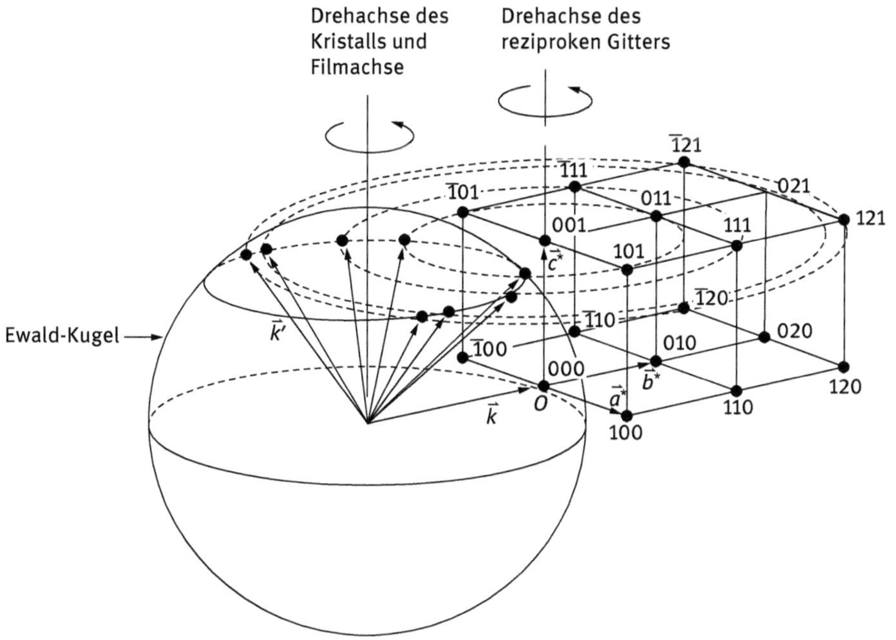

Abb. VI-2.56: Drehkristallverfahren: Die Drehung des Kristalls (hier kubisch primitiv) im Röntgenstrahl bedeutet auch eine Drehung des reziproken Gitters, sodass bei langsamer Drehung fortwährend andere reziproke Gitterpunkte vorübergehend auf der Oberfläche der Ewaldkugel liegen. (Nach B. D. Cullity, *Elements of X-ray diffraction*, Addison Wesley Publishing Company, Reading Massachusetts, 1978.)

Das Debye-Scherrer-Verfahren[51]

Auch bei diesem Verfahren wird monochromatische Röntgenstrahlung verwendet, die Beugung wird damit durch eine einzige Ewald-Kugel beschrieben (Abb. VI-2.57). Das kristalline Material wird zunächst pulverisiert (fein zerstoßen oder, z. B. bei Metallen, gefeilt → Kristallpulver) und auf einen dünnen, leicht gefetteten Glasstab[52] aufgebracht. Die Pulverteilchen sind mikroskopisch kleine Kristallite und noch genügend groß, um das Röntgenbeugungsmuster des Kristalls zu erzeugen; sie sind aber völlig regellos gegen die Einfallsrichtung des Strahls orientiert, sodass für alle Arten von Netzebenen die Beugungsbedingung erfüllt ist. Die rezi-

51 Nach Peter Joseph Wilhelm Debye, 1884–1966 (für seine Beiträge zu unserer Kenntnis der molekularen Struktur durch seine Untersuchungen an Dipolmomenten und die Beugung von Röntgenstrahlen und Elektronen in Gasen erhielt er 1936 den Nobelpreis für Chemie) und Paul Scherrer, 1890–1969, Schweizer Physiker.

52 Amorphes Glas liefert keine Beugungspunkte, schwärzt aber etwas den Film mit ungerichteter Streustrahlung.

proken Gitter der verschiedenen Kristallite sind um den Punkt (000) statistisch in alle Richtungen gedreht. Liegt der reziproke Gittervektor $(\vec{G}_{hkl})_1$ eines Kristalliten 1 auf der Ewald-Kugel, dann auch der Vektor $(\vec{G}_{hkl})_i$ des i-ten Kristalliten (Abb. VI-2.57), der um einen beliebigen Winkel um die Einfallsrichtung $\vec{k}$ gedreht ist (alle anderen Drehungen um (000) entfernen $(\vec{G}_{hkl})_i$ von der Ewald-Kugel!). Die gebeugte Strahlung der *i* Kristallite liegt daher auf einem Kegelmantel mit der Einfallsrichtung $\vec{k}$ als Achse (Abb. VI-2.58).

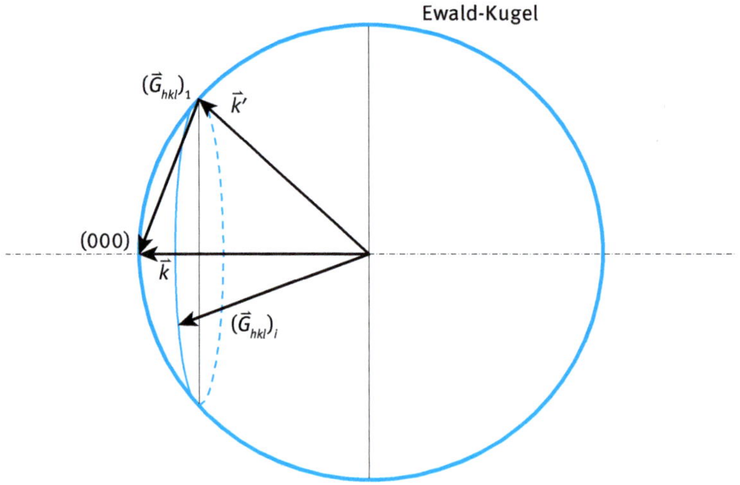

Abb. VI-2.57: Ewald-Kugel beim Debye-Scherrer-Verfahren.

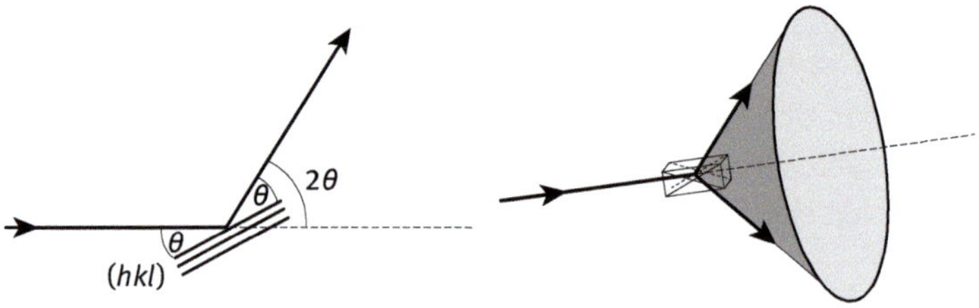

Abb. VI-2.58: Debye-Scherrer Verfahren: Einige der Kristallite des Pulvers sind gerade so orientiert, dass ihre Netzebenen (*hkl*) die Beugungsbedingung erfüllen. Die Zeichnung zeigt dies links für einen Kristalliten. Die an den Netzebenen (*hkl*) gestreuten Strahlen *aller* geeignet orientierten Kristallite liegen auf einem Kegelmantel mit Öffnungswinkel 4θ mit der Kegelachse in Richtung des einfallenden Strahls (rechts), gerade so, als würden die (*hkl*)-Ebenen um den einfallenden Strahl gedreht werden.

Abb. VI-2.59 zeigt einr Debye-Scherrer-Kamera für die Röntgenstrukturanalyse von Kristallpulvern:

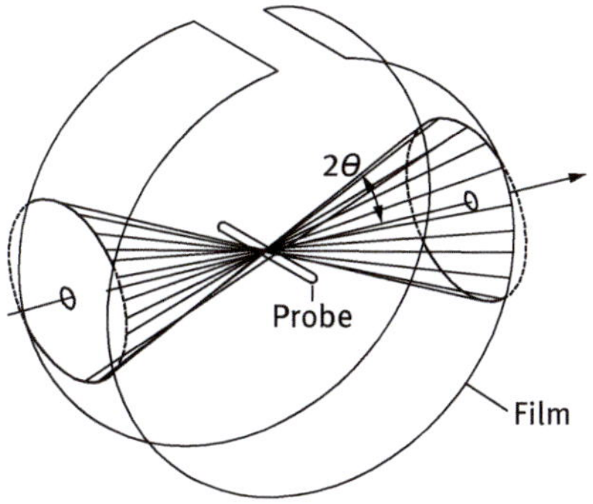

Abb. VI-2.59: Debye-Scherrer-Kamera für die Röntgenstrukturanalyse von Kristallpulvern. Um die eine Überstrahlung im Bereich des einfallenden und transmittierten Strahls zu vermeiden, werden in den Röntgenfilm vor dem Einlegen in die Kamera an den entsprechenden Stellen Löcher gestanzt.

Auf dem entwickelten Film einer Debye-Scherrer Aufnahme sieht man Beugungslinien als Schnittlinien der Kegelmäntel mit der Oberfläche des Films, der die Form eines kurzen Zylinders hat (siehe Abb. VI-2.59, links). Aus der Position der Linie auf dem Filmstreifen kann auf den zugehörigen Bragg-Winkel θ und damit bei bekannter Wellenlänge der verwendeten Röntgenstrahlung auf den Netzebenenabstand d_{hkl} der beugenden Netzebenen geschlossen werden.

2.2.6 Gitterfehler (*lattice defects*)

Bisher wurden nur *ideale Kristalle* besprochen, die keine Abweichung von der periodischen Anordnung ihrer Atome bzw. Ionen („topologische Fernordnung") zeigen und deren durch die jeweilige Struktur gegebene Gitterplätze vollständig besetzt sind. Im *realen Kristall* dagegen sind *immer* Gitterdefekte vorhanden. Die physikalischen Eigenschaften von Festkörpern hängen i. Allg. eng mit den vorhandenen Gitterfehlern zusammen, die elastischen und plastischen Eigenschaften, die elektrische Leitfähigkeit, die magnetischen Eigenschaften, die thermischen Eigenschaften, die Atomdiffusion und die chemische Reaktivität.

Die Klassifizierung der Gitterfehler erfolgt entsprechend ihrer räumlichen Ausdehnung nach ihrer Dimensionalität.

2.2.6.1 Nulldimensionale Gitterdefekte: Punktdefekte und ihre Agglomerate

Leerstelle (*LS, vacancy*): Eine *LS* ist ein unbesetzter Gitterplatz. I. Allg. relaxieren die die *LS* umgebenden Atome etwas in Richtung der *LS*. Wenn die *LS* durch eines der Nachbaratome „besetzt" wird, wandert die *LS* an die Stelle des ursprünglich besetzten Gitterplatzes.

In Ionenkristallen bezeichnet man Paare von *LS* der beiden Ionensorten als *Schottky-Defekt* (nach Walter Schottky, 1886–1976, deutscher Physiker). Der Schottky-Defekt insgesamt ist ungeladen, die beiden *LS* aber tragen die entgegengesetzte Ladung zum regulären Ion. Zur Erzeugung einer *LS* in Metallen vom Schottky-Typ (ein Gitteratom wird an die Oberfläche befördert) ist eine Energie von ca. 1 eV erforderlich. Wird das entfernte Gitteratom in der Nähe der verbleibenden *LS* im Gitter zwischen den Atomen untergebracht, bilden die *LS* und das entfernte Atom gemeinsam einen *Frenkel-Defekt* (nach Jakow Iljitsch Frenkel, 1894–1952, russischer theoretischer Physiker).

Zwischengitteratom (*ZGA, interstitial*): Ein *ZGA* besetzt einen Platz, der kein Gitterplatz der jeweiligen Struktur ist und daher i. Allg. viel Bildungsenergie erfordert (in Metallen 3 – 5 eV). Kleine Atome (z. B. H, C, N, B) können in bestimmten Strukturen auch niederenergetische *ZGA*s bilden.

LS und *ZGA* treten in realen Kristallen im thermischen Gleichgewicht (*GG*) auf, da sie die Konfigurationsentropie erhöhen. Das thermische *GG* im Festkörper ist durch das Minimum der *freien Enthalpie* (*Gibbs free energy*) $G = H - TS = U - TS + PV$ gegeben (siehe dazu Band II, Kapitel „Physik der Wärme", Abschnitt 1.3.2.2 und speziell 1.3.2.2.4). Für Temperaturen oberhalb des absoluten Nullpunkts wird daher die freie Enthalpie durch Entropiezunahme *erniedrigt*, sodass sich eine nichtverschwindende Konzentration an *LS* und *ZGA* ergibt. Die Konzentration dieser Defekte hängt von der *Bildungsenthalpie* ab, die zu ihrer Bildung aufgebracht werden muss und steigt exponentiell mit der Temperatur. In Gold mit einer *LS*-Bildungsenthalpie $H_{Au}^{LS} = 0{,}98\,\text{eV}$ beträgt deren Konzentration bei $T = 1000\,\text{K}$ ca. 10^{-5} pro Atom (auf 100 000 Au-Atome kommt 1 *LS*). *LS* und *ZGA* sind die für die Atomdiffusion im unverformten Festkörper verantwortlichen Defekte. Nichtthermisch erzeugte Punktdefekte mit erhöhter Konzentration können durch Einwirkung auf den Kristall von außen auftreten, z. B. durch Teilchenbestrahlung oder plastische Verformung.

In Ionenkristallen bestimmen *LS* und *ZGA*, d. h. Schottky-Defekte und Frenkel-Defekte (eine *LS* und das meist nahe benachbarte, aus dem regulären Gitter entfernte Ion als *ZGA*), daher die elektrische Leitfähigkeit und ihre optischen Eigenschaften (*Farbzentren*).[53]

---

53 Leerstellen in Ionenkristallen, an denen die negativen Anionen fehlen, die daher positiv geladen sind, nennt man *Farbzentren* oder *F-Zentren*. Sie werden zum Ladungsausgleich von 1–2 Elektronen besetzt, die elektromagnetische Strahlung im sichtbaren Bereich absorbieren können und daher zur Verfärbung des Ionenkristalls führen.

Fremdatom (*FA, impurity*): Reale Kristalle sind nie völlig rein, sondern enthalten gelöste Atome anderer Elemente, *Fremdatome*. Ein *FA* ersetzt damit ein reguläres Atom des Kristalls an einem regulären Gitterplatz oder besetzt einen Zwischengitterplatz wie z. B. C im Fe-Gitter (Stahl). Als *Legierung* bezeichnet man einen Kristall, der aus zwei oder mehreren Atomsorten aufgebaut ist, von denen zumindest eine Sorte ein Metall ist. In einer Legierung besetzen die verschiedenen Atomsorten reguläre Plätze (substitutionelle Legierung) oder Zwischengitterplätze (interstitielle Legierung) eines Kristallgitters; *FA* in Legierungen gehören keiner der Atomsorten an, aus denen sie aufgebaut sind.

In Ionenkristallen können die *FA* denselben Ladungszustand besitzen (*isovalent*) wie das reguläre Ion an dem Gitterplatz oder einen anderen (*aliovalent*).

In Metallen machen sich Punktdefekte und Fremdatome in einer Erhöhung des elektrischen Widerstandes und der mechanischen Festigkeit bemerkbar.

Antistrukturatome (*AS, antisite (defect)*): In *geordneten Legierungen*[54] sind die die Legierung aufbauenden Atomsorten unterhalb einer Ordnungs/Unordnungs-Übergangstemperatur auf *Untergittern* des regulären Kristallgitters angeordnet. *AS* sind reguläre Atome der Legierung, die aber in Bezug auf das entsprechende Untergitter, dem sie zugeordnet sind, *fehlbesetzt* sind.

Beispiel: Geordnete Legierung der *krz*-Kristallstruktur: *B*2-Fernordnung.

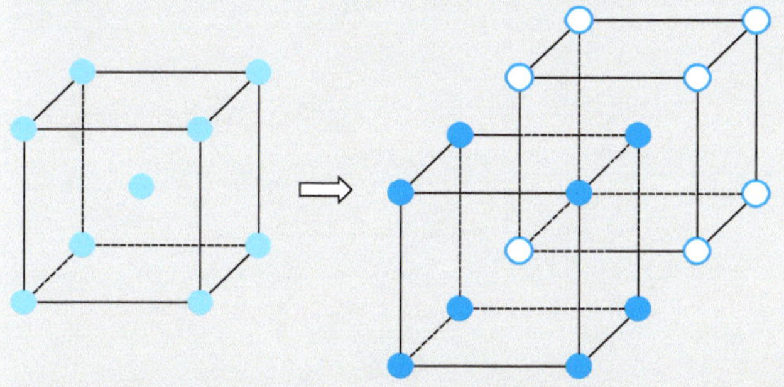

Übergang einer *AB*-Legierung der *krz*-Struktur aus *A* und *B* Atomen vom (ideal) *ungeordneten* Zustand (links, gleiche Wahrscheinlichkeit für *jeden* Gitterplatz dort ein *A*- oder ein *B*-Atom zu finden) in den (ideal) *ferngeordneten* Zustand (rechts, *B*2-Struktur, jede Atomsorte besetzt jetzt ein eigenes, kubisch-primitives *Untergitter*). Die ferngeordnete Struktur wird nur bei $T = 0$ ideal eingehalten. Mit zunehmender Temperatur wechseln immer mehr Atome von „ihrem" Untergitter auf das andere und werden zu *Antistrukturatomen*. Oberhalb der Ordnungs/Unordnungs-Temperatur $T_{O/D}$ (*order/disorder temperature*) kann man die beiden Untergitter nicht mehr unterscheiden, die beiden Atomsorten sind statistisch regellos über die *krz*-Gittterplätze verteilt.

54 Hier ist eine *chemische Ordnung* gemeint, topologisch ist ein Kristall ja immer ferngeordnet, d. h., seine Atome sind an den Gitterpunkten der entsprechenden Struktur angeordnet. In *Legierungen* kann eine zusätzliche Energieerniedrigung des Gesamtsystems erfolgen, wenn die die Legierung aufbauenden Atomsorten auf *Untergittern* angeordnet sind: Jede Atomsorte besetzt im Idealfall ($T = 0$) nur ein bestimmtes Untergitter, das von den anderen Atomsorten nicht besetzt ist.

Punktdefektkomplexe: Vorhandene Punktdefekte können sich zu Komplexen zusammenlagern: Doppelleerstellen (*DLS*), Leerstellencluster, mehrfach-*MZGA* (z. B. *ZGA*-„Hantel"), an *FA* gebundene *LS*, etc.

2.2.6.2 Eindimensionale Gitterdefekte: Versetzungen (*dislocations*)

Man könnte annehmen, dass die *plastische Verformung* von Kristallen mit dem aneinander Vorbeigleiten von Netzebenen im *idealen* Kristall verbunden ist. Es lässt sich aber zeigen, dass dieses Modell zu Schubspannungen für die Abgleitung führt, die um viele Größenordnungen zu groß sind.

Beispiel: Kraftaufwand zur Verschiebung von Atomebenen gegeneinander im Vergleich zur tatsächlich notwendigen Kraft bei der plastischen Verformung von Metallen.

Wir betrachten in einem idealen Kristall zwei benachbarte, dichtest gepackte Netzebenen, die unter einer Scherspannung τ gegeneinander um die Strecke x aus der Gleichgewichtsposition abgleiten.

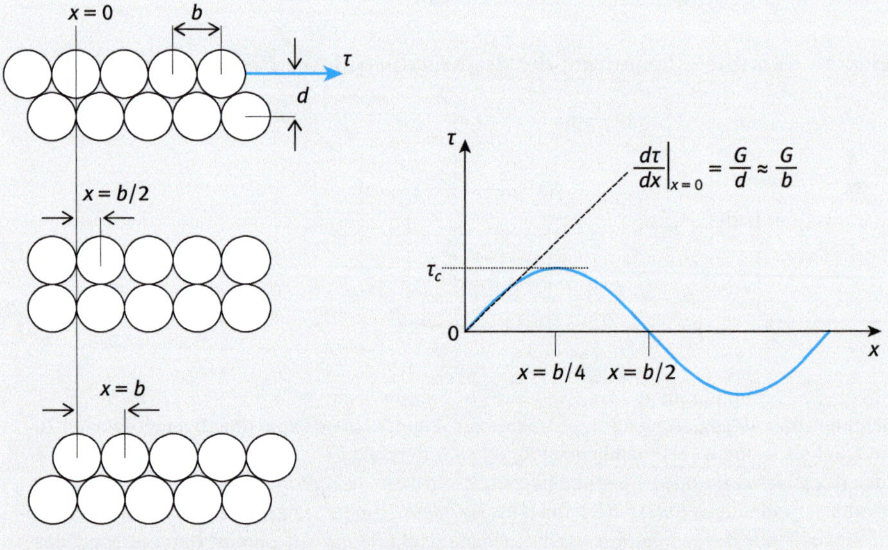

Abgleitung x zweier dichtestgepackter Gitterebenen mit Ebenenabstand d gegeneinander (links). Rechts ist die benötigte Scherspannung τ als Funktion der Abgleitung gezeigt, die für eine Abgleitung $x = b/4$ einen kritischen Maximalwert τ_c besitzt. $x = b$ ist die Abgleitung um einen Gitterabstand in Gleitrichtung.

Für sehr kleine Verschiebungen x ist die Scherung elastisch und es gilt das Hookesche Gesetz (siehe Band I, „Mechanik deformierbarer Körper", Abschnitte 4.2.1 und 4.2.2) mit G als Schermodul (= Schubmodul)

$$\tau = G\frac{x}{d} \qquad (x/d \ldots \text{Scherwinkel } \gamma).$$

Für $x = b/4$ geht die für die Abgleitung benötigte Scherspannung (Schubspannung) τ durch ein Maximum τ_c, für $x = b/2$ gilt $\tau = 0$. Als einfachste Funktion für den Verlauf $\tau(x)$ nehmen wir näherungsweise

$$\tau = \tau_c \cdot \sin\frac{2\pi x}{b}\,.$$

Dabei ist τ_c die *kritische Schubspannung*, das ist der Wert der Scherspannung, der mindestens benötigt wird, um die Abgleitung zu ermöglichen. τ_c kann aus

$$\left.\frac{d\tau}{dx}\right|_{\tau=0} = \frac{G}{d}$$

und

$$\left.\frac{d\tau}{dx}\right|_{\tau=0} = \tau_c \cdot \frac{2\pi}{b} \cdot \cos\left.\frac{2\pi x}{b}\right|_{x=0} = \tau_c \cdot \frac{2\pi}{b}$$

zu

$$\tau_c = \frac{Gb}{2\pi d}$$

berechnet werden. Mit $b \approx d$ kann die kritische Schubspannung τ_c daher abgeschätzt werden:

$$\tau_c \approx \frac{G}{2\pi}.$$

Tabelle des Schubmoduls G und der kritischen Schubspannung τ_c einiger Einkristalle. (Nach P. G. Shewmon, *Transformations in Metals*, McGraw-Hill Book Company, New York 1969.)

Metallkristall	**Struktur**	**Schubmodul G (Pa = N/m²)**	**Experiment: kritische Schubspannung τ_c (Pa = N/m²)**
Al	*kfz*	$2{,}7 \cdot 10^{10}$	$1{,}0 \cdot 10^{6}$
Cu	*kfz*	$4{,}8 \cdot 10^{10}$	$6{,}3 \cdot 10^{5}$
Mg	*hdp*	$1{,}7 \cdot 10^{10}$	$4{,}3 \cdot 10^{5}$
Zn	*hdp*	$3{,}9 \cdot 10^{10}$	$1{,}8 \cdot 10^{5}$
α-Fe	*krz*	$6{,}2 \cdot 10^{10}$	$2{,}8 \cdot 10^{7}$

Es zeigt sich damit, dass die Gleitung in den dichtgepackten Metallkristallen bei etwa $G/10^5$ einsetzt und nicht wie in dieser Näherung abgeschätzt bei $G/2\pi$!

Der Fehler in der Modellvorstellung des obigen Beispiels liegt darin, dass die plastische Verformung im *idealen Kristall* betrachtet wurde. Stellen wir uns einen frei liegenden großen Teppich vor. Um ihn zu bewegen, werden wir nicht einfach an einer Seite ziehen, sondern wir werden eine Falte aufschlagen und den schweren Teppich so zwar stückweise, aber leicht bewegen können. Wir wissen heute aus elektronenmikroskopischen Aufnahmen, dass die plastische Verformung mit linienhaften Gitterdefekten (den Teppichfalten vergleichbar) verbunden ist, die die Abgleitung der Gitterebenen gegeneinander wesentlich erleichtern. Man nennt diese Liniendefekte, um die herum die näherliegenden Atome des Kristalls von ihren regulären Gitterpositionen abweichen, *Versetzungen* (Abb. VI-2.60). Bei der plastischen Verformung wandert die Versetzung unter dem Einfluss der wirkenden Spannung in der *Gleitebene*[55] durch den Kristall und trennt den abgeglittenen vom noch nicht abgeglittenen Kristallbereich (Abb. VI-2.61).

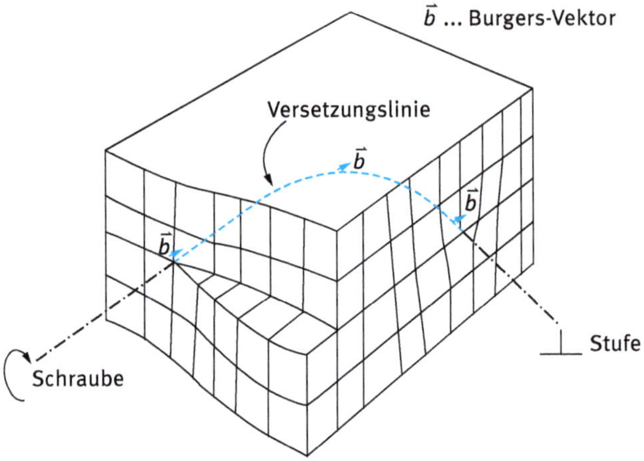

Abb. VI-2.60: Versetzungslinie in einem Kristall, die von einer Schraubenorientierung auf eine Stufenorientierung wechselt. Der *Burgers-Vektor* $\vec{b}$, der in die Richtung der Kristallverschiebung (Abgleitung) zeigt, ändert sich entlang der Versetzungslinie nicht. (Nach G. Gottstein, M. Winning, B. Friedrich und Mitarbeiter, in: *Winnacker-Küchler: Chemische Technik*, Band 6a „Metalle" (Hrsgb. R. Dittmeyer, W. Keim, G. Kreysa und A. Oberholz), Wiley-VCH, 2006.)

55 Das ist eine der möglichst dicht gepackten Ebenen im Kristall, im *kfz*-Gitter die (111)-Ebenen (Oktaederebenen mit dichtest gepackten [110]-Richtungen, den Flächendiagonalen); im *krz*-Gitter die (110)-Ebenen (diagonale Prismenflächen mit dichtest gepackten [111]-Richtungen, den Raumdiagonalen), im *hdp*-Gitter die (001)-Ebenen (Basisebenen mit dichtest gepackten [100]-Richtungen).

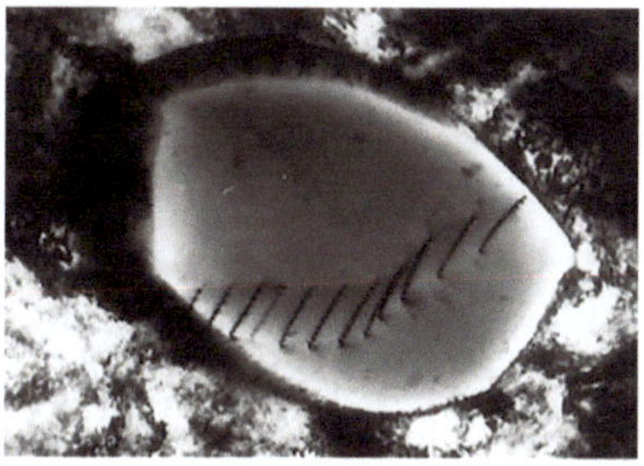

Abb. VI-2.61: Ausscheidung mit Versetzungen in einem austenitischen rostfreien Stahl. (Nach Wikipedia.)

Versetzungen entstehen bereits beim Kristallwachstum, insbesondere aber bei der plastischen Verformung, die durch sie erst ermöglicht wird. Sie stehen daher nicht im thermischen Gleichgewicht. In einem weichen, d. h. gut thermisch von Defekten ausgeheilten Einkristall beträgt die Gesamtlänge der enthaltenen Versetzungen ca. $10^{12}\,m/m^3$ ($10^8\,cm/cm^3$); auf jedes Atom längs einer Versetzungslinie kommen ca. 7 eV an Bildungsenthalpie, was ihre nichtthermische Erzeugung begründet. Zur Charakterisierung der Versetzung dient der *Gleitvektor* oder *Burgers-Vektor* (nach Johannes Martinus (Jan) Burgers, 1895–1981, niederländischer Physiker, ab 1955 in den USA), der die Richtung und die Größe der Abgleitung des Kristalls beim Durchlaufen einer Versetzung angibt. Er kann mit folgendem Verfahren bestimmt werden (Abb. VI-2.62): Es wird ein geschlossener Umlauf auf Gitterpunkten (*Burgers-Umlauf*) um die Versetzung im Kristall durchgeführt und dann mit einem analogen Umlauf mit gleich vielen Gitterschritten in jeder Achsenrichtung im idealen Kristall verglichen.

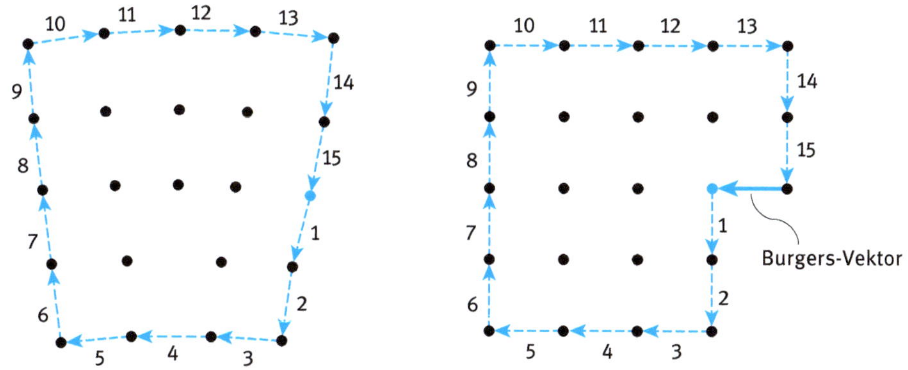

Abb. VI-2.62: Burgers-Umlauf um eine Stufenversetzung im gestörten (links) und im ungestörten, idealen Kristallgitter. Im Idealkristall ist zur Schließung des Umlaufs der Burgers-Vektor $\vec{b}$ erforderlich.

Zur Schließung des Umlaufs ist im ungestörten Kristallgitter ein Schließungsvektor, der *Burgers-Vektor* $\vec{b}$, erforderlich, um wieder zum Ausgangspunkt zu kommen. Man unterscheidet als Grenzfälle zwei Versetzungstypen, je nachdem, ob der Burgers-Vektor ⊥ oder // zur Versetzungslinie liegt: Bei einer *Stufenversetzung* (*edge dislocation*, eingeschobene Gitterhalbebene) liegt $\vec{b} \perp$ zur Versetzungslinie, bei einer *Schraubenversetzung* (*screw dislocation*, das Gitter ist um die Versetzungslinie schraubenförmig verformt) liegt $\vec{b}$ // zur Versetzungslinie.

Durch die Gitterverzerrungen rings um die Versetzungslinie kommt es zu einer Erhöhung der inneren Kristallenergie auf Grund der elastischen Spannungen, die zu $G \cdot b^2$ proportional sind (G ... Schubmodul, b ... Burgers-Vektor). Im inneren Bereich einer Versetzungslinie, dem *Versetzungs-Core* mit einem Radius r_0, der dem Betrag des Burgers-Vektors vergleichbar ist, sind die atomaren Bindungen aufgebrochen und ist i. Allg. die Packungsdichte der Atome kleiner als im idealen Kristall; das führt zu einer höheren Atombeweglichkeit entlang einer Versetzungslinie als im unverformten Kristallvolumen.

2.2.6.3 Zweidimensionale Gitterdefekte: Grenzflächen

Kristalloberfläche: Die Atome in der Kristalloberfläche sind ins Kristallinnere durch die Nachbaratome gebunden, nach außen hin fehlen aber äquivalente Bindungen; die Oberfläche ist eine Grenzfläche des Kristalls mit der ihn umgebenden Gasphase und bedingt eine beträchtliche Erhöhung der inneren Kristallenergie (Größenordnung: $6 \cdot 10^{18}$ eV/m^2 = $6 \cdot 10^{14}$ eV/cm^2 spezifische Oberflächenenergie).

Korngrenzen (*KG, grain boundary*, Abb. VI-2.63): Viele Kristalle, insbesondere Metalle liegen i. Allg. nicht als *Einkristalle* mit einem einheitlichen Kristallgitter vor, sondern als *Polykristalle*: Sie bestehen aus vielen, oft unterschiedlich großen Kristalliten, den *Körnern*, mit gleicher Kristallstruktur, aber unterschiedlicher Orientierung des Gitters.

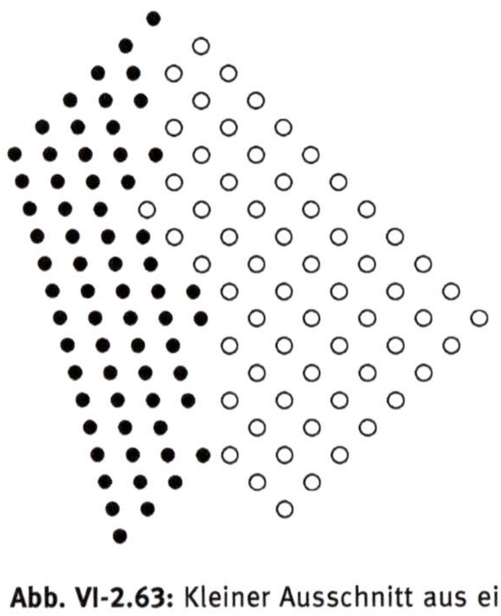

Abb. VI-2.63: Kleiner Ausschnitt aus einer Korngrenze. Die beiden Kristallite sind, bei gleicher Kristallstruktur, gegeneinander verdreht.

Der polykristalline Charakter von makroskopischen Kristallen ergibt sich beim Erstarren aus der Schmelze durch die räumliche Einschränkung im Schmelzgefäß (*Kokille*), wenn die aus Keimen wachsenden einkristallinen Kristallite unterschiedlicher Orientierung zusammenstoßen. Als *Großwinkelkorngrenze* oder einfach *Korngrenze* bezeichnet man Grenzflächen zwischen Körnern, die sich in ihrer Gitterorientierung um mehr als 15° unterscheiden. Korngrenzen stellen eine sehr starke Störung des Kristallgitters dar und erhöhen daher entsprechend die Kristallenergie. Der Abstand der Körner, und damit die Breite der Korngrenze, übersteigt i. Allg. einen Atomabstand. Diese beachtliche Gitterstörung und die geringere Packungsdichte in ihrem Inneren führen zu einer stark erhöhten Atomdiffusion in Korngrenzen und dazu, dass sich dort Fremdatome bevorzugt anlagern und Ausscheidungen einer zweiten Phase meist dort beginnen (erleichterte *Keimbildung*).

An *Kleinwinkelkorngrenzen* grenzende Körner weisen entsprechend kleinere Orientierungsunterschiede als 15° auf, die durch eine Reihe von Stufenversetzungen (bei *Kleinwinkelkippgrenzen*, Abb. VI-2.64) oder Schraubenversetzungen (bei *Kleinwinkeldrehgrenzen*) ausgeglichen werden können.

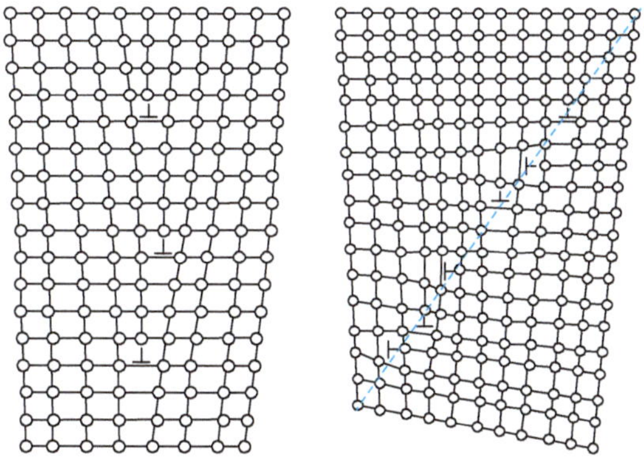

Abb. VI-2.64: Zwei Beispiele für Kleinwinkelkippgrenzen, die durch eine Schar paralleler Stufenversetzungen (symmetrischer Typ, links) oder zwei Scharen zueinander normaler Stufenversetzungen gebildet werden. Kleinwinkeldrehgrenzen werden durch wenigstens zwei Scharen von Schraubenversetzungen erzeugt.

Stapelfehler (*stacking fault*): Die dichtest gepackten Strukturen *hdp* und *kfz* unterscheiden sich nur durch die Stapelfolge der dichtest gepackten Ebenen, (001) im *hdp*- und (111) im *kfz*-Gitter. Bei *Stapelfehlern* ist die von der Kristallstruktur vorgegebene Stapelfolge in einer Atomebene nicht eingehalten. Stapelfehler sind in dichtestgepackten Metallen und Legierungen daher besonders häufige Gitterfehler. Die Stapelfolge der *hdp*-Struktur ist *ABAB*... (siehe Abschnitt 2.2.2.2), die der *kfz*-Struktur *ABCABC*... (siehe Abschnitt 2.2.2.3). Beispiele für Stapelfehler sind: *ABABCAB* für die *hdp*-Struktur und *ABCABABCAB* für die *kfz*-Struktur.

Stapelfehler können dadurch entstehen, dass zusätzliche Ebenen eingeschoben werden (*extrinsischer Stapelfehler*) oder dass Ebenen fehlen (*intrinsischer Stapelfehler*).

Zwillingsgrenze (*twin boundary*, Abb. VI-2.65): „Kristallzwillinge" ergeben sich, wenn sich die Stapelfolge plötzlich umkehrt, z. B. *ABCABCBACBA*; die Netzebene *C* ist eine Zwillingsgrenze (Zwillingsebene), die beiden Kristallgitter sind bezüglich der Zwillingsgrenze symmetrisch.

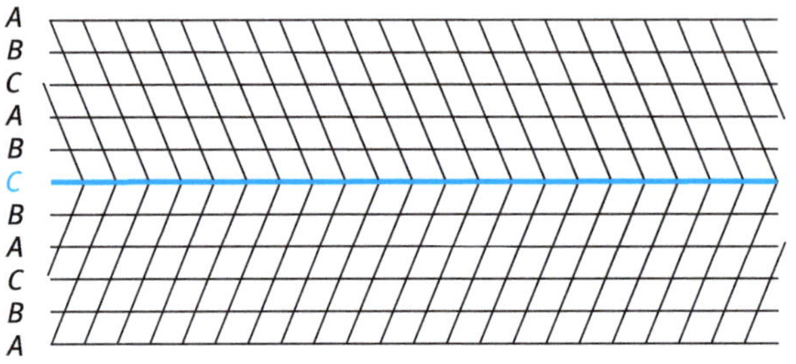

Abb. VI-2.65: Zwillingsgrenze durch Änderung der Stapelfolge *ABCABC* auf *CBACBA*.

Antiphasengrenze (*antiphase boundary*): Eine Antiphasengrenze ist eine Grenzfläche zwischen chemisch geordneten Bereichen, an der die Ordnung die Phase wechselt; die Gitterorientierung bleibt unverändert. Antiphasengrenzen entstehen, wenn während der Ordnungseinstellung beim Wachsen geordnete Bereiche (*Antiphasendomänen*) „aneinanderstoßen". Wenn sich z. B. unterhalb einer bestimmten Temperatur $T_{O/D}$ aus einer aus *A* und *B* Atomen bestehenden ungeordneten *AB*-Legierung der *krz*-Struktur eine geordnete *B*2 Struktur bildet (siehe Absschnitt 2.2.6.1, Beispiel ‚Geordnete Legierung der *krz*-Kristallstruktur: *B*2-Fernordnung'), so sind die beiden kubisch-primitiven Untergitter der *B*2-Struktur für *A*- und *B*-Atome zunächst völlig gleichberechtigt. Beim Wachstum der isoliert gebildeten Ordnungsdomänen stoßen dann solche mit unterschiedlicher Ordnungsphase aneinander: Eine Domäne wie in der Zeichnung im Beispiel ‚Geordnete Legierung der *krz*-Kristallstruktur: *B*2-Fernordnung', in der die Atome der Nachbardomänen (volle und offene Atome) vertauscht sind; dazwischen verläuft eine Antiphasengrenze. Ähnlich wie beim Stapelfehler ist an der Antiphasengrenze die „richtige" Abfolge der Netzebenen einer geordneten Legierung geändert (Abb. VI-2.66).

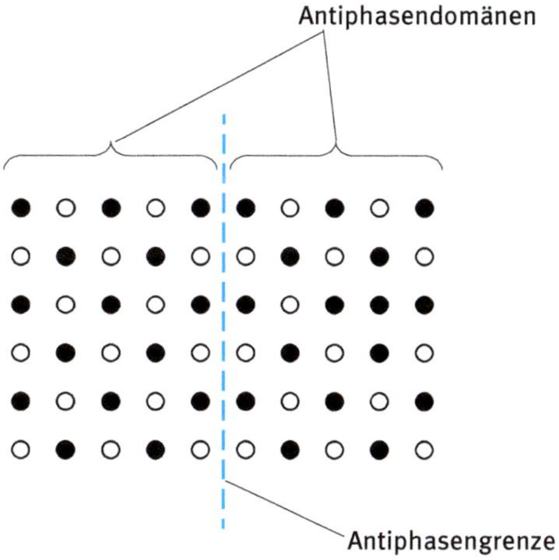

Abb. VI-2.66: In einer zweidimensionalen binären Legierung stoßen zwei geordnete Bereiche mit unterschiedlicher Phasenlage der beiden Atomsorten (*Antiphasendomänen*) zusammen, sodass eine *Antiphasengrenze* entsteht.

2.2.6.4 Dreidimensionale Defekte: Ausscheidungen, Poren und Lunker

Ausscheidungen (*precipitates*): In mehrphasigen Legierungen können Teilchen mit Strukturen „ausgeschieden" werden, die von der Gitterstruktur des Hauptkristalls (*Matrix*) abweichen. Man unterscheidet zwischen kohärenten, semikohärenten und inkohärenten Phasengrenzflächen, je nach Passung des Gitters der Ausscheidung in das Gitter der Matrix (Abb. VI-2.67).

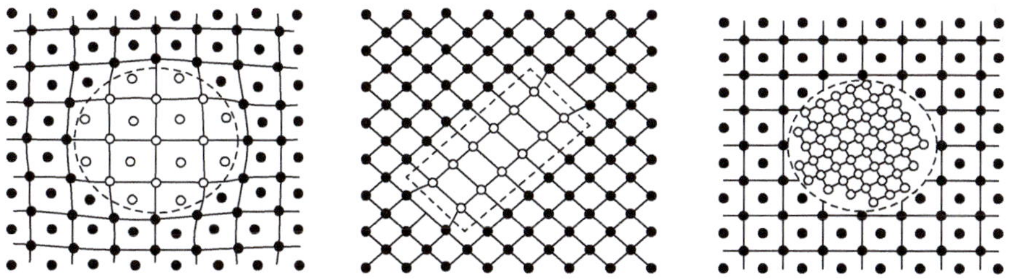

Abb. VI-2.67: Phasengrenzflächen: Kohärent mit der Matrix (links) → Gitterverzerrungen, semikohärent (Mitte) → Einbau von Versetzungen verringern die Gitterverzerrungen, inkohärent (rechts) → keine Verbindung zwischen dem Kristallgitter der Matrix und dem der Ausscheidung, erhebliche Gitterstörung. (Nach P. Haasen, *Physikalische Metallkunde*, Springer, Berlin 1994.)

Inkohärente Grenzflächen stellen ähnlich wie Korngrenzen eine Unterbrechung der Kontinuität des Kristallgitters und damit eine erhebliche Störung dar.

Da Ausscheidungen durch ihre von der Matrix abweichende chemische Zusammensetzung und ihr anderes Kristallgitter entweder starke Gitterverzerrungen oder hohe Grenzflächenenergien mit sich bringen, wird die Bewegung von Versetzungen erschwert. Besonders feindispers ausgeschiedene Phasen führen zur Zunahme der Härte und Festigkeit einer Legierung (*Ausscheidungshärtung, dispersion hardening*).

Poren (*pores*): Speziell bei der Legierungserzeugung aus Metallpulvern durch *Sintern*[56] bleiben fast immer mikroskopisch kleine Hohlräume zurück, die die mechanischen, aber auch die elektrischen Eigenschaften des Materials verschlechtern.

Lunker (*shrinkage cavities*): Die Erstarrung von Schmelzen ist i. Allg. durch die höhere Dichte im festen Zustand mit einer Volumenabnahme verbunden. Wenn keine Vorkehrungen getroffen werden (Rühren der Schmelze, nachführen flüssiger Schmelze etc.) bleiben im Bereich der zuletzt erstarrten Schmelze offene und geschlossene Hohlräume, *Lunker*, zurück.

2.3 Spezifische Wärme des Festkörpers

2.3.1 Wärmekapazität und spezifische Wärme am Beispiel des idealen Gases

Wir erinnern uns zunächst an das Kapitel „Physik der Wärme" in Band II und die Definition von *Wärmekapazität* und *spezifischer Wärme* in Abschnitt 1.3.1.1. Dazu gingen wir vom 1. Hauptsatz der Thermodynamik aus (Gl. II-1.119)

$$dQ = dU - dW = dU + PdV, \qquad \text{(VI-2.84)}$$

wenn nur mechanische Arbeit verrichtet wird. Der Satz besagt, dass die in ein System gesteckte Wärmeenergie einerseits zur Erhöhung der inneren Energie U, andererseits zur Verrichtung mechanischer Arbeit W verwendet wird. Zur Definition der Wärmekapazität stellten wir fest, dass die Temperaturänderung des Systems proportional zur zugeführten Wärme ist (Gl. II-1.110)

$$dQ = C \cdot dT = c \cdot m \cdot dT \qquad \text{(VI-2.85)}$$

mit der Wärmekapazität C ($[C] = 1\,\mathrm{J/K}$) und der spezifischen Wärme c ($[c] = [C]/[m] = 1\,\mathrm{J\,kg^{-1}\,K^{-1}}$). Damit ist die spezifische Wärme einer Substanz jene Wärmemenge, die

56 Beim Sintern werden massive Formteile aus Metall- oder Keramikpulvern erzeugt, indem sie bei hohen Temperaturen, die aber immer deutlich unter dem Schmelzpunkt der höchstschmelzenden Komponente liegen, „ausgelagert" werden. Durch die hohe Atommobilität (Diffusion) kommt es zur Bildung von Feststoffen aus den Pulvern. Beim Sintern mehrphasiger metallischer Legierungen wird die Auslagerungstemperatur meist so gewählt, dass zumindest die niedrigstschmelzende Komponente bereits flüssig ist (*Flüssigphasensintern*).

notwendig ist, um die Temperatur von 1 kg der Substanz um 1 K zu erhöhen. Dabei erinnern wir uns, dass dQ eine kleine (infinitesimale) Größe, aber so wie dW *kein Differential* ist, da Q (und auch W) eine („wegabhängige“) Prozessgröße ist und keine Zustandsgröße; es muss daher bei der Angabe von Q oder dQ der zugrunde liegende Prozess (Messverfahren mit Randbedingungen) angegeben werden. Deshalb kann man die spezifische Wärme c als spezifische Wärme c_V bei konstant gehaltenem Volumen (es wird keine Volumsarbeit verrichtet) oder als spezifische Wärme c_P bei konstant gehaltenem Druck angeben.

Spezifische Wärme bei konstantem Volumen (isochorer Prozess, Band II, Kapitel „Physik der Wärme“, Abschnitt 1.3.1.2.1, Gl. II-1.123)

$$c_V = \frac{1}{m}\left(\frac{dQ}{dT}\right)_V \underset{dQ_V = dU}{\equiv} \frac{1}{m}\left(\frac{\partial U}{\partial T}\right)_V . \tag{VI-2.86}$$

Dabei ist $U = U(S,V,N)$ die innere Energie des Systems. Mit der *Molaren Masse* (= Molmasse, *molar mass*) $M_A = \frac{m}{\nu}$, ν ... Stoffmenge (Zahl der Mole, *mole number*) kann man die *Wärmekapazität pro Mol* = *molare Wärmekapazität* (= *Molwärme, molar heat capacity*) $C^{(m)} = M_A \cdot c$ so schreiben (II-1.124):

$$C_V^{(m)} = \frac{1}{\nu}\left(\frac{\partial U}{\partial T}\right)_V = \frac{M_A}{m}\left(\frac{\partial U}{\partial T}\right)_V = M_A \cdot c_V . \tag{VI-2.87}$$

Spezifische Wärme bei konstantem Druck (isobarer Prozess)
Wir bilden zunächst die *Enthalpie* $H(S,P,N)$, das ist eines der thermodynamischen Potenziale und daher eine Zustandsfunktion (Gl. II-1.125)

$$H(S,P,N) = U + PV \tag{VI-2.88}$$

und bilden das vollständige Differential (Gln. (II-1.126) und (II-1.128))

$$dH = \underbrace{\frac{\partial H}{\partial U}}_{=1} dU + \underbrace{\frac{\partial H}{\partial V}}_{=P} dV + \underbrace{\frac{\partial H}{\partial P}}_{=V} dP = \underbrace{dU + PdV}_{dQ} + V \underbrace{dP}_{\substack{=0\,da \\ isobar}} = dQ . \tag{VI-2.89}$$

Damit ergibt sich für die spezifische Wärme eines *idealen Gases* bei konstantem Druck (Gln. (II-1.130) und (II-1.134))

$$c_P = \frac{1}{m}\left(\frac{dQ}{dT}\right)_P = \frac{1}{m}\left(\frac{\partial H}{\partial T}\right)_P = \frac{1}{m}\left(\frac{\partial U}{\partial T}\right)_P + \frac{1}{m}P\left(\frac{dV}{dT}\right)_P = c_V + \frac{R}{M_A}{}^{57} \qquad \text{(VI-2.90)}$$

und (Gl. II-1.131)

$$C_P^{(m)} = \frac{1}{\nu}\left(\frac{\partial H}{\partial T}\right)_P = M_A \cdot c_P\,. \qquad \text{(VI-2.91)}$$

Während beim isochoren Prozess am idealen Gas die Wärmezufuhr nur eine Temperaturerhöhung bewirken kann, wird beim isobaren Prozess die zugeführte Wärme auch zur Verrichtung von Volumsarbeit (Kolbenverschiebung) verwendet, wodurch in diesem Fall zur gleichen Temperaturerhöhung eine größere Wärmezufuhr notwendig wird (Abb. VI-2.68).

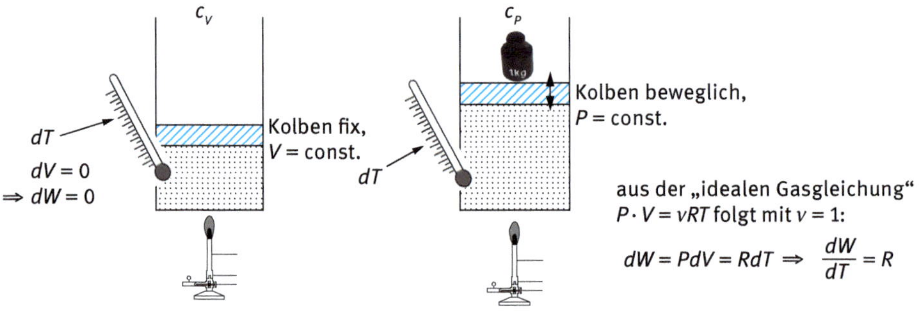

Abb. VI-2.68: Messung der spezifischen Wärme eines idealen Gases durch Zuführung einer bestimmten Wärmemenge und Messung der zugehörigen Temperaturerhöhung. Links: Der Kolben im Zylinder ist fixiert, sodass das Volumen V konstant bleibt. Gemessen wird daher die spezifische Wärme c_V bei konstantem Volumen. Rechts: Der Kolben ist beweglich, durch eine entsprechende Gewichtskraft wird ein bestimmter Druck eingestellt. Gemessen wird daher die spezifische Wärme c_P bei konstantem Druck.

Es gilt daher immer $c_P > c_V$ und (Gln. (II-1.134) und (II-1.135))

$$c_P - c_V = \frac{R}{M_A}\,, \qquad \text{bzw.} \qquad C_P^{(m)} - C_V^{(m)} = M_A(c_P - c_V) = R\,. \qquad \text{(VI-2.92)}$$

57 Ideale Gasgleichung (siehe Band II, Kapitel „Physik der Wärme“, Abschnitt 1.1.2 und dieser Band, Kapitel „Statistische Physik“ Abschnitt 1.3.2): $PV = \nu RT = \frac{m}{M_A}RT \quad \Rightarrow \quad \frac{P}{m}\left(\frac{dV}{dT}\right)_P = \frac{R}{M_A}$ und $\left(\frac{\partial U}{\partial T}\right)_P = \left(\frac{\partial U}{\partial T}\right)_V$, da im idealen Gas die innere Energie U nur von der Temperatur T abhängt: $U = U(T)$.

2.3.2 Klassische Theorie der spezifischen Wärme des Festkörpers

Im nichtleitenden Festkörper tragen im Wesentlichen die Schwingungen der Atome um ihre Ruhelage im Kristall zur spezifischen Wärme bei (die Rotation mehratomiger Moleküle ist durch die Bindungen im Gitter nicht möglich). In Metallen und Halbleitern kommt noch ein kleiner Beitrag vom elektronischen System dazu, da die Leitungselektronen weitgehend frei beweglich sind und daher wie Gasmoleküle kinetische Energie aufnehmen können (siehe dazu aber Abschnitt 2.3.5!).

Es stellt sich jetzt die Frage, wie wir im klassischen Bild die Schwingungen der Atome berücksichtigen können. Klassisch schwingen die Atome völlig unabhängig voneinander als klassische harmonische Oszillatoren mit kinetischer und potenzieller Energie:

$$E_{\text{ges}} = E_{\text{kin}} + E_{\text{pot}} = \frac{p^2}{2m} + \frac{1}{2} f \cdot x^2 = \frac{1}{2} m \omega_0^2 A^2 , \tag{VI-2.93}$$

wobei f die Federkonstante, ω_0 die Eigenfrequenz und A die maximale Auslenkung des Oszillators sind. Der Gleichverteilungssatz der klassischen statistischen Mechanik (siehe Kapitel „Statistische Physik", Abschnitt 1.3.6) teilt jedem der beiden Freiheitsgrade die mittlere Energie $\frac{1}{2}kT$ zu, also $\bar{E}_{\text{kin}} = \frac{1}{2}kT$ und $\bar{E}_{\text{pot}} = \frac{1}{2}kT$, sodass sich für die mittlere Energie $\bar{E}$ der Schwingung bei einer Schwingungsrichtung

$$\bar{E} = kT \tag{VI-2.94}$$

ergibt. Diese mittlere Energie besitzt klassisch jeder atomare Oszillator *unabhängig von seiner Schwingungsfrequenz*!

Wenn wir 1 mol Substanz mit N_A Atomen nehmen, die in den 3 Raumrichtungen schwingen können, ergibt sich für die innere Energie U des Systems

$$U = 3 N_A kT . \tag{VI-2.95}$$

Bleibt das Volumen V konstant, so ist das der einzige temperaturabhängige Beitrag zur Gesamtenergie und wir erhalten für die Molwärme

$$C_V^{(m)} = \left(\frac{\partial U}{\partial T} \right)_V = 3 N_A k = 3R = 24{,}9 \ \frac{\text{J}}{\text{mol} \cdot \text{K}} \tag{VI-2.96}$$

klassische Molwärme des Festkörpers, Gesetz von Dulong-Petit.

Das Modell kann leicht auf mehratomige Moleküle erweitert werden (z. B. AgI, NaCl usw.):

$$C_V^{(m)} = 3zN_A k = 3zR\,, \tag{VI-2.97}$$

wenn z die Zahl der Atome in der chemischen Formel des Moleküls darstellt.

Versagen der klassischen Theorie

Die experimentellen Ergebnisse für die spezifische Wärme stimmen allerdings nicht mit diesem für alle Temperaturen konstanten Wert von $C_V^{(m)}$ überein (Abb. VI-2.69):

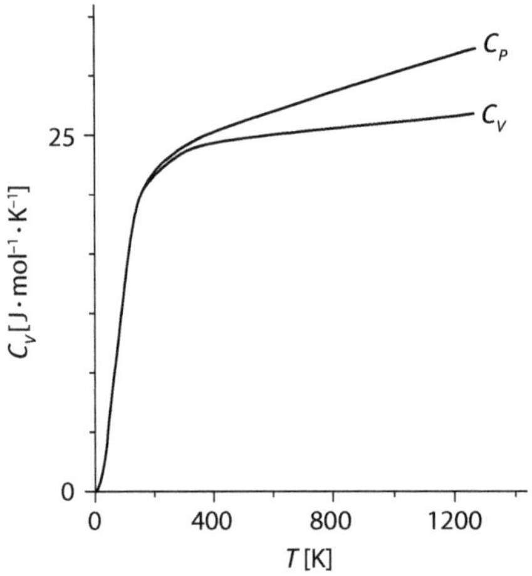

Abb. VI-2.69: Temperaturabhängigkeit der Molwärme $C_V^{(m)}$ und $C_P^{(m)}$ von Cu. Für hohe Temperaturen nähert sich $C_V^{(m)}$ dem Wert aus dem Dulong-Petitschen Gesetz an, für tiefe Temperaturen gehen aber $C_V^{(m)}$ und $C_P^{(m)}$ gegen Null. (Nach M. W. Zemansky und R. H. Dittmann, *Heat and Thermodynamics*, McGraw-Hill, New York 1981.)

Das klassische Ergebnis stimmt nur bei hohen Temperaturen annähernd mit den Messungen überein und erklärt nicht die experimentell gefundene Abnahme der spezifischen Wärme bei tiefen Temperaturen proportional zu T^3. Da es sich bei den Oszillatoren aber um atomare Systeme handelt, müssen die Schwingungen quantenmechanisch angesetzt werden! Bei tiefen Temperaturen, d. h. wenn $kT < \hbar\omega_0$ wird, vermag der Kristall immer weniger Energiequanten aufzunehmen, es kommt zum „Einfrieren“ der Freiheitsgrade (Abb. VI-2.70).

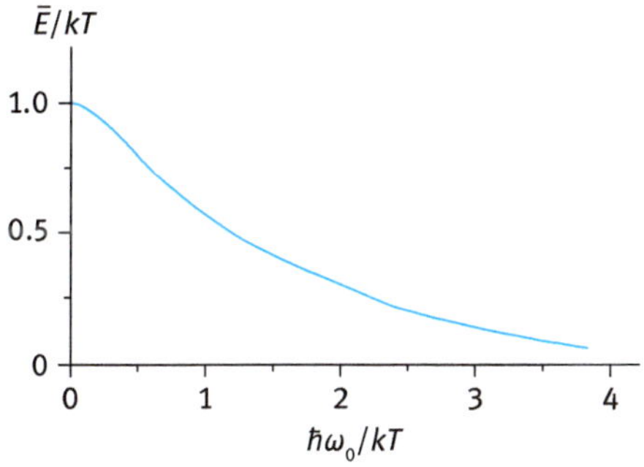

Abb. VI-2.70: Mittlere Energie $\bar{E}$ (in Einheiten von kT) eines quantenmechanischen harmonischen Oszillators der Frequenz ω_0 als Funktion von $\hbar\omega_0/kT$. Für hohe Temperaturen ($\hbar\omega_0/kT \ll 1$) gilt der klassische Wert $\bar{E} = kT$; für kleine Temperaturen ($\hbar\omega_0/kT \geq 1$) „frieren" die Freiheitsgrade des Oszillators zunehmend ein und es wird $\bar{E} \ll kT$. (Nach A. J. Dekker, *Solid State Physics*, MacMillan Student Editions 1986.)

Dass bei dem klassischen Modell ein Fehler vorliegen muss, geht auch aus dem 3. *HS* der Thermodynamik hervor (vgl. Band II, Kapitel „Physik der Wärme", Abschnitt 1.3.1.4, Gl. II-1.193):

$$\lim_{T \to 0} S(T,V,N) = S(T=0) = S_0 = k \cdot \ln \Omega_0 = \text{const.} \tag{VI-2.98}$$

Daraus folgt mit $dU = TdS - PdV$ und $P \to 0$ für $T \to 0$ (Gl. II-1.198)

$$C_V^{(m)}\Big|_{T=0} = \frac{1}{\nu}\left(\frac{\partial U}{\partial T}\right)_V\Big|_{T=0} = \frac{1}{\nu}\, T\left(\frac{\partial S}{\partial T}\right)_V\Big|_{T=0} = 0\,. \tag{VI-2.99}$$

Es war also eigentlich schon „klassisch" klar, dass für $T \to 0$ keine Übereinstimmung mit dem Gesetz von Dulong-Petit (1819 veröffentlicht) zu erwarten ist.

2.3.3 Das Einstein-Modell (1906)

Um die Diskrepanz aufzuheben, benützte Einstein die von Planck für die schwarze Strahlung 1900 aufgestellte *Quantenhypothese* für die Darstellung der möglichen Energiestufen eines *jeden* Oszillators (Band IV, Kapitel „Wärmestrahlung", Abschnitt 3.4.4, Gl. IV-3.124)

$$E_n = n \cdot \hbar\omega_0\,, \qquad n = 0, 1, 2, \ldots \tag{VI-2.100}$$ [58]

58 Später stellte sich heraus (vgl. Band V, Kapitel „Atomphysik", Abschnitt 2.4.3), dass die kleinste Energie eines Oszillators $E_0 = \frac{1}{2}\hbar\omega_0$ und nicht $E_0 = 0$ ist.

und stellte die N_A Atome des Festkörpers als quantenmechanische harmonische Oszillatoren dar. Da im idealen Kristall, abgesehen von der Oberfläche, jedes Atom eine identische Umgebung vorfindet, nahm Einstein vereinfachend an, dass alle atomaren Oszillatoren mit der gleichen Frequenz ω_0 schwingen; er sah von einer *Kopplung* der Schwingungen ab. Die aus E_n mit der *kanonischen Verteilung* (siehe Kapitel „Statistische Physik", Abschnitt 1.3.4) berechnete mittlere Energie der Schwingung (siehe Band IV, Kapitel „Wärmestrahlung", Abschnitt 3.4.4, Gl. IV-3.137) ergibt dann

$$\bar{E} = \frac{\hbar\omega_0}{e^{\hbar\omega_0/kT} - 1} \qquad \textit{Planck-Verteilung.}^{59} \qquad \text{(VI-2.101)}$$

Im Gegensatz zur klassischen Lösung enthält der Ausdruck für die mittlere Energie jetzt die Schwingungsfrequenz ω_0 des Oszillators.

Für die Gesamtenergie (innere Energie) eines Systems aus N_A Atomen (= 1 Mol) erhält man so als mittleren Wert

$$U = 3N_A \cdot \bar{E} = \frac{3N_A\hbar\omega_0}{e^{\hbar\omega_0/kT} - 1}. \qquad \text{(VI-2.102)}$$

Wir bezeichnen von nun an die im Einstein-Modell für alle Atome gleiche Eigenfrequenz ω_0 als *Einstein-Frequenz* ω_E und berechnen die Molwärme $C_V^{(m)}$, wobei wir $\frac{1}{kT} = \beta$ setzen:

$$C_V^{(m)} = \left(\frac{\partial U}{\partial T}\right)_V = \frac{\partial U}{\partial \beta}\frac{\partial \beta}{\partial T} = \frac{\partial U}{\partial \beta}\frac{\partial}{\partial T}\left(\frac{1}{k}T^{-1}\right) = -\frac{1}{kT^2}\frac{\partial U}{\partial \beta}; \qquad \text{(VI-2.103)}$$

$$\frac{\partial U}{\partial \beta} = \frac{\partial}{\partial \beta}\left[3N_A\hbar\omega_E\left(e^{\beta\hbar\omega_E} - 1\right)^{-1}\right] = -\frac{3N_A\hbar\omega_E}{\left(e^{\beta\hbar\omega_E} - 1\right)^2}\left(\hbar\omega_E e^{\beta\hbar\omega_E}\right). \qquad \text{(VI-2.104)}$$

Damit erhalten wir

$$C_V^{(m)} = \frac{3N_A\hbar^2\omega_E^2}{kT^2}\frac{e^{\hbar\omega_E/kT}}{\left(e^{\hbar\omega_E/kT} - 1\right)^2} \qquad \text{(VI-2.105)}$$

und mit der Abkürzung

$$\theta_E = \frac{\hbar\omega_E}{k} \qquad \begin{array}{l}\textit{charakteristische}\\ \textit{Einstein-Temperatur}\end{array} \qquad \text{(VI-2.106)}$$

59 In Band IV, Kapitel „Wärmestrahlung", Abschnitt 3.4.4 erhielten wir für die mittlere Energie der Eigenschwingung eines atomaren Oszillators $\overline{W} = \frac{hc}{\lambda(e^{hc/\lambda kT} - 1)} = \frac{h\nu}{e^{h\nu/kT} - 1}$.

$$C_V^{(m)} = 3N_A k \left(\frac{\theta_E}{T}\right)^2 \frac{e^{\theta_E/T}}{(e^{\theta_E/T}-1)^2} = 3N_A k \cdot \underbrace{f_E\left(\frac{\theta_E}{T}\right)}_{\substack{\text{Einstein-}\\ \text{Funktion}}} \quad \textit{Molwärme im Einstein-Modell.} \tag{VI-2.107}$$

Die *Einstein-Funktion*

$$f_E\left(\frac{\theta_E}{T}\right) = \left(\frac{\theta_E}{T}\right)^2 \frac{e^{\theta_E/T}}{\left(e^{\theta_E/T}-1\right)^2} \tag{VI-2.108}$$

beschreibt die Abweichungen der Molwärme vom klassischen Wert $3N_a k$ in diesem Modell.

Wir betrachten die zwei Grenzfälle:

1. Hohe Temperatur, d. h. $kT \gg \hbar\omega_E$ bzw. $T \gg \frac{\hbar\omega_E}{k} = \theta_E$ oder $\frac{\theta_E}{T} \ll 1$. Wir verwenden die Reihenentwicklung $e^x = 1 + x$ für $|x| \ll 1$:

$$e^{\theta_E/T} \cong 1 + \frac{\theta_E}{T} \tag{VI-2.109}$$

$$\Rightarrow \quad C_V^{(m)} = 3N_A k \left(\frac{\theta_E}{T}\right)^2 \frac{1+\frac{\theta_E}{T}}{\left(1+\frac{\theta_E}{T}-1\right)^2} = 3N_A k \Big(1 + \underbrace{\frac{\theta_E}{T}}_{\ll 1}\Big) \cong 3N_A k = 3R. \tag{VI-2.110}$$

Für hohe Temperaturen erhalten wir d. h. das klassische Ergebnis.

2. Tiefe Temperatur, also $kT \ll \hbar\omega_E$ bzw. $T \ll \frac{\hbar\omega_E}{k} = \theta_E$ oder $\frac{\theta_E}{T} \gg 1$. In diesem Fall gilt

$$\left(e^{\theta_E/T}-1\right)^2 \cong \left(e^{\theta_E/T}\right)^2 \tag{VI-2.111}$$

und daher

$$C_V^{(m)} = 3N_A k \left(\frac{\theta_E}{T}\right)^2 e^{-\theta_E/T}. \tag{VI-2.112}$$

Das bedeutet aber, dass C_v für $T \to 0$ exponentiell gegen Null gehen müsste, während das Experiment für sehr kleine Temperaturen ein Verhalten $C_V \propto T^3$ ergibt.

Im Einstein-Modell liegt folgendes „Frequenzspektrum" der Schwingungen vor (Abb. VI-2.71):

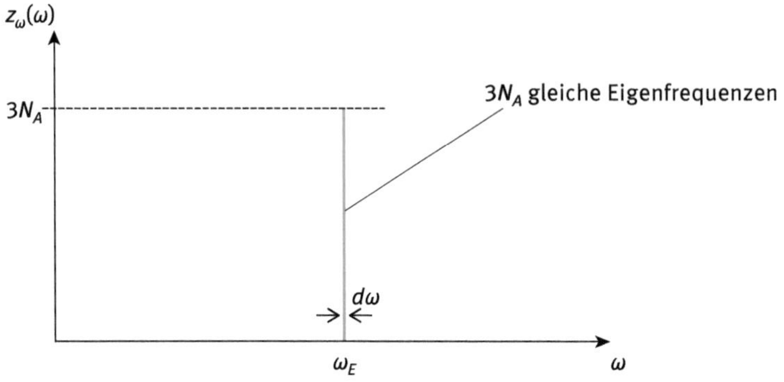

Abb. VI-2.71: Zahl der Eigenfrequenzen pro Volumen und Frequenzeinheit (spektrale Modendichte) $z_\omega(\omega)$ als Funktion der Frequenz ω beim Einstein-Modell der spezifischen Wärme.

Mit der *spektralen Modendichte* $z_\omega(\omega)$ ist die Gesamtzahl der Eigenfrequenzen pro Volumen $z_\omega(\omega)d\omega$ im Frequenzintervall $d\omega$ in diesem Fall

$$z_\omega(\omega)\, d\omega = 3\, N_A \cdot \underbrace{\delta(\omega - \omega_E)}_{\delta-Funktion} d\omega \qquad \text{(VI-2.113)}$$

mit der δ-Funktion $\delta(\omega - \omega_E) = \begin{cases} 0 \, für \, \omega \neq \omega_E \\ \infty \, für \, \omega = \omega_E \end{cases}, \quad \int_0^\infty \delta(\omega - \omega_E)\, d\omega = 1\,.$

Ursache für die Abweichungen vom Experiment bei tiefen Temperaturen:
In Wirklichkeit schwingen die Atome um ihre Ruhelage nicht unabhängig von den Nachbaratomen, sondern führen *gekoppelte Schwingungen* aus, da sie mit ihren Nachbarn über Wechselwirkungspotenziale gekoppelt sind. Daraus ergibt sich (siehe Abschnitt 2.5.1) ein *Frequenzspektrum*, d. h., es gibt viele Schwingungsformen („Schwingungsmoden"), die *Normalschwingungen des Kristallgitters*, bei denen verschiedene Gruppen von Atomen mit derselben Frequenz in Phase schwingen.

Beispiel: Bedeutung der charakteristischen Einstein-Temperatur: θ_E ist jene Temperatur T, unterhalb der die Abweichungen vom klassischen Modell (Dulong-Petit) merkbar werden, bei der also die quantenhafte Absorption der Energie spürbar wird.

Wir denken uns einen harten, aber leichten Festkörper: Die Masse der Atome soll klein sein, aber ihre Federkonstante groß (steife Feder). Dann gilt

$$\omega_E = \omega_0 = \sqrt{\frac{f}{m}} \text{ ist groß und daher auch } \theta_E = \frac{\hbar\omega_E}{k} \text{ groß,}$$

d. h., der klassische Grenzfall $C_V^{(m)} = 3\,N_A k$ wird für solche Festkörper erst bei hohen Temperaturen erreicht. Ein Beispiel dafür ist der sehr harte, aber leichte Diamant, bei dem der Wert für C_V bei Raumtemperatur nur etwa $6\,\text{J}\,\text{mol}^{-1}\,\text{K}^{-1}$ beträgt und beachtlich von den etwa $25\,\text{J}\,\text{mol}^{-1}\,\text{K}^{-1}$ des klassischen Wertes abweicht. Erst bei Temperaturen ab 1320 K passt der klassische Wert gut.

Für viele Metalle ist $\theta_E \approx 300\,\text{K}$, damit liegt die Einsteinfrequenz bei $\nu_E = \frac{\omega_E}{2\pi} = \frac{k\theta_E}{2\pi\hbar} \cong 6 \cdot 10^{12}\,\text{s}^{-1}$ und entspricht so dem Infrarot der elektromagnetischen Strahlung.

2.3.4 Das Debye-Modell (1912)

Die Atome eines Kristalls führen offensichtlich *gekoppelte* Schwingungen aus, d. h., wir müssen die Koppelschwingungen (Normalschwingungen) des Kristallgitters betrachten so wie bei den Schwingungen der zwei gekoppelten Oszillatoren in Band I, Kapitel „Mechanische Schwingungen und Wellen“, Abschnitt 5.4. Von P. Debye (siehe Abschnitt 2.2.5.6, Fußnote 51) gibt es ein außerordentlich einfaches Verfahren zur näherungsweisen Berechnung der spezifischen Wärme von Festkörpern, das insbesondere das T^3-Verhalten bei tiefen Temperaturen korrekt wiedergibt. Er ging davon aus, dass die Gitterschwingungen bis zu sehr hohen Frequenzen als elastische Schwingungen des Festkörpers, d. h. als *Schallwellen in einem Kontinuum* vorliegen.

Beispiel: Schallwellenlänge in Kupfer an der Grenze der Hörschwelle bei 20 kHz und an der Grenze *Ultraschall-Hyperschall* bei 10 MHz (vgl. Band I, Kapitel „Mechanische Schwingungen und Wellen“, Abschnitte 5.6.6 und 5.6.7).

Schallgeschwindigkeiten υ_{ph} für longitudinale und transversale Schallwellen in Cu bei 0 °C (siehe Band I, Kapitel „Mechanische Schwingungen und Wellen“, Abschnitt 5.5.4): $\upsilon_{\text{long}} = 4660\,\text{ms}^{-1}$, $\upsilon_{\text{trans}} = 2260\,\text{ms}^{-1}$.

Es gilt

$$\upsilon_{ph} = \nu \cdot \lambda \quad \Rightarrow \quad \lambda = \frac{\upsilon_{ph}}{\nu}.$$

Damit ergeben sich folgende Schallwellenlängen:

$\lambda_{\text{long}}(20\,\text{kHz}) = 23{,}3\,\text{cm}$ $\quad\lambda_{\text{trans}}(20\,\text{kHz}) = 11{,}3\,\text{cm}$

$\lambda_{\text{long}}(10\,\text{MHz}) = 4{,}7 \cdot 10^{-2}\,\text{cm}$ $\quad\lambda_{\text{trans}}(10\,\text{MHz}) = 2{,}3 \cdot 10^{-2}\,\text{cm}.$

Da die Gitterkonstante von Cu $a = 0{,}361\,\text{nm}$ beträgt, ist die Wellenlänge der Schallwellen bis in den Hyperschallbereich sehr viel größer als der Atomabstand.

Betrachten wir einen Festkörper aus N Atomen gleicher Masse und einem (mittleren) Atomabstand a. Werden die Atome von einer elastischen Welle ausgelenkt, für deren Wellenlänge $\lambda \gg a$ gilt, so werden benachbarte Atome praktisch um den gleichen Betrag verschoben (Abb. VI-2.72).

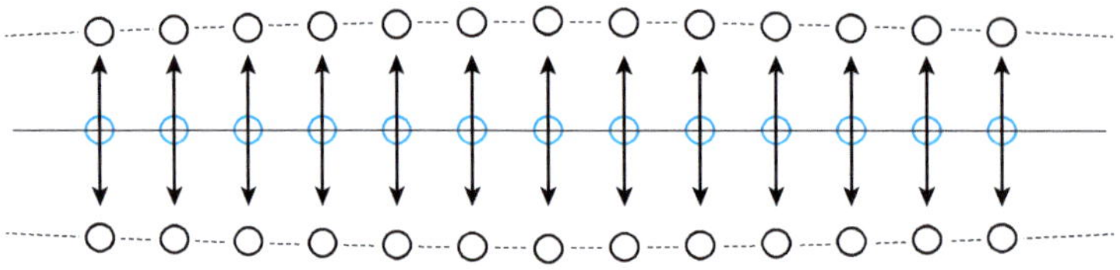

Abb. VI-2.72: Elastische Welle mit Wellenlänge $\lambda \gg a$ im Festkörper. Benachbarte Atome werden praktisch um den gleichen Betrag verschoben, daher spielt die kristalline Struktur keine Rolle und der Kristall kann als elastisches, *kontinuierliches* Medium aufgefasst werden.

In diesem Fall spielen der Abstand der Atome und die kristalline Struktur keine Rolle, d. h., der Kristall kann als elastisches, *kontinuierliches* Medium aufgefasst werden. Damit kann aus der Elastizitätstheorie das Schwingungsspektrum aus den elastischen Konstanten des Kristalls berechnet werden. Wir erinnern uns dazu einerseits an die elastischen Moduln Elastizitätsmodul E, Schubmodul G und Kompressionsmodul κ (siehe Band I, Kapitel „Mechanik deformierbarer Körper“, Abschnitte 4.2.1 und 4.2.2), bzw. ganz allgemein an die *Elastischen Moduln* im allgemeinen Hookeschen Gesetz (Abschnitt 4.2.4), andererseits an die Geschwindigkeit der Schallausbreitung (Schallgeschwindigkeit) in festen Stoffen (siehe Band I, Kapitel „Mechanische Schwingungen und Wellen“, Abschnitt 5.5.4). Für die longitudinale und die transversale Schallgeschwindigkeit fanden wir dort (Gln. (I-5.219), (I-5.220) und (I-5.221)):

$$v_{ph,\text{long}} = \sqrt{\frac{E}{\rho}} \quad \text{für dünne Stäbe,}$$

$$v_{ph,\text{long}} = \sqrt{\frac{E(1-\mu)}{\rho(1+\mu)(1-2\mu)}} \quad \text{für unendlich ausgedehnte Medien,}$$

$$v_{ph,\text{trans}} = \sqrt{\frac{G}{\rho}} = \sqrt{\frac{E}{\rho}\,\frac{1}{2(1+\mu)}}\,. \tag{VI-2.114}$$

Debye errechnete nun analog zum Rayleigh-Jeans Verfahren bei der schwarzen Strahlung die möglichen Schwingungen der elastischen Wellen in einem elastischen Kontinuum unter den Randbedingungen, dass an der Oberfläche ein Schwingungsknoten liegen muss. Bei Berechnung nach Rayleigh und Jeans fanden wir für die *Modendichte* n, die Zahl der Schwingungsmoden N der elektromagnetischen Schwingungen pro Volumeneinheit in einem von Metallwänden umgebenen Hohlraum mit Volumen V (siehe Band IV, Kapitel „Wärmestrahlung", Abschnitt 3.4.2, Gl. IV-3.109)

$$n = \frac{N}{V} = \frac{8\pi}{3}\frac{\nu^3}{c^3}\,. \qquad \text{(VI-2.115)}$$

Da bei einer unpolarisierten elektromagnetischen Strahlung zwei Polarisationsrichtungen berücksichtigt werden mussten, ist jetzt die Modendichte n für *elastische Schwingungen* in einem kontinuierlichen Medium in der Volumeneinheit nur

$$z(\omega) = \frac{4\pi}{3}\frac{\nu^3}{\upsilon_S^3} = \frac{1}{2\pi^2}\frac{\omega^3}{3\cdot\upsilon_S^3} \qquad \textit{Modendichte.} \qquad \text{(VI-2.116)}$$

Dabei ist υ_S die Ausbreitungsgeschwindigkeit der elastischen Wellen im Medium. Daraus ergibt sich die *spektrale Modendichte*, das sind die Eigenfrequenzen pro Volumeneinheit eines kontinuierlichen, elastischen Mediums im Einheitsfrequenzintervall $d\omega = 2\pi d\nu = 1\,\text{s}^{-1}$

$$z_\omega(\omega) = \frac{dz(\omega)}{d\omega} = \frac{d}{d\omega}\left(\frac{1}{2\pi^2}\frac{\omega^3}{3\upsilon_S^3}\right) = \frac{1}{2\pi^2}\frac{\omega^2}{\upsilon_S^3} \qquad \textit{spektrale Modendichte.} \qquad \text{(VI-2.117)}$$

Die Anzahl der Moden pro Volumeneinheit im Intervall $d\omega$, d. h. zwischen ω und $\omega + d\omega$ ist dann

$$dz = z_\omega(\omega)\,d\omega = \frac{1}{2\pi^2}\frac{\omega^2}{\upsilon_S^3}\,d\omega\,. \qquad \text{(VI-2.118)}$$

Wir betrachten jetzt die Gesamtzahl dZ der Schwingungen im ganzen Volumen V im Frequenzintervall $d\omega$. Da die transversalen Schallwellen analog zu den beiden Polarisationsrichtungen der elektromagnetischen Strahlung in zwei zueinander normale Schwingungen zerlegt werden können, sind die beiden Schallgeschwindigkeiten υ_{long} und υ_{trans} (i. Allg. $\upsilon_{\text{long}} > \upsilon_{\text{trans}}$, siehe Beispiel ‚Schallwellenlänge in Kupfer' weiter oben) durch entsprechende Faktoren zu berücksichtigen:

$$dZ = Vdz = Z_\omega(\omega)\,d\omega = \frac{V}{2\pi^2}\left(\frac{1}{v_{\text{long}}^3} + \frac{2}{v_{\text{trans}}^3}\right)\omega^2 d\omega\,. \qquad \text{(VI-2.119)}$$

Mit einer mittleren Schallgeschwindigkeit $\bar{v}_S = \left(\frac{1}{3}\left[\frac{1}{v_{\text{long}}^3} + \frac{2}{v_{\text{trans}}^3}\right]\right)^{-\frac{1}{3}}$ bzw. $\frac{1}{\bar{v}_S^3} = \frac{1}{3}\left[\frac{1}{v_{\text{long}}^3} + \frac{2}{v_{\text{trans}}^3}\right]$ wird die *spektrale Modenzahl* $Z_\omega(\omega) = V \cdot z_\omega(\omega)$ bzw. die *spektrale Modendichte* z_ω

$$Z_\omega(\omega) = \frac{3 \cdot V}{2\pi^2}\frac{\omega^2}{\bar{v}_S^3} \quad \text{bzw.} \quad z_\omega(\omega) = \frac{3}{2\pi^2}\frac{\omega^2}{\bar{v}_S^3}\,. \qquad \text{(VI-2.120)}$$

Die Anzahl der Schwingungen im Intervall ω wächst daher mit ω^2 (Abb. VI-2.73)!

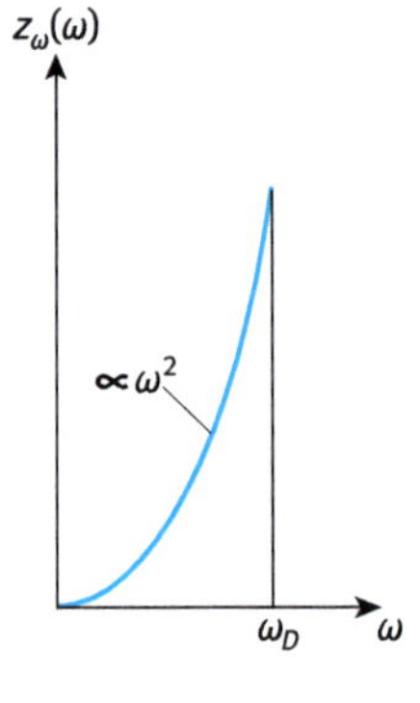

Abb. VI-2.73: Spektrale Modendichte $z_\omega(\omega)$ als Funktion der Frequenz ω beim Debye-Modell der spezifischen Wärme. Das Spektrum wird bei der Debye-Frequenz ω_D abgeschnitten, wenn die Gesamtzahl von $3N$ Frequenzen erreicht ist.

Wir wissen aber, dass bei insgesamt N Atomen die Gesamtzahl der Schwingungen $3N$ ergeben muss.[60] Im Debye-Modell wird das einfach durch Abschneiden des Spektrums bei der *Grenzfrequenz* = *Debye-Frequenz* ω_D erzielt, wenn $3N$ Schwingungen erreicht sind:

60 $3N$ ist die Zahl der Schwingungsfreiheitsgrade eines Gitters aus N Atomen; ebenso groß soll im Kontinuumsmodell des Festkörpers die Gesamtzahl der elastischen Schwingungen sein.

$$\int_0^{\omega_D} Z_\omega(\omega)\, d\omega = \int_0^{\omega_D} \frac{3V}{2\pi^2} \frac{\omega^2}{\bar{v}_S^3}\, d\omega = \frac{V}{2\pi^2} \frac{\omega_D^3}{\bar{v}_S^3} = 3N \tag{VI-2.121}$$

$$\Rightarrow \quad \omega_D^3 = \frac{6\pi^2 \bar{v}_S^3 N}{V}, \quad \text{bzw.} \quad \bar{v}_S^3 = \frac{V\omega_D^3}{6\pi^2 N}. \tag{VI-2.122}$$

Oben eingesetzt erhalten wir schließlich

$$Z_\omega(\omega)\, d\omega = 3N \frac{3\omega^2}{\omega_D^3}\, d\omega. \tag{VI-2.123}$$

Beispiel: Abschätzung für $\omega_D = \bar{v}_S \left(\frac{6\pi^2 N}{V}\right)^{1/3}$.

$$\left(\frac{V}{N}\right)^{1/3} \approx a \cong 10^{-10}\,\text{m}, \quad a \ldots \text{Gitterkonstante}, \quad \bar{v}_S \cong 2 \cdot 10^3\,\text{m/s}.$$

$\Rightarrow \quad \omega_D \cong 8 \cdot 10^{13}\,\text{s}^{-1}$, das entspricht wieder dem Infrarot der elektromagnetischen Strahlung.

Die Grenzwellenlänge λ_D der Schallwellen bei der Debye-Frequenz ω_D beträgt: $\lambda_D = \frac{v_S}{\nu_D} = \frac{v_S}{\frac{\omega_D}{2\pi}} \cong \frac{2\pi \cdot 2 \cdot 10^3}{8 \cdot 10^{13}} = 1{,}6 \cdot 10^{-10}\text{m}$; sie ist damit etwa gleich der Gitterkonstanten, der Kontinuumsansatz gilt daher nicht mehr bis zu diesen Frequenzen!

Wir betrachten jetzt den Energieinhalt des Kristalls: Jede Schwingungsmode entspricht der Schwingung eines harmonischen Oszillators mit einer Eigenfrequenz aus dem obigen Schwingungsspektrum; für die gesamte innere Energie des Systems ergibt sich daher

$$U = \int_0^{\omega_D} \bar{E}(\omega) \cdot Z_\omega(\omega)\, d\omega. \tag{VI-2.124}$$

Verlassen wir jetzt die klassische Physik und betrachten die Gitterschwingungen als quantenmechanische Oszillatoren, dann ist $\bar{E}(\omega)$ die mittlere Energie eines quantenmechanischen harmonischen Oszillators mit

$$\bar{E}(\omega) = \hbar\omega\left(\frac{1}{2} + \frac{1}{e^{\frac{\hbar\omega}{kT}} - 1}\right).^{61} \tag{VI-2.125}$$

Damit erhalten wir für die innere Energie eines Kristalls aus N Atomen

$$U = 3N\int_0^{\omega_D}\left(\frac{\hbar\omega}{2} + \frac{\hbar\omega}{e^{\frac{\hbar\omega}{kT}} - 1}\right)\frac{3\,\omega^2}{\omega_D^3}\,d\omega\,. \tag{VI-2.126}$$

Um die Molwärme $C_V^{(m)}$ zu erhalten, nehmen wir jetzt $N = N_A$ Atome und leiten nach T ab:

$$C_V^{(m)} = \left(\frac{\partial U}{\partial T}\right)_V = 3N_A\int_0^{\omega_D}\left\{\left[-\frac{\hbar\omega}{\left(e^{\frac{\hbar\omega}{kT}} - 1\right)^2}\right]\cdot\left[-\frac{\hbar\omega}{kT^2}\,e^{\frac{\hbar\omega}{kT}}\right]\right\}\frac{3\,\omega^2}{\omega_D^3}\,d\omega =$$

$$= 3N_A k\int_0^{\omega_D}\frac{e^{\frac{\hbar\omega}{kT}}}{\left(e^{\frac{\hbar\omega}{kT}} - 1\right)^2}\left(\frac{\hbar\omega}{kT}\right)^2\frac{3\,\omega^2}{\omega_D^3}\,d\omega \tag{VI-2.127}$$

Für die Integration substituieren wir $\frac{\hbar\omega}{kT} = \eta$, d. h. $d\omega = \frac{kT}{\hbar}\,d\eta$.

Damit können wir für die Molwärme schreiben

$$C_V^{(m)} = 9N_A k\int_0^{\frac{\hbar\omega_D}{kT}}\frac{e^\eta}{(e^\eta - 1)^2}\cdot\eta^2\cdot\frac{\omega^2}{\omega_D^3}\cdot\frac{kT}{\hbar}\,d\eta\,. \tag{VI-2.128}$$

Wir multiplizieren mit $\frac{k^2T^2}{\hbar^2}\cdot\frac{\hbar^2}{k^2T^2}$ und erhalten

$$C_V^{(m)} = 9N_A k\int_0^{\frac{\hbar\omega_D}{kT}}\frac{e^\eta}{(e^\eta - 1)^2}\cdot\eta^4\cdot\frac{k^3T^3}{\hbar^3\omega_d^3}\,d\eta\,. \tag{VI-2.129}$$

---

61 Wir nehmen jetzt der Vollständigkeit halber die Nullpunktsenergie $\frac{1}{2}\hbar\omega$ dazu (siehe Band V, Kapitel „Atomphysik", Abschnitt 2.4.3, Gl. V-2.157), die aber für die Berechnung der spezifischen Wärme keine Bedeutung hat, da der entsprechende Term bei der Differentiation nach der Temperatur T wegfällt.

Mit der Abkürzung $\theta_D = \frac{\hbar\omega_D}{k}$, der *Debye-Temperatur*, wird die Molwärme zu

$$C_V^{(m)} = 9N_Ak\left(\frac{T}{\theta_D}\right)^3 \int\limits_0^{\frac{\theta_D}{T}} \frac{e^\eta}{(e^\eta - 1)^2}\eta^4 d\eta = 3N_Ak \cdot \underbrace{f_D\left(\frac{\theta_D}{T}\right)}_{\text{Debye-Funktion}} \qquad \text{(VI-2.130)}$$

Molwärme im Debye-Modell.

Dabei ist

$$f_D\left(\frac{\theta_D}{T}\right) = 3\left(\frac{T}{\theta_D}\right)^3 \int\limits_0^{\frac{\theta_D}{T}} \frac{e^\eta}{(e^\eta - 1)^2}\eta^4 d\eta \qquad \text{(VI-2.131)}$$

die *Debye-Funktion der spezifischen Wärme,*[62]

die die Abweichung der Molwärme vom klassischen Wert $3N_Ak$ des Dulong-Petit Gesetzes beschreibt.

Grenzfälle:

1. Hohe Temperatur, d. h. $T \gg \theta_D \quad \Rightarrow \quad \frac{\theta_D}{T} \ll 1$.
   Wir setzen $\frac{\theta_D}{T} = y$ und betrachten

$$\lim_{y\to 0} f_D(y) = \lim_{y\to 0} \frac{3}{y^3}\int\limits_0^y \frac{e^\eta}{(e^\eta - 1)^2}\eta^4 d\eta . \qquad \text{(VI-2.132)}$$

Mit der Reihenentwicklung $e^x = 1 + x$ für $|x| \ll 1$ ergibt das

$$\lim_{y\to 0} f_D(y) = \frac{3}{y^3}\int\limits_0^y \frac{1 + \overbrace{\eta}^{\ll 1}}{\eta^2}\eta^4 d\eta = \frac{3}{y^3}\int\limits_0^y \eta^2 d\eta = \frac{3}{y^3}\frac{y^3}{3} = 1 , \qquad \text{(VI-2.133)}$$

d. h., für $T \gg \theta_D$ ist $C_V^{(m)} = 3N_Ak = 3R$, es gilt das klassische Resultat.

---

62 Als „*Debye-Funktion*“ bezeichnet man dagegen i. Allg. die Funktion $\Phi(x) = \frac{1}{x}\int\limits_0^x \frac{\xi}{e^\xi - 1} d\xi$ (siehe Kapitel „Materialphysik“, Anhang 1, Gl. VI-3.45).

2. Tiefe Temperatur, d. h. $T \ll \theta_D \Rightarrow \frac{\theta_D}{T} = \frac{\hbar\omega_D}{kT} \gg 1$; bei genügend tiefen Temperaturen gilt $\eta = \frac{\hbar\omega}{kT} \gg 1$ auch für kleine Frequenzen $\omega \ll \omega_D$. Physikalisch bedeutet das, dass nur Schwingungen mit kleinen Frequenzen $\omega \approx \frac{kT}{\hbar}$ merklich thermisch angeregt sind und zur Wärmekapazität beitragen;[63] d. h., bei tiefen Temperaturen ist das Debye-Modell eine sehr gute Näherung.[64] Da die hohen Frequenzen mit $\omega > \omega_D$ sicher nicht thermisch angeregt werden, kann bei der Integration die obere Grenze ω_D durch ∞ ersetzt werden.[65] Mit $\eta \gg 1$ gilt

$$\int_0^\infty \frac{e^\eta}{(e^\eta - 1)^2}\eta^4 d\eta = 4\int_0^\infty \frac{\eta^4}{e^\eta} d\eta \underset{\substack{\text{Reihenentwicklung}\\ \text{und partielle Integration}}}{=} \frac{4\pi^4}{15} . \tag{VI-2.134}$$

Damit wird die Debye-Funktion der spezifischen Wärme zu

$$f_D\left(\frac{\theta_D}{T}\right) = \frac{4\pi^4}{5}\left(\frac{T}{\theta_D}\right)^3 \tag{VI-2.135}$$

und die Molwärme für $T \ll \theta_D$

$$C_V^{(m)} = \frac{12\pi^4}{5} N_A k \left(\frac{T}{\theta_D}\right)^3 \propto T^3 . \tag{VI-2.136}$$

Das Debye-Modell gibt also das Tieftemperaturverhalten der spezifischen Wärme richtig wieder. Die charakteristische Debye-Temperatur θ_D gibt an, welche Temperatur für einen bestimmten Festkörper „hoch" ist ($T > \theta_D$), bei der daher alle Schwingungsmoden angeregt sind und annähernd klassisches Verhalten zu erwarten ist, und welche Temperatur „tief" ist ($T < \theta_D$) und sich deshalb die quantenhafte Absorption der Energie bemerkbar macht, sodass manche Schwingungsmoden beginnen einzufrieren.

Für die Debye-Frequenz ω_D, die höchste Frequenz in diesem Modell, fanden wir aus der Bedingung der insgesamt $3N$ Schwingungen der N Atome: $\omega_D^3 = \frac{6\pi^2 \bar{v}_S^3 N}{V}$ (siehe Gl. VI-2.122). Daraus ergibt sich für die Debye-Temperatur

63 Siehe die Gl. (VI-2.125) für $\bar{E}$ eines *QM* harmonischen Oszillators.

64 Kleine Frequenz ω bedeutet große Wellenlänge λ, wodurch die Kontinuumsrechnung gerechtfertigt ist.

65 Im Debye-Modell sind die Frequenzen $\omega > \omega_D$ überhaupt ausgeschlossen.

$$\theta_D = \frac{\hbar\omega_D}{k} = \frac{\hbar}{k}\bar{v}_S \sqrt[3]{\frac{6\pi^2 N}{V}}; \qquad \text{(VI-2.137)}$$

sie hängt von der mittleren Schallgeschwindigkeit $\bar{v}_S$ und daher von v_{long} und v_{trans} ab und kann daher durch deren Messung oder aus den elastischen Konstanten bestimmt werden (siehe am Beginn dieses Abschnittes).

2.3.5 Die spezifische Wärme der Leitungselektronen in Metallen

In Metallen können in guter Näherung die zwischen den positiv geladenen Atomrümpfen (Metallionen) verschiebbaren Leitungselektronen als „Gas" frei beweglicher Teilchen angesehen werden.[66] In diesem Fall teilt der Gleichverteilungssatz der klassischen Mechanik jedem der drei Freiheitsgrade der freibeweglichen e^- die mittlere Energie $\frac{1}{2}kT$ zu. Damit wird die innere Energie U für N_A Elektronen

$$U = \frac{3}{2} N_A kT, \qquad \text{(VI-2.138)}$$

wenn wir annehmen, dass jedes Atom ein e^- als Leitungselektron abgibt. Für die Molwärme des elektronischen Systems eines Metalls findet man so

$$C_V^{(m)} = \frac{3}{2} kN_A \qquad \textit{klassischer elektronischer Beitrag zur spezifischen Wärme eines Metalls.} \qquad \text{(VI-2.139)}$$

Das Experiment zeigt jedoch, dass der tatsächliche Beitrag des elektronischen Systems zur spezifischen Wärme weniger als 1/100 dieses Betrags ausmacht und es erhebt sich daher die Frage, warum die Leitungselektronen so wenig zur spezifischen Wärme beitragen. Die Antwort kennen wir schon aus dem Kapitel „Statistische Physik", Abschnitt 1.4.4 bzw. 1.4.6, Beispiel ‚Elektronengas' und Anhang 2, Beispiel ‚Elektronengas': Elektronen sind Fermi-Teilchen und gehorchen der Fermi-Statistik. Daher ist auch bei Temperaturen für $T > 0$ der weit überwiegende Teil der Elektronenzustände unterhalb der Fermienergie ε_F vollständig besetzt und nur einem sehr kleinen Teil der Leitungs-e^- in der Umgebung von ε_F kann Energie zugeführt werden (Abb. VI-2.74).

---

66 Die *WW* mit den schwingenden Gitteratomen (Phononen) sorgt für die Einstellung der statistischen Gleichverteilung bei jeder Temperatur T des Kristallgitters.

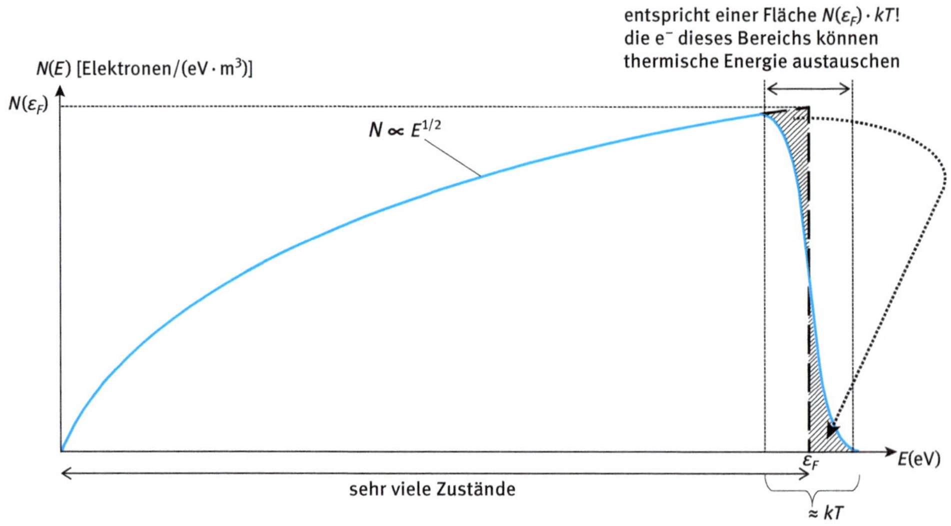

Abb. VI-2.74: Besetzte Elektronenzustände der Leitungselektronen im Metall als Funktion der Energie. Strichliert: Für $T = 0$ sind alle Zustände bis zur Fermi-Energie ε_F besetzt. Für $T > 0$ (blaue Kurve) sind die Elektronen knapp unterhalb ε_F in den Bereich knapp oberhalb ε_F umverteilt (schraffiert), nur Elektronen in einer Umgebung der Breite von $\approx kT$ um die Fermi-Energie ε_F können zur spezifischen Wärme beitragen, da sie bei einer Energieänderung um kT unbesetzte Zustände vorfinden; alle Zustände bei niedrigeren Energien bleiben unverändert besetzt.

Es trägt daher nur eine sehr kleine Zahl der Leitungs-e^- zur spezifischen Wärme bei! Dieser Bruchteil ist von der Größenordnung

$$\frac{N_{\text{eff}}}{N_A} \cong \frac{N(\varepsilon_F) \cdot kT}{N(\varepsilon_F) \cdot \varepsilon_F} = \frac{T}{T_F} \qquad \Rightarrow \qquad N_{\text{eff}} = N_A \cdot \frac{T}{T_F} \tag{VI-2.140}$$

mit

$$T_F = \frac{\varepsilon_F}{k} \qquad \textit{Fermi-Temperatur.} \tag{VI-2.141}$$

Das heißt (siehe Abb. VI-2.74): Nur die Elektronen in der schmalen Zone kT in der Umgebung der Fermi-Energie ε_F können thermisch Energie austauschen, da sie noch unbesetzte Zustände vorfinden. Die Molwärme des Elektronengases beträgt damit in erster Näherung

$$C_{V,el}^{(m)} = \frac{3}{2} kN_{\text{eff}} = \frac{3}{2} kN_A \frac{T}{T_F}\,, \tag{VI-2.142}$$

sie ist daher zur Temperatur direkt proportional.

Beispiel: Abschätzung des Beitrags der Leitungselektronen zur Molwärme von Kupfer. Für Kupfer beträgt die Fermi-Energie $\varepsilon_F = 6{,}98\,\mathrm{eV} = 1{,}12 \cdot 10^{-18}\,\mathrm{J}$. Daher tragen nur jene Elektronen entsprechend dem Gleichverteilungssatz zur spezifischen Wärme des Metalls bei, deren Energie in dem schmalen Bereich der Dicke kT um die Fermi-Energie $\varepsilon \cong 7\,\mathrm{eV}$ liegt.

Besteht das Elektronengas aus N_A Leitungselektronen, dann befinden sich etwa $N_{\mathrm{eff}} \cong N_A \cdot \frac{kT}{\varepsilon_F} = N_A \frac{T}{T_F}$ Elektronen im nicht voll besetzten Energiebereich und tragen daher pro e^- mit $\frac{3}{2}k$ zur spezifischen Wärme bei:

$$C_{V,el}^{(m)} \cong \frac{3}{2}\,k \cdot N_{\mathrm{eff}} = \frac{3}{2}\,kN_A\left(\frac{kT}{kT_F}\right) = \frac{3}{2}\,kN_A\left(\frac{T}{T_F}\right).$$

Für Cu mit $\varepsilon_F = 6{,}98\,\mathrm{eV}$ beträgt die Fermi-Temperatur

$$T_F = \frac{\varepsilon_F}{k} = \frac{1{,}12 \cdot 10^{-18}\,\mathrm{J}}{1{,}38 \cdot 10^{-23}\,\mathrm{J/K}} = 81\,159\,\mathrm{K} \approx 81\,000\,\mathrm{K},$$

damit wird die Molwärme bei Raumtemperatur etwa

$$C_{V,el,\mathrm{Cu},RT}^{(m)} \cong \frac{3}{2}\,kN_{A.} \cdot \left(\frac{293}{81\,000}\right) \approx 0{,}0054\,R = 0{,}045\,\mathrm{J/mol\,K}.$$ [67]

(Der gemessene Wert beträgt $C_V^{(m)} = 0{,}196\,\mathrm{J/mol\,K}$).

Dieser Wert für die spezifische Wärme des elektronischen Systems eines Metalls stellt nur $\approx 0{,}2\,\%$ des klassischen Wertes $3\,R$ durch die Gitterschwingungen dar und war damit eines der ungelösten Probleme der Physik am Beginn des 20. Jhdts.

Heutige Erklärung: Das Elektronengas der freien Leitungs-e^- ist vollkommen *entartet*, d. h., es gehorcht einem völlig anderen Energieverteilungsgesetz als ein klassisches ideales Gas, nämlich der Fermi-Verteilung.

Für sehr kleine Temperaturen $T \ll \theta_D$ und $T \ll T_F$ sollten der Gitterbeitrag und der Beitrag der Leitungselektronen unabhängig voneinander sein und sich einfach ad-

---

67 Dabei ist zu beachten, dass bei der obigen Abschätzung der Wert von N_A überschätzt wurde, da die parabelförmige Dichteverteilung $N(E)$ durch eine rechteckige mit $N(E) = N(\varepsilon_F)$ ersetzt wurde ($N_A = N(\varepsilon_F) \cdot \varepsilon_F$). Die genauere Abschätzung erhöht den Wert von $C_{V,el,Cu}^{(m)}$ um den Faktor $\frac{\pi^2}{3} = 3{,}29$ auf $0{,}148\,\mathrm{J/mol\,K}$.

dieren, folglich für ein Metall folgendes Temperaturverhalten der spezifischen Wärme ergeben

$$C_V^{(m)} = \gamma \cdot T + AT^3, \qquad \gamma, A \text{ Konstanten.} \tag{VI-2.143}$$

Für sehr niedrige Temperaturen verschwindet daher die Molwärme $C_V^{(m)}$ eines elektronenleitenden Kristalls linear mit der Temperatur. Dieses Verhalten wurde tatsächlich experimentell bestätigt: Wenn man $C_V^{(m)}/T$ für tiefe Temperaturen[68] gegen T^2 aufträgt, liegen die experimentellen Punkte, z. B. für metallisches Kalium, auf einer Geraden (Abb. VI-2.75).

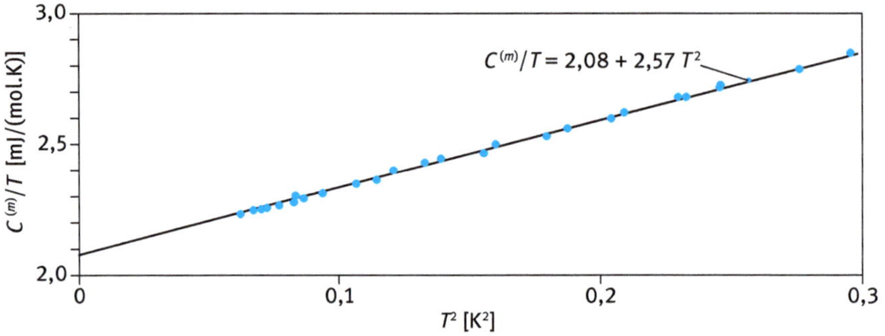

Abb. VI-2.75: Spezifische Molwärme von Kalium bei tiefen Temperaturen, erzielt durch adiabatische Entmagnetisierung. Die Werte stimmen gut mit $C^{(m)} = \gamma T + AT^3$ überein. (Nach W. H. Lien und N. E. Phillips, *Physical Review* **133**, A1370 (1964).)

2.4 Phononen: Quantisierte Schwingungen des Kristallgitters

2.4.1 Vergleich von Photonen und Phononen; Erhaltungssätze

Zur Erklärung des Photoeffekts erweiterte Einstein die Plancksche Quantenhypothese für die Energiewerte der atomaren Oszillatoren (vgl. Band IV, Kapitel „Wärmestrahlung", Abschnitt 3.4.4) bzw. Band V, Kapitel „Quantenoptik", Abschnitt 1.2): Auch die Schwingungsenergie des elektromagnetischen Feldes ist „gequantelt", d. h., sie beträgt Vielfache einer kleinsten Portion $\varepsilon = h\nu = \hbar\omega$, (Abschnitt 2.3.3, Gl. VI-2.100):

$$E_n = n \cdot \varepsilon = n \cdot h\nu = n \cdot \hbar\omega\,.$$

68 Sehr tiefe Temperaturen können z. B. durch magnetische Kühlung (*adiabatische Entmagnetisierung*) erzeugt werden. Siehe Anhang 5.

Dabei wissen wir inzwischen, dass der energetische Grundzustand für eine harmonische Schwingung nicht Null ist, sondern $\varepsilon_0 = \frac{1}{2}\hbar\omega$ beträgt (Abschnitt 2.3.3, Fußnote 58 und Band V, Kapitel „Atomphysik“, Abschnitt 2.3.4, Gl. V-2.157), sodass für die Energiewerte E_n gilt

$$E_n = \left(\frac{1}{2} + n\right)\hbar\omega \qquad n = 0, 1, 2, \dots . \tag{VI-2.144}$$

Hat eine Eigenschwingung des elektromagnetischen Feldes mit der Frequenz $\omega(\vec{k})$ die Energie $E_n = \left(\frac{1}{2} + n\right)\hbar\omega = \frac{1}{2}\hbar\omega + n\hbar\omega = \frac{1}{2}\hbar\omega + n \cdot \varepsilon_0$, so sagt man im Allgemeinen „physikalischen Sprachgebrauch“ für n nicht „Quantenzahl der Anregung der elektromagnetischen Schwingung“, sondern „Anzahl n der Photonen mit Energie $\varepsilon_0 = \hbar\omega$ in der Eigenschwingung des elektromagnetischen Feldes“.

Wir haben gerade vorher (Abschnitte 2.3.3 und 2.3.4) gefunden, dass die spezifische Wärme eines Festkörpers, sofern man sich auf die Gitterschwingungen beschränkt, bei tiefen Temperaturen mit T^3 gegen Null geht, was mit den klassischen Vorstellungen von den Schwingungen eines Kristallgitters nicht vereinbar ist – klassisch sollte die spezifische Wärme temperaturunabhängig sein.

Die experimentellen Ergebnisse sind nur durch die Annahme erklärbar, dass auch die Übertragung von Energie an das Kristallgitter nur in endlichen Portionen, in Energiequanten, erfolgt, dass also die Gitterschwingungsenergie gequantelt ist.

i

Wir schreiben daher für die gequantelten Schwingungen des Kristallgitters, wobei wir zur Unterscheidung von elektromagnetischen Wellen den Wellenvektor der Kristallschwingungen mit $\vec{q}$ bezeichnen und ihre Frequenz (Kreisfrequenz) mit Ω,

$$E_n = \left(\frac{1}{2} + n\right)\hbar\Omega(\vec{q}) \qquad \textit{quantisierte Energie der Schwingungen des Kristallgitters,} \tag{VI-2.145}$$

und definieren damit die Energieportionen der elastischen Schwingungen eines Kristallgitters, der *Phononen*[69] (*phonons*), als die Energie $\hbar\Omega(\vec{q})$.

69 Der Begriff „Phonon“ in Analogie zum Photon wurde erstmals von Jakow Iljitsch Frenkel 1932 in seinem Buch *Wave Mechanics. Elementary Theory*, Clarendon Press, Oxford 1932, benützt.

Wir vergleichen Photonen und Phononen:

Photonen: Eigenschwingungen des elektromagnetischen Feldes mit der Energie $E_\gamma = \hbar\omega$.

Im Vakuum: $\omega = 2\pi\nu = \frac{2\pi c}{\lambda} = c \cdot k$ mit der Wellenzahl $k = |\vec{k}| = \frac{2\pi}{\lambda}$;

Im Medium: $\omega = \frac{c}{n} k$ mit $n = n(\lambda) \Rightarrow$ Dispersion (n ... Brechungsindex)

Impuls (Raumanteil): $\vec{p}_\gamma = \hbar\vec{k}$.

Phononen: Eigenschwingungen des elastischen (Schall-) Feldes mit der Energie $E_S = \hbar\Omega$. Dabei gilt für die Frequenz Ω $\Omega = v_S \cdot q$, wobei v_S die Schallgeschwindigkeit ist und $q = |\vec{q}| = \frac{2\pi}{\lambda}$ die Wellenzahl des Phonons.

„Quasi"-Impuls (= Kristallimpuls): $\vec{p}_S = \hbar\vec{q}$.

Das Phonon verhält sich bei Wechselwirkungen wie ein „Quasi"-Teilchen mit einem Impuls $\vec{p}_S = \hbar\vec{q}$. Tatsächlich haben Phononen als stehende elastische Kristallwellen (mit Ausnahme des Phonons mit $\vec{q} = 0$)[70] keinen physikalischen Impuls, da sie mit keinem Massentransport verbunden sind.

Wir haben die Phononen als *harmonische* Schwingungen des Kristallgitters eingeführt (Normalschwingungen), haben damit rein harmonische Kräfte zwischen den Atomen angenommen, d. h., das eigentlich asymmetrische Atompotenzial (siehe Abschnitt 2.1, Abb. VI-2.4 und Abschnitt 2.1.1.1, Abb. VI-2.6) quadratisch genähert. Damit haben wir aber Wechselwirkungen zwischen den Phononen ausgeschlossen und ebenso auch die thermische Ausdehnung, Wärmeleitung und thermische Equilibrierung des Kristalls. Bei rein harmonischen Kräften zwischen den Atomen wird die mittlere freie Weglänge der Phononen nur durch die Kristallabmessungen und die Gitterfehler beschränkt, der Kristall hätte so eine nahezu unendlich große Wärmeleitfähigkeit. Stöße (= Wechselwirkungen) zwischen den Phononen als Folge der Anharmonizität der Gitterschwingungen schränken dagegen die mittlere freie Weglänge der Phononen zusätzlich zur Streuung an Gitterfehlern stark ein. Um der Realität näher zu kommen, müssen wir daher Stöße zwischen den Phononen zulassen; wir wollen aber der Einfachheit halber weiter die harmonische Näherung des Atompotenzials benützen, d. h. nur kleine Auslenkungen der Atome aus ihrer Ruheposition berücksichtigen. Damit erhalten wir folgende Erhaltungssätze für Energie und Impuls bei Phonon-Phonon-Wechselwirkungen:

---

70 Das Phonon mit $\vec{q} = 0$ ist das Phonon der Fundamentalschwingung, also der Schwingung des Gesamtkristalls.

Energiesatz:

$$E_S = \hbar\Omega \quad \underset{\text{Phononenvereinigung}}{\overset{\text{Phononenzerfall}}{\rightleftarrows}} \quad \hbar\Omega_1 + \hbar\Omega_2 + \hbar\Omega_3 + \ldots . \tag{VI-2.146}$$

Energiesatz bei Phonon-Phonon-WW.

Bei T = const. ergibt sich so durch Phonon-Phonon-*WW* ein dynamisches Gleichgewicht: Ein Phonon mit einer bestimmten Frequenz Ω kann nicht dauend existieren.

Impulssatz:

Wir erinnern uns zunächst wieder an das Photon. Als Bedingung für konstruktive Interferenz galt im reziproken Raum bei elastischer Streuung ($|\vec{k}| = |\vec{k}'|$, $\vec{k}$, $\vec{k}'$ Wellenvektoren des einfallenden und des gestreuten Photons, $\vec{G}$ Vektor des reziproken Gitters)

$$\vec{k}' = \vec{k} + \vec{G}. \tag{VI-2.147}$$

Dies ist nichts anderes als der Impulssatz der Photonen im Kristallgitter: Im Gitter ist der Wellenvektor $\vec{k}$ nur bis auf die Addition/Subtraktion reziproker Gittervektoren erhalten („modulo $\vec{G}$"); daher gilt die Erhaltung eines Impulses $\hbar\vec{k}$ nur bis auf die Addition/Subtraktion eines mit $\hbar$ multiplizierten reziproken Gittervektors $\hbar\vec{G}$:

$$\hbar\vec{k}' = \hbar\vec{k} + \hbar\vec{G}. \tag{VI-2.148}$$

Für die Impulsbilanz bei Phonon-Phonon-*WW* schreiben wir daher jetzt[71]

$$\hbar\vec{q} \quad \underset{\text{Phononenvereinigung}}{\overset{\text{Phononenzerfall}}{\rightleftarrows}} \quad \hbar\vec{q}_1 + \hbar\vec{q}_2 + \hbar\vec{q}_3 + \ldots + n \cdot \hbar\vec{G}_{hkl} \tag{VI-2.149}$$

$$n = 0, \pm 1, \pm 2, \ldots$$

Erhaltungssatz des Kristallimpulses bei Phonon-Phonon-WW.

Für den *Normalprozess* (N-Prozess) gilt $n = 0$ und der Kristallimpuls ist strikt erhalten, z. B. $\vec{q}_3 = \vec{q}_1 + \vec{q}_2$ bei einer Phononenvereinigung.

---

71 Für eine genauere Diskussion zur Erhaltung des Kristallimpulses siehe N. W. Ashcroft und N. D. Mermin *Solid State Physics*, Appendix M. Saunders College Publishing, Philadelphia 1976.

Bei einem *Umklappprozess* (*U*-Prozess) ist $n \neq 0$, der Kristallimpuls ist nur bis auf Addition oder Subtraktion eines oder mehrerer reziproker Gittervektoren erhalten. Die Ursache liegt in einer unteren Grenze der Wellenlänge „vernünftiger" Schwingungen des Kristallgitters. Wir vergleichen dazu zunächst *N*- und *U*-Prozess im reziproken Raum (im Impulsraum, Abb. VI-2.76):

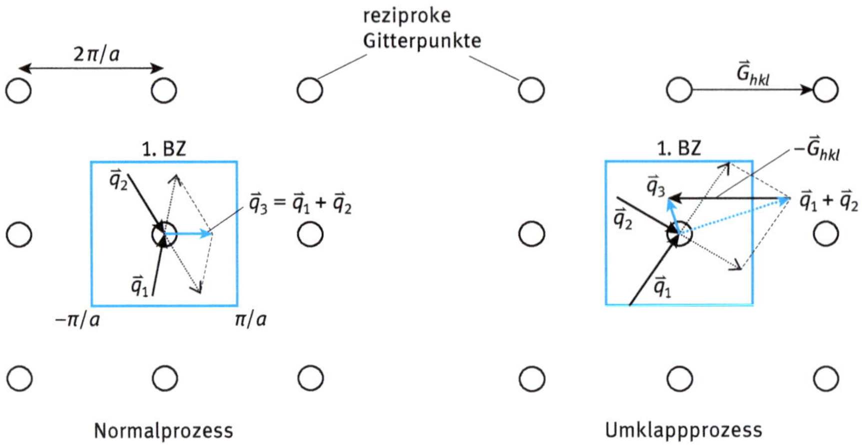

Abb. VI-2.76: Impulserhaltung im reziproken Raum bei Phonon-Phonon-Wechselwirkung. *Normalprozess* (links): Alle Impulsvektoren liegen innerhalb der ersten Brillouin-Zone. *Umklappprozess* (rechts): Die Phononenvereinigung $\vec{q}_1 + \vec{q}_2$ führt aus der ersten Brillouin-Zone heraus; es muss ein reziproker Gittervektor subtrahiert werden, um ein Summenphonon $\vec{q}_3 = \vec{q}_1 + \vec{q}_2 - G_{hkl}$ innerhalb der ersten Brillouin-Zone zu erhalten und damit eine unzulässig kleine Wellenlänge zu vermeiden.

Warum darf ein Phononenimpuls nicht aus der ersten Brillouin-Zone hinausführen? Dass der Impuls eines Phonons einen maximalen Wert nicht übersteigen darf, d. h. $|q| \leq |q_{\max}| = \dfrac{2\pi}{\lambda_{\min}}$ bedeutet offensichtlich, dass die elastischen Schwingungen des Kristallgitters einen Minimalwert ihrer Wellenlänge $\lambda_{\min}$ nicht unterschreiten. Wir betrachten dazu die Kristallschwingungen bei sehr kleinen Wellenlängen (Abb. VI-2.77).

Als minimale Wellenlänge einer elastischen Schwingung der Atome eines Kristalls ergibt sich

$$\lambda_{\min} = 2a \quad \Rightarrow \quad |q_{\max}| = \frac{2\pi}{\lambda_{\min}} = \frac{\pi}{a}, \qquad q_{\max} = \pm\frac{\pi}{a}, \qquad \text{(VI-2.150)}$$

das ist gerade die Grenze der ersten Brillouin-Zone, der Wigner-Seitz-Zelle des reziproken Gitters in einer Dimension. Für drei Dimensionen gelten die gleichen Überlegungen.

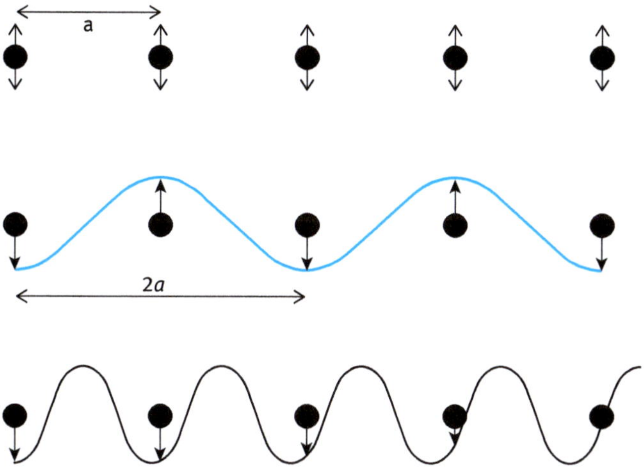

Abb. VI-2.77: Gitterpunkte eines eindimensionalen, realen Kristallgitters mit Gitterkonstante a und möglicher Auslenkung aus der Ruhelage (oben). Mitte: Kleinste Wellenlänge $\lambda = 2\,a$ einer elastischen Schwingung der Kristallatome. Unten: Welle mit $\lambda < 2\,a$ hat keine Beziehung mehr zum Kristallgitter.

2.4.2 Streuung von Photonen an Phononen

Null-Phonon-Streuung

Wird beim Durchgang des Photons durch den Kristall weder ein Phonon erzeugt, noch eines absorbiert, so ist der Endzustand des Kristalls nach der Streuung identisch mit seinem Anfangszustand, das bedeutet *elastische Streuung* des Photons mit Erhaltung seiner Energie $\Rightarrow \nu' = \nu \Rightarrow k' = k$:

$$\vec{k}' = \vec{k} + \vec{G} \qquad \text{bzw.} \qquad \hbar\vec{k}' = \hbar\vec{k} + \hbar\vec{G}\,. \tag{VI-2.151}$$

Ein-Phonon-Streuung (Brillouin- bzw. Raman-Streuung)

Wir nehmen jetzt an, dass Photonen sichtbaren Lichts vom Kristall *inelastisch* gestreut werden; kommt es zur Wechselwirkung (*WW*) mit *akustischen Phononen* nennt man den Prozess *Brillouin-Streuung*, tritt die Strahlung mit *optischen Phononen*[72] in *WW*, spricht man von *Raman-Streuung*. Beim Streuprozess wird entweder ein Phonon erzeugt (Energieverlust des Photons, verschobene *Stokes-Komponente* der Strahlung) oder absorbiert (Energiegewinn des Photons, *anti-Stokes-Komponente*). Dazu muss man sich vorstellen, dass das Photon mit den Schallwellen des Kristalls in Wechselwirkung tritt. Diese *WW* ist möglich, da die lokale Materialdichte, d. h. die lokale Konzentration der Atome, durch das elastische Dehnungsfeld

---

72 Zum Begriff *akustische* und *optische Phononen* siehe Abschnitt 2.5.2.

der Schallwellen geändert wird, wodurch sich eine Änderung des Brechungsindex n ergibt. *Die Schallwellen modifizieren die optischen Eigenschaften des Kristalls.* Umgekehrt ändert das elektromagnetische Feld der Lichtwelle den elastischen Schwingungszustand des Kristalls, indem es periodische mechanische Spannungen erzeugt. *Das elektromagnetische Feld der Lichtwelle modifiziert die elastischen Eigenschaften des Kristalls.*

Photon: $\omega = \frac{c}{n} k \quad \Rightarrow \quad k = \omega \frac{n}{c}$; n wird von der Schallwelle modifiziert.

Phonon: $\Omega = v_S \cdot q \quad \Rightarrow \quad q = \Omega \cdot \frac{1}{v_S}$; v_S wird von der elektromagnetischen Welle (dem Photon) modifiziert.

Beim Streuprozess wird z. B. ein Phonon erzeugt (emittiert):

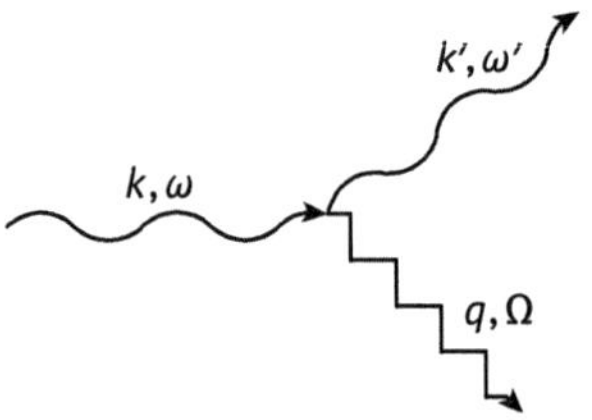

Beispiel: Vergleich des Betrags des Wellenvektors k eines Photons mit der Abmessung der 1. *BZ*, d. h. mit $q_{\max}$ eines Phonons.

Sichtbares Licht: $\lambda \approx 5 \cdot 10^{-7}\,\text{m} \quad \Rightarrow \quad k = \frac{2\pi}{\lambda} \approx 1 \cdot 10^{7}\,\text{m}^{-1}$.

Abmessung der 1. *BZ*: Gitterkonstante $a \approx 1 \cdot 10^{-10}\,\text{m}$

$$\Rightarrow \quad \frac{2\pi}{a} \approx 6 \cdot 10^{10}\,\text{m}^{-1}.$$

⇒ Der Wellenvektor der „sichtbaren“ Photonen ist sehr klein gegen die Abmessungen der 1. *BZ*. Außerdem: Der Wellenvektor der Phononen führt bei einem Stoßprozess mit diesen Photonen i. Allg. nicht aus der 1. *BZ* heraus ($q_{\max} = \frac{2\pi}{a}$).

⇒ Der Betrag des Phononenimpulses bleibt bei diesem Stoßprozess erhalten, wenn kein reziproker Gittervektor $\vec{G}$ zu $\vec{q}$ addiert oder subtrahiert wird.

Für den Impulssatz bei der Ein-Phonon-Streuung gilt, wenn kein $\vec{G}$-Vektor addiert oder subtrahiert wird, $\vec{k}$ also in der 1. *BZ* bleibt

$$\underbrace{\hbar\vec{k}'}_{\substack{\text{gestreutes}\\ \text{Photon}}} + \underbrace{\hbar\vec{q}}_{\substack{\text{erzeugtes}\\ \text{Phonon}}} = \underbrace{\hbar\vec{k}}_{\substack{\text{einfallendes}\\ \text{Photon}}}, \qquad \text{(VI-2.152)}$$

für den Energiesatz, dargestellt mit den Kreisfrequenzen

$$\hbar\omega' + \hbar\Omega = \hbar\omega\,. \qquad \text{(VI-2.153)}$$

Energieverlust $E_S = \hbar\Omega$ der Photonen bei der Ein-Phonon-Streuung

Photon in der Materie: $\omega = \frac{c}{n}k$; Phonon: $\Omega = v_S \cdot q$; $\Rightarrow$ Energiesatz, dargestellt mit den Wellenzahlen:

$$E_\gamma = \hbar\omega = \hbar k\frac{c}{n} = \underbrace{\hbar k'\frac{c}{n}}_{E'_\gamma} + \underbrace{\hbar q v_S}_{E_S} \quad \Rightarrow \quad \frac{c}{n}k = \frac{c}{n}k' + qv_S\,. \qquad \text{(VI-2.154)}$$

Annahme: $k \approx q$,[73] d. h. $\lambda_{\text{phon}} \approx \lambda_{\text{phot}}$.

$$\Rightarrow \quad \frac{c}{n}(k-k') \cong kv_S \quad \Rightarrow \quad \frac{c}{n}\left(1-\frac{k'}{k}\right) \cong v_S \quad \Rightarrow \quad \left(1-\frac{k'}{k}\right) \cong \frac{nv_S}{c}\,. \qquad \text{(VI-2.155)}$$

Mit $c = 3\cdot 10^8$ m/s, $v_S = 5\cdot 10^3$ m/s

$$\Rightarrow \quad \frac{k'}{k} \cong 1 - \frac{nv_S}{c} \cong 1 \quad \Rightarrow \quad k' \cong k\,, \qquad \text{(VI-2.156)}$$

denn $\frac{v_S}{c} = \frac{5\cdot 10^3}{3\cdot 10^8} \cong 1{,}7\cdot 10^{-5}$, daher ist $k' \cong k$.

Ferner gilt

$$\omega = \frac{c}{n}k \cong \frac{c}{n}k' = \omega' \gg v_S q = \Omega\,. \qquad \text{(VI-2.157)}$$

Das heißt, dass für den Energieverlust der Photonen im Falle $k \approx q$ gilt

$$E_\gamma - E'_\gamma = E_S = \hbar\Omega = \hbar\omega\,\frac{v_S}{c/n} \ll E_\gamma\,,^{74} \qquad \text{(VI-2.158)}$$

73 Aus dem Energiesatz (Gl. VI-2.153) folgt mit $v_S \ll c$: $k' \approx k$ und daraus wieder $q \leq 2k$ wie im nächsten Beispiel (‚Frequenzverschiebung von sichtbarem Licht bei inelastischer Streuung am Kristall (Brillouin-Streuung)') gezeigt wird.

74 Mit $k = q$ (obige Annahme) ist $k = \frac{\omega n}{c} = q = \frac{\Omega}{v_S} \Rightarrow \Omega = \omega\cdot\frac{v_S}{c/n}$.

$k' \cong k$ bedeutet praktisch elastische Streuung, bei der außerdem der Energieverlust der Photonen $\hbar\Omega$ sehr klein ist:

⇒ *Es werden nur Phononen im Zentrum der 1. BZ angeregt*!

Beispiel: Frequenzverschiebung von sichtbarem Licht bei inelastischer Streuung am Kristall (Brillouin-Streuung).

Sichtbares Licht: $\lambda_{vac} = 5 \cdot 10^{-7}$ m = 500 nm;

Schallgeschwinigkeit: $v_S = 5 \cdot 10^3$ m/s, Brechzahl: $n = 1{,}5$.

Impulssatz: $\hbar\vec{k}' + \hbar\vec{q} = \hbar\vec{k}$ bzw. $\vec{k}' + \vec{q} = \vec{k}$

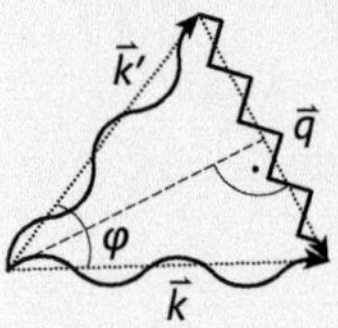

Da $k' \cong k$ (Gl. VI-2.156), muss gelten $\sin\frac{1}{2}\varphi = \frac{q}{2k}$ bzw. $q = 2k\sin\frac{1}{2}\varphi$ und mit der Schallgeschwindigkeit v_S und $k = \omega\frac{n}{c}$

$$\Omega = v_S \cdot q = \frac{2v_S\omega n}{c}\sin\frac{\varphi}{2}.$$

Maximaler Energieübertrag erfolgt bei $\varphi = \pi = 180°$, also wenn $\sin\frac{\varphi}{2} = 1$ ist:

$$\Omega = \frac{2 \cdot \overbrace{5 \cdot 10^3}^{v_S} \cdot \overbrace{2\pi \cdot c}^{\omega = \frac{2\pi c}{\lambda}} \cdot \overbrace{1{,}5}^{n}}{\underbrace{5 \cdot 10^{-7}}_{\lambda} \cdot c} \cong \frac{10 \cdot 10^4}{5 \cdot 10^{-7}} = 2 \cdot 10^{11}\,\mathrm{s}^{-1} = 200\,\mathrm{GHz}.$$

$$\omega = \frac{2\pi c}{\lambda} = \frac{2\pi \cdot 3 \cdot 10^8}{5 \cdot 10^{-7}} \cong 4 \cdot 10^{15}\,\mathrm{s}^{-1} = 4\,\mathrm{PHz}\,(\text{Petahertz}).$$

Damit ergibt sich mit dem Energiesatz $\hbar\omega - \hbar\omega' = \hbar\Omega$ als *relative Frequenzverschiebung* bei der Brillouin-Streuung

$$\frac{\Delta\omega}{\omega} = \frac{\omega - \omega'}{\omega} = \frac{\Omega}{\omega} = \frac{2 \cdot 10^{11}}{4 \cdot 10^{15}} = 5 \cdot 10^{-5},$$

ein sehr kleiner Wert, der aber mit interferometrischen Techniken aufgelöst werden kann (siehe Band IV, Kapitel „Wellenoptik“, Abschnitt 1.5.4).

Vergleich der Wellenzahlen von Photon und Phonon:

$$k = \frac{2\pi}{\lambda} = 1{,}25 \cdot 10^7\,\mathrm{m}^{-1}$$

$$q = \frac{\Omega}{v_S} = \frac{2 \cdot 10^{11}}{5 \cdot 10^3} = 4 \cdot 10^7 \cong k$$

Beide Werte sind sehr klein gegen die Abmessungen der 1. *BZ* (mit $a \approx 1 \cdot 10^{-10}\,\mathrm{m} \Rightarrow \frac{2\pi}{a} \approx 6 \cdot 10^{10}\,\mathrm{m}^{-1}$), d. h., bei der Photon-Phonon-Streuung mit Quanten sichtbaren Lichts wird nur Information über Phononen im Zentrum der ersten *BZ*, folglich nahe $\vec{q} = 0$ gewonnen.

Verwendet man Röntgenstrahlung, so wird die beobachtbare Frequenzverschiebung noch kleiner als bei sichtbarem Licht:

Die Energie der Röntgenstrahlung beträgt einige keV, ein typisches Phonon mit einer Frequenz von $\Omega = 100\,\mathrm{GHz}$ hat eine Energie von einigen meV (siehe Abschnitt 2.4.3, Beispiel ‚Messung von Phononen mit großen Impulswerten'). Die Frequenzverschiebung der gestreuten Röntgenstrahlung mit $\omega = \frac{2\pi c}{\lambda} \cong 2 \cdot 10^{18}$ ist daher sehr, sehr klein

$$\frac{\Delta\omega}{\omega} = \frac{\Omega}{\omega} = \frac{1 \cdot 10^{11}}{2 \cdot 10^{18}} = 5 \cdot 10^{-8} \qquad \text{(VI-2.159)}$$

und kann i. Allg. nicht aufgelöst werden.

2.4.3 Inelastische Neutronenstreuung

Auch bei der Streuung von Neutronen am Kristall kann deren Energiegewinn/-verlust bei der *WW* mit dem Kristall als Absorption/Emission von Phononen angesehen werden. Aus der Bestimmung der Neutronenenergie und der Messung des Streuwinkels der gestreuten Neutronen kann so Information über das Phononenspektrum gewonnen werden.

Der für die Streuung wesentliche Unterschied zwischen Photonen und Neutronen liegt in ihrer völlig unterschiedlichen Energie-Impuls-Beziehung (Abb. VI-2.78):

Photonen: $E_\gamma = \hbar\omega = \hbar \cdot c \cdot k = c \cdot p$, $c = 3 \cdot 10^8\,\mathrm{m}$, *WW* bei der Gitterstreuung mit den Hüllenelektronen der Gitteratome.

Neutronen: $E_n = \frac{p^2}{2m_n} = \frac{\hbar^2 k^2}{2m_n}$, $m_n = 1838 \cdot m_e = 1{,}67 \cdot 10^{-27}\,\mathrm{kg}$, *WW* bei der Gitterstreuung mit den Atomkernen der Gitteratome.

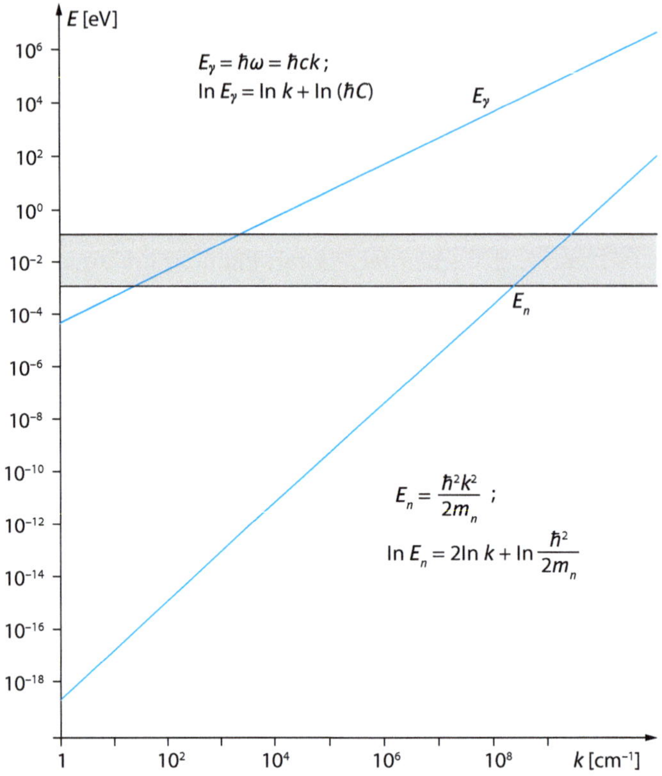

Abb. VI-2.78: Energie-Impuls-Beziehung von Neutronen und Photonen (elektromagnetischer Strahlung). Die typischen Energien thermischer Neutronen liegen im Bereich des grauen Bandes. (Nach N. W. Ashcroft und N. D. Mermin *Solid State Physics*, Saunders College Publishing, Philadelphia 1976.)

Im Vergleich:

Röntgenstrahlung:	$k \approx 5 \cdot 10^{10}\,\mathrm{m}^{-1}$,	$E_\gamma \approx 10^4\,\mathrm{eV}$
sichtbares Licht:	$k \approx 1{,}3 \cdot 10^{7}\,\mathrm{m}^{-1}$,	$E_\gamma \approx 2{,}5\,\mathrm{eV}$
thermische Neutronen:	$k \approx 2{,}2 \cdot 10^{10}\,\mathrm{m}^{-1}$	$E_n \approx 0{,}01\,\mathrm{eV}$.

Für Neutronen ist daher die Frequenzänderung mit

$$\frac{\Delta\omega}{\omega} = \frac{\Omega}{E_n/\hbar} \cong \frac{1 \cdot 10^{11}}{1{,}5 \cdot 10^{13}} \cong 7 \cdot 10^{-3} \qquad \text{(VI-2.160)}$$

gut messbar. Da der Neutronenimpuls viel größer ist als jener von sichtbarem Licht (Neutronen sind ja Masseteilchen), kann man damit auch Phononen höherer Energie und großen Impulswerten untersuchen.

Impulssatz bei Ein-Phonon-Streuung:

$$\vec{p}_n' \pm \hbar\vec{q} = \vec{p}_n + \hbar\vec{G} \qquad \left\{\begin{matrix} + \textit{für Emission} \\ - \textit{für Absorption} \end{matrix}\right\} \textit{eines Phonons.} \qquad \text{(VI-2.161)}$$

⇒ Das Gitter nimmt den Impuls $\vec{p}_{\text{Gitter}} = \hbar\vec{G}$ auf.

Bei der *inelastischen* Streuung sind die Beträge der Wellenvektoren der einfallenden und der gestreuten Teilchenwellen nicht gleich, die Wellenvektoren der gestreuten Teilchen enden daher *nicht auf* der Ewald-Kugel, sondern enden bei Phononenerzeugung *innerhalb*, bei Phononenvernichtung *außerhalb* der Ewald-Kugel (Abb. VI-2.79).

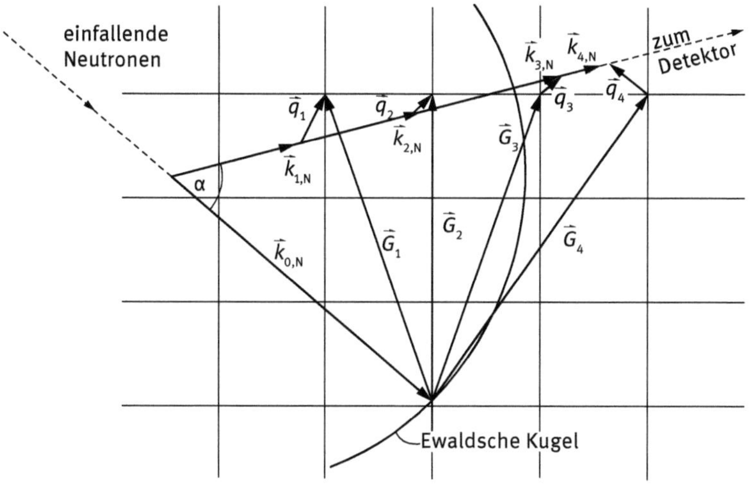

Abb. VI-2.79: Inelastische Neutronenstreuung im zweidimensionalen Schnitt durch das reziproke Gitter. $\vec{k}_{0,N}$ ... Wellenvektor eines einfallenden Neutrons, $\vec{k}_{1,N}, \vec{k}_{2,N}, \vec{k}_{3,N}, \vec{k}_{4,N}$ ... Wellenvektoren inelastisch in Detektorrichtung gestreuter Neutronen; $\vec{q}_1, \vec{q}_2$ ... Wellenvektoren erzeugter, $\vec{q}_3, \vec{q}_4$ Wellenvektoren vernichteter Phononen: Verbindung zu den nächstgelegenen Gitterpunkten mit den reziproken Gittervektoren $\vec{G}_1, \vec{G}_2, \vec{G}_3, \vec{G}_4$. (Nach K. Kopitzki, P. Herzog, *Einführung in die Festkörperphysik*, Teubner, Stuttgart 2002.)

Energiesatz:

Da das Gitter wegen seiner großen Masse M ($E_{\text{Gitter}} = \frac{p^2_{\text{Gitter}}}{2M}$) *keine* Energie aufnimmt, gilt einfach

$$E_n' \pm \hbar\Omega = E_n \qquad \text{mit} \qquad \Omega = v_S \cdot \left|\vec{q}\right| \qquad \text{(VI-2.162)}$$

(v_S ... Schallgeschwindigkeit).

Wenn wir jetzt $\vec{q}$ durch den Impulssatz (Gl. VI-2.161) als Impulsübertrag $\vec{p}' - \vec{p}$ ausdrücken und in den Energiesatz einsetzen, können wir die Addition eines reziproken Gittervektors $\vec{G}$ weglassen, da jede Funktion $\Omega(\vec{q})$ für elastische Schwingungen des Kristallgitters eine periodische Funktion im reziproken Gitters ist $(\Omega(\vec{q} \pm \vec{G}) = \Omega(\vec{q}))$.[75] Daher gilt

$$\vec{q} = \frac{\vec{p}_n - \vec{p}_n'}{\hbar} . \qquad \text{(VI-2.163)}$$

Damit ergibt sich eine Form des Energiesatzes unter Verwendung des Impulssatzes:

$$\frac{\vec{p}_n'^2}{2m_n} = \frac{\vec{p}_n^2}{2m_n} - \hbar\Omega(\vec{q}) \quad \text{mit} \quad \vec{q} = \left(\frac{\vec{p}_n - \vec{p}_n'}{\hbar}\right) \text{ für Phononemission} \qquad \text{(VI-2.164)}$$

$$\frac{\vec{p}_n'^2}{2m_n} = \frac{\vec{p}_n^2}{2m_n} + \hbar\Omega(\vec{q}) \quad \text{mit} \quad \vec{q} = \left(\frac{\vec{p}_n' - \vec{p}_n}{\hbar}\right) \text{ für Phononabsorption.} \qquad \text{(VI-2.165)}$$

Wenn man daher die Energieänderung $\pm\hbar\Delta\omega_n = (E_n - E_n') = E_S = \hbar\Omega$ der gestreuten Neutronen als Funktion der Impulsänderung $\vec{p}_n - \vec{p}_n'$ in einer bestimmten Streurichtung misst, so kann bei bekannter Orientierung des Kristalls gegen die Einfallsrichtung der Neutronen die Frequenz (Energie) der Phononen $\Omega(\vec{q})$ in Abhängigkeit von q, das ist die *Dispersionsrelation* (siehe Abschnitt 2.5.1, Gl. VI-2.177), für die verschiedenen Schallausbreitungsrichtungen $\vec{p} - \vec{p}'$ bestimmt werden (Abb. VI-2.80):

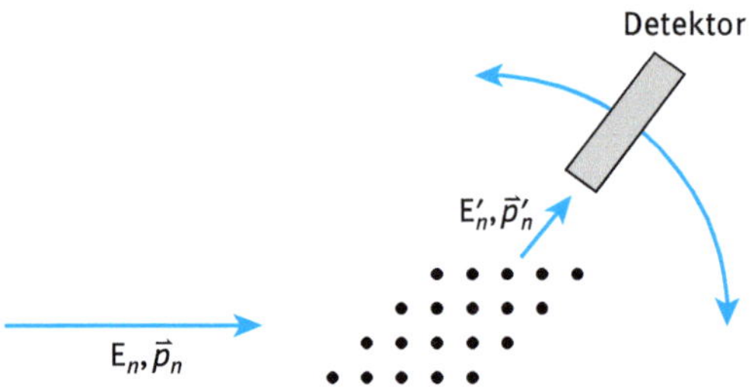

Abb. VI-2.80: Messung von $\Omega(\vec{q})$ mit inelastischer Neutronenstreuung. Gemessen werden: 1. E_n und die Richtung der einfallenden Neutronen, 2. E_n' und die Richtung der gestreuten Neutronen.

Zur Bestimmung der Energie der einfallenden und gestreuten Neutronen werden meist Einkristalle verwendet, an denen man die Neutronenwellen mit $\lambda_n = \frac{h}{p} = \frac{h}{\sqrt{2m_n E_{\text{kin}}}}$ beugt.[76] Entsprechend der Braggbedingung $n\lambda_n = 2d\sin\theta$ kann

75 $\vec{q}$ ist dann immer der auf die 1. *BZ* reduzierte Wellenvektor.

76 Gilt in Newtonscher Näherung, die aber insbesondere für die meist verwendeten thermischen Neutronen sehr gut erfüllt ist.

daher ein (nahezu) monochromatischer, monoenergetischer Neutronenstrahl unter dem Winkel θ erzeugt werden. Insgesamt braucht man einen Monochromator-Kristall für die einfallenden Neutronen und einen Analysator-Kristall für die an der Probe gestreuten Neutronen, beide drehbar angeordnet; zusätzlich muss die Probe gegen den einfallenden Neutronenstrahl drehbar sein, um den Einfallswinkel zu ändern. Die entsprechende Anordnung nennt man *Dreiachsen-Spektrometer* (Abbn. VI-2.81 und VI-2.82):

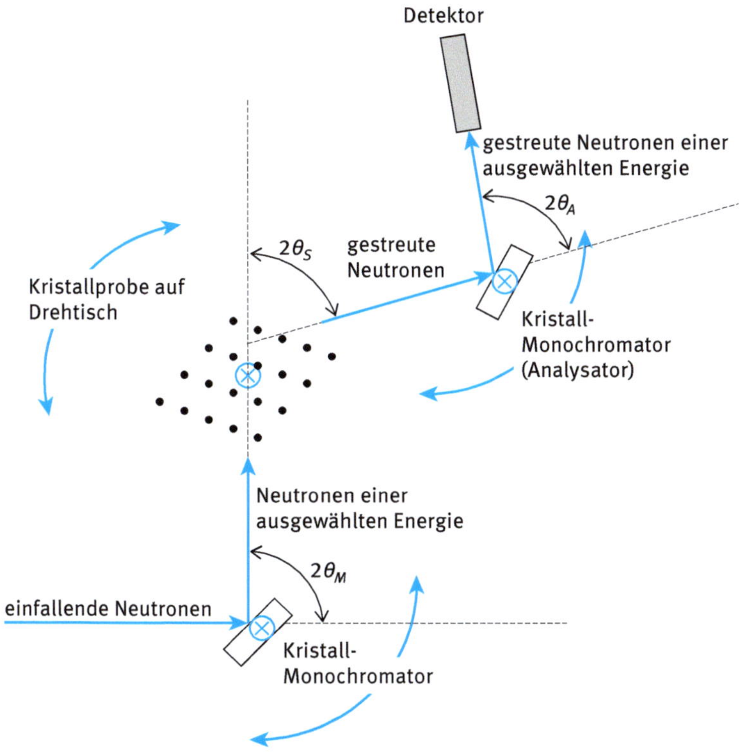

Abb. VI-2.81: Prinzip eines Dreiachsen-Neutronenspektrometers. Zunächst wird die Energie der einfallenden Neutronen durch einen Kristall-Monochromator ausgewählt (Beugungswinkel $2\,\theta_M$, erste Drehachse). Die Einfallsrichtung dieser Neutronen auf den Kristall kann durch Drehung der auf einem Drehtisch montierten Probe bestimmt werden (Beugungswinkel $2\,\theta_S$, zweite Drehachse). Schließlich kann die Energie der in den Detektor gestreuten Neutronen durch einen zweiten Monochromator-Kristall (Analysator) gemessen werden (Beugungswinkel $2\,\theta_A$, dritte Drehachse).

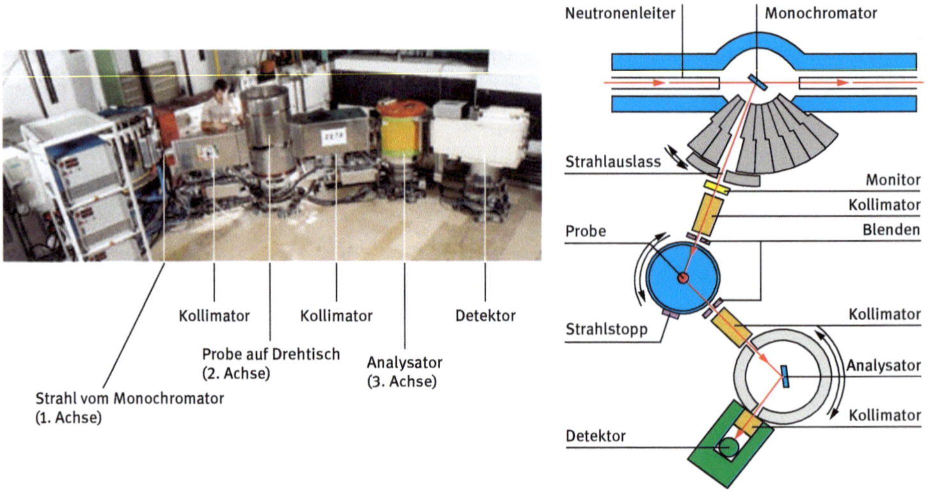

Abb. VI-2.82: Klassisches Dreiachsen-Spektrometer IN3 am Europäischen Forschungszentrum Institut Laue-Langevin (*ILL*) in Grenoble, Frankreich.

Mit dieser Anordnung kann die Energieänderung $\hbar\,\Delta\omega_n$ der Neutronen als Funktion des Streuwinkels $2\,\theta_S$ gemessen werden.

Beispiel: Messung von Phononen mit großen Impulswerten.
Gitterkonstante $a = 0{,}2\,\text{nm} = 2\cdot 10^{-10}\,\text{m}$;
$\Rightarrow$ maximaler Betrag des Wellenvektors der Phononen am Rand der 1. *BZ*:
$q_{\max} = \frac{\pi}{a} \approx 1{,}57\cdot 10^{10}\,\text{m}^{-1}$.
Schallgeschwindigkeit $v_S = 2\cdot 10^3\,\text{m/s}$;
$\Rightarrow$ Energie der Phononen am Rand der 1. *BZ* (= maximale Energie)
$\hbar\Omega = \hbar q\cdot v_S = 1\cdot 10^{-34}\cdot 1{,}6\cdot 10^{10}\cdot 2\cdot 10^3 = 3\cdot 10^{21}\,\text{J} = 0{,}02\,\text{eV} = 20\,\text{meV}$.
Streuexperiment mit thermischen Neutronen[77]: $E_n^{\text{th}} = 80\,\text{meV} = 1{,}28\cdot 10^{-20}\,\text{J}$, das entspricht einer de Broglie Wellenlänge (in Newtonscher Näherung) von

$$\lambda = \frac{h}{p} = \frac{h}{\sqrt{2m_n E_{\text{kin}}}} = \frac{6{,}63\cdot 10^{-34}}{\sqrt{2\cdot 1{,}67\cdot 10^{-27}\cdot 1{,}28\cdot 10^{-20}}} = 1{,}0\cdot 10^{-10}\,\text{m}\,.$$

Daraus ergibt sich für die relative Energieänderung der Neutronen beim Streuprozess am Rand der 1. *BZ*:

77 Thermische Neutronen: Spaltneutronen (mittlere Energie etwa 1,5 MeV) eines Kernreaktors (siehe Band V, Kapitel „Subatomare Physik“, Abschnitt 3.1.5.2.5) werden durch Stöße mit den Kernen eines Moderators, z. B. leichtem oder schwerem Wasser, auf die Temperatur des Moderators abgebremst: $E_n^{\text{th}} < 100\,\text{meV}$. Bei 293 K (*RT*) ist $E_n^{293} = \frac{3}{2}kT = \frac{3}{2}\,1{,}38\cdot 10^{-23}\cdot 293 = 6{,}07\cdot 10^{-21}\,\text{J} = 0{,}038\,\text{eV}$.

$$\frac{\Delta E_n}{E_n} = \frac{E_n - E_n'}{E_n} = \frac{\hbar\Omega}{E_n} = \frac{20}{80} = 0{,}25\,,$$

das ist bequem messbar!

2.5 Die Eigenschwingungen des Kristallgitters: Phononen

2.5.1 Normalschwingungen eines eindimensionalen, einatomigen Kristalls (lineare Kette mit einatomiger Basis)

Wir betrachten eine Kette von Atomen der Masse m mit einem Atomabstand (Gitterkonstante) a. Für den Gittervektor (= Translationsvektor) $\vec{R}$ gilt dann

$$\vec{R} = n \cdot a \cdot \vec{e}\,, \qquad n \text{ ganz,} \tag{VI-2.166}$$

wenn $\vec{e}$ der Einheitsvektor in Kettenrichtung ist. Wir denken uns das Atompotenzial harmonisch genähert und die Atome daher quasi durch ideal-elastische (Hookesche) Federn verbunden (Abb. VI-2.83).

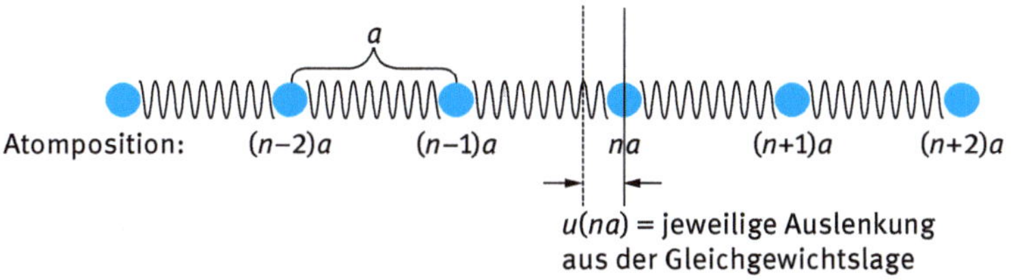

Abb. VI-2.83: Eindimensionaler Kristall (lineare Kette) aus gleichen Atomen: Das Atom der Position $n \cdot a$ ist momentan um $u(n \cdot a)$ aus seiner Gleichgewichtslage ausgelenkt. Harmonische Näherung: Die Atome sind durch ideal-elastische (Hookesche) „Federn" miteinander verbunden.

Wir nehmen weiter an, dass nur benachbarte Atome in Wechselwirkung treten und setzen die potenzielle Energie der Gesamtschwingung daher entsprechend dem harmonischen Oszillator ($E_{\text{pot}} = \frac{1}{2}kx^2$, siehe Band I, Kapitel „Mechanische Schwingungen und Wellen", Abschnitt 5.1.1 bzw. 5.2.4, Gl. I-5.113) als Summe der potenziellen Energien der n Oszillatoren an

$$E_{\text{pot}}^{\text{harm}} = \frac{1}{2} f \sum \left\{ u(na) - u([n+1]a) \right\}^2 . \tag{VI-2.167}$$

Dabei berücksichtigt die „Federkonstante" f die Stärke der Bindung; dieses Potenzial ist rein quadratisch in den Verschiebungen der Atome gegeneinander.

Beispiel: Zusammenhang Kraftkonstante („Federkonstante") und Bindungspotenzial.

Wir betrachten zwei Atome im Gleichgewichts(*GG*-)abstand; $U(R_0)$ sei die potenzielle Energie im *GG*-Abstand R_0. Der Atomabstand ändere sich jetzt um ΔR von R_0 auf R; wir entwickeln das Potenzial $U(R)$ um den *GG*-Abstand R_0:

$$U(R) = U(R_0) + \left(\frac{dU}{dR}\right)_{R_0} \Delta R + \frac{1}{2}\left(\frac{d^2U}{dR^2}\right)_{R_0} (\Delta R)^2 + \dots .$$

Daraus folgt für die Kraft zwischen den zwei Atomen

$$F = -\frac{dU}{d(\Delta R)} = -\underbrace{\left(\frac{dU}{dR}\right)_{R_0}}_{=0\ (\text{stabile } GG\text{-Lage})} - \frac{1}{2}\left(\frac{d^2U}{dR^2}\right)_{R_0} 2\Delta R - \dots .$$

Die höheren Terme können bei hinreichend kleinem ΔR vernachlässigt werden. Für die Kraftkonstante f folgt so mit $F = -f \cdot \Delta R$

$$\underline{f = \left(\frac{d^2U}{dR^2}\right)_{R_0}} .$$

Wir stellen die Bewegungsgleichungen der schwingenden Atome auf:

$$F = m\ddot{u}(na) = -\frac{\partial E_{\text{pot}}^{\text{harm}}}{\partial u(na)} = -\frac{1}{2} f \frac{\partial}{\partial u(na)} \sum_n \left\{u(na) - u([n+1]a)\right\}^2. \qquad \text{(VI-2.168)}$$

Wir betrachten zunächst nur die Summe und darin die Terme des Atoms n mit seinen Nachbarn $(n-1)$ und $(n+1)$:

$$\begin{aligned}
&\sum_n \left\{u(na) - u([n+1]a)\right\}^2 = \\
&= \dots + \left\{u([n-1]a) - u(na)\right\}^2 + \left\{u(na) - u([n+1]a)\right\}^2 + \dots = \\
&= \dots + u^2([n-1]a) - 2 \cdot u([n-1]a) \cdot u(na) + u^2(na) + \\
&\qquad + u^2(na) - 2 \cdot u(na) \cdot u([n+1]a) + u^2([n+1]a) + \dots
\end{aligned} \qquad \text{(VI-2.169)}$$

und differenzieren nach $u(na)$

$$\frac{\partial}{\partial u(na)}\sum_n \left\{u(na) - u([n+1]a)\right\}^2 =$$
$$= -2\cdot\left\{u([n-1]a) - u(na)\right\} + 2\cdot\left\{u(na) - u([n+1]a)\right\}, \qquad \text{(VI-2.170)}$$

alle anderen Terme der Summe verschwinden beim Differenzieren nach $u(na)$. Für die Kraft F_n auf das n-te Atom ergibt sich so

$$F_n = m\ddot{u}(na) = -f\left\{2u(na) - u([n-1]a) - u([n+1])a\right\}. \qquad \text{(VI-2.171)}$$

Die *Normalschwingungen* (Fundamentalschwingungen, Eigenschwingungen, Phononen) des Kristalls sind jene Schwingungen, bei denen alle Atome mit der gleichen Frequenz um ihre *GG*-Lage schwingen (vgl. dazu Band I, Kapitel „Mechanische Schwingungen und Wellen", Abschnitt 5.4).[78] Wir setzen die Normalschwingungen der unendlich langen atomaren Kette in der Form wellenförmiger Auslenkungen der Atome an (siehe Band I, Kapitel „Mechanische Schwingungen und Wellen", Abschnitt 5.5.1, Gl. I-5.166):

$$u(na,t) = u_0 e^{i(\Omega t - qna)}. \qquad \text{(VI-2.172)}$$

Wir bilden die zweite Ableitung

$$\dot{u} = \frac{\partial u}{\partial t} = iu_0\Omega e^{i\Omega t}e^{-iqna}, \qquad \ddot{u} = \frac{\partial^2 u}{\partial t^2} = \underbrace{i^2}_{=-1} u_0\Omega^2 e^{i\Omega t}e^{-iqna} \qquad \text{(VI-2.173)}$$

und setzen in die obige Bewegungsgleichung ein

$$-mu_0\Omega^2 e^{i\Omega t}e^{-iqna} = -f\left\{2u_0e^{i(\Omega t - qna)} - u_0e^{i[\Omega t - q(n-1)a]} - u_0e^{i[\Omega t - q(n+1)a]}\right\}$$
$$m\Omega^2 e^{-iqna} = f\left\{2e^{-iqna} - e^{(-iqna+iqa)} - e^{(-iqna-iqa)}\right\}. \qquad \text{(VI-2.174)}$$

Daraus folgt mit $\cos z = \dfrac{e^{-iz} + e^{iz}}{2}$

$$m\Omega^2 = f(2\underbrace{-e^{-iqa} - e^{+iqa}}_{=-2\cos qa}) \qquad \text{(VI-2.175)}$$

und daher

78 Bei N Atomen sind N Normalschwingungen unterschiedlicher Frequenz vorhanden, wobei die N Atome gleichzeitig mit allen N Frequenzen schwingen.

$$m\Omega^2 = 2f(1 - \cos qa) \qquad \text{bzw.} \qquad \Omega = \sqrt{\frac{2f(1 - \cos qa)}{m}} \tag{VI-2.176}$$

und mit $(1 - \cos qa) = 2\sin^2 \frac{qa}{2}$

$$\Omega(q) = 2\sqrt{\frac{f}{m}}\left|\sin \frac{qa}{2}\right| \text{ [79]} \tag{VI-2.177}$$

Dispersionsrelation der Normalschwingungen (Phononen) in einer einatomigen linearen Kette.

Diese *Dispersionsrelation* (siehe Abb. VI-2.85) gibt die Frequenz Ω der Normalschwingungen einer linearen Kette von gleichen Atomen als Funktion der Wellenzahl $q = \frac{2\pi}{\lambda}$.

Ergebnis:

1. Die Normalschwingungen bzw. Eigenschwingungen einer unendlich langen Kette von gleichen Atomen sind Wellen der Auslenkung aus der Ruhelage, die sich durch den linearen „Kristall" in beide Richtungen bewegen.[80]
2. Der Wertebereich für q ist beschränkt:
   $e^{i(\Omega t - qna)}$ bleibt unverändert, wenn statt $q \to q + \frac{2\pi}{a} \cdot l$, l ganz, verwendet wird, da $\left(q + \frac{2\pi}{a} l\right)na = qna + 2\pi \underbrace{ln}_{ganz}$.
   $\Rightarrow$ q muss auf ein Intervall der Länge $\frac{2\pi}{a}$ beschränkt werden, damit die Werte eindeutig sind. Man wählt als Intervall $-\frac{\pi}{a} < q \leq \frac{\pi}{a}$, das entspricht der 1. *BZ*.
   Das stimmt mit der Forderung überein, dass entsprechend einer kleinsten, noch sinnvollen Wellenlänge $\lambda_{\min} = 2a$ im Kristall, die maximale Wellenzahl $|q_{\max}| = \frac{\pi}{a}$ ist.

---

79 Es ist $\left|\sin \frac{qa}{2}\right|$ zu verwenden und die positive Wurzel zu nehmen, da Ω als Frequenz nicht negativ sein kann und daher eine gerade Funktion von q sein muss. Für eine *gerade Funktion* gilt: $f(-x) = f(x)$; für reelle Funktionen bedeutet das eine axiale Symmetrie zur y-Achse. Für eine *ungerade Funktion* gilt $f(-x) = -f(x)$.

80 $u(na,t) = u_0 e^{i(\Omega t + qna)}$ ist ja ebenfalls eine Lösung der Bewegungsgleichung mit der gleichen Dispersionsrelation.

3. Wenn die atomare Kette nicht unendlich lang ist, sondern aus N Atomen besteht, wir aber bei der großen Zahl N nicht an speziellen Effekten am Kettenende interessiert sind, so denken wir uns die Kette einfach zu einem Kreis gebogen und die beiden Kettenenden durch eine zusätzliche, gleiche „Feder" verbunden (Abb. VI-2.84).[81]

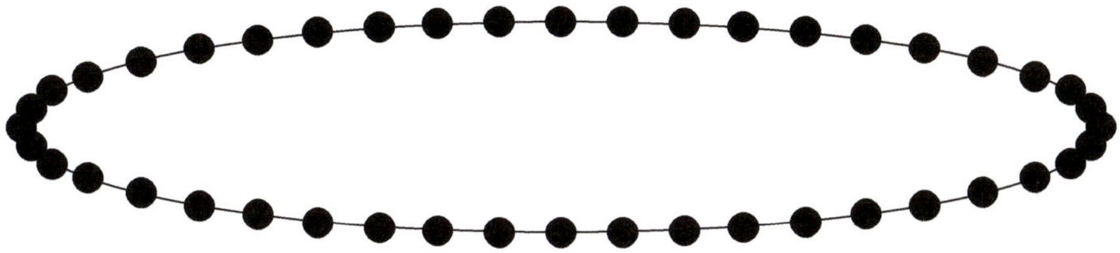

Abb. VI-2.84: Born-von-Kármán-Randbedingung = „periodische" Randbedingung: Die lineare Anordnung von Atomen wird zu einer kreisförmigen Anordnung gebogen und durch eine zusätzliche „Feder" gleicher Art geschlossen. Die „Federn" zwischen den Atomen sind hier nur als Strich gezeichnet.

Wenn die Atome an den Plätzen a, $2a$, ..., Na sitzen, d. h. das obige n von 1 bis N läuft, so führt das auf die *Born-von-Kármán-Randbedingung* für die Auslenkung u:

$$u([n+N]a) = u(na) \qquad \textit{Born-von-Kármán-Randbedingung.} \tag{VI-2.178}$$

Die Auslenkungen der Kette sind also *periodisch* mit der Periode $N \cdot a$, es handelt sich daher um eine *periodische Randbedingung*:

$$e^{-iq(n+N)a} = e^{-iqna} \quad \Rightarrow \quad e^{-iqNa} = 1 \tag{VI-2.179}$$

$$\Rightarrow \quad qNa = 2\pi l \quad l \text{ ganz.} \tag{VI-2.180}$$

Damit ergibt sich eine ganz bestimmte Auswahl für die q-Werte:

$$q = \frac{2\pi}{Na} l; \tag{VI-2.181}$$

da $q_{\max} = \pm\frac{\pi}{a}$ gilt, geht l von $-\frac{N}{2}$ bis $+\frac{N}{2}$, wobei 0 (die Fundamentalschwingung des Kristalls) ausgenommen ist. Wenn wir (für große N ohne Beschränkung der

81 Werden die Kettenenden nicht verbunden, dann ergibt die Interferenz der hin- und rücklaufenden Wellen stehende Wellen mit einem Auslenkungsknoten an den beiden Enden (wie im Falle einer eingespannten Saite).

Allgemeinheit) annehmen, dass N gerade ist, gibt es daher genau N Werte q im Abstand $\Delta q = \frac{2\pi}{Na}$ für $\Delta l = 1$.

4. Der Wellenansatz führt auf eine nichtlineare Dispersionsrelation für $\Omega(q)$.

   Licht im Vakuum: $c = \nu \cdot \lambda = \frac{\omega}{k} \quad \Rightarrow \quad \omega = k \cdot c$, d. h. eine lineare Dispersionsrelation;

   Licht im Medium: $\omega = k\frac{c}{n}$; wenn die Brechzahl mit $n = n(\lambda) = n\left(\frac{2\pi}{k}\right)$ von λ bzw. k abhängt, so liegt ebenfalls eine nichtlineare *Dispersion* vor. Mit $c_{ph} = \frac{\omega}{k} = \frac{c}{n(\lambda)}$ folgt, dass unterschiedliche Wellenlängen unterschiedliche Ausbreitungsgeschwindigkeit haben, was in der Optik als Dispersion bezeichnet wird.

   Normalschwingungen (Phononen) im eindimensionalen Kristall besitzen die folgende Abhängigkeit der Frequenz Ω von der Wellenzahl $q = \frac{2\pi}{\lambda}$ (Gl. VI-2.177):

$$\Omega(q) = 2\sqrt{\frac{f}{m}}\left|\sin\frac{qa}{2}\right| . \qquad \text{(VI-2.182)}$$

   Wegen der großen Zahl N der Atome ($\approx 10^{23}$) ist der Abstand $\frac{2\pi}{Na}$ der Werte von q sehr klein. Die maximale Frequenz wird bei den q-Werten $-\pi/a$ und $+\pi/a$ erreicht, d. h. am Rand der 1. *BZ* und beträgt $\Omega_{\max} = \sqrt{\frac{4f}{m}}$.[82]

Abb. VI-2.85 zeigt die Dispersionsrelation der Normalschwingungen (Phononen) eines eindimensionalen, einatomigen Kristalls (lineare Kette).

Wir betrachten die Zahl der q-Werte im Intervall dq zwischen q und $q + dq$:

$$Z_q(q)\,dq = \frac{dq}{\frac{2\pi}{Na}} = \frac{Na}{2\pi}\,dq , \qquad \text{(VI-2.183)}$$

wobei $Z_q(q) = \frac{Na}{2\pi}$ die Zahl der q-Werte im Einheitsintervall von q ($1\,m^{-1}$) ist.

---

82 Im Kontinuum (Debye-Modell) gilt $v_S = \nu \cdot \lambda = \frac{2\pi\nu}{2\pi/\lambda} = \frac{\omega}{q} \Rightarrow \omega = v_S \cdot q$ mit $v_S = \text{const.}$ (bezüglich der Schallgeschwindigkeit in einer Atomkette siehe das Beispiel ‚Berechnung der spektralen Modenzahl im Debye-Modell' weiter unten).

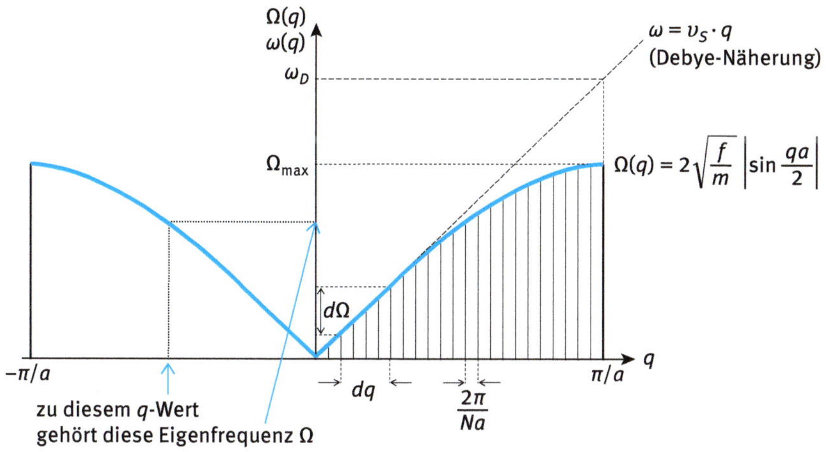

Abb. VI-2.85: Dispersionsrelation der Normalschwingungen (Phononen) des eindimensionalen, einatomigen Kristalls (lineare Kette). $\Omega_{max} = \sqrt{\frac{4f}{m}}$, $|q_{max}| = \frac{\pi}{a}$. Es gibt N q-Werte im Abstand $\frac{2\pi}{Na}$. Da N sehr groß ist ($\approx 10^{23}$), ist die Unterteilung der q-Werte sehr fein (hier stark übertrieben grob und nur für positive q gezeichnet). Im Debye-Modell ist die Dispersionsrelation wegen der als konstant angenommenen Schallgeschwindigkeit $v_S = \sqrt{\frac{f}{m}} \cdot a = \left.\frac{d\Omega}{dq}\right|_{q=0}$ linear (strichliert), die maximale Frequenz ist die Debye-Frequenz $\omega_D = v_S \cdot \frac{\pi}{a} = \sqrt{\frac{f}{m}} \cdot \pi = \frac{\pi}{2}\,\Omega_{max}$.

Die Zahl der Eigenfrequenzen im Intervall $d\Omega$ ist doppelt so groß, da es zu jedem $+q$ und zu jedem $-q$ die gleiche Frequenz $\Omega(q)$ gibt

$$Z_\Omega(\Omega)\,d\Omega = 2 \cdot Z_q(q)\,dq\,, \tag{VI-2.184}$$

wobei $d\Omega$ das zu dq gehörige Frequenzintervall ist. Damit wird die Zahl Z_Ω der Eigenfrequenzen im Einheitsintervall der Frequenz $\omega = 1\,\text{s}^{-1}$ (spektrale Modenzahl)

$$Z_\Omega(\Omega) = \frac{2 \cdot Z_q(q)}{\dfrac{d\Omega}{dq}}\,. \tag{VI-2.185}$$

Wir berechnen $\frac{d\Omega}{dq}$ aus der Dispersionsrelation $\Omega(q) = 2\left(\frac{f}{m}\right)^{1/2} \sin\frac{qa}{2}$ zu

$$\frac{d\Omega}{dq} = 2\left(\frac{f}{m}\right)^{1/2} \frac{a}{2} \cos\frac{qa}{2} = 2\left(\frac{f}{m}\right)^{1/2} \frac{a}{2}\left(1 - \sin^2\frac{qa}{2}\right)^{1/2} \tag{VI-2.186}$$

und setzen ein, wobei wir $\Omega^2(q) = \frac{4f}{m}\sin^2\frac{qa}{2}$ und $\Omega^2_{\max} = \frac{4f}{m} = \Omega^2\left(\left|q_{\max}\right|\right)$ verwenden

$$Z_\Omega(\Omega) = \frac{\frac{Na}{\pi}}{\frac{a}{2}\Big[\underbrace{\frac{4f}{m}}_{\Omega^2_{\max}} - \underbrace{\frac{4f}{m}\sin^2\frac{qa}{2}}_{\Omega^2}\Big]^{1/2}} = \frac{2N}{\pi}\frac{1}{\sqrt{\Omega^2_{\max} - \Omega^2(q)}}\,. \qquad \text{(VI-2.187)}$$

Wir sehen: Die spektrale Modenzahl $Z_\Omega(\Omega)$ geht bei $\Omega = \Omega_{\max}$ über alle Grenzen, was verständlich ist, da sich dort wegen der horizontalen Tangente im (Ω-q)-Diagramm die Frequenzen bei gleichmäßiger Zunahme von q immer dichter zusammendrängen (Abb. VI-2.86).

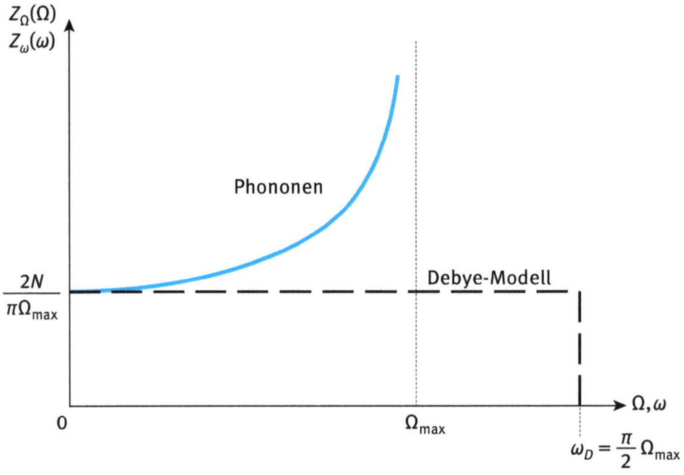

Abb. VI-2.86: Die spektrale Modenzahl $Z_\Omega(\Omega)$ eines eindimensionalen, einatomigen Kristalls (lineare Kette) für Phononen (blau) geht bei $\Omega_{\max}$ über alle Grenzen. Zum Vergleich ist auch $Z_\omega(\omega)$ für das Debye-Modell angegeben (strichliert), die bei der Debye-Frequenz ω_D abgeschnitten wird (siehe nächstes Beispiel). Beide Verteilungen stimmen bei kleinen Frequenzen überein.

Im Debye-Modell steigt die Frequenz der elastischen Schwingungen wegen der konstanten Schallgeschwindigkeit v_S von sehr kleinen Frequenzen bis zu höheren Frequenzen linear mit q an. In unserer Berechnung der spektralen Modenzahl gilt für $q \to 0 \Rightarrow \sin\frac{qa}{2} \to 0 \Rightarrow \Omega \to 0$ und wir erhalten bei der linearen Kette

$$Z_\Omega(\Omega \to 0) = \frac{2N}{\pi\Omega_{\max}}\,. \qquad \text{(VI-2.188)}$$

Im Debye-Modell der linearen Kette hat die spektrale Modenzahl daher bis zur Debye-Frequenz den konstanten Wert $Z_\Omega = \dfrac{2N}{\pi\Omega_{\text{max}}} = \text{const.}$ (Abb. VI-2.86).

Beispiel: Berechnung der spektralen Modenzahl $Z_\Omega^{Db}(\Omega)$ im Debye-Modell.

Annahme: Die Kette verhalte sich wie ein sehr dünner, elastischer Stab mit E als E-Modul, Länge $l = N \cdot a$, Atomabstand a, Atommasse m, Querschnitt F, Dichte $\rho = \dfrac{M}{V} = \dfrac{Nm}{F \cdot Na} = \dfrac{m}{Fa}$.

Berechnung von E aus dem Hookeschen Gesetz:

$\dfrac{\Delta l}{l} = \dfrac{N \cdot \Delta a}{N \cdot a} = \underline{\dfrac{\Delta a}{a}} = \dfrac{\sigma}{E} = \dfrac{\sigma F}{EF} = \underline{\dfrac{P}{EF} = \dfrac{f\Delta a}{EF}}$ mit f als Federkonstante des Stabes und $P = f \cdot \Delta a$ der Spannkraft in der Kette, das ist die Kraft zwischen zwei Atomen.

$\Rightarrow \quad E = \dfrac{1}{F} f \cdot a$ (aus der unterstrichenen Beziehung).

$\Rightarrow$ Schallgeschwindigkeit v_S im Stab:

$$v_S = \sqrt{\frac{E}{\rho}} = \sqrt{\frac{f \cdot a}{F \cdot \frac{m}{Fa}}} = a\sqrt{\frac{f}{m}} = \frac{a}{2}\sqrt{\frac{4f}{m}} = \frac{a}{2}\,\Omega_{\text{max}} = \text{const.};$$

$v_S = \nu \cdot \lambda = \dfrac{\Omega}{q} = \text{const.} \Rightarrow \dfrac{d\Omega}{dq} = v_S = \text{const.}$ im Gegensatz zur linearen Atomkette (siehe Gl. VI-2.186).

Maximale Wellenlänge des longitudinal frei schwingenden Stabes:

$\lambda_{\text{max}}^{Db} = 2l = 2Na \Rightarrow q_{\text{min}}^{Db} = \dfrac{2\pi}{\lambda_{\text{max}}^{Db}} = \dfrac{\pi}{Na}$; um diesen Wert erhöhen sich die Wellenzahlen im Stab schrittweise, denn mit $\lambda_n = \dfrac{\lambda_{\text{max}}}{n} = \dfrac{2Na}{n} \Rightarrow q_n = \dfrac{2\pi}{\lambda_n} = \underbrace{\dfrac{\pi}{Na}}_{=q_{\text{min}}} n$, $n = 1, 2, 3, \ldots$.

$\Rightarrow$ Modenzahl im Einheitswellenzahlintervall $1\,\text{m}^{-1}$:

$Z_q^{Db} = \dfrac{1}{q_{\text{min}}^{Db}} = \dfrac{Na}{\pi}$. Mit $Z_\Omega^{Db} d\Omega = Z_q^{Db} dq$ und v_S von oben folgt:

$$Z_\Omega^{Db} = Z_q^{Db}\frac{dq}{d\Omega} = \frac{Na}{\pi} \cdot \frac{1}{v_S} = \frac{Na}{\pi} \cdot \frac{1}{\frac{a}{2}\Omega_{\text{max}}} = \frac{2N}{\pi\,\Omega_{\text{max}}} = \text{const.}$$

Aus $v_S = \dfrac{\omega_D}{k_{\text{max}}} = \dfrac{\omega_D \cdot a}{\pi} \quad \Rightarrow \quad \omega_{Db} = \dfrac{\pi}{a} v_S = \dfrac{\pi}{a} \cdot \dfrac{a}{2}\,\Omega_{\text{max}} = \dfrac{\pi}{2}\,\Omega_{\text{max}}$.

Schwingungsformen des linearen Kristalls mit einer Atomsorte für spezielle Werte von q:

1. $q = \dfrac{\pi}{a} \quad \Rightarrow \quad \Omega = \Omega_{max} = \sqrt{\dfrac{4f}{m}}$:

Aus dem Lösungsansatz Gl. (VI-2.172) folgt:

$$u(na,t) = u_0 e^{i\Omega_{max} t} \cdot e^{-in\pi} \tag{VI-2.189}$$

⇒ bei der Erhöhung von n auf $n + 1$ wechselt der Realteil von $u(na,t)$ das Vorzeichen:

⇒ benachbarte Atome haben entgegengesetzt gleiche Amplituden und schwingen gegeneinander, die Mitten der „Federn" bewegen sich nicht (Abb. VI-2.87).

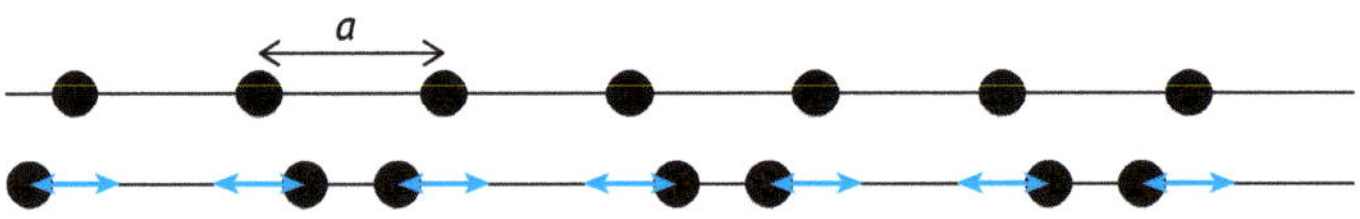

Abb. VI-2.87: Schwingungsform des linearen Kristalls mit einer Atomsorte für $q = \dfrac{\pi}{a}$. Benachbarte Atome haben entgegengesetzt gleiche Amplituden und schwingen gegeneinander, die Mitten der „Federn" bewegen sich nicht.

2. $q = \dfrac{\pi}{2a} \quad \Rightarrow \quad \Omega = \sqrt{\dfrac{2f}{m}}$: $u(na,t) = u_0 e^{i\Omega t} e^{-in\,\pi/2}$;

jedes zweite Atom schwingt gegenphasig zwischen festgehaltenen Nachbarn (Abb. VI-2.88). Dies folgt wieder aus dem Realteil des Raumfaktors $e^{-in\,\pi/2}$ des Lösungsansatzes mit $n = 1, 2, 3, \ldots$

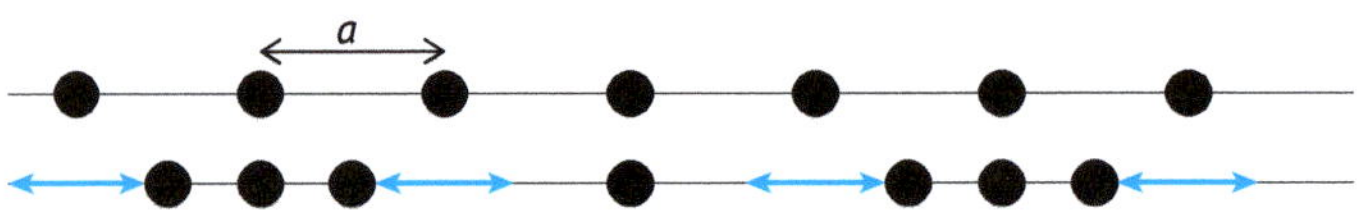

Abb. VI-2.88: Schwingungsform des linearen Kristalls mit einer Atomsorte für $q = \dfrac{\pi}{2a}$. Jedes zweite Atom schwingt gegenphasig zwischen festgehaltenen Nachbarn.

2.5.2 Eindimensionaler Kristall mit zwei Atomsorten unterschiedlicher Masse (lineare Kette mit zweiatomiger Basis)

Wir betrachten jetzt einen linearen Kristall (lineare Kette) aus zwei Atomsorten mit den Massen M (●) und m (•), $M > m$ abwechselnd an den Stellen $2na$ und $(2n + 1)a$, die um $u(na)$ aus ihrer Gleichgewichtsposition ausgelenkt werden. Dieser lineare Kristall hat somit 2 Atome in der Elementarzelle mit Kantenlänge $2a$ (Abb. VI-2.89).

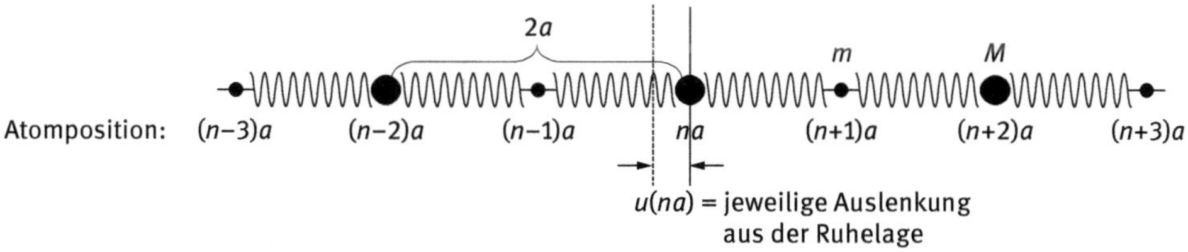

Abb. VI-2.89: Eindimensionaler Kristall (lineare Kette) mit zwei Atomen unterschiedlicher Masse $M > m$. Das Atom der Position mit der Masse M bei $n \cdot a$ ist in jedem Augenblick um $u(n \cdot a, t)$ aus seiner Ruhelage ausgelenkt. Beide Atomsorten sind durch gleiche, ideale (Hookesche) „Federn" miteinander verbunden.

Man kann sich diesen Kristall mit *chemischer Ordnung*[83] aus zwei *Untergittern* aufgebaut denken, für die jeweils eine Bewegungsgleichung gilt (siehe Abschnitt 2.5.1, Gl. VI-2.171):

$$\begin{aligned} M\ddot{u}(2na) &= -f\left\{2u(2na) - u([2n-1]a) - u([2n+1]a)\right\} \\ m\ddot{u}([2n+1]a) &= -f\left\{2u([2n+1]a) - u(2na) - u([2n+2]a)\right\}. \end{aligned} \qquad \text{(VI-2.190)}$$

Wir verwenden für die Lösung wieder den bereits bewährten Wellenansatz

$$\begin{aligned} u_M(2na,t) &= A \cdot e^{i(\Omega t - q2na)} \\ u_m([2n+1]a,t) &= B \cdot e^{i(\Omega t - q([2n+1]a))}, \end{aligned} \qquad \text{(VI-2.191)}$$

wobei wir die Amplituden A und B der Schwingungen der beiden Atomsorten unterschiedlich annehmen. Der Wertebereich für die Wellenzahl q ist dabei auf das Intervall $-\frac{\pi}{2a} < q \leq \frac{\pi}{2a}$ beschränkt, da das Gitter jetzt die Periode $2a$ hat.[84] Wir

---

83 Ein Kristall aus mehreren Atomsorten ist (chemisch) *ungeordnet*, wenn die Atomsorten zufällig über die zur Verfügung stehenden Gitterplätze verteilt sind. Bestehen in der Atomverteilung Regelmäßigkeiten, sodass der Kristall aus *Untergittern* aufgebaut gedacht werden kann, so spricht man von einem *chemisch geordneten* Kristall (alternativ z. B. magnetisch geordneter Kristall bei entsprechender Anordnung der Atomspins). Diese chemische Ordnung bewirkt eine Erniedrigung der Kristallsymmetrie und damit eine Zunahme der Zahl der beobachtbaren Beugungsmaxima bei der Röntgenbeugung.

84 Da $2a = a_{\text{kleinst}}$ die Kantenlänge der kleinsten „Elementarzelle" ist, gilt wieder $-\frac{\pi}{a_{\text{kleinst}}} < q \leq \frac{\pi}{a_{\text{kleinst}}}$.

verwenden eine periodische Randbedingung mit der Periode $2Na$ und erhalten so mit $q_{\max} = \pm\frac{\pi}{2a}$ für q die N Werte

$$q = \frac{\pi}{Na} \cdot l \qquad \text{mit} \qquad l = -\frac{N}{2}, -\left(\frac{N}{2} - 1\right), \ldots, -1, +1, \ldots, \left(\frac{N}{2} - 1\right), \frac{N}{2}. \tag{VI-2.192}$$

$l = 0$, die Gittergrundschwingung (Fundamentalschwingung des gesamten Kristallgitters) ist wieder ausgenommen.

Durch Einsetzen der Wellenansätze in die Bewegungsgleichungen ergeben sich die zwei gekoppelten Gleichungen

$$-M\Omega^2 A e^{i(\Omega t - q2na)} = -f\left\{2Ae^{i(\Omega t - q2na)} - Be^{i(\Omega t - q[2n-1]a)} - Be^{i(\Omega t - q[2n+1]a)}\right\} \tag{VI-2.193}$$

$$-m\Omega^2 B e^{i(\Omega t - q[2n+1]a)} = -f\left\{2Be^{i(\Omega t - q[2n+1]a)} - Ae^{i(\Omega t - q2na)} - Ae^{i(\Omega t - q[2n+2]a)}\right\} \tag{VI-2.194}$$

bzw. nach Kürzung des gemeinsamen Faktors $e^{i(\Omega t - q2na)}$ und Verwendung von $-e^{-iqa} - e^{+iqa} = -2\cos qa$

$$M\Omega^2 A = 2 \cdot f \cdot A - 2 \cdot f \cdot B \cdot \cos qa \tag{VI-2.195}$$

$$m\Omega^2 B = 2 \cdot f \cdot B - 2 \cdot f \cdot A \cos qa\,. \tag{VI-2.196}$$

Dieses lineare, homogene Gleichungssystem zur Bestimmung der Schwingungsamplituden A und B hat nur dann nichttriviale Lösungen, wenn die Determinante verschwindet

$$\begin{vmatrix} M\Omega^2 - 2f & 2f\cos qa \\ 2f\cos qa & m\Omega^2 - 2f \end{vmatrix} = 0\,, \tag{VI-2.197}$$

wenn also gilt

$$(M\Omega^2 - 2f)(m\Omega^2 - 2f) - 4f^2\cos^2 qa = 0\,. \tag{VI-2.198}$$

Das ist eine quadratische Gleichung für Ω^2 und liefert zu jedem Wert von q *zwei* Eigenfrequenzen Ω_+ und Ω_-:

$$\begin{aligned} \Omega_\pm^2 &= f\left(\frac{M+m}{M \cdot m}\right) \pm f\sqrt{\left(\frac{M+m}{M \cdot m}\right)^2 - \frac{4}{Mm}\sin^2 qa} = \\ &= \frac{f}{M \cdot m}\left\{M + m \pm \sqrt{M^2 + m^2 + 2Mm - 4Mm\sin^2 qa}\right\} = \\ &= \frac{f}{M \cdot m}\left\{M + m \pm \sqrt{M^2 + m^2 + 2Mm\cos 2qa}\right\} \end{aligned} \tag{VI-2.199}$$

das heißt

$$\Omega_-^2 = \frac{f}{M \cdot m}\left\{M + m - \sqrt{M^2 + m^2 + 2Mm\cos 2qa}\right\} \qquad \text{(VI-2.200)}$$

und

$$\Omega_+^2 = \frac{f}{M \cdot m}\left\{M + m + \sqrt{M^2 + m^2 + 2Mm\cos 2qa}\right\}. \qquad \text{(VI-2.201)}$$

Für die N q-Werte ergeben sich demnach $2N$ Eigenfrequenzen ($2N$ Normalschwingungen) entsprechend den $2N$ Freiheitsgraden dieses linearen Kristalls.[85] Nur die positiven Wurzeln von Ω_+^2 und Ω_-^2 sind von physikalischer Bedeutung.

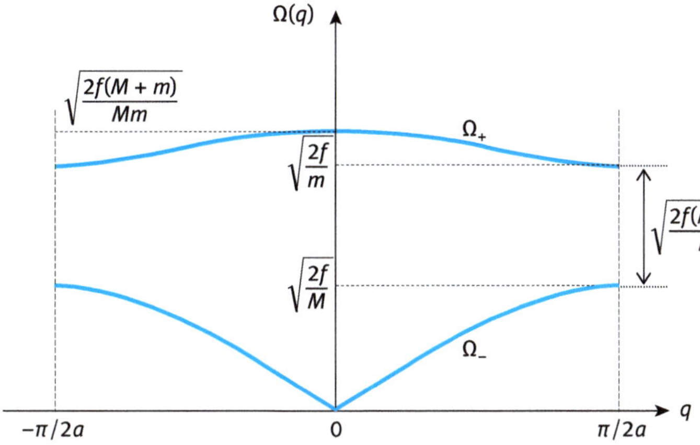

Abb. VI-2.90: Dispersionsrelation der Normalschwingungen (Phononen) des eindimensionalen Kristalls (lineare Kette) mit einer Basis aus zwei Atomen mit den Massen M und m. Es gibt zwei *Zweige* $\Omega(q)$, die durch ein Frequenzintervall (≙ Energieintervall) getrennt sind: Den *akustischen Zweig* Ω_- und den *optischen Zweig* Ω_+. $\Omega_+^{\max} = \sqrt{\frac{2f(M+m)}{Mm}}$, $\Omega_+^{\min} = \sqrt{\frac{2f}{m}}$, $\Omega_-^{\max} = \sqrt{\frac{2f}{M}}$; $|q_{\max}| = \frac{\pi}{2a}$. Es gibt zu den N q-Werten im Abstand $\frac{\pi}{Na}$ $2N$ Eigenfrequenzen, in jedem Zweig N.

Die Dispersionsrelation $\Omega(q)$ (Abb. VI-2.90) ist jetzt in zwei Zweige geteilt: Einen *akustischen Zweig* bei niedrigen Frequenzen Ω_-, der für kleine q-Werte proportio-

85 In jeder der N „Elementarzellen" der Länge $2a$ sind ja 2 Atome enthalten.

nal zu q ist,[86] getrennt durch ein Frequenzintervall mit der Breite $\sqrt{2f\left(\frac{M-m}{M\cdot m}\right)}$ von einem *optischen Zweig* Ω_+ mit den höheren Frequenzen, der sich mit q nur wenig ändert (geringe Dispersion) und für kleine q-Werte seinen Maximalwert $\sqrt{\frac{2f(M+m)}{M\cdot m}}$ erreicht.

Wir betrachten die Frequenzen im Grenzfall kleiner Wellenzahlen $q \ll \frac{\pi}{2a}$, d. h. für sehr große Wellenlängen. Dann können wir in den obigen Formeln für Ω_- und Ω_+ die Wurzeln entwickeln $(\sqrt{1-x^2} \cong 1 - \frac{x^2}{2})$ und erhalten so mit $\cos 2qa = 1 - 2\sin^2 qa$

$$\Omega_-^2(q \to 0) = \frac{f}{M\cdot m}\left\{M+m-(M+m)\sqrt{1-\frac{4Mm}{(M+m)^2}\sin^2 qa}\right\} =$$
$$= \frac{f}{M\cdot m}\left\{M+m-(M+m)\left(1-\frac{2Mm}{(M+m)^2}\sin^2 qa\right)\right\} =$$
$$= \frac{f}{Mm}\frac{2Mm}{M+m}\sin^2 qa = \frac{2f}{M+m}\sin^2 qa \qquad \text{(VI-2.202)}$$

$$\Rightarrow \quad \Omega_-(q \to 0) = \sqrt{\frac{2f}{M+m}}\sin qa \cong \sqrt{\frac{2f}{M+m}}\cdot qa\,. \qquad \text{(VI-2.203)}$$

$$\Omega_+^2(q \to 0) = \frac{f}{M\cdot m}\left\{M+m+(M+m)\sqrt{1-\frac{4Mm}{(M+m)^2}\sin^2 qa}\right\} =$$
$$= \frac{f}{M\cdot m}\left\{M+m+(M+m)\left(1-\frac{2Mm}{(M+m)^2}\sin^2 qa\right)\right\} =$$
$$= 2f\frac{M+m}{M\cdot m} - f\frac{2}{M+m}\sin^2 qa \cong 2f\frac{M+m}{M\cdot m} \qquad \text{(VI-2.204)}$$

$$\Rightarrow \quad \Omega_+(q \to 0) = \sqrt{2f\frac{M+m}{M\cdot m}}\,. \qquad \text{(VI-2.205)}$$

Für das Amplitudenverhältnis A/B erhält man aus dem gekoppelten Gleichungssystem Gl (VI-2.195) und Gl. (VI-2.196)

86 In diesem Bereich ist $\Omega_- = v_S \cdot q$ mit v_S als der klassischen, Wellenlängen-unabhängigen Schallgeschwindigkeit.

$$\frac{A}{B} = -\frac{\frac{2f}{M}\cos qa}{\Omega^2 - \frac{2f}{M}} = -\frac{\Omega^2 - \frac{2f}{m}}{\frac{2f}{m}\cos qa} . \qquad \text{(VI-2.206)}$$

Daraus ergeben sich folgende Grenzwerte für $q \to 0$, wenn man die entsprechenden Werte für Ω_- und Ω_+ einsetzt ($\Omega_-^{q=0} = 0, \Omega_+^{q=0} = \Omega_-^{\max} = \sqrt{\frac{2f(M+m)}{M \cdot m}}$):

$$\left.\frac{A}{B}\right|_{q=0}^{\text{akustisch}} = +1 \quad \text{und} \quad \left.\frac{A}{B}\right|_{q=0}^{\text{optisch}} = -\frac{m}{M} . \qquad \text{(VI-2.207)}$$

Im akustischen Zweig Ω_- gilt im Grenzwert bei $q = 0$ $A/B = 1$, d. h., die beiden Atomsorten schwingen gleichphasig mit gleicher Amplitude. Im optischen Zweig Ω_+ dagegen gilt $A/B < 0$, benachbarte Atome schwingen daher in entgegengesetzter Richtung mit einer Amplitude, die der Masse umgekehrt proportional ist (Abb. VI-2.91).

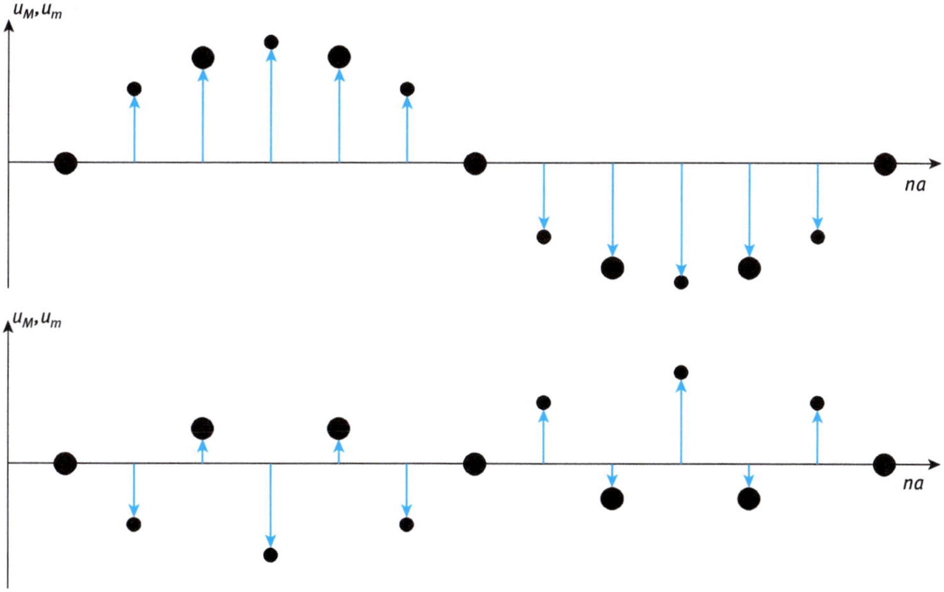

Abb. VI-2.91: Auslenkung (in Längsrichtung) der Atome bei akustischen (oben) und optischen Gitterschwingungen (unten). Akustische Phononen: Benachbarte Atome schwingen gleichphasig, optische Phononen: Benachbarte Atome schwingen gegenphasig.

Die gegenläufige Schwingungsform der unterschiedlichen Atomsorten begründet den Namen *optische Phononen*: Im Unterschied zu den akustischen Gitterschwingungen, bei denen sich das elektrische Dipolmoment durch die Schwingungen nicht oder nur kaum ändert, kommt es bei optischen Schwingungsmoden in Ionenkristallen zu Änderungen im elektrischen Dipolmoment des Kristalls und es kann elektromagnetische Strahlung mit den optischen Phononen in Wechselwirkung treten und so absorbiert oder emittiert werden. Die optischen Phononen sind daher weitgehend für die optischen Eigenschaften von Ionenkristallen verantwortlich.

Spezialfälle

1. Lange Wellen im Zentrum der 1. *BZ*:
   $q = 0 \Rightarrow \cos 2qa = 1 \quad \Rightarrow \quad \Omega_-^{q=0} = 0$, nur optische Gitterschwingungen mit $\Omega_+^{q=0} = \sqrt{2f\frac{M+m}{M\cdot m}}$ und $\frac{A}{B} = -\frac{m}{M}$ treten auf. Beide Untergitter (Atome mit Masse M und Atome mit Masse m) schwingen gegeneinander (Abb. VI-2.92).

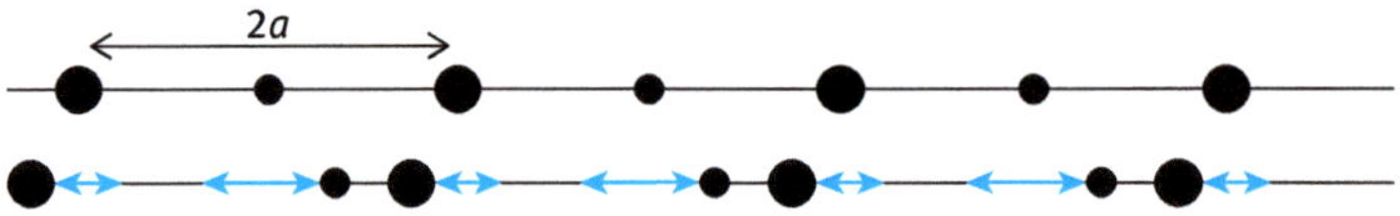

Abb. VI-2.92: Schwingungsform des linearen Kristalls mit zwei Atomsorten für $q = 0$. Nur optische Schwingung: Beide Untergitter schwingen gegeneinander.

2. Kürzeste Wellen am Rand der 1. *BZ*:
   $q = \frac{\pi}{2a} \quad \Rightarrow \quad \cos 2qa = \cos\pi = -1 \quad \Rightarrow$ akustische Gitterschwingung: $\Omega_- = \sqrt{\frac{2f}{M}}$ mit $B = 0$, d. h., das Untergitter der leichten Massen m bewegt sich nicht, die Atome mit den schweren Massen M schwingen gegeneinander (Abb. VI-2.93);

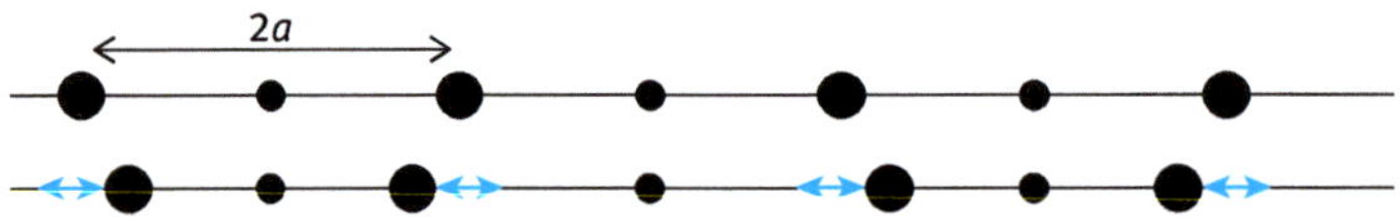

Abb. VI-2.93: Schwingungsform des linearen Kristalls mit zwei Atomsorten für $q = \frac{\pi}{2a}$. Akustische Schwingung: Das Untergitter der leichten Massen bewegt sich nicht, die Atome mit den schweren Massen schwingen gegeneinander.

optische Gitterschwingung: $\Omega_+ = \sqrt{\frac{2f}{m}}$ mit $A = 0$, d. h., das Untergitter der schweren Massen M ruht, die Atome mit den leichten Massen m schwingen gegeneinander (Abb. VI-2.94).

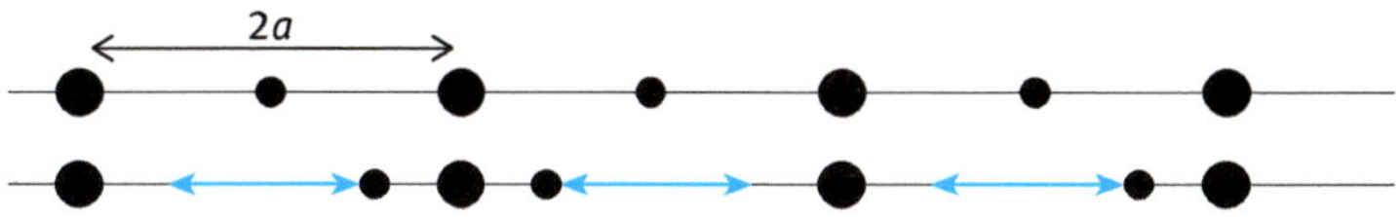

Abb. VI-2.94: Schwingungsform des linearen Kristalls mit zwei Atomsorten für $q = \frac{\pi}{2a}$.
Optische Schwingung: Das Untergitter der schweren Massen ruht, die Atome mit den leichten Massen schwingen gegeneinander.

2.5.3 Die Schwingungen des Raumgitters

Die Untersuchung der Auslenkung von Atomen in einem dreidimensionalen, einatomigen Kristallgitter gibt $3N$ Bewegungsgleichungen. Analog zum eindimensionalen Fall setzt man einfache, ebene Wellen im Raum als Lösungen an, wobei die Schwingungsamplitude $\vec{A}$ jetzt ein Vektor ist, der für jede Normalschwingung die Bewegungsrichtung der schwingenden Atome beschreibt (*Polarisationsvektor der Normalschwingung, polarization vector of normal mode*). Es werden periodische Born-von-Kármán-Randbedingungen in den drei Raumrichtungen benützt; die Wellenvektoren $\vec{q}$ sind wieder auf die 1. *BZ* beschränkt. Damit ergeben sich gerade N Werte für $\vec{q}$ bzw. $3N$ Werte für die drei Komponenten der $\vec{q}$. Einsetzen des Wellenansatzes in die Bewegungsgleichungen liefert für jeden der N Werte von $\vec{q}$ drei Lösungen (= „Zweige") und damit $3N$ Normalschwingungen pro Zweig. Die in jedem der 3 Zweige auftretenden N Polarisationsvektoren (Atomauslenkungen) stehen aufeinander normal. In einem isotropen Medium können die drei Lösungen immer so gewählt werden, dass der Polarisationsvektor eines Lösungszweigs in Ausbreitungsrichtung $\vec{q}$ weist ($\vec{A} /\!/ \vec{q}$, longitudinaler Zweig) und die beiden anderen normal zur Ausbreitungsrichtung ($\vec{A} \perp \vec{q}$, transversale Zweige). In einem anisotropen Kristall gilt das aber nur für ganz bestimmte Gitterrichtungen und der Polarisationsvektor $\vec{A}$ ist i. Allg. nicht so einfach mit der Ausbreitungsrichtung $\vec{q}$ verknüpft. Trotzdem spricht man weiter von longitudinalen oder transversalen Zweigen, obwohl das eigentlich nur für ganz bestimmte Richtungen von $\vec{q}$ gilt.

Für jeden der drei Zweige des einatomigen Gitters gilt wieder wie im eindimensionalen Fall, dass $\Omega(\vec{q})$ für kleine Werte von q *linear* mit q gegen Null geht (klassische Schallwellen, Abb. VI-2.95).

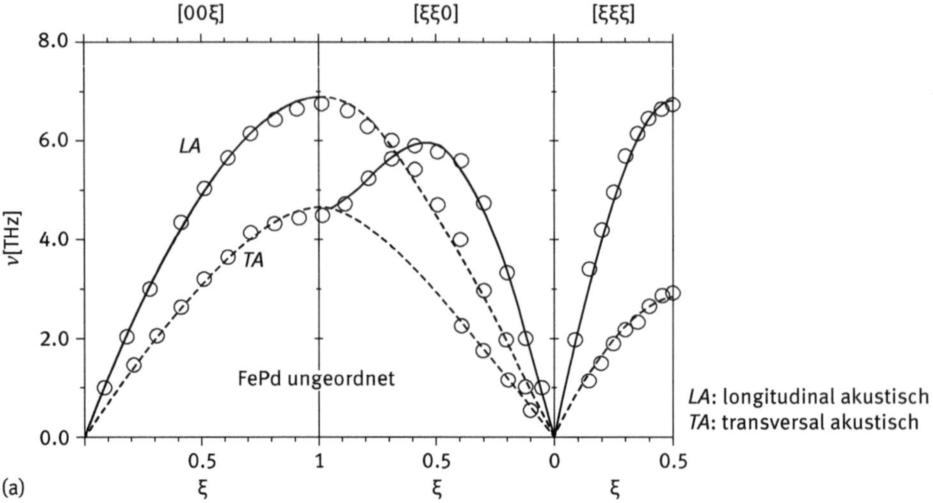

(a)

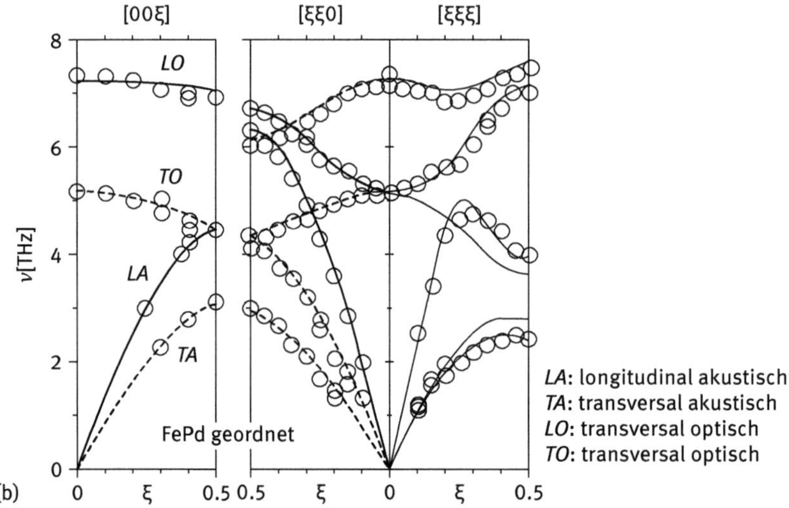

(b)

Abb. VI-2.95: Phononen-Dispersionskurven von FePd in den Richtungen [001], [110] und [111] von $\vec{q}$, gemessen mit inelastischer Neutronenstreuung. Durchgezogen dick: longitudinale Phononen; strichliert: transversal; durchgezogen dünn: gemischter Typ. a) $T = 1020$ K, ungeordnet.
Die Fe- und Pd-Atome sind regellos über die Gitterpunkte des *kfz*-Gitters verteilt und liefern daher nur die drei Zweige der akustischen Phononen eines einatomigen Gitters. Die zwei transversalen Zweige (strichliert) fallen in den Richtungen [100] und [111] zusammen.
b) $T = 300$ K, $L1_0$-geordnet. In diesem Fall besetzen die Fe- und die Pd-Atome aufeinanderfolgende Ebenen in [001]-Richtung, die Kristallstruktur ist tetragonal mit zwei Atomen in der kleinsten Elementarzelle. Es treten daher zusätzlich zu den drei akustischen Zweigen noch drei optische Zweige auf. In der [001]-Richtung fallen sowohl die beiden transversalen Zweige *TA* als auch *TO* zusammen. (Nach T. Mehaddene, E. Kentzinger, B. Hennion, K. Tanaka, H. Numakura, A. Marty, V. Parasote, M. C. Cadeville, M. Zemirli und V. Pierron-Bohnes, *Physical Review* **B 48**, 15707 (2004).)

Insgesamt treten daher bei einem Kristall mit nur einer Atomsorte drei Dispersionskurven auf: Ein *longitudinal akustischer* (*LA*) und zwei *transversal akustische* (*TA*) Zweige. Bei Kristallen mit einer Basis treten zusätzlich *longitudinal optische* (*LO*) und *transversal optische* (*TO*) Zweige auf. Allgemein gilt:

i

Enthält die kleinste Elementarzelle des Kristalls p Atome, so treten für jeden der N Werte q $3p$ Normalschwingungen auf: Es gibt 3 akustische und $3p-3$ optische Dispersionskurven.

Für einen einatomigen, räumlichen Kristall aus N Atomen ergeben sich damit $3N$ Normalschwingungen mit $3N$ Eigenfrequenzen, bei zwei Atomen in der primitiven Elementarzelle sind es $6N$ usw. Für jeden Wert von $\vec{q}$ gibt es $3p$ Normalschwingungen (Phononen); die zu jedem der $3p$ Dispersionszweige gehörigen Eigenfrequenzen $\Omega_S(\vec{q})$ mit $s = 1, 2, \ldots, 3p$ sind alle Funktionen der Wellenzahl $\vec{q}$ innerhalb der Grenzen $-\frac{\pi}{a} < q \leq \frac{\pi}{a}$.

2.5.4 Die Phononen-Zustandsdichte (*phonon density of states*)

Wir haben schon beim Debye-Modell (Abschnitt 2.3.4) die spektrale Modendichte $z_\omega(\omega)$ und die spektrale Modenzahl $Z_\omega(\omega)$ der elastischen Schwingungen kennengelernt und analog bei unserem Modell eines eindimensionalen, einatomigen Kristalls (lineare Kette) die entsprechenden Modenzahlen $Z_q(q)$ und $Z_\Omega(\Omega)$. Wir wenden uns jetzt der *Zustandsdichte der Phononen* (*phonon density of states*, *phonon DOS*) in einem dreidimensionalen Kristall zu, das ist die Zahl der Zustände, die die Phononen als Normalschwingungen des Kristalls pro Volumeneinheit und Frequenzeinheit (Energieeinheit) annehmen können, d. h. eine *spektrale Modendichte*. Während beim Debye-Modell die spektrale Modenzahl und damit auch die spektrale Modendichte, das ist Zustandsdichte der Schwingungen pro Frequenzeinheit und Volumeneinheit, entsprechend der linearen Dispersionsrelation proportional zum Quadrat der elastischen Schwingungsfrequenzen ist, also $Z_\omega(\omega), z_\omega(\omega) \propto \omega^2$, ist der tatsächliche Zusammenhang im dreidimensionalen Kristall komplizierter: Die Dispersionsrelation ist nicht-linear und zu jeder Frequenz gibt es jetzt $3p$ Frequenzen (Abb. VI-2.96).

Im Debye-Modell fanden wir für die (spektrale) Modendichte unterhalb der Debye-Frequenz den einfachen, quadratischen Zusammenhang (Abschnitt 2.3.4, Gl. VI-2.120)

$$z_\omega(\omega) = \frac{3}{2\pi^2} \frac{\omega^2}{\bar{v}_S^3} .$$

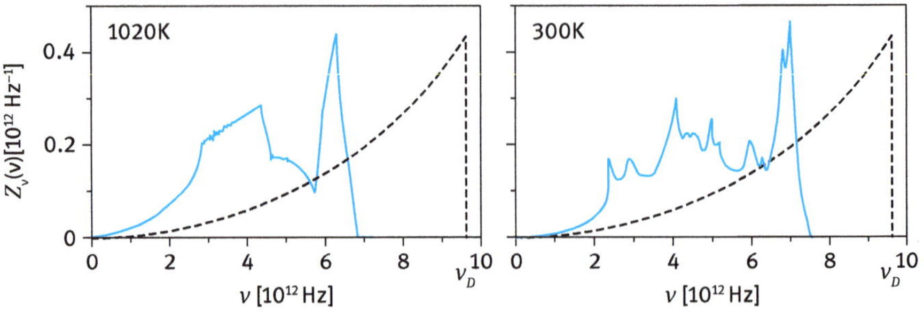

Abb. VI-2.96: Phononen-Zustandsdichte $Z_\nu(\nu)$ von FePd als Funktion der Schwingungsfrequenz ν aus Messungen der inelastischen Neutronenstreuung. Links: $T = 1020$ K, ungeordnet; rechts: $T = 300$ K, $L1_0$-geordnet (siehe Bildunterschrift zur Abbildung der Phononen-Dispersionskurven Abschnitt 2.5.3, Abb. VI-2.95). Die Kurve des Debye-Modells ist zum Vergleich strichliert eingezeichnet (schematisch). (Nach T. Mehaddene, E. Kentzinger, B. Hennion, K. Tanaka, H. Numakura, A. Marty, V. Parasote, M. C. Cadeville, M. Zemirli und V. Pierron-Bohnes, *Physical Review* **B 48**, 15707 (2004).)

Die Abbildung der gemessenen Phononen-Zustandsdichte (= spektrale Modendichte der elastischen Schwingungen des Kristalls, Abb. VI-2.96) zeigt, dass dieser quadratische Zusammenhang nur eine sehr grobe Näherung der tatsächlichen Form der spektralen Verteilung der Schwingungen eines Kristalls ist. Die geeignete Wahl der Abschneidefrequenz $\omega_D = q_D \cdot v_S$ stellt aber Flächengleichheit für die Flächen unter den Kurven der Zustandsdichte her, d. h. gleiche Modenzahl in beiden Systemen, wodurch sich für hohe Temperaturen der klassische Wert der spezifischen Wärme ergibt. Die geeignete Mittelung der Schallgeschwindigkeiten führt andererseits zur Proportionalität der Zustandsdichte mit ω^2 und damit zum richtigen Verhalten der spezifischen Wärme bei sehr kleinen Temperaturen.

2.5.5 Spezifische Wärme im Phononenmodell

Während beim Einstein-Modell der spezifischen Wärme (Abschnitt 2.3.3, Gl. (VI-2.120) bzw. Abschnitt 2.3.4, Gl. (VI-2.125)) nur eine einzige Frequenz ω_E in die mittlere Schwingungsenergie $\bar{E}$ der Atome eingeht

$$\bar{E} = \hbar\omega_E\left(\frac{1}{2} + \frac{1}{e^{\frac{\hbar\omega_E}{kT}} - 1}\right)$$

und beim Debye-Modell (2.3.4) zwar ein Frequenzspektrum mit $3N$-Frequenzen, aber mit einer linearer Dispersionsrelation

$$\omega = \text{const.} \cdot q \tag{VI-2.208}$$

für jeden der drei Zweige der Dispersionskurve, müssen jetzt die N Frequenzen $\Omega_s(\vec{q})$ für jeden der $3p$ Zweige der tatsächlich nichtlinearen Dispersionskurve in die Energieberechnung einbezogen werden. Dabei ist $n_s(\vec{q}) = \frac{1}{e^{\frac{\hbar\Omega_s(\vec{q})}{kT}} - 1}$ die mittlere Zahl der bei der Temperatur T angeregten Normalschwingungen $\vec{q}_s$ bzw. die mittlere Zahl der Phononen mit Wellenvektor $\vec{q}_s$ im Zweig s, die im *GG* bei der Temperatur T vorhanden sind; es muss daher über alle diese $\vec{q}_s$ und alle Zweige s summiert werden:

$$\bar{E} = \sum_{\vec{q},s} \hbar\Omega_s(\vec{q}) \left[\frac{1}{2} + n_s(\vec{q}) \right] = \sum_{\vec{q},s} \hbar\Omega_s(\vec{q}) \left(\frac{1}{2} + \frac{1}{e^{\frac{\hbar\Omega_s(\vec{q})}{kT}} - 1} \right). \qquad \text{(VI-2.209)}$$

Damit ergibt sich für die Molwärme

$$C_V^{(m)} = \sum_{\vec{q},s} \frac{\partial}{\partial T} \frac{\hbar\Omega_s(\vec{q})}{e^{\frac{\hbar\Omega_s(\vec{q})}{kT}} - 1}. \qquad \text{(VI-2.210)}$$

In einem makroskopischen Kristall (Zahl der beteiligten Atome $N \approx 10^{23}$) ist der Abstand der q-Werte mit $\frac{2\pi}{Na}$ sehr klein und es kann die Summe unter Verwendung der auf das Einheitsintervall von $\vec{q}$ bezogenen Modenzahl $Z_q(\vec{q})$ ($Z_q(\vec{q})\,d\vec{q}$ sind die Schwingungsmoden mit q-Werten im Intervall $\vec{q}$ und $\vec{q} + d\vec{q}$) durch ein Integral über die erste *BZ* ersetzt werden

$$C_V^{(m)} = \frac{\partial}{\partial T} \sum_s \int_{\vec{q}} \frac{\hbar\Omega_s(\vec{q})}{e^{\frac{\hbar\Omega_s(\vec{q})}{kT}} - 1} Z_q^s(\vec{q})\,d\vec{q} \qquad \textit{Molwärme im Phononenmodell.} \qquad \text{(VI-2.211)}$$

Diese Formel kann mit der *spektralen Modenzahl* $Z_\Omega(\Omega)$ mit $Z_q(\vec{q})\,d\vec{q} = Z_\Omega(\Omega)\,d\Omega$ in ein reines Frequenzintegral umgewandelt werden. Dabei ist $Z_\Omega(\Omega)\,d\Omega$ wieder die Zahl der Schwingungsmoden mit Frequenzen im Intervall Ω und $\Omega + d\Omega$; $Z_q^s(\vec{q})$ und $Z_\Omega^s(\Omega)$ beziehen sich auf die Zustandsdichte im Zweig s des Frequenzspektrums ($s = 1, 2, \ldots, 3p$). Damit erhalten wir für die Molwärme

$$C_V^{(m)} = \frac{\partial}{\partial T} \sum_s \int_{\Omega} \frac{\hbar\Omega_s}{e^{\frac{\hbar\Omega_s}{kT}} - 1} Z_\Omega^s(\Omega)\,d\Omega \qquad \textit{Molwärme im Phononenmodell.} \qquad \text{(VI-2.212)}$$

2.6 Elektronen im Festkörper

2.6.1 Das freie Elektronengas

2.6.1.1 Das Drude-Modell

Wir haben am Anfang dieses Kapitels gesehen (Abschnitt 2.1), dass der Einbau von Atomen in ein Kristallgitter die elektronischen Eigenschaften der beteiligten Atome gegenüber isolierten Atomen verändert. Ein isoliertes Atom hat diskrete Energieniveaus für seine Elektronen. Bringen wir Atome einander näher, so spalten diese Niveaus mit abnehmendem Abstand und zunehmender Zahl der beteiligten Atome immer mehr auf; im Kristall entstehen quasi-kontinuierliche, „erlaubte" Energiebereiche, *Energiebänder*, die von „verbotenen" Energiezonen getrennt sind. Damit sind auch wesentliche Eigenschaften der Festkörper wie die elektrische Leitfähigkeit und die Wärmeleitfähigkeit verknüpft. Die rasante Entwicklung der Festkörperphysik (*FKP*) begann allerdings mit einer viel einfacheren Vorstellung, um die gute Leitfähigkeit der Metalle erklären zu können (siehe auch Abschnitt 2.6.2.6): Paul Drude (1863–1906, deutscher Physiker) nahm an, dass es in einem Metall sowohl an die Atome gebundene als auch frei bewegliche Elektronen gibt (Drude nannte sie „(elektrische) Kerne", P. Drude, *Annalen der Physik* **1**, 566 (1900)), die sich wie die Moleküle eines Gases zwischen den als praktisch unbeweglich angenommenen Rest-Ionen entsprechend den Gesetzen der kinetischen Gastheorie bewegen (Abb. VI-2.97).

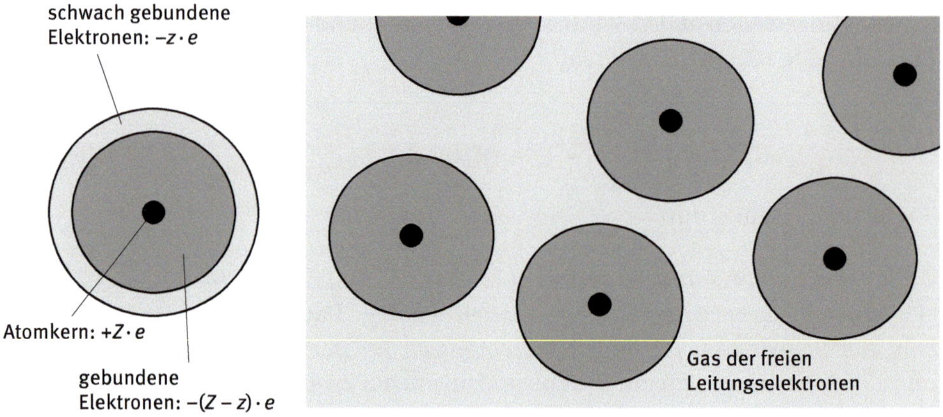

Abb. VI-2.97: Drude-Modell: Atom (links), bestehend aus einem positiven Kern ($+Z \cdot e$), gebundenen Elektronen ($-(Z - z) \cdot e$) und leicht gebundenen Elektronen ($-z \cdot e$). Im Kristall werden die schwach gebundenen Elektronen frei beweglich und bilden ein (klassisches) Gas aus geladenen Teilchen.

Für die meisten Metalle ist die Zahl der Leitungselektronen pro Atom $z = 1 - 2$; da die Dichte der Festkörper viel größer als jene der Gase ist, ist daher auch die Zahl der Leitungselektronen pro Volumen $n = \frac{N}{V}$ viel größer (ca. Faktor 1000) als die der Atome in einem klassischen Gas unter Normalbedigungen. Im Drude-Modell wird das Elektronengas trotzdem wie ein ideales Gas behandelt.

Die elektrische Leitfähigkeit (elektrischer Widerstand) wird durch die Stöße der im elektrischen Feld beschleunigten freien Leitungselektronen mit den schwingenden Metallionen begrenzt. Dabei werden folgende Voraussetzungen gemacht:

1. Eine Wechselwirkung (*WW*) der Elektronen miteinander zwischen den Stößen wird vernachlässigt. Die e^- sind durch die positiven Atomrümpfe abgeschirmt.
2. Die Stöße mit den Ionen ändern die Geschwindigkeit der e^- schlagartig.
3. Die Wahrscheinlichkeit für einen Stoß pro Zeiteinheit beträgt $1/\tau$; im Zeitintervall dt ist die Wahrscheinlichkeit für einen Stoß daher $\frac{dt}{\tau}$. τ ist die *Relaxationszeit* (= Stoßzeit, *relaxation time*), die mittlere Zeit, die zwischen den Stößen vergeht.[87] Innerhalb der Relaxationszeit bewegt sich das e^- geradlinig, die Bahn der e^- zwischen den Stößen wird durch die Ionen nicht beeinflusst.
4. Das thermische *GG* der e^- wird durch diese Stöße bewirkt, d. h., im *GG* entspricht die mittlere Geschwindigkeit der e^- als Folge der Stöße der Temperatur am Ort des Stoßes. Die Richtung dieser thermischen Geschwindigkeit ist über alle Raumrichtungen statistisch verteilt und trägt daher zur mittleren *Driftgeschwindigkeit* $\langle\bar{v}\rangle$ im Feld nicht bei.

Wenn wir das elektrische Feld z. B. in x-Richtung anlegen, so gilt im stationären Fall

$$\frac{\partial\langle v_x\rangle}{\partial t} = \left.\frac{\partial\langle v_x\rangle}{\partial t}\right|_{\text{Feld}} + \left.\frac{\partial\langle v_x\rangle}{\partial t}\right|_{\text{Stöße}} = 0 \qquad \text{(VI-2.213)}$$

Die Beschleunigung durch das Feld beträgt $\left.\frac{\partial\langle v_x\rangle}{\partial t}\right|_{\text{Feld}} = \frac{-eE_x}{m_e}$, daher[88]

---

87 $1/\tau$ entspricht mathematisch der Zerfallswahrscheinlichkeit λ eines radioaktiven Kerns (siehe Band V, Kapitel „Subatomare Physik", Abschnitt 3.1.4.1); alle dort abgeleiteten Beziehungen gelten auch hier für die Stöße, wenn λ durch $1/\tau$ ersetzt wird: Z. B. ist die Zeit $t_{1/2}$, nach der die Hälfte der e^- einen Stoß erfahren hat, $t_{1/2} = \tau \cdot \ln 2$.

88 Ein e^- habe zur Zeit t die mittlere Geschwindigkeit $\langle v_x(t)\rangle$. Führt es zur Zeit $t + dt$ einen Stoß aus, so ist seine mittlere Geschwindigkeit $\langle v_x(t+dt)\rangle_{\text{Stoß}} = 0$, denn im Falle vieler e^- ist nach einem Stoß deren Geschwindigkeit im Raum isotrop verteilt. Die Wahrscheinlichkeit für einen Stoß ist $W_{\text{Stoß}} = dt \cdot \left(\frac{1}{\tau}\right)$. Führt es keinen Stoß aus (Wahrscheinlichkeit $W_{\text{kein Stoß}} = 1 - \frac{dt}{\tau}$), so nimmt seine Geschwindigkeit entsprechend der angelegten elektrischen Feldstärke zu:
$\langle v_x(t+dt)\rangle_{\text{Feld}} = \langle v_x(t)\rangle + \frac{e \cdot E_x}{m_e} dt$. Insgesamt ergibt sich damit:

$$\frac{-eE_x}{m_e} - \frac{\langle v_x \rangle}{\tau} = 0 \quad \Rightarrow \quad \langle v_x \rangle = -\frac{e\tau}{m_e} E_x \,. \tag{VI-2.214}$$

Für die elektrische Stromdichte gilt dann (siehe Band III, Kapitel „Stationäre elektrische Ströme“, Abschnitt 2.1.1, Gl. (III-2.7) und 2.1.4, Gl. (III-2.14))

$$j_x = -ne\langle v_x \rangle = \frac{ne^2\tau}{m_e} E_x = \sigma E_x \quad \textit{Ohmsches Gesetz} \tag{VI-2.215}$$

mit

$$\sigma = \frac{1}{\rho} = \frac{ne^2\tau}{m_e} \quad \textit{elektrische Leitfähigkeit im Drude-Modell,} \tag{VI-2.216}$$

ρ ... spezifischer elektrischer Widerstand ($[\rho] = 1\,\Omega\,\text{m}$. $[\sigma] = 1/\Omega\,\text{m} = 1\,\text{Sm}^{-1} = 1\,\text{Siemens/m}$).

Einige Zahlenwerte zum spezifischen elektrischen Widerstand ρ finden sich in Band III, Kapitel „Stationäre elektrische Ströme“, Abschnitt 2.1.4)

In diesem Bild kann auch die gute Wärmeleitung der Metalle verstanden werden: Elektronen, die vom heißeren Teil des Metalls kommen, haben eine größere Energie als solche vom kälteren Teil, sodass sich ein resultierender Energiefluss vom wärmeren zum kälteren Teil ergibt. Für die Wärmeleitfähigkeit Λ erhält man so in einer eher groben Abschätzung[89]

$$\Lambda = \frac{\langle v \rangle^2 \tau}{3} c_{Vel} = \frac{\lambda_{\text{Stoß}} \langle v \rangle}{3} c_{Vel} \,, \tag{VI-2.217}$$

$$\langle v_x(t+dt) \rangle = \underbrace{W_{\text{Stoß}} \cdot \langle v_x(t+dt) \rangle_{\text{Stoß}}}_{=0} + W_{\text{kein Stoß}} \cdot \langle v_x(t+dt) \rangle_{\text{Feld}} = \left(1 - \frac{dt}{\tau}\right)\left(\langle v_x(t) \rangle + \frac{e \cdot E_x}{m_e} dt\right) \cdot$$

Daraus ergibt sich im Grenzwert $dt \to 0$ der zeitliche Differentialquotient:

$\frac{d\langle v_x(t) \rangle}{dt} = \frac{\langle v_x(t+dt) \rangle - \langle v_x(t) \rangle}{dt} = -\frac{\langle v_x \rangle}{\tau} + \frac{eE_x}{m_e}$. (Eigentlich müsste man auch die im Intervall dt stoßenden e^- berücksichtigen ($W_{\text{Stoß}} = \frac{dt}{\tau}$), da diese ebenfalls nach dem Stoß im Feld Energie aufnehmen können. Der Beitrag dieser e^- zur mittleren Geschwindigkeit ist aber von der Größenordnung $(dt)^2$, nämlich $\frac{dt}{\tau} \cdot \frac{e \cdot E_x}{m_e} dt$, und damit vernachlässigbar).

89 Siehe Beispiel ‚Abschätzung der Wärmeleitfähigkeit Λ im Drude-Modell‘ weiter unten.

c_{Vel} ... spezifische Wärme der e^- bei konstantem Volumen, $\lambda_{\text{Stoß}}$ ... mittlere freie Weglänge der e^- zwischen den Stößen ($\lambda_{\text{Stoß}} = \langle v \rangle \cdot \tau$). Damit ergibt sich für das Verhältnis von Wärmeleitfähigkeit zu elektrischer Leitfähigkeit

$$\frac{\Lambda}{\sigma} = \frac{\langle v \rangle^2 m_e c_{Vel}}{3ne^2} . \qquad \text{(VI-2.218)}$$

Drude setzte entsprechend dem Gesetz von Dulong-Petit (siehe Abschnitt 2.3.2, Gl. VI-2.96) für die spezifische Wärme $c_{Vel} = \frac{3}{2} nk$ [90] und entsprechend dem Gleichverteilungssatz (siehe Kapitel „Statistische Physik", Abschnitt 1.3.6) für die mittlere Energie der Elektronen $\frac{1}{2} m_e \langle v \rangle^2 = \frac{3}{2} kT$. Damit gelangte er zu

$$\frac{\Lambda}{\sigma} = \frac{3}{2} \left(\frac{k}{e} \right)^2 T = L \cdot T, \qquad L = \text{const.} \qquad \text{(VI-2.219)}$$

Das ist das Gesetz von Wiedemann und Franz (nach Gustav Heinrich Wiedemann, 1826–1899 und Rudolph Franz, 1826–1902) mit einer Konstanten L, der *Lorenz-Zahl*:

$$L = \frac{3}{2} \left(\frac{k}{e} \right)^2 = 1{,}11 \times 10^{-8}\,\mathrm{W\,\Omega\,K^{-2}} . \qquad \text{(VI-2.220)}$$

Dieser Wert stimmt bis auf einen Faktor ≈ 2 mit den experimentellen Werten für L überein, die zwischen 2,1 und 2,9 ($\cdot 10^{-8}$) liegen. Das galt ursprünglich als glänzende Bestätigung des Drude-Modells. Allerdings konnte der Beitrag der freien Elektronen zur spezifischen Wärme experimentell nicht gefunden werden, wie wir ja schon wissen (siehe Abschnitt 2.3.5). Der Grund für die gute Übereinstimmung mit der experimentell beobachteten Lorenz-Zahl sind zwei Fehler, die sich gerade ausgleichen: Der tatsächliche Wert der spezifischen Wärme der Leitungselektronen beträgt nur etwa 1/100 des klassischen Wertes, aber die mittlere quadratische Geschwindigkeit ist etwa 100-mal so groß wie der klassisch aus dem Gleichverteilungssatz bestimmte Wert.

90 Festkörper mit $n = N/V$ Atomen pro Volumen.

Beispiel: Abschätzung der Wärmeleitfähigkeit Λ im Drude-Modell.

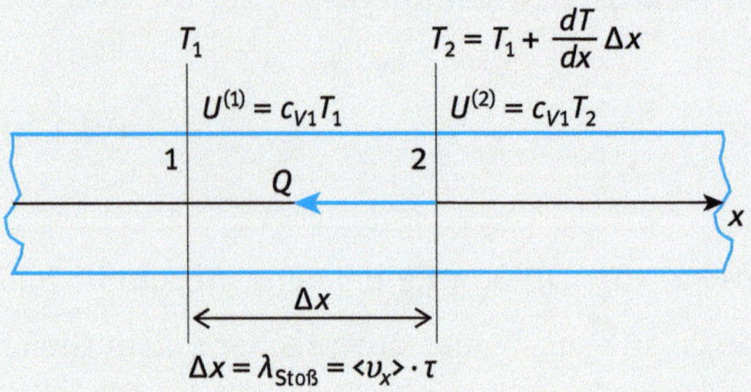

In einem Metallstab der freien e^--Dichte n steige die Temperatur in der x-Richtung von T_1 im Querschnitt 1 auf $T_2 = T_1 + \frac{dT}{dx}\Delta x$ im Querschnitt 2 an. Auf der Strecke einer mittleren freien Weglänge $\Delta x = \lambda_{\text{Stoß}} = \langle v_x \rangle \cdot \tau$ beträgt daher die Temperaturerhöhung $\Delta T = \frac{dT}{dx}\langle v_x \rangle \tau$.

Energie eines e^- bei 1: $U^{(1)} = c_{V1} \cdot T_1$, bei 2: $U^{(2)} = c_{V1} \cdot T_2$ (c_{V1} ... spezifische Wärme eines e^-)

$$\Rightarrow \quad \Delta U = U^{(2)} - U^{(1)} = c_{V1}\,\Delta T = c_{V1}\langle v_x \rangle \tau \frac{dT}{dx} = c_{V1} \cdot \lambda_{\text{Stoß}} \cdot \frac{dT}{dx}.$$

Mit dem Teilchenfluss in beiden Richtungen $\varphi = n\langle v_x \rangle$ wird der Nettoenergiefluss pro Zeit- und Flächeneinheit zwischen 1 und 2:

$$\frac{|Q|}{t} = \Delta U \cdot \varphi = c_{V1} \cdot \lambda_{\text{Stoß}} \cdot \frac{dT}{dx} \cdot n\langle v_x \rangle = \underbrace{c_{V1} \cdot n}_{c_{Vel}} \cdot \lambda_{\text{Stoß}} \cdot \frac{\langle v \rangle}{3} \cdot \frac{dT}{dx} =$$
$$= \frac{\lambda_{\text{Stoß}}}{3}\langle v_x \rangle c_{Vel} \frac{dT}{dx} = \Lambda \frac{dT}{dx}$$

$\Rightarrow \quad \Lambda = \frac{1}{3}\lambda_{\text{Stoß}}\langle v \rangle c_{Vel}$; dabei ist Λ der Wärmeleitungskoeffizient (die Wärmeleitfähigkeit) der klassischen Thermodynamik (siehe Band II, Kapitel „Physik der Wärme", Abschnitt 1.2.6.4, Gl. II-1.108).

2.6.1.2 Das Sommerfeld-Modell

Drude nahm an, dass die Geschwindigkeitsverteilung (Energieverteilung) der Leitungselektronen im thermischen *GG* der Maxwell-Boltzmann Verteilung entspricht und das führte trotz der sehr gut beschriebenen elektrischen Leitfähigkeit der Metalle zu einem falschen Wert der elektronischen spezifischen Wärme (vgl. Abschnitt 2.3.5): Elektronen unterliegen ja als Fermi-Teilchen der Fermi-Statistik. Arnold

Sommerfeld (1868–1951, deutscher theoretischer Physiker) benützte daher zwar die Idee des freien Elektronengases wie Drude, wendete aber statt der klassischen Maxwell-Boltzmann Energieverteilung die Fermi-Dirac Verteilung an.

2.6.1.2.1 „Freie" Elektronen im Kastenpotenzial des Kristalls

Wir haben in Band V, Kapitel „Atomphysik", Abschnitt 2.4.1.1 gesehen, dass die räumliche Einschränkung eines Teilchens wie bei einer Seilwelle zur Quantisierung der möglichen Energiewerte führt. Dort wurde *ein* Teilchen zunächst in einen eindimensionalen Potenzialtopf mit unendlich hohen Wänden gesperrt. Anschließend betrachteten wir das Teilchen auch im dreidimensionalen Potenzialtopf (Band V, Kapitel „Atomphysik", Abschnitt 2.4.1.2). Jetzt nehmen wir den gesamten Metallkristall als „Topf" und sperren das von den N Leitungselektronen gebildete „Gas" in seinem Volumen V ein. Wir nehmen wie bisher an, dass dieses Gas aus voneinander unabhängigen Teilchen besteht, lösen also die stationäre Einteilchen-Schrödingergleichung im dreidimensionalen Topf mit unendlich hohen Wänden und bestimmen die gequantelten Energiezustände. Im würfelförmigen Topf mit der Kantenlänge l genügt jedes e^- folgender Schrödingergleichung (Band V, Kapitel „Atomphysik", Abschnitt 2.4.1.2, Gl. V-2.106), wenn berücksichtigt wird, dass die e^- im Topf keine potenzielle Energie besitzen

$$\frac{d^2\psi}{dx^2} + \frac{d^2\psi}{dy^2} + \frac{d^2\psi}{dz^2} + \frac{2m_e}{\hbar^2} E \cdot \psi = 0 . \qquad \text{(VI-2.221)}$$

Mit dem Produktansatz $\psi(x,y,z) = \psi_1(x) \cdot \psi_2(y) \cdot \psi_3(z)$ wird die Schrödingergleichung nach Division durch $(\psi_1 \cdot \psi_2 \cdot \psi_3) \dfrac{2m_e}{\hbar^2}$ zu (Gl. V-2.107)

$$\frac{\hbar^2}{2m_e}\left(\frac{1}{\psi_1}\frac{d^2\psi_1}{dx^2} + \frac{1}{\psi_2}\frac{d^2\psi_2}{dy^2} + \frac{1}{\psi_3}\frac{d^2\psi_3}{dz^2}\right) = -E ; \qquad \text{(VI-2.222)}$$

da jeder Summand nur von je einer Variablen abhängt, ihre Summe aber gleich der Konstanten E ist, muss jeder Summand selbst konstant gleich E_x, E_y, E_z sein. Damit ergeben sich drei eindimensionale, gewöhnliche Differentialgleichungen der Form, wie wir sie schon vom eindimensionalen Potenzialtopf her kennen (Band V, Kapitel „Atomphysik", Abschnitt 2.4.1.1, Gl. (V-2.85) und Abschnitt 2.4.1.2, Gl. (V-2.110))

$$\frac{d^2\psi_1}{dx^2} + \frac{2m_e}{\hbar^2} E_x \cdot \psi_1 = 0\,,$$

$$\frac{d^2\psi_2}{dy^2} + \frac{2m_e}{\hbar^2} E_y \cdot \psi_2 = 0\,,$$

$$\frac{d^2\psi_3}{dz^2} + \frac{2m_e}{\hbar^2} E_z \cdot \psi_3 = 0 \qquad \text{(VI-2.223)}$$

mit $E_x + E_y + E_z = E$. Unter Beachtung der Randbedingungen für einen Topf mit unendlich hohen Wänden $\psi(0) = \psi(l) = 0$ sind die normierten Lösungen der Schrödingergleichung stehende Wellen[91] der Form

$$\psi(x,y,z) = \sqrt{\frac{8}{l^3}} \sin\left(\frac{n_x\pi}{l}x\right) \sin\left(\frac{n_y\pi}{l}y\right) \sin\left(\frac{n_z\pi}{l}z\right), \qquad \text{(VI-2.224)}$$

mit den gequantelten Energiewerten

$$E(n_x,n_y,n_z) = E_{n_x} + E_{n_y} + E_{n_z} = \frac{\hbar^2\pi^2}{2m_e l^2}\left(n_x^2 + n_y^2 + n_z^2\right) =$$

$$= \frac{\hbar^2}{2m_e}\left(k_x^2 + k_y^2 + k_z^2\right) = \frac{p^2}{2m_e} \qquad \text{(VI-2.225)}$$

mit $n_x,n_y,n_z = 1, 2, 3 \ldots$ und $k_x = \frac{n_x\pi}{l}$, $k_y = \frac{n_y\pi}{l}$, $k_z = \frac{n_z\pi}{l}$ $\quad (k_x, k_y, k_z > 0)$.

Lösungen mit $n_x = 0$, $n_y = 0$ oder $n_z = 0$ sind nicht normierbar und solche mit negativen n-Werten liefern dieselben Zustände mit denselben Energiewerten wie die positiven, da $\sin^2(-n) = \sin^2(n)$; bei der Abzählung der *verschiedenen* Zustände dürfen daher nur die positiven n-Werte berücksichtigt werden.

Wir ordnen jedem Elektron im Topf eine Wellenfunktion $\psi(x,y,z)$ zu; jedes ist in einem bestimmten Zustand mit der Energie E. Mehrere Zustände können denselben Energiewert besitzen, z. B. für $n_x,n_y,n_z \to 1,1,2;\ 1,2,1;\ 2,1,1$; dieses Energie-

---

91 Die stehenden Wellen mit den Knoten bei $x = 0$ und $x = l$ entstehen eigentlich durch Überlagerung von jeweils zwei sich in entgegengesetzter Richtung ausbreitenden Wellen mit den Wellenzahlen $\pm k_x = \pm\frac{n_x\pi}{l}$ ($n_x = 1, 2, 3, \ldots$) und analog für die beiden anderen Koordinaten. Die zwei Wellen $e^{in_x\pi x/l}$ und $e^{-in_x\pi x/l}$ sind damit einer stehenden Welle mit Knoten bei $x = 0$ und $x = l$ äquivalent. Die einfache Lösung mit stehenden Wellen kann allerdings *nur* beim unendlich hohen Potenzialtopf unmittelbar angewendet werden, sonst muss man immer zu Wellen als Lösungsansatz greifen, die in beide Richtungen laufen.

niveau mit $E = \dfrac{\hbar^2\pi^2}{2m_e l^2} \cdot 6$ ist daher 3-fach entartet, wegen der zwei Spineinstellungsmöglichkeiten $(\uparrow, \downarrow)$ kann es mit $6\,e^-$ besetzt werden.

Für den Fall vieler in den Metallkristall eingesperrter Leitungselektronen, die im elektrischen Feld auch zu einem Ladungs- und Energietransport führen können, ist allerdings die Verwendung stehender Wellen als Teilchenwellenfunktion ungünstig und eher die Darstellung mit „laufenden" Elektronenwellen angebracht. Durch periodische Born-von Kármán Randbedingungen (vgl. Abschnitt 2.5.1, Gl. VI-2.178) kann erreicht werden, dass die laufende Elektronenwelle an der Würfelwand, d. h. am Ende des Metallkristalls, nicht reflektiert wird, sondern an der gegenüberliegenden Würfelseite wieder ohne Unterbrechung in den „erlaubten" Bereich eintritt:

$$\begin{aligned}\psi(x+l,y,z) &= \psi(x,y,z)\\ \psi(x,y+l,z) &= \psi(x,y,z)\\ \psi(x,y,z+l) &= \psi(x,y,z)\end{aligned} \qquad \textit{Born-von-Kármán-Randbedingungen.} \qquad \text{(VI-2.226)}$$

Damit erhält man als Lösung der Schrödingergleichung laufende Wellen

$$\psi(\vec{r}) = \sqrt{\frac{1}{l^3}}\, e^{i\vec{k}\vec{r}} \qquad \text{(VI-2.227)}$$

mit $k_x = \dfrac{2\pi n_x}{l}$, $k_y = \dfrac{2\pi n_y}{l}$, $k_z = \dfrac{2\pi n_z}{l}$ und $n_x, n_y, n_z = 0, \pm1, \pm2, \pm3 \ldots$.[92]

Betrachten wir die möglichen Zustände eines der eingesperrten e^- im Raum der Wellenzahlvektoren, im *$\vec{k}$-Raum*, so ergeben sich als Flächen konstanter Energie Kugeln $E = \dfrac{\hbar^2 k^2}{2m_e}$ (siehe Abschnitt 2.6.1.2.2, Abb. VI-2.98). Mit den Randbedingungen verschwindender Wellenfunktionen, die zu stehenden Wellen als Lösung führen, liegen die möglichen Zustände nur im positiven Oktanten mit einem Punktabstand $\dfrac{\pi}{l}$ in jeder Koordinatenrichtung; das Volumen eines Zustands im $\vec{k}$-Raum beträgt somit $\left(\dfrac{\pi}{l}\right)^3$. Bei *periodischen Randbedingungen* füllen die Zustandspunkte zwar die ganze Kugel, der Punktabstand ist aber dann $\left(\dfrac{2\pi}{l}\right)$ und das Volumen eines Zustands im $\vec{k}$-Raum $\left(\dfrac{2\pi}{l}\right)^3 = 8 \cdot \left(\dfrac{\pi}{l}\right)^3$. Es ergeben sich daher für beide Darstellungen (stehende und laufende Wellen) dieselben Ausdrücke für die *Zustandsdichte* (= Zahl der Zustände pro Einheitsenergieintervall, siehe nächster Abschnitt 2.6.1.2.2) und die makroskopischen Eigenschaften des Metallkristalls.

---

92 Bei laufenden Wellen geben positive und negative k-Werte linear unabhängige Lösungen und auch die Welle mit $\vec{k} = 0$ ist normierbar.

2.6.1.2.2 Die Zustandsdichte

Wir wollen jetzt ausrechnen, wie die erlaubten Energiewerte tatsächlich von e^- besetzt sind. Daher fragen wir: Wie groß ist die Anzahl der möglichen Wellenfunktionen (= Zustände), die in einem Energieintervall $(E, E + dE)$ liegen? Wir schreiben

$$E \cdot \frac{2m_e}{\hbar^2} = \underbrace{k_x^2 + k_y^2 + k_z^2}_{\substack{\text{Quadrat der Komponenten} \\ \text{des Vektors } \vec{k}=\{k_x, k_y, k_z\}}} \equiv k^2\,; \tag{VI-2.228}$$

$$\Rightarrow \quad k = \frac{1}{\hbar}\sqrt{2m_e E}\,. \tag{VI-2.229}$$

Die Flächen konstanter Energie im $\vec{k}$-Raum mit den Koordinatenachsen k_x, k_y, k_z sind folglich Kugelflächen $E = \frac{\hbar^2 k^2}{2m_e}$ (Abb. VI-2.98). Die möglichen Zustände in $(E, E + dE)$ erfassen wir daher, wenn wir die Anzahl der verschiedenen Tripel (k_x, k_y, k_z) von ganzen Zahlen, d. h. die verschiedenen Vektoren $\vec{k}$ betrachten, die im Intervall $(k, k + dk)$ enden. Diese Vektoren enden in einer dünnen Kugelschale der Dicke dk, also im Volumen $dV = 4\pi k^2\, dk$. Für den Fall verschwindender Randwerte (stehende Wellen, Abb. VI-2.98 links) gilt $k_x, k_y, k_z > 0$, es kommt daher nur ein Oktant der Kugel in Betracht, d. h. nur $dV = \frac{1}{8}\, 4\pi k^2 dk$.

$$\text{Aus} \quad k = |\vec{k}| = \frac{1}{\hbar}\sqrt{2m_e E} \quad \text{folgt} \quad dk = \frac{\sqrt{2m_e}}{2\hbar}\,\frac{1}{\sqrt{E}}\,dE \quad \text{und}$$

$$k^2 dk = \frac{2m_e E}{\hbar^2} \cdot \frac{\sqrt{2m_e}}{2\hbar}\,\frac{1}{\sqrt{E}}\,dE = \frac{(2m_e)^{3/2}}{2\hbar^3}\sqrt{E}dE\,.$$

Damit wird 1/8 der Kugelschale zu

$$dV = \frac{1}{8}\, 4\pi k^2 dk = \frac{\pi (2m_e)^{3/2}}{4\hbar^3}\, E^{1/2} dE\,. \tag{VI-2.230}$$

Um die Zahl der Zustände im Energieintervall $(E, E + dE)$ zu erhalten, dividieren wir dieses Volumen von 1/8 der Kugelschale zunächst durch das Volumen, das einem Punkt im $\vec{k}$-Raum bei verschwindenden Randwerten (stehenden Wellen) zukommt, nämlich durch $\left(\frac{\pi}{l}\right)^3$. Wegen der zwei Spineinstellungsmöglichkeiten ↑ oder ↓ ist diese Zahl der Zustände dann noch zu verdoppeln und wir erhalten daher für die Zahl der Wellenfunktionen (= Zustände) im Intervall dE

$$Z(E)\,dE = \frac{\pi (2m_e)^{3/2}}{2\hbar^3}\, E^{1/2} dE \cdot \frac{l^3}{\pi^3} = \frac{V}{2\pi^2\hbar^3}\,(2m_e)^{3/2} E^{1/2}\, dE = C \cdot E^{1/2} \tag{VI-2.231}$$

und als *Zustandsdichte* (*density of states*) oder auch *Zustandsdichtefunktion* (*density of states function*)[93], das ist die Anzahl der Zustände im Energieintervall dE pro Volumen des Metallkristalls $z(E) = Z(E)/V$

$$z(E)\,dE = \frac{(2m_e)^{3/2}}{2\pi^2\hbar^3}\,E^{1/2}\,dE = \frac{C}{V}\cdot E^{1/2}dE \qquad \text{(VI-2.232)}$$

mit $C = \dfrac{1}{2\pi^2\hbar^3}(2m_e)^{3/2}$.

$z(E)$ wird in $\mathrm{m^{-3}\,(eV)^{-1}}$ (oft auch in $\mathrm{cm^{-3}\,(eV)^{-1}}$) angegeben. In diesem einfachen Sommerfeld-Modell eines Metalls ist die Zustandsdichte proportional zu $\sqrt{E}$.

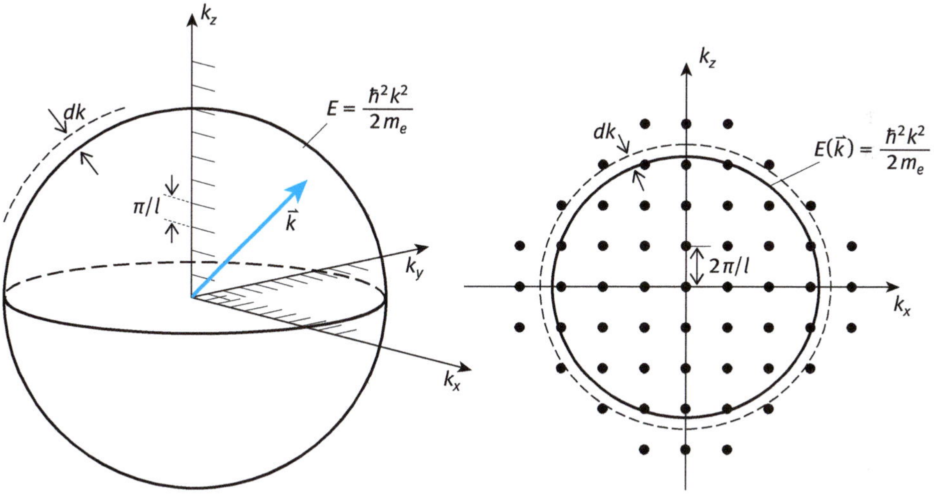

Abb. VI-2.98: Kugeln konstanter Energie $E = \dfrac{\hbar^2 k^2}{2m_e}$ und erlaubte Zustände eines Elektrons im Potenzialtopf im $\vec{k}$-Raum. Jeder Punkt entspricht wegen der zwei Spineinstellungen zwei Zuständen (Wellenfunktionen). Links: Für verschwindende Randwerte (stehende Wellen) liegen die Zustände nur in einem Oktanten und haben einen linearen Achsabstand von π/l (Volumen pro Punkt: $\left(\frac{\pi}{l}\right)^3$). Rechts: Schnitt durch den $\vec{k}$-Raum normal zur k_y-Achse. Bei periodischen Randbedingungen (laufenden Wellen) sind Zustände im ganzen $\vec{k}$-Raum möglich; ihr linearer Achsabstand ist dafür $2\pi/l$ (Volumen pro Punkt: $\left(\frac{2\pi}{l}\right)^3$).

93 Oft wird auch $Z(E) = V\cdot z(E)$ (trotz der anderen Dimension) als *Zustandsdichte* bezeichnet. $Z(E)$ besitzt für verschwindende Randwerte und periodische Randbedingungen den gleichen Wert, $z(E)$ ist im ersten Fall achtmal größer als im zweiten Fall, da pro $\mathrm{m^3}$ achtmal so viele kleinere Zellen Platz finden.

Verwendet man periodische Randbedingungen mit laufenden Elektronenwellen als Lösung der Schrödingergleichung, so sind positive und negative k-Werte einschließlich der Null erlaubt und die möglichen Zustände liegen im ganzen Volumen einer Kugel im $\vec{k}$-Raum (Abb. VI-2.98 rechts). Allerdings liegen die Zustandspunkte dann bei größerem Abstand (linearer Achsabstand $\frac{2\pi}{l}$, Volumen pro Punkt $\left(\frac{2\pi}{l}\right)^3$) weniger dicht und es ergibt sich, wie schon oben (Ende von Abschnitt 2.6.1.2.1) erwähnt, der gleiche Ausdruck für die Zustandsdichte.

Bei makroskopischen Systemen (große Werte von l) liegen die Zustände im $\vec{k}$-Raum so eng, dass sie als quasikontinuierlich aufgefasst werden können und man daher Summen im $\vec{k}$-Raum vereinfachend durch Integrale ersetzen kann.

Um zur Zahl der tatsächlich bei der Temperatur T *besetzten* Zustände zu gelangen, muss die Zahl der *möglichen* Zustände $Z(E)$ mit der entsprechenden Verteilungsfunktion, bei Elektronen der Fermi-Dirac-Verteilung $F(E,T)$, multipliziert werden (Abb. VI-2.99).[94]

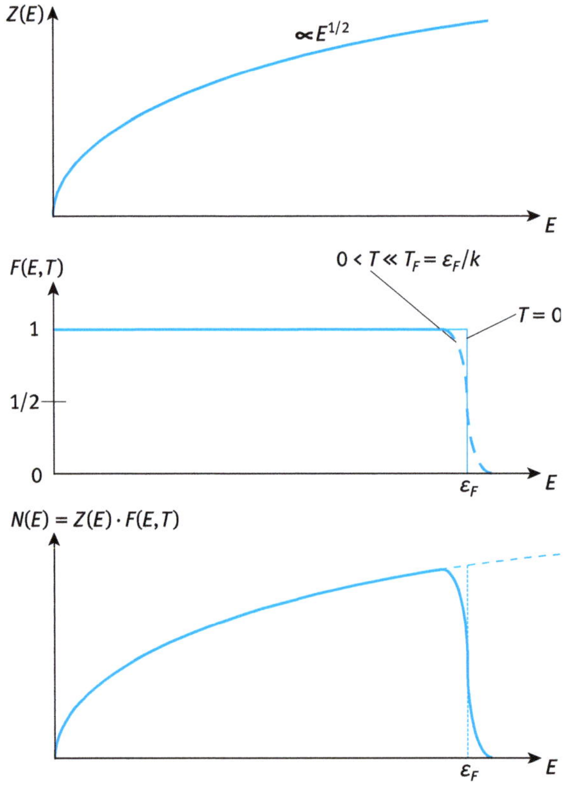

Abb. VI-2.99: Zahl der Zustände $Z(E)$ (oben), Fermi-Dirac-Verteilung $F(E,T)$ (Mitte) und Zahl der bei der Temperatur T besetzten Zustände $N(E) = Z(E) \cdot F(E,T)$ (unten) der Metallelektronen im Sommerfeld-Modell.

94 Die Verteilungsfunktion $F(E,T)$ gibt an, mit welcher Wahrscheinlichkeit in einem Ensemble von Teilchen der Temperatur T ein Zustand der Energie E besetzt ist.

2.6.1.2.3 Berechnung der Fermienergie freier Metallelektronen im Grundzustand ($T = 0$)

Die Zahl der besetzten Zustände muss gleich der Gesamtzahl N_e der freien Elektronen im Volumen sein, es muss daher gelten

$$\int_0^\infty N(E)\,dE = \int_0^\infty Z(E)\cdot F(E,T)\,dE = N_e . \qquad \text{(VI-2.233)}$$

Bei $T = 0$ ist $F(E,0) = 1$ für $E < \varepsilon_F$ und $F(E,0) = 0$ für $E > \varepsilon_F$. Damit erhalten wir

$$\int_0^\infty N(E)\,dE = \int_0^{\varepsilon_F} Z(E)\,dE = \int_0^{\varepsilon_F} C\cdot E^{1/2}\,dE = C\left|\frac{1}{3/2}E^{3/2}\right|_0^{\varepsilon_F} = C\cdot\frac{2}{3}\varepsilon_F^{3/2} = N_e \qquad \text{(VI-2.234)}$$

und damit

$$\varepsilon_F = \left(\frac{3}{2}\frac{N_e}{C}\right)^{2/3} = \left(\frac{3}{2}N_e\frac{2\pi^2\hbar^3}{V}(2m_e)^{-3/2}\right)^{2/3} \qquad \text{(VI-2.235)}$$

bzw.

$$\varepsilon_F = \frac{\hbar^2}{2m_e}\left(3\pi^2\frac{N_e}{V}\right)^{2/3} = \frac{p_F^2}{2m_e} = \frac{\hbar^2}{2m_e}k_F^2 \qquad \textit{Fermienergie freier Kristallelektronen} \qquad \text{(VI-2.236)}$$

mit dem Betrag des Fermi-Wellenvektors $|\vec{k}_F| = k_F = \sqrt[3]{3\pi^2\frac{N_e}{V}}$. Die Fermienergie hängt damit nur von der Konzentration der freien Elektronen $n_e = N_e/V$ ab.

2.6.1.2.4 Fermi-Kugel, Ladungstransport

Wir haben uns das „freie Elektronengas“ als ideales Gas vorgestellt und folglich keine *WW* zwischen den sich bewegenden Elektronen angenommen. Im Grundzustand bei $T = 0$ werden daher die N_e Leitungselektronen die gerade betrachteten, möglichen Zustände bis zur Fermienergie ε_F auffüllen, wobei wegen der zwei Spineinstellungen ein Zustand immer von zwei e^- besetzt werden kann. Diese Ein-Elektronenzustände werden durch einen Wellenvektor $\vec{k}$ und die mögliche Spinprojektion auf eine von außen vorgegebene Richtung $(\pm\frac{1}{2}\hbar)$ charakterisiert, zu jedem $\vec{k}$ gibt es genau zwei e^--Zustände. Für die Energie dieser Ein-Elektronenniveaus fanden wir (Abschnitt 2.6.1.2.1, Gl. VI-2.225)

$$E_n(n_x,n_y,n_z) = \frac{\hbar^2 k_n^2}{2m_e} = \frac{\hbar^2}{2m}(k_x^2 + k_y^2 + k_z^2) \qquad \text{mit} \qquad k_x = n_x\frac{\pi}{l} \qquad \text{etc.}$$

Da die Zahl N_e der Leitungselektronen im Metallkristall sehr groß ist (meist 1–2 e^- pro Atom), kann die Zahl der im Grundzustand besetzten Zustände im „$\vec{k}$-Raum" als Volumen einer Kugel mit Radius k_F angesehen werden (Abb. VI-2.100)

$$k_F = \left(\frac{3\pi^2 N_e}{V}\right)^{1/3} \quad \textit{Radius der Fermi-Kugel.} \qquad \text{(VI-2.237)}$$

Die Zustände an der Oberfläche (*Fermi-Fläche*) besitzen die Fermienergie ε_F und die *Fermi-Geschwindigkeit* ($p = m \cdot v = \hbar k$)

$$v_F = \frac{\hbar k_F}{m_e} = \frac{\hbar}{m_e}\left(\frac{3\pi^2 N_e}{V}\right)^{1/3} \quad \textit{Fermi-Geschwindigkeit.}^{95} \qquad \text{(VI-2.238)}$$

Für die zugehörige *Fermi-Wellenlänge* gilt

$$\lambda_F = \frac{2\pi}{k_F} = \frac{2\pi}{\left(3\pi^2\right)^{1/3}}\left(\frac{V}{N_e}\right)^{1/3} \quad \textit{Fermi-Wellenlänge.} \qquad \text{(VI-2.239)}$$

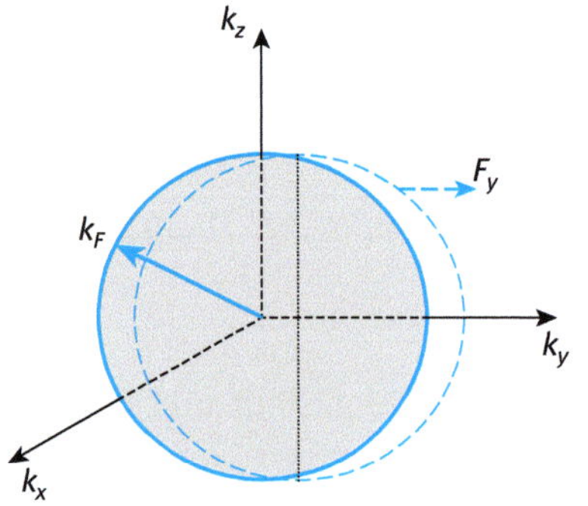

Abb. VI-2.100: Alle im Grundzustand von den freien Leitungselektronen besetzten Zustände liegen im Inneren der Fermi-Kugel mit Radius k_F (durchgezogen). Der Gesamtimpuls des Elektronengases ist Null. Wirkt eine Kraft $\vec{F}$, z. B. ein elektrisches Feld, so wird die Fermi-Kugel entsprechend um $\Delta\vec{k}$ verschoben (strichliert) und es tritt ein Gesamtimpuls $N_e \hbar \Delta\vec{k}$ auf.

Die Wellenvektoren $\vec{k}$ der Impulse $\hbar\vec{k}$ der freien Elektronen des Metalls im Grundzustand liegen alle im Inneren der Fermi-Kugel. Da es in diesem Fall zu jedem Zu-

95 Siehe Beispiel ‚Fermi-Geschwindigkeit und mittlere freie Weglänge der e^- von Kupfer' weiter unten.

stand mit $\vec{k}$ einen besetzten Zustand mit $-\vec{k}$ gibt, ist der Gesamtimpuls gleich Null und es erfolgt kein Ladungstransport. Bei Wirkung der Kraft eines elektrischen Feldes

$$\vec{F} = m_e \frac{d\vec{v}}{dt} = \frac{d\vec{p}}{dt} = \frac{d}{dt}(\hbar k) = \hbar \frac{d\vec{k}}{dt} = -e\vec{E} \qquad \text{(VI-2.240)}$$

wird die Fermi-Kugel im Laufe der Relaxationszeit τ, in der ja nur die Feldkraft wirkt, um $\delta\vec{k} = \frac{-e\vec{E}\tau}{\hbar}$ zu einem neuen Mittelpunkt verschoben (in Abb. VI-2.100 strichliert), der durch Stöße der e^- mit Phononen und Gitterfehlern als stationärer Zustand (dynamisches *GG*) aufrechterhalten wird. Dadurch kommt es mit $\vec{v} = -\frac{e\vec{E}}{m_e}\tau$ wie beim Drude-Modell (siehe Abschnitt 2.6.1.1) zu einem entsprechenden kontinuierlichen Ladungstransport ($n_e = \frac{N_e}{V}$)

$$\vec{j} = -n_e e\vec{v} = \frac{n_e e^2 \tau \vec{E}}{m_e} = \sigma\vec{E} \qquad \text{(VI-2.241)}$$

mit

$$\sigma = \frac{1}{\rho} = \frac{n_e e^2 \tau}{m_e}, \qquad \text{(VI-2.242)}$$

solange das elektrische Feld anliegt.

Die mittlere freie Weglänge $\lambda_{\text{Stoß}}$ der e^- zwischen den Stößen können wir annähernd als Produkt der Fermi-Geschwindigkeit v_F und der Relaxationszeit τ schreiben, da sich wegen der Fermi-Dirac-Verteilung nur e^- mit Energien in der Nähe der Fermienergie ε_F an den Stoßprozessen beteiligen können (Abb. VI-2.101):[96]

$$\lambda_{\text{Stoß}} = v_F \cdot \tau. \qquad \text{(VI-2.243)}$$

Für Cu findet man $v_F = 1{,}6 \cdot 10^6\,\text{m/s}$ und daraus bei Raumtemperatur (300 K) $\lambda_{\text{Stoß}} = 3{,}8 \cdot 10^{-8}\,\text{m}$.[97] Die Fermi-Geschwindigkeit v_F ist beachtlich und nicht mit den klassischen Erwartungen vereinbar: Bei 300 K erwartet man eine mittlere thermische Geschwindigkeit eines klassischen Teilchens von $\bar{v} = \sqrt{\frac{3kT}{m_e}} \cong 1{,}2 \cdot 10^5\,\text{m/s}$.

---

96 Bei T = 0 sind alle den Leitungselektronen zur Verfügung stehenden Zustände besetzt, es kann keine Energieänderung erfolgen. Für T > 0 gibt es nur einen sehr kleinen Bereich von etwa $(\varepsilon_F - kT, \varepsilon_F + kT)$, in dem Energieänderungen und damit auch Stoßprozesse erfolgen können.

97 Siehe im nachfolgenden Beispiel ‚Fermi-Geschwindigkeit und mittlere freie Weglänge der e^- von Kupfer'.

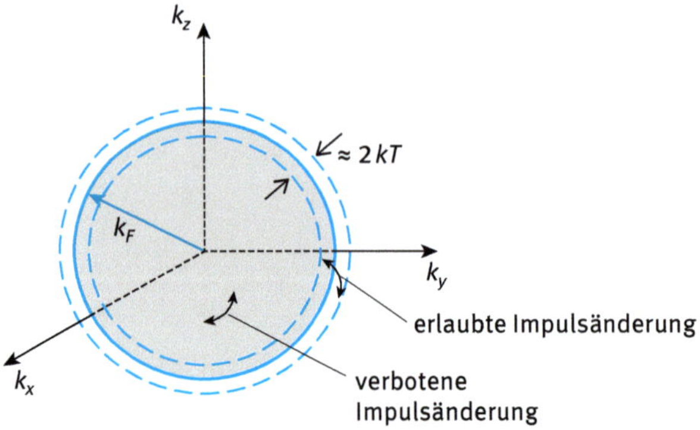

Abb. VI-2.101: Leitungselektronen mit Zuständen tief im Inneren der Fermi-Kugel können als Fermi-Teilchen ihre Energie nicht ändern und daher auch nicht an Stoßprozessen teilnehmen. Nur e^- mit einer Energie im Bereich der Fermienergie ε_F bzw. einem Wellenvektor $|\vec{k}| = k \approx k_F$ und einer Geschwindigkeit $|\vec{v}| = v \approx v_F$ können an Stoßprozessen teilnehmen.

Beispiel: Fermi-Geschwindigkeit und mittlere freie Weglänge der e^- von Kupfer.

Cu (Massendichte $\rho_{Cu} = 8{,}93\,\mathrm{g/cm^3}$) stellt ein e^- pro Atom für das Elektronengas ab; mit dem Atomgewicht $A_{Cu} = 63{,}55$ folgt daraus:

$$n_{Cu} = \frac{N_e}{V} = \frac{\rho_{Cu}}{A_{Cu}} N_A = \frac{8{,}93}{63{,}55} \cdot 6{,}022 \cdot 10^{23}\,\mathrm{cm^{-3}} = 8{,}46 \cdot 10^{22}\,\mathrm{cm^{-3}} =$$

$$= 8{,}46 \cdot 10^{28}\,\mathrm{m^{-3}}.$$

$$\Rightarrow \quad v_{F,Cu} = \frac{1{,}055 \cdot 10^{-34}}{9{,}109 \cdot 10^{-31}} \left(3 \cdot \pi^2 \cdot 8{,}46 \cdot 10^{28}\right)^{1/3} = 1{,}57 \cdot 10^6\,\mathrm{m/s}.$$

Aus der gemessenen Leitfähigkeit von Cu bei $T = 293\,\mathrm{K}$ ($\sigma_{Cu,293} = 5{,}7 \cdot 10^7\,\Omega^{-1}\,\mathrm{m^{-1}}$) kann $\tau_{Cu,293}$ berechnet werden (Gl. VI-2.242):

$$\tau_{Cu,293} = \frac{m_e \sigma_{Cu,293}}{n_{Cu} \cdot e^2}; \quad \text{mit} \quad n_{Cu} = 8{,}46 \cdot 10^{28}\,\mathrm{m^{-3}} \quad \text{folgt}$$

$$\tau_{Cu,293} = \frac{9{,}109 \cdot 10^{-31} \cdot 5{,}7 \cdot 10^7}{8{,}46 \cdot 10^{28} \cdot \left(1{,}602 \cdot 10^{-19}\right)^2} = 2{,}39 \cdot 10^{-14}\,\mathrm{s}$$

$$\Rightarrow \quad \lambda_{\text{Stoß}}^{Cu,293} = v_F \cdot \tau = 1{,}6 \cdot 10^6 \cdot 2{,}4 \cdot 10^{-14} = 3{,}8 \cdot 10^{-8}\,\mathrm{m}.$$

2.6.1.2.5 Austrittsarbeit, Glühemission

Zur Betrachtung der Austrittsarbeit freier Leitungselektronen nehmen wir wirklichkeitsnäher an, dass der Potenzialtopf, indem die e^- eingesperrt sind, nur eine endliche Höhe aufweist, vernachlässigen aber die sehr geringe Eindringtiefe der eingesperrten e^- in die Wände (Abb. VI-2.102).

Abb. VI-2.102: Zur Austrittsarbeit freier Leitungselektronen.

Bei der Temperatur $T = 0$ sind alle Energieniveaus mir $E < \varepsilon_F$ besetzt. Die Energie E_S bezeichnet die Energiedifferenz zwischen einem im Metallinneren ruhenden Leitungs-e^- (tiefstes Niveau im Topf) und einem e^- im Vakuum, das dem Topf entkommenen ist, also die Tiefe des Potenzialtopfs. Als *Austrittsarbeit* (*work function*) bezeichnen wir

$$\Phi = E_S - \varepsilon_F \qquad \textit{Austrittsarbeit (work function)}, \qquad \text{(VI-2.244)}$$

das ist die Mindestarbeit, die aufgewendet werden muss, um ein e^- aus dem Metallkristall zu befreien.

Nähert man zwei verschiedene Metalle einander so weit, dass der Abstand zwischen den Oberflächen in die Größenordnung eines Atomdurchmessers kommt, so können Elektronen vom einen Metall zum anderen übergehen, sodass sie sich gegeneinander elektrostatisch aufladen: Ist die Fermienergie des einen Metalls (in der nachfolgenden Zeichnung Metall 1) größer als jene des anderen (Metall 2), so finden e^-, die über die Grenzfläche tunneln, im Metall 2 mit $\varepsilon_F^{(2)} < \varepsilon_F^{(1)}$ freie Zustände niederer Energie als im Metall 1, das sie gerade verlassen haben. Es kommt daher zu einem vorübergehenden Ladungstransport über die Grenzfläche der beiden Metalle. Dieser endet, wenn die Fermienergien der beiden Metalle energetisch in gleicher Höhe zu liegen kommen, d. h. $\varepsilon_F^{(2)} = \varepsilon_F^{(1)}$. Dabei lädt sich das Metall 2 mit der ursprünglich niedrigeren Fermienergie $\varepsilon_F^{(2)}$ gegen das Metall 1 negativ auf. Das Metall 1 verliert die e^-, die das Metall 2 gewinnt; die entstehende Potenzialdifferenz E_k entspricht der Differenz der Austrittsarbeiten $E_k = \Phi_2 - \Phi_1$ und heißt *Kontaktpotenzial* (Abb. VI-2.103). Die Zahl der übertretenden e^- ist äußerst klein, sodass sich die Elektronendichte $n_e = \dfrac{N_e}{V}$ und damit die Ferminiveaus $\varepsilon_F^{(1)}$ und $\varepsilon_F^{(2)}$ der beiden Metalle praktisch nicht ändern!

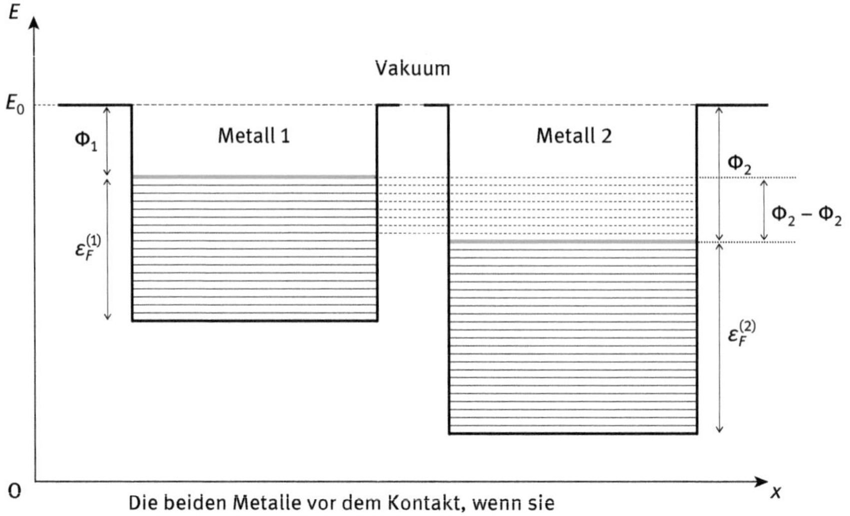

Die beiden Metalle vor dem Kontakt, wenn sie sich auf gleichem Potenzial E_0 befinden.

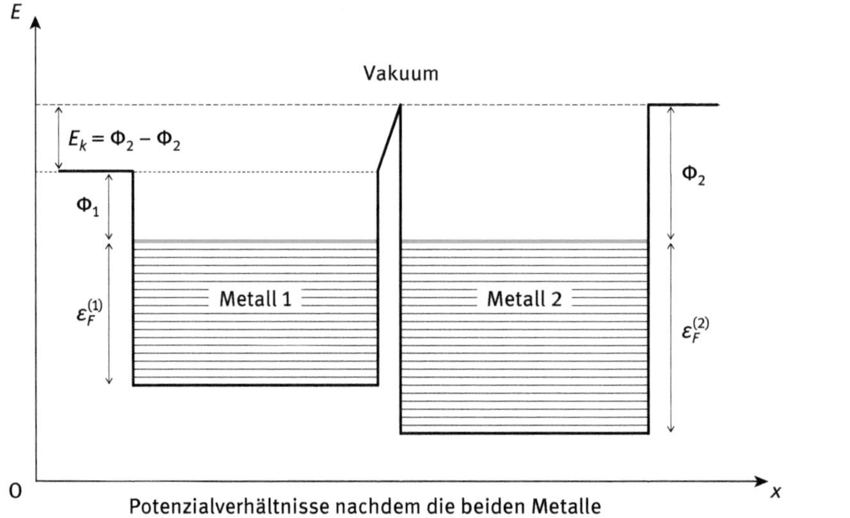

Potenzialverhältnisse nachdem die beiden Metalle in Kontakt gebracht wurden.

Abb. VI-2.103: Entstehung des Kontaktpotenzials E_K. Wenn die Oberflächen der beiden Metalle 1 und 2 einander nahe genug sind (Abstand in der Größenordnung des Atomdurchmessers), besetzen e^- vom Metall 1 mit der höherliegenden Fermienergie, also der kleineren Austrittsarbeit, unbesetzte Zustände oberhalb der Fermienergie von Metall 2. Dadurch lädt sich das Metall 2 gegenüber dem Metall 1 solange negativ auf, bis die beiden Ferminiveaus auf gleicher Höhe (= Potenzial E) liegen. Die Potenzialdifferenz der Austrittsarbeiten $\Phi_2 - \Phi_1$ ist das an beiden Metalloberflächen messbare Kontaktpotenzial E_K.

Die Austrittsarbeit Φ ist eine für jedes Metall charakteristische Größe und ändert sich auch durch den Kontakt mit einem anderen Metall nicht.[98]

Metall	Fermienergie ε_F (eV)	Austrittsarbeit Φ (eV)	freie e^- /Atom	freie Elektronendichte $n_e = N_e/V$ (10^{28} m^{-3})
Li	4,74	2,93	1	4,70
Na	3,24	2,36	1	2,65
K	2,12	2,29	1	1,40
Cu	7,00	4,53–5,10	1	8,47
Ag	5,49	4,52–4,74	1	5,86
Au	5,53	5,10–5,74	1	5,90
Be	14,3	4,98	2	24,7
Mg	7,08	3,66	2	8,61
Fe	11,1	4,67–4,81	2	17,0
Zn	9,47	3,63–4,90	2	13,2
Al	11,7	4,06–4,26	3	18,1
Sn	10,2	4,42	4	14,8
Pb	9,47	4,25	4	13,2
Bi	9,90	4,34	5	14,1

Werden drei oder mehr verschiedene Metalle zu einem geschlossenen Kreis verbunden, dann ist die Summe aller Kontaktspannungen Null ($\sum E_K = 0$). Andernfalls würde unbeschränkt lange ein Strom in dem Kreis fließen ohne irgendeine Änderung im System hervorzurufen, was ein Perpetuum Mobile 1. Art darstellen würde. Wird ein Metall im Kreis durch einen Elektrolyten ersetzt, dann verschwindet $\sum E_K$ im Kreis nicht mehr und es liegt ein galvanisches Element vor. Der nunmehr mögliche Stromfluss und damit die elektrische Leistung wird aus chemischen Prozessen im Elektrolyten gespeist (siehe Band III, Kapitel „Stationäre elektrische Ströme“ Abschnitt 2.3.2).

Setzen wir als Nullpunkt unserer Energieskala den Potenzialwert eines am Boden des Topfes befindlichen und daher ruhenden e^-, so muss ein freies e^-, das dem Potenzialtopf entkommen soll und sich senkrecht zur Metallbegrenzung bewegt, mindestens die Energie $E_S = \varepsilon_F + \Phi$ aufweisen (siehe Abb. VI-2.102). Orientieren wir den Potenzialtopf, d. h. unseren Metallkristall so, dass z. B. die x-Richtung normal auf die Oberfläche steht, so muss für ein solches e^- gelten

$$p_x \geq \sqrt{2 m_e E_S} = p_x^0 . \qquad \text{(VI-2.245)}$$

Trotz der entsprechenden Energie und Bewegungsrichtung entkommen tatsächlich aber nur jene e^-, die nicht von der Energiebarriere reflektiert werden. Ist der Refle-

98 Bei einkristallinen Proben ist die Austrittsarbeit von der Richtung abhängig.

xionsgrad in Abhängigkeit von p_x durch $R(p_x)$ gegeben, so ist die Entkommwahrscheinlichkeit des e^- für $p_x \geq p_x^0$ gleich $1 - R(p_x)$. Bezeichnen wir die Anzahl der e^- pro Volumseinheit mit Impuls zwischen p_x und $p_x + dp_x$ im Metallinneren mit $n(p_x)dp_x$, so ist die Anzahl der e^-, die pro Sekunde auf der Oberflächeneinheit ankommen, gleich $v_x n(p_x)\,dp_x = \frac{p_x}{m_e} n(p_x)\,dp_x$. Damit ergibt sich als Emissionsstromdichte

$$j_{Em} = \frac{e}{m_e} \int_{p_x^0}^{\infty} p_x n(p_x) \big(1 - R(p_x)\big) dp_x , \tag{VI-2.246}$$

wobei $\big(1 - R(p_x)\big)$ meist als Faktor $(1 - R)$ vor das Integral gezogen wird.

Zur Berechnung der interessierenden Zahl $n(p_x)$ der Leitungs-e^- betrachten wir nochmals die möglichen e^--Zustände im $\vec{k}$-Raum (Abb. VI-2.104).

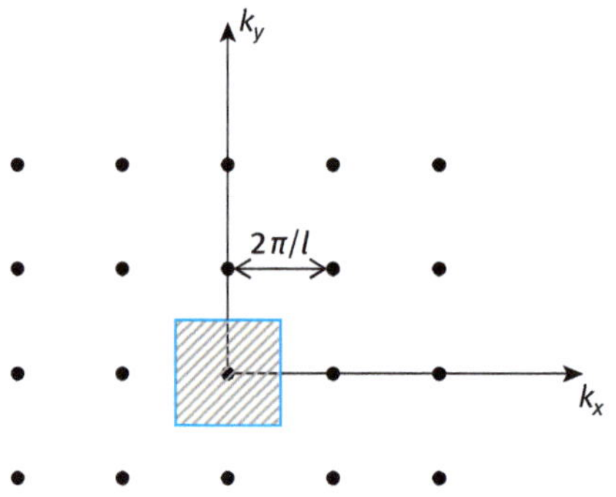

Abb. VI-2.104: Ebener Schnitt durch ein Punktegitter im $\vec{k}$-Raum. Punktabstand $2\pi/l$. Der schraffierte Bereich stellt die 1. Brillouin-Zone (1. *BZ*) dar.

Entsprechend der obigen Zeichnung nimmt jeder mögliche Zustand der freien e^- innerhalb der Fermi-Kugel ein Volumen von $\Omega_k = \left(\frac{2\pi}{l}\right)^3 = \frac{8\pi^3}{V}$ ein, wobei l die Kantenlänge unseres würfelförmig gedachten Metallstücks mit Volumen $V = l^3$ ist (siehe auch Abschnitt 2.6.1.2.2, Abb. VI-2.98). Damit ist die Zahl der erlaubten Zustände im Einheitsvolumen des $\vec{k}$-Raums $\frac{1}{\Omega_k} = 1 \Big/ \left(\frac{8\pi^3}{V}\right) = \frac{V}{8\pi^3}$ und in einem Volumenelement $d^3\vec{k} = dk_x\,dk_y\,dk_z$ wegen der zwei Spineinstellmöglichkeiten

$$2 \cdot \frac{V}{8\pi^3}\,dk_x\,dk_y\,dk_z = \frac{V}{4\pi^3}\,dk_x\,dk_y\,dk_z . \tag{VI-2.247}$$

Damit ergibt sich die Zahl $N(p_x, p_y, p_z)$ der freien e^- mit Impulskomponenten zwischen p_x und $p_x + dp_x$, p_y und $p_y + dp_y$, p_z und $p_z + dp_z$ unter Verwendung von

$\vec{p} = \hbar\vec{k}$ und der mittleren Besetzungszahl eines Zustands entsprechend der Fermi-Verteilung (siehe Kapitel „Statistische Physik“, Abschnitt 1.4.4, Gl. VI-1.227) zu

$$N(p_x,p_y,p_z)\,dp_x\,dp_y\,dp_z = \frac{V}{4\pi^3\hbar^3}\,\frac{1}{e^{(E-\varepsilon_F)/kT}+1}\,dp_x\,dp_y\,dp_z\,. \qquad \text{(VI-2.248)}$$

Daraus erhalten wir $n(p_x)$[99] durch Integration über p_y und p_z und Division durch das Volumen V

$$n(p_x)\,dp_x = \frac{1}{4\pi^3\hbar^3}\,dp_x \int_{-\infty}^{+\infty}\int_{-\infty}^{+\infty} \frac{dp_y\,dp_z}{e^{(E-\varepsilon_F)/kT}+1}\,. \qquad \text{(VI-2.249)}$$

Uns interessieren nur jene e^-, deren Impulskomponente $p_x \geq p_x^0$ ist, deren Energie somit mindestens gleich E_S ist. $E_S - \varepsilon_F = \Phi$ ist aber die Austrittsarbeit des Metalls, die entsprechend der Tabelle weiter oben einige eV beträgt und damit sehr groß gegen kT ist (bei RT gilt $kT \approx 25\,\text{meV}$). Damit kann in der Fermi-Verteilung im Nenner des Integranden die Eins vernachlässigt werden, es interessiert dann nur der „Boltzmann-Schwanz“ der Fermi-Verteilung. Mit $E = (p_x^2 + p_y^2 + p_z^2)/2m_e$ ergibt sich so[100]

$$n(p_x)\,dp_x = \frac{1}{4\pi^3\hbar^3}\,e^{\varepsilon_F/kT}e^{-p_x^2/2m_ekT}dp_x \int_{-\infty}^{+\infty} e^{-p_y^2/2m_ekT}dp_y \int_{-\infty}^{+\infty} e^{-p_z^2/2m_ekT}\,dp_z =$$

$$= \frac{m_ekT}{2\pi^2\hbar^3}\,e^{\varepsilon_F/kT}e^{-p_x^2/2m_ekT}dp_x \qquad \text{(VI-2.250)}$$

Für den die Oberflächeneinheit verlassenden Elektronenstrom, die Emissionsstromdichte j_{Em}, erhält man daher[101] ($E_S = \frac{(p_x^0)^2}{2m}$, $E_S - \varepsilon_F = \Phi$, $v_x = \frac{p_x}{m_e}$) bei Vernachlässigung des Reflexionskoeffizienten R

---

99 Für unser Problem hat ja nur die x-Komponente des Impulses Bedeutung, gleichgültig wie groß die y- und z-Komponenten sind.

100 Für das erste Integral setzt man $y^2 = p_y^2/2m_ekT \Rightarrow dp_y = dy \cdot (2m_ekT)^{1/2}$ und erhält $\int_{-\infty}^{+\infty} dp_y e^{-p_y^2/2m_ekT} = (2m_ekT)^{1/2}\int_{-\infty}^{+\infty} e^{-y^2}dy = (2m_ekT)^{1/2}\cdot\pi^{1/2}$; ganz analog für das zweite Integral. Beide zusammen ergeben den Faktor $2\pi m_ekT$.

101 $\int x\cdot e^{-cx^2} = -\frac{1}{2c}\,e^{-cx^2}$

$$j_{Em} = \frac{e}{m_e}\int\limits_{p_x^0}^{\infty} p_x n(p_x)\,dp_x = \frac{ekT}{2\pi^2\hbar^3}\,e^{\varepsilon_F/kT}\int\limits_{p_x^0}^{\infty} p_x e^{-p_x^2/2m_e kT}dp_x =$$

$$= \frac{ekT}{2\pi^2\hbar^3}\,e^{\varepsilon_F/kT}\left|-m_e kT\cdot e^{-p_x^2/2m_e kT}\right|_{p_x^0}^{\infty} = \frac{em_e k^2}{2\pi^2\hbar^3}\,T^2 e^{(\varepsilon_F - E_S)/kT} =$$

$$= \frac{em_e k^2}{2\pi^2\hbar^3}\,T^2 e^{-\Phi/kT} = A\cdot T^2\cdot e^{-\Phi/kT}\,. \qquad \text{(VI-2.251)}$$

Das ist die *Richardson-Dushman-Gleichung der Glühemission* (siehe auch Band III, Kapitel „Stationäre elektrische Ströme“, Abschnitt 2.3.3 mit $\tilde{A} \equiv A$).[102]

Dabei hat die *Richardson-Konstante A* den Wert

$$A = \frac{em_e k^2}{2\pi^2\hbar^3} = 1{,}20173\cdot 10^6\ \mathrm{A\,K^{-2}\,m^{-2}}\,. \qquad \text{(VI-2.252)}$$

Die Richardson-Dushman-Gleichung kann zur Bestimmung der Austrittsarbeit eines Metalls benützt werden, wenn man den Emissionsstrom als Funktion der Temperatur misst: $\ln(j_{Em}/T^2)$ aufgetragen gegen $1/T$ gibt eine Gerade mit Steigung Φ.

2.6.2 Das Bändermodell

2.6.2.1 Einelektronen-Näherung

Im Festkörper stellt die große Zahl an Elektronen der im Gitter gebundenen Atome ein System wechselwirkender Teilchen dar. Das bedeutet aber, dass die tatsächlichen Wellenfunktionen der e^- auch mit den größten Supercomputern nicht aus einer Vielteilchen-Schrödingergleichung berechnet werden können, sondern Näherungen gemacht werden müssen. Bei der *Einelektronen-Näherung* werden zwei wesentliche Annahmen gemacht:

1. *Adiabatische Näherung* (Born-Oppenheimer-Näherung[103]): Wegen der großen Massendifferenz zwischen Ionen und Elektronen (Massenverhältnis $\approx 10^4$) laufen die ionischen und die elektronischen Prozesse auf sehr verschiedenen Zeitskalen ab. Man kann daher annehmen, dass sich die positiv geladenen Ionenrümpfe des Metallkristalls unbeweglich an den idealen Gitterpunkten befinden und ein periodisches Potenzial erzeugen, in dem sich die Leitungs-e^- „quasifrei“ bewegen.

---

102 Nach Owen Willans Richardson, 1879–1959 und Saul Dushman, 1883–1954. Für sein Werk zur Glühemission und die Entdeckung der damit verbundenen Gesetzmäßigkeit erhielt Richardson 1928 den Nobelpreis.

103 M. Born und J. R. Oppenheimer, *Annalen der Physik* (Leipzig) **84**, 457 (1927).

2. *Independent-electron approximtion* (Hartree-Fock-Näherung[104]): Die Wechselwirkung der Leitungs-e^- wird durch ein gemitteltes, konstantes Potenzial genähert. Jedes Leitungs-e^- „sieht" dann ein gemitteltes Potenzial, das durch alle anderen Leitungs-e^- erzeugt wird sowie das Potenzial der Ionenrümpfe, dessen Periodizität erhalten bleibt.

Da sich jedes der quasifreien e^- im gleichen Potenzial bewegt, kann in dieser *Einelektronen-Näherung* das Vielelektronensystem auf viele Einelektronensysteme reduziert werden, die dann statistisch behandelt werden können. In den bisherigen Modellen von Drude und Sommerfeld haben wir das Gesamtpotenzial im Kristall in grober Näherung als konstant angenommen („freie" e^-). Die Annahme eines streng periodischen Kristallpotenzials führt zum *Bändermodell* des Festkörpers.

2.6.2.2 Elektronen im Kristallgitter

Wir betrachten das e^- zunächst als laufende Materiewelle im Kristall. Analog zur Beugungsbedingung für elektromagnetische Wellen im reziproken Kristallgitter (Abschnitt 2.2.5.4, Gl. VI-2.70) muss auch hier gelten

$$\vec{\Delta}k = \vec{k}' - \vec{k} = \vec{G};$$

der Streuvektor $\vec{\Delta}k = \vec{k}' - \vec{k}$ muss einem reziproken Gittervektor $\vec{G}$ gleichen, damit positive Interferenz der gestreuten Wellen eintritt und damit eine Wellenausbreitung in der $\vec{k}'$-Richtung stattfinden kann. Als äquivalente Beugungsbedingung fanden wir (2.2.5.5, Gl. VI-2.81)

$$2\vec{k}\vec{G} + G^2 = 0\,.$$

Nehmen wir ein eindimensionales Gitter mit Gitterkonstante a, so gilt bei elastischer Streuung ($|\vec{k}'| = |\vec{k}|$) mit $G = \pm 2\frac{\pi}{d} \pm n\frac{2\pi}{a}$, n ganz und $\vec{k}/\!/\vec{G}$

$$2k = \pm G = \pm n\frac{2\pi}{a} \quad \Rightarrow \quad k = \pm n\frac{\pi}{a}\,. \tag{VI-2.253}$$

Bei $k = \pm\frac{\pi}{a}$ erfährt die e^--Welle also ihre erste Bragg-Reflexion, das heißt, sie wird von einem beliebigen Atom des linearen Gitters reflektiert und interferiert konstruktiv mit der Welle, die vom Nachbaratom in entgegengesetzter Richtung reflektiert wird. Insgesamt kommt es so zu gleich vielen nach rechts wie nach links laufenden Wellen, es bilden sich für diese Beträge des Wellenvektors der e^- *stehende*

104 Siehe dazu Band V, Kapitel „Atomphysik", Abschnitt 2.6.1.3.

Wellen, die e^- können sich nicht durch den Kristall bewegen. Bei den Werten $k = \pm n\frac{\pi}{a}$ muss daher die Geschwindigkeit der Leitungs-e^- verschwinden, es muss für die Teilchengeschwindigkeit υ_T gelten (in Newtonscher Näherung ist die Teilchengeschwindigkeit υ_T gleich der Gruppengeschwindigkeit υ_G des mit dem Teilchen verbundenen Materiewellenpakets, siehe Band V, Kapitel „Quantenoptik", Abschnitt 1.6.3, Gl. V-1.101)

$$\upsilon_T = \upsilon_G = \frac{d\omega}{dk} = \frac{1}{\hbar}\frac{dE}{dk} = \frac{d}{dk}\left(\frac{\hbar k^2}{2m_e}\right) = \frac{\hbar k}{m_e} = 0\,. \qquad \text{(VI-2.254)}$$

Dadurch ergeben sich an den Brillouin-Zonengrenzen $k = \pm n\frac{\pi}{a}$ Sprünge für die Teilchenenergie E als Funktion der Wellenzahl k ($E(k)$-Kurve), das sind „verbotene" Energiebereiche: „Erlaubte" Energiebänder sind durch „verbotene Zonen" („Bandlücken", *energy gaps*) voneinander getrennt (Abb. VI-2.105).

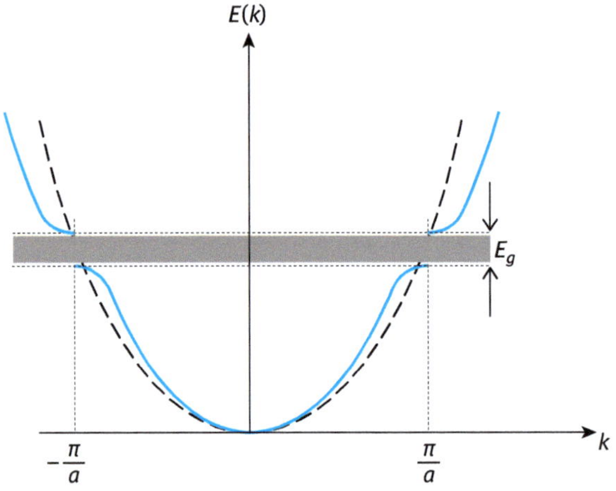

Abb. VI-2.105: $E(k)$ für freie Elektronen (strichliert) und für Elektronen im Kristallgitter (blau, durchgezogen). Im Kristall muss für die Werte $k = \pm n\frac{\pi}{a}$ die Geschwindigkeit der e^- verschwinden, d. h. $\frac{dE}{dk} = 0$ sein (= horizontale Tangente). Dies führt zu einem „verbotenen" Energiebereich, der *Energielücke* E_g.

2.6.2.3 Die Bloch-Funktionen

In einer sehr vereinfachenden Weise versuchen wir die quantenmechanische Berechnung der Energie-Bänderstruktur eines eindimensionalen Metallkristalls. Wir nehmen ein periodisches Potenzial $V(x) = V(x + a)$ mit der Periode a, der Gitterkonstanten, das ist der Atomabstand in unserem eindimensionalen Kristall, und stellen die Schrödingergleichung für den stationären Fall auf

$$\frac{d^2\psi(x)}{dx^2} + \frac{2m_e}{\hbar^2}(E - \upsilon(x))\,\psi(x) = 0\,. \qquad \text{(VI-2.255)}$$

F. Bloch[105] zeigte, dass die Lösungen der Schrödingergleichung in einem periodischen Potenzial von folgender Form sein müssen

$$\psi_k(\vec{r}) = e^{\pm i\vec{k}\vec{r}}u_k(\vec{r}), \quad u_k(\vec{r}) = u_k(\vec{r}+\vec{R}) \quad \textit{Bloch-Theorem.} \qquad \text{(VI-2.256)}$$

In einem würfelförmigen Kristall mit der Kantenlänge l ist $k_x = \frac{2\pi n_x}{l}$, $k_y = \frac{2\pi n_y}{l}$, $k_z = \frac{2\pi n_z}{l}$ mit $n_x, n_y, n_z = 0,\ \pm 1, \pm 2, \pm 3 \ldots$ (siehe Abschnitt 2.6.1.2.1, laufende Wellen).

Diese Einelektronen-Wellenfunktionen, die *Blochfunktionen*, sind das Produkt einer ebenen Welle im Raum $e^{\pm i\vec{k}\vec{r}}$ und einer Amplitudenfunktion $u_k(\vec{r}) = u_k(\vec{r}+\vec{R})$, die die Periodizität des Kristallgitters aufweist ($\vec{R}$ ... Gittertranslationsvektor), sie sind daher mit $u_k(\vec{r})$ modulierte ebene Wellen (Abb. VI-2.106)

$$\psi_k(\vec{r}+\vec{R}) = u_k(\vec{r}+\vec{R})\cdot e^{\pm i\vec{k}(\vec{r}+\vec{R})} = u_k(\vec{r})\cdot e^{\pm i\vec{k}\vec{r}}\cdot e^{\pm i\vec{k}\vec{R}} = \psi_k(\vec{r})\cdot e^{\pm i\vec{k}\vec{R}}\,. \qquad \text{(VI-2.257)}$$

Ist $\vec{k} = \vec{G}$, so gilt $e^{\pm i\vec{k}\vec{R}} = e^{\pm i\vec{R}\vec{G}} = 1$ (siehe Abschnitt 2.2.5.4, Gl. VI-2.71) und damit $\psi_k(\vec{r}+\vec{R}) = \psi_k(\vec{r})$.

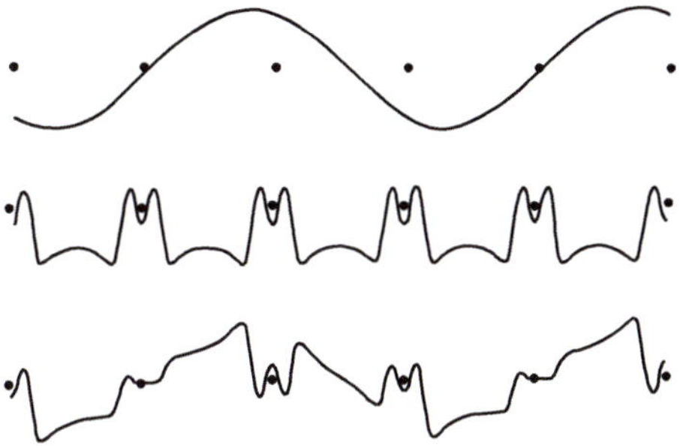

Abb. VI-2.106: Blochfunktion $\psi_k(\vec{r}) = e^{\pm i\vec{k}\vec{r}}u_k(\vec{r})$ im eindimensionalen Kristallgitter (unten): Produkt einer ebenen Welle $e^{\pm i\vec{k}\vec{r}}$ (oben) und einer Funktion $u_k(\vec{r}) = u_k(\vec{r}+\vec{R})$ mit der Periodizität des Gitters (Mitte). (Nach K. Kopitzki und P. Herzog *Einführung in die Festkörperphysik*, Teubner, Stuttgart 2002.)

In unserem vereinfachten Fall eines eindimensionalen Kristalls der Länge l, den wir in x-Richtung orientieren, sehen die Blochfunktionen so aus

---

105 Felix Bloch, 1905–1983 und Edward Mills Purcell, 1912–1997, erhielten 1952 gemeinsam den Nobelpreis für ihre Entwicklung neuer Methoden zur genauen Messung des Kernmagnetismus und den damit verbundenen Entdeckungen.

$$\psi_k(x) = e^{\pm ikx} u_k(x), \qquad u_k(x) = u_k(x+a) \tag{VI-2.258}$$

mit $k = \dfrac{2\pi n}{l}$, n ganz.

Der Wellenvektor $\vec{k}$ der Bloch-Funktionen im periodischen Potenzial ist analog zum Wellenvektor der freien Elektronen im Sommerfeld-Modell, allerdings ist in diesem Fall $\hbar\vec{k}$ nicht proportional zum Impuls des e^-. Man spricht daher bei der Verwendung von Bloch-Funktionen als Wellenfunktion wie bei den Phononen (vgl. Abschnitt 2.4.1) von *Kristallimpuls* oder *Quasiimpuls* des Elektrons. Dieser Quasiimpuls geht als Erhaltungsgröße in die Stoßprozesse von e^- in Kristallen ein.

2.6.2.4 Das Kronig-Penney-Modell

Kronig und Penney (Ralph de Laer Kronig, 1904–1995, und Sir William George Penney, Baron Penney, 1909–1991) gingen zunächst von einem endlich hohen, periodischen Potenzial aus (Abb. VI-2.107).

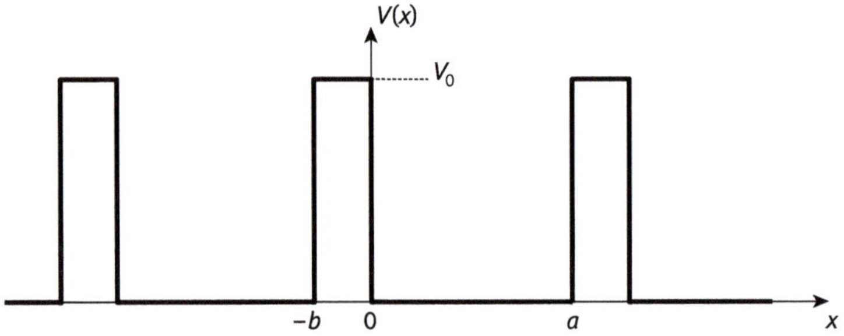

Abb. VI-2.107: Rechteckige Potenzialberge stellen ein grobes Modell für das Potenzial in der Umgebung eines Atoms dar. $E_{pot} = 0$ für $0 < x < a$; $E_{pot} = V_0$ für $-b < x < 0$.

Die rechteckigen Potenzialberge stellen ein grobes Modell für das Potenzial in der Umgebung eines Atoms dar. Für die Bereiche zwischen den Potenzialbergen und in den Bergen kann man die Schrödingergleichungen aufstellen:

$$\frac{d^2\psi}{dx^2} + \frac{2m_e}{\hbar^2} E \cdot \psi = 0 \qquad \text{für} \qquad 0 < x < a \tag{VI-2.259}$$

$$\frac{d^2\psi}{dx^2} + \frac{2m_e}{\hbar^2} (E - V_0) \cdot \psi = 0 \qquad \text{für} \qquad -b < x < 0. \tag{VI-2.260}$$

Wir bezeichnen $\dfrac{2m_e E}{\hbar^2} = \alpha^2$, $\dfrac{2m_e(V_0 - E)}{\hbar^2} = \beta^2$ und setzen als Lösung die Blochfunktion $\psi_k(x) = e^{ikx} u_k(x)$ an. Wir bilden

$$\frac{d\psi}{dx} = ike^{ikx}u_k(x) + e^{ikx}\frac{du_k(x)}{dx} \tag{VI-2.261}$$

$$\frac{d^2\psi}{dx^2} = -k^2e^{ikx}u_k(x) + ike^{ikx}\frac{du_k(x)}{dx} + ike^{ikx}\frac{du_k(x)}{dx} + e^{ikx}\frac{d^2u_k(x)}{dx^2}\,. \tag{VI-2.262}$$

In die Schrödingergleichung eingesetzt ergibt das

$$\frac{d^2u}{dx^2} + 2ik\frac{du}{dx} + (\alpha^2 - k^2)u = 0 \quad \text{für} \quad 0 < x < a \tag{VI-2.263}$$

$$\frac{d^2u}{dx^2} + 2ik\frac{du}{dx} - (\beta^2 + k^2)u = 0 \quad \text{für} \quad -b < x < 0\,. \tag{VI-2.264}$$

Als Lösungen setzen wir an

$$u_1 = Ae^{i(\alpha-k)x} + Be^{-i(\alpha+k)x} \quad \text{für} \quad 0 < x < a \tag{VI-2.265}$$

$$u_2 = Ce^{(\beta-ik)x} + De^{-(\beta+ik)x} \quad \text{für} \quad -b < x < 0\,. \tag{VI-2.266}$$

Dabei sind A, B, C, D Konstanten, die aus den Randbedingungen, dass die Wellenfunktionen und ihre ersten Ableitungen stetig sein müssen, bestimmt werden können

$$u_1(0) = u_2(0)\,,\; u_2(a) = u_2(-b)\,,\; \left.\frac{du_1}{dx}\right|_{x=0} = \left.\frac{du_2}{dx}\right|_{x=0}\,,\; \left.\frac{du_1}{dx}\right|_{x=a} = \left.\frac{du_2}{dx}\right|_{x=-b}\,. \tag{VI-2.267}$$

Damit ergeben sich 4 Bedingungsgleichungen für die Konstanten

$$A + B = C + D \tag{VI-2.268}$$

$$Ae^{ia(\alpha-k)} + Be^{-ia(\alpha+k)} = Ce^{-b(\beta-ik)} + De^{b(\beta+ik)} \tag{VI-2.269}$$

$$i(\alpha-k)A - i(\alpha+k)B = (\beta-ik)C - (\beta+ik)D \tag{VI-2.270}$$

$$\begin{aligned} &i(\alpha-k)e^{ia(\alpha-k)}\cdot A - i(\alpha+k)e^{-ia(\alpha+k)}\cdot B = \\ &= (\beta-ik)e^{-b(\beta-ik)}\cdot C - (\beta+ik)e^{b(\beta+ik)}\cdot D\,. \end{aligned} \tag{VI-2.271}$$

Die Wellenfunktionen können so im Prinzip aus diesen vier homogenen Gleichungen für A, B, C, D berechnet werden; wir wollen aber die Energiebandstruktur gewinnen und daher jetzt nur jene Energiewerte bestimmen, für die sich brauchbare

Lösungen ergeben. Eine Lösung des Gleichungssystems existiert nur, wenn die Determinante des homogenen Gleichungssystems verschwindet. Das führt nach Ausrechnung der 4 × 4 Determinante und Umrechnung in Sinus- und Kosinusfunktionen mit $\sin z = \frac{1}{2i}(e^{iz} - e^{-iz})$ und $\cos z = \frac{1}{2}(e^{iz} + e^{-iz})$ und Verwendung von $\sinh x = \frac{1}{2}(e^{x} - e^{-x})$ und $\cosh x = \frac{1}{2}(e^{x} + e^{-x})$ auf die Bedingungsgleichung

$$\frac{\beta^2 - \alpha^2}{2\alpha\beta} \sinh(\beta b) \sin(\alpha a) + \cosh(\beta b) \cos(\alpha a) = \cos\left[k(a + b)\right]. \qquad \text{(VI-2.272)}$$

Als weitere Vereinfachung ließen Kronig und Penney[106] in ihrem Modell mit $V_0 \to \infty$ und $b \to 0$ bei $V_0 \cdot b$ = endlich, const. die Potenzialberge in δ-Funktionen übergehen. Mit $\sinh x \approx x$ und $\cosh \approx 1$ ergibt dann der erste Term von Gl. (VI-2.272)

$$\frac{\beta^2 - \alpha^2}{2\alpha\beta} \cdot \beta b \cdot \sin(\alpha a) = \frac{(2m_e V_0 - 2m_e E - 2m_e E) \cdot b \cdot \sin(\alpha a)}{2\alpha\hbar^2} \underset{\substack{V_0 \to \infty \\ \Rightarrow V_0 \gg E}}{=}$$

$$= \frac{m_e V_0 b}{\hbar^2 \alpha} \sin(\alpha a) \qquad \text{(VI-2.273)}$$

und die Bedingungsgleichung wird vereinfacht zu ($ka \gg kb$, da $b \to 0$)

$$\frac{m_e V_0 b}{\hbar^2 \alpha} \sin(\alpha a) + \cos(\alpha a) = \cos(ka). \qquad \text{(VI-2.274)}$$

Wir definieren $P = \frac{m_e V_0 ba}{\hbar^2} \propto V_0 b$ als Maß für die „Stärke" der Potenzialbarriere; höhere Werte von P bedeuten eine stärkere Bindung des e^- an den jeweiligen Potenzialtopf, in dem es sich befindet. Wir kommen so zu einer Bedingungsgleichung für die Existenz von Lösungsfunktionen (Wellenfunktionen) der Schrödingergleichungen für das Elektron in diesem stark vereinfachten linearen Kristallmodell von Kronig und Penney:

$$f(\alpha a) \equiv P \frac{\sin(\alpha a)}{\alpha a} + \cos(\alpha a) = \cos(ka) \qquad \textit{Bedingungsgleichung.} \qquad \text{(VI-2.275)}$$

Die nachfolgende Abb. VI-2.108 zeigt, wie durch die obige Bedingungsgleichung (VI-2.275) Wertebereiche ausgewählt werden: Da die linke Seite $f(\alpha a)$ der rechten Seite $\cos(ka)$ gleich sein muss, die aber zwischen –1 und +1 beschränkt ist, werden

106 R. de L. Kronig und W. G. Penney, *Proceedings of the Royal Society* (London) **A 130**, 599 (1931).

aus der Funktion $f(\alpha a) \equiv P \dfrac{\sin(\alpha a)}{\alpha a} + \cos(\alpha a)$ nur gewisse, nicht zusammenhängende Teile ausgewählt (in Abb. VI-2.108 dick schwarz). Damit sind aber nur gewisse Bereiche der Abszisse αa erlaubt (blau). Da $\alpha^2 \propto E$ ist, bedeutet das, dass für das Elektron im Kristall im Gegensatz zu einem freien Teilchen nur gewisse kontinuierliche Energiebereiche zur Verfügung stehen, die voneinander durch verbotene Energiebereiche getrennt sind.

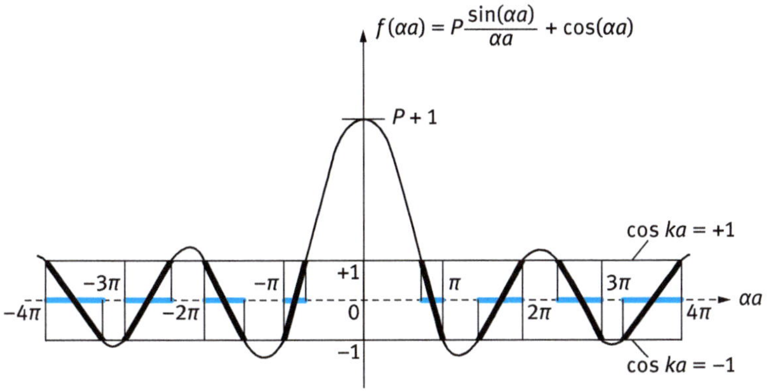

Abb. VI-2.108: Die linke Seite der Bedingungsgleichung $P\dfrac{\sin(\alpha a)}{\alpha a} + \cos(\alpha a)$ als Funktion des Arguments αa für $P = 3\pi/2$. Da die rechte Seite der Gleichung $\cos(ka)$ zwischen +1 und −1 liegt, muss das auch für die linke Seite gelten. Dies führt zu erlaubten Bereichen von αa (blau) und, da $\alpha^2 \propto E$, zu erlaubten Bereichen der Energie. (Nach R. de L. Kronig und W. G. Penney, *Proceedings of the Royal Society* (London) **A 130**, 599 (1931), und A. J. Dekker, *Solid State Physics*, MacMillan Student Editions 1986.)

Wir ziehen für dieses einfache Modell einige Schlussfolgerungen:

1. Es gibt erlaubte Energiebänder, die durch verbotene Zonen („Bandlücken", *band gaps*) voneinander getrennt sind.
2. Die Breite der erlaubten Bänder steigt mit αa und daher mit der Energie E.
3. Die Breite eines bestimmten Energiebandes sinkt mit steigendem Wert von P, d. h. mit steigender Bindung des e^- an das Atom. Für $P \to \infty$, also vollständige Bindung des e^- an das Atom, ergibt sich das erwartete diskrete Energiespektrum. Gilt dagegen $P \to 0$, so sind die erlaubten Energiewerte wie beim freien e^- kontinuierlich.
4. Aus der Bedingungsgleichung (VI-2.275) kann die Energie als Funktion der Wellenzahl k (*Bandstruktur = Dispersionsrelation der Kristallelektronen*) dargestellt werden, wenn für $\alpha = \dfrac{\sqrt{2\,m_e E}}{\hbar}$ eingesetzt wird (Abb. VI-2.109).

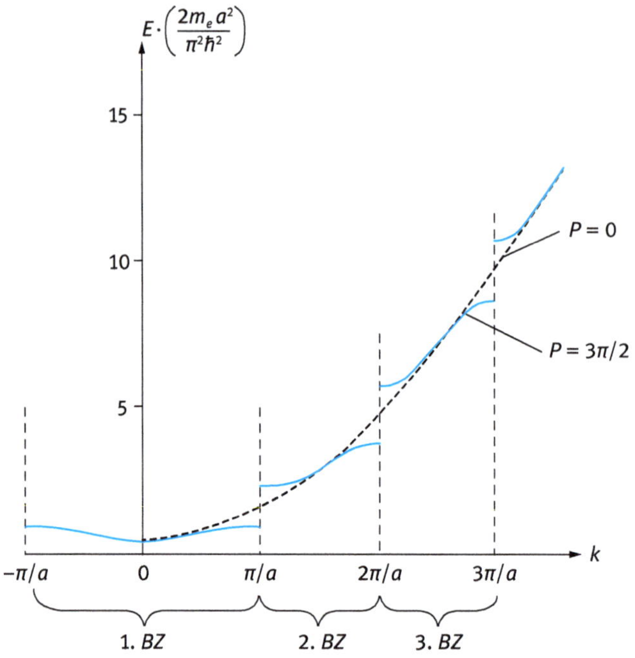

Abb. VI-2.109: Energie (in Einheiten von $\frac{\pi^2\hbar^2}{2m_e a^2}$) als Funktion der Wellenzahl k im Kronig-Penney-Modell für $P = 3\pi/2$ („erweitertes Zonenschema" (*extended-zone scheme*); von den höheren Brillouin-Zonen ist nur die Hälfte für positive Werte von k gezeichnet). Strichlierte Kurve für $P = 0$ (freie e^-): Aus der Bedingungsgleichung (VI-2.275) folgt $\cos(\alpha a) = \cos(ka)$ $\Rightarrow \alpha = \frac{1}{\hbar}\sqrt{2m_e E} = k \Rightarrow E = \frac{\hbar^2 k^2}{2m_e}$ (Parabel). (Nach A. J. Dekker, *Solid State Physics*, MacMillan Student Editions 1986).)

Die Sprünge in der Energie treten an den Stellen auf, für die $\cos(ka) = \pm 1 \Rightarrow |k| = \frac{n\pi}{a}$ mit $n = 1,2,3, \ldots$. Diese k-Werte bestimmen die Grenzen der 1., 2., 3., ... Brillouin-Zone.

5. Innerhalb eines bestimmten erlaubten Energiebandes ist die Energie $E(k)$ eine periodische Funktion von k, da die rechte Seite $\cos(ka)$ der Bestimmungsgleichung eine periodische Funktion von ka mit der Periode $2\pi n$, n ganz, ist. k ist daher nicht eindeutig bestimmt, sondern nur modulo $\frac{2\pi n}{a}$ (Abb. VI-2.110).[107]

---

107 $\cos(ka) = \cos(ka + 2\pi n) = \cos\left(\left[k + \frac{2\pi n}{a}\right]a\right)$, $n = 0, 1, 2, \ldots$; $k_n = k + \frac{2\pi n}{a}$ liefert damit die gleichen Energiewerte E wie k.

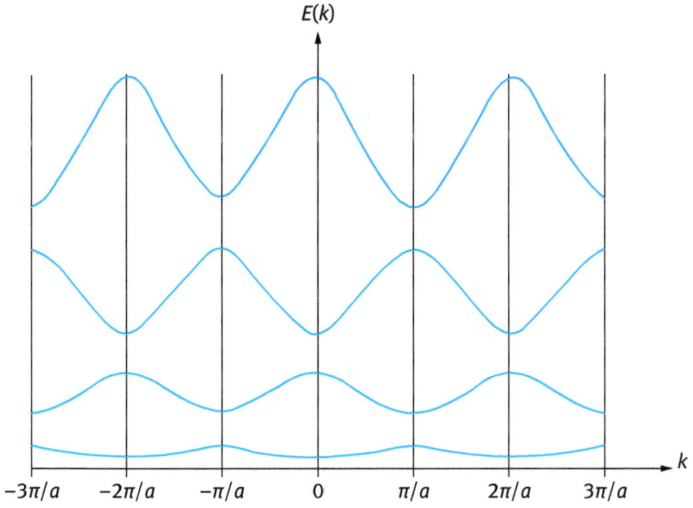

Abb. VI-2.110: Energiebandstruktur $E(k)$ des Kronig-Penney-Modells in einem „periodischen Zonenschema" (*repeated-zone scheme*). (Nach A. J. Dekker, *Solid State Physics*, MacMillan Student Editions 1986.)

Man führt daher den *reduzierten Wellenvektor* ein, der auf den Bereich $-\frac{\pi}{a} \le k \le \frac{\pi}{a}$ beschränkt ist und spricht dann von einem *reduzierten Zonenschema* (*reduced-zone scheme*, Abb. VI-2.111):

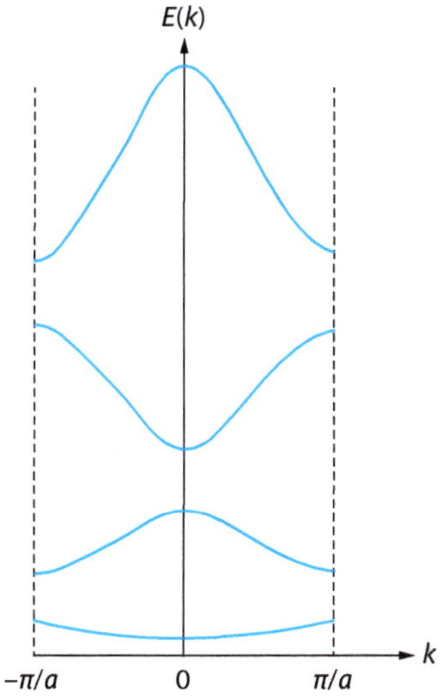

Abb. VI-2.111: $E(k)$ als Funktion des reduzierten Wellenvektors im „reduzierten Zonenschema" (*reduced-zone scheme*). (Nach A. J. Dekker, *Solid State Physics*, MacMillan Student Editions 1986.)

6. In einem unendlich ausgedehnten Kristall ($l \longrightarrow \infty$) kann k in jeder Brillouin-Zone jeden Wert annehmen; diese Werte werden aber auf eine abzählbare Menge beschränkt, wenn der Kristall endliche Größe hat, z. B. die Länge l im vorliegenden Fall des eindimensionalen Kristalls. Um die Zahl der möglichen Wellenfunktionen pro Band zu bestimmen, müssen wir, um Randeffekte zu vermeiden, entsprechende Randbedingungen wählen: Wir nehmen die schon bei den Schwingungen der linearen Atomkette und beim Sommerfeld-Modell des freien e^- bewährten periodischen Randbedingungen (siehe Abschnitte 2.5.1, Gl. (VI-2.178) und 2.6.1.2.1, Gl. (VI-2.226))

$$\psi(x+l) = e^{ik(x+l)}u_k(x+l) = e^{ikx}u_k(x) = \psi(x). \qquad \text{(VI-2.276)}$$

Da die Funktion $\psi(x+l) = \psi(x)$ periodisch in l ist, fordern die Randbedingungen $e^{ik(x+l)} = e^{ikx}$, d. h. $e^{ikl} = 1 \Rightarrow kl = 2\pi n$ und daher

$$k = \frac{2\pi n}{l}, \qquad n = 0, \pm 1, \pm 2, \ldots .^{108} \qquad \text{(VI-2.277)}$$

Die Zahl der möglichen k-Werte, also der möglichen Wellenfunktionen, im Bereich dk ergibt sich so zu

$$dn = \frac{l}{2\pi}\,dk. \qquad \text{(VI-2.278)}$$

Wie viele Werte stehen insgesamt für n bzw. für k zur Verfügung? Da der maximale Wert von k für das n-te Band den Wert $k_{\max,n} = \frac{n\pi}{a}$ besitzt, hat $k_{\max}$ im 1. Band ($n = 1$) den Maximalwert $k_{\max,1} = \frac{\pi}{a}$.

$$\Rightarrow \qquad n_{\max,1} = \frac{l k_{\max,1}}{2\pi} = \frac{l\pi}{2\pi a} = \frac{l}{2a} = \frac{N}{2}, \qquad \text{(VI-2.279)}$$

wenn $N = \frac{l}{a}$ die Zahl der Elementarzellen des linearen Kristalls ist. Da es zu jedem positiven k ein negatives k gibt, folgt daraus, dass die Gesamtzahl der möglichen Wellenfunktionen in jedem erlaubten Band gleich der Zahl der Elementarzellen N ist. Das gilt auch für einen räumlichen Kristall. Für Fermionen mit Spin-QZ $s = 1/2$ kann jedes Band daher maximal $2N$ Elektronen enthalten,

---

108 Für stehende Wellen muss $n = 0$ ausgenommen werden, da die entsprechende Wellenfunktion nicht normierbar ist; für laufende Wellen ist auch $n = 0$ ein zulässiger Wert. Siehe dazu auch Abschnitt 2.6.1.2.1 und dort Fußnote 92.

dann ist es vollständig gefüllt. Hier liegt eine der Ursachen für die Unterscheidung von Leitern, Halbleitern und Isolatoren.

Die N möglichen Zustände im Band des linearen Kristalls sind aber nicht gleichmäßig über das Band verteilt, sondern an den Bandkanten ist die Zustandsdichte ρ (um von der Zustandsdichte im dreidimensionalen Kristall zu unterscheiden, bezeichnen wir hier die Zustandsdichte im Kronig-Penney-Modell des linearen Kristalls mit ρ) wesentlich größer als in der Bandmitte, denn

$$\frac{dn(E)}{dE} = \frac{dn}{dk} \cdot \frac{dk}{dE} = \frac{Na}{2\pi} \cdot \frac{1}{\frac{dE}{dk}} = \rho, \text{[109]} \tag{VI-2.280}$$

wobei $\frac{dE}{dk} = 0$ an den Bandkanten und $\frac{dE}{dk} = \max$ in der Bandmitte ist (Abb. VI-2.112):

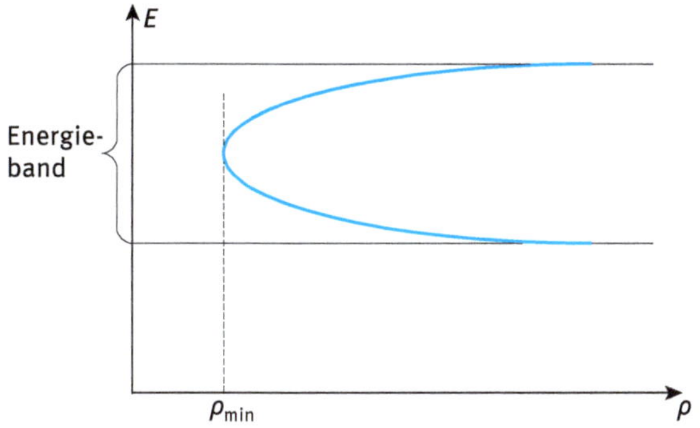

Abb. VI-2.112: Verteilung der möglichen Zustände des linearen Kristalls über den erlaubten Energiebereich.

Während man im Fall des freien e^- ($P = 0$ in der Bedingungsgleichung VI-2.275) in diesem einfachen Modell die Zustandsdichte ρ konstant ist, konzentriert eine

---

109 Da der Abstand der k-Werte in der Kette mit N-Atomen $\frac{2\pi}{Na}$ beträgt (siehe z. B. Gl (VI-2.277): $k = \frac{2\pi n}{l} \underset{N=\frac{l}{a}}{=} \frac{2\pi}{Na} n$, $n = 0, \pm 1, \pm 2, \ldots$), ist die zum Wellenvektor k gehörende Anzahl der Zustände:

$$n = \frac{k}{\frac{2\pi}{Na}} = \frac{Na}{2\pi} k \quad \Rightarrow \quad \frac{dn}{dk} = \frac{Na}{2\pi}.$$

teilweise Bindung der e^- an die Metallionen ($P = 3\pi/2$) die erlaubten Zustände in den Bereich der Bandkanten.

2.6.2.5 Die effektive Masse der Kristallelektronen

Wie sieht die Bewegung der Kristallelektronen im elektrischen Feld aus? Wir benützen für die Antwort wieder das Modell eines eindimensionalen Kristallgitters und betrachten ein e^- mit dem Wellenvektor $\vec{k}$, d. h. mit dem Quasiimpuls $\hbar\vec{k}$. Wir wissen, dass die Teilchengeschwindigkeit von Mikroteilchen v_T in Newtonscher Näherung gleich der Gruppengeschwindigkeit v_G der zugeordneten Wellenfunktion ist (siehe Abschnitt 2.6.2.2, Gl. (VI-2.254) und Teil III, Kapitel „Quantenoptik", Abschnitt 1.6.3, Gl. (V-1.101)):

$$v = v_T = v_G = v_{ph} - \lambda \frac{dv_{ph}}{d\lambda} = \frac{d\omega}{dk} = \frac{1}{\hbar}\frac{dE}{dk}. \qquad \text{(VI-2.281)}$$

Für ein freies e^- gilt $E = \frac{p^2}{2m_e} = \frac{\hbar^2 k^2}{2m_e} = \hbar\omega$ und damit $v = \frac{\hbar k}{m_e} = \frac{p}{m_e}$. Im Kristall mit seiner Energie-Bandstruktur (Dispersionsrelation) ist i. Allg. E nicht proportional zu k^2; im Bereich der Brillouin-Zonengrenzen verändert sich $E(k)$ durch zunehmende Reflexion der e^--Wellenfunktion so, dass an den Grenzen $v \propto \frac{dE}{dk} = 0$ wird (Abb. VI-2.113).[110]

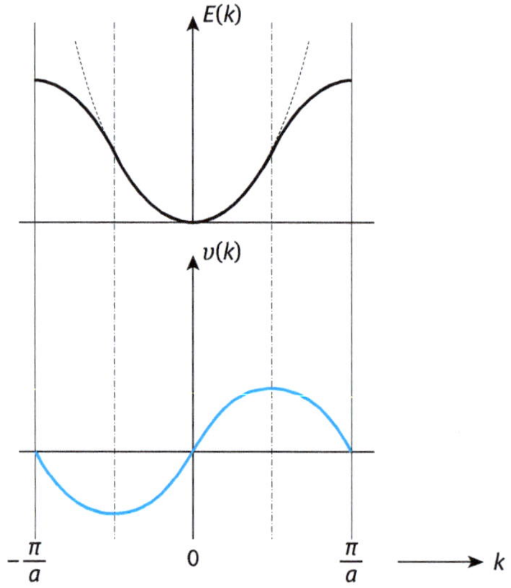

Abb. VI-2.113: Energie (oben) und Geschwindigkeit (unten) der Kristallelektronen als Funktion von k im eindimensionalen Kristallgitter. Die gestrichelte Linie im oberen Bild entspricht der $E(k)$-Kurve des freien Elektrons. Die strichpunktierten Linien markieren die Wendepunkte in der Energiekurve.

110 Das erkennt man auch im Kronig-Penney-Modell daran, dass an den Zonengrenzen mit $\cos ka = 1$ die energiebestimmende Funktion $f(\alpha a)$ der Bedingungsgleichung (Abschnitt 2.6.2.4, Gl. VI-2.275) stationär ist, d. h., dass sich E mit k an den Zonengrenzen nicht ändert, die Tangenten im $E(k)$-Diagramm (Abschnitt 2.6.2.4, Abb. VI-2.109) daher horizontal sind.

Bei Anlegen eines elektrischen Feldes der Feldstärke F^e [111] bewegt sich ein e^- in der Zeit dt um die Strecke dx und die verrichtete Arbeit und damit die Energieänderung dE ist

$$dE = eF^e \cdot dx = eF^e \cdot \frac{dx}{dt} dt = eF^e \cdot \upsilon \cdot dt = eF^e \frac{1}{\hbar} \frac{dE}{dk} dt \qquad \text{(VI-2.282)}$$

bzw.

$$\hbar dk = eF^e \, dt \qquad \text{(VI-2.283)}$$

oder

$$\frac{dk}{dt} = \frac{1}{\hbar} eF^e . \qquad \text{(VI-2.284)}$$

Wir betrachten jetzt die Beschleunigung des e^- im Feld:

$$a = \frac{d\upsilon}{dt} = \frac{1}{\hbar} \frac{d^2E}{dkdt} = \frac{1}{\hbar} \frac{d^2E}{dk^2} \frac{dk}{dt} = \underbrace{\frac{1}{\hbar^2} \frac{d^2E}{dk^2}}_{1/m_e^*} eF^e = \frac{eF^e}{m_e^*} \qquad \text{(VI-2.285)}$$

mit

$$m_e^*(k) = \frac{\hbar^2}{\frac{d^2E}{dk^2}} \qquad \textit{effektive Masse der Kristallelektronen.}^{112} \qquad \text{(VI-2.286)}$$

Für ein freies Elektron gilt $a = \frac{eF^e}{m_e}$, aber im linearen Kristall mit seinem eindimensionalen periodischen Potenzial gilt $a = \frac{eF^e}{m_e^*}$. Man kann also das Verhalten

111 Um die Verwechslung mit der Energie E zu vermeiden, bezeichnen wir den Betrag der elektrischen Feldstärke (sonst $|\vec{E}| = E$) hier mit $|\vec{F^e}| = F^e$.

112 Im dreidimensionalen, anisotropen Kristall wird ein Tensor der effektiven Masse bzw. der reziproken effektiven Masse definiert: $\frac{1}{m_e^*(\vec{k})} = \frac{1}{\hbar^2} grad_k \, grad_k \, E(\vec{k})$ bzw. in Komponentenschreibweise $\left[\frac{1}{m_e^*(\vec{k})}\right]_{ij} = \frac{1}{\hbar^2} \frac{\partial^2 E(\vec{k})}{\partial k_i \partial k_j}$. Die Komponenten des Massentensors sind dann vom Band abhängig und ändern sich innerhalb eines Bandes; außerdem wird die Beschleunigung der e^- im Kristall i. Allg. nicht mehr in die Richtung des elektrischen Feldvektors erfolgen.

eines Kristallelektrons im elektrischen Feld mit Hilfe der *effektiven Masse* m_e^* (bzw. ihres Reziprokwerts, der *reziproken effektiven Masse* $\frac{1}{m_e^*} = \frac{1}{\hbar^2}\frac{d^2E}{dk^2}$) so beschreiben, als wäre nur das äußere elektrische Feld vorhanden und nicht auch die „inneren“ Kräfte, die durch die Gitterionen ausgeübt werden und zur Streuung und Interferenz der e^- bzw. ihrer Materiewellen führen. Die Eigenschaften des Kristallgitters verändern die Funktion $E(k)$ und damit auch die Krümmung $\frac{d^2E}{dk^2}$ von $E(k)$, die Krümmung des Energiebandes. Nahe dem Zentrum der 1. *BZ*, d. h. für $|k| \approx 0$, ist die Bragg-Bedingung $|k| = \frac{\pi}{a}$ überhaupt nicht erfüllt und die Funktion $E(k)$ des Kristallelektrons entspricht daher weitgehend der eines freien Elektrons; damit gilt $\frac{1}{m_e^*} = \frac{1}{\hbar^2}\frac{d^2E}{dk^2} \cong \frac{1}{m_e}$ bzw. $m_e^* \cong m_e$, das Elektron reagiert auf das angelegte Feld wie ein freies Elektron.[113] Nähern sich die k-Werte den Grenzen der 1. *BZ*, so kommt $|k|$ dem kritischen Wert $\frac{\pi}{a}$ (der Zonengrenze) immer näher und es geht die zunächst positive Krümmung der $E(k)$-Kurve und damit auch $1/m_e^*$ zuerst durch Null und wird dann negativ, an der Zonengrenze stark negativ. $1/m_e^* = 0$ heißt, dass das angelegte elektrische Feld das e^- im Kristall nicht beschleunigt, dass also der Impuls den die e^- durch das elektrische Feld aufnehmen, vollständig durch die Reflexion der Elektronenwelle an den Potenzialbergen (Gitterionen) kompensiert wird; das e^- hat quasi unendlich große Masse. $1/m_e^* < 0$ bedeutet sogar eine Beschleunigung in entgegengesetzter Richtung als für ein e^- erwartet (also so wie für ein e^+); die zunehmende Reflexion für k-Werte in der Nähe der erfüllten Beugungsbedingung ändert den Elektronenimpuls mehr, als das angelegte elektrische Feld. An der Unterkante der 2. *BZ* ist $1/m_e^* > 0$, aber mit größeren Werten als $\frac{1}{m_e}$ bei $k = 0$, der reziproken Masse des quasifreien Elektrons; das bedeutet eine stärkere Krümmung des Bandes, das e^- wird somit stärker beschleunigt als ein freies e^- (Abb. VI-2.114).

---

113 Für ein freies e^- gilt: $E = \frac{p^2}{2m_e} = \frac{\hbar^2 k^2}{2m_e} \quad \Rightarrow \quad \frac{1}{\hbar^2}\frac{\partial E}{\partial k} = \frac{k}{m_e} \quad \Rightarrow \quad \frac{1}{\hbar^2}\frac{\partial^2 E}{\partial k^2} = \frac{1}{m_e}$.

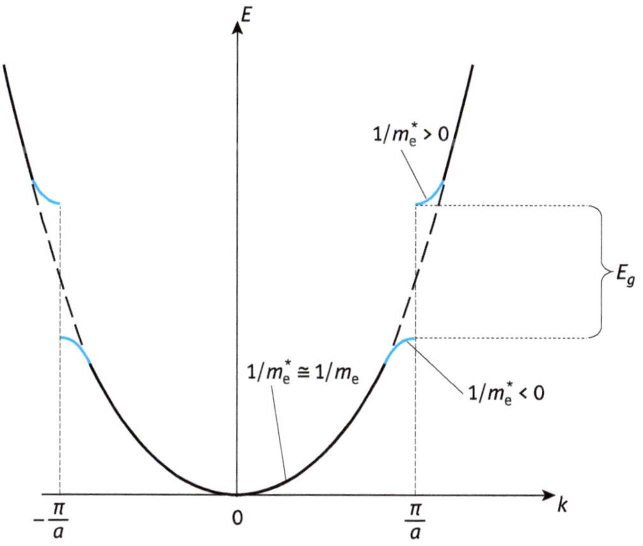

Abb. VI-2.114: Schematische Darstellung von $E(k)$ und Angabe der reziproken effektiven Masse $1/m_e^*$ in der 1. *BZ* und an der Unterkante der 2. *BZ* im eindimensionalen Kristallgitter. Abweichungen vom Verhalten des freien Elektrons in blau.

Die effektive Masse der Kristallelektronen hängt mit der *Krümmung* $\frac{d^2E}{dk^2}$ der $E(k)$-Kurve, des Bandes, zusammen, sie beschreibt daher für die verschiedenen Energiebänder die Krümmung von $E(k)$. Ist die Krümmung groß, so ist die effektive Masse m_e^* klein und die reziproke effektive Masse $\frac{1}{m_e^*}$ groß; umgekehrt entspricht eine kleine Krümmung einer großen effektiven Masse m_e^* und einem kleinen $\frac{1}{m_e^*}$.
Die elektrische Leitfähigkeit des Modells „freier" Elektronen $\sigma = \frac{ne^2\tau}{m_e}$ (siehe Abschnitt 2.6.1.2.4, Gl. VI-2.242) kann sehr einfach für den Ladungstransport im Kristall modifiziert werden, indem an Stelle der Masse m_e der freien e^- die effektive Masse m_e^* genommen wird. Damit gilt

$$\sigma \propto \frac{1}{m_e^*}. \tag{VI-2.287}$$

Dabei ist aber zu beachten, dass $m_e^*(k)$ in einem Band keine Konstante ist, d. h. über die verschiedenen $m_e^*(k)$ zu summieren ist. Die Leitfähigkeit ist daher proportional zur reziproken effektiven Masse $\frac{1}{m_e^*}$.

Während sich in realen Kristallen die erlaubten Energiebänder überlappen oder berühren können, liefert das Kronig-Penney-Modell für alle k-Werte durchlaufende, verbotene Energiebänder.[114] Die Ergebnisse dreidimensionaler Modelle stimmen allerdings mit den experimentell beobachteten Bandüberlappungen überein. Ein Kristall, der im eindimensionalen Modell ein voll besetztes, oberstes Energieband besitzt, d. h. ein Isolator sein sollte, kann daher in der dreidimensionalen Wirklichkeit ein metallischer Leiter sein.

Zur Besprechung der realen Bandstrukturen von Metallen und Halbleitern am Beispiel von Al und Ge siehe Anhang 6.

2.6.2.6 Metalle, Isolatoren, Halbleiter, Löcherleitung

Führt man eine Größe

$$f_k = m_e \cdot \frac{1}{m_e^\star} = \frac{m_e}{\hbar^2}\frac{d^2E}{dk^2} \qquad \text{(VI-2.288)}$$

ein, so stellt f_k ein Maß dafür dar, inwieweit ein e^- im Zustand k „frei“ ist, d. h., einem freien e^- entspricht: Ist $m_e^\star$ groß, so ist f_k klein, das e^- ist „schwer“; ist $f_k = 1$, d. h. $m_e^\star = m_e$, so verhält sich das e^- wie ein freies Teilchen. Da $f_k \propto \frac{d^2E}{dk^2}$, also proportional zur Krümmung der $E(k)$-Kurve ist, gilt bei $k \approx 0$ und im unteren Bereich der höheren Bänder $f_k > 0$ und im oberen Bereich $f_k < 0$.

Wir nehmen jetzt an, dass ein erlaubtes Energieband mit N e^- bis zu einem gewissen Wert k_1 gefüllt ist. Wie vielen freien e^- sind diese N Kristall-e^- äquivalent? Dazu müssen wir die Summe über alle besetzten Zustände im Band mit dem Faktor f_k multiplizieren. Für die Zahl der Zustände im Intervall dk eines eindimensionalen Kristalls der Länge l fanden wir oben (Abschnitt 2.6.2.4, Gl. VI-2.278) ohne Berücksichtigung der Spinorientierung $dn = l\frac{dk}{2\pi}$. Da jeweils zwei e^- jeden dieser Zustände besetzen können, ergibt sich für die „effektive Zahl freier Elektronen“ N_{eff}

$$N_{\text{eff}} = \frac{l}{\pi}\int_{-k_1}^{+k_1} f_k\,dk = \frac{2lm_e}{\pi\hbar^2}\int_0^{k_1}\frac{d^2E}{dk^2}\,dk = \frac{2lm_e}{\pi\hbar^2}\left(\frac{dE}{dk}\right)_{k=k_1}. \qquad \text{(VI-2.289)}$$

114 Dies gilt neben dem Kronig-Penney-Modell mit seinen periodischen δ-Funktionen auch für ein eindimensionales, sinusförmig variierendes Potenzial, während ein eindimensionales Rechteckpotenzial für gewisse Verhältniswerte der Potenzialwallbreite zum Wallabstand Bandüberschneidungen liefert (G. Allen, *Physical Review* **91**, 531 (1953)).

Daraus schließen wir:

1. Da an der Oberkante eines Bandes $\frac{\partial E}{\partial k} = 0$ ist, verschwindet die effektive Zahl freier e^- für ein vollständig gefülltes Band, $N_{\text{eff}} = 0$.
2. Beim Wendepunkt der $E(k)$-Kurve ist $\frac{\partial E}{\partial k} = \max$, daher erreicht N_{eff} seinen maximalen Wert, wenn das Band bis zum Wendepunkt gefüllt ist.

Es ergibt sich damit, dass ein Festkörper mit einer gewissen Zahl vollständig gefüllter Bänder, dessen andere erlaubte Energiebänder aber völlig leer sind, ein *Isolator* ist. Da alle Zustände im Band eines Isolators besetzt sind, energetisch höhere aber über einer Energielücke liegen, können die e^- eines vollen Bandes keine Energie aufnehmen, wenn die verbotene Zone groß genug ist (Beispiel Diamant: Energielücke $E_g = 5{,}4\,\text{eV}$). Das oberste voll besetzte Energieband heißt *Valenzband* (*valence band*). Ist andererseits das energetisch gesehen oberste Band nur unvollständig gefüllt oder überlappt ein vollständig gefülltes Band mit einem ungefüllten, so handelt es sich um ein Metall. Das nur teilweise gefüllte Band heißt *Leitungsband* (*conduction band*). Ist die Energielücke E_g der verbotenen Zone so klein (z. B. $\approx 1\,\text{eV}$), dass schon thermische Energien ausreichen, um eine messbare Zahl von e^- in das nächst höhere, leere Band zu heben, so ist der Kristall ein *Eigenhalbleiter* oder *intrinsischer Halbleiter* und nur bei sehr tiefen Temperaturen ein Isolator (Beispiele ($T = 0$): Si mit $E_g = 1{,}17\,\text{eV}$ und Ge mit $E_g = 0{,}75\,\text{eV}$). Die Fermienergie ε_F bestimmt über den Faktor $\frac{1}{e^{\frac{\varepsilon - \varepsilon_F}{kT}} + 1}$ (siehe Kapitel „Statistische Physik", Abschnitt 1.4.4, Gl. (VI-1.227) mit $\mu = \varepsilon_F$ für $T = 0$ (Gl. (VI-1.230)) die Verteilung der e^- eines Systems auf *alle* zur Verfügung stehenden Zustände. Sind diese wie beim freien Elektronengas kontinuierlich über die Energie verteilt, dann besitzt einer der Zustände die Fermienergie ε_F; bis zu dieser Energie sind die zur Verfügung stehenden Zustände bei $T = 0$ besetzt (Abb. VI-2.115). Sind jedoch die e^--Zustände wie beim intrinsischen Halbleiter diskontinuierlich auf zwei Bänder verteilt, dann kann die Fermienergie auch auf einem nicht zugänglichen Energieniveau liegen (Abb. VI-2.115, „Isolator").

Das Verständnis der Bandstruktur ermöglicht nun auch eine Erklärung des unterschiedlichen Temperaturverhaltens des elektrischen Widerstands von Metallen und Halbleitern: Während bei Metallen der Widerstand mit steigender Temperatur durch die zunehmende Elektron-Phonon-Streuung steigt, nimmt der Widerstand bei Eigenhalbleitern wegen der steigenden Zahl thermisch in das Leitungsband aktivierter Leitungselektronen mit der Temperatur ab, die den Widerstand erhöhenden Stoßprozesse werden durch den e^--Übertritt ins Leitungsband überkompensiert.

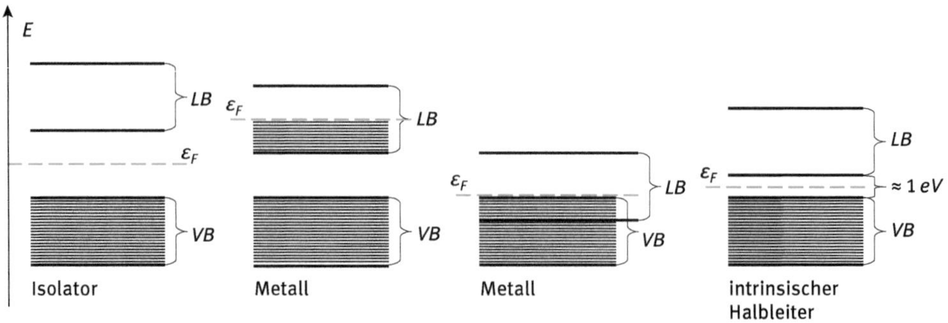

Abb. VI-2.115: Beim Isolator (ganz links) ist das Valenzband (*VB*) voll besetzt und vom leeren Leitungsband (*LB*) durch eine große Energielücke getrennt. Beim intrinsischen Halbleiter (ganz rechts) ist die Energielücke nur klein (≈ 1 eV). Bei Metallen ist das Leitungsband nur unvollständig gefüllt oder ein vollständig gefülltes Band überlappt mit einem leeren Band. ε_F ... Fermienergie.

Das Konzept des „Defektelektrons", eines „Lochs"

Bei intrinsischen Halbleitern befinden sich bei $T > 0$ einige der e^- des bei $T = 0$ vollständig gefüllten Valenzbandes durch thermische Anregung im Leitungsband; die entsprechenden Zustände im Valenzband, die nahe der Oberkante des Bandes liegen, sind daher unbesetzt.

Für die Beschleunigung eines Kristall-e^- im äußeren elektrischen Feld ist seine effektive Masse $m_e^\star$ maßgebend. Die Beiträge der e^- eines Bandes zum Ladungstransport, d. h. zum elektrischen Strom, sind daher verschieden, abhängig von ihrer „Höhe" im Band. Die e^- im unteren Teil des Bandes tragen entsprechend ihrer negativen Ladung zum Strom bei, jene in der Nähe der Oberkante des Bandes mit positiver Ladung. Ist ein Band vollständig besetzt, so kann kein Ladungstransport erfolgen, da keine freien Plätze für eine Energieaufnahme bei der Ladungsbewegung zur Verfügung stehen; das vollständig gefüllte Band trägt nicht zur elektrischen Leitfähigkeit bei. Ist daher ein Valenzband wie beim intrinsischen Halbleiter für $T > 0$ nicht vollständig gefüllt, so können die e^- des an der Oberkante nicht vollständig gefüllten Valenzbandes entsprechend ihrer negativen effektiven Masse zur Leitfähigkeit beitragen und zwar so, als wären die *unbesetzten* Zustände mit e^+ (mit Masse $m_e^\star$) besetzt.[115] Man spricht von *Defektelektronen* oder *Löchern* und entsprechend von *Löcherleitung*.

Ganz allgemein kann man sagen: Der elektrische Strom, der durch e^- getragen wird, die nur einen Teil der möglichen Zustände eines Bandes besetzen, ist exakt gleich dem Strom, der auftreten würde, wenn genau diese besetzten e^--Zustände unbesetzt und die unbesetzten e^--Zustände durch e^+ besetzt wären. Obwohl also

---

115 An der Oberkante eines nicht vollständig gefüllten Bandes bewegen sich ja die e^- entgegen der Feldrichtung.

nur e^- zum Strom beitragen, kann der Strom in einem nur teilweise gefüllten Band immer als von Löchern (e^+) getragen gedacht werden, die alle jene Zustände eines Bandes auffüllen, die von e^- unbesetzt sind.[116]

2.6.2.7 Halbleiter

Halbleiter sind von besonderer Bedeutung für die Herstellung und Funktion elektronischer Geräte. Bei tiefen Temperaturen sind die kovalent gebundenen Halbleiterkristalle (Ge, Si, GaAs usw.) Isolatoren; ihr Valenzband (oberstes mit e^- besetztes Energieband) ist voll gefüllt, das Leitungsband ist bei $T = 0$ vollkommen leer. Wegen der kleinen Energielücke von nur 1–2 eV ist aber schon bei Raumtemperatur ($RT \approx 300\,\mathrm{K} \triangleq 0{,}025\,\mathrm{eV} = 25\,\mathrm{meV}$) eine beachtliche Zahl von e^- in das Leitungsband angeregt. Entsprechend steigt die Leitfähigkeit von Halbleitern exponentiell mit der Temperatur. Bei diesen *Eigenhalbleitern* (= *intrinsischen Halbleitern*) bleibt für jedes energetisch in das Leitungsband gehobene e^- ein „Loch" im Valenzband zurück und trägt (als positiver Ladungsträger) ebenfalls zur elektrischen Leitfähigkeit bei (Abb. VI-2.116). Wird die Anregung nicht thermisch, sondern von einfallendem Licht (Photonen) verursacht (innerer Photoeffekt), spricht man von *Photoleitfähigkeit*; die Energielücke der Halbleiter entspricht den roten oder infraroten Wellenlängen des elektromagnetischen Spektrums.

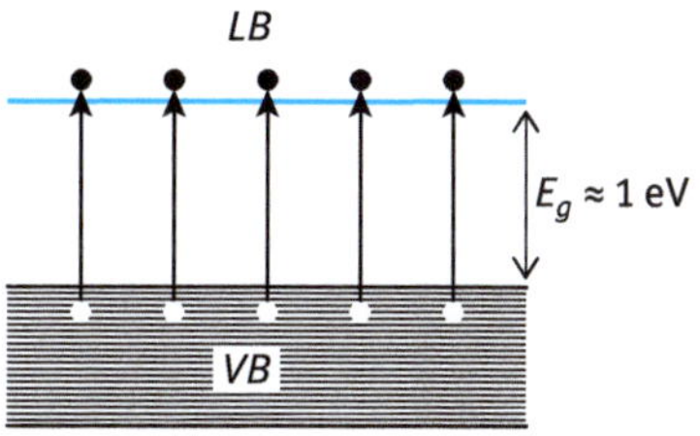

Abb. VI-2.116: Anregung von Ladungsträgern beim Eigenhalbleiter: Für jedes ins Leitungsband angeregte e^- bleibt ein positives Loch zurück. Beide tragen zur elektrischen Leitfähigkeit bei.

In *Störstellen-Halbleitern* (= *Fremdhalbleiter, extrinsische Halbleiter*) werden geeignete Fremdatome, die zwar annähernd gleiche Größe, aber andere Valenz als die regulären Gitteratome des Halbleiters besitzen, in das Kristallgitter eingebracht (*Dotierung*); je nach dem Verwendungszweck variiert dabei ihre Konzentration.[117]

116 Es ist daher völlig gleichwertig, ob in einem Band die Leitung als durch negative Elektronen oder durch positive Löcher getragen gedacht wird. Tragen Elektronen den Strom, dann tragen die unbesetzten Zustände nicht bei; betrachtet man andererseits die Löcher als Träger des Stroms, dann müssen die Elektronen unberücksichtigt bleiben. Aber: In einem Band darf immer nur eine Vorstellung benützt werden!

117 Konzentration der Fremdatome: $\approx 10^{-8}$ pro Atom (auf 10^8 Gitteratome kommt ein Fremdatom: Dieser mittlere Wert variiert aber stark bei speziellen Anwendungen; bei der Tunneldiode ist die Fremdatomkonzentration 10^4 bis 10^5 mal größer.

Baut man z. B. in das Diamantgitter von Ge mit seinen 4 Valenz-e^- pro Atom eine geringe Menge von Fremdatomen mit 5 Valenz-e^- (z. B. As, PbSb) ein, so werden nur 4 e^- des Fremdatoms für die kovalente Bindung im Diamantgitter gebraucht, das fünfte e^- ist nur ganz schwach an das Fremdatom gebunden, es ist „quasifrei" und braucht nur eine sehr geringe Anregungsenergie ins Leitungsband, steht folglich schon bei tiefen Temperaturen als Leitungs-e^- zur Verfügung. Dieses e^- besetzt daher einen Energiezustand innerhalb der verbotenen Zone des Ge-Kristalls, ganz knapp unterhalb der Unterkante seines Leitungsbandes (Abb. VI-2.117, links). Ein Fremdatom, das auf diese Weise e^- zur Verfügung stellt, heißt *Donator* (*donor*) und ein entsprechend dotierter Halbleiterkristall heißt *n-Typ* (*n-type*) *Halbleiter*, er ist *n-leitend* (Elektronenleitung).

Ganz analog kann ein Fremdatom mit weniger Valenz-e^- (z. B. Ga, Al, B mit nur 3 Valenz-e^-) in das Gitter eingebaut werden, wodurch ein „Loch" (Defekt-e^-) mit einer Energie ganz knapp oberhalb der Oberkante des Valenzbandes entsteht (Abb. VI-2.117, rechts). Schon bei sehr niedrigen Temperaturen wird dieses Atom durch ein Valenz-e^- besetzt und es bleibt ein bewegliches Loch im Valenzband zurück. Fremdatome dieser Art heißen *Akzeptoren* (*acceptors*). Ein so dotierter Halbleiter ist vom *p-Typ*, er ist *p*-leitend (Löcherleitung).

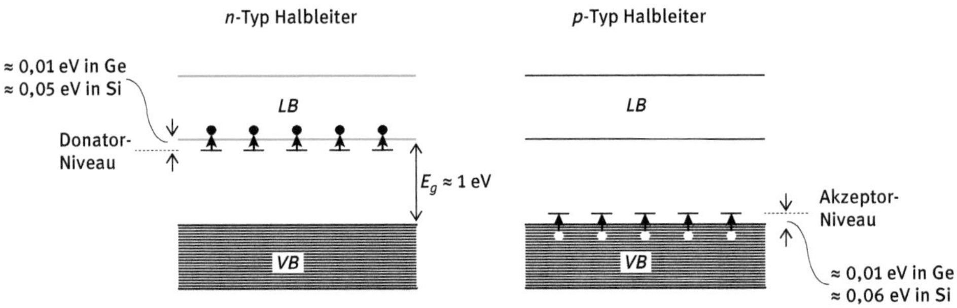

Abb. VI-2.117: Energiniveaus in Störstellenhalbleitern (schematisch). Links: Donatorniveaus knapp unter der Unterkante des Leitungsbandes führen zur Elektronenleitung (*n*-Typ Halbleiter). Rechts: Akzeptorniveaus knapp oberhalb des Valenzbandes führen zur Löcherleitung (*p*-Typ Halbleiter).

Der Ladungsträgertyp eines Halbleiters kann mit Hilfe des *Hall-Effektes* (siehe Band III, Kapitel „Statische Magnetfelder", Abschnitt 3.1.4.2, Vorzeichen der Hallspannung (Gl. III-3.23) bzw. des Hall-Koeffizienten $A_H = \frac{1}{n \cdot q}$) bestimmt werden.

2.6.2.8 Brillouin-Zonen, Fermi-Flächen und Zustandsdichte

Die 1. Brillouin-Zone (*BZ*) ist die Wigner-Seitz-Zelle des reziproken Gitters und damit eine primitive Elementarzelle des reziproken Gitters im $\vec{k}$-Raum. Die 1. *BZ* eines kubisch primitiven Gitters ist ein Würfel mit der Kantenlänge $\frac{2\pi}{a}$, wenn a die Gitterkonstante ist; die 1. *BZ* des *krz-* und des *kfz-*Gitters sind in Abschnitt 2.2.4.3, Abb. VI-2.42 gezeigt.

Die Zonengrenzen der 1. *BZ* sind auch Bragg-Ebenen (die Bragg-Bedingung ist erfüllt für $\vec{k} \cdot \frac{\vec{G}}{G} = \vec{k} \cdot \vec{n}_0 = \frac{1}{2} G$ (siehe Abschnitt 2.2.5.5, Gl. (VI-2.83) und Fußnote 49); die Wellenvektoren $\vec{k}$, die auf der Brillouin-Zonengrenze enden, sind damit genau jene, für die ein e^- im Kristall Bragg-Reflexion erfährt und sich daher nicht durch den Kristall bewegen kann ($v \propto \frac{dE}{dk} = 0$); die 1. *BZ* kann daher auch als Menge aller Punkte des reziproken Raums definiert werden, die vom Ursprung aus erreicht werden können, ohne (irgend-)eine Bragg-Ebene zu überschreiten. Man kann dann als 2. *BZ* die Menge aller Punkte des reziproken Raums definieren, die vom Ursprung aus bei nur einmaliger Überschreitung einer Bragg-Ebene (Überschreitung der Zonengrenze der 1. *BZ*) erreicht werden können. Analog ist die n-te *BZ* gegeben als Menge aller Punkte des reziproken Raums, die bei Überschreitung von genau $(n-1)$ Bragg-Ebenen erreicht werden. Die folgende Abb. VI-2.118 zeigt die ersten drei *BZ* eines quadratischen Gitters (das reziproke Gitter ist dann ebenfalls quadratisch).

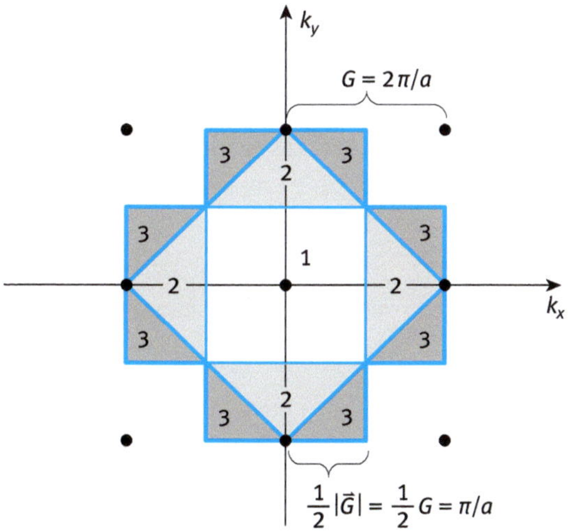

Abb. VI-2.118: Die ersten drei Brillouin-Zonen eines quadratischen Gitters mit der Gitterkonstante a. Entsprechend ihrer Konstruktion als kleinster Wigner-Seitz-Zelle, halbiert die 1. *BZ* die Abstände zu den nächstgelegenen Gitterpunkten.

Die Zonengrenzen des quadratischen Gitters mit Gitterkonstante a können durch folgende Geradengleichung angegeben werden:[118]

$$n_x k_x + n_y k_y = \frac{\pi}{a}\left(n_x^2 + n_y^2\right), \qquad n_x\,,\, n_x \text{ ganz.} \qquad \text{(VI-2.290)}$$

Für die vier Zonen-Grenzlinien der 1. *BZ* gilt z. B. $n_x = \pm 1$, $n_y = 0$ und $n_x = 0$, $n_y = \pm 1$, für die der 2. *BZ* $n_x = \pm 1$, $n_y = \pm 1$. Die Fläche zwischen diesen beiden Grenzlinien ist die 2. *BZ*. Alle Zonen sind flächengleich.

Für das kubisch primitive Gitter sind die Zonengrenzen durch geeignete Wahl der Zahlen n_x, n_y, n_z der folgenden Gleichung gegeben:[119]

$$n_x k_x + n_y k_y + n_z k_z = \frac{\pi}{a}\left(n_x^2 + n_y^2 + n_z^2\right) \qquad n_x\,,\, n_x\,,\, n_z \text{ ganz.} \qquad \text{(VI-2.291)}$$

In Vektorform kann das als

$$\vec{n} \cdot \vec{k} = \frac{\pi}{a} n^2, \qquad \vec{n} = \{n_x, n_y, n_z\} \qquad \text{(VI-2.292)}$$

geschrieben werden. Die 1. *BZ* ist eine primitive Elementarzelle des reziproken Gitters; alle weiteren *BZ* lassen sich auf die erste *BZ* reduzieren und haben daher das gleiche Volumen. Die Oberflächen der ersten drei *BZ* des *krz*- und des *kfz*-Gitters sind in Anhang 7 dargestellt.

Für Metalle mit einem Leitungs-e^- pro Atom (Alkalimetalle und Edelmetalle Cu, Ag, Au) liegt die Fermi-Fläche innerhalb der ersten *BZ*, sie entsprechen daher weitgehend dem Sommerfeld-Modell des freien e^--Gases (insbesondere die Alkalimetalle). Die Abb. VI-2.119 zeigt die Fermi-Fläche für freie e^- im quadratischen Gitter, wenn die erste und die zweite *BZ* teilweise besetzt sind.

118 Geradengleichung in der Ebene: $Ax + By + C = 0$; für $A = 0$ verläuft die Gerade // zur x-Achse, für $B = 0$ // zur y-Achse, für $C = 0$ geht sie durch den Ursprung.

119 Allgemeine Gleichung einer Ebene: $Ax + By + Cz + D = 0$; ist $D = 0$, so geht die Ebene durch den Koordinatenursprung, für $A = 0$ ($B = 0$, $C = 0$) ist die Ebene // zur x-Achse (y-Achse, z-Achse), für $A = B = 0$ ($A = C = 0$, $B = C = 0$) ist die Ebene // zur x-y-Ebene (x-z-Ebene, y-z-Ebene).

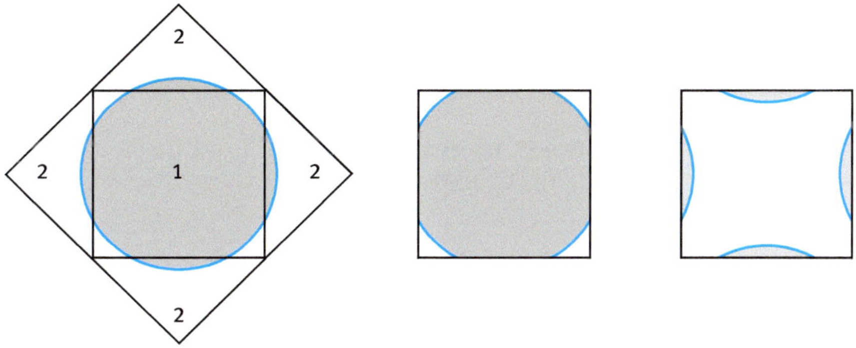

Abb. VI-2.119: Fermi-Fäche für freie Elektronen im Sommerfeld-Modell für ein quadratisches Gitter; 1. und 2. *BZ* sind teilweise besetzt. Ausgedehntes Zonenschema (inks); reduziertes Zonenschema für das erste Band (Mitte) und das zweite Band (rechts).

Für Metalle mit mehr als einem Leitungs-e^- pro Atom durchdringt die Fermi-Kugel die erste oder mehrere *BZ*. An allen Grenzflächen der *BZ* tritt aber im Gegensatz zum freien e^- ein Sprung in den zur Verfügung stehenden Energiewerten auf, eine Energielücke. Damit ändern sich die von e^- besetzten Zustände im $\vec{k}$-Raum und weichen von der Kugelform des Sommerfeld-Modells ab („freies" e^-, siehe Abschnitt 2.6.1.2.4), wie Abb. VI-2.120 zeigt:

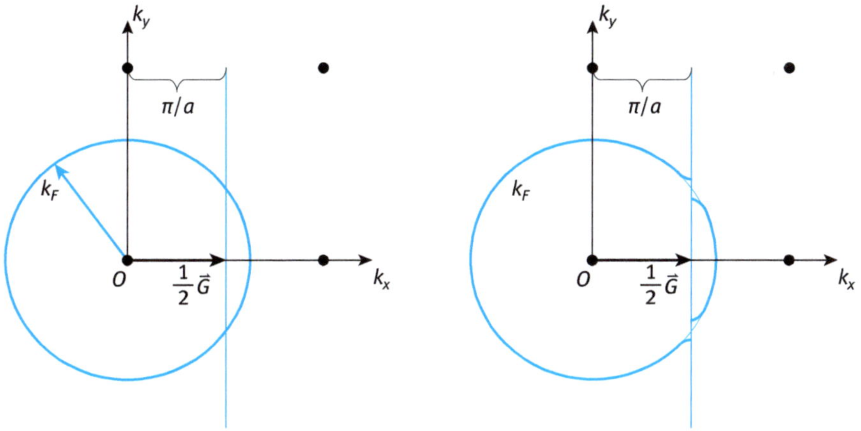

Abb. VI-2.120: Fermi-Fläche des freien Elektrons im Sommerfeld-Modell (links): Bandlücke (energy gap) $E_g = 0$. Bei Berücksichtigung des periodischen Potenzials des Kristallgitters tritt ein Sprung in den zur Verfügung stehenden Energiewerten (Energielücke $E_g \neq 0$) auf, wenn die Fermi-Kugel eine Bragg-Ebene = Brillouin-Zonengrenze (z. B. bei π/a) durchsetzt (rechts).

Die Fermi-Fläche bei $T = 0$ trennt die besetzten von den unbesetzten Zuständen, daher werden die Zustände nahe der Fermi-Fläche bei Energieerhöhung durch

Erhöhung der Temperatur bzw. durch Anlegen eines elektrischen Feldes umbesetzt. Die Gestalt der Fermi-Fläche bestimmt somit weitgehend die elektronischen Eigenschaften des Festkörpers. Die Fermi-Flächen von Cu und Al sind in Anhang 7 dargestellt.

Für die Zustände der Leitungs-e^- im Sommerfeld-Modell des freien e^- haben wir gefunden (Abschnitt 2.6.1.2.2, Gl. VI-2.231)

$$Z(E)\,dE = \frac{V}{2\pi^2\hbar^3}\left(2m_e\right)^{3/2}E^{1/2}dE$$

und für die Zustandsdichte im Energieintervall dE (Zahl der Zustände pro Volumen $z(E) = \frac{Z(E)}{V}$, Gl. VI-2.232)

$$z(E)\,dE = \frac{1}{2\pi^2\hbar^3}\left(2m_e\right)^{3/2}E^{1/2} = \frac{1}{2\pi^2}\left(\frac{2m_e}{\hbar^2}\right)^{3/2}E^{1/2}dE\,.$$

Nimmt man eine sphärische Energiefläche um das Zentrum der 1. *BZ* für die Leitungs-e^- an, so folgt im periodischen Potenzial des Kristallgitters analog zu freien e^- $E(k) = \frac{\hbar^2k^2}{2m_e^*}$, es tritt daher die effektive Masse m_e^* an die Stelle von m_e und wir erhalten

$$z(E)\,dE = \frac{1}{2\pi^2\hbar^3}(2m_e^*)^{3/2}E^{1/2} = \frac{1}{2\pi^2}\left(\frac{2m_e^*}{\hbar^2}\right)^{3/2}E^{1/2}dE\,. \qquad \text{(VI-2.293)}$$

Das heißt aber: Die Zustandsdichte $z(E)$ ist nicht nur proportional zu $E^{1/2}$, sondern auch zu $(m_e^*)^{3/2}$. $z(E)$ steigt daher für enge Energiebänder stärker als für breite Bänder.[120] Im idealen Fall hält die obige Beziehung bis zur Grenze der 1. *BZ*, d. h. bis $k = \pi/a$ in der x- bzw. der y-Richtung, dann aber stehen nur mehr die Ecken der Zone (beim kubisch primitiven Gitter die Würfelecken) zur Verfügung und die Zustandsdichte nimmt ab und wird Null (im kubisch primitiven Gitter bei $k = \left(\frac{\pi}{a}\right)\sqrt{3}$). In Wirklichkeit sind die Energieflächen aber nur in der Nähe von

120 Da in einem engen Energieband der Übergang der Energie vom Zentrum bis zum Rand der 1. *BZ* sehr flach und stetig verläuft, muss auch die Bandkrümmung $\frac{\partial^2 E}{\partial k^2}$ sehr klein sein $\Rightarrow$ $m_e^* \propto \left(\frac{\partial^2 E}{\partial k^2}\right)^{-1}$ (siehe Abschnitt 2.6.2.5, Gl. VI-2.286) wird entsprechend groß im Unterschied zu einem breiten Band mit größerer Bandkrümmung im Zentrum der 1. *BZ*.

$\vec{k} = 0$ kugelförmig. In der Gegend der Zonengrenze nimmt E nur wenig mit $\vec{k}$ zu und die Zustandsdichte steigt zu einem Maximum an; dann fällt sie wieder, wenn nur mehr die Zonenecken zur Verfügung stehen. In der Nähe der Oberkante des Bandes geht $z(E)$ gegen Null (Abb. VI-2.121).

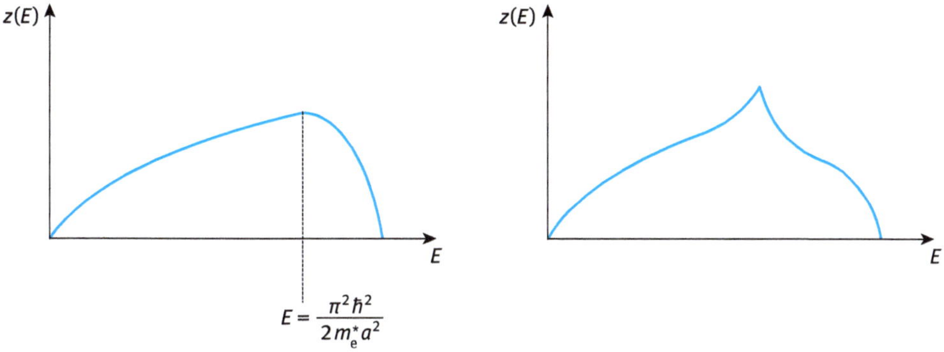

Abb. VI-2.121: Schematische Darstellung der Zustandsdichte $z(E)$ im kubisch primitiven Gitter. Links: Kugelförmige Energiefläche; rechts: Berücksichtigung der Abweichung von der Kugelform in der Gegend der Brillouin-Zonengrenze. (Nach A. J. Dekker, *Solid State Physics*, MacMillan Student Editions 1986.)

2.6.2.9 Die Näherungen quasifreier (*nearly free electron approximation*) und quasigebundener Elektronen (*tight binding approximation*)

Zur näherungsweisen Lösung der Schrödingergleichung und Berechnung von $E(\vec{k})$, der *Bandstruktur* (*band structure*), eines Festkörpers gibt es (neben vielen anderen) zwei gegensätzliche Ausgangspunkte: Freie Leitungs-e^- in einem schwachen, periodischen Potenzial, ein mit einem schwachen, periodischen Potenzial modifiziertes Sommerfeld-Modell (*nearly free electron approximation*), bzw. an die Atome gebundene e^-, die durch die anderen Atome nur wenig beeinflusst werden (*tight binding approximation*).

2.6.2.9.1 Quasifreie Elektronen (*nearly free electron*)

In dieser Näherung werden die e^- als zum ganzen Kristall gehörig betrachtet (*crystal orbital method, COM*). Dieser Ansatz quasifreier Leitungselektronen, freier e^-, gestört durch ein nur schwaches, periodisches Potenzial, gibt trotz seiner unrealistischen Annahmen in vielen Fällen erstaunlich gute Ergebnisse. Besonders in Metallen mit s und p Elektronen zusätzlich zu einer abgeschlossenen Edelgas-Elektronenkonfiguration (Metalle der Gruppen I, II, III und IV im Periodensystem) scheinen sich die Leitungs-e^- in einem nahezu konstanten Potenzial zu bewegen. Das ist in keiner Weise trivial; es gibt im Wesentlichen zwei Gründe dafür, dass die

Wechselwirkung zwischen den Leitungs-e^- und den Metallionen und die Wechselwirkung zwischen den Leitungs-e^- untereinander insgesamt den Effekt eines schwachen Potenzials haben:

1. Die *WW* mit den Ionen ist bei sehr kleinen Distanzen am größten; die Leitungs-e^- können aber wegen des Pauli-Verbots nicht in die nahe Umgebung der Ionen eindringen.
2. In dem erlaubten Bereich zwischen den Ionen schirmen die Leitungs-e^- das Feld der positiven Ionen ab, sodass das Potenzial, das auf das einzelne Leitungs-e^- wirkt, verringert wird.

Ausgangspunkt der Behandlung eines schwachen, periodischen Potenzials sind Bloch-Funktionen aus ebenen Wellen. Als Ergebnis[121] erhält man eine Aufspaltung der Energiewerte an den Brillouin-Zonengrenzen und entsprechende Energielücken, die im eindimensionalen Fall dem Kronig-Penney-Modell sehr ähnlich sind.

Die Näherung quasifreier e^- ist heute von untergeordneter Bedeutung, da die *WW* der e^- untereinander nicht berücksichtigt wird.

2.6.2.9.2 Quasigebundene Elektronen (*tight binding, TB*)

Bei dieser Näherung nimmt man an, dass die *WW* der Atome des Kristalls nicht von langer Reichweite sind, sodass sie durch Überlappung der Wellenfunktionen nur benachbarter Atome beschrieben werden können („*hopping term*"). Man geht zwar von der Wellenfunktion eines e^- im freien Atom aus, bildet aber eine Bloch-Funktion für das e^- im periodischen Potenzial des ganzen Kristalls. Dazu wird eine Linearkombination der Wellenfunktionen des isolierten Atoms verwendet („*linear combination of atomic orbitals*", *LCAO*). Wird der Abstand der Atome klein, so verbreitern sich die beim isolierten Atom diskreten Energieniveaus zu Energiebändern.

In dieser Näherung unterscheidet sich die Energie des e^- im Kristall von der des freien e^- durch einen konstanten Faktor und einen vom Wellenvektor $\vec{k}$ abhängigen Term, der die Bandstruktur bestimmt. Die *TB*-Methode eignet sich gut für stark kovalente Bindungen wie im Diamant oder in Hartstoffen (z. B. Karbide wie VC, TiC) mit sehr hohen Schmelzpunkten und ist ein sehr wichtiges Konzept der modernen Festkörpertheorie.

2.6.2.9.3 Moderne Methoden: Die Dichtefunktional-Theorie (*density functional theory, DFT*)[122]

Anstatt zuerst den quantenmechanischen Grundzustand des Vielelektronensystems zu ermitteln, wird bei diesem Verfahren von vornherein die ortsabhängige

---

121 Siehe z. B. N. W. Ashcroft und N. D. Mermin, *Solid State Physics*, Chapter 9, Saunders College Publishing, Philadelphia 1976.

122 Für eine detailliertere Beschreibung der *DFT*-Methode, der verschiedenen Rechenmethoden und zahlreicher Anwendungen, die die Stärke der *DFT*-Methode demonstrieren, siehe z. B. S. Mül-

Elektronendichte in einem Iterationsverfahren bestimmt: Die Vielteilchenwellenfunktion des Systems wird durch die ortsabhängige Elektronendichte ersetzt. Dies kann deshalb erfolgen, da die Gesamtenergie des Systems, die von den Vielteilchenwechselwirkungen abhängt, ein eindeutiges *Funktional*[123] der Elektronendichte ist.

Nach den Gesetzen der Quantentheorie kann für den Fall eines zeitunabhängigen, nicht-relativistischen Zustands (Teilchenerhaltung) in adiabatischer (Born-Oppenheimer) Näherung (siehe Abschnitt 2.6.2.1) die mittlere Gesamtenergie eines bestimmten Zustands des Systems als Funktional der Vielteilchenwellenfunktion $E[\psi]$ durch Lösen der stationären Schrödingergleichung angegeben werden:

$$\hat{H}\psi_i = E_i\psi_i\,. \tag{VI-2.294}$$

Dabei ist $\hat{H}$ der zeitunabhängige Hamiltonoperator und ψ_i die antisymmetrische Vielteilchenwellenfunktion im Quantenzustand i, die für N Elektronen des Systems eine Funktion von $4N$ Variablen ist, je drei Ortskoordinaten und einer Spinvariablen.

1964 zeigten Pierre Hohenberg (geb. 1934) und Walter Kohn (1923–2016, geb. in Wien)[124], dass die Energie des Grundzustands des Elektronensystems vollständig durch die Ladungsdichte bestimmt ist.

Da für die externe Energie, die durch die Atomkerne des Systems erzeugt wird, gilt

$$V_{\text{ext}} = \int v_{\text{ext}}\rho(\vec{r})\,d\vec{r}\,,^{125,126} \tag{VI-2.295}$$

(V_{ext} ... Kernladungspotenzial, $\rho(\vec{r})$ ... Elektronendichte) ergibt sich für die Gesamtenergie im Grundzustand

$$E[\rho] = \int v_{\text{ext}}\rho(\vec{r})\,d\vec{r} + F[\rho]\,.$$

---

ler, W. Wolf und R. Podloucky, *Ab-initio methods and applications* in: *Alloy Physics*, W. Pfeiler (Editor), Wiley-VCH, Weinheim 2007, S. 589.

123 Als *Funktional* bezeichnet man eine Funktion, die von Funktionen abhängt. Genauer: Ein Funktional ist ein *Operator*, der eine Menge von Elementen (Zahlen, Vektoren, Funktionen) auf eine Menge von reellen oder komplexen Zahlen abbildet. Beispiele für Funktionale sind die bestimmten Integrale, die δ-Funktion oder der Hamiltonoperator der stationären Schrödingergleichung. Ein Funktional wird auch als „Funktion höherer Ordnung" oder „Funktion auf Funktionen" bezeichnet.

124 P. Hohenberg und W. Kohn, *Physical Review* B **136**, 864 (1964).

125 $V_{\text{ext}}(\rho)$ hängt von der noch zu bestimmenden Struktur des Systems ab.

126 $d\vec{r}$ bedeutet hier ein differentielles Volumselement $d\vec{r}$ um $\vec{r}$: $d\vec{r} = dr_x\,dr_y\,dr_z = dx \cdot dy \cdot dz = dV$ (siehe auch Kapitel „Materialphysik", Abschnitt 3.1.2, Fußnote 7).

Das Funktional $F[\rho]$ ist *universell* (*universal*), d. h. unabhängig von einem speziellen Material, da es *nur* von der Elektronendichte und nicht wie das externe Potenzial von der Kernladung abhängt. Es besteht aus einer Summe von Funktionalen der Elektronendichte: Der kinetischen Energie der Elektronen $E_{\text{kin}}[\rho]$, der (klassischen) Coulombwechselwirkung $E_{\text{Coul}}[\rho]$ zwischen den Ladungsdichten, und dem *Austauschterm* (*many-body exchange-correlation functional*) $E_{xc}[\rho]$, der alle quantenmechanischen Wechselwirkungen zwischen den Elektronen berücksichtigt. Das ergibt:

$$F[\rho] = E_{\text{kin}}[\rho] + E_{\text{Coul}}[\rho] + E_{xc}[\rho]\,. \tag{VI-2.296}$$

Kennt man die genaue Form aller dieser Funktionale, so können diese dazu benützt werden, nach dem Variationsprinzip die *exakte* Elektronendichte und Energie im Grundzustand des Systems zu ermitteln.

Walter Kohn und Lu Jeu Sham (geb. 1938)[127] schlugen dann 1965 den folgenden Weg ein, um den Term der kinetischen Energie und den Austauschterm zu bestimmen. Sie betrachteten ein System von N fiktiven, nicht wechselwirkenden Elektronen, die sie mit einer Einteilchen-Wellenfunktion in N, sogenannten Kohn-Sham-Orbitalen φ_i, beschrieben.[128] Dazu teilten sie das Funktional der kinetischen Energie $E_{\text{kin}}[\rho]$ in einen Einteilchen-Term (*single particle term*) $E^{S}_{\text{kin}}[\rho]$ und schoben den Rest in den Austauschterm $E_{xc}[\rho]$ (*many-body exchange-correlation functional*). Für diese Kohn-Sham-Orbitale können die der Schrödingergleichung ähnlichen *Kohn-Sham-Gleichungen* (für die „Quasielektronen") aufgestellt werden

$$\hat{H}\varphi_i = \varepsilon_i\varphi_i \qquad \textit{Kohn-Sham-Gleichungen} \tag{VI-2.297}$$

mit

$$\hat{H} := -\frac{\hbar^2}{2m_e}\,\Delta + V_{\text{eff}}(\vec{r})\,, \qquad V_{\text{eff}}(\vec{r}) = V_{\text{ext}} + V_{\text{Coul}} + V_{xc}\,. \tag{VI-2.298}$$

Dabei ist das effektive Potenzial V_{eff} eine Summe aus dem externen Potenzial V_{ext}, den (klassischen) Coulombwechselwirkungen V_{Coul} und dem Term V_{xc}, der alle Austauschwechselwirkungen (Austausch-Korrelationspotenzial, *many-body exchange-correlation interactions*) enthält. Diese Austausch-Wechselwirkungsenergie

---

127 W. Kohn und L. J. Sham, *Physical Review* A **140**, 1133 (1965).

128 Das mit einer Vielteilchenwellenfunktion zu beschreibende System aus wechselwirkenden Atomkernen und Elektronen wird mit Hilfe der Dichtefunktionale eindeutig auf ein fiktives Einteilchensystem abgebildet. Einteilchensystem heißt, dass die Quantenzustände mit *Orbitalen*, d. h. Einteilchenwellenfunktionen von „Quasielektronen" beschrieben werden können.

$V_{xc}[\rho] = \dfrac{\partial E_{xc}}{\partial \rho}$ ist wie das Funktional $F[\rho]$ ein universelles Funktional, es hängt nur von der Elektronendichte ab.

Die Kohn-Sham-Gleichungen beschreiben das Verhalten der fiktiven, nicht-wechselwirkenden Quasielektronen in einem effektiven Potenzial und die daraus gewonnenen Kohn-Sham-Orbitale φ_i geben bei Kenntnis des effektiven Potenzials $V_{\text{eff}}(\vec{r})$ die *exakte Elektronendichte* ρ und die zugehörige *exakte Energie im Grundzustand* $E[\rho]$. *Damit stellt die Kohn-Sham-Methode einen direkten Zusammenhang her zwischen der Elektronendichte bzw. der Energie der nicht-wechselwirkenden Quasielektronen im Grundzustand, und dem tatsächlichen System aus vielen wechselwirkenden Elektronen, die die Vielteilchen-Schrödingergleichung beschreibt.* So können Eigenschaften des Grundzustands von Systemen (Materie) berechnet werden, ohne jegliche Eingabe von empirischen Parametern. Man spricht daher auch von der *ab-initio* oder *first principles* Methode. Da das effektive Potenzial $V_{\text{eff}}(\vec{r})$ sowohl in die Kohn-Sham-Gleichungen eingeht als auch von der Elektronendichte ρ selbst abhängt und somit von den Lösungen der Gleichungen, müssen die Lösungen *iterativ* gefunden werden: Es wird mit einem Startwert für V_{eff} begonnen und der aus der Rechnung gewonnene neue Potenzialwert (oder eine Linearkombination aus altem und neuen Wert) wird wieder in die Rechnung eingesetzt usf., bis sich eine stabile, *selbstkonsistente* Lösung ergibt.

Die Genauigkeit der für reale Systeme berechneten Ergebnisse hängt von der Genauigkeit der Kenntnis des Funktionals der Austausch-Wechselwirkungsenergie (*many-body exchange-correlation interactions*) V_{xc} ab, das man aber nicht wirklich genau kennt; die Brauchbarkeit des Kohn-Sham-Ansatzes für konkrete Anwendungen ist daher mit geeigneten Näherungen für V_{xc} verbunden. Da jedoch dieses Funktional universell ist, also nicht vom jeweiligen Material abhängt, das untersucht wird, kann man die Eigenschaften des Funktionals an einer Reihe von Systemen bestimmen und daraus ausgezeichnete Näherungen des Funktionals entwickeln und benützen. Die einfachsten und erstaunlich gut funktionierenden Näherungen basieren auf dem freien, homogenen Elektronengas („lokale Dichtenäherung" = *local density approximation* (*LDA*) und deren Erweiterung, der „Gradientennäherung" = *generalized gradient approximation* (*GGA*))[129].

Auf der *DFT* beruhende *ab-initio* Methoden sind in den letzten Jahren mit außerordentlich großem Erfolg und hoher Genauigkeit auf eine Vielzahl von Problemen besonders der Festkörperphysik angewendet worden. Sie liefern manchmal Materialeigenschaften rascher und mit weniger Aufwand, d. h. deutlich billiger als ein entsprechendes Experiment. Außerdem kann man sie in Bereichen anwenden, die dem Experiment nur schwer zugänglich sind, z. B. Bildungsenthalpien von De-

---

129 Für eine genaue Beschreibung der verschiedenen Näherungsmethoden, die in der *DFT* Verwendung finden, siehe R. M. Martin, *Electronic Structure: Basic Theory and Practical Methods*, Cambridge University Press 2004.

fekten in Legierungen und intermetallischen Verbindungen, atomare Struktur von Oberflächen, Vorhersage neuer, metastabiler Phasen u. a. (siehe z. B. S. Müller, W. Wolf und R. Podloucky, *Ab-initio Methods and Application*, in: *Alloy Physics*, W. Pfeiler (Editor), Wiley-VCH, Weinheim 2007, S. 589).

Zusammenfassung

1. Die chemische Bindung ist eine Folge der Energieerniedrigung des gebundenen Systems durch Absenkung der Energie der äußersten e^- bei starker Annäherung von Atomen. Bei zu großer Annäherung erfolgt die für einen *GG*-Abstand notwendige Abstoßung als Folge der Umverteilung der e^- entsprechend dem Pauli-Verbot.
2. Bei der ionischen Bindung geht ein e^- des einen Atoms vollständig zum anderen Atom über. Die Bindung ist elektrostatisch und daher räumlich ungerichtet. Beim Ionenkristall berücksichtigt die Madelung-Konstante α die räumliche Anordnung der unterschiedlich geladenen Ionen. Die Gitterenergie im *GG*-Abstand ergibt sich zu

$$E^i_{\text{pot}}(R_0) = \underbrace{-\frac{1}{4\pi\varepsilon_0}\frac{N\alpha q^2}{R_0}}_{\textit{Madelungenergie}}\left(1 - \frac{b}{R_0}\right).$$

3. Bei der kovalenten Bindung bilden die bindenden e^--Paare mit antiparallelem Spin Atomorbitale mit hoher Aufenthaltswahrscheinlichkeit zwischen den Bindungspartnern ⇒ stark gerichtete Bindung. Durch „Hybridisierung“ kann sich die Zahl der Bindungsorbitale erhöhen (Beispiel: sp^3-Hybridisierung des Kohlenstoff zu 4 Bindungsorbitalen in Tetraederrichtung ⇒ Diamantgitter).

   Die metallische Bindung ist eine „superkovalente“ Bindung, bei der die bindenden e^- über den ganzen Kristall „verschmiert“ sind („quasifreie“ e^-).
4. Das Kristallgitter ist durch die (i. Allg. schiefwinkeligen) fundamentalen Translationsvektoren $\vec{a}$, $\vec{b}$, $\vec{c}$ bestimmt; zu jedem Gitterpunkt führt der aus ihnen gebildete Gittervektor

$$\vec{R} = n_1\vec{a} + n_2\vec{b} + n_3\vec{c} \qquad n_1, n_2, n_3 \text{ ganz.}$$

   Die Kristallstruktur entsteht durch Besetzung der Gitterpunkte mit einer „Basis(gruppe)“ von Atomen. Der Kristall kann aus Einheitszellen aufgebaut gedacht werden, jene mit nur einem Atom bzw. Molekül pro Zelle ist die „primitive“ Elementarzelle. Die Wigner-Seitz-Zelle ist eine primitive Elementarzelle.

5. Durch die Symmetrieoperationen Drehung, Spiegelung und Inversion ergeben sich im Raum die fundamentalen Gitterarten, 14 Bravaisgitter in 7 Gittersystemen: Triklin, monoklin (primitiv und basiszentriert), rhomboedrisch, hexagonal, orthorhombisch (primitiv, basiszentriert, raumzentriert und flächenzentriert), tetragonal (primitiv und raumzentriert), kubisch (primitiv, raumzentriert und flächenzentriert).
6. Zur Kennzeichnung von Gitterebenen dienen die Millerschen Indizes hkl.
7. Dem direkten Bravaisgitter im realen Raum mit der Dimension (Länge)^3 entspricht das reziproke Gitter im reziproken Raum mit der Dimension (Länge)$^{-3}$ und den Basisvektoren

$$\vec{a}^* = 2\pi \frac{\vec{b} \times \vec{c}}{V}, \ \vec{b}^* = 2\pi \frac{\vec{c} \times \vec{a}}{V}, \ \vec{c}^* = 2\pi \frac{\vec{a} \times \vec{b}}{V};$$

$V = \vec{a}(\vec{b} \times \vec{c}) = \vec{b}(\vec{c} \times \vec{a}) = \vec{c}(\vec{a} \times \vec{b})$ ist das Volumen der primitiven Einheitszelle. Für den Gittervektor des reziproken Gitters gilt

$$\vec{G} = h\vec{a}^* + k\vec{b}^* + l\vec{c}^* \qquad h, k, l \text{ ganz.}$$

Eine allgemeinere Definition des reziproken Gitters liefert die Bestimmungsgleichung

$$e^{i\vec{R}\vec{G}} = 1\,.$$

8. Die Millerschen Indizes $(h\,k\,l)$ einer Gitterebene sind die Komponenten des reziproken Gittervektors, der auf dieser Ebene normal steht. Der Betrag $|\vec{G}|$ des reziproken Gittervektors ist dem reziproken Netzebenenabstand proportional: großes $|\vec{G}|$, kleiner Netzebenenabstand.
9. Die Bedingung für konstruktive Interferenz bei der Beugung von Röntgenstrahlen am Kristall ist

$$n\lambda = 2d \cdot \sin\theta \qquad n = 1, 2, 3, \ldots \qquad \textit{Braggbedingung}$$

$$\vec{a} \cdot \overrightarrow{\Delta k} = 2\pi h, \ \vec{b} \cdot \overrightarrow{\Delta k} = 2\pi k, \ \vec{c} \cdot \overrightarrow{\Delta k} = 2\pi l \qquad \textit{Laue-Gleichungen}$$

$$\overrightarrow{\Delta k} = \vec{G}_{hkl} \qquad \textit{Beugungsbedingung im reziproken Raum.}$$

Die Beugungsbedingung ist (bei elastischer Streuung, $k' = k$) genau für jene Gitterpunkte $(h\,k\,l)$ im reziproken Raum (Impulsraum) erfüllt, die auf der

Oberfläche der Ewald-Kugel $|\vec{k}| = \text{const.}$ liegen. Mit $\vec{k}$ als einfallendem Strahl gibt $\vec{k} + \overrightarrow{\Delta k}$ die Richtung des an den Ebenen $(h\,k\,l)$ gebeugten Strahls an.

10. Viele physikalische Eigenschaften von Festkörpern werden durch Gitterfehler verursacht. Die wichtigsten sind: Leerstelle, Zwischengitteratom, Fremdatom, Antistrukturatom, Versetzungen (Stufen und Schrauben), Korngrenzen, Stapelfehler, Antiphasengrenzen und Ausscheidungen.
11. Die klassische Rechnung (3-dimensionale, ungekoppelte, klassische harmonische Oszillatoren) ergibt für die Molwärme des Festkörpers (Gesetz von Dulong-Petit) entsprechend den 6 Freiheitsgraden eines freien Oszillators

$$C_V^{(m)} = \left(\frac{\partial U}{\partial T}\right)_V = 3\,N_A k = 3\,R = 24{,}9\ \text{J/mol}\cdot\text{K}.$$

Das stimmt nicht mit dem experimentell beobachteten T^3-Verhalten bei tiefen Temperaturen überein.

12. Im Einstein-Modell werden die Gitteratome als ungekoppelte quantenmechanische harmonische Oszillatoren mit der gleichen Frequenz ω_E betrachtet und der Energiemittelwert mit der Planck-Verteilung (Bose-Einstein-Verteilung) berechnet

$$U = 3\,N_A \cdot \bar{E} = \frac{3\,N_A \hbar\omega_0}{e^{\hbar\omega_0/kT} - 1}\,.$$

Damit ergibt sich Molwärme $C_V^{(m)} = \left(\frac{\partial U}{\partial T}\right)_V$:

$$C_V^{(m)} = 3\,N_A k \left(\frac{\theta_E}{T}\right)^2 \frac{e^{\theta_E/T}}{(e^{\theta_E/T} - 1)^2} = 3\,N_A k \cdot \underbrace{f_E\left(\frac{\theta_E}{T}\right)}_{\substack{\text{Einstein-}\\ \text{Funktion}}},$$

$$\theta_E = \frac{\hbar\omega_E}{k} \quad \text{... Einstein-Temperatur.}$$

Die Molwärme geht hier zwar bei tiefen Temperaturen gegen Null, aber exponentiell mit T und nicht mit T^3.

13. Im Debye-Modell werden die gekoppelten Schwingungen der Atome näherungsweise als Schwingungsmoden in einem elastischen Kontinuum betrachtet („Rayleigh-Jeans-Verfahren"). Für die Gesamtzahl dieser Schwingungsmoden ergibt sich

$$Z_\omega(\omega)\,d\omega = 3\,N\,\frac{3\,\omega^2}{\omega_D^3}\,d\omega \qquad \omega_D \text{ ... Debye-Frequenz}$$

und damit für die Energie des Systems

$$U = \int_0^{\omega_D} \bar{E} \cdot Z_\omega(\omega)\, d\omega = 3N \int_0^{\omega_D} \underbrace{\left(\frac{\hbar\omega}{2} + \frac{\hbar\omega}{e^{\frac{\hbar\omega}{kT}} - 1} \right)}_{\bar{E}\text{ eines QM harm. Oszis}} \frac{3\,\omega^2}{\omega_D^3}\, d\omega\,.$$

Daraus erhält man für die Molwärme

$$C_V^{(m)} = 9\,N_A k \left(\frac{T}{\theta_D}\right)^3 \int_0^{\frac{\theta_D}{T}} \frac{e^\eta}{(e^\eta - 1)^2}\,\eta^4 d\eta = 3\,N_A k \cdot \underbrace{f_D\left(\frac{\theta_D}{T}\right)}_{\text{Debye-Funktion}}$$

$$\theta_D = \frac{\hbar\omega_D}{k} \quad \text{... Debye-Temperatur.}$$

Im Debye-Modell ergibt sich das richtige T^3-Verhalten bei tiefen Temperaturen.

14. Die Leitungs-e^- tragen nur etwa 0,2 % des klassischen Wertes $3R$ zur spezifischen Wärme des Festkörpers bei, da sie der Fermi-Dirac Energieverteilung gehorchen. Ihr Beitrag zu $C_V^{(m)}$ geht linear mit T gegen Null.
15. Als Phononen bezeichnet man die elastischen Eigenschwingungen eines Kristalls mit der Energie $E_S = \hbar\Omega$ und dem Quasimpuls $\vec{p}_S = \hbar\vec{q}$, $\left|\vec{q}\right| = \frac{2\pi}{\lambda}$. Bei ihrer *WW* ist der Impuls bei Normalprozessen strikt erhalten, bei Umklappprozessen nur modulo eines reziproken Gittervektors. Da es im Gitter eine kleinste Wellenlänge noch sinnvoller elastischer Schwingungen gibt, ist die Wellenzahl auf $\left|q\right| = \frac{\pi}{a}$ beschränkt (a ... Gitterkonstante).
16. Die Schwingungen des Kristallgitters werden an der „linearen Kette" studiert. Mit N Atomen einer Atomsorte ergibt sich als Dispersionsrelation ein Zweig akustischer Phononen

$$\Omega(q) = 2\sqrt{\frac{f}{m}}\left|\sin\frac{qa}{2}\right|$$

mit N Werten q im Wertebereich $-\frac{\pi}{a} < q \leq \frac{\pi}{a}$ mit $\Delta q = \frac{2\pi}{Na}$. Im Falle zweier unterschiedlicher Atome mit den Massen m und M in den N Zellen der Kette ergeben sich wieder N q-Werte, aber $2N$ Eigenfrequenzen (Normalschwingungen), zu jedem Wert q zwei Werte Ω, die den akustischen Zweig (Ω_-, benachbarte

Atome schwingen in die gleiche Richtung) und den optischen Zweig bilden (Ω_+, benachbarte Atome schwingen in die entgegengesetzte Richtung):

$$\Omega_-^2 = \frac{f}{M \cdot m}\left\{M + m - \sqrt{M^2 + m^2 + 2Mm\cos 2qa}\right\}$$

$$\Omega_+^2 = \frac{f}{M \cdot m}\left\{M + m + \sqrt{M^2 + m^2 + 2Mm\cos 2qa}\right\}.$$

17. Enthält die primitive Elementarzelle eines Kristalls p Atome, so treten für jeden q-Wert $3p$ Normalschwingungen auf, es gibt 3 akustische und $3p - 3$ optische Dispersionskurven. Durch Messung der Energieänderung gestreuter Neutronen $\hbar\Delta\omega_n$ als Funktion des Streuwinkels $2\theta_S$ in einem Dreiachsenneutronenspektrometer, können die Phononen-Dispersionkurven von Festkörpern vermessen werden.
18. Für die Molwärme im Phononenmodell ergibt sich

$$C_V^{(m)} = \frac{\partial}{\partial T}\sum_s \int_{\vec{q}} \frac{\hbar\Omega_s(\vec{q})}{e^{\frac{\hbar\Omega_s(\vec{q})}{kT}} - 1}\, d\vec{q} = \frac{\partial}{\partial T}\sum_s \int_{\Omega} \frac{\hbar\Omega_s}{e^{\frac{\hbar\Omega_s}{kT}} - 1} Z_\Omega^s(\Omega)\, d\Omega\,.$$

19. Drude-Modell: Jedes Atom eines Metalls besitzt neben den gebundenen auch freie e^-, deren Energie im thermischen *GG* der Maxwell-Boltzmann Verteilung entspricht. Für die elektrische Leitung erhält man so das Ohmsche Gesetz

$$j_x = -ne\langle v_x\rangle = \frac{ne^2\tau}{m_e} E_x = \sigma E_x$$

mit der elektrischen Leitfähigkeit

$$\sigma = \frac{1}{\rho} = \frac{ne^2\tau}{m_e} \qquad \tau \text{ ... mittlere Stoßzeit.}$$

20. Im Sommerfeld-Modell werden die Leitungs-e^- ebenfalls als im Metallvolumen frei beweglich angesehen, unterliegen aber der Fermi-Dirac-Statistik. Die Zustandsdichte ergibt sich als $\propto E^{1/2}$, die höchste von e^- besetzte Energie, die Fermienergie, ist

$$\varepsilon_F = \frac{\hbar^2}{2m_e}\left(3\pi^2\frac{N_e}{V}\right)^{2/3} = \frac{\hbar^2}{2m_e}k_F^2, \qquad \hbar k_F \text{ ... Fermi-Impuls.}$$

Im $\vec{k}$-Raum bilden die besetzten Zustände eine Kugel („Fermi-Kugel"), die sich bei Anlegen eines elektrischen Feldes verschiebt.

21. Für den Emissionsstrom von e^- aus glühenden Oberflächen gilt die Richardson-Dushman-Gleichung der Glühemission

$$j_{Em} = A \cdot T^2 \cdot e^{-\Phi/kT}, \qquad \Phi \text{ ... Austrittsarbeit.}$$

22. Berücksichtigt man den kristallinen Aufbau der Festkörper, so ergibt sich für laufende e^--Wellen an den Grenzen der Brillouin-Zonen Bragg-Reflexion, d. h., für e^--Wellen mit Wellenvektoren, deren Wert einer Brillouin-Zonengrenze entspricht, treten stehende Wellen auf, die Geschwindigkeit solcher e^- im Kristall ist Null. Als Folge werden aus der $E(k)$-Parabel der freien e^- im Kristall an den Zonengrenzen verbotene Energiebereiche geschnitten, die Energielücken.
23. Im Kronig-Penney-Modell eines eindimensionalen Kristalls mit periodischen Potenzialbarrieren in Form von δ-Funktionen, kann das Verhalten der Kristallelektronen, die Bandstruktur (Dispersionsrelation der Kristallelektronen), studiert werden. Als Bedingungsgleichung für die Existenz von Lösungsfunktionen der Schrödingergleichungen für das e^- in diesem Modell erhält man

$$f(\alpha a) \equiv P\,\frac{\sin(\alpha a)}{\alpha a} + \cos(\alpha a) = \cos(ka).$$

Aus dieser Bedingungsgleichung folgt: Es gibt erlaubte Energiebänder, die an den Grenzen der Brillouin-Zonen mit $|k| = n\,\frac{\pi}{a}$ (n = ±1, ±2, ±3, ...) durch verbotene Zonen („Bandlücken") voneinander getrennt sind. Die Maximalzahl der möglichen Wellenfunktionen pro Band ist gleich der Zahl der Elementarzellen N des Kristalls, jedes Band kann daher maximal $2N\,e^-$ (Spin ↑ oder ↓) enthalten.
24. Das veränderte Verhalten der Kristall-e^- im elektrischen Feld kann durch die „effektive" Masse m_e^* bzw. ihren Reziprokwert

$$\frac{1}{m_e^*} = \frac{1}{\hbar^2}\frac{d^2E}{dk^2}$$

beschrieben werden (Bewegungsgleichung: $a = \frac{eF^e}{m_e^*}$), der proportional zur Krümmung des Bandes $\frac{d^2E}{dk^2}$ ist.
25. Isolatoren und Halbleiter haben ein voll besetztes Valenzband und ein vollkommen unbesetztes Leitungsband; bei Halbleitern ist die Energielücke zwi-

schen diesen Bändern klein (1–2 eV). Bei Metallen ist das oberste Band nur teilweise gefüllt oder ein volles Band überlappt mit einem leeren.

26. Im Rahmen des „Einelektronenmodells" (Born-Oppenheimer-Näherung und Hartree-Fock-Näherung) gibt es (neben vielen anderen) zwei gegensätzliche Methoden der näherungsweisen Lösung der Schrödingergleichung von Vielelektronensystemen: Die Näherung quasifreier (gute Ergebnisse bei Metallen mit *s* und *p* Leitungs-e^-, aber heute von untergeordneter Bedeutung) und die Näherung quasigebundener e^- (gut für stark kovalente Bindungen und ein wichtiges Konzept der modernen Festkörpertheorie).
27. In der Dichtefunktionaltheorie wird an Stelle des quantenmechanischen Grundzustands des Vielelektronensystems die ortsabhängige Elektronendichte und daraus die Energie des Grundzustands exakt aus einem fiktiven Einelektronensystem bestimmt; dies ist möglich, weil die Gesamtenergie des Systems, die von den Vielteilchenwechselwirkungen abhängt, ein eindeutiges Funktional der Elektronendichte ist. Die Kohn-Sham-Gleichungen fiktiver, nicht-wechselwirkender Quasielektronen

$$\hat{H}\varphi_i = \varepsilon_i\varphi_i$$

treten an die Stelle der Schrödingergleichung des Vielelektronensystems, die Kohn-Sham-Orbitale φ_i an die Stelle der Vielteilchen-Wellenfunktion ψ_i. Der dabei benötigte, weitgehend unbekannte Term der quantenmechanischen Wechselwirkungen der Elektronen wird für die praktische Anwendung durch entsprechende Näherungen bestimmt.
28. Intrinsische Halbleiter haben bei $T = 0$ ein leeres Leitungsband; es liegt aber energetisch nur so knapp oberhalb des voll besetzten Valenzbandes (1–2 eV), dass schon bei *RT* ein messbarer Teil der e^- aus dem *VB* in das *LB* angeregt ist und diese Leitungs-e^- sowie die zurückbleibenden Löcher zur Leitfähigkeit beitragen (gleiche Zahl negativer (e^-) und positiver (Löcher) Ladungsträger ($n = p$)).

    Bei Störstellen-Halbleitern stellen Fremdatome diskrete Energieniveaus in der verbotenen Zone knapp (≈ 0,01 eV) unterhalb der Unterkante des *LB* (Donatoren, *n*-Typ Halbleiter, Elektronenleitung) oder knapp oberhalb der Oberkante des *VB* (Akzeptoren, *p*-Typ Halbleiter, Löcherleitung) zur Verfügung.

Übungen:

1. Die Wechselwirkungsenergie zwischen zwei Atomen sei durch folgenden Ausdruck gegeben:

$$E(r) = -\frac{\alpha}{r^2} + \frac{\beta}{r^{10}}$$

Die beiden Atome bilden ein stabiles Molekül mit einer Kerndistanz von 3 Å und einer Dissoziationsenergie von 4 eV. Berechne
   a) α und β,
   b) die Kraft, die notwendig ist, um die Bindung aufzubrechen,
   c) die kritische Distanz, bei der dies eintritt,
   d) die Kraft, die notwendig ist, um die Kerndistanz gegenüber dem Gleichgewichtswert um 10 % zu verringern.
2. Berechne die Unschärfe der kinetischen Energie eines Elektrons, wenn sein Ort auf $\Delta x = 10^{-10}$ m = 1 Å bekannt ist.
3. Bestimme die Gitterenergie, ausgedrückt durch die Madelung-Konstante, für eine eindimensionale Kette von abwechselnd positiven Na- und negativen Cl-Ionen. Untersuche zunächst, wie die auftretende Reihe konvergiert (beachte $\ln(1 + x) = x - x^2/2 + x^3/3 + \ldots$). (Dichte von NaCl $\rho = 2{,}165 \cdot 10^3\,\mathrm{kg/m^3}$)
4. Ein Festkörper sei einer elastischen Spannung (z. B. einer Zugkraft) ausgesetzt. Welchen Einfluss hat dies auf die Potenzialkurven der Gitterteilchen? Wie verschiebt sich ihr Minimum? Wie sind die elastischen Konstanten (E-Modul usw.) durch die Parameter der Potenzialkurve auszudrücken? Ergibt sich auch die Festigkeitsgrenze und sind die sich ergebenden Werte vernünftig?
5. Kubisches Kristallsystem: Welche Gitterrichtungen sind in den Ebenen (001) und (111) enthalten? Welche Ebene wird von den Richtungen [110] und [101] aufgespannt?
6. Wann enthält ein Satz von Ebenen alle Gitteratome a) des *kfz*- b) des *krz*-Gitters?
7. Wie lauten die Koordinationszahlen für die nächsten und übernächsten Nachbarn in einem *kfz*-Gitter?
8. Im kubischen System bilden die {100}-Ebenen einen Würfel. Welche Körper werden von den {111}-Ebenen, welche von den {110}-Ebenen eingeschlossen?
9. Wie groß ist im kubischen Kristallsystem der Winkel, den die Ebenen (111) und ($1\bar{1}1$) miteinander einschließen?
10. Kubisches Kristallgitter: $\vec{a}$, $\vec{b}$, $\vec{c}$ seien die primitiven Translationsvektoren des direkten Gitters und $\vec{a}^*$, $\vec{b}^*$, $\vec{c}^*$ jene im reziproken Gitter.

    Zeige, dass der reziproke Gittervektor $\vec{G} = h\vec{a}^* + k\vec{b}^* + l\vec{c}^*$ normal auf den Ebenen $(h\,k\,l)$ steht und dass der Abstand dieser Ebenen $\frac{2\pi}{|\vec{G}|}$ ist.

11. Zeige,
    a) dass das reziproke Gitter eines *krz* Gitters ein *kfz* Gitter mit der Würfelkante $4\pi/a$ ist,
    b) dass das reziproke Gitter eines *kfz* Gitters ein *krz* Gitter mit der Würfelkante $4\pi/a$ ist.
12. Zeichne einen ebenen Schnitt durch das reziproke Gitter eines *kfz*-Kristalls und suche mit Hilfe der Ewald-Kugel eine Röntgenwellenlänge, die für eine Gitterebene konstruktive Interferenz liefert.
13. Zeige, dass für die üblichen Materialien $c_P \geq c_V$ gilt.
14. Zeige, dass für die mittlere Energie des klassischen harmonischen Oszillators gilt: $\langle \bar{E} \rangle = kT$.
15. Die Dispersionsrelationen für Phononen lauten für ein- bzw. zweiatomige Elementarzellen jeweils in quadratischer Form

$$\Omega^2 = \frac{2f}{m}(1 - \cos qa) \qquad \text{bzw.}$$

$$\Omega_\pm^2 = f\left(\frac{M+m}{M \cdot m}\right) \pm f\sqrt{\left(\frac{M+m}{M \cdot m}\right)^2 - \frac{4}{Mm}\sin^2 qa}\,,$$

wobei f eine Kraftkonstante („Federkonstante“, Stärke der Bindung) und a die Gitterkonstante ist. Wie sieht in der zweiten Formel der Sonderfall $M = m$ aus? Worin besteht dann der Unterschied zur ersten Formel? Kommt ein optischer Zweig zustande? Existiert zwischen den beiden Zweigen ein verbotener Ω-Bereich? Bestimme die Phasen- und Gruppengeschwindigkeit für beide Zweige!
16. Zwei Phononen mit λ knapp größer als $2a$ und nur leicht verschiedenen Ausbreitungsrichtungen kollidieren und bilden ein drittes Phonon. Welche Werte von λ, k, v hat das neue Phonon, wenn angenommen wird, dass keine Dispersion vorliegt? Wie sieht die entsprechende Gitterwelle aus? Befolgt sie die Debyesche Abschneidebedingung? Wenn nein, kann man die gleiche Bewegung der Gitterpunkte auch durch eine zulässige Welle darstellen? Welchen k-Vektor hat diese Welle k_3'? Unter welchen Bedingungen ist k_3' dem k der ursprünglichen Phononen entgegengerichtet? Wie muss man den Vorgang deuten? Gilt Impulserhaltung unter den drei Phononen?
17. Zeige für ein einfaches quadratisches Gitter, dass die kinetische Energie eines freien Elektrons an einer Ecke der ersten Brillouin-Zone doppelt so groß ist wie die eines Elektrons im Mittelpunkt einer Seitenfläche der Zone. Wie ist dieses Verhältnis bei einem einfachen kubischen Gitter in drei Dimensionen?

Anhang 1 Bestimmung der Parameter des abstoßenden Born-Mayer-Potenzials eines Ionenkristalls

Für die relative Volumsänderung bei allseitiger Kompression gilt

$$-\frac{dV}{V} = \frac{1}{K}\,dP\,, \qquad \text{(VI-2.299)}$$

wobei $K = -V\dfrac{dP}{dV}$ der *Kompressionsmodul* ist. Wir verwenden den 1. und die Entropiedefinition des 2. Hauptsatzes der Thermodynamik (siehe Band II, Kapitel „Physik der Wärme", Abschnitt 1.3.1.1, Gl. (II-1.119) und 1.3.1.3, Gl. (II-1.175)):

$$1.\ HS\!: \quad dQ = dU + PdV \qquad \text{(VI-2.300)}$$

$$2.\ HS\!: \quad dS = \frac{dQ}{T} \quad \Rightarrow \quad dQ = TdS\,. \qquad \text{(VI-2.301)}$$

Am absoluten Nullpunkt gilt (3. *HS*, Abschnitt 1.3.1.4, Gl. II-1.203)

$$S = S_0 = \text{const.} \quad \Rightarrow \quad dS = 0 \quad \Rightarrow \quad \delta Q = 0 \qquad \text{(VI-2.302)}$$

und damit liegt nur mehr eine Energieänderung vor, die gleich der zugeführten Arbeit ist:

$$dU = -P\,dV\,. \qquad \text{(VI-2.303)}$$

Damit ergibt sich für den Kompressionsmodul bei $T = 0\,\text{K}$ aus $-P = \dfrac{dU}{dV}$ und $-\dfrac{dP}{dV} = \dfrac{d^2U}{dV^2}$:

$$K = V\frac{d^2U}{dV^2}\,. \qquad \text{(VI-2.304)}$$

Aus dem gesamten Wechselwirkungspotenzial U der Ionen kann damit der Kompressionsmodul bei $T = 0$ berechnet werden. Nehmen wir als Beispiel NaCl mit seinem kubisch-flächenzentrierten (*kfz*) Kristallgitter mit einer Basis aus einem Na^+- und einem Cl^--Ion:[130] Ein Na^--Ion ist in der 1. Koordinationsschale (1. *KZ*, *NN*-Atome (*nearest neighbours*)) von sechs Cl^--Ionen, in der 2. *KZ* (*NNN*-Atome (*next nearest neighbours*)) von 12 Na^--Ionen, in der 3. *KZ* von 8 Cl^--Ionen umgeben, usf.

130 Zur Kristallstruktur siehe Abschnitt Abschnitt 2.2.1.

Mit der Gitterkonstante $a = 2R$ ($R = NN$-Abstand) und 4 NaCl-„Molekülen“ pro Elementarzelle erhalten wir als Volumen pro Molekül

$$V_{\text{Molek}} = \frac{1}{4}a^3 = \frac{1}{4}8R^3 = 2R^3 \qquad \text{(VI-2.305)}$$

und damit bei N Molekülen für das Gesamtvolumen

$$V = 2NR^3 \quad \Rightarrow \quad \frac{dV}{dR} = 6NR^2 \quad \text{bzw.} \quad \frac{dR}{dV} = \frac{1}{6NR^2}\,. \qquad \text{(VI-2.306)}$$

Wir bilden

$$\frac{dU}{dV} = \frac{dU}{dR}\frac{dR}{dV} \qquad \text{(VI-2.307)}$$

und

$$\frac{d^2U}{dV^2} = \frac{d}{dV}\left(\frac{dU}{dR}\frac{dR}{dV}\right) = \underbrace{\frac{d}{dV}\left(\frac{dU}{dR}\right)}_{=\frac{d}{dR}\left(\frac{dU}{dR}\right)\cdot\frac{dR}{dV}} \cdot \frac{dR}{dV} + \frac{dU}{dR}\frac{d^2R}{dV^2} =$$

$$= \frac{d^2U}{dR^2}\left(\frac{dR}{dV}\right)^2 + \underbrace{\frac{dU}{dR}}_{=0}\frac{d^2R}{dV^2} \qquad \text{(VI-2.308)}$$

Im GG ist $R = R_0$ mit $\frac{dU}{dR} = 0$ (aber $\frac{d^2U}{dR^2} \neq 0!$), damit verschwindet der zweite Term in der obigen Gleichung und es bleibt

$$\frac{d^2U}{dV^2} = \frac{d^2U}{dR^2}\left(\frac{dR}{dV}\right)^2 = \frac{d^2U}{dR^2}\left(\frac{1}{6NR_0^2}\right)^2. \qquad \text{(VI-2.309)}$$

Für den Kompressionsmodul erhalten wir damit

$$K = V\frac{d^2U}{dV^2} = \frac{\overbrace{2NR_0^3}^{=V}}{36N^2R_0^4}\frac{d^2U}{dR^2} = \frac{1}{18NR_0}\frac{d^2U}{dR^2}\,. \qquad \text{(VI-2.310)}$$

$\frac{d^2U}{dR^2}$ kann aus dem gesamten Wechselwirkungspotenzial der Ionen bestimmt werden. Dafür fanden wir (Abschnitt 2.1.3.1, Gl. VI-2.22)

$$U = E^i_{\text{pot}}(R) = U_{\text{tot}} = N \cdot Z \cdot a \cdot e^{-R/b} - \frac{1}{4\pi\varepsilon_0} \frac{N\alpha \cdot q^2}{R}.$$

Wir bilden die 1. und die 2. Ableitung

$$\frac{dU}{dR} = -\frac{1}{b} NZae^{-R/b} + \frac{1}{4\pi\varepsilon_0} N\alpha q^2 \frac{1}{R^2} \tag{VI-2.311}$$

$$\frac{d^2U}{dR^2} = \frac{1}{b^2} NZae^{-R/b} - \frac{1}{4\pi\varepsilon_0} 2N\alpha q^2 \frac{1}{R^3}. \tag{VI-2.312}$$

Für die Potenzialstärke im *GG*-Abstand erhielten wir (2.1.3.1, Gl. VI-2.26)

$$a = \frac{\alpha q^2 b}{4\pi\varepsilon_0 Z R_0^2} e^{R_0/b}$$

und setzen ein

$$\begin{aligned} \left(\frac{d^2U}{dR^2}\right)_{R=R_0} &= \frac{1}{b^2} NZ \frac{\alpha q^2 b}{4\pi\varepsilon_0 Z R_0^2} e^{R_0/b} e^{-R_0/} - \frac{1}{4\pi\varepsilon_0} 2N\alpha q^2 \frac{1}{R_0^3} = \\ &= \frac{N\alpha q^2}{4\pi\varepsilon_0 R_0^3}\left(\frac{R_0}{b} - 2\right) \end{aligned} \tag{VI-2.313}$$

Damit erhalten wir für den Kompressionsmodul K eines Ionenkristalls bei $T = 0\,\text{K}$

$$K = \frac{1}{18 N R_0} \frac{N\alpha q^2}{4\pi\varepsilon_0 R_0^3}\left(\frac{R_0}{b} - 2\right) = \frac{1}{4\pi\varepsilon_0} \frac{\alpha q^2}{18 R_0^4}\left(\frac{R_0}{b} - 2\right), \tag{VI-2.314}$$

woraus die Konstanten b (Reichweite) und a (Potenzialstärke) des Born-Mayer-Potenzials berechnet werden können.

Anhang 2 Born-Haber Zyklus zur Bestimmung der Bindungsenergie eines Ionenkristalls

Als Beispiel betrachten wir den NaCl-Ionenkristall. Wir gehen dazu so vor:[131]
Wir erzeugen ein Na-Atom, indem wir aus metallischem Na unter Aufwendung der Sublimationsenergie S_{Na} Na-Dampf erzeugen (Sublimation):

$$\mathrm{Na}^{\mathrm{Metall}} + S_{\mathrm{Na}} \longrightarrow \text{Na-Dampf}. \tag{VI-2.315}$$

Anschließend ionisieren wir das Na-Atom:

$$\mathrm{Na}^{\mathrm{Dampf}} + \underbrace{I_{\mathrm{Na}}}_{\substack{\textit{Ionisations-}\\ \textit{energie}}} \longrightarrow \mathrm{Na}^{+} + e^{-}. \tag{VI-2.316}$$

Nun nehmen wir ein Chlormolekül Cl_2 und erzeugen ein Cl-Atom durch Dissoziation; die Dissoziationsenergie D_{Cl_2} kann aus chemischen Reaktionen bestimmt werden:

$$\frac{1}{2}\,\mathrm{Cl}_2 + \frac{1}{2}\,D_{\mathrm{Cl}_2} \longrightarrow \mathrm{Cl}. \tag{VI-2.317}$$

Durch Aufnahme eines e^- wird das Cl-Atom ionisiert, wobei die Affinitätsenergie E_{Cl} frei wird:

$$\mathrm{Cl} + e^{-} \longrightarrow \mathrm{Cl}^{-} + \underbrace{E_{\mathrm{Cl}}}_{\substack{\textit{Affinitäts-}\\ \textit{energie}}}. \tag{VI-2.318}$$

Wenn wir nun noch aus dem Na^+Cl^--Gas einen Festkörper erzeugen, so wird die Kristall-Bindungsenergie $E_{\mathrm{pot}}^{\mathrm{Krist}}$ pro NaCl-„Molekül" frei:

$$(\mathrm{Na}^{+} + \mathrm{Cl}^{-})_{\mathrm{gasf}} \longrightarrow (\mathrm{NaCl})_{\mathrm{fest}} + E_{\mathrm{pot}}^{\mathrm{Krist}}. \tag{VI-2.319}$$

Die Bilanz ergibt also:

$$\mathrm{Na}^{\mathrm{Metall}} + \frac{1}{2}\,\mathrm{Cl}_2 + S_{\mathrm{Na}} + I_{\mathrm{Na}} + \frac{1}{2}\,D_{\mathrm{Cl}_2} \longrightarrow (\mathrm{NaCl})_{\mathrm{fest}} + E_{\mathrm{Cl}} + E_{\mathrm{pot}}^{\mathrm{Krist}}. \tag{VI-2.320}$$

Weiters ist die folgende Reaktion von metallischem Na mit Chlorgas zu festem NaCl experimentell gut bekannt, die in der Bilanz links auftritt und bei der die Bildungswärme Q frei wird:

---

131 Alle Prozesse laufen bei der gleichen Temperatur und dem gleichen Druck ab.

$$\mathrm{Na}^{\mathrm{Metall}} + \frac{1}{2}\,\mathrm{Cl}_2 \longrightarrow (\mathrm{NaCl})_{\mathrm{fest}} + Q\,. \qquad \text{(VI-2.321)}$$

Wir können die Bilanz daher auch so schreiben:

$$(\mathrm{NaCl})_{\mathrm{fest}} + Q + S_{\mathrm{Na}} + I_{\mathrm{Na}} + \frac{1}{2}\,D_{\mathrm{Cl}_2} \longrightarrow (\mathrm{NaCl})_{\mathrm{fest}} + E_{\mathrm{Cl}} + E_{\mathrm{pot}}^{\mathrm{Krist}} \qquad \text{(VI-2.322)}$$

und erhalten daraus

$$E_{\mathrm{pot}}^{\mathrm{Krist}} = S_{\mathrm{Na}} + I_{\mathrm{Na}} + \frac{1}{2}\,D_{\mathrm{Cl}_2} - E_{\mathrm{Cl}} + Q\,. \qquad \text{(VI-2.323)}$$

Die Energiebeiträge pro Atom rechts können alle experimentell bestimmt werden

$S_{\mathrm{Na}} = 1{,}12\,\mathrm{eV}$ (Messung von Druck und Temperatur)
$I_{\mathrm{Na}} = 5{,}14\,\mathrm{eV}$ (Entladungsrohr mit niederem Na-Gasdruck)
$D_{\mathrm{Cl}_2} = 2{,}52\,\mathrm{eV} \Rightarrow \frac{1}{2}\,D_{\mathrm{Cl}_2} = 1{,}26\,\mathrm{eV}$ (Absorptionsspektroskopie)
$E_{\mathrm{Cl}} = 3{,}62\,\mathrm{eV}$ (Laserspektroskopie)
$Q = 4{,}26\,\mathrm{eV}$ (Kalorimeter)

und ergeben so eine Gitterenergie pro Ionenpaar von

$$E_{\mathrm{pot}}^{\mathrm{Krist}} = 8{,}16\,\mathrm{eV}\,. \qquad \text{(VI-2.324)}$$

Abb. VI-2.122 zeigt schematisch am Beispiel von NaCl wie der Born-Haber-Zyklus zur Bestimmung der Gitterenergie eines Ionenkristalls abläuft.

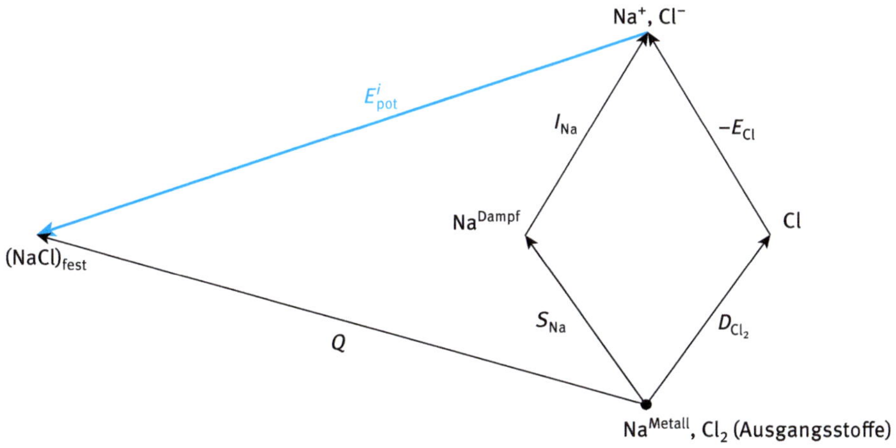

Abb. VI-2.122: Born-Haber-Zyklus zur Bestimmung der Gitterenergie eines Ionenkristalls am Beispiel von NaCl.

Anhang 3 Netzebenenabstand in den verschiedenen Gittersystemen

Triklin:

$$\frac{1}{d_{hkl}^2} = \frac{\begin{bmatrix} \left(b^2c^2\sin^2\alpha\right)\cdot h^2 + \left(a^2c^2\sin^2\beta\right)\cdot k^2 + \left(a^2b^2\sin^2\gamma\right)\cdot l^2 + \\ + 2abc^2(\cos\alpha\cos\beta - \cos\gamma)\cdot hk + \\ + 2ab^2c(\cos\alpha\cos\gamma - \cos\beta)\cdot hl + \\ + 2a^2bc(\cos\beta\cos\gamma = \cos\alpha)\cdot kl \end{bmatrix}}{\left[a^2b^2c^2\left(1 - \cos^2\alpha - \cos^2\beta - \cos^2\gamma + 2\cos\alpha\cos\beta\cos\gamma\right)\right]} =$$

$$= \frac{1}{V^2}\left(S_{11}h^2 + S_{22}k^2 + S_{33}l^2 + 2S_{12}hk + 2S_{13}hl + S_{23}kl\right) \qquad \text{(VI-2.325)}$$

mit: $S_{11} = b^2c^2\sin^2\alpha$, $S_{22} = a^2c^2\sin^2\beta$, $S_{33} = a^2b^2\sin^2\gamma$, $S_{12} = abc^2(\cos\alpha\cos\beta - \cos\gamma)$, $S_{13} = ab^2c(\cos\alpha\cos\gamma - \cos\beta)$, $S_{23} = a^2bc(\cos\beta\cos\gamma - \cos\alpha)$.

Dabei sind a, b, c die Gitterkonstanten (Seitenkanten der Elementarzelle), α, β, γ die entsprechenden Winkel und V das Volumen der triklinen Elementarzelle mit

$$V = abc\sqrt{1 - \cos^2\alpha - \cos^2\beta - \cos^2\gamma + 2\cos\alpha\cos\beta\cos\gamma}\,. \qquad \text{(VI-2.326)}$$

Monoklin:

$$\frac{1}{d_{hkl}^2} = \frac{1}{\sin^2\beta}\left(\frac{h^2}{a^2} + \frac{k^2\sin^2\beta}{b^2} + \frac{l^2}{c^2} - \frac{2hl\cos\beta}{ac}\right). \qquad \text{(VI-2.327)}$$

Rhomboedrisch:

$$\frac{1}{d_{hkl}^2} = \frac{\left(h^2 + k^2 + l^2\right)\sin^2\alpha + 2(hk + kl + hl)\left(\cos^2\alpha - \cos\alpha\right)}{a^2\left(1 - 3\cos^2\alpha + 2\cos^3\alpha\right)}\,. \qquad \text{(VI-2.328)}$$

Hexagonal:

$$\frac{1}{d_{hkl}^2} = \frac{4}{3}\left(\frac{h^2 + hk + k^2}{a^2}\right) + \frac{l^2}{c^2}\,. \qquad \text{(VI-2.329)}$$

Orthorhombisch:

$$\frac{1}{d_{hkl}^2} = \frac{h^2}{a^2} + \frac{k^2}{b^2} + \frac{l^2}{c^2}. \tag{VI-2.330}$$

Tetragonal:

$$\frac{1}{d_{hkl}^2} = \frac{h^2 + k^2}{a^2} + \frac{l^2}{c^2}. \tag{VI-2.331}$$

Kubisch:

$$\frac{1}{d_{hkl}^2} = \frac{h^2 + k^2 + l^2}{a^2}. \tag{VI-2.332}$$

Anhang 4 Ko- und kontravariante Vektoren

In schiefwinkeligen Koordinatensystemen kann man Vektoren, wie die nachfolgende Zeichnung für den zweidimensionalen Fall zeigt, nach zwei Arten von Komponenten zerlegen, nämlich entweder nach den kontravarianten Komponenten längs der Basisvektoren $\vec{a}$, $\vec{b}$ oder nach den kovarianten Komponenten längs der reziproken Basisvektoren $\vec{a}^*$, $\vec{b}^*$ (Abb. VI-2.123).

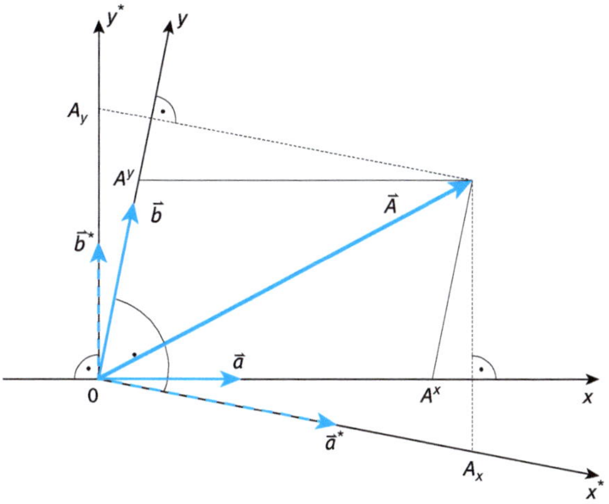

Abb. VI-2.123: Die kontravarianten Koordinaten A^x, A^y sind nicht die Projektionen von $\vec{A}$ auf die schiefwinkeligen Koordinatenachsen x und y. Die Angabe von $\vec{A}$ ist aber auch mit den Koordinaten A_x, A_y möglich, die Projektionen von $\vec{A}$ auf x und y sind. A_x, A_y sind, wenn die reziproken Gittervektoren $\vec{a}^*$, $\vec{b}^*$ als Basisvektoren verwendet werden, die kovarianten, A^x, A^y die kontravarianten Komponenten des Vektors $\vec{A}$.

Der Vektor $\vec{A}$ kann sowohl mit den Basisvektoren $\vec{a}$, $\vec{b}$ des gewöhnlichen Raumes, als auch mit den Basisvektoren $\vec{a}^{\star}$, $\vec{b}^{\star}$ des reziproken Raumes dargestellt werden:

Kontravariante Darstellung: $$\vec{A} = A^x\vec{a} + A^y\vec{b} \qquad \text{(VI-2.333)}$$

Kovariante Darstellung: $$\vec{A} = A_x\vec{a}^{\star} + A_y\vec{b}^{\star}\,. \qquad \text{(VI-2.334)}$$

Mit den Dualitätsrelationen $\vec{a}\cdot\vec{a}^{\star} = \vec{b}\cdot\vec{b}^{\star} = 1$, $\vec{a}\cdot\vec{b}^{\star} = \vec{b}\cdot\vec{a}^{\star} = 0$ ergibt sich für die Komponenten:

$$A^x = (\vec{A}\cdot\vec{a}^{\star});\qquad A^y = (\vec{A}\cdot\vec{b}^{\star})\qquad \textit{Kontravariante Komponenten} \qquad \text{(VI-2.335)}$$

$$A_x = (\vec{A}\cdot\vec{a});\qquad A_y = (\vec{A}\cdot\vec{b})\qquad \textit{Kovariante Komponenten.} \qquad \text{(VI-2.336)}$$

Für die Beträge der reziproken Basisvektoren $\vec{a}^{\star}$ und $\vec{b}^{\star}$ folgen die Relationen:

$$a^{\star} = \frac{1}{a\cdot\cos(\vec{a},\vec{a}^{\star})};\qquad b^{\star} = \frac{1}{b\cdot\cos(\vec{b},\vec{b}^{\star})}\,. \qquad \text{(VI-2.337)}$$

In rechtwinkeligen Koordinatensystemen sind die Vektorkomponenten immer die Projektionen auf die Achsen, die ko- und kontravarianten Komponenten fallen daher zusammen.

Anhang 5 Magnetische Kühlung durch adiabatische Entmagnetisierung

Zur Erzielung tiefer Temperaturen wurde nach einer Idee von Debye lange Zeit die magnetische Kühlung durch adiabatische Entmagnetisierung paramagnetischer Substanzen (Salze der Seltenen Erden, z. B. CMN – Cer-Magnesium-Nitrat) verwendet, die ein magnetisches Dipolmoment besitzen. Die Methode beruht auf der Temperaturabhängigkeit der magnetischen Ordnung, d. h., der Ausrichtung der magnetischen Momente der Atome der verwendeten Substanz. Bei diesem Verfahren wird das abzukühlende Salz periodisch auf zwei Werte der Magnetisierung gebracht (Abb. VI-2.124). Zunächst wird die Substanz *isotherm*, d. h. in einem Thermostaten, durch Erhöhung des äußeren Magnetfeldes von einem Ausgangswert M_1 der Magnetisierung auf einen höheren Wert $M_2 > M_1$ gebracht. Dabei ist die Wärmemenge $\Delta Q = -T\cdot\Delta S$ abzuführen. ΔS ist dabei die Änderung der Spinentropie[132] durch Aus-

132 Bei den hier vorliegenden Temperaturen sind die Entropie und die spezifische Wärme des Gitters vernachlässigbar klein; das Gitter dient sozusagen nur zum „Aufhängen" der paramagnetischen Atome.

richtung der Spinmomente. Anschließend wird die Substanz thermisch isoliert und *adiabatisch* wieder die ursprüngliche, geringere Magnetisierung M_1 eingestellt, was zu einer Temperaturabsenkung des Spinsystems, also der Atome des Salzes, führt. Mit der Kühlsubstanz ist die zu kühlende Probe (die „Last") thermisch verbunden. Diese Kühlmethode funktioniert aber nur bis zu Temperaturen, bei denen sich die Spins aufgrund der *WW* von selbst parallel ausrichten (Ordnungstemperatur; diese ist für Kernspins ca. 1000-mal niedriger als für Hüllenspins).

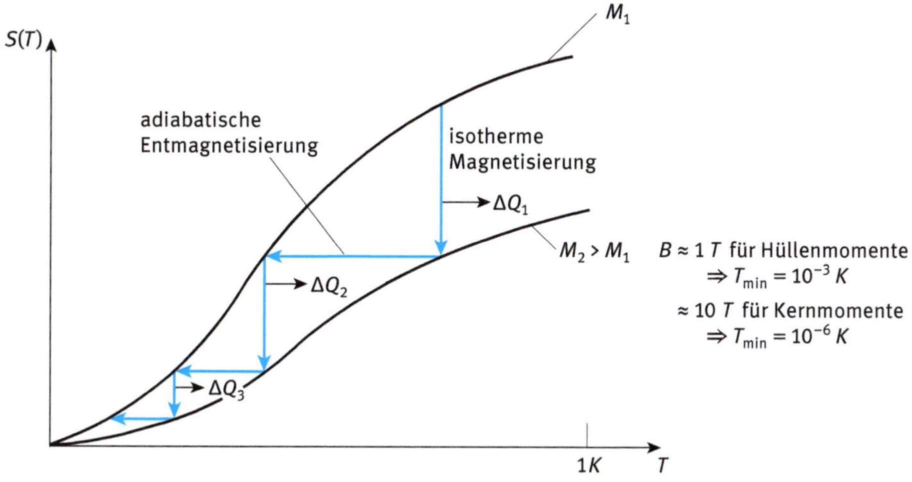

Abb. VI-2.124: Magnetische Kühlung durch adiabatische Entmagnetisierung: Entropie S als Funktion der Temperatur T. Zunächst wird am isothermen System (im Wärmebad) die Magnetisierung durch Erhöhung des äußeren Magnetfeldes von M_1 auf $M_2 > M_1$ erhöht. Dabei ist die durch die Entropieabnahme freiwerdende Wärmemenge $\Delta Q = -T \cdot \Delta S$ aus dem System abzuführen. Dann wird das System thermisch isoliert und die Magnetisierung wieder auf den Ausgangswert M_1 gebracht (*adiabatische Entmagnetisierung*). Dadurch wird die Temperatur T erniedrigt.

Ursache der Entropieabnahme und Temperaturerniedrigung

Bei fester Temperatur (T = const.) wird die Aufspaltung der Energiezustände eines paramagnetischen Atoms mit wachsendem Magnetfeld immer größer und bei entsprechend großen Feldern sind entsprechend der Boltzmann-Verteilung nur noch die untersten Energiezustände besetzt, was einer Ordnungserhöhung bzw. Entropieverringerung entspricht (Abb. VI-2.125):

Abb. VI-2.125: Magnetisch aufgespaltete Energieniveaus eines Atoms mit Spin und deren Besetzung bei isothermer Erhöhung des äußeren Magnetfeldes.

Bei der anschließenden adiabatischen (= isentropen) Entmagnetisierung des thermisch isolierten Systems (S = const.) geht zwar die Aufspaltungsweite wieder zurück, die Besetzung der Energieniveaus bleibt aber praktisch unverändert groß, da die Entropie, d. h. der „Ordnungsgrad", erhalten bleibt. Diese Besetzungsverteilung bei nun wieder geringer Energiedifferenz zwischen den Niveaus ist entsprechend der Boltzmann-Verteilung nur bei erniedrigter Temperatur möglich (Abb. VI-2.126):

Abb. VI-2.126: Besetzung der Energieniveaus bei anschließender adiabatischer Entmagnetisierung.

Das entspricht einer Erniedrigung der Temperatur des Kühlsalzes. Mit dieser magnetischen Kühlung können nach entsprechend vielen Magnetisierungs-Entmagnetisierungs-Zyklen Temperaturen von einigen Millikelvin erzielt werden.

Nach einer Idee von Heinz London (1907–1970, Bruder von Fritz Wolfgang London, siehe Abschnitt 2.1.1.2) wurde inzwischen das Verfahren der ^{3}He-^{4}He-Entmischungskühlung entwickelt, das kontinuierlich arbeitet: Es werden die Isotope ^{3}He und ^{4}He miteinander gemischt und dadurch die Mischungswärme dem System entzogen.[133]

133 Unterhalb etwa 1 K zerfällt eine flüssige Mischung aus ^{3}He und ^{4}He in zwei Phasen, eine leichtere ^{3}He-reiche und eine ^{4}He-reiche Phase. ^{4}He ist unterhalb des λ-Punkts von 2,18 K suprafluid, also eine Flüssigkeit mit nahezu verschwindender Viskosität (siehe dazu auch Kapitel „Statistische Physik", Anhang 3), in der sich die ^{3}He-Atome praktisch reibungsfrei bewegen. Tritt ein ^{3}He-Atom über die Phasengrenze in den Bereich der ^{4}He-reichen Phase, so ist eine Mischungsenthalpie zuzuführen, die der zu kühlenden Umgebung entnommen wird, ähnlich wie bei der Verdampfung die Verdampfungswärme. Damit ist eine entsprechende Temperaturerniedrigung des Gesamtsystems verbunden.

Anhang 6 Reale Bandstrukturen der Metalle und Halbleiter am Beispiel von Al und Ge

Mit dem eindimensionalen Kronig-Penney-Modell konnten wir die Grundzüge der Energiebandstruktur der kristallinen Festkörper verstehen, erhielten aber alle Bänder durch verbotene Energiebereiche (Energielücken) getrennt. Dreidimensionale Rechnungen zeigen aber in Übereinstimmung mit Experimenten an realen Kristallen Überschneidungen der Bänder. Letztlich kann die reale Bandstruktur durch solche Überschneidungen tatsächlich Zustände mit kontinuierlicher Energie ermöglichen (Metalle) oder auch Energielücken aufweisen (Nichtleiter und Halbleiter).

Die Bandstruktur wird an Hand der $E(\vec{k})$-Kurve (Dispersionsrelation der Kristallelektronen) untersucht. Bei Verwendung des reduzierten Wellenvektors genügt dazu die 1. *BZ*; da aber $\vec{k}$ in alle Raumrichtungen weisen kann, wird die räumliche $E(\vec{k})$-Kurve in Teile zerlegt, die $E(\vec{k})$ in gewissen Richtungen der 1. *BZ* angeben. Dazu werden in der 1. *BZ* wichtige Punkte mit hoher Symmetrie festgelegt (z. B. das Zentrum der 1. *BZ*, der Punkt Γ), deren Verbindung dann Richtungen im $\vec{k}$-Raum darstellen. Abb. VI-2.127 zeigt dies am Beispiel des quadratischen Gitters:

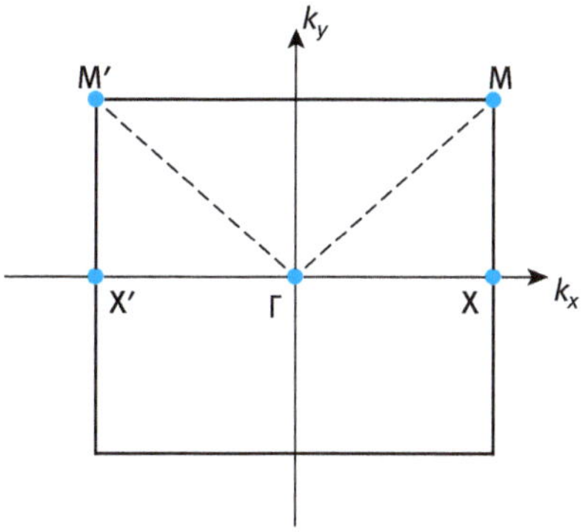

Punkt	(k_x, k_y)
Γ	(0,0)
X	(1,0)
M	(1,1)

Abb. VI-2.127: Punkte hoher Symmetrie in der 1. Brillouin-Zone am Beispiel des quadratischen Gitters.

Die nachfolgende Tabelle gibt die wichtigsten Punkte für die vier Kristallstrukturen kubisch-primitiv, kubisch-flächenzentriert, kubisch-raumzentriert und hexagonal an. Diese Punkte sind in der anschließenden Abb. VI-2.128 in die entsprechenden Brillouin-Zonen eingezeichnet.

Spezielle Punkte der wichtigsten Kristallstrukturen mit hoher Symmetrie und Koordinaten des zu ihnen führenden *k*-Vektors:[134]

Punkt	Beschreibung seiner Lage	(k_x,k_y,k_z) $[\pi/a]$
Γ	Mittelpunkt der 1. *BZ*	(0,0,0)
	einfach kubisch (*simple cubic*)	
M	Mittelpunkt einer Kante	(1,1,0)
R	Eckpunkt	(1,1,1)
X	Mittelpunkt einer Fläche; Schnittpunkt [100] mit dem Rand der 1. *BZ*	(1,0,0)
	kubisch-flächenzentriert (*face-centred cubic, fcc*)	
K	Mittelpunkt einer Kante, die zwei hexagonale Flächen verbindet; Schnittpunkt der Ebenendiagonale [110] mit dem Rand der 1. *BZ*	(3/2,3/2,0)
L	Mittelpunkt einer hexagonalen Fläche; Schnittpunkt der Raumdiagonale [111] mit dem Rand der 1. *BZ*	(1,1,1)
U	Mittelpunkt einer Kante, die eine hexagonale und eine quadratische Fläche verbindet	(2,1/2,1/2)
W	Eckpunkt	(2,1,0)
X	Mittelpunkt einer quadratischen Fläche; Schnittpunkt der [100]-Achse mit dem Rand der 1. *BZ*	(2,0,0)
	kubisch-raumzentriert (*base-centred cubic, bcc*)	
H	Eckpunkt, auf dem vier Kanten zusammenkommen	(2,0,0)
N	Mittelpunkt einer Fläche	(1,1,0)
P	Eckpunkt, auf dem drei Kanten zusammenkommen	(1,1,1)
	hexagonal (*hexagonal*)	
A	Mittelpunkt einer hexagonalen Fläche	(0,0,1)
H	Eckpunkt	(4/3,0,1)
K	Mittelpunkt einer Kante, die zwei rechteckige Flächen verbindet, Schnittpunkt der Diagonalen [110] einer Ebene mit dem Rand der 1. *BZ*	(4/3,0,0)
L	Mittelpunkt einer Kante, die eine hexagonale und eine rechteckige Fläche verbindet, Schnittpunkt [111] mit dem Rand der 1. *BZ*	$(1, 1/\sqrt{3},1)$
M	Mittelpunkt einer rechteckigen Fläche	$(1, 1/\sqrt{3},0)$

Abb. VI-2.128 zeigt die 1. *BZ* der wichtigsten Kristallstrukturen mit den speziellen Punkten hoher Symmetrie, mit denen die reziproken Gitterrichtungen angegeben werden können.

134 Nach W. Ludwig und C. Falter *Symmetries in Physics; Group Theory Applied to Physical Problems*, Springer, New York 1988.

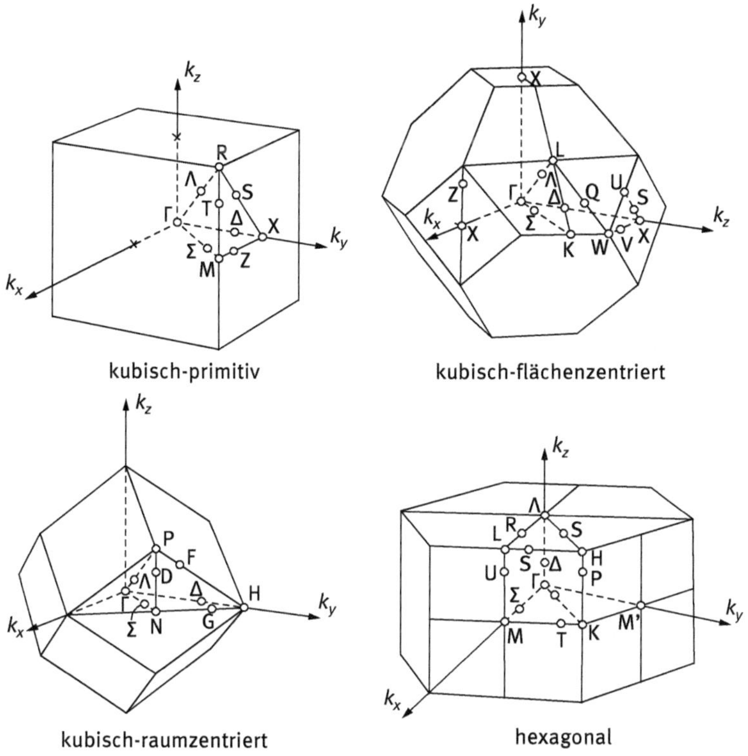

Abb. VI-2.128: 1. *BZ* der wichtigsten Kristallstrukturen und Angabe der speziellen Punkte mit hoher Symmetrie, mit denen die reziproken Gitterrichtungen angegeben werden können.

Reale Bandstrukturen sollen nun kurz am Beispiel eines Metalls (Al) und eines Halbleiters (Ge) besprochen werden.

Aluminium (Abb. VI-2.129) hat die Elektronenkonfiguration [Ne]$3s^2 3p^1$ und seine Bandstruktur $E(k)$ ähnelt jener freier Elektronen in einer kubisch-flächenzentrierten Struktur mit drei Leitungselektronen pro Atom (in Abb. VI-2.129 strichliert). Gezeigt werden die Richtungen vom Mittelpunkt der Brillouin-Zone Γ zu Punkt X, dem Mittelpunkt einer quadratischen Fläche, das entspricht der [100]-Richtung, die Richtung X nach W, einem Eckpunkt einer quadratischen Fläche (entspricht der [110]-Richtung) und dann wieder zurück zu Γ. Weiters werden noch die Richtungen Γ–U, also zum Mittelpunkt einer Kante, die eine hexagonale und eine quadratische Fläche verbindet, und anschließend U–X gezeigt.

Alle Kurven sind annähernd parabolisch. Die Aufspaltung der Bandstruktur aufgrund des Gitterpotenzials (Bandlücke) an den Grenzen der Brillouin-Zone ist gering. Die gute Übereinstimmung mit dem freien e^--Gas ist auch typisch für die einfachen Alkalimetalle.

Der geringe Einfluss des Kristallgitters auf die Bandstruktur führt dazu, dass sich auch die Zustandsdichte annähernd parabolisch ($Z(E) \propto \sqrt{E}$), wie für ein freies e^- verhält (siehe Abschnitt 2.6.1.2.2, Gl. VI-2.232). Diese Zustände in mehreren Bändern sind bis zur Fermienergie ε_F aufgefüllt. Die Fermi-Fläche $E(\vec{k}) = \varepsilon_F$ schneidet mehrere Bänder, die durch eine Lücke getrennt sind und ist daher keine kontinuierliche Fläche.

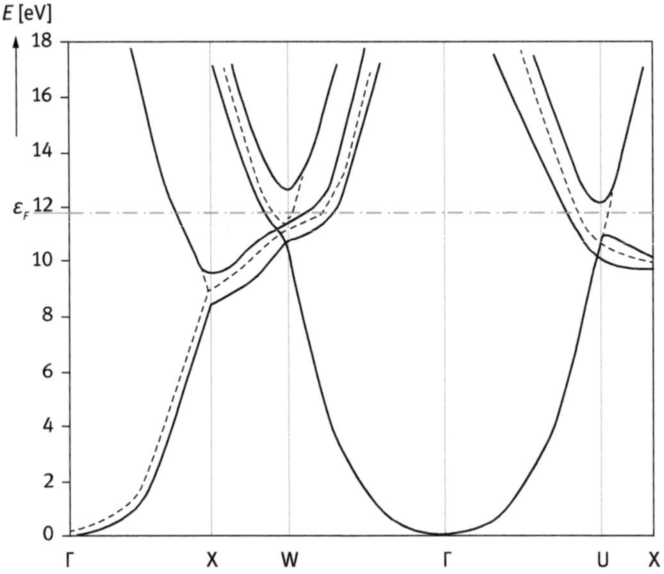

Abb. VI-2.129: Bandstruktur von Aluminium im reduzierten Zonenschema in verschiedenen Richtungen des reziproken Raumes ($\vec{k}$-Raumes). Strichliert $E(\vec{k})$ im Modell des freien Elektrons für die *kfz*-Struktur mit drei Leitungselektronen pro Atom.

Germanium (Abb. VI-2.130) hat die Elektronenkonfiguration $[Ar]3d^{10}4s^24p^2$ und kristallisiert in der Diamant-Struktur (zwei kubisch-flächenzentrierte Gitter, die um 1/4 der Raumdiagonale in deren Richtung versetzt sind (siehe Abschnitt 2.1.3.2, Abb. VI-2.16). Durch die kovalente Bindung ist kein e^- für den Ladungstransport frei. Das Valenzband ist vollständig gefüllt, das Leitungsband leer und es tritt eine durchgehende Bandlücke auf. Da diese verbotene Zone mit $E_g = 0{,}75\,\text{eV}$ (bei $T = 0$) vergleichsweise klein ist, werden schon bei Raumtemperatur einige e^- thermisch in das *LB* angeregt, es liegt daher ein intrinsischer Halbleiter vor. Die Fermienergie liegt bei $T = 0$ in der Mitte der Energielücke. Die verbotene Zone beträgt bei $k = 0$ (Γ-Punkt) $E_g(\Gamma) = 1{,}1\,\text{eV}$, die kleinste Bandlücke tritt aber mit $E_g = 0{,}75\,\text{eV}$ zwischen dem Maximum bei Γ und dem Minimum bei L auf ($k_x = k_y = k_z = \frac{\pi}{a}$, [111]-Richtung im $\vec{k}$-Raum, auch Δ-Richtung genannt). Ist die Anregungsenergie daher kleiner als etwa 1 eV, handelt es sich um einen *indirekten Übergang* Γ → L, man nennt Ge daher einen *indirekten Halbleiter.*[135] Da es vier [111]-Richtungen gibt, gibt es acht äquivalente L-Punkte bei jeweils $+\pi/a$ und $-\pi/a$ und damit auch acht Minima des Leitungsbandes.

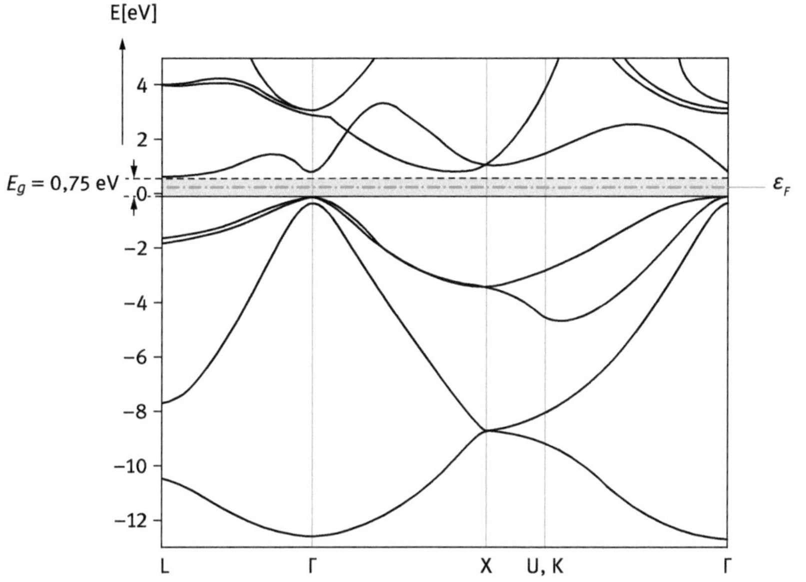

Abb. VI-2.130: Bandstruktur von Germanium im reduzierten Zonenschema in verschiedenen Richtungen des reziproken Raumes ($\vec{k}$-Raumes).

Bei $k = 0$ (Γ-Punkt) gibt es drei Valenzbandmaxima, zwei davon sind bei $k = 0$ entartet (berühren einander), e^- oder Löcher (Defektelektronen) dieser Energie haben aber wegen der unterschiedlichen Krümmung der Bänder unterschiedliche effektive Masse m_e^*. Löcher des Valenzbandes mit der geringeren Krümmung nennt man „schwere Löcher“ (*heavy holes*, $m_e^*(hh) = 0{,}34 m_e$), jene des Bandes mit der stärkeren Krümmung „leichte Löcher“ (*light holes*, $m_e^*(lh) = 0{,}043 m_e$). Das dritte Valenzband liegt bei $k = 0$ um etwa 0,29 eV tiefer.

135 Liegen das Maximum des Valenzbandes und das Minimum des Leitungsbandes übereinander, dann spricht man von einem *direkten Halbleiter*.

Anhang 7 Die Oberflächen der ersten drei *BZ* des *krz*- und des *kfz*-Gitters (Abb. VI-2.131) und die Fermi-Flächen von Cu und Al (Abb. VI-2.132)

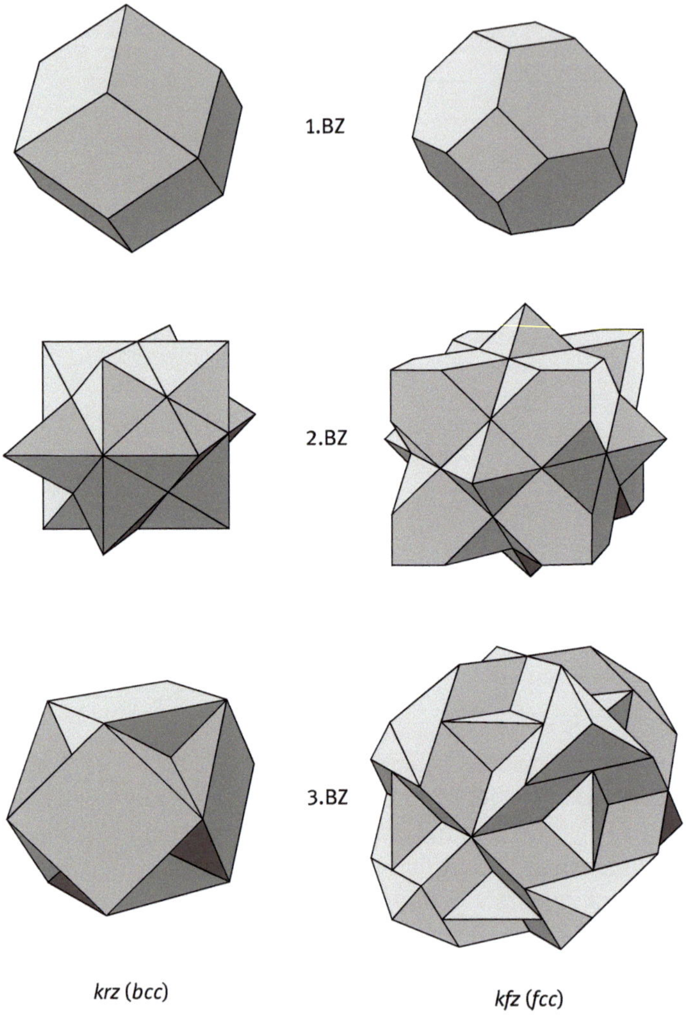

Abb. VI-2.131: Oberflächen der ersten, zweiten und dritten Brillouin-Zonen des kubisch-raumzentrierten (links) und des kubisch-flächenzentrierten Kristallgitters. Die n-te *BZ* liegt zwischen den Oberflächen der der n-ten und der $(n-1)$-ten *BZ*. (Nach N. W. Ashcroft und N. D. Mermin, *Solid State Physics*, Saunders College Publishing, Philadelphia 1976.)

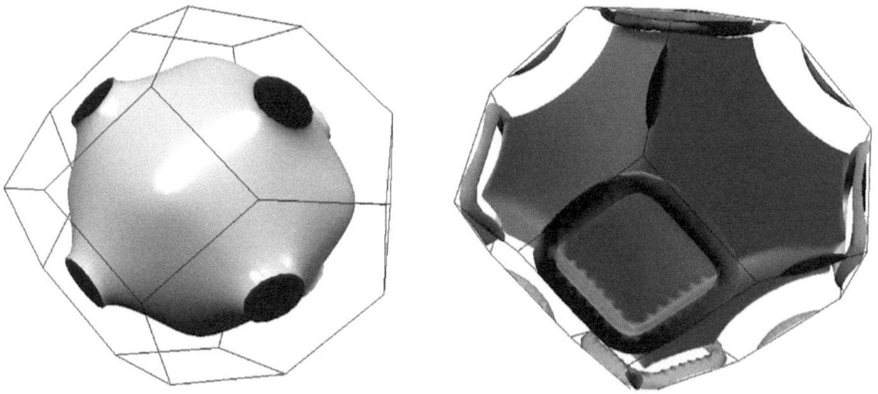

Abb. VI-2.132: Fermiflächen von Cu (links, vollständig in 1. *BZ*) und Al (rechts, durchsetzt 2., 3. und endet in der 4. *BZ* (sehr kleine, mikroskopische Bereiche an den Eckpunkten der *BZ*)).

3 Materialphysik (*Materials Science*)

Einleitung: Die Festkörperphysik stellt die Grundlage für viele technische Anwendungen, insbesondere der Elektronik, dar und ist damit auch eine wesentliche Voraussetzung für die Computertechnik und die damit verbundene moderne Kommunikationstechnik sowie der Automatisierung. In der Materialphysik werden die physikalischen Grundlagen nichtkristalliner fester und „weicher“ Stoffe erarbeitet, die ebenfalls eine große Bedeutung für die technische Anwendung haben.

Meist können wir auf Konzepte zurückgreifen, die schon in früheren Kapiteln erarbeitet wurden. So erhält man Auskunft über die Atomverteilung und Struktur in Gläsern, Polymeren und amorphen Metallen durch die winkelabhängige Messung der Streuung von Röntgenstrahlung oder Neutronen.

Flüssigkristalle haben als Anzeigemedien (Bildschirme) eine große praktische Bedeutung erlangt und die früheren Kathodenstrahlröhren (Teil II, Kapitel „Statische Magnetfelder“) fast vollständig verdrängt.

Quasikristalle weisen zwar eine Anordnungs-Fernordnung auf und zeigen daher Bragg-Reflexe im Beugungsdiagramm, ihre Struktureinheiten sind aber aperiodisch im Raum angeordnet. Die Entdeckung der Quasikristalle hatte zur Folge, dass Kristalle nur mehr über ihr Beugungsbild definiert werden, aber nicht mehr über ihre Translationssymmetrie.

Immer größere Bedeutung in der sicherheitstechnischen Anwendung gewinnen die „Formgedächtnis-Legierungen“ (shape memory alloys), die nach großer plastischer Verformung bei Temperaturwechsel in ihre ursprüngliche Form zurückfinden („smart materials“).

Als Beispiel für aktuelle „Nanomaterialien“ werden am Ende dieses Kapitels Kohlenstoff-Cluster und besonders Kohlenstoff-Nanoröhrchen (carbon nanotubes, CNT) vorgestellt. Abhängig von ihrer Struktur sind sie entweder metallisch leitend oder halbleitend. Dieses besondere elektrische Verhalten und ihre extrem hohe mechanische Festigkeit lassen eine Vielfalt von technischen Anwendungsmöglichkeiten erwarten.

Während sich die *Festkörperphysik* (*FKP*) mit der Physik fester, *kristalliner* Stoffe beschäftigt, fasst man unter *Materialphysik* (*materials science*) meist *kristalline und nichtkristalline* feste Stoffe zusammen, also sowohl Kristalle als auch feste, amorphe Stoffe wie Gläser. In letzter Zeit kommt auch noch die anwendungsorientierte „Weiche Materie“ (*soft matter*) dazu: Flüssigkristalle, Polymere, Kolloide, Gele, Schäume usw. Nachdem die Physik kristalliner Festkörper bereits im vorhergehenden Kapitel „Festkörperphysik“ dargestellt wurde, gibt das vorliegende Kapitel „Materialphysik“ einen kurzen Überblick über einige ausgewählte nichtkristalline Stoffe der Materialphysik.

3.1 Amorphe Festkörper

Im (idealen) Kristall sind die Atome regelmäßig an den Punkten eines Gitters angeordnet (*topologische Fernordnung*). In amorphen Festkörpern liegt i. Allg. wie auch in Flüssigkeiten immer noch eine „topologische Nahordnung" vor, d. h., man findet zwar keine langreichweitige Periodizität der Atomanordnung, aber doch „lokale" Abweichungen von einer völlig regellosen Atomverteilung im Raum: Die Atompositionen weisen einige Atomabstände weit Beziehungen zueinander auf, man spricht von *Korrelationen*. Die Ursache für diese Korrelationen ist die *WW* zwischen den Atomen im flüssigen Zustand (Schmelze), die praktisch immer über die *NN*-Distanz (Abstand zwischen nächsten Nachbarn (*NN*, *nearest neighbours*)) hinausreicht.

3.1.1 Die radiale Paarverteilungsfunktion

Liegen Korrelationen zwischen den Atomen (Teilchen) vor, ist also die Atomverteilung nicht völlig regellos, so weicht die Teilchendichte lokal von der mittleren Teilchendichte ρ_0 ab und ist ortsabhängig

$$\rho(\vec{r}) = f^{(1)}(\vec{r}) . \tag{VI-3.1}$$

$\rho(\vec{r})$ ist eine *lokale Teilchendichte* und gleich der *Einteilchen-Dichtefunktion* $f^{(1)}(\vec{r})$; $f^{(1)}(\vec{r})\,dV$ ist die Zahl der Teilchen im kleinen Volumenelement dV um $\vec{r}$, wenn $f^{(1)}(\vec{r})$ geeignet normiert ist, wenn sich also die gesamte Teilchenzahl durch Integration von $f^{(1)}(\vec{r})$ über das Volumen V ergibt

$$N = \int_V f^{(1)}(\vec{r})\,dV = \rho_0 V , \tag{VI-3.2}$$

ρ_0 ... mittlere Teilchendichte.

Die paarweise Beziehung der Atome zueinander beschreibt die *Zweiteilchen-Dichtefunktion* $f^{(2)}(\vec{r}_1,\vec{r}_2)$: $f^{(2)}(\vec{r}_1,\vec{r}_2)\,dV_1\,dV_2$ ist die Wahrscheinlichkeit, Atompaare an den Positionen $\vec{r}_1,\vec{r}_2$ im Raum zu finden.[1] Da es bei N Teilchen insgesamt $N(N-1)$ Paare an den Positionen $\vec{r}_1,\vec{r}_2$ gibt $(\vec{r}_i\vec{r}_j,\vec{r}_j\vec{r}_i)$, gilt für die Normierung

$$\int_V \int_V f^{(2)}(\vec{r}_1,\vec{r}_2)\,dV_1\,dV_2 = N(N-1) = \rho_0^2 V^2 . \tag{VI-3.3}$$

1 Allgemein gibt die *N-Teilchen-Dichtefunktion* $f^{(N)}(\vec{r}_1,\vec{r}_2,\dots,\vec{r}_N)\,dV_1\,dV_2\dots dV_N$ die Wahrscheinlichkeit an, N Teilchen in den Raumbereich dV_i um $\vec{r}_i$ zu finden.

Liegt eine völlig unkorrelierte, regellose Atomverteilung vor, so muss die Zweiteilchen-Dichtefunktion gleich dem Produkt aus den Einteilchen-Dichtefunktionen sein

$$f^{(2)}(\vec{r}_1,\vec{r}_2) = f^{(1)}(\vec{r}_1) \cdot f^{(1)}(\vec{r}_2)\,. \tag{VI-3.4}$$

Als Maß für die Abweichung von dieser völlig zufälligen Verteilung und damit als Maß für die Wechselwirkungen zwischen den Teilchen wird die *Zweiteilchen-Verteilungsfunktion* $g(\vec{r}_1,\vec{r}_2)$ eingeführt, sodass

$$f^{(2)}(\vec{r}_1,\vec{r}_2) = f^{(1)}(\vec{r}_1)f^{(1)}(\vec{r}_2) \cdot g(\vec{r}_1,\vec{r}_2)\,. \tag{VI-3.5}$$

$g(\vec{r}_1,\vec{r}_2)\,dV_1\,dV_2$ gibt die (bedingte) Wahrscheinlichkeit an, im Volumenelement dV_1 um $\vec{r}_1$ ein Teilchen zu finden, wenn sich ein anderes Teilchen in dV_2 um $\vec{r}_2$ befindet. Liegen keine Korrelationen vor (*ideales System*), so ist $g(\vec{r}_1,\vec{r}_2) = 1$ und somit (abgesehen von immer vorhandenen thermischen Fluktuationen) $f^{(2)}(\vec{r}_1,\vec{r}_2) = f^{(1)}(\vec{r}_1)f^{(2)}(\vec{r}_2) = \frac{N}{V} \cdot \frac{N-1}{V} \underbrace{\cong}_{\text{große } N} \frac{N^2}{V^2} = \rho_0^2 = \text{const.}$ ($\rho_0 = \frac{N}{V}$ ... mittlere Teilchendichte).

Ist das vorliegende System *homogen*, so gibt es keinen ausgezeichneten Punkt, d. h. $g(\vec{r}_1,\vec{r}_2) = g(\vec{r}_1 - \vec{r}_2)$; ist es isotrop, so gibt es weder einen ausgezeichneten Punkt, noch eine ausgezeichnete Richtung und g ist daher unabhängig von der Richtung von $\vec{r} = \vec{r}_1 - \vec{r}_2 \quad \Rightarrow \quad f^{(1)}(\vec{r}) = \frac{N}{V} = \rho_0 = \text{const.}$ und $g(\vec{r}_1,\vec{r}_2) = g(|\vec{r}_1 - \vec{r}_2|) = g(r_{12})$ hängt nur mehr vom Abstand $r_{12} = |\vec{r}_1 - \vec{r}_2|$ ab, also

$$f^{(2)}(\vec{r}_1,\vec{r}_2) = \rho_0^2 \cdot g(r_{12})\,, \tag{VI-3.6}$$

mit $g(r_{12})$ ... *Paarverteilungsfunktion.*

Setzen wir ein Teilchen in den Koordinatenursprung, d. h. $\vec{r}_1 = 0$ und entsprechend $|\vec{r}_1 - \vec{r}_2| = |\vec{r}| = r$, so wird die Paarverteilungsfunktion zur *radialen Paarverteilungsfunktion* $g(r)$; sie beschreibt die Abweichungen der lokalen Teilchendichte von der mittleren Teilchendichte ρ_0 im Abstand r vom Ursprung. Das Produkt aus radialer Paarverteilungsfunktion und mittlerer Teilchendichte $\rho_0 = \frac{N}{V}$ ergibt die lokale Teilchendichte im Abstand r um ein Teilchen bei $\vec{r} = 0$:

$$\rho(r) = \rho_0 \cdot g(r)\,. \tag{VI-3.7}$$

Wird die lokale Teilchendichte $\rho(r)$ über das ganze Volumen integriert, ergibt sich die Gesamtzahl N der Teilchen

$$N = \int_V \rho_0 g(r)\, dV\,. \qquad \text{(VI-3.8)}$$

Transformieren wir den Ausdruck für die Teilchenzahl N auf Kugelkoordinaten r, θ und φ und integrieren über die entsprechende Kugelschale, so ergibt sich die (bedingte) Wahrscheinlichkeit $W(r)$, im isotropen Medium mit der mittleren Dichte $\rho_0 = \frac{N}{V}$ ein Atom (Teilchen) im Abstand zwischen r und $r + dr$ von einem anderen Atom zu finden:

$$W(r)\, dr = dN(r) = \underbrace{\rho_0 \int_0^{\pi} \int_0^{2\pi} g(r) r^2 dr \sin\theta \, d\theta \, d\varphi}_{\substack{\text{Wahrscheinlichkeit ein Teilchen} \\ \text{zwischen } r \text{ und } r+dr \text{ zu finden}}} = 4\pi\rho_0 r^2 g(r)\, dr\,. \qquad \text{(VI-3.9)}$$

i Die radiale Paarverteilungsfunktion $g(r)$ gibt daher die Korrelation zwischen zwei beliebig herausgegriffenen Atomen des Systems in Abhängigkeit ihres gegenseitigen Abstands an.

Abb. VI-3.1 zeigt die radiale Paarverteilungsfunktion $g(r)$ für eine Flüssigkeit oder einen amorphen Festkörper. Zum Vergleich sind auch die Funktionen für ein Gas aus harten Kugeln und ein reales Gas angegeben. In Abb. VI-3.2 wird ein Vergleich von $g(r)$ für verschiedene Modellsubstanzen dargestellt: Gas, Flüssigkeit (amorpher Festkörper), linearer Kristall, dreidimensionaler Kristall.

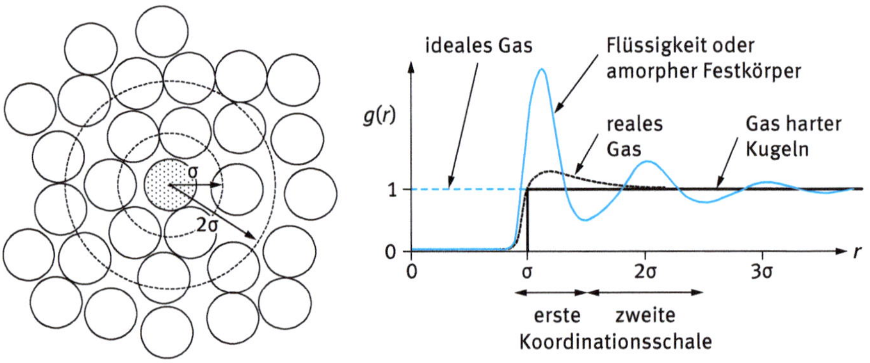

Abb. VI-3.1: Modell einer Flüssigkeit oder eines amorphen Festkörpers aus kugelförmigen Atomen mit Durchmesser $\sigma = 2\,r$ (links) und zugehörige radiale Paarverteilungsfunktion $g(r)$ (blau durchgezogen). Zum Vergleich sind auch die Funktionen für ein Gas aus harten Kugeln (schwarz durchgezogen), ein reales (punktiert) und das ideale Gas (blau strichliert) gezeigt. (Nach W. Göpel, H.-D. Wiemhöfer *Statistische Thermodynamik*, Spektrum Akademischer Verlag, Berlin 2000.)

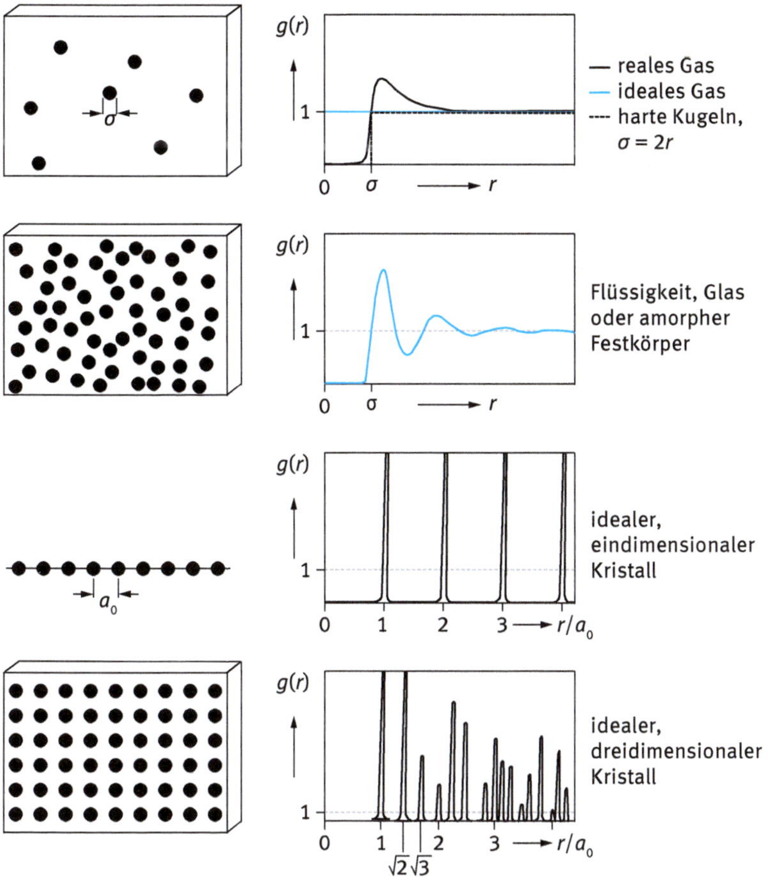

Abb. VI-3.2: Schematische Darstellung der radialen Paarverteilungsfunktion. Links: Material (schematisch); rechts: radiale Paarverteilungsfunktion $g(r)$. (Nach W. Göpel, H.-D. Wiemhöfer *Statistische Thermotedynamik*, Spektrum Akademischer Verlag, Berlin 2000.)

Für die Grenzwerte sehr kleiner und sehr großer Abstände gilt unter den Annahmen, dass sich einerseits Atome einander nicht beliebig nähern können und dass bei sehr großen Abständen die Korrelation verschwindet:

$$\lim_{r \to 0} g(r) = 0 \qquad \text{und} \qquad \lim_{r \to \infty} g(r) = 1 . \tag{VI-3.10}$$

Neben der radialen Paarverteilungsfunktion wird oft auch die *Paarkorrelationsfunktion* $h(r)$ verwendet:

$$h(r) = g(r) - 1 \qquad \textit{Paarkorrelationsfunktion} \tag{VI-3.11}$$

mit $\quad h(r) \to 0$ für $r \to \infty$.

3.1.2 Experimentelle Bestimmung der radialen Paarverteilungsfunktion

Die radiale Paarverteilungsfunktion kann aus der elastischen Streuung geeigneter Strahlung (Röntgenstrahlung oder Neutronen) bestimmt werden.

Lassen wir zunächst eine ebene Welle (elektromagnetische Welle einer Röntgenstrahlung, also Photonen, oder auch Neutronen) auf ein einzelnes, ruhendes[2] Atom im Ursprung unseres Koordinatensystems fallen. Weit vom streuenden Atom entfernt besteht dann die gesamte Wellenfunktion aus einer durchlaufenden ebenen Welle und einem am Atom gestreuten Anteil in Form einer Kugelwelle (Sommerfeldsche Rand- oder Ausstrahlungsbedingung)

$$\Psi(\vec{r},t) = \Psi_e(\vec{r},t) + \Psi_s(\vec{r},t) = \left[e^{-i\vec{k}\vec{r}} + f(\theta)\,\frac{e^{-ik'r}}{r} \right] e^{i\omega t}\,. \tag{VI-3.12}$$

Wir können also die gestreute Welle als eine Kugelwelle (vgl. Band I, Kapitel „Mechanische Schwingungen und Wellen", Abschnitt 5.5.3, ‚Kugelwellen') mit winkelabhängiger Amplitude darstellen; $f(\theta)$ ist der vom Streuwinkel θ abhängige *Atomformfaktor* (= Atom-Streuamplitude), der die Ausdehnung des Atoms berücksichtigt.[3] Ist R der Abstand des Atoms im Ursprung vom Detektor, dann gilt also:

$$\psi \propto \frac{f(\theta)}{R}\, e^{-ikR}\,. \tag{VI-3.13}$$

Liegt eine Probe mit N gleichen Atomen vor, so treten für die Atome, die sich in einer vom Ursprung abweichenden Position $\vec{r}_j$ befinden, relativ zur Kugelwelle des Atoms im Ursprung die Phasendifferenzen $\overrightarrow{\Delta k} \cdot \vec{r}_j$ auf (Abbn. VI-3.3 und VI-3.4).

---

2 Vom Temperatureinfluss wird abgesehen.

3 Für ein punktförmiges Atom ergäbe sich der Streuanteil Ψ_s als winkelunabhängig zu $\Psi_s = \Psi_0\,\frac{e^{-ik'r}}{r}\,e^{i\omega t}$. Am ausgedehnten Atom wird die Amplitude winkelabhängig; dies berücksichtigt der Atomformfaktor (Atom-Streuamplitude) $f(\theta)$.

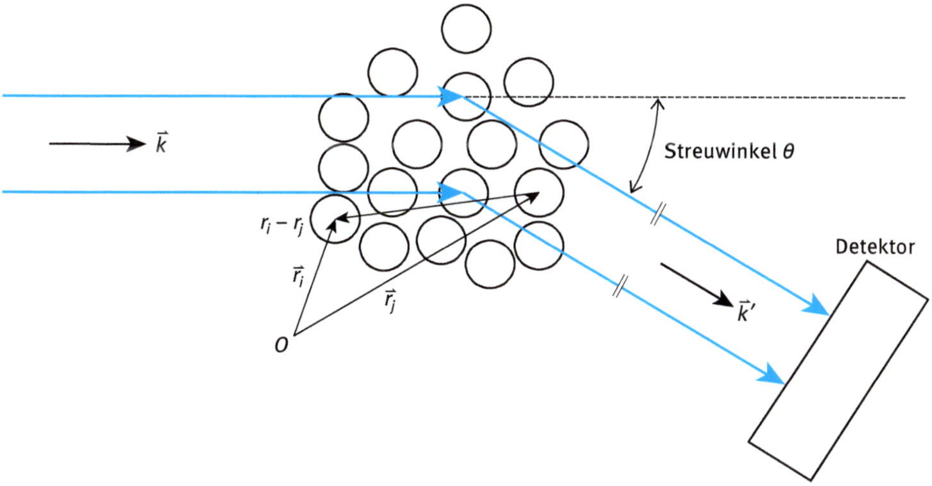

Abb. VI-3.3: Elastische Streuung ($|\vec{k}| = |\vec{k}'|$) einer ebenen Welle (Röntgenquanten, Neutronen) an einer nichtkristallinen Substanz einer Atomsorte.

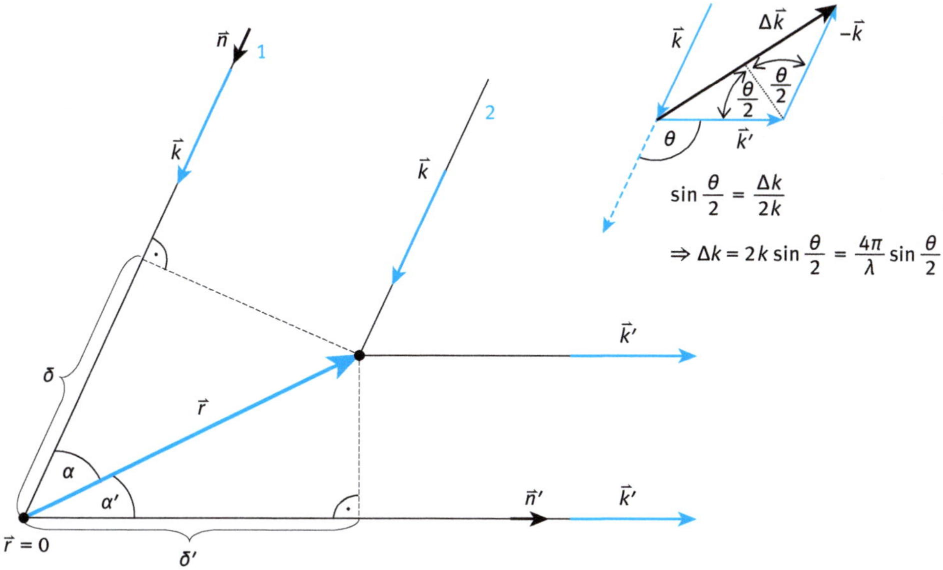

Abb. VI-3.4: Für die Phasendifferenz zwischen einer am Atom bei $\vec{r} = 0$ und einer am Atom bei $\vec{r}$ gestreuten Welle ergibt sich (siehe Ableitung der Laue-Gleichungen im Kapitel „Festkörperphysik", Abschnitt 2.2.5.3) zu

$$\Delta\varphi = (\delta + \delta')\cdot\frac{2\pi}{\lambda} = \vec{r}(\vec{k}' - \vec{k}) = \vec{r}\cdot\overrightarrow{\Delta k} = |\vec{r}|\cdot|\overrightarrow{\Delta k}|\cdot\cos(\vec{r},\overrightarrow{\Delta k}) = |\vec{r}|\cdot\cos(\vec{r},\overrightarrow{\Delta k})\cdot\frac{4\pi}{\lambda}\sin\frac{\theta}{2}.$$

Die gesamte Amplitude der zum Detektor gestreuten Welle ist dann die Überlagerung der von den einzelnen Atomen gestreuten Beiträge.[4] Ist der Abstand Probe–Detektor sehr viel größer als der mittlere Atomabstand a also $R \gg$ a, so gilt für die gesamte Amplitude im Detektor

$$\psi = \sum_{j=1}^{N} \psi(\vec{r}_j) \propto \frac{f(\theta)}{R} e^{-ikR} \sum_{j=1}^{N} \underbrace{e^{-i\overrightarrow{\Delta k}\,\vec{r}_j}}_{\substack{\text{Phasenfaktor des Atoms}\\ \text{gegenüber dem Atom}\\ \text{im Ursprung}}} . \tag{VI-3.14}$$

Die Intensität der gestreuten Welle ist proportional zum Quadrat dieser Gesamtamplitude[5]

$$I(\theta) \propto \psi^* \psi \propto \underbrace{\frac{f^2(\theta)}{R^2}}_{I_A(\theta)} \underbrace{\left\langle \left(\sum_{j=1}^{N} e^{+i\overrightarrow{\Delta k}\,\vec{r}_j} \right) \left(\sum_{i=1}^{N} e^{-i\overrightarrow{\Delta k}\,\vec{r}_i} \right) \right\rangle}_{\substack{\text{mittlere Verteilung des Produkts}\\ \text{der Phasenfaktoren}}} =$$

$$= \underbrace{I_A(\theta) \cdot N}_{\substack{\text{Streuintensität}\\ \text{der } N \text{ Atome}\\ \text{ohne Interferenz}}} \cdot S(\overrightarrow{\Delta k}) . \tag{VI-3.15}$$

$S(\overrightarrow{\Delta k}) = \frac{1}{N} \left\langle \left(\sum_{j=1}^{N} e^{i\overrightarrow{\Delta k}\,\vec{r}_j} \right) \left(\sum_{i=1}^{N} e^{-i\overrightarrow{\Delta k}\,\vec{r}_i} \right) \right\rangle$ ist der die Interferenz der gestreuten Wellen bestimmende *Strukturfaktor* (= *Streufunktion, structure factor*). Die spitzen Klammern deuten an, dass tatsächlich Mittelwerte über die Verteilung der Ortsvektoren $\vec{r}_i, \vec{r}_j$ gemessen werden. $I_A(\theta)$ ist die vom Streuwinkel θ und vom Detektorabstand R abhängige Intensität der Streuung eines einzelnen Atoms, $N \cdot I_A(\theta)$ die Intensität der gesamten Streuung aller N Atome ohne Interferenz der gestreuten Wellen.

Durch Ausmultiplizieren der beiden Summen und Verwendung der Zweiteilchen-Dichtefunktion $f^{(2)}(\vec{r}_1, \vec{r}_2)$ bzw. der radialen Paarverteilungsfunktion $g(r)$ zur

4 Man beachte, dass hier der Streuwinkel, d. h. der Winkel zwischen $\vec{k}'$ und $\vec{k}$ mit θ bezeichnet wird, im Gegensatz zum Beugungswinkel 2θ bei der Röntgenbeugung am Kristall (Kapitel „Festkörperphysik", Abschnitt 2.2.5.2).

5 Da für eine bestimmte Streurichtung Δk für alle Atome konstant ist, wird der Ausdruck durch die mittlere Verteilung der Ortsvektoren r_i, r_j bestimmt.

Beschreibung der mittleren Abstände beliebiger Atompaare folgt für den Strukturfaktor[6,7]

$$S(\overrightarrow{\Delta k}) = \frac{1}{N}\left\langle \sum_{i=1}^{N}\sum_{j=1}^{N} e^{-i\overrightarrow{\Delta k}\,(\vec{r}_i - \vec{r}_j)} \right\rangle = \frac{1}{N}\left\langle \underbrace{N}_{\substack{N\,Faktoren\\ mit\ \vec{r}_i = \vec{r}_j\\ \Rightarrow N\cdot e^0 = N}} + \sum_{i=1}^{N}\sum_{i\neq j} e^{-i\overrightarrow{\Delta k}\,(\vec{r}_i - \vec{r}_j)} \right\rangle =$$

$$\underset{\substack{Summen \rightarrow\\ Integrale\ über\\ Zweiteilchen-\\ Dichtefunktion}}{=} 1 + \frac{1}{N}\int_V\int_V d\vec{r}_1\, d\vec{r}_2\, \underbrace{f^{(2)}(\vec{r}_1,\vec{r}_2)}_{=\rho_0^2 \underbrace{g(|\vec{r}_1 - \vec{r}_2|)}_{=g(r)}}\, e^{-i\overrightarrow{\Delta k}\,(\vec{r}_1 - \vec{r}_2)} =$$

$$= 1 + \frac{1}{N}\int_V\int_V d\vec{r}_1\, d\vec{r}_2\, \rho_0^2 g\,(|\vec{r}_1 - \vec{r}_2|)\, e^{-i\overrightarrow{\Delta k}\,(\vec{r}_1 - \vec{r}_2)}. \qquad \text{(VI-3.16)}$$

Da in diesem Ausdruck für den Strukturfaktor nur die Differenzvektoren $\vec{r}_1 - \vec{r}_2$ und ihre Beträge eingehen, führen wir statt der Variablen $\vec{r}_1$ und $\vec{r}_2$ die neuen Variablen $\vec{r} = \vec{r}_1 - \vec{r}_2$ und $\vec{r}^{\,\star} = \frac{1}{2}(\vec{r}_1 + \vec{r}_2)$ ein. Dadurch wird $\int\int g(r)\, d\vec{r}_1\, d\vec{r}_2 =$ $= \int_V \underbrace{\int_V d\vec{r}^{\,\star}}_{=V} g(r)\, d\vec{r} = V\int_V g(r)\, d\vec{r}$, da der obige Integrand nur von $\vec{r} = \vec{r}_1 - \vec{r}_2$, aber nicht von $\vec{r}^{\,\star}$ abhängt,[8] und es wird mit $\frac{V}{N} = \frac{1}{\rho_0}$

$$S(\overrightarrow{\Delta k}) = 1 + \rho_0 \int_V g(r)\, e^{-i\overrightarrow{\Delta k}\,\vec{r}} d\vec{r} = 1 + \rho_0 \int_V [g(r) - 1] e^{-i\overrightarrow{\Delta k}\,\vec{r}} d\vec{r} + \rho_0 \underbrace{\int_V e^{-i\overrightarrow{\Delta k}\,\vec{r}} d\vec{r}}_{=0\ für\ |\overrightarrow{\Delta k}|\neq 0}. \qquad \text{(VI-3.17)}$$

---

6 Die Mittelwertbildung für ein Ensemble von N Atomen führt unmittelbar zur wahrscheinlichen Paarverteilung, die durch die Zweiteilchen-Dichtefunktion $f^{(2)}(\vec{r}_1,\vec{r}_2)$ beschrieben wird (siehe Abschnitt 3.1.1).

7 $d\vec{r}$ bedeutet hier ein differentielles Volumenelement $d\vec{r}$ um $\vec{r}$ (und keinen differentiellen Vektor: $d\vec{r} = dr_x\, dr_y\, dr_z = dx \cdot dy \cdot dz$ (siehe auch Kapitel „Festkörperphysik", Abschnitt 2.6.2.9.3, Fußnote 126).

8 $d\vec{r}^{\,\star} \cdot d\vec{r} = \frac{1}{2}(d\vec{r}_1 + d\vec{r}_2)\cdot(d\vec{r}_1 - d\vec{r}_2) = \frac{1}{2}(d\vec{r}_1^{\,2} + d\vec{r}_1\, d\vec{r}_2 - d\vec{r}_2\, d\vec{r}_1 - d\vec{r}_2^{\,2})$; das Integral kann also in 4 Integrale zerlegt werden, von denen sich das erste und das vierte aufheben, da in beiden Fällen über das gesamte Volumen integriert wird. Außerdem gilt $\int g(\vec{r}_1 - \vec{r}_2)\, d\vec{r}_1^{\,2} = \int g(\vec{r}_1 - \vec{r}_2)\, d\vec{r}_1(-d\vec{r}_2)$, denn die Integration über $(-d\vec{r}_2)$ vertauscht nur die Integrationsgrenzen – das Volumsintegral bleibt gleich $\Rightarrow \int g(\vec{r}_1 - \vec{r}_2)\, d\vec{r}_1\, d\vec{r}_2 = \int g(\vec{r})\, d\vec{r}_1\, d\vec{r}_2 = \int d\vec{r}^{\,\star} g(\vec{r})\, d\vec{r}$.

Für $\overrightarrow{\Delta k} = 0$ wird das Integral im letzten Term $\int_V d\vec{r} = V$.[9] Für $\overrightarrow{\Delta k} \neq 0$ ergeben sich aus $e^{-i\overrightarrow{\Delta k}\vec{r}} = \cos(\overrightarrow{\Delta k}\vec{r}) - i\sin(\overrightarrow{\Delta k}\vec{r})$ positive und negative Beiträge, die sich mit wachsendem $\overrightarrow{\Delta k}$ zunehmend zu Null ergänzen. Das Integral liefert daher nur für sehr kleine $\overrightarrow{\Delta k}$ einen nichtverschwindenden Beitrag und ist daher nur bei der *Kleinwinkelstreuung* (*small-angle scattering*) von Bedeutung. Für Streuung bei großen Streuwinkeln (Großwinkelstreuung, *wide-angle scattering*) können wir folglich für den Strukturfaktor schreiben

$$S(\overrightarrow{\Delta k}) = 1 + \rho_0 \int_V [g(r) - 1] e^{-i\overrightarrow{\Delta k}\vec{r}} d\vec{r} = 1 + \rho_0 \int_V h(r) e^{-i\overrightarrow{\Delta k}\vec{r}} d\vec{r} \quad \text{für} \quad \left|\overrightarrow{\Delta k}\right| \neq 0 . \tag{VI-3.18}$$

Für große Werte von r, also $r \to \infty \Rightarrow h(r) \to 0 \Rightarrow S(\overrightarrow{\Delta k}) \to 1$.

Erinnerung an die Fouriertransformation
(Band I, Kapitel „Mechanische Schwingungen und Wellen", Abschnitt 5.1.3).

Die Fouriertransformation ist die Ausdehnung der Fourierzerlegung auf unperiodische Funktionen:

---

9 $\int_V e^{-i\overrightarrow{\Delta k}\cdot\vec{r}} d\vec{r} = \int_{-L/2}^{+L/2} e^{-i\Delta k_x \cdot x} dx \cdot \int_{-M/2}^{+M/2} e^{-i\Delta k_y \cdot y} dy \cdot \int_{-N/2}^{+N/2} e^{-i\Delta k_z \cdot z} dz$; $\int_{-L/2}^{+L/2} e^{-i\Delta k_x \cdot x} dx = \left.\frac{e^{-\Delta k_x x}}{-i\Delta k_x}\right|_{-L/2}^{+L/2} =$

$= \frac{e^{-\Delta k_x \cdot \frac{L}{2}} - e^{+\Delta k_x \cdot \frac{L}{2}}}{-i\Delta k_x} = L \frac{\sin(\Delta k_x \cdot \frac{L}{2})}{(\Delta k_x \cdot \frac{L}{2})}$ und analog für die beiden anderen Integrale.

$\Rightarrow \quad \int_V e^{-i\overrightarrow{\Delta k}\cdot\vec{r}} d\vec{r} = \underbrace{L \cdot M \cdot N}_{=V} \cdot \frac{\sin(\Delta k_x \cdot \frac{L}{2})}{(\Delta k_x \cdot \frac{L}{2})} \cdot \frac{\sin(\Delta k_y \cdot \frac{M}{2})}{(\Delta k_y \cdot \frac{M}{2})} \cdot \frac{\sin(\Delta k_z \cdot \frac{N}{2})}{(\Delta k_z \cdot \frac{N}{2})}$.

Mit $\lim_{x \to 0} \frac{\sin x}{x} = 1$ ergibt sich damit $\lim_{\overrightarrow{\Delta k} \to 0} \int_V e^{-i\overrightarrow{\Delta k}\cdot\vec{r}} d\vec{r} = V$. Für hinreichend großes $\overrightarrow{\Delta k}$ verschwindet das Integral. Für einen endlich großen Kristall $((L,M,N) \to \infty)$ gehen die drei Integrale in δ-Funktionen über und es gilt: $\lim_{V \to \infty} \int_V e^{-\overrightarrow{\Delta k}\cdot\vec{r}} d\vec{r} = \delta(\Delta k_x) \cdot \delta(\Delta k_y) \cdot \delta(\Delta k_z)$ (Fouriersches Integraltheorem: Integraldarstellung der δ-Funktion).

Fourierintegral einer Zeitfunktion:

$$f(t) = \frac{1}{2\pi} \int_{-\infty}^{+\infty} F(\omega)\, e^{i\omega t} d\omega$$

mit der *Fouriertransformierten* $F(\omega) \equiv \int_{-\infty}^{+\infty} f(t)\, e^{-i\omega t} dt$.

Fourierintegral einer Ortsfunktion (eindimensional):

$$f(x) = \frac{1}{2\pi} \int_{-\infty}^{+\infty} F(k_x)\, e^{ik_x x} dk_x$$

mit der *Fouriertransformierten* $F(k_x) \equiv \int_{-\infty}^{+\infty} f(x)\, e^{-ik_x x} dx$.

Fourierintegral einer Ortsfunktion (dreidimensional):

$$f(\vec{r}) = \left(\frac{1}{2\pi}\right)^3 \int_{-\infty}^{+\infty} F(\vec{k})\, e^{i\vec{k}\vec{r}} d\vec{k}$$

mit der *Fouriertransformierten* $F(\vec{k}) \equiv \int_{-\infty}^{+\infty} f(\vec{r})\, e^{-i\vec{k}\vec{r}} d\vec{r}$.

Der Strukturfaktor $S(\overrightarrow{\Delta k})$ ist über die Fouriertransformation eindeutig mit der radialen Paarverteilungsfunktion $g(r)$ bzw. der Paarkorrelationsfunktion $h(r) = g(r) - 1$ verknüpft:

$$S(\overrightarrow{\Delta k}) - 1 = \rho_0 \int_V [g(r) - 1] e^{-i\overrightarrow{\Delta k}\,\vec{r}} d\vec{r} = \rho_0 \int_V h(r) e^{-i\overrightarrow{\Delta k}\,\vec{r}} d\vec{r}. \qquad \text{(VI-3.19)}$$

$S(\overrightarrow{\Delta k}) - 1$ ist die Fouriertransformierte der Paarkorrelationsfunktion $h(r)$ bzw. von $g(r) - 1$ und kann daher aus der Fourier-Rücktransformation gewonnen werden:

$$h(r) = g(r) - 1 = \left(\frac{1}{2\pi}\right)^3 \rho_0 \int_{V^{-1}} e^{i\overrightarrow{\Delta k}\,\vec{r}} \left(S(\overrightarrow{\Delta k}) - 1\right) d\overrightarrow{\Delta k}. \qquad \text{(VI-3.20)}$$

Wir schreiben jetzt den Strukturfaktor $S(\overrightarrow{\Delta k})$ in Kugelkoordinaten (r,ϑ,φ) mit dem Streuvektor $\overrightarrow{\Delta k}$ als Achse, wobei für das Volumenelement $d\vec{r} = dV = dx \cdot dy \cdot dz = r^2 \sin\vartheta\, d\vartheta\, d\varphi\, dr$ gilt. r ist von 0 bis ∞, ϑ von 0 bis π und φ von 0 bis 2π zu integrieren. Die Integration über φ bedeutet einen vollständigen Umlauf um die Achse und ergibt, da $S(\overrightarrow{\Delta k})$ nicht von φ abhängt, einen Faktor 2π. Mit $\overrightarrow{\Delta k}\vec{r} = \Delta k \cdot r \cdot \cos\vartheta$ kann auch die Integration über ϑ ausgeführt werden und wir erhalten

$$S(\Delta k) = 1 + \rho_0 \int_V h(r) e^{-i\vec{\Delta k}\vec{r}} d\vec{r} = 1 + \rho_0 \int_0^\infty h(r) r^2 dr \int_0^\pi e^{-i\vec{\Delta k}\vec{r}} \sin\vartheta \, d\vartheta \underbrace{\int_0^{2\pi} d\varphi}_{=2\pi} =$$

$$= 1 + \rho_0 \int_0^\infty h(r) 2\pi r^2 dr \int_0^\pi e^{-i\Delta k r \cos\vartheta} \sin\vartheta \, d\vartheta =$$

$$\underset{\frac{d(\cos\vartheta)}{d\vartheta} = -\sin\vartheta}{=} \quad 1 + \rho_0 \int_0^\infty h(r) 2\pi r^2 dr \int_{-1}^{+1} e^{-i\Delta k r (\cos\vartheta)} (-1) \, d(\cos\vartheta) =$$

$$= 1 + \rho_0 \int_0^\infty h(r) 2\pi r^2 dr \, \frac{1}{\Delta k r} \frac{1}{i} \left| e^{-i\Delta k r (\cos\vartheta)} \right|_{\cos\vartheta = +1}^{\cos\vartheta = -1} =$$

$$= 1 + \rho_0 \int_0^\infty h(r) 2\pi r^2 dr \frac{1}{\Delta k r} \underbrace{\frac{e^{i\Delta k r} - e^{-i\Delta k r}}{i}}_{2\sin\Delta k r} =$$

$$= 1 + \rho_0 \int_0^\infty h(r) \frac{\sin(\Delta k r)}{\Delta k r} 4\pi r^2 dr \qquad \text{(VI-3.21)}$$

bzw.

$$h(r) = g(r) - 1 = \left(\frac{1}{2\pi}\right)^3 \rho_0 \int_0^\infty \left(S(\Delta k) - 1\right) \frac{\sin(\Delta k r)}{\Delta k r} 4\pi (\Delta k)^2 \, d(\Delta k). \qquad \text{(VI-3.22)}$$

Mit Gl. (VI-3.21) ergibt sich für die Intensität der um den Winkel θ gestreuten Strahlung

$$I(\theta) \propto I_A(\theta) \cdot N \cdot \left(1 + 4\pi\rho_0 \int_0^\infty h(r) \frac{\sin(\Delta k r)}{\Delta k r} r^2 dr\right). \qquad \text{(VI-3.23)}$$

Die Winkelabhängigkeit von $I(\theta)$ steckt sowohl in $I_A(\theta)$ als auch in $\Delta k = \frac{4\pi}{\lambda} \sin\frac{\theta}{2}$ (siehe Abschnitt 3.1.2, Gl. VI-3.15 und Abb. VI-3.4). Wenn die *charakteristische Streulänge*

$$\frac{1}{\Delta k} = \frac{\lambda}{4\pi \sin\frac{\theta}{2}} \qquad \text{(VI-3.24)}$$

in der Größenordnung des interatomaren Abstands liegt, so wird die Streuintensität $I(\theta)$ durch die Atomkorrelationen bestimmt, das heißt durch die Abweichung der radialen Paarverteilungsfunktion von der rein statistischen Verteilung

$g(r) = 1$ ($\Rightarrow$ $h(r) = g(r) - 1 = 0$). Der aus einem Streuexperiment (Messung der gestreuten Intensität $I(\theta)$ von Röntgen- oder Neutronenstrahlung in Abhängigkeit vom Streuwinkel) bestimmte Strukturfaktor $S(\Delta k)$ ist über die Fourier-Rücktransformation eindeutig mit der Paarkorrelationsfunktion $h(r)$ bzw. der radialen Paarverteilungsfunktion $g(r)$ verknüpft, $h(r)$ und $g(r)$ sind daher aus der gemessenen winkelabhängigen Streuintensität berechenbar (Abbn. VI-3.5 und VI-3.6).

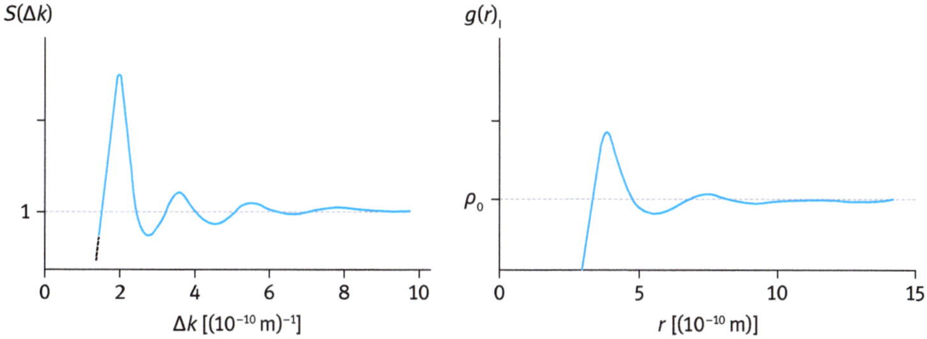

Abb. VI-3.5: Vergleich von Strukturfaktor $S(\Delta k)$ (links) und radialer Paarverteilungsfunktion $g(r)$ (rechts) von flüssigem Argon (Dichte $\rho_0 = 98{,}2\,\mathrm{kg/m^3}$). (Nach G. Strobl *Physik kondensierter Materie*, Springer, Berlin 2002.)

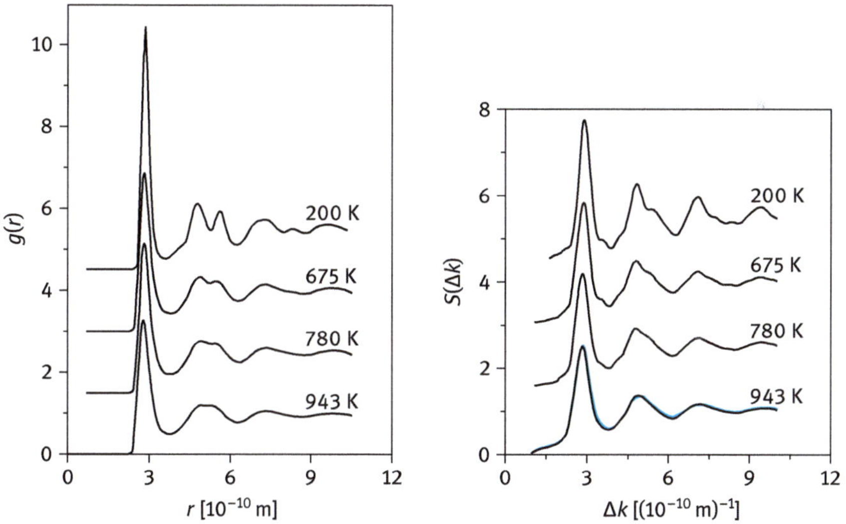

Abb. VI-3.6: Radiale Paarverteilungsfunktion $g(r)$ (links) und Strukturfaktor $S(\Delta k)$ (rechts) von sehr rasch abgeschrecktem („super cooled") reinem Al aus Simulationsrechnungen mit Molekular Dynamik (*MD*). In beiden Diagrammen ist die Entwicklung mit sinkender Temperatur gezeigt. Die $S(\Delta k)$-Kurve bei 943 K zeigt zum Vergleich die mit Neutronenstreuung an der Schmelze bestimmten experimentellen Werte (blau). Abschreckrate: $4 \cdot 10^{13}\,\mathrm{K/s}$; $T_m = 933\,\mathrm{K}$, $T_g \cong 500\,\mathrm{K}$. (Nach R. S. Liu, D. W. Qi und S. Wang, *Physical Review* **B 45**, 451 (1992).)

Sind die Atome bei einem idealen Kristall streng periodisch an Gitterpunkten angeordnet, so ergibt die radiale Paarverteilungsfunktion $g(r)$ scharfe Maxima an den Positionen der Koordinationsschalen (vgl. 3.1.1, Abb. VI-3.2) und es folgen wieder die Laue-Gleichungen (siehe Kapitel „Festkörperphysik“, Abschnitt 2.2.5.3, Gl. VI-2.66) als Beugungsbedingungen am Kristallgitter (siehe Anhang 1).

3.1.3 Gläser

Amorphe Stoffe findet man im Wesentlichen in zwei Zuständen: als Flüssigkeiten und als feste Gläser. Ist die thermische Energie wesentlich größer als die Bindungsenergie zwischen den Atomen, so ist die Substanz im flüssigen Zustand mit geringer Viskosität; überwiegt andererseits die Bindungsenergie zwischen den Atomen die thermische Energie, so weist die Substanz eine sehr hohe Viskosität auf, sie ist ein „festes“ Glas. Gläser sind also amorphe Feststoffe, zumeist rasch abgekühlte Schmelzen, „unterkühlte Flüssigkeiten“, wobei sich die Viskosität vom flüssigen zum festen Glaszustand um bis zu 17 Größenordnungen ändert. Durch die rasche Abkühlung wird der „normale“ flüssig-fest *Phasenübergang* mit einem kristallinen Zustand als Endpunkt vermieden und der strukturelle Zustand der Flüssigkeit „eingefroren“. Bei *RT* sind diese Stoffe über lange Zeiträume hinweg fest, sie sind aber nicht in einem thermodynamisch stabilen Zustand, sondern in einem *metastabilen* Nichtgleichgewichtszustand. Sie besitzen keine eindeutige Schmelztemperatur T_m mit „latenter Wärme“, der Glasübergang ist *kein Phasenübergang*. Da sich keine thermodynamische Größe beim Glasübergang sprunghaft ändert, muss man die Glasübergangstemperatur (= „Glastemperatur“, *glass transition temperature*) T_g nach Vereinbarung festlegen (Abb. VI-3.7).

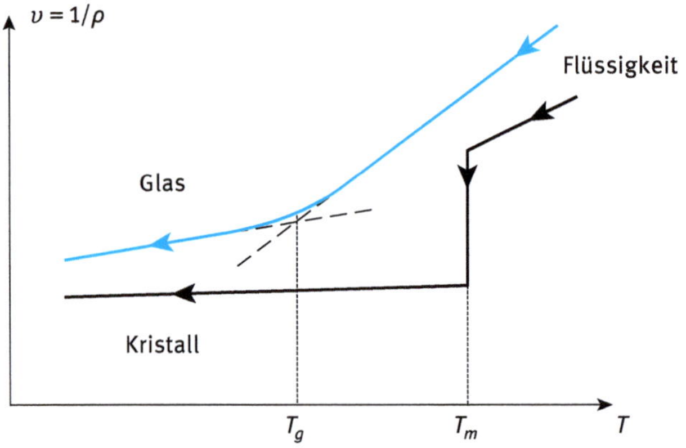

Abb. VI-3.7: Schematischer Verlauf des spezifischen Volumens $\upsilon = 1/\rho$ für ein Glas (blau) und einen kristallinen Festkörper bei der Abkühlung der Schmelze. Festkörper mit kristallinem Aufbau ändern ihre Dichte am Schmelzpunkt (T_m) sprunghaft; beim Glas tritt eine kontinuierliche Änderung in einem Intervall um die Glasübergangstemperatur (T_g) auf.

Zur Festlegung der Glasübergangstemperatur haben sich zwei Methoden etabliert:

1. Bestimmung aus der Viskosität η: Am Glasübergang gilt $\eta(T_g) = 10^{12}\,\mathrm{Pa \cdot s} = 10^{12}\,\mathrm{N\,m^{-2}\,s} = 10^{13}\,\mathrm{poise}$.
2. Messbare Materialparameter wie z. B. Wärmeausdehnung oder Wärmekapazität, die sich im Temperaturbereich des Glasübergangs verhältnismäßig stark ändern, werden gemessen. Als Glasübergangstemperatur T_g wird meist der Schnittpunkt der Abkühlkurve (z. B. spezifisches Volumen v als Funktion von T) im Glaszustand mit der Abkühlkurve der Schmelze bei unendlich großer Abkühlrate graphisch bestimmt.

Die nachfolgende Abb. VI-3.8 zeigt schematisch die Vorgänge beim Abkühlen der flüssigen Schmelze für „super cooling“, d. h. unendlich rasche Abkühlung und realistische Abkühlung mit endlicher Abkühlrate. Im flüssigen Bereich der Schmelze erfolgen strukturelle Änderungen praktisch sofort, d. h., die *Prozessrelaxationszeit* τ ist sehr viel kleiner als die Beobachtungszeit t_B ($\tau \ll t_B$). Im Übergangsbereich werden die Änderungen langsamer und so beobachtbar: Die Prozessrelaxationszeit τ ist jetzt vergleichbar mit der Beobachtungszeit t_B ($\tau \approx t_B$). In diesem Bereich liegt auch die Glasübergangstemperatur T_g. Im Glasbereich sind dann strukturelle Änderungen so langsam, dass sie nicht mehr beobachtet werden können ($\tau \gg t_B$), das Glas ist ein metastabiler, eingefrorener Nichtgleichgewichtszustand.

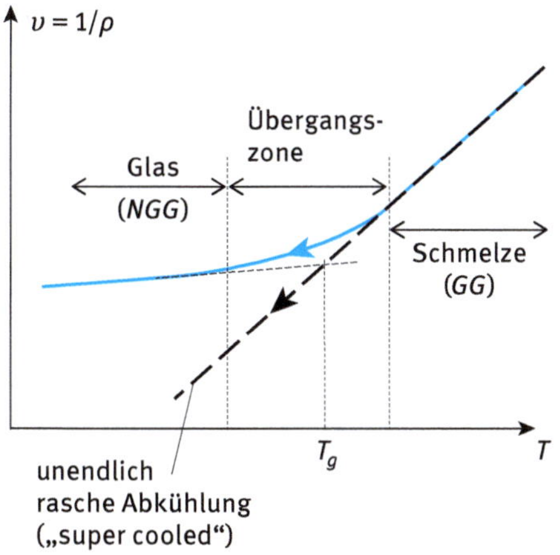

Abb. VI-3.8: Die Glasbildung hängt eng mit der Kinetik während der Abkühlung zusammen: Bei unendlich rascher Abkühlung (schwarz strichliert) wird der Gleichgewichtszustand (*GG*) der Schmelze als Nichtgleichgewichtszustand (*NGG*) eingefroren. Bei endlicher Abkühlrate (blau) laufen in der Übergangszone noch strukturelle Relaxationsprozesse ab. Die Glasübergangstemperatur T_g markiert den Schnittpunkt der Abkühlkurve im Glaszustand mit der unendlich raschen Abkühlkurve.

3.1.3.1 Silikatgläser

Kristalliner Quarz (chemische Formel SiO_2, kovalente Bindung, Schmelztemperatur $T_m = 1986\,K$) besteht aus einer regelmäßigen Anordnung von SiO_4-Tetraedern mit festen Bindungswinkeln, also aus vier um ein zentrales Si-Atom angeordneten O-Atomen, wobei jedes der O-Atome an den Tetraederecken zwischen zwei Tetraedern geteilt wird und eine Disiloxanbrücke bildet. In reinem Quarzglas (SiO_2) liegen zwar immer noch die SiO_4-Tetraeder als Struktureinheit vor, die Bindungswinkel zwischen den Tetraedern und ihre Orientierung zueinander variieren aber statistisch (Abbn. VI-3.9, VI-3.10 und VI-3.11).

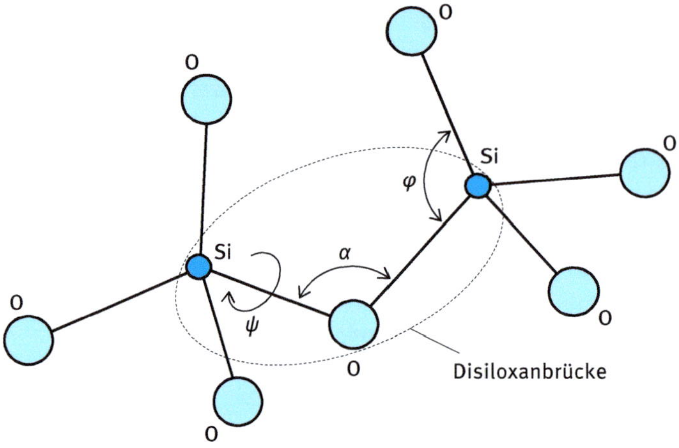

Abb. VI-3.9: Struktureinheiten von Quarzglas: SiO_4-Tetraeder hängen an den O-Ecken zusammen, haben aber keine gemeinsamen Kanten und Flächen; sie bilden weitverzweigte Netzwerke. Der Winkel φ der O—Si—O Bindungen im Tetraeder liegt mit 109°28′ fest. Die Bindungswinkel α der Si—O—Si Bindungen zwischen den Tetraedern schwanken zwischen 130° und 160°, der Winkel ψ liegt gleichmäßig zwischen 0° und 180°.

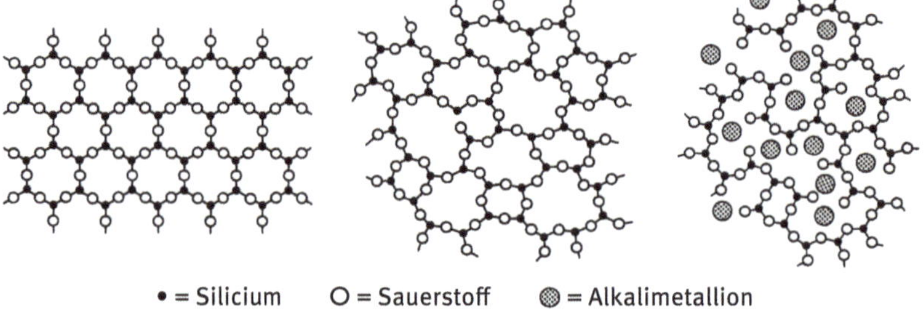

Abb. VI-3.10: Zweidimensionale Strukturmodelle von kristallinem Quarz (links), Quarzglas (Mitte) und Alkalisilikatglas mit Trennstellen im Netzwerk (rechts). (Nach Holleman-Wiberg, *Lehrbuch der Anorganischen Chemie*, Walter de Gruyter, Berlin 1985.)

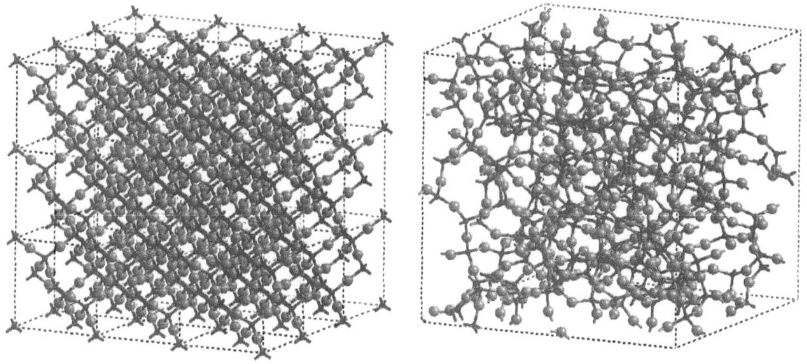

Abb. VI-3.11: Links: Modell der kristallinen Hochtemperaturmodifikation ($T \geq 1743$ K) von SiO_2 (β-Cristobalit = Hochcristobalit, *high cristobalite*), zusammengesetzt aus SiO_4-Tetraedern mit konstanten Bindungswinkeln α,φ,ψ. Rechts: Das Modell von Quarzglas zeigt ein Netzwerk aus SiO_4-Tetraedern, bei denen die Bindungswinkel α und ψ variieren. (Nach S. M. Allen und E. L. Thomas *The Structure of Materials*, John Wiley & Sons, New York 1999.)

SiO_2 ist ein *Netzwerkbildner* (*network former*), keine weiteren Stoffe sind für die Glasbildung nötig. Andere Netzwerkbildner sind Bortrioxid (B_2O_3), Phosphorpentoxid (P_2O_5), Diarsentrioxid (= Arsenik, As_2O_3), Germaniumdioxid (GeO_2) und Antimonpentoxid (Sb_2O_5). Reines Quarzglas besteht aus einer sehr dichten Netzwerkstruktur und hat eine verhältnismäßig hohe Glasübergangstemperatur $T_g = 1430$ K. Durch Hinzufügung gewisser Oxide, den *Netzwerkwandlern* (*network modyfiers*), z. B. BaO, CaO, Cs_2O, Na_2O, K_2O, wird die Dichte der SiO_2-Netzwerkketten dadurch verringert, dass die O-Ionen jetzt andere, ionische Bindungsmöglichkeiten an Kationen der Netzwerkwandler vorfinden. Diese Bindungen können bei niedrigeren Temperaturen aufgebrochen und das dann teigige Glas geformt werden.[10]

Das übliche Fensterglas („Flachglas“) besteht typischerweise aus 75 % SiO_2, 13 % Na_2O, 12 % CaO sowie geringen Zuschlägen von MgO, Al_2O_3, K_2O und SO_3. Der überwiegende Teil von Flachglas wird heute als „Floatglas“ erzeugt.

Floatglas
Floatglas wird in einem kontinuierlichen Prozess erzeugt: Die teigige Glasschmelze wird bei ca. 1100 °C fortlaufend auf flüssiges Zinn geleitet, auf dem das Glas aufschwimmt (*floating*) und sich gleichmäßig ausbreitet. Dabei bildet sich eine sehr glatte Oberfläche. An einem Ende ist das Zinnbad kühler, dort erstarrt das Glas bei etwa 600 °C und wird herausgezogen. Anschließend wird

---

10 Die Disiloxanbrücken Si-O-Si werden durch Anlegen der von den Netzwerkwandlern gelieferten O^{2-}-Ionen teilweise getrennt: $\equiv Si—O^- + 2\,Na^+ + O^-—Si\equiv$ im Falle von Na_2O als Netzwerkwandler. Dadurch wird die Glastemperatur erniedrigt.

es in einem Ofen langsam, verspannungsfrei abgekühlt und geschnitten (Standardgröße in Europa: 6,00 × 3,21 m).

Gewöhnliches Flachglas zeigt in dickeren Schichten eine leicht grüne Färbung, die auf Eisenverunreinigungen zurückzuführen sind. Die bewusste Glasfärbung erfolgt durch Zugabe von Metallen und Metalloxiden: So färbt Eisenoxid grün bis blaugrün, Kupferoxid rot (einwertig) bzw. blau (zweiwertig), Cobaltoxid intensiv blau. Silber färbt gelb und Gold (in Königswasser aufgelöst) rubinrot.

Wegen der Lichtdurchlässigkeit im sichtbaren Spektralbereich (Wellenlänge $\lambda = 380–780\,\text{nm}$), die durch Färbung gesteuert werden kann, und seiner Dispersionseigenschaften (Brechzahl von Quarzglas $n = 1{,}46$, bleioxidhaltiges schweres Flintglas $n = 2{,}0$) kann Glas für optische Zwecke (Linsen, Prismen, Filter) verwendet werden.

Gewöhnliches Glas ist isolierend, hat daher eine sehr geringe Wärmeleitfähigkeit, und ist mechanisch spröde, praktisch nicht duktil; es bricht bei rascher Erwärmung oder Abkühlung wegen des hohen thermischen Ausdehnungskoeffizienten (linearer Ausdehnungskoeffizient $\alpha = 7{,}6 \cdot 10^{-6}\,\text{K}^{-1}$); Ausnahmen sind Spezialgläser (Borsilikatglas, Pyrex $\alpha = 3{,}25 \cdot 10^{-6}\,\text{K}^{-1}$) und reines Quarzglas ($\alpha = 0{,}5 \cdot 10^{-6}\,\text{K}^{-1}$).[11]

3.1.3.2 Polymere

Polymere sind Makromoleküle, die aus sehr vielen, kovalent gebundenen Struktureinheiten, den *Monomeren*, in Form von unvernetzten (Thermoplaste, *thermoplastics*) oder vernetzten Ketten (Duroplaste = Duromere, *thermosetting polymers*) bestehen. Die Anzahl der Monomere im Makromolekül bestimmt den *Polymerisationsgrad*. Es sind überwiegend organische Verbindungen mit Kohlenstoff als Hauptbestandteil, daneben Wasserstoff, Sauerstoff, Stickstoff, Halogene, etc.

3.1.3.2.1 Thermoplaste

Thermoplaste (gr. $\theta\varepsilon\rho\mu o\sigma$ = warm und $\pi\lambda\alpha\sigma\sigma\omega$ = formbar) sind Polymere, die bei Erhitzung geformt werden können. Sie bestehen aus einer *linearen* Aneinanderreihung der monomeren Struktureinheiten. Bei tiefen Temperaturen sind diese Stränge verwickelt, das Polymer ist hoch viskos. Bei Erhitzung über die Glastemperatur T_g oder/und die Schmelztemperatur T_m können die einzelnen Ketten ihre bisherige Verwicklung so verändern oder sich überhaupt aufschnüren, sodass das Polymer in die gewünschte Form gebracht werden kann. Die anschließende Abkühlung un-

---

11 Kristallisationskeimbildende Zusätze (Au, Ag, TiO_2) in einem thermischen Nachbehandlungsvorgang führen zu einer feinstkörnigen Entglasung, wodurch eine keramikähnliche Masse entsteht, die die Härte von Porzellan übertrifft und einen Ausdehnungskoeffizient von nur $\alpha = 0{,}15 \cdot 10^{-7}/\text{K}$ besitzt (Ceravit, Zerodur). Diese *Keramikgläser* werden daher als Trägermaterial für die großen Teleskopspiegel verwendet.

ter T_g fixiert die eingestellte Form. Manchmal bleibt ein „Gedächtnis“ an die ursprüngliche Molekularstruktur bestehen, wenn die Entwirrung der einzelnen Polymerketten bei der Formgebung nicht vollständig erfolgte; bei genügend rascher Abkühlung bleiben die Ketten dann im verformten Zustand gefangen. Dieser Effekt wird bei den Schrumpffolien (*shrink-wrap films*) der Verpackungsindustrie ausgenützt.

Beispiele für lineare, thermoplastische Kettenmoleküle (Abb. VI-3.12 und VI-3.13) sind Polyethylen (= Polyäthylen = Polyethen, PE, *polyethylene*, *PE*, verwendet für Verpackungsfolien, Flaschen und Kabelisolierung) und Polypropylen (= Polypropen, *polypropylene*, *PP*, für Autoteile, Bewässerungsanlagen, Terrassenteppiche), Polyvinylchlorid (*polyvinyl chloride*, *PVC*, für Rohrleitungen und wasserdichte Abdeckungen) und Polystyrol (= Polystyren, *polystyrene*, *PS*, Isoliermaterial, Warmhaltebehälter, Verpackungen)[12]:

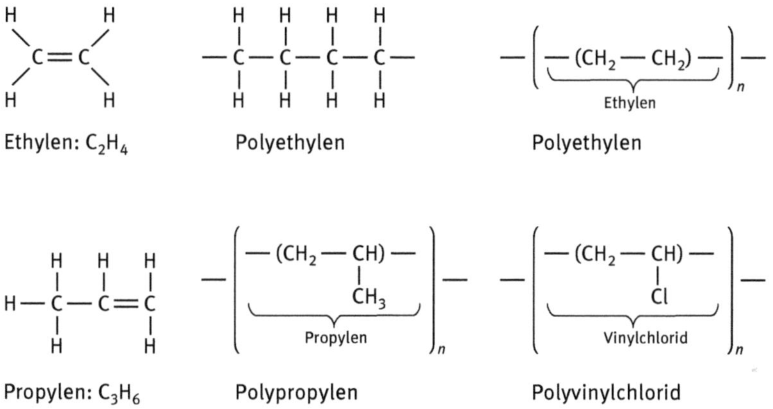

Abb. VI-3.12: Lineare, thermoplastische Kettenmoleküle. Die Doppelbindung wird bei der Polymerisation aufgebrochen und ermöglicht so die C-Kettenbildung.

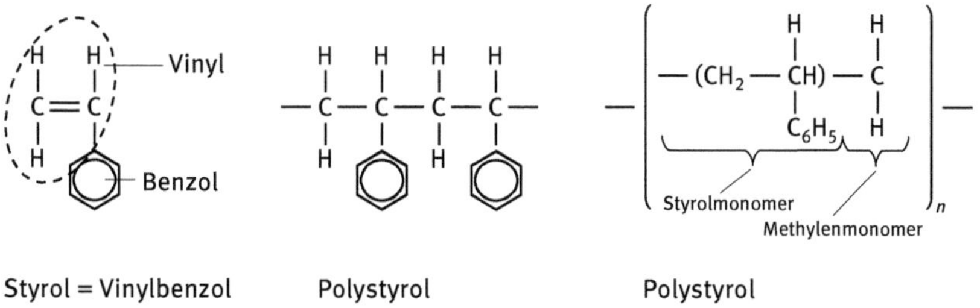

Abb. VI-3.13: Styrol wird zum Kettenmolekül Polystyrol.

12 Handelsname: Styropor.

Das Aneinanderfügen der Struktureinheiten, die *Taktizität* (*tacticity*), kann eindeutig sein, wie z. B. beim Polyethylen, oder zu einer unterschiedlichen Abfolge der Seitenäste an den C-Atomen führen, wie etwa beim Polystyrol: Die Struktureinheit Styrol wechselt mit CH_2 ab. Liegt keine Regelmäßigkeit in der Abfolge vor, so ist der Aufbau *ataktisch*; bei gleichartiger Abfolge spricht man von *isotaktischem*, bei sich regelmäßig verändernder Abfolge von *syndiotaktischem* Aufbau.

Werden mehrere Typen von Monomeren polymerisiert, bilden sich *Copolymere*; ein Beispiel dafür ist das Ethylen-Propylen-Copolymer (= Poly(ethylen-co-propylen)) als Schmelzkleber und Dichtmaterial. Auch Polystyrol gehört hiezu (siehe obige Strukturformel: Methylen-Styrol-Copolymer.

„Weichmacher" sind Zusatzstoffe, die Thermoplasten (und auch Duroplasten, siehe weiter unten, 1.3.2.2) zugesetzt werden; sie erweitern den verformbaren Bereich zu niedereren Temperaturen hin und führen so zu einer höheren Geschmeidigkeit („Weichheit") im Einsatzbereich, meist Raumtemperatur (*RT*). Man unterscheidet zwischen *äußeren* und *inneren* Weichmachern. Äußere Weichmacher werden nicht kovalent vernetzend in das Polymer eingebaut, sondern erhöhen nur die Kettenbeweglichkeit; sie können im Laufe der Zeit aus dem Produkt abdampfen. Dazu gehören die Phtalate (z. B. Diethylhexylphthalat), die sich negativ auf den menschlichen Organismus auswirken (frucht- und fruchtbarkeitsschädigend). Innere Weichmacher werden durch Copolymerisation eingebracht und sind daher nicht flüchtig.

3.1.3.2.2 Duroplaste

Bei Duroplasten bilden die Struktureinheiten ein dreidimensionales Netzwerk wie bei einem Glas. Während die Polymerketten beim Thermoplast nur aus linear aneinandergereihten Struktureinheiten bestehen (wie gekochte Spaghetti in einem großen Topf), so sind die Ketten jetzt durch kovalente Bindungsbrücken vernetzt. Ist daher die Polymerisation abgelaufen, so kann die Form auch bei Erwärmung nicht mehr verändert werden, die Ketten können nicht mehr entwirrt werden. Ein gutes Beispiel ist Polyurethan (*polyurethane*, *PUR*), das sehr hart und spröd, aber auch weich und elastisch sein kann. Es wird u. a. für Autoteile, zur Faserverstärkung oder als Montageschaum verwendet. Andere Beispiele sind Kunstharze und Zweikomponenten-Kunstharzkleber (z. B. „UHU-Plus").

Die Gummielastizität von Polymeren kann dadurch erzielt werden, dass man wenige Netzwerkbildner in die Schmelze von verwickelten, linearen Polymerketten zusetzt. Wird das dadurch leicht vernetzte Polymer nach der Abkühlung, also im relaxierten Zustand, gedehnt, so wird das Netzwerk verformt und die Ketten werden gestreckt (Entropieverlust). Dadurch entsteht eine Gegenkraft zur verformenden Kraft in Richtung des ungedehnten, relaxierten Zustands (Abb. VI-3.14).

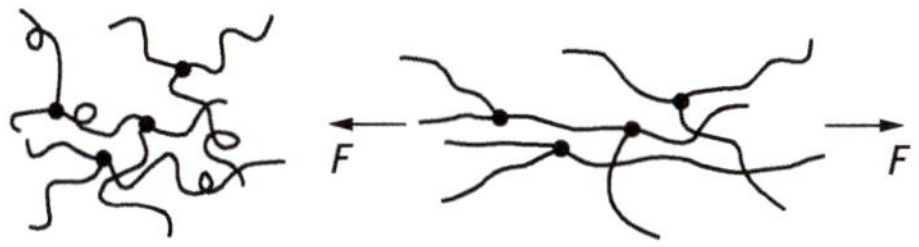

Abb. VI-3.14: Ursprung der Gummielastizität vernetzter linearer Polymerketten. Links: Relaxiertes System mit einigen Vernetzungen (volle Kreise). Rechts: Verformtes Netzwerk mit gestreckten Ketten und weiter auseinander liegenden Vernetzungspunkten. (Nach S. M. Allen und E. L. Thomas *The Structure of Materials*, John Wiley & Sons, New York 1999.)

3.1.3.3 Metallische Gläser = Amorphe Metalle (*metallic glasses, amorphous metals*)

Durch sehr schnelle Abkühlung („Abschreckung", *quenching*) heißer Metallschmelzen kann die Kristallisation verhindert und die amorphe Struktur der Schmelze „eingefroren" werden. Bei genügend hohen Abkühlraten kann praktisch jede Metallschmelze in den festen amorphen Zustand übergeführt werden. Bei der *kritischen Abkühlrate* erstarrt die Schmelze gerade noch amorph; langsameres Abkühlen führt zur teilweisen Kristallisation. Die höchsten Abkühlraten von etwa 10^{12} K/s werden beim *splat-quenching* erzielt: Ein Schmelztropfen wird von zwei gekühlten Metallplatten zusammengequetscht. Beim Schmelzschleuder-Verfahren (*melt spinning*) wird ein Schmelzstrahl kontinuierlich auf eine schnell rotierende, gekühlte Kupfertrommel aufgespritzt und von dort als erstarrter, amorpher Metallfilm mit einer Geschwindigkeit von etwa 20 m/s weggeschleudert. Die kritischen Abkühlraten variieren mit der Filmdicke von etwa 10^8 K/s bei 1 µm Filmdicke bis zu 10^6 K/s bei 10 µm.

Technische Bedeutung gewannen Metallische Gläser („Metgläser") erst ab etwa 1990, als es gelang, massive Werkstücke (*bulk metallic glasses*) bei entsprechend geringen Abkühlraten < 100 K/s zu erzeugen. Kristallisationskeime bilden sich während der Abkühlphase umso schwerer, je komplexer die Kristallstruktur ist und diese Komplexität steigt mit der Zahl unterschiedlicher Atome mit unterschiedlicher Atomgröße in der Struktur. In entsprechenden Legierungen aus unterschiedlichen Atomen, also ternären, quaternären, quinären, senären usw. Legierungen, können daher bereits Abschreckraten von ca. 10 K/s bei entsprechender Zusammensetzung (meist bei eutektischer Zusammensetzung) zur Umgehung der Kristallisation und damit zur Glasbildung führen („Konfusionseffekt", *confusion effect*). So können z. B. Zr-Ti-Cu-Ni-Be-Metgläser als Stangen mit 5–10 cm Durchmesser erzeugt werden. Bei manchen Zusammensetzungen (ca. 50 % Fe mit je etwa 10 % Cr und Mn, 10–20 % Mo, sowie C und B) spricht man auch von „amorphem Stahl".

Abb. VI-3.15 zeigt die kritischen Abkühlraten verschiedener glasbildender Systeme als Funktion der reduzierten Glasübergangstemperatur T_g/T_m.

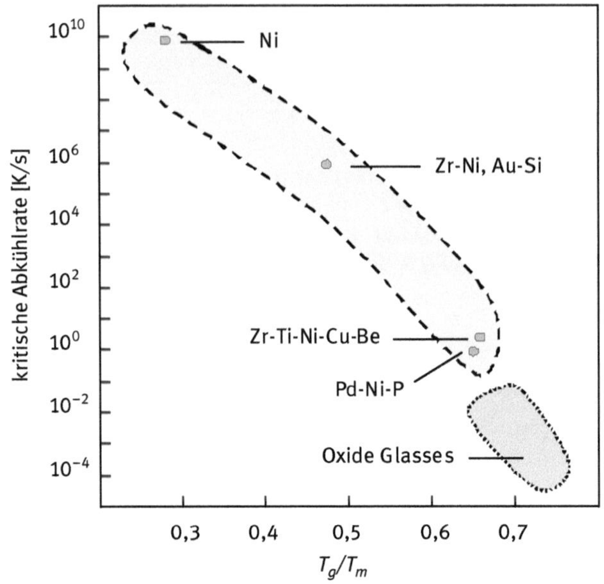

Abb. VI-3.15: Kritische Abkühlraten verschiedener glasbildender Systeme als Funktion der reduzierten Glasübergangstemperatur T_g/T_m. (Nach H.-J. Fecht, W. L. Johnson „Metastability and Thermodynamics of Bulk Metallic Glass Forming Alloys", in *Proceedings of the First International Conference on Mathematical Modeling and Simulation of Metal Technologies* (*MMT 2000*), Ariel, Israel 2000, S. 4.)

Neben der Erzeugung durch rasche Abkühlung kann die Auflösung der kristallinen Struktur und Amorphisierung auch durch hochenergetische Teilchenbestrahlung (*radiation damage*) oder durch extreme plastische Verformung (Kugelmühlen, *equal channel angular pressing* (*ECAP*), *high pressure torsion straining* (*HPTS*) erzielt werden.

Metallische Gläser zeichnen sich durch eine sehr hohe Zugfestigkeit und elastische Wechselverformbarkeit aus: Die *Streckgrenze* (Übergang vom elastischen in den plastischen Verformungsbereich, siehe Band I, Kapitel „Mechanik deformierbarer Körper", Abschnitt 4.2.1, Abb.I-4.6) von amorphem $Fe_{80}B_{20}$ liegt bei $\sigma = 4 \cdot 10^9\ \text{N/m}^2$; zum Vergleich: Für Stahl ist $\sigma = 3 \cdot 10^8\ \text{N/m}^2$. Der Elastizitätsmodul („E-Modul") beträgt $E = 1{,}7 \cdot 10^{11}\ \text{N/m}^2$ ähnlich wie der von Stahl ($E = 2{,}1 \cdot 10^{11}\ \text{N/m}^2$); es liegt also im Gegensatz zu den Silikatgläsern eine elastische Verformbarkeit vor. Die plastische Verformbarkeit der amorphen Metalle ist sehr gering, da keine Versetzungen zur Verfügung stehen.

Neben der Anwendung im Sportbereich (Golf-, Tennis- und Baseballschläger) finden die mechanischen Eigenschaften metallischer Gläser ihre Anwendung im medizinischen Bereich z. B. für Skalpelle, aber auch als Implantate (z. B. $Ti_{40}Cu_{36}Pd_{14}Zr_{10}$ und $Mg_{60}Zn_{35}Ca_5$).

Während man vor der Entdeckung der amorphen Metalle (von David Turnbull[13] in den 1950er Jahren vorausgesagt, 1960 von Pol Duwez (1907–1984) und Mitarbeitern am *California Institute of Technology* (*CALTECH*) zum ersten Mal hergestellt[14]) glaubte, dass der permanente Magnetismus an die kristalline Struktur der Festkörper gebunden sei, zeigte sich später, dass amorphe Metalle geeigneter Zusammensetzung alle Arten von Magnetismus zeigen. Der Grund ist, dass die immer noch bestehenden räumlichen Korrelationen zwischen den Atomen (topologische Nahordnung) zu einer lokalen Elektronen-Zustandsdichte führen, die der eines Kristalls sehr ähnlich ist. Beispiele für magnetische Metgläser sind ferromagnetisches $Fe_{80}B_{20}$, paramagnetisches $Pd_{80}Si_{20}$, antiferromagnetisches $Mn_{75}P_{15}C_{10}$, ferrimagnetisches Tb-Fe (Speichermedium für optische Speicher). Besonders auf den $3d$-Metallen Fe, Co, Ni basierende Legierungen mit einem Metalloid (B, Si, Al, C, usw.), das den Schmelzpunkt herabsetzt, ermöglichen alle Arten von Magnetismus. Ein Vorteil amorpher Metalle ist, dass die magnetischen Eigenschaften durch Änderung der Zusammensetzung systematisch verändert werden können, ohne die „Struktur" zu verändern.

Ferromagnetische amorphe Metalle zeigen keine (in der Kristallinität begründete) magnetische Anisotropie, das bedeutet eine sehr leichte Bewegung der magnetischen Domänenwände; da außerdem Korngrenzen völlig fehlen, sind sie i. Allg. exzellent magnetisch weich, weisen also eine nur verschwindend große Koerzitivkraft auf (siehe Band III, Kapitel „Statische Magnetfelder" Abschnitt 3.4.5). Weichmagnetische amorphe Metalle finden daher eine Anwendung als nahezu verlustfreie Transformatorkerne zur Reduzierung der Hystereseverluste (siehe Band III, „Statische Magnetfelder" Abschnitt 3.4.5), besonders bei Spezialtrafos. Wegen des hohen elektrischen Widerstandes sind auch die Wirbelstromverluste (siehe Band III, Kapitel „Zeitlich veränderliche elektromagnetische Felder und Maxwell-Gleichungen", Abschnitt 4.1 und Kapitel „Wechselstromkreis und elektromagnetische Schwingungen und Wellen", Anhang A1.1) im Trafokern klein und es ist keine Lamellierung notwendig. So sind z. B. die Verluste bei Verwendung von amorphem $Fe_{78}B_{13}Si_9$ um einen Faktor 4 kleiner als bei kristallinem FeSi.

3.2 Flüssigkristalle

Kristalle zeigen aufgrund der nicht äquivalenten kristallographischen Richtungen *anisotrope*, also richtungsabhängige Eigenschaften. Flüssigkeiten und amorphe Stoffe sind aber *isotrop*. *Flüssigkristalle* verhalten sich *makroskopisch* wie eine Flüssigkeit (Schermodul $G \cong 0 \Rightarrow$ die Flüssigkeit nimmt die Form des Behälters an),

---

13 David Turnbull, 1915–2007. Wegweisende Arbeiten zur Kinetik von Phasenumwandlungen in Festkörpern, der Keimbildung in Schmelzen, der Diffusion in Metallen und der Glasbildung.

14 W. Klement, R. H. Willens und Pol Duwez, *Nature* **187**, 809 (1960).

aber *mikroskopisch* zeigen sie eine kristallähnliche Anisotropie durch den Orientierungszustand ihrer Flüssigkeitsmoleküle. Der Effekt wurde bereits 1889 von Friedrich Reinitzer (1857–1927, österreichischer Botaniker) entdeckt, die Bezeichnung „Flüssige Kristalle" stammt vom deutschen Physiker Otto Lehmann (1855–1922), mit dem Reinitzer nach der Entdeckung in Kontakt trat. Da die Eigenschaften der flüssig-kristallinen Phase und auch der Temperaturbereich ihres Auftretens zwischen der kristallinen und der flüssigen Phase liegen, bezeichnet man sie nach Edmond Friedel (1895–1972, französischer Geologe) als *mesomorphe*[15] *Phase* oder auch *Mesophase* (*mesogenic phase, mesophase*). Unterhalb der Schmelztemperatur T_m ist die Substanz kristallin; oberhalb von T_m bildet sich eine anisotrope, viskose, trübe Flüssigkeit, die bis T_{iso} erhalten bleibt. Erst oberhalb von T_{iso}, dem *Klärpunkt*, wird die Schmelze klar und isotrop.

$$\underbrace{T < T_m}_{\text{kristallin}} \qquad \underbrace{T_m \le T \le T_{iso}}_{\text{flüssig-kristallin}} \qquad \underbrace{T > T_{iso}}_{\text{flüssig-isotrop}} \tag{VI-3.25}$$

Die Ursache für das Verhalten der Flüssigkristalle liegt in der *Formanisotropie* ihrer Moleküle. Die Moleküle einer mesomorphen Phase, „mesogene" Moleküle, sind meist relativ steif und entweder stab- oder scheibchenförmig (Abb. VI-3.16).

Abb. VI-3.16: Mesogene Moleküle: Stabförmige (links, *needle-like*) und scheibchenförmige (rechts, *disc-like*) Formanisotropie.

3.2.1 Struktur der Flüssigkristalle

3.2.1.1 Beschreibung der Ausrichtung der Flüssigkristalle

Während Kristalle eine langreichweitige Ordnung der Position ihrer Strukturelemente (Atome oder Moleküle) besitzen (topologische Fernordnung), haben Flüssigkeiten und Gläser nur eine einige Atomabstände weit reichende Abweichung von der regellosen Verteilung (topologische Nahordnung). Die anisotrope Form der mesogenen Moleküle bedingt ein relativ großes elektrisches Dipolmoment. Dadurch ergibt sich bereits ohne äußeres elektrisches Feld eine gewisse Ausrichtung durch die Wechselwirkung der Dipole: Bei stäbchenförmigen Molekülen ist die Ausrichtung der Molekülachsen, bei scheibchenförmigen Molekülen die Ausrichtung der Normalen auf die Molekülebenen langreichweitig geordnet. Damit weisen die Flüssigkristalle sowohl Eigenschaften von Flüssigkeiten als auch von Kristallen auf.

15 *mesos* (gr.): Mitte; *morphe* (gr.): Gestalt, Form.

Zur Beschreibung der Struktur der Flüssigkristalle benützt man den *Direktor* (*director*), das ist eine Achsenrichtung, zu der sich die Moleküle bevorzugt ausrichten. Diese Richtung kann durch einen axialen Einheitsvektor[16] (siehe Anhang 2) angegeben werden, also ein gerichtetes Linienelement der Achse mit der Einheitslänge. Jedem Molekül kann so ein Vektor $\overleftrightarrow{p}_i$ zugeordnet werden; der Mittelwert $\overleftrightarrow{n}$ der Vektoren $\overleftrightarrow{p}_i$ über einen gewissen Raumbereich ähnlicher Orientierung stellt den Direktor dar, $\overleftrightarrow{n}(\vec{r})$ ist das *Direktorfeld*, wenn sich die Ausrichtung innerhalb des Flüssigkristalls ändert (Abb. VI-3.17).

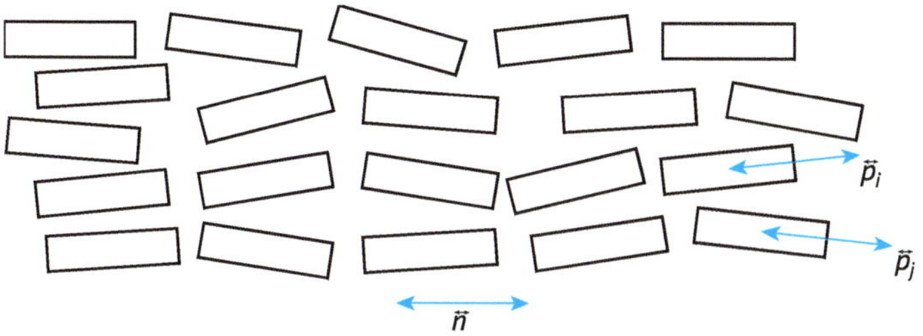

Abb. VI-3.17: Bereich eines Flüssigkristalls mit ähnlich ausgerichteten, stäbchenförmigen, mesogenen Molekülen. Die axialen Vektoren $\vec{p}_i$ kennzeichnen die Ausrichtung der einzelnen Moleküle, $\vec{n}$ ist der Direktor und gibt die mittlere Achsenrichtung an.

Die Verteilung der Ausrichtung der Moleküle kann mit der Funktion $P(\theta,\varphi)$ in Kugelkoordinaten ($\theta = 0$ ist dabei die Richtung des Direktors) beschrieben werden; $P(\theta,\varphi) \sin\theta \, d\theta \, d\varphi$ ist jener Teil der Moleküle, deren Achsenrichtung in das Raumwinkelelement $\sin\theta \, d\theta \, d\varphi$ weist. Daraus kann ein skalarer *Ordnungsparameter S* entwickelt werden[17]

$$S = \frac{1}{2}\underbrace{\left\langle [3(\overleftrightarrow{n} \cdot \overleftrightarrow{p})^2 - 1] \right\rangle}_{\text{Mittelwert}} = \frac{1}{2} \left\langle 3\cos^2\theta - 1 \right\rangle \qquad \text{(VI-3.26)}$$

16 Axialer Vektor: Bei einer Punktspiegelung (Inversion) im Raum bleibt ein *axialer Vektor* erhalten (Beispiel: Winkelgeschwindigkeit $\vec{\omega}$, Drehimpuls $\vec{D}$), während ein *polarer Vektor* sein Vorzeichen (seine Richtung) ändert (Beispiel: Ortsvektor $\vec{r}$, Geschwindigkeit $\vec{v}$). Bei einer Spiegelung am Punkt Z wird jedem Punkt P des Raumes ein P' so zugeordnet, dass die Verbindungsstrecke $\overline{PP'}$ vom Punkt Z halbiert wird (siehe auch Anhang 2).

17 Bei uniaxialer Symmetrie der Moleküle hängt die Funktion P nicht von φ ab. Man führt daher $P'(\theta)$ ein mit $P(\theta,\varphi) = \frac{P'(\theta)}{2\pi}$. $P'(\theta)$ wird nun in Legendre-Polynome entwickelt: Der Koeffizient nullter Ordnung $P_0 = 1$, der Koeffizient erster Ordnung $P_1 = 0$; der zweite nicht verschwindende Koeffizient ist $P_2 = \frac{1}{2} \left\langle 3\cos^2\theta - 1 \right\rangle$.

mit $\overleftrightarrow{n} \cdot \overleftrightarrow{p} = n_1 p_1 + n_2 p_2 + n_3 p_3 = \underbrace{|n|}_{=1} \underbrace{|p|}_{=1} \cos\theta = \cos\theta$. Für eine vollkommene Ausrichtung gilt für alle Moleküle $\theta = 0$ und daher ist $\langle \cos^2\theta \rangle = 1$ und $S = \frac{1}{2}(3 \cdot 1 - 1) = 1$. Für eine vollkommen isotrope Verteilung[18] ist $\langle \cos^2\theta \rangle = \frac{1}{3}$ und daher $S = \frac{1}{2}\left[3 \cdot \frac{1}{3} - 1\right] = 0$.[19] Typische Werte von S liegen bei einem Flüssigkristall im Bereich $S = 0{,}3–0{,}9$ und nehmen mit der Temperatur ab.

Mit diesem Ordnungsparameter lässt sich nicht nur die Ausrichtung der Moleküle des Flüssigkristalls beschreiben; der Unterschied in den Brechungsindizes $\Delta n = n_{/\!/} - n_{\perp}$, parallel und normal zum Direktor, der für die in der Anwendung wichtige Doppelbrechung bestimmend ist, und auch die Anisotropie der diamagnetischen Suszeptibilität sind jeweils proportional zu diesem Ordnungsparameter S.

Wirken auf die Moleküle eines Flüssigkristalls Kräfte, z. B. in elektrischen oder magnetischen Feldern, so ändert sich die Ausrichtung der mesogenen Moleküle von Raumpunkt zu Raumpunkt und damit auch der Direktor. Diese „Verformung" des Direktors (*deformation, distortion*) erfolgt in drei Grundtypen (Abb. VI-3.18): Gespreizt (*splay*), gedreht (*twist*) und gebogen (*bend*).

---

18 Wir betrachten die isotrope Verteilung der Molekülrichtungen im Raum von einer gegebenen Richtung aus, der des Direktors. Nur eine Molekülrichtung stimmt mit der vorgegebenen überein, unzählige Richtungen bilden andererseits z. B. einen Winkel von 90° dazu. Um den Mittelwert $\langle\theta\rangle$ zu finden, muss man θ über den gesamten Raumwinkel integrieren. Wir wählen als Bezugsrichtung die z-Richtung. Dann können wir die Integration über φ weglassen, da das Problem in Bezug auf die z-Richtung symmetrisch ist. Da nur die *Achsenrichtung* der Moleküle eine Rolle spielt, genügt die Integration über θ von 0 bis $\pi/2$. Dann gilt

$$\frac{\int_0^{\pi/2} \theta \sin\theta \, d\theta}{\int_0^{\pi/2} \sin\theta \, d\theta} = \frac{\left|\sin\theta - \theta\cos\theta\right|_0^{\pi/2}}{-\left|\cos\theta\right|_0^{\pi/2}} = \frac{(1-0)-(0-0)}{-(0-1)} = \frac{1}{1} = 1\,.$$

Es ergibt sich als gemittelter Winkel *im Bogenmaß* $\langle\theta\rangle = 1$, das ist in Grad $\frac{180}{\pi} = 57{,}3°$.

19 Zur Berechnung des isotropen Mittelwerts:

$$S = \frac{1}{2}\langle 3\cos^2\theta - 1\rangle = \frac{3}{2}\langle \cos^2\theta\rangle - \frac{1}{2}\,;$$

$$\langle\cos^2\theta\rangle = \frac{\int_0^{\pi} \cos^2\theta \sin\theta \, d\theta}{\int_0^{\pi} \sin\theta \, d\theta} = \frac{\left|\frac{-\cos^3\theta}{3}\right|_0^{\pi}}{-\left|\cos\theta\right|_0^{\pi}} = \frac{-\frac{1}{3}(-1-1)}{-(-1-1)} = \frac{2/3}{2} = \frac{1}{3}$$

$$\Rightarrow \quad S = \frac{3}{2} \cdot \frac{1}{3} - \frac{1}{2} = 0\,.$$

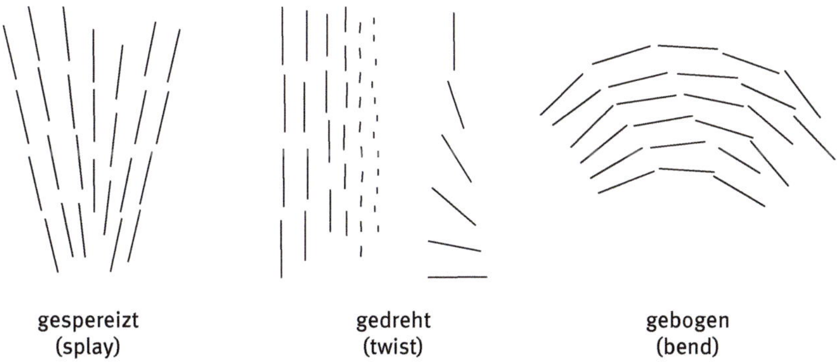

Abb. VI-3.18: Eine räumlich variierende Ausrichtung mesogener Moleküle bedeutet eine „Verformung" des Direktors. Links: „gespreizte" Anordnung, divergierendes Direktorfeld; Mitte: „gedrehte" Anordnung, fortschreitende Drehung ansonsten linear ausgerichteter Moleküle, helikale Drehung des Direktors in einer Raumrichtung; rechts: „gebogene" Anordnung, das Direktorfeld verläuft in einer Kurve (schematische Darstellung).

3.2.1.2 Nematische[20] Phase (*N*)

Moleküle einer nematischen Flüssigkristallphase (Symbol: *N*) weisen eine langreichweitige uniaxiale Orientierungsordnung auf, ihre Achsenrichtungen sind ähnlich ausgerichtet und schwanken um den über einen weiten Raumbereich konstanten Mittelwert des Direktors (Abb. VI-3.19). Die Lage der Schwerpunkte der Moleküle zeigt nur die kurzreichweitige Nahordnung einer normalen Flüssigkeit.

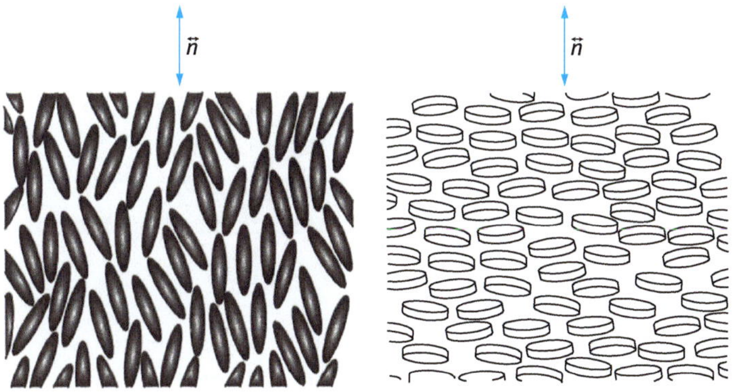

Abb. VI-3.19: Schematische Darstellung einer nematischen flüssigkristallinen Struktur. Links: Stäbchenförmige Moleküle; rechts: Scheibchenförmige Moleküle. Der Direktor $\vec{n}$ gibt die mittlere Achsenrichtung. (Nach S. M. Allen und E. L. Thomas *The Structure of Materials*, John Wiley & Sons, New York 1999.)

---

20 *nema* (gr.): Faden, Geflecht.

Ein Beispiel für einen nematischen Flüssigkristall ist *para*-Azoxyanisole[21] (*PAA*), das in den Anfängen der Flüssigkristallanzeige eine Rolle spielte (Abb. VI-3.20).

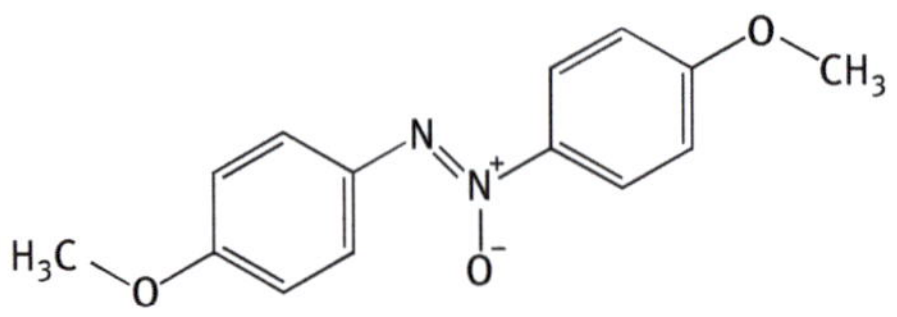

Abb. VI-3.20: *para*-Azoxyanisole (*PAA*). *PAA* ist im festen Zustand ein feinkristallines, weißes Pulver und bildet zwischen 118° und 136 °C eine nematische Flüssigkristallphase, oberhalb von 136 °C ist *PAA* flüssig isotrop. In der Darstellung bedeuten jene Stellen, an denen zwei oder mehr Linien zusammenlaufen, C-Atome an die jeweils ein H-Atom gebunden ist.

3.2.1.3 Chiral[22]-nematische = cholesterische[23] Phase (N^*)

Bei einer chiral-nematischen, auch cholesterischen Mesophase (Symbol: N^*) ist die Achsenrichtung der Moleküle in einer Ebene weitgehend parallel, jene in der Nachbarebene aber um einen Winkel φ gedreht. Der Direktor ist also von Ebene zu Ebene um den Winkel φ um eine Achse normal zum Direktor gedreht. Daher bildet die Spitze des Direktors eine Schraubenlinie (Helix) um die Normale zu den Ebenen, in denen die Drehung auftritt, also eine Normale zum Direktor. Die Ganghöhe (*pitch*) p der Schraubenlinie hängt vom Winkel φ ab, die Drehrichtung von der Form der Moleküle (Abb. VI-3.21).

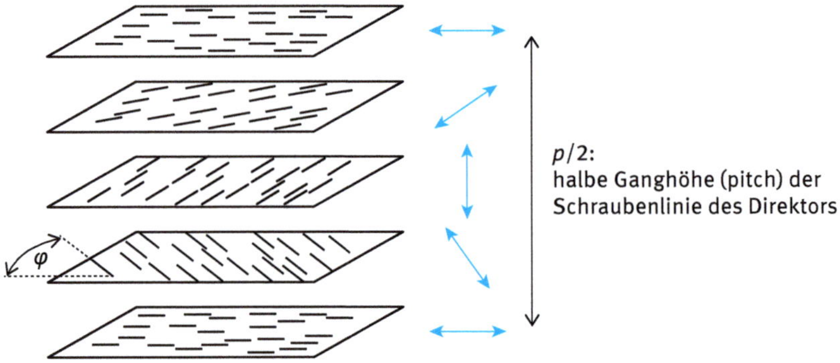

Abb. VI-3.21: Schematische Darstellung einer rechtshändigen chiral-nematischen Phase: Der Direktor dreht sich von Ebene zu Ebene um den Winkel φ in einer Rechtsschraube mit der Ganghöhe p.

---

21 *Azote* (fr.): Stickstoff. Von Lavoisier (Antoine Laurent de Lavoisier, 1743–1794) geprägter Ausdruck aus *à zoe* (gr.): Kein Leben (erhaltend).

22 *cheir* (gr.): Hand (für Stoffe, die sich durch Spiegelung nicht zur Deckung bringen lassen).

23 *chole* (gr.): Galle.

Die Ganghöhen chiral-nematischer Phasen liegen typisch bei einigen 100 nm, d. h. im Bereich des sichtbaren Lichts. Der Brechungsindex n hängt vom Winkel der Strahlrichtung des einfallenden Lichts gegen die Ebene des Direktors ab. Der Flüssigkristall ist positiv anisotrop, wenn $\Delta n = n_{/\!/} - n_{\perp} > 0$ und negativ anisotrop, wenn $\Delta n = n_{/\!/} - n_{\perp} < 0$.

Viele chiral-nematische Flüssigkristalle basieren auf chiralen Hydrocarbon-Molekülen. Ein Beispiel für ein chiral-nematisches Molekül ist Bromochlorofluoromethan, das in zwei Formen existiert, die durch Spiegelung zur Deckung gebracht werden können (Enantiomer[24]): Der rechtshändigen Version *d*-Bromochlorofluoromethan, die linear polarisiertes Licht nach rechts dreht und der linkshändigen *l*-Version, die linksdrehend ist (Abb. VI-3.22).

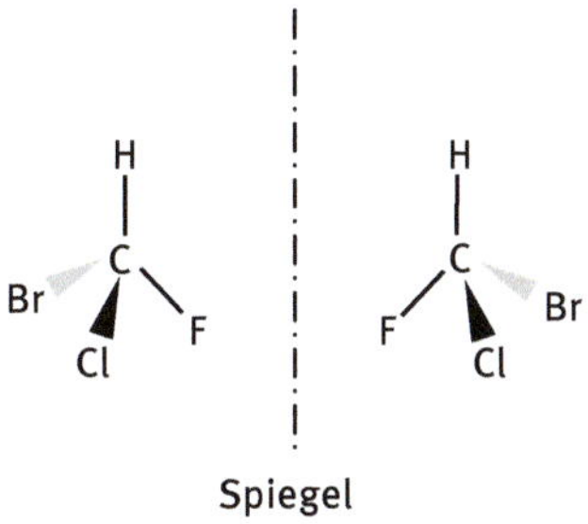

Abb. VI-3.22: Enantiomere des Bromochlorofluoromethan-Moleküls.
Links: *d*-Bromochlorofluoromethan; rechts: *l*-Version.

3.2.1.4 Smektische[25] Phase (*SM*)

In smektischen Flüssigkristallphasen (Symbol: *SM*) tritt zusätzlich zur Orientierungsordnung noch eine Schichtstruktur auf (Abb. VI-3.23), also eine eindimensionale Positionsfernordnung; innerhalb der Schichten sind die Moleküle unter Beibehaltung ihrer Vorzugsorientierung frei beweglich. Die am häufigsten vorkommenden Typen einer smektischen Phase sind smektisch *A* (*SMA*) und smektisch *C* (*SMC*): Die in Schichten angeordneten Moleküle weisen bei *SMA* eine Vorzugsorientierung normal zu den Schichtebenen auf, bei *SMC* eine zur Schichtnormalen um den Winkel φ geneigte Vorzugsorientierung („getiltete Phase").

24 Enantiomere sind chemische Verbindungen mit gleicher Summenformel und gleicher atomarer Bindung, deren räumliche Struktur sich aber wie Bild und Spiegelbild verhalten. Sie sind *optisch aktiv*, d. h., sie drehen die Polarisationsebene linear polarisierten Lichts, die *d*-Version (= +-Version) ist rechtsdrehend, die *l*-Version (= −-Version) linksdrehend. Siehe dazu auch Band IV, Kapitel Wellenoptik, Abschnitt 1.4.5.2.

25 *smektikos* (gr.): Zum Schmieren geeignet, seifenähnlich.

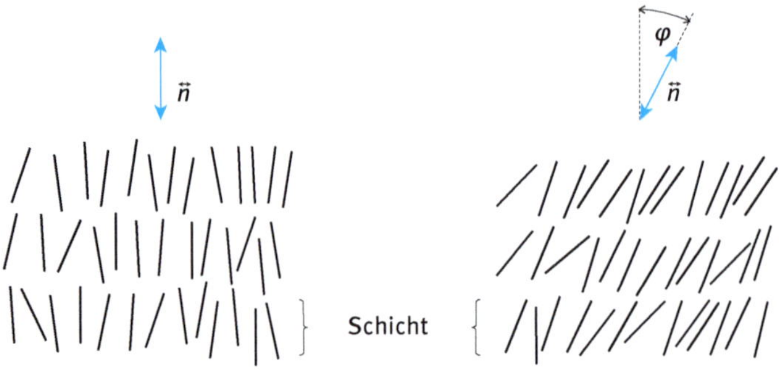

Abb. VI-3.23: Schematische Darstellung der häufigsten Typen einer smektischen Flüssigkristallphase. Links: Smektisch *A* (*SMA*) mit Ausrichtung normal zu den Schichtebenen. Rechts: Smektisch *C* (*SMC*), „getiltete" Phase mit um Winkel φ gegen die Schichtnormale geneigter Ausrichtung.

Da die smektische Phase einen insgesamt höheren Grad an struktureller Ordnung besitzt als eine nematische oder eine chiral-nematische (cholesterische) Phase, tritt sie i. Allg. bei tieferen Temperaturen auf und erscheint manchmal im Temperaturverlauf zwischen kristalliner und nematischer Phase, also kristallin → smektisch → nematisch → isotrop.

Ein Beispiel für einen Flüssigkristall mit smektischer Phase ist para-Azoxybenzoesäure, die bei 114 °C schmilzt und zunächst eine smektische *A* Phase bildet, bevor sie bei 120 °C flüssig isotrop wird (Abb. VI-3.24).

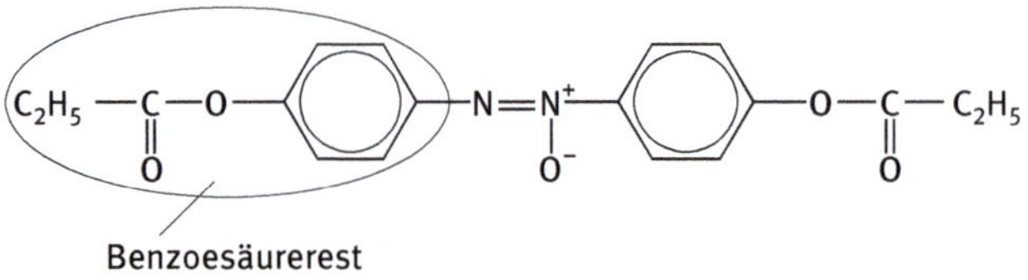

Abb. VI-3.24: para-Azoxybenzoesäure.

3.2.1.5 Kolumnare[26] Phase (*D*)

Scheibchenförmige Moleküle können einerseits nematische Flüssigkristallphasen bilden, aber auch einen neuen Typ von Flüssigkristallphase bei tieferer Temperatur, die *kolumnar mesomorphe Phase* (Symbol: *D*, von „diskotisch" (*discotic*)): Die scheibchenförmigen Moleküle sind in Säulen angeordnet (Abb. VI-3.25), die ihrerseits eine langreichweitige Ordnung aufweisen (z. B. rechteckig oder hexagonal). Innerhalb der Säulen sind die Molekülabstände unregelmäßig, flüssigkeitsartig.

26 *Columna* (lat.): Säule.

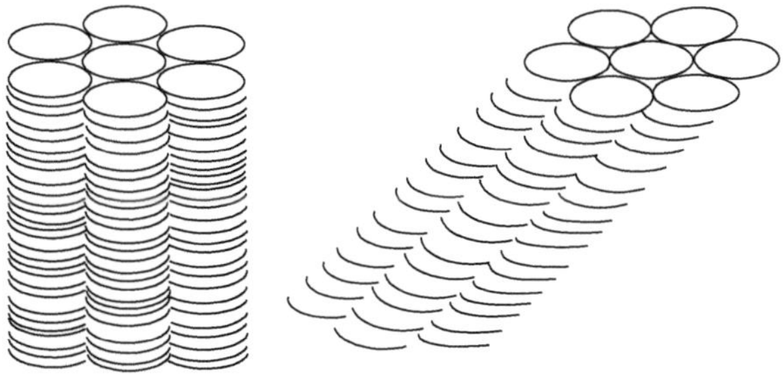

Abb. VI-3.25: Schematische Darstellung einer kolumnaren Mesophase: Scheibchenförmige Moleküle sind in Säulen angeordnet, ihr gegenseitiger Abstand innerhalb der Säulen ist unregelmäßig. Die Säulen weisen selbst meist eine Fernordnung auf, hier eine hexagonale. Links: Aufrechte kolumnare Struktur (D_r); rechts: Geneigte (*tilted*) Ausrichtung (D_t). (Nach S. Chandrashekhar, B. K. Sadashiva, K. A. Suresh, *Pramana* **9**, 471 (1977).)

Zum Vergleich zeigt Abb. VI-3.26 eine nematische (links) und eine chiral-nematische Phase (rechts).

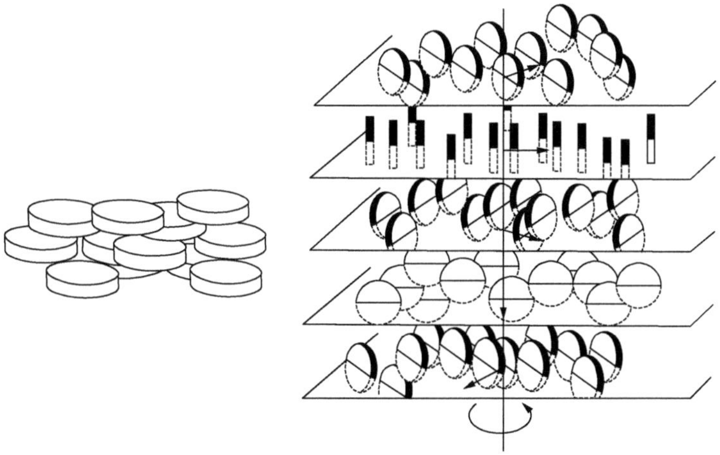

Abb. VI-3.26: Zum Vergleich: Nematische N_D (links) und chiral-nematische Phase N_D^* (rechts) scheibchenförmiger Moleküle. (Nach S. Chandrasekhar, *Philosophical Transactions of the Royal Society London* **A 309**, 93 (1983).)

Die nachfolgende Abb. VI-3.27 zeigt zwei Beispiele für mesogene, scheibchenförmige Moleküle, die einen Flüssigkristall mit kolumnarer Phase bilden:

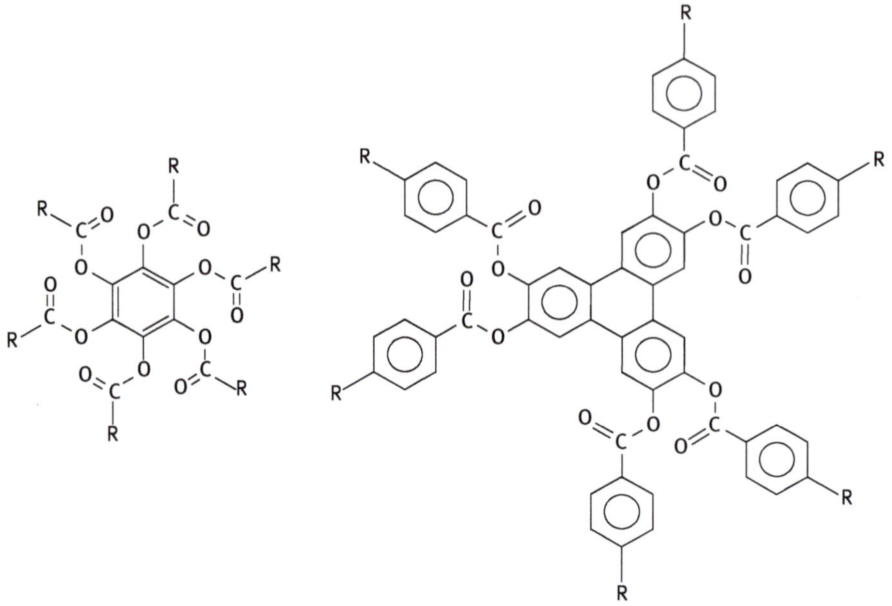

$R = n\text{—}C_4H_9$ bis $n\text{—}C_9H_{19}$

Abb. VI-3.27: Beispiel für kolumnare Mesophasen (*D*). Links: Benzen-Hexa-*n*-alkanoat; rechts: Triphenylen-Hexa-*n*-alkoxybenzoat mit folgenden Umwandlungstemperaturen für $R = C_8H_{17}$: 152 °C kristallin – kolumnar D_r (Schmelzpunkt); 168 °C kolumnar D_r – nematisch N_D; 244 °C nematisch N_D – isotrop. (Nach S. Chandrasekhar, *Philosophical Transactions of the Royal Society London* **A 309**, 93 (1983).)

3.2.2 Anwendungen von Flüssigkristallen

3.2.2.1 Selektive Reflexion: Temperatursensoren

Die Anwendung von chiral-nematischen Flüssigkristallen als Temperatursensoren beruht auf der *selektiven Reflexion* von Licht aufgrund ihrer optischen Aktivität.[27] Ist die Wellenlänge des entlang der helikalen Achse einfallenden Lichts annähernd gleich groß wie die Ganghöhe der Helix, dann tritt ein Effekt auf, der der konstruktiven Interferenz bei der Beugung von Röntgenstrahlen am Kristallgitter (siehe Ka-

27 Während an einem optischen Spiegel zirkular polarisiertes Licht bei der Reflexion den Drehsinn wechselt, stimmt der Drehsinn des reflektierten Lichts beim cholesterischen Flüssigkristall mit der Chiralität der Moleküle überein. Siehe auch Band IV, Kapitel „Wellenoptik", Abschnitt 1.4.5.2.

pitel „Festkörperphysik“, Abschnitt 2.2.5.2) ähnlich ist. Konstruktive Interferenz der reflektierten Strahlen an der Flüssigkristalloberfläche tritt auf, wenn gilt

$$n\lambda = p \cdot \cos\theta \qquad n = 1, 2, 3, \dots \,. \qquad \text{(VI-3.27)}$$

Dabei ist θ der Einfalls- und Reflexionswinkel des Lichts gegen die helikale Achse, also gegen die Substratnormale, wenn die chiral-nematische Phase nicht geneigt ist. Daraus folgt, dass bei einfallendem weißen Licht für jeden Reflexionswinkel eine andere Wellenlänge reflektiert wird, der Flüssigkristall also bunt erscheint und sich das Farbenspiel mit dem Beobachtungswinkel ändert. Da die Ganghöhe der Helix meist empfindlich von der Temperatur abhängt, können chiral-nematische Flüssigkristalle als farbwechselnde, zum Teil sehr genaue Temperaturanzeigen (z. B. im medizinischen Bereich zur Hauttemperaturmessung mit aufgeklebten Sensorfolien) verwendet werden. Meist wird der chiral-nematische Flüssigkristall zur Stabilisierung in kleine Mikrokapseln mit Abmessungen von einigen 0,1 µm eingeschlossen, die mit einem Bindemittel vermischt werden, das sich beim Abbinden kontrahiert und so die Ausrichtung der chiral-nematischen Mesophase erhöht. Die Anzeigegenauigkeit erreicht 0,001–0,01 °C.

3.2.2.2 Nematische Flüssigkristallanzeigen

Neben der Anwendung als Temperatursensoren finden Flüssigkristalle vor allem als Anzeigemedien und Bildschirme Verwendung (*LCD, liquid crystal display*). Die ersten kommerziellen *LCD* Flüssigkristallanzeigen wurden in den späten 1960er Jahren in USA entwickelt und funktionierten im „Dynamischen Streumodus“ (*DSM, dynamic scattering mode*): Eine nematische Flüssigkristallschicht zwischen transparenten Elektroden wird durch ein elektrisches Feld in turbulente Bewegung versetzt, sodass die Schicht durch starke Lichtstreuung ihre Transparenz verliert. 1970 wurde von Martin Schadt (geb. 1938, Schweizer Physiker) und Wolfgang Helfrich (geb. 1932, deutscher Physiker) vom Forschungslabor der Firma Hoffmann-LaRoche in der Schweiz ein Patent über eine „nematische Drehzelle“ (*TN*-Zelle) angemeldet.

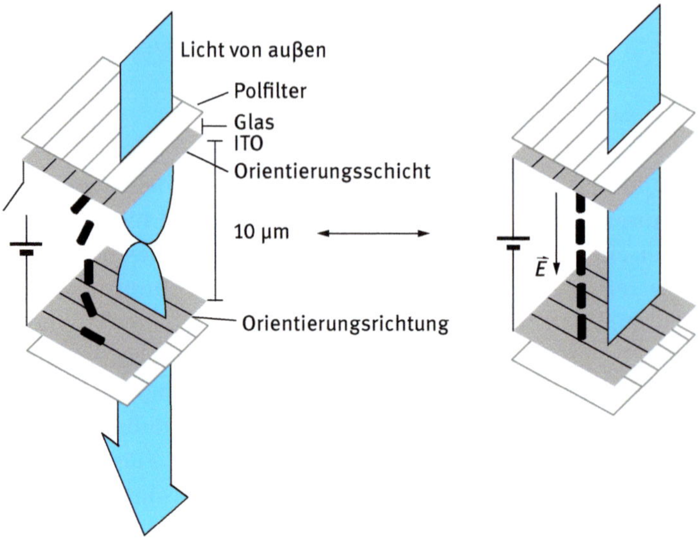

Abb. VI-3.28: Schematische Darstellung einer Schadt-Helfrich *TN*-Zelle. Ein chiral-nematischer Flüssigkristall wird so zwischen gekreuzte Polarisatoren (siehe Teil II, Kapitel „Wellenopk", 7.4.5.1, Beispiel ‚Das Nicolsche Prisma') gebracht, dass die Molekülausrichtungen an der Ober- und Unterseite jeweils in Polarisatorrichtung liegen, also um 90° gegeneinander verdreht sind; die Doppelbrechung kann durch ein elektrisches Feld kontrolliert werden. Ohne Feld (links) folgt die Schwingungsebene des linear polarisierten Lichts im Kristall der sich von Ebene zu Ebene verändernden Richtung des Direktors und kann die gekreuzten Polarisatoren passieren, die Anzeige erscheint hell (*normally white mode*). Mit elektrischem Feld (rechts) orientieren sich die Moleküle mit zunehmender Feldstärke zunehmend parallel zum Feld, die optische Achse des den ersten Polarisator passierenden Lichts wird immer weniger gedreht und kann daher die gekreuzten Polarisatoren immer weniger durchdringen, die Anzeige wird mit zunehmender Spannung immer dunkler. (Nach I. Dierking, *Physikalische Blätter* **56/6**, 53 (2000).)

Die Schadt-Helfrich *TN*-Zelle (Abb. VI-3.28)

Die Zelle (Bildelement, *pixel*)[28] besteht aus einem 5–10 µm dicken Flüssigkristall zwischen zwei mit einer transparenten Elektrode aus Indium-Zinn-Oxid (*ITO*) überzogenen Glasplatten und jeweils einer sehr dünnen, geriebenen Polymerschicht, der Orientierungsschicht, das Ganze zwischen gekreuzten Polarisatoren (siehe Band IV, Kapitel „Wellenoptik", 1.4.5.1, Beispiel ‚Das Nicolsche Prisma'). Die Orientierungsschichten an der Ober- und Unterseite des Flüssigkristalls beeinflussen die Richtung des Direktors in der obersten und untersten Direktorebene des Flüssig-

28 *Pixel* ist ein englisches Kunstwort und vereint *pictures*, umgangssprachlich verkürzt „pix", und *element*.

kristalls so, dass sie mit der Durchlassrichtung der Polarisatoren übereinstimmt, die Ausrichtung der Moleküle an der Ober- und Unterseite des Flüssigkristalls also um 90° gegeneinander verdreht sind. Im Inneren des chiral-nematischen Flüssigkristalls bildet der Direktor eine verdrillte (*twisted*) Struktur aus. Ohne elektrisches Feld folgt die Schwingungsebene des in den Flüssigkristall fallenden linear polarisierten Lichts der Drehung des Direktors und kommt so „richtig" ausgerichtet durch die gekreuzten Polfilter hindurch. Die Zelle ist in diesem Zustand transparent und erscheint hell (*normally white mode*). Mit elektrischem Feld ordnen sich die Moleküle mit zunehmender Feldstärke zunehmend parallel zum Feld aus, die Schwingungsebene des Lichts wird im Inneren entsprechend weniger gedreht und kann die gekreuzten Polfilter weniger oder gar nicht mehr durchsetzen; die Zelle ist dunkel.

Ist die Anordnung der Polarisatoren nicht gekreuzt, sondern parallel, dann ist die Zelle ohne Feld dunkel (*normally black mode*) und wird mit zunehmendem Feld zunehmend hell.

Mit beiden Anordnungen kann sehr einfach eine alpha-numerische Anzeige erfolgen, wenn die Elektroden in Form von entsprechenden Segmenten ausgebildet sind (Beispiel Taschenrechner: 7 Segmente). Da die Ansteuerung nahezu leistungslos erfolgt, bilden diese Zellen die Basis für *LCD*'s in tragbaren Geräten (Taschenrechner, Laptop, Armbanduhr). Für einen Farbbildschirm werden pro Bildelement (*pixel*) drei *subpixel* in den Grundfarben rot, grün und blau verwendet. Die Farben der subpixel entstehen durch Farbfilter.

3.2.2.3 Ferroelektrische Flüssigkristallanzeige

In Flüssigkristallen mit geneigten (*tilted*) smektischen Phasen aus chiralen Molekülen kommt es zur spontanen Polarisation $\vec{P}_S = P_0(\vec{z} \times \overset{\leftrightarrow}{n})$, sie sind ferroelektrisch, wobei $\vec{z}$ der Schichtnormalenvektor ist und $\overset{\leftrightarrow}{n}$ der Direktor. Die Energieminimierung führt zur Kompensation der spontanen Polarisation durch Ausbildung einer helikalen Überstruktur. Mit der helikalen Überstruktur, also der Verdrillung des Direktors, ist eine Richtungsänderung der optischen Achse verknüpft, die auf Kegelmänteln mit sich änderndem Azimut φ liegt. Dies führt zu einem äquidistanten Streifenmuster, wenn zwischen gekreuzten Polarisatoren beobachtet wird (Abb. VI-3.29).

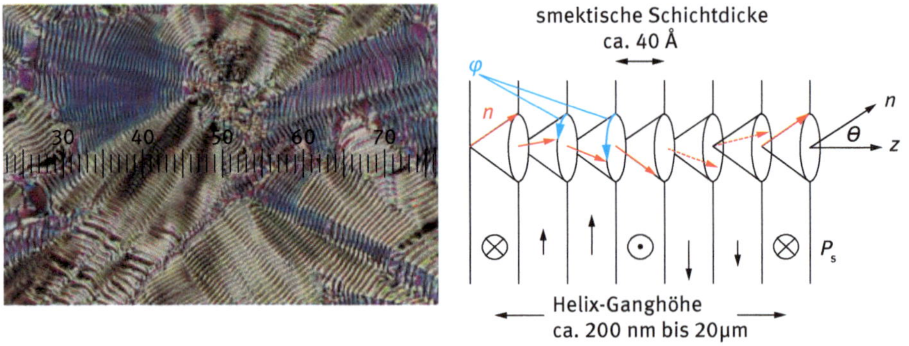

Abb. VI-3.29: Spontane Polarisation einer ferroelektrischen, smektischen Flüssigkristallphase *SMC*. Links: Die entstehende helikale Überstruktur zeigt sich als charakteristisches äquidistantes Streifenmuster im Polarisationsmikroskop. Rechts: Ausbildung der helikalen Überstruktur der Molekülorientierung als Kompensation der spontanen Polarisation und entsprechende Änderung der optischen Achse. (Nach I. Dierking, *Physikalische Blätter* **56**, 53 (2000).)

Die helikale Überstruktur kann nun dadurch unterdrückt werden („Oberflächenstabilisierung"), dass der ferroelektrische Flüssigkristall in eine Zelle zwischen Substraten eingebettet wird, die kürzer ist als die Ganghöhe der Helix. Ohne Feld kommt es dann zur Ausbildung von zwei Domänensorten mit spontaner Polarisation normal auf die Substratebene, also $\vec{P}_S$ parallel zur Richtung der „polaren Achse" (in der nachfolgenden Zeichnung in die Papierebene hinein und aus der Papierebene heraus); die optischen Achsen liegen in der Substratebene (Abb. VI-3.30).

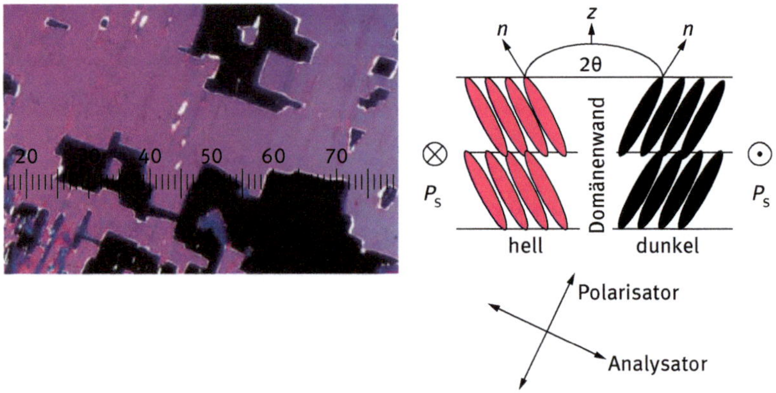

Abb. VI-3.30: Ferroelektrische Domänen in einem „oberflächenstabilisierten" Flüssigkristall mit geneigter smektischer *C* Phase. Der Direktor und die optische Achse liegen in diesem Fall in der Substratebene in zwei möglichen Richtungen. Durch Anlegen eines elektrischen Feldes können alle Domänen in eine der beiden Richtungen ausgerichtet werden. Dieser Zustand bleibt bei Feldabschaltung erhalten. Bei Umpolung des Feldes stellt sich der zweite Richtungszustand ein. (Nach I. Dierking, *Physikalische Blätter* **56**, 53 (2000).)

Die Zelle wird so zwischen gekreuzten Polarisatoren orientiert, dass die Richtung der optischen Achse (Richtung des Direktors) einer Domänensorte entlang einer Polarisationsrichtung liegt; diese Domänen sind dann im Durchlicht dunkel. Wird ein elektrisches Feld angelegt, richten sich die Moleküle so aus, dass die spontane Polarisationsrichtung in Feldrichtung umklappt, alle Domänen werden in die entsprechende Feldrichtung ausgerichtet und bei Umpolung des Feldes in die andere; es kann also zwischen heller und dunkler Zelle geschaltet werden. Bei Abschalten des Feldes bleibt der jeweilige Zustand erhalten (Gedächtnis-Effekt).

Vorteile der oberflächenstabilisierten (*surface-stabilized*) ferroelektrischen Flüssigkristallanzeige (*SSFLCD*) sind die kürzeren Schaltzeiten von etwa 1 µs im Vergleich zu etwa 1–10 ms bei nematischen *TN*-Zellen und die geringe Blickwinkelabhängigkeit, da der Schaltprozess wegen der Kürze der Zellen praktisch in der Substratebene stattfindet.

3.2.2.4 Flexible Flüssigkristallanzeigen

Block-Copolymere sind Polymere, die aus längeren Sequenzen („Blöcken“) jedes Monomers zusammengesetzt sind (Beispiel: AAAAAAAAABBBBBBBBBBBB...). Je nach Anzahl der Blöcke spricht man auch von Diblock-, Triblock-, usw. -Copolymeren. Bekannt sind z. B. Triblock-$A/B/A$-Copolymere als sehr gute Hochtemperatur-Klebstoffe.

In Block-Copolymeren treten oft Flüssigkristallphasen in Form kolumnarer Mesophasen auf. Weiters kann durch Einbau mesogener Moleküle in einen Block ein flüssigkristallines Block-Copolymer entstehen. Polymere Flüssigkristalle haben den Vorteil, dass sie nicht zwischen Substraten „eingesperrt“ werden müssen; sie weisen daher einerseits die sehr raschen Schaltzeiten eines Flüssigkristalls kleiner molarer Masse auf und bieten andererseits die Möglichkeiten von Block-Copolymeren, feste, aber flexible Filme zu bilden.

3.2.2.5 Räumliche Lichtmodulation

Die *LCD*-Bildelemente von Flüssigkristallanzeigen arbeiten als „Lichtventil“, sie lassen Licht entsprechend ihres augenblicklichen Schaltzustandes mehr oder auch weniger durch. Kann das durchgelassene Licht an unterschiedlichen Stellen des Raums unabhängig voneinander kontrolliert werden, so spricht man von räumlicher Lichtmodulation (*spatial light modulation*, *SLM*). Flüssigkristalle können in dieser Weise als Projektionssysteme, als räumliche Flüssigkristall-Lichtmodulatoren (*liquid crystal spatial light modulators*, *LCSLM*) verwendet werden. Es gibt zwei Gruppen von *LCSLM*, elektrisch angesprochene („adressierte“), die praktisch wieder wie *LCD*’s aufgebaut sind, und optisch adressierte, die völlig anders aufgebaut sind. Die nachfolgende Abb. VI-3.31 zeigt den vereinfachten schematischen Aufbau einer solchen Anordnung:

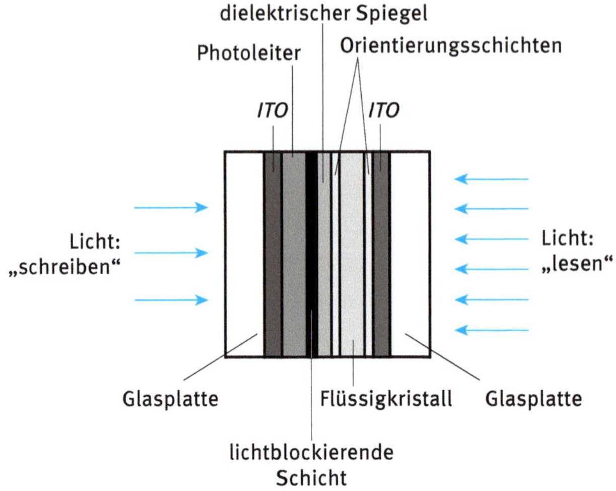

Abb. VI-3.31: Vereinfachte, schematische Darstellung eines räumlichen Lichtmodulators. Aufbau (von links nach rechts): Glasplatte; durchsichtige Elektrode (Indium-Zinn Oxid, *ITO*); Photoleiter (z. B. CdS); lichtabsorbierende, blockierende Schicht; dielektrischer (dichroitischer) Spiegel; Orientierungsschicht (geriebenes Polymer); Flüssigkristall; Orientierungsschicht; *ITO*-Elektrode; Glasplatte. (Nach P. J. Collings, M. Hird, *Introduction to Liquid Crystals; Physics and Chemistry*, Taylor & Francis, Bristol 1997.)

Von links wird Licht eingestrahlt, das ein Bild enthält, das von einem Linsensystem oder einem abtastenden Laserstrahl erzeugt wird. Das einfallende Licht durchsetzt die Glasplatte, die transparente Elektrode (*ITO*) und erniedrigt den Widerstand des lichtempfindlichen, photoleitenden Films (z. B. Cadmiumsulfid) proportional zur einfallenden Lichtintensität; anschließend wird das Licht in der lichtblockierenden Schicht absorbiert. Durch die Widerstandserniedrigung der photoleitenden Schicht im Bereich einfallenden Lichts steigt die elektrische Spannung an der Flüssigkristallschicht und schaltet den Flüssigkristall in diesem Bereich auf „durchsichtig“, also „ein“. Fällt zusätzlich Licht von rechts auf die Anordnung, so variiert die am dielektrischen Spiegel (= dichroitischer Spiegel, *dichroic mirror*)[29], reflektierte Intensität im Verhältnis zum von links einfallenden Licht. Es wird also durch das von links einfallende Licht auf die Flüssigkristallzelle ein Bild „geschrieben“, das durch das von rechts einfallende Licht „gelesen“ werden kann. Wichtig ist, dass dieses virtuelle Bild *augenblicklich* verfügbar ist, sodass Aufzeichnung, Transfer und Löschung der Bilder mit sehr hoher Geschwindigkeit erfolgen kann.

---

29 An einem dichroitischen = dielektrischen Spiegel wird nur ein bestimmter Wellenlängenbereich des einfallenden Lichts reflektiert, der Rest wird durchgelassen. Bei einfallendem weißen Licht wird also farbiges Licht reflektiert.

Mögliche Anwendungen solcher ausgedehnter flüssigkristalliner Abbildungszellen sind neben Projektionssystemen „optische Rechner“ (*optical computers*). Die Motivation liegt dabei im augenscheinlichen *Parallelrechnen*[30] solcher optischer Anordnungen. Wenn z. B. das von links einfallende Licht eine große Anzahl von Größen repräsentiert, dann kann bei einem Durchlauf jede dieser Größen unabhängig voneinander verarbeitet und dadurch die Rechengeschwindigkeit gewaltig erhöht werden.

Eine besonders vorteilhafte Möglichkeit ergibt sich für die Berechnung von Fouriertransformationen zweidimensionaler Funktionen (siehe Band I, Kapitel „Mechanische Schwingungen und Wellen“, Abschnitt 5.1.3 und Band IV, Kapitel „Wellenoptik“, Abschnitt 1.2.7). Dafür benötigt man für jeden Wert, der transformiert werden soll, die Berechnung eines Doppelintegrals. Wird die zu transformierende Funktion dagegen durch die Lichtintensität dargestellt, die von einer *LCSLM*-Anordnung abgestrahlt wird, dann stellt die Verteilung der Lichtintensität in einem entsprechenden Abstand vom abbildenden System die Fouriertransformierte der Funktion dar. Die „Berechnung“ erfolgt praktisch sofort und kann daher zur Bildverarbeitung in „Echtzeit“ (*real-time*) verwendet werden.

3.3 Quasikristalle

1984 berichteten Dan Shechtman (geb. 1941, israelischer Physiker) und Koautoren[31], dass eine rasch abgekühlte Legierung der Zusammensetzung Al-14 at.% Mn im Durchstrahlungs-Elektronenmikroskop Beugungsbilder mit scharfen Punkten wie ein Einkristall liefert und damit eine langreichweitige, dreidimensionale Orientierungsordnung, d. h. topologische Fernordnung zeigt; diese entspricht aber keinem Bravaisgitter, sondern einer *Ikosaeder* mit einer *fünfzähligen Drehachse* (Abb. VI-3.32). *Eine derartige Struktur ist mit einer Translationssymmetrie des Gitters unvereinbar.* Diese Phase, die sich in einem Phasenübergang erster Ordnung, also durch Keimbildung und Wachstum, aus der Schmelze bildet, ist zwar metastabil, aber erstaunlich beständig gegen „normale“ Kristallisation. Erst bei längerer Auslagerung bei 400 °C kristallisiert die Legierung in die stabile, orthorhombische Al_6Mn-Phase.

---

30 Beim *Parallelrechnen* werden in einem Computer mehrere Operationen *gleichzeitig* auf mehreren Prozessoren durchgeführt.

31 D. Shechtman, I. Blech, D. Gratias, J. W. Cahn, *Physical Review Letters* **53**, 1951 (1984). Für die Entdeckung der Quasikristalle erhielt Daniel Shechtman 2011 den Nobelpreis für Chemie.

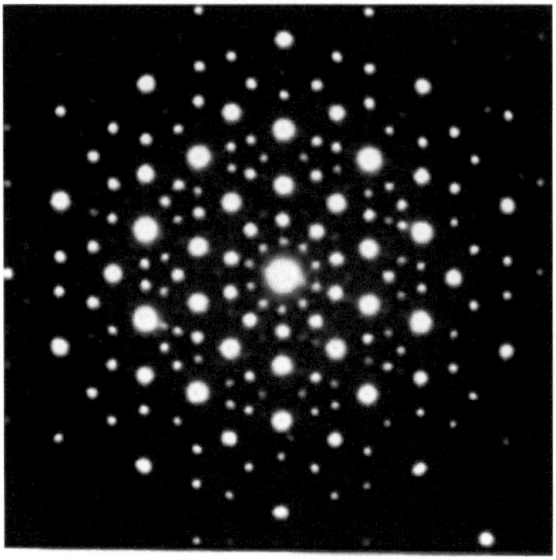

Abb. VI-3.32: Feinbereichsbeugung eines einzelnen Korns („Einquasikristall") einer dünnen Probe eines Al-14 at.% Mn Quasikristalls im Transmissions-Elektronenmikroskop. Das diskrete Beugungsbild zeigt eine 10-zählige Symmetrie entsprechend der 5-zähligen Ikosaedersymmetrie der Probe. (Nach D. Shechtman, I. Blech, D. Gratias, J. W. Cahn, *Physical Review Letters* **53**, 1951 (1984).)

Diese erstaunliche Beobachtung einer *quasikristallinen* Phase ohne Translationsgitter wurde inzwischen an vielen Legierungen beobachtet und führte 1992 zu einer Neudefinition des Begriffs „Kristall" durch die *International Union of Crystallography*, die eine allgemeine Definition der Kristalle und der aperiodischen *Quasikristalle* in direkte Beziehung zum experimentellen Beugungsdiagramm setzt:[32]

> By 'crystal' we mean any solid having an essentially discrete diffraction diagram, and by 'aperiodic crystal' we mean any crystal in which threedimensional lattice periodicity can be considered to be absent.

Quasikristalle weisen also eine topologische Fernordnung auf und zeigen daher Bragg-Reflexe im Beugungsdiagramm, ihre Struktureinheiten sind aber aperiodisch im Raum angeordnet. Periodische Kristallgitter können nur 1-, 2-, 3-, 4- und 6-zählige Drehachsen aufweisen (siehe Kapitel „Festkörperphysik", Abschnitt 2.2.1), für Quasikristalle sind dagegen 5-, 7-, 8-, 9-, 10-, 12-, 14- und 18-zählige „lokale" Drehachsen typisch, die die Symmetrie der Struktureinheiten in ihrer lokalen Umgebung darstellen.

---

32 Report of the Executive Committee for 1991 of the International Union of Crystallography, *Acta Crystallographica* **A 48**, 922 (1992).

Während nun ein periodischer Kristall aus Aneinanderreihung *einer* Elementarzelle aufgebaut werden kann, ist ein Quasikristall aus *zwei* Typen von Elementarzellen zusammengesetzt, die raumfüllend dicht aneinandergereiht sind und ein *Quasigitter* bilden, aber keine Translationssymmetrie aufweisen. Die Möglichkeit der lückenlosen Belegung von Flächen mit ziegelförmigen Bausteinen („Parkettierung", *tiling*) und das damit verbundene Auftreten langreichweitiger 5-zähliger Rotationssymmetrie wurde Anfang der 1970er Jahre von Roger Penrose (geb. 1931) entdeckt und untersucht. Es stellte sich heraus, dass für die lückenlose Belegung einer Fläche ohne Überlappung zwei Bausteine („Ziegel", *tiles*) verwendet werden müssen. Dies sind z. B. für 5-zählige Symmetrie Rauten mit einem Öffnungswinkel von 72° (5 · 72° = 360°) und einer Diagonale der Länge $\tau = \frac{1}{2}\left(1+\sqrt{5}\right) = 1{,}618034\ldots$. (das ist der „Goldene Schnitt"[33]) bzw. einem Öffnungswinkel von 36° und einer kürzeren Diagonale der Länge $\frac{1}{\tau}$.

Dass irrationale Zahlen eine große Rolle zum Verständnis der aperiodischen Ordnung in Quasikristallen spielen, kann man gut an einem einfachen, eindimensionalen Beispiel sehen.

Beispiel: Eindimensionale Quasiperiodizität durch Überlagerung von zwei periodischen Anordnungen. Wir betrachten zwei eindimensionale periodische Anordnungen mit den Perioden λ_1 und λ_2, wobei wir für das Verhältnis der Perioden eine irrationale Zahl wählen, hier $\frac{\lambda_2}{\lambda_1} = \frac{\sqrt{3}}{2}$:

33 Unter dem „Goldenen Schnitt" versteht man das Verhältnis zweier Zahlen, Strecken etc. mit dem Wert von $\tau = \frac{1}{2}(1+\sqrt{5}) = 1{,}618034\ldots$. Beim Goldenen Schnitt verhält sich der größere Teil zum kleineren so wie die Summe beider Teile zum größeren Teil. Es gilt die Proportion: $\frac{b}{a} = \frac{a+b}{b} = \frac{a}{b} + 1 \quad \Rightarrow \quad \frac{b}{a} - \frac{a}{b} - 1 = 0$; multiplizieren mit $\frac{b}{a}$ ergibt $\left(\frac{b}{a}\right)^2 - \left(\frac{b}{a}\right) - 1 = 0 \quad \Rightarrow$ $\frac{b}{a} = \frac{1}{2} + \sqrt{\frac{1}{4} + 1} = \frac{1}{2}(1+\sqrt{5})$. Dieses Streckenverhältnis wird seit der griechischen Antike als vollkommen ästhetisch und harmonisch angesehen. Der Goldene Schnitt geht möglicherweise auf Hippasos von Metapont (um 450 v. Chr.) zurück, er wird aber erst von Euklid (um 300 v. Chr.) bei seiner Untersuchung „platonischer Körper" genau beschrieben. Die platonischen Körper sind die fünf vollkommen regelmäßigen Körper: Tetraeder (Vierflächner aus vier Dreiecken); Hexaeder (Sechsflächner bzw. Würfel aus sechs Quadraten); Oktaeder (Achtflächner aus acht Dreiecken); Dodekaeder (Zwölfflächner aus zwölf Fünfecken); Ikosaeder (Zwanzigflächner aus zwanzig Dreiecken).

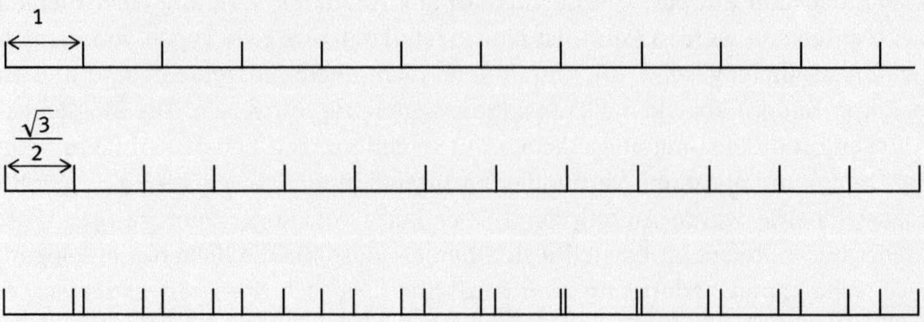

Die dritte Anordnung stellt die Überlagerung der beiden Anordnungen dar. Diese neue Anordnung ist ferngeordnet, wenn wir sie als unendlich ausgedehnt betrachten, da jeder Punkt durch eine einfache Regel gegeben ist. Andererseits weist diese Anordnung keine strenge Periodizität auf, wenn $\frac{\lambda_2}{\lambda_1}$ nicht rational ist. Im vorliegenden Fall ist sie quasiperiodisch.

Quasigitter können durch Projektion eines Translationsgitters aus einem höherdimensionalen in einen Raum niedrigerer Dimension erzeugt werden, z. B. durch Projektion eines sechsdimensionalen hyperkubischen Gitters auf eine dreidimensionale „Schnittebene".

Beispiel: Projektion eines quadratischen, ebenen Gitters auf eine Gerade.

Wir betrachten zunächst ein zweidimensionales, quadratisches Gitter mit der Gitterkonstanten a. Dann zeichnen wir eine Gerade durch den Ursprung mit der Steigung $\theta = \arctan \tau$, wobei τ eine irrationale Zahl ist (blau). Jetzt wählen wir einen Streifen parallel zur Geraden (blau ausgefüllt) mit der Breite $b = a(\sin\theta + \cos\theta)$ und projizieren alle Punkte innerhalb des Streifens auf die Gerade (Pfeile). Es ergibt sich eine quasiperiodische Abfolge von kurzen und langen Strecken (blaue Punkte), eine sogenannte Fibonacci-Reihe.[34]

34 Leonardo da Pisa, auch Fibonacci genannt, ca. 1180–1241; bedeutendster Mathematiker des Mittelalters.

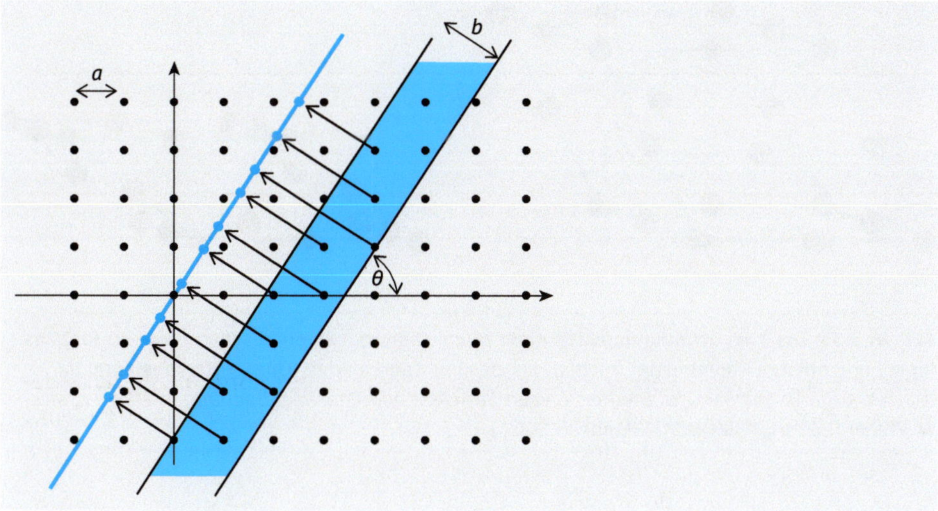

Im Raum entsteht ein quasiperiodisches Gitter durch Aneinanderreihung zweier rhomboedrischer Struktureinheiten, einem gestreckten (*prolaten*) und einem flachen (*oblaten*) Rhomboeder. Bei gleicher Kantenlänge *a* (*Quasigitterkonstante*) gilt für die kurze (*short*) bzw. lange (*long*) Diagonale der beiden Rhomboeder (Abb. VI-3.33):

$$d_s^p = \sqrt{\frac{17 - 4\tau}{5}}, \qquad d_l^p = \sqrt{\frac{3}{5}(3 + 4\tau)}; \tag{VI-3.28}$$

$$d_s^o = \sqrt{\frac{3}{5}(7 - 4\tau)}, \qquad d_l^o = \sqrt{\frac{13 + 4\tau}{5}}. \tag{VI-3.29}$$

Dabei ist das Verhältnis $\frac{V_p}{V_o}$ der Volumina von prolatem und oblatem Rhomboeder

$$\tau = \frac{V_p}{V_o} = \frac{\frac{2\tau}{5}\sqrt{3 - \tau}}{\frac{2}{5}\sqrt{3 - \tau}}. \tag{VI-3.30}$$

τ entspricht wieder dem Goldenen Schnitt und ist die Lösung der Gleichung $\tau^2 - \tau - 1 = 0$ (siehe Fußnote 33).

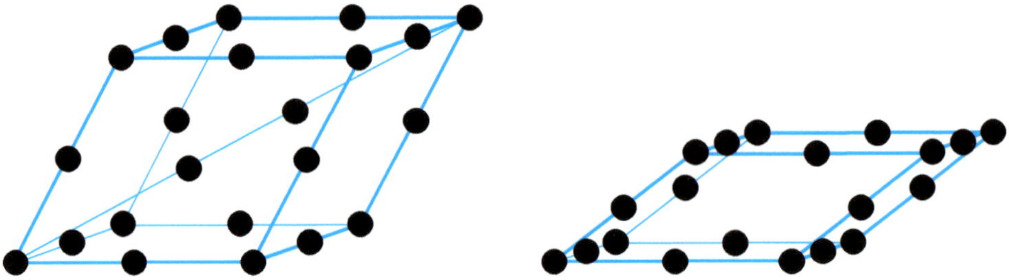

Abb. VI-3.33: Die zwei Struktureinheiten einer räumlichen, quasiperiodischen Struktur: Prolates (links) und oblates Rhomboeder (rechts) mit gleicher Kantenlänge (Quasigitterkonstante) *a*. (Nach Y. Grin, U. Schwarz, W. Steurer, *Crystal Structure and Chemical Bonding*, in *Alloy Physics*, W. Pfeiler (Editor), Wiley-VCH, Weinheim 2007.)

Seit der Entdeckung von Shechtman und Koautoren wurden mehr als 100 stabile oder metastabile quasikristalline Legierungen gefunden. Es sind binäre oder ternäre intermetallische Verbindungen, von denen die meisten Aluminium als Hauptkomponente enthalten und zusätzlich Titan, Magnesium, Zink oder Cadmium. Manche von ihnen haben eine exakte Zusammensetzung, also einen ganz schmalen Existenzbereich („Strichverbindung", Beispiel: Ikosaedrisches $Cd_{85}Yb_{15}$), andere wieder existieren in einem breiten Existenzbereich um die stöchiometrische Zusammensetzung (Beispiel: Dekagonales $Al_{65}Ni_{20}Co_{15}$).

In einem Kristall tritt an den Brillouin-Zonengrenzen eine Bandlücke (*band gap*) auf; Quasikristalle besitzen aber aufgrund der fehlenden Periodizität weder ein reziprokes Gitter noch eine Brillouin-Zone. Aus den Beugungsdiagrammen quasikristalliner Phasen können aber reziproke Pseudo-Gittervektoren und daraus eine polyedrische Pseudo-Brillouin-Zone konstruiert werden. Sie ist nahezu kugelsymmetrisch und hat eine große Anzahl von Berührungspunkten mit der Fermi-Kugel, sodass die Zustandsdichte eine Pseudo-Energielücke (*pseudo gap*) aufweist. Obwohl die Komponenten, aus denen die Quasikristalle bestehen, überwiegend gute metallische Leiter sind, sind sie selbst daher schlechte elektrische und thermische Leiter, und ihre Leitfähigkeit fällt mit der Temperatur.

Quasikristalle zählen zu den „komplexen intermetallischen Verbindungen", einem der Schwerpunkte der augenblicklichen Forschung in der Materialphysik. Sie sind sehr hart und spröde und finden ihre Anwendung in Kompositmaterialien (harte Quasikristallite, eingebettet in einer weichen „Matrix"). Ihre guten Antihafteigenschaften und ihr geringer Abrieb machen sie geeignet für Oberflächenbeschichtungen von beweglichen Motorteilen (z. B. Kolbenringen). Weiters besitzen Quasikristalle auf Ti-Basis eine hohe Löslichkeit für Wasserstoff und könnten daher eine mögliche Anwendung als Wasserstoffspeicher finden.

3.4 Formgedächtnis-Legierungen (*FGL*, *Shape Memory Alloys*, *SMA*) als Beispiel für „Smart Materials“

Was macht gewisse Technologien oder Materialien „smart“? Man fasst darunter Produkte zusammen, die

1. Änderungen ihres eigenen Zustands und dadurch Änderungen ihrer Umgebung erfassen und
2. bei einem entsprechenden Zustand eine Reaktion auslösen.

In ihrem Buch „Smart Technologies“ führen Worden, Bullough und Haywood[35] folgende „smarte“ Technologien bzw. Materialien auf: Sensorik, Schwingungskontrolle, Signalverarbeitung (*data fusion*), Formgedächtnis-Legierungen (*shape memory alloys*), piezoelektrische Materialien, magnetostriktive Materialien, elektronische Steuerung von Flüssigkeiten und deren Eigenschaften für flexibel arbeitende Maschinen und Roboter (*smart fluid mechanics*), Biomaterialien und Bionik (*biomimetic*)[36]. Hier wollen wir als Beispiel für „smarte“ Materialien die „Formgedächtnis-Legierungen (*FGL*, *shape memory alloys*, *SMA*) besprechen.

Basis des Effekts, dass sich eine Legierung an ihre frühere Form „erinnert“, ist eine *Phasenumwandlung* von einer Ausgangsphase (*parent phase*) durch Scherung des Kristallgitters (*martensitic transformation*) in eine *martensitische Phase* (Abb. VI-3.34).[37] Diese *martensitische Phasenumwandlung* läuft bei rascher Abkühlung (Abkühlrate > 600 K s^{-1}) als korrelierter Prozess der beteiligten Atome diffusionslos[38] und praktisch mit Schallgeschwindigkeit ab.[39] Die äquivalenten Scherrichtungen im Gitter führen zu mehreren (bis zu 24) äquivalenten Martensitvarianten. Wenn sich die verschiedenen Abscherungen so kompensieren, dass die äußere, makroskopische Form erhalten bleibt, spricht man von *selbstakkommodierter Struktur* oder *Selbstakkommodierung* (*self-accommodated structure*). Wichtig ist, dass zwar meh-

---

35 K. Worden, W. A. Bullough, J. Haywood, *Smart Technologies*, World Scientific Publishing, London 2003.

36 Die Bionik oder auch Biomimetik beschäftigt sich mit der Entschlüsselung von Strukturen und Prozessen in der Natur und deren Umsetzung für die Anwendung in der Technik.

37 Die Bezeichnung „Martensit“ bzw. „martensitische Phase“ stammt von einer entsprechenden Phasenumwandlung in Fe-C-Legierungen (Stahl), die nach dem deutschen Metallurgen Adolf Karl Gottfried Martens (1850–1914) benannt ist. Die kubisch-flächenzentrierte Ausgangsphase bei der höheren Temperatur heißt „Austenit“ (nach Sir William Chandler Roberts-Austen (1843–1902)), die abgescherte metastabile Phase bei tieferen Temperaturen ist der tetragonal-raumzentrierte Martensit.

38 Die Atombewegungen bei einer martensitischen Phasenumwandlung sind gering, deutlich unter einer Gitterkonstante, sodass alle Atome der Nachbarschaft erhalten bleiben. Eine ähnliche diffusionslose Gitteränderung ist die *Zwillingsbildung* (siehe Kapitel „Festkörperphysik“, Abschnitt 2.2.6.3)

39 Zur Erzeugung von Martensit einer Fe-C-Legierung muss die Abkühlung der austenitischen Ausgangsphase (*kfz*) so rasch erfolgen, dass der parallel ablaufende, diffusionsgesteuerte Ausscheidungsvorgang der C-Atome (Bildung von Fe_3C (Zementit) und *krz*-Ferrit), der zur Gleichgewichtsstruktur führt, nicht ablaufen kann.

rere Wege (Abscherungen) in die martensitische Phase führen, aber nur ein Weg zurück in die Ausgangsphase, da die Ausgangsphase (bei FeC: kubisch-flächenzentriert, bei NiTi: Kubisch raumzentriert) eine höhere Symmetrie besitzt als der Martensit (bei FeC: Tetragonal, bei NiTi: Monoklin).

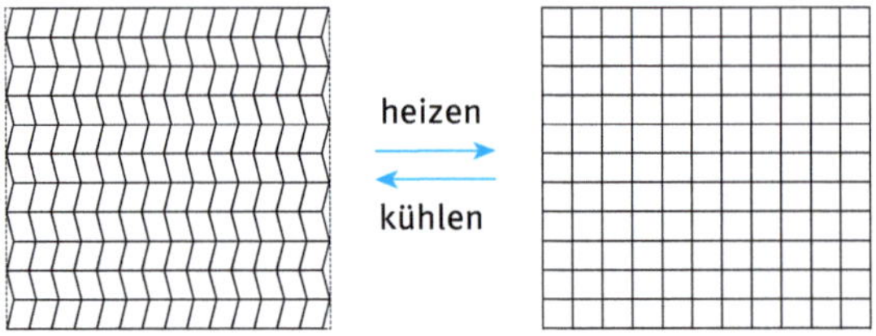

Abb. VI-3.34: Schematische Darstellung einer martensitischen Phasenumwandlung: Bei rascher Abkühlung geht die Ausgangsphase (*Austenit*) durch Abscherung des Kristallgitters in den *Martensit* über. Bei Temperaturerhöhung bildet sich wieder die Ausgangsphase. Es sind zwei kristallographisch äquivalente Martensitvarianten dargestellt, die durch unterschiedliche Abscherung entstehen und sich so kompensieren, dass die äußere, makroskopische Form des Kristalls erhalten bleibt (*Selbstakkomodierung*).

Martensitische Phasenumwandlungen sind i. Allg. mit einer thermischen Hysterese verbunden, das heißt, die Umwandlungstemperatur in Richtung Martensit ist typischerweise 10–50 K niedriger als die Umwandlungstemperatur zurück in die Ausgangsphase (Abb. VI-3.35).

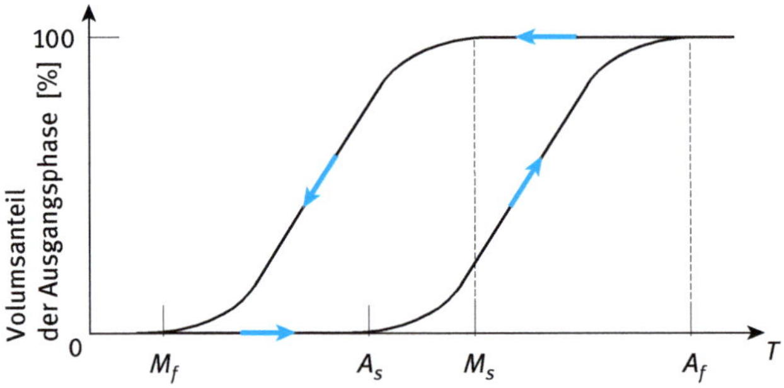

Abb. VI-3.35: Schematische Darstellung der thermischen Hysterese bei einer martensitischen Phasenumwandlung. Bei Abkühlung beginnt die Ausbildung des Martensits aus der Ausgangsphase bei der Starttemperatur M_s und ist bei der Endtemperatur M_f beendet, es liegt dann keine Ausgangsphase mehr vor. Bei anschließender Erwärmung beginnt sich bei der Starttemperatur A_s wieder die Ausgangsphase auszuscheiden, bei der Temperatur A_f ist die martensitische Phase verschwunden und es liegt nur mehr die Ausgangsphase vor.

Die Grenzflächen zwischen unterschiedlichen Martensitvarianten sind gleitfähig, sodass sich bei Anlegen einer mechanischen Spannung die „passende" Variante auf Kosten der weniger passenden durchsetzen kann und eine Formänderung bewirkt, ohne eine plastische Verformung zu verursachen (*pseudoplastische Verformung*, (Abb. VI-3.36)).

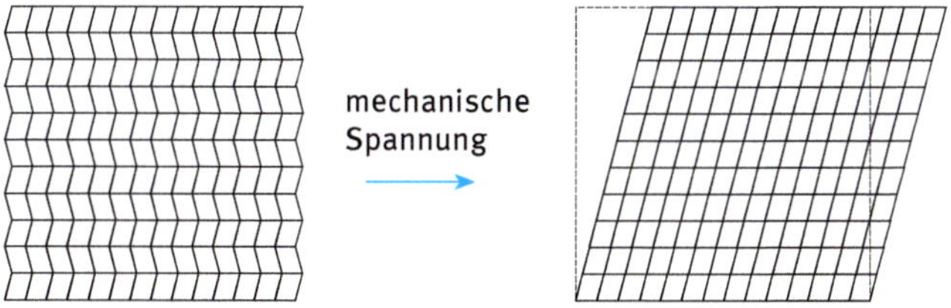

Abb. VI-3.36: Martensit unter mechanischer Spannung: Durch Bewegung der Grenzflächen zwischen den verschiedenen Martensitvarianten setzt sich die „passende" Variante durch.

3.4.1 Einweg *FGL*

Bei einer *Einweg Formgedächtnis-Legierung* (*One-Way SMA*) wird ein selbstakkommodierter Martensit zunächst mechanisch verformt und anschließend entlastet, wobei die Verformung bestehen bleibt (typischer Wert: 1–7 % Verformung). Wird diese Legierung über die Austenittemperatur A_f erwärmt, so stellt sich die ursprüngliche äußere Form wieder ein (Abb. VI-3.37). Solange die Formänderung *pseudoplastisch* ist und *keine plastische Verformung* verursacht wird, kann die Verformung vielfältiger Art sein: Zug, Druck, Biegung oder Kombinationen davon.

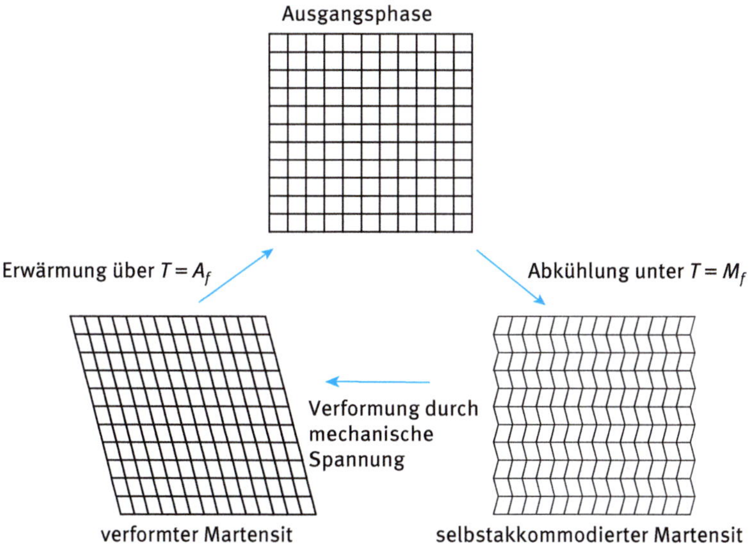

Abb. VI-3.37: Schematische Darstellung der mikrostrukturellen Änderungen bei der Einweg-*FGL*. Durch Abkühlung unter $T = M_f$ wird die Ausgangsphase in die selbstakkommodierte martensitische Phase übergeführt und diese durch mechanische Spannung pseudoplastisch verformt. Bei anschließender Erwärmung über $T = A_f$ stellt sich die ursprüngliche äußere Form wieder ein.

3.4.2 Zweiweg *FGL*

Bei einer Einweg Formgedächtnis-Legierung wird nur die äußere Form der (eindeutigen) Ausgangsphase „erinnert", also die „heiße" Form, während die „kalte" Form erst durch Verformung der martensitischen Phase hergestellt werden muss. Bei einer *Zweiweg Formgedächtnis-Legierung* wird sowohl die „heiße" wie die „kalte" äußere Form „gemerkt" und man kann zwischen beiden durch Temperaturänderung ohne äußere Spannung hin und her wechseln. Dieser Effekt beruht zur Gänze auf den mikrostrukturellen Veränderungen während der martensitischen Phasenumwandlung, die unter dem Einfluss von *inneren Spannungen* ablaufen. Unter dem Einfluss von inneren Spannungen geht bei der schnellen Abkühlung und Umwandlung in die martensitische Phase die Selbstakkommodierung verloren, es werden gewisse Scherungsvarianten bevorzugt, die Phasenumwandlung ist daher mit einer Formänderung verbunden. Die Umwandlung in die Ausgangsphase erfolgt dann beim Erwärmen durch Rücktransformation (Abb. VI-3.38).

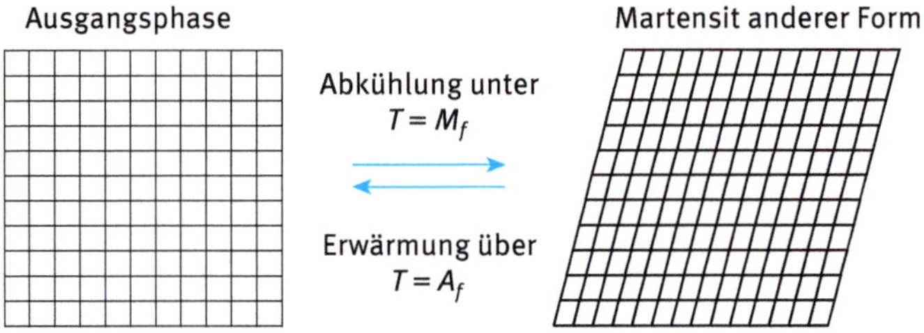

Abb. VI-3.38: Zweiweg Formgedächtnis-Legierung: Unter dem Einfluss innerer Spannungen bildet sich bei Abkühlung unter $T = M_f$ die martensitische Phase in einer anderen äußeren Form, da gewisse Scherrichtungen bevorzugt sind. Bei der Erwärmung über $T = A_f$ geht der Martensit dann durch Rücktransformation wieder in die Ausgangsphase der ursprünglichen Form über.

Für die Zweiweg *FGL* ist also das Einbringen innerer Spannungen in den Kristall wesentlich, die im notwendigen Temperaturbereich erhalten bleiben; man spricht von „Training". Eine Möglichkeit ist das Einbringen irreversibler Defekte (Teilchen oder Ausscheidungen) bzw. die Erzeugung von Versetzungsnetzwerken durch entsprechende thermo-mechanische Behandlung (zyklische Deformation bei unterschiedlichen Temperaturen).

3.4.3 Pseudoelastizität = superelastischer Effekt

Wird an eine *FGL* oberhalb $T = A_f$ von außen eine mechanische Spannung angelegt, so kommt es im *elastischen Spannungsbereich* zu Formänderungen durch *spannungsinduzierte Martensitbildung* (*stress-induced martensite*, *SIM*). Bei Entlastung geht die Legierung wieder ohne Wärmezufuhr in die äußere Form der Ausgangsphase zurück. Diese große reversible Verformung im elastischen Spannungsbereich führt zu einem Elastizitätsmodul $E = \frac{\sigma}{\varepsilon}$, der viel kleiner ist (nur etwa 1/20) als er bei metallischen Legierungen üblich ist. Ursache für die Verformung ist auch in diesem Fall nicht eine entsprechend „weiche" Bindung der Atome, sondern die martensitische Phasenumwandlung, also die diffusionslose, kooperative Scherbewegung der Gitteratome.

3.4.4 Anwendungen

Die technische Anwendung der „smarten" *FGL* kann grob unterteilt in zwei Weisen erfolgen, entweder als Zweiweg *FGL* zur Verwendung als temperaturgesteuerter, auch periodisch nutzbarer *Aktor* (*actuator*)[40] zur Steuerung und Regelung von Prozessen oder durch Ausnutzung der Pseudoelastizität für Rohr-Kupplungen bzw. Klammern und Spangen im medizinischen Bereich.

Die Wirkung einer *FGL* als Aktor kann erfolgen durch

- *freie Erholung*: Die Erwärmung einer durch Abkühlung pseudoplastisch verformten Legierung führt zur Erholung der ursprünglichen äußeren Form; dadurch kann Bewegung erzeugt oder mechanische Spannung verursacht werden;
- *beschränkte Erholung*: Die Legierung wird an der vollständigen Erholung gehindert; dadurch wird am behindernden Element eine Spannung erzeugt;
- *Arbeitserholung*: Die Legierung kann ihre ursprüngliche Form gegen eine angelegte mechanische Spannung wiedererlangen und verrichtet dabei Arbeit.

Beim Zweiweg *FGL* werden bei der Umwandlung des formveränderten Martensit zurück in die Ausgangsphase große Rückstellkräfte frei, diese Aktoren weisen daher ein sehr großes Verhältnis Leistung/Volumen auf. Sie eignen sich gut als thermische Stellglieder und sind besonders für die *Mikroaktorik* (die kritischen Abmessungen der funktionsbestimmenden Strukturen liegen im μm-Bereich) von Bedeutung. Ihr Nachteil liegt in der niedrigen Taktfrequenz bei zyklischer Anwendung; dabei stellt die Kühlung in die Martensitphase den limitierenden Faktor da.

40 Ein Aktor (auch Aktuator, *actuator*) ist ein Element zur Auslösung einer mechanischen Bewegung. Die Auslösung erfolgt durch Zuführung von Energie, meist elektrischer Energie oder hydraulischem bzw. pneumatischem Druck.

3.5 Nanostrukturen: *Carbon Clusters* und *Carbon Nanotubes*

3.5.1 Kohlenstoff Cluster

Unter einem Cluster versteht man eine aneinander gebundene, größere Anzahl von Atomen oder Molekülen, etwa 3 bis 1000. Cluster haben viel „Oberfläche" und im Verhältnis dazu nur wenig „Volumen". Durch die eher geringe Anzahl wechselwirkender Atome oder Moleküle liegen ihre Energieniveaus nicht so dicht, dass man von einer elektronischen Bandstruktur sprechen kann. Die meisten Eigenschaften von Clustern weichen damit stark von den kollektiven Eigenschaften eines makroskopischen Festkörpers ab; dazu gehören die elektrische Leitfähigkeit, die Absorption und Reflexion von Licht und die magnetischen Eigenschaften. Die physikalische Forschung an Clustern steht daher im Zentrum der aktuellen Nanostrukturforschung.

Von besonderer Bedeutung sind die kovalent gebundenen Cluster aus Kohlenstoffatomen. Modellrechnungen zeigen, dass Cluster aus einer ungeradzahligen Anordnung von Kohlenstoffatomen offene, lineare Strukturen bilden, während solche aus einer geraden Anzahl geschlossene, kreisförmige, bzw. bei größerer Anzahl kugelförmige Gebilde formen. Schon 1970 sagte Eiji Osawa (geb. 1935) die Existenz eines C_{60}-Moleküls theoretisch voraus. 1985 fanden dann H. W. Kroto, J. R. Heath, S. C. O'Brien, R. F. Curl und R. E. Smalley,[41] dass sich Kohlenstoffatome in inerter Atmosphäre unter sp^2-Hybridisierung (siehe Kapitel „Festkörperphysik", Abschnitt 2.1.2.2) zu stabilen C_{60}-Clustern zusammenlagern. Aber erst im Zuge von Untersuchungen der Absorption von Licht an interstellarem Staub, die ein Absorptionsmaximum bei 220 nm (entspricht 5,6 eV) zeigten und damit auf das Vorhandensein sehr kleiner aus Kohlenstoff bestehender Teilchen schließen ließen, gelang es D. R. Huffman (geb. 1935, US-amerikanischer Physiker) und W. Krätschmer (geb. 1942, deutscher Physiker) in einer Lichtbogenentladung zwischen Graphitelektroden in inerter He-Gas Atmosphäre C_{60}-Cluster in der Menge von einigen Gramm zu erzeugen.[42] Der C_{60}-Cluster bildet eine geschlossene kugelförmige Struktur in der Form eines modernen Fußballs, völlig ohne freie Bindungen, und stellt neben Graphit und Diamant eine weitere, stabile Modifikation von Kohlen-

41 H. W. Kroto, J. R. Heath, S. C. O'Brien, R. F. Curl, R. E. Smalley, *Nature* **318**, 162 (1985). Für ihre Entdeckung der Fullerene erhielten Robert F. Curl Jr., Sir Harold W. Kroto und Richard E. Smalley 1996 den Nobelpreis für Chemie.

42 W. Krätschmer, L. D. Lamb, K. Fostiropoulos, D. R. Huffman, *Nature* **347**, 354 (1990).

stoff dar. C_{60}-Cluster wurden nach dem amerikanischen Architekten Buckminster Fuller[43] „Buckminster-Fullerene", heute kurz „Fullerene", genannt (Abb. VI-3.39).

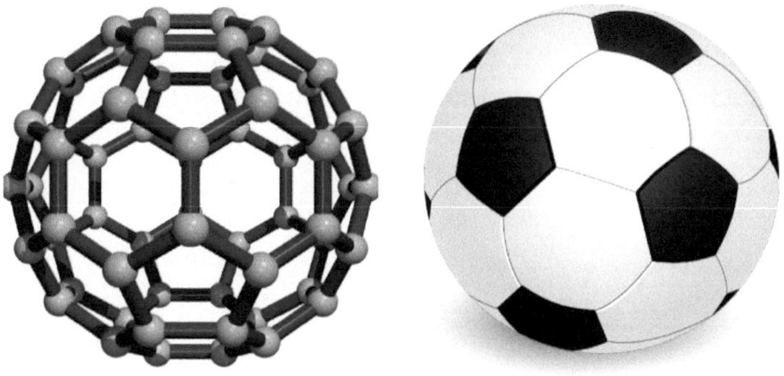

Abb. VI-3.39: C_{60}-Cluster: Fulleren (Buckminster-Fulleren, *Bucky Ball*). Dieses Molekül mit einer kugelförmigen Anordnung von 60 Kohlenstoffatomen ähnlich einem modernen Fußball ist eine stabile Modifikation von Kohlenstoff. (Nach Wikipedia.)

Einige Eigenschaften von C_{60}:

Dichte: $1{,}65 \cdot 10^3\,\mathrm{kg/m^3}$; Bildungswärme: $37{,}99\,\mathrm{J/mol}$ ($\cong 0{,}4\,\mathrm{eV}$ pro Molekül); Brechungsindex: 2,2; spezifischer elektrischer Widerstand: $1{,}014 \cdot 10^3\,\Omega\mathrm{m}$.

Die kugelförmigen C_{60}-Moleküle können sich durch van der Waals Wechselwirkung (siehe Kapitel „Festkörperphysik", Abschnitt 2.1.1.3) zu einem kubisch-flächenzentrierten Kristall verbinden, wobei der Abstand ihrer Zentren 1 nm beträgt. C_{60} ist in Benzol (C_6H_6) löslich; daher können C_{60}-Einkristalle durch langsames Verdampfen von Lösung in Benzol erzeugt werden.

43 Richard Buckminster Fuller, 1895–1983, US-amerikanischer Architekt, der durch seine Kuppelbauten berühmt wurde, die auf einfachen geometrischen Grundformen basieren. Eines seiner bekanntesten Gebäude ist die Biosphère, der Ausstellungspavillon der Vereinigten Staaten auf der Expo 67, der Weltausstellung 1967 in Montreal.

3.5.2 Kohlenstoff-Nanoröhrchen (*carbon nanotubes, CNT*)

Eine einzelne, monoatomare Schicht von Graphit wird *Graphen* (*graphene*) genannt. Ein Kohlenstoff-Nanoröhrchen kann man sich als zusammengerolltes Graphen vorstellen. Je nach Rollrichtung (parallel zu den C—C-Bindungen oder nicht) ergeben sich unterschiedliche Strukturen und Eigenschaften (Abb. VI-3.40).

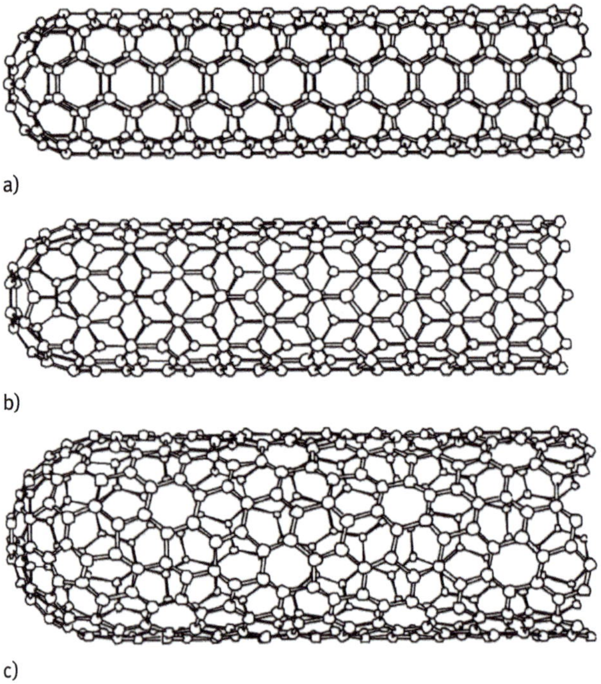

Abb. VI-3.40: Kohlenstoff-Nanoröhrchen (*CNT*) kann man sich als gerollte, monoatomare Graphitschichten (*Graphen*) vorstellen. Je nach Richtung der Rollachse ergeben sich unterschiedliche Strukturen und Eigenschaften. Oben: *armchair*-Struktur mit der Rollachse in Richtung der C—C Bindungen; Mitte: *zigzag*-Struktur mit der Rollachse normal zu den C—C Bindungen; unten: *chirale*-Struktur mit geneigter Rollachse. (Nach C. P. Poole und F. J. Owens, *Introduction to Nanotechnology*, Wiley 2003.)

Kohlenstoff-Nanoröhrchen können beidseitig offen oder mit dem Teil einer Fullerenstruktur verschlossen sein; sie können einwandig (*single-wall nanotube, SWNT*) oder mehrwandig sein (*multi-walled nanotube, MWNT*), wenn mehrere Röhrchen ineinander stecken (Abb. VI-3.41).

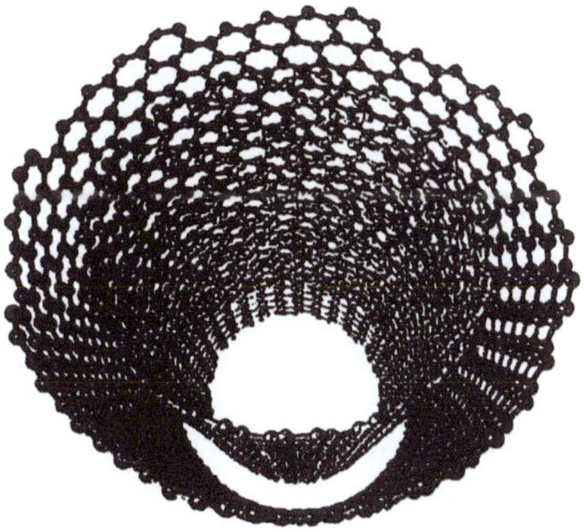

Abb. VI-3.41: Darstellung eines doppelwandigen Kohlenstoff-Nanoröhrchens: Ein Röhrchen im Inneren eines anderen. (Nach C. P. Poole und F. J. Owens, *Introduction to Nanotechnology*, Wiley 2003.)

Die Erzeugung der Nanoröhrchen geschieht durch Laserverdampfung von Graphit (Abb. VI-3.42), im Graphitelektroden-Lichtbogen oder durch Niederschlag aus der Dampfphase (*chemical vapour deposition*).

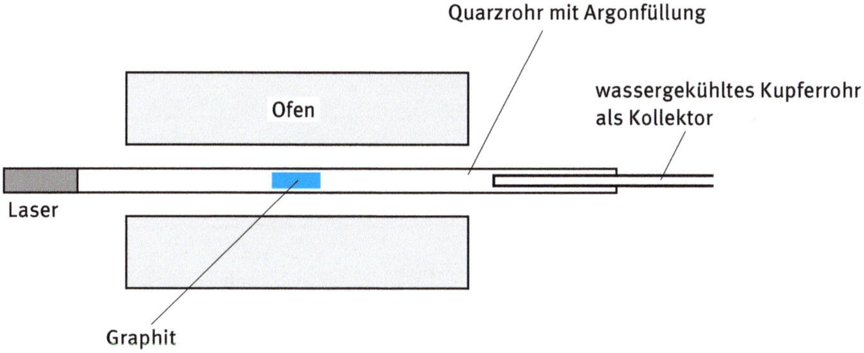

Abb. VI-3.42: Schematische Darstellung einer Apparatur für die Herstellung von Kohlenstoff-Nanoröhrchen durch Laserverdampfung von Graphit.

Ohne besondere Vorkehrungen entstehen mehrwandige Nanoröhrchen; dotiert man die zentrale Stelle der positiven Elektrode bei der Erzeugung im Lichtbogen mit etwas Co, Ni oder Fe als Katalysator, so entstehen vorwiegend einwandige Nanoröhrchen. Während sich bei der Laserverdampfung geschlossene Röhrchen bilden, haben sie beim Niederschlag aus der Dampfphase offene Enden und können kontinuierlich erzeugt werden.

Zur Unterscheidung der Strukturen (der „Rollrichtung“) wird ein Indexpaar (n,m) verwendet und der Vektor der Rollrichtung $\vec{C}_h$ so mit Hilfe der hexagonalen Basisvektoren $\vec{a}_1$ und $\vec{a}_2$ dargestellt:

$$\vec{C}_h = n \cdot \vec{a}_1 + m \cdot \vec{a}_2 . \tag{VI-3.31}$$

Die Strukturen werden in drei Gruppen eingeteilt (Abb. VI-3.43):

$n = m$, also parallel zu C—C: *armchair*;

$m = 0$, normal auf C—C: *zig-zag*;

$n \neq 0$, $m \neq n \neq 0$, Winkel zwischen 0° und 90° gegen C—C: *chiral*.

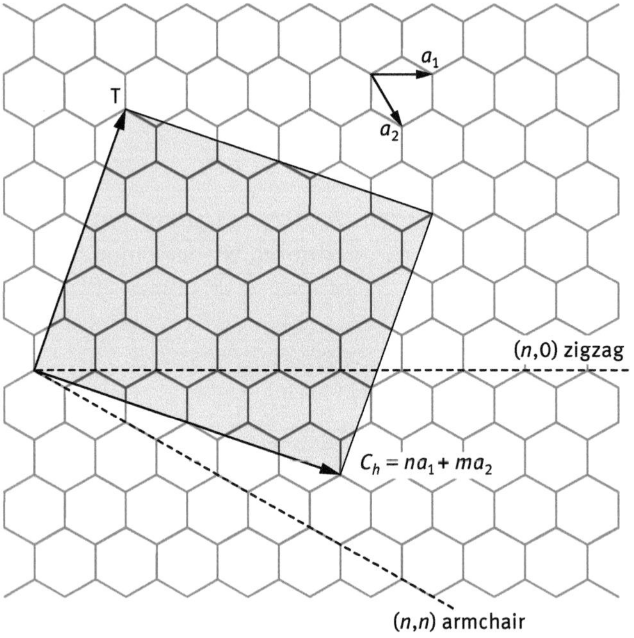

Abb. VI-3.43: Schematische Darstellung von Graphen, das zu einem Nanoröhrchen gerollt werden kann. $\vec{a}_1 = a \cdot \left(\sqrt{3},0\right)$ und $\vec{a}_2 = a \cdot \left(\frac{\sqrt{3}}{2},\frac{3}{2}\right)$ sind die Basisvektoren des zweidimensionalen, hexagonalen Gitters (C—C Bindungsabstand $a = 0{,}147$ nm). Die Rollrichtung $C_h = na_1 + ma_2$ steht senkrecht auf der Rollachse T. Für $m = n$ ergibt sich die *armchair*-Struktur, für $m = 0$ die *zigzag*-Struktur, sonst eine *chirale*-Struktur. (Nach Wikipedia.)

Sehr interessant ist das elektrische Verhalten von Kohlenstoff-Nanoröhrchen. Sie können metallisch, aber auch halbleitend sein, je nach ihrem Durchmesser und ihrer Chiralität, also ihrer Rollrichtung. Bei $n = m$ (*armchair*-Struktur) ist das Röhrchen metallisch; ist $\frac{n-m}{3}$ eine ganze Zahl, so ist das Röhrchen halbleitend, aber mit sehr kleiner verbotener Zone, also nahezu metallisch, in allen anderen Fällen ist es ein normaler Halbleiter. Im Allgemeinen ergibt sich bei der Erzeugung eine Mischung, von der etwa 2/3 halbleitend und etwa 1/3 metallisch ist. Die metallischen Röhrchen besitzen die *armchair*-Struktur. Bei *chiraler*-Struktur nimmt die Energielücke mit zunehmendem Durchmesser der Röhrchen ab. Nur wenn die e^--Wellenlänge ein ganzzahliges Vielfaches des Röhrchenumfangs ist, kann sich die Welle normal zur Achsenrichtung ausbreiten. Damit wird die Zahl der Energiezustände in dieser Richtung stark eingeschränkt, die elektrische Leitung der Röhrchen erfolgt daher überwiegend in Achsenrichtung, die Kohlenstoff-Nanoröhrchen leiten folglich wie eindimensionale Quantendrähte (*one-dimensional quantum wires*).

Metallische Nanoröhrchen weisen eine sehr gute elektrische Leitfähigkeit und eine sehr hohe Strombelastbarkeit von einigen $10^9\,\mathrm{A/cm^2}$ auf (zum Vergleich: Cu versagt bei etwa $10^6\,\mathrm{A/cm^2}$). Auch die Wärmeleitfähigkeit von $3500\,\mathrm{W\,m^{-1}\,K^{-1}}$ ist extrem groß (zum Vergleich: Bester natürlicher Wärmeleiter ist Diamant mit $385\,\mathrm{W\,m^{-1}\,K^{-1}}$).

Entsprechend der starken C—C-Bindung weisen die Kohlenstoff-Nanoröhrchen eine hohe mechanische Stabilität auf. Obwohl sie einen extrem großen *E*-Modul von 1,3 bis 1,8 TPa zeigen (zum Vergleich: *E*-Modul von Stahl 0,21 TPa), kann man sie trotzdem bis zu 90° verbiegen ohne dass sie brechen, da sie so dünn sind (Wandstärke etwa 0,34 nm). Ihre Zugfestigkeit[44] ist 30–63 GPa (einwandig bis mehrwandig), während bester Stahl nur eine Zugfestigkeit von etwa 2 GPa aufweist.

Die mögliche technische Anwendung von Kohlenstoff-Nanoröhrchen ist vielfältig und steht noch am Beginn der Entwicklung. Nanoröhrchen mit halbleitenden Eigenschaften haben Anwendungsmöglichkeiten als Transistoren (*Feldeffekttransistoren*[45]) und Computerschaltelemente; mit Li gefüllte Röhrchen können zur Speicherung von Wasserstoff dienen und damit für Brennstoffzellen[46] Verwendung finden; die Abhängigkeit der elektrischen Leitfähigkeit von umgebenden Gasen durch Ladungsübertritt (*charge transfer*) kann für Gassensoren ausgenützt werden; Nanoröhrchen beschleunigen bestimmte chemische Reaktionen als Katalysatoren; die hohe mechanische Festigkeit der Röhrchen kann zur mechanischen Verstärkung von Konstruktionswerkstoffen benützt werden.

---

44 Zugfestigkeit ist die auf den Ausgangsquerschnitt bezogene Zugspannung vor dem Bruch (Zerreissen). Siehe Band I, Kapitel „Mechanik deformierbarer Körper“, Abschnitt 4.2.1.

45 Der Feldeffekttransistor ist ein *spannungsgesteuertes*, elektronisches Schalt- und Steuerelement. Der Durchlassstrom zwischen *source* („Quelle“) und *drain* („Abfluss“) wird praktisch leistungslos durch eine dazwischen am *gate* („Tor“) angelegte Spannung gesteuert.

46 Brennstoffzellen wandeln die chemische Reaktionsenergie eines (kontinuierlich) zugeführten Brennstoffes und eines Oxidationsmittels in elektrische Energie um. Beispiel: Wasserstoff-Sauerstoff-Brennstoffzelle.

Zusammenfassung

1. Bei Vorliegen von Korrelationen zwischen den Atomen einer amorphen Substanz beschreibt die Einteilchen-Dichtefunktion $f^{(1)}(\vec{r})$ die ortsabhängige lokale Dichte und die Zweiteilchen-Dichtefunktion $f^{(2)}(\vec{r}_1,\vec{r}_2)$, die mit Hilfe der Paarverteilungsfunktion $g(r_{1,2})$ dargestellt werden kann, die Korrelationen von Atompaaren. In Bezug auf ein bestimmtes, herausgegriffenes Teilchen geben die radiale Paarverteilungsfunktion $g(r)$ bzw. die Paarkorrelationsfunktion $h(r) = g(r) - 1$ die Korrelation zwischen zwei beliebig herausgegriffenen Atomen in Abhängigkeit ihres Abstandes an.
2. In einem Streuexperiment (Röntgen- oder Neutronenstreuung) wird der Strukturfaktor

$$S(\overrightarrow{\Delta k}) = 1 + \rho_0 \int_V [g(r) - 1] e^{-i\overrightarrow{\Delta k}\,\vec{r}} d\vec{r} = 1 + \rho_0 \int_V h(r) e^{-i\overrightarrow{\Delta k}\,\vec{r}} d\vec{r}$$

   bestimmt, woraus durch Fourier-Rücktransformation die Korrelationsfunktion gewonnen werden kann:

$$h(r) = g(r) - 1 = \left(\frac{1}{2\pi}\right)^3 \rho_0 \int_{V^{-1}} e^{i\overrightarrow{\Delta k}\,\vec{r}} \left(S(\overrightarrow{\Delta k}) - 1\right) d\overrightarrow{\Delta k}\,.$$

   Die Korrelationsfunktion hängt dann wie folgt mit der gestreuten Intensität zusammen:

$$I(\theta) \propto I_A(\theta) \cdot N \cdot \left(1 + 4\pi\rho_0 \int_0^\infty h(r) \frac{\sin(\Delta k\, r)}{\Delta k\, r} r^2\, dr\right).$$

3. Gläser sind metastabile amorphe Feststoffe, bei denen die Kristallisation durch rasche Abkühlung verhindert wurde. Dazu gehören sowohl Silikatgläser (u. a. das Fensterglas) als auch Polymere und amorphe Metalle.
4. Flüssigkristalle verhalten sich makroskopisch wie eine (zähe) Flüssigkeit (Schermodul $G \cong 0$), besitzen aber anisotrope Eigenschaften wie ein Kristall, z. B. Doppelbrechung, Drehung der Polarisationsebene des Lichts. Der „Direktor“ beschreibt die bevorzugte Ausrichtung der Moleküle des Flüssigkristalls. Wir unterscheiden nematische, chiral nematische (= cholesterische), smektische und kolumnare Phasen. Flüssigkristalle finden Anwendung als Temperatursensoren, als Anzeigemedien (*liquid crystal display, LCD*) und als räumliche Lichtmodulatoren.

5. Quasikristalle haben eine Symmetrie, die einem periodischen Kristallgitter widerspricht (z. B. 5-zählig oder 10-zählig): Sie sind aus mehreren Typen von Elementarzellen aufgebaut („Parkettierung"). Quasikristalle sind sehr hart, spröd und abriebfest und werden zur Verstärkung in Kompositmaterialien und als Beschichtung beweglicher Teile verwendet.
6. Grundlage für das Verständnis von Form-Gedächtnislegierungen (shape memory alloys) ist die martensitische Phasenumwandlung. Für die Anwendung ist besonders der Zweiweg-Effekt wesentlich, der zur Auslösung einer Aktion in Abhängigkeit einer Temperaturänderung („Aktor") verwendet werden kann. Der durch spannungsinduzierte Martensitbildung verursachte Effekt der Pseudoelastizität wird für Rohrkupplungen und Spangen im medizinischen Bereich ausgenützt.
7. Kohlenstoff-Nanoröhrchen kann man sich als zusammengerollte, monoatomare Graphitschichten („Graphen") vorstellen. Sie sind strukturabhängig entweder metallisch leitend oder halbleitend und mechanisch erstaunlich fest. Eine Vielfalt von technischen Anwendungsmöglichkeiten steht erst am Anfang der Entwicklung.

Übungen:

1. Beschreibe Unterschiede zwischen kristalliner und amorpher Materie. Welche Unterschiede findet man im Beugungsspektrum bei Röntgenstrahlung?
2. Welche Materialien in unserer unmittelbaren Umgebung sind kristallin, welche glasartig, welche Polymere? Reihe ihre mechanische Festigkeit beim Dehnen, Pressen oder Biegen sowie ihre Härte in willkürlichen Einheiten.
3. Gib Methoden zur Herstellung metallischer Gläser an und beschreibe ihre Struktur oberhalb und unterhalb der Glasübergangstemperatur und ihre besonderen Eigenschaften.
4. Welche Eigenschaft müssen die Bausteine von Flüssigkristallen aufweisen? Beschreibe die flüssigkristallinen Phasen. Welche Größe ist bei der Beschreibung ihrer Struktur wichtig?
5. Berechne den Ordnungsparameter $S = \frac{1}{2} \langle 3\cos^2\theta - 1 \rangle$ für einen nematischen Flüssigkristall, dessen Moleküle mit ihrer Längsachse a) parallel zum Direktor, b) normal zum Direktor, c) isotrop verteilt sind.
6. Beschreibe den Unterschied zwischen herkömmlichen Kristallen und Quasikristallen.
7. Beschreibe die Einweg- und die Zweiweg-Formgedächtnis-Legierungen. Was bedeutet „Superplastizität" (= superelastischer Effekt)?
8. Welche mechanischen und elektrischen Eigenschaften weisen Kohlenstoff-Nanoröhrchen auf?

Anhang 1 Ableitung der Laue-Gleichungen aus dem allgemeinen Strukturfaktor

Für die gestreute Intensität einer nichtkristallinen Anordnung aus gleichen Atomen erhielten wir (Abschnitt 3.1.2, Gl. VI-3.15)

$$I(\theta) \propto \underbrace{\underbrace{\frac{f^2(\theta)}{R^2}}_{I_A(\theta)} \cdot N}_{\substack{\text{Streuintensität}\\ \text{der } N \text{ Atome}\\ \text{ohne Interferenz}}} \cdot S(\overrightarrow{\Delta k}).$$

Sind die Atome an den Punkten eines Translationsgitters angeordnet, das aus Elementarzellen zusammengesetzt ist, dann kann man die Interferenz aller Elementarzellen so beschreiben:

$$I(\overrightarrow{\Delta k}) \propto \left|F(\overrightarrow{\Delta k})\right|^2 S(\overrightarrow{\Delta k}). \qquad \text{(VI-3.32)}$$

Dabei ist $F(\overrightarrow{\Delta k})$ der Strukturfaktor einer Elementarzelle; er berücksichtigt die Streuung an den n Atomen der Elementarzelle, die vom Ursprung der Elementarzelle aus gerechnet an den Orten $\vec{r}_j$ in der Elementarzelle liegen

$$F(\overrightarrow{\Delta k}) = \sum_{j=1}^{n} f_j(\theta) e^{-i\overrightarrow{\Delta k}\vec{r}_j}, \qquad \text{(VI-3.33)}$$

wobei $f_j(\theta)$ der jeweilige Atomformfaktor[47] ist (siehe Abschnitt 3.1.2). Für den Strukturfaktor $S(\overrightarrow{\Delta k})$, der jetzt die Interferenz der an den Elementarzellen gestreuten Wellen angibt, gilt (Gl. VI-3.19):

$$S(\overrightarrow{\Delta k}) - 1 = \rho_0 \int_V [g(r) - 1] e^{-i\overrightarrow{\Delta k}\vec{r}}\, d\vec{r}.$$

---

47 Der Atomformfaktor $f_j(\theta)$ beschreibt die Streuung der Strahlung (Röntgenquanten oder Neutronen) am einzelnen Atom. Bei Röntgenstrahlung erfolgt die Streuung an der Elektronenhülle und $f_j(\theta)$ ist proportional zur Anzahl Z der Hüllelektronen und fällt wegen der Interferenzeffekte in der ausgedehnten Ladungswolke des Atoms mit steigendem Beugungswinkel θ stetig ab. Bei Neutronen erfolgt die Wechselwirkung bei der Streuung mit dem Atomkern (der Nukleonenverteilung im Kern) und dem magnetischen Moment des Atoms. Der Atomstreufaktor variiert stark und unregelmäßig mit der Ladungszahl Z des Atoms. Manche Atome mit benachbartem Z, deren Atomformfaktoren für Röntgenstreuung sich kaum unterscheiden, haben sehr unterschiedliche Werte für Neutronenstreuung (Beispiel ^{26}Fe und ^{27}Co).

$\vec{r}$ ist jetzt der Ortsvektor zum Ursprung der Elementarzelle, $d\vec{r} = dx \cdot dy \cdot dz$ das um $\vec{r}$ zentrierte Volumenelement $dx \cdot dy \cdot dz$, ρ_0 bedeutet die Zahl der primitiven Elementarzellen pro Volumeneinheit, ist daher gleich dem Reziprokwert des Volumens V_c der Elementarzelle, also $\rho_0 = \frac{1}{V_c}$ (in V_c befindet sich genau eine „Basis" des Kristallgitters, i. Allg. ein Atom).

Die radiale Paarverteilungsfunktion $g(r)$ ergibt unter Berücksichtigung des Gittervektors $\vec{R} = n_1\vec{a} + n_2\vec{b} + n_3\vec{c}$ ($\vec{a},\vec{b},\vec{c}$ sind die fundamentalen Translationsvektoren)

$$g(r) = \sum_{n_1 n_2 n_3 \neq 000} \delta\left(\vec{r} - \vec{R}_{n_1 n_2 n_3}\right). \tag{VI-3.34}$$

Mit $\int_V e^{-i\overrightarrow{\Delta k}\,\vec{r}}\,\delta(\vec{r} - \vec{R})\,d\vec{r} = e^{-i\overrightarrow{\Delta k}\,\vec{R}}$ aus der Definition der δ-Funktion folgt für $S(\overrightarrow{\Delta k}) = 1 + \rho_0 \int_V [g(r) - 1] e^{-i\overrightarrow{\Delta k}\,\vec{r}} d\vec{r}$, wobei wir beachten müssen, dass durch diese Formel für die radiale Paarverteilungsfunktion $g(r)$ *alle* Atome des Kristalls erfasst werden und daher der Dichtefaktor ρ_0 wegfällt:

$$S(\overrightarrow{\Delta k}) = 1 + \int_V e^{-i\overrightarrow{\Delta k}\,\vec{r}} \sum_{n_1 n_2 n_3} \delta(\vec{r} - \vec{R}_{n_1 n_2 n_3})\,d\vec{r} - \underbrace{\int_V e^{-i\overrightarrow{\Delta k}\,\vec{r}} d\vec{r}}_{\substack{\text{nur Beitrag in Vorwärtsrichtung} \\ \Rightarrow\ = 0 \text{ für } |\overrightarrow{\Delta k}| \neq 0}} =$$

$$= 1 + \sum_{n_1 n_2 n_3} e^{-i\overrightarrow{\Delta k}\,\vec{R}_{n_1 n_2 n_3}} \cong \sum_{n_1 = -N_1/2}^{N_1/2} e^{-in_1 \overrightarrow{\Delta k}\,\vec{a}} \sum_{n_2 = -N_2/2}^{N_2/2} e^{-in_2 \overrightarrow{\Delta k}\,\vec{b}} \sum_{n_3 = -N_3/2}^{N_3/2} e^{-in_3 \overrightarrow{\Delta k}\,\vec{c}}. \tag{VI-3.35}$$

Die 1 kann gegen die Summenterme vernachlässigt werden. Die Summen laufen über Funktionswerte, die zwischen –1, $-i$, +1 und $+i$ oszillieren[48] und die Summanden ergeben daher nur dann für alle Werte n_1, n_2, n_3 den maximalen Wert 1, wenn der Exponent der Exponentialfunktion verschwindet. Die Summen besitzen dann die Werte N_1, N_2 und N_3 und der Strukturfaktor besitzt den maximal möglichen Wert $S(\overrightarrow{\Delta k}) = N_1 \cdot N_2 \cdot N_3$, wenn gleichzeitig

$$\overrightarrow{\Delta k} \cdot \vec{a} = 2\pi h, \quad \overrightarrow{\Delta k} \cdot \vec{b} = 2\pi k, \quad \overrightarrow{\Delta k} \cdot \vec{c} = 2\pi l \quad (h,k,l \text{ ganz}) \tag{VI-3.36}$$

erfüllt ist, also wenn die Laue-Gleichungen gelten (Kapitel „Festkörperphysik", Abschnitt 2.2.5.3, Gl. VI-2.66).

---

48 Der Betrag jedes Summanden ist immer 1, der Phasenwinkel bewegt sich abhängig von $\overrightarrow{\Delta k}$ von $\varphi = 0$ über $\varphi = \pi$ bis $\varphi = 2\pi$; entsprechend variiert jeder Summand zwischen +1, $+i$, –1, $-i$.

Röntgenbeugung an Kristallen

In der Röntgenographie wird nur der Faktor $\left|F(\overrightarrow{\Delta k})\right|^2$ als *Strukturfaktor* bezeichnet; $F(\overrightarrow{\Delta k}) = \sum_{j=1}^{n} f_j(\theta) e^{-i\overrightarrow{\Delta k}\,\vec{r}_j}$ ist die *Strukturamplitude*, sie wird aber meist *auch* als *„Strukturfaktor“* bezeichnet. Diese soll hier für zwei wichtige Strukturtypen, das *krz*- und das *kfz*-Gitter berechnet werden.

Da für einen Lauereflex $\overrightarrow{\Delta k} = \vec{G} = h\vec{a}^\star + k\vec{b}^\star + l\vec{c}^\star$ beträgt ($\vec{a}^\star, \vec{b}^\star, \vec{c}^\star$ sind die reziproken Basisvektoren) und $\vec{r}_j = x_j\vec{a} + y_j\vec{b} + z_j\vec{c}$ die Lage des j-ten Basisatoms in der Elementarzelle angibt, gilt

$$\overrightarrow{\Delta k} \cdot \vec{r}_j = 2\pi(x_j h + y_j k + z_j l)\,, \tag{VI-3.37}$$

denn es ist ja (siehe Kapitel „Festkörperphysik“, Abschnitt 2.2.4.2, Gln. (VI-2.44) und (VI-2.45), die „Dualitätsrelationen“): $\vec{a}^\star \cdot \vec{a} = \vec{b}^\star \cdot \vec{b} = \vec{c}^\star \cdot \vec{c} = 2\pi$ und $\vec{a} \cdot \vec{b}^\star = \vec{a} \cdot \vec{c}^\star = \vec{b} \cdot \vec{a}^\star = \vec{b} \cdot \vec{c}^\star = \vec{c} \cdot \vec{a}^\star = \vec{c} \cdot \vec{b}^\star = 0$. Damit folgt für die Streuamplitude („Strukturfaktor“):

$$\Rightarrow \quad F(\overrightarrow{\Delta k}) = \sum_j f_j e^{-2\pi i(x_j h + y_j k + z_j l)}\,. \tag{VI-3.38}$$

Das *kubisch-raumzentrierte Gitter* besitzt nur zwei Basisatome an den Stellen $\vec{r}_1 = (0,0,0)$ und $\vec{r}_2 = \left(\frac{1}{2}, \frac{1}{2}, \frac{1}{2}\right)$,

$$\Rightarrow \quad F_{krz}(\overrightarrow{\Delta k}) = f \cdot \left(1 + e^{-\pi i(h+k+l)}\right). \tag{VI-3.39}$$

Ist daher $(h + k + l)$ eine *ungerade ganze Zahl*, dann ist $e^{-\pi i(h+k+l)} = -1$ und $F_{krz}(\overrightarrow{\Delta k}) = 0$, der Reflex *tritt nicht auf*. Ist dagegen $(h + k + l)$ gerade, dann ist $e^{-\pi i(h+k+l)} = +1$ und der Reflex *wird beobachtet*.

Das *kubisch-flächenzentrierte Gitter* besitzt vier Basisatome an den Stellen $\vec{r}_1 = (0,0,0)$, $\vec{r}_2 = \left(0, \frac{1}{2}, \frac{1}{2}\right)$, $\vec{r}_3 = \left(\frac{1}{2}, 0, \frac{1}{2}\right)$, $\vec{r}_4 = \left(\frac{1}{2}, \frac{1}{2}, 0\right)$,

$$\Rightarrow \quad F_{krz}(\overrightarrow{\Delta k}) = f \cdot \left(1 + e^{-\pi i(k+l)} + e^{-\pi i(h+l)}\right) + e^{-\pi i(h+k)}\,. \tag{VI-3.40}$$

Es gilt daher $F_{krz}(\overrightarrow{\Delta k}) = 4f$, wenn *alle* Indizes h,k,l *entweder gerade oder ungerade* sind (die Summe zweier ungerader Zahlen ist gerade!). Sind die h,k,l aber *„gemischt“*, dann *verschwindet* der Reflex wegen $F_{krz}(\overrightarrow{\Delta k}) = 0$.

i Das Auftreten bzw. Nichtauftreten bestimmter Röntgenreflexe ist eine große Hilfe bei der Analyse einer Kristallstruktur.

Im Falle einer (chemisch) geordneten mehratomigen Struktur (z. B. Salze wie CsCl oder NaCl) sind die atomaren Streufaktoren f_j für die auftretenden Atomsorten verschieden und können nicht mehr vor die Summe von $F_{krz}(\overrightarrow{\Delta k})$ gezogen werden. Damit werden die oben abgeleiteten Auslöschungsregeln aufgehoben, aber es bleibt immer noch eine charakteristische Modifikation der Intensitäten, abhängig vom Unterschied der einzelnen Atomstreufaktoren f_j erhalten.

In allen bisherigen Überlegungen wurde von einer Temperaturabhängigkeit der Streuung abgesehen und die Röntgenbeugung als *WW* kohärenter, also in fester Phasenbeziehung stehender Photonen mit den fest gebundenen e^- ruhender Atome eines Kristallgitters angesehen. Voraussetzung für elastische, kohärente Röntgenstreuung und damit Grundlage für die Röntgenbeugung ist allerdings, dass, wie beim Mößbauereffekt (siehe Band V, Kapitel „Subatomare Physik", Anhang A1.4), die bei der *WW* auftretende Impulsänderung $\overrightarrow{\Delta p} = \hbar \Delta \vec{k}$ eines gestreuten Photons vom Kristallgitter als Ganzes aufgenommen wird und damit das gestreute Photon keine Energie- bzw. Wellenlängenänderung erfährt. Analog zur rückstoßfreien Emission bzw. Absorption von γ-Quanten im Falle des Mößbauereffekts besteht auch bei der Röntgenbeugung hiefür eine gewisse Wahrscheinlichkeit ϑ_T, die wie dort exponentiell mit der Kristalltemperatur T abnimmt. In Übereinstimmung damit zeigt das Experiment, dass die Intensität der Röntgenreflexe bei gleichbleibender Schärfe mit steigender Temperatur abnimmt, während die Intensität des Untergrundes entsprechend zunimmt. Der Wahrscheinlichkeitsfaktor ϑ_T wird als *Debye-Waller-Faktor* (= Temperaturfaktor) bezeichnet und entspricht dem *Lamb-Mößbauer-Faktor f* im Falle der Resonanzabsorption (bzw. -emission) von γ-Quanten (siehe Band V, Kapitel „Subatomare Physik", Anhang A1.4, Fußnote 206).

Der schwierig zu berechnende Debye-Waller-Faktor[49] ergibt sich für kubische Kristalle mit nur einer Atomsorte zu

$$\vartheta_T = e^{-M(T)} = e^{-B(T) \cdot \left(\frac{\sin\theta}{\lambda}\right)^2} \tag{VI-3.41}$$

mit

$$B(T) = 8\pi^2 \overline{u^2}. \tag{VI-3.42}$$

Für das mittlere Quadrat der Schwingungsamplitude $\overline{u^2}$ eines Atoms findet man in der Einstein-Näherung (ω_E ... Einstein-Frequenz, $\theta_E = \dfrac{\hbar\omega_E}{k}$ ... Einstein-Temperatur, m_A Atommasse), Kapitel „Festkörperphysik", Abschnitt 2.3.3

49 In der Literatur werden manchmal auch die Konstante $B(T) = 8\pi^2\overline{u^2}$ bzw. das Quadrat des Faktors $\vartheta_T^2 = e^{-2M(T)}$, das in die Strahlungsintensität eingeht, als Debye-Waller-Faktor bezeichnet.

$$\overline{u^2} = \frac{3kT}{\omega_E^2 \cdot m_A} = \frac{3\hbar^2 T}{k} \cdot \frac{1}{\theta_E^2 \cdot m_A} \tag{VI-3.43}$$

und in der Debye-Näherung (ω_D ... Debye-Frequenz, $\theta_D = \frac{\hbar\omega_D}{k}$ ... Debye-Temperatur, Kapitel „Festkörperphysik", Abschnitt 2.3.4)

$$\overline{u^2} = \frac{3\hbar^2 T}{k} \cdot \frac{1}{\theta_D^2 \cdot m_A}\left\{\Phi(x) + \frac{x}{4}\right\} \tag{VI-3.44}$$

mit $x = \theta/T$ und der *Debye-Funktion* (tabelliert)

$$\Phi(x) = \frac{1}{x}\int_0^x \frac{\xi^3}{e^\xi - 1}\, d\xi. \tag{VI-3.45}$$

Zur genauen Berechnung des Debye-Waller-Faktors muss das Phononenspektrum des Festkörpers z. B. aus Messungen der inelastischen Neutronenstreuung herangezogen werden.

Anhang 2 Polare und axiale Vektoren

Das Verhalten von Vektoren bei *Inversion am Ursprung* (Punktspiegelung) unterscheidet zwischen polaren und axialen Vektoren (Abb. VI-3.44).

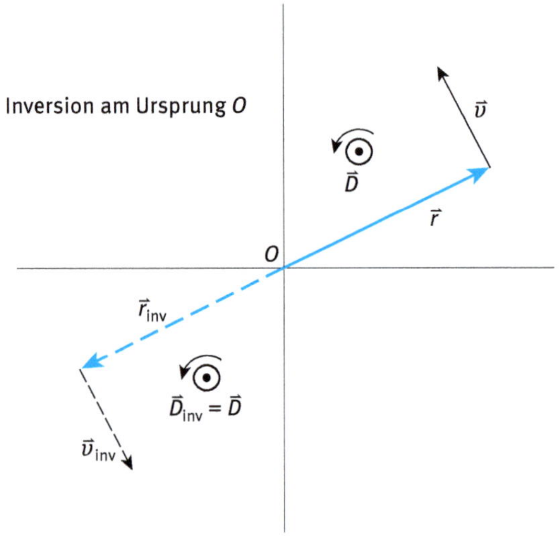

Abb. VI-3.44: Polare und axiale Vektoren am Beispiel von Ortsvektor und Geschwindigkeitsvektor (polar) und dem Vektor des Drehimpulses (axial) bei Inversion am Ursprung *O*.

$\vec{r}$, $\vec{v}$ ... polare Vektoren, $\vec{D} = m(\vec{r} \times \vec{v})$ ... Drehimpuls, axialer Vektor.

Der axiale Charakter der Winkelgeschwindigkeit $\vec{\omega}$ ist aus der Beziehung $\vec{v} = \vec{\omega} \times \vec{r}$ zu erkennen. Der Ortsvektor $\vec{r}$ und der Geschwindigkeitsvektor $\vec{v}$ ändern als polare Vektoren ihre Richtung bei der Inversion. Dann muss aber $\vec{\omega}$ gemäß der obigen Formel bei der Inversion seine Richtung beibehalten $\Rightarrow \vec{\omega}$ ist ein axialer Vektor.

Literatur

Für die Themen aller Bände geeignete Literatur

David Halliday, Robert Resnick, Jearl Walker. 1997. „Fundamentals of Physics, Extended". 5th edition. John Wiley & Sons, New York.

Stephen W. Koch, David Halliday, Robert Resnick, Jearl Walker. 2005. „Physik". Wiley-VCH.

Michael Mansfield, Colm O'Sullivan. 1998. „Understanding Physics". John Wiley & Sons, New York.

Paul A. Tipler. 1994. „Physik". Spektrum Akademischer Verlag, Heidelberg.

Wolfgang Demtröder. 1998. „Experimentalphysik, 1. Mechanik und Wärme". Springer.

Wolfgang Demtröder. 2008. „Experimentalphysik, 2. Elektrizität und Optik". Springer.

Wolfgang Demtröder. 2003. „Experimentalphysik, 3. Atome, Moleküle Festkörper". Springer.

Wolfgang Demtröder. 2009. „Experimentalphysik, 4. Kern-, Teilchen- und Astrophysik". Springer.

Charles Kittel, Walter D. Knight, Malvin A. Ruderman. Berkeley Physik Kurs (Berkeley Physics Course). „Band 1 Mechanik". Vieweg.

Edward M. Purcell. Berkeley Physik Kurs (Berkeley Physics Course). „Band 2. Elektrizität und Magnetismus". Vieweg.

Frank S. Crawford, Jr. Berkeley Physik Kurs (Berkeley Physics Course). „Band 3. Schwingungen und Wellen". Vieweg.

Eyvind H. Wichmann. Berkeley Physik Kurs (Berkeley Physics Course). „Band 4. Quantenphysik". Vieweg.

Frederick Reif. Berkeley Physik Kurs (Berkeley Physics Course). „Band 5. Statistische Physik". Vieweg.

Alan M. Portis. Berkeley Physik Kurs (Berkeley Physics Course). „Band 6. Physik im Experiment". Vieweg.

Christian Gerthsen, Hans Otto Kneser, Helmut Vogel. 1974. „Physik". Springer.

R. W. Pohl. 1941. „Einführung in die Mechanik, Akustik und Wärmelehre". Springer.

R. W. Pohl. 1940. „Einführung in die Elektrizitätslehre". Springer.

R. W. Pohl. 1941. „Einführung in die Optik". Springer.

Bergmann-Schaefer. 1998. „Lehrbuch der Experimentalphysik". Band 1. Mechanik, Relativität, Wärme. De Gruyter, Berlin.

Bergmann-Schaefer. 2008. „Lehrbuch der Experimentalphysik". Band 2. Elektromagnetismus. De Gruyter, Berlin.

Bergmann-Schaefer. 2008. „Lehrbuch der Experimentalphysik". Band 3. Optik. De Gruyter, Berlin.

Bergmann-Schaefer. 2008. „Lehrbuch der Experimentalphysik". Band 4. Bestandteile der Materie. De Gruyter, Berlin.

Bergmann-Schaefer. 2008. „Lehrbuch der Experimentalphysik". Band 5. Gase, Nanosysteme Flüssigkeiten. De Gruyter, Berlin.

Bergmann-Schaefer. 2008. „Lehrbuch der Experimentalphysik". Band 6. Festkörper. De Gruyter, Berlin.

Bergmann-Schaefer. 2008. „Lehrbuch der Experimentalphysik". Band 7. Erde und Planeten. De Gruyter, Berlin.

Bergmann-Schaefer. 2009. „Lehrbuch der Experimentalphysik". Band 8. Sterne und Weltraum. De Gruyter, Berlin.

Georg Joos. 1964. „Lehrbuch der Theoretischen Physik". Akademische Verlagsgesellschaft Leipzig.

Speziell für die Themen von Band VI geeignete und weiterführende Literatur

A. J. Dekker. 1957. „Solid State Physics". Prentice-Hall.

Charles Kittel. 1976. „Einführung in die Festkörperphysik". Oldenburg.

Wolfgang Demtröder. 2003. „Experimentalphysik, 3. Atome, Moleküle Festkörper". Springer.

Bergmann-Schaefer. 2008. „Lehrbuch der Experimentalphysik, Band 6, Festkörper". De Gruyter, Berlin

Wolfgang Finkelnburg. 1962. „Einführung in die Atomphysik". Springer.

Neil W. Ashcroft und N. David Mermin. 1976. „Solid State Physics". W. B. Saunders Comp.

Gert Strobl. 2003. „Physik kondensierter Materie. Kristalle, Flüssigkeiten, Flüssigkristalle, Polymere". Springer.

B. D. Cullity. 1978. „Elements of X-Ray Diffraction". Addison-Wesley.

Samuel M. Allen und Edwin L. Thomas. 1999. „The Structure of Materials". John Wiley & Sons.

P. J. Collings und M. Hird. 1997. „Introduction to liquid crystals: Chemistry and Physics", Taylor & Francis.

K. Worden, W. A. Bullough und J. Haywood. 2003. „Smart Technologies", World Scientific.

C. P. Poole und F. J. Owens. 2003. „Introduction to Nanotechnology", Wiley.

Register

C

D

E

F

N

O

R

S